Wege in die Elektronik

Joseph Glagla
Gert Lindner

Ein Lern- und Werkbuch für Selbststudium und Unterricht

Wege in die Elektronik

Otto Maier Verlag
Ravensburg

Alle Schaltungen und Verfahren werden ohne Rücksicht auf die Patentlage mitgeteilt.
Sie sind ausschließlich für Lern- und Experimentierzwecke bestimmt und dürfen gewerblich nicht genutzt werden. Alle Angaben wurden sorgfältig überprüft, trotzdem sind Fehler nicht auszuschließen. Verfasser und Verlag weisen ausdrücklich darauf hin, daß sie keine Garantie oder juristische Verantwortung bzw. Haftung übernehmen für Folgen, die sich aus etwaigen Irrtümern ergeben.

© 1980 by Otto Maier Verlag Ravensburg
Umschlaggestaltung: Achim Köppel,
unter Verwendung eines Fotos von Fotoatelier
Thomas A. Weiss, Ravensburg
Zeichnungen und Fotos ohne Quellenangabe
von den Verfassern
Satz: Philipp Hümmer, Waldbüttelbrunn
Gesamtherstellung: aprinta, Wemding
Printed in Germany

87 86 85   6 5

ISBN 3-473-42626-1
(früher: ISBN 3-473-61646-X)

Inhalt

	Hinweise zum Gebrauch des Buches	7
1.	**Handwerkliche Grundlagen**	**9**
1.1	der Arbeitsplatz	9
1.2	Abisolieren	11
1.3	Löten	12
1.4	Ein übersichtlicher Schaltungsbau nach dem Brettschaltungsprinzip	14
1.5	Schaltungsaufbau auf Leiterplatten (Platinenherstellung)	16
1.6	Umgang mit dem Vielfachmeßgerät	21
2.	**Grundlagen der Elektrotechnik**	**25**
2.1	Vom Wesen der Elektrizität	25
2.2	Der Stromkreis	28
2.3	Gleichstrom, Wechselstrom	34
3.	**Widerstände und Widerstandsschaltungen**	**36**
3.1	Festwiderstände	36
3.2	Einstellbare Widerstände	39
3.3	Veränderliche Widerstände	40
3.4	Widerstandsschaltungen	43
3.5	Fernthermometer	55
3.6	Licht- und Rauchdichtemessung	56
4.	**Kondensatoren und Kondensatorschaltungen**	**58**
4.1	Das Kondensatorprinzip	58
4.2	Bauformen von Kondensatoren	62
4.3	Kennzeichnung von Kondensatoren	65
4.4	Kondensatorschaltungen	67
4.5	Der Kondensator im Stromkreis	68
4.6	Der Kondensator im Gleichstromkreis	69
4.7	Der Kondensator im Wechselstromkreis	72
4.8	Prüfen und Messen von Kondensatoren	75
4.9	Eine einfache Kapazitätsmeßbrücke	76
5.	**Spulen und Spulenschaltungen**	**79**
5.1	Das Magnetfeld der Spule	79
5.2	Die Induktion	80
5.3	Selbstinduktion – Induktivität	82
5.4	Bauformen von Spulen	85
5.5	Unerwünschte Induktivitäten	86
5.6	Die Spule im Stromkreis	87
5.7	Spulenschaltungen	88
5.8	Der Transformator	89
5.9	Der Schwingkreis	91
5.10	Tief- und Hochpaß	94
6.	**Halbleiterbauelemente (Dioden)**	**96**
6.1	Halbleiterwerkstoffe	96
6.2	Dioden	99
6.3	Erwärmung und Kühlung	102
6.4	Diodenschaltungen	104
6.5	Ein Binärcodierer	106
6.6	Ein Ampelprogramm	108
6.7	Die Leuchtdiode (Lumineszenzdiode)	109
6.8	Eine 7-Segment-Großanzeige	112
6.9	Die Zenerdiode (Z-Diode)	114
6.10	Ein Batterieprüfgerät	119
6.11	Die Fotodiode	120
6.12	Die Kapazitätsdiode (Varicap)	121
7.	**Transistoren und Transistorschaltungen**	**123**
7.1	Der bipolare Transistor	123
7.2	Alarmanlage	131
7.3	Darlington-Schaltung	134
7.4	Der White-Folger	136
7.5	Abwandlungen der Darlington- und White-Folger-Schaltung	137
7.6	Ein empfindlicher Sensorschalter	138
7.7	Eingangsschaltungen für Sensorschalter	139
7.8	Der Fototransistor	141
7.9	Eine empfindliche Lichtschranke	142

7.10	Eine Lichtmorseanlage	143
7.11	Der Optokoppler	144
7.12	Verzögerungsschaltungen	145
7.13	Ein „Nachdenkzeitbegrenzer"	146
8.	**Kippschaltungen**	**147**
8.1	Der Schmitt-Trigger	147
8.2	Modell einer Treppenhausbeleuchtung	151
8.3	Modell einer Rolltreppensteuerung	151
8.4	Die astabile Kippschaltung (der astabile Multivibrator)	152
8.5	Die monostabile Kippschaltung (das Mono-Flop)	159
8.6	Die bistabile Kippstufe (das Flip-Flop)	161
8.7	Spiel „sichere Hand" (mit einem Flip-Flop)	162
8.8	Modell eines „Halt!"-Signals für einen Busfahrer	163
8.9	Astabile Kippschaltung mit Komplementären Transistoren	163
8.10	Von der Blinkschaltung zum Metronom (Impulse differenzieren)	165
8.11	Ein Metronom mit hoher Frequenzkonstanz und geringem Stromverbrauch	167
8.12	Eine elektronische Orgel (Impulse integrieren)	169
9.	**Unipolare Transistoren**	**172**
9.1	Funktionsprinzip des Feldeffekttransistors	172
9.2	Der Sperrschicht-FET	173
9.3	Der MOSFET	174
9.4	Konstantstromquelle für einen Transistorprüfer	175
10.	**Der Unijunction-Transistor (UJT)**	**179**
10.1	Funktionsprinzip des UJT	179
10.2	Die Dimensionierung der Zeitschaltung mit dem UJT	180
10.3	Ein „klingender" Durchgangsprüfer	181
10.4	Eine UJT-Orgel	182
11	**Thyristor, Triac und Diac**	**184**
11.1	Der Thyristor	184
11.2	Spiel „sichere Hand" mit einem Thyristor	189
11.3	Triac und Diac	189
12.	**Verstärker (Lineare Schaltungen)**	**193**
12.1	Eigenschaften von Verstärkern	193
12.2	Verstärkergrundschaltungen	197
12.3	Dimensionierung einer Verstärkerstufe	201
12.4	Die Kopplung von Verstärkerstufen	206
12.5	Zwei Verstärkerbausteine	210
12.6	Eine einfache Wechselsprechanlage	212
12.7	Telefonmithörgerät	212
12.8	Vereinigung der beiden Bausteine	213
12.9	Ein Licht-Telefon	213
12.10	Leistungsverstärker	216
12.11	Drei vollständige Verstärkerschaltungen	219
13.	**Integrierte NF-Verstärker**	**224**
13.1	Der Differenzverstärker	224
13.2	Der Operationsverstärker	226
13.3	Ein Kopfhörer- oder Vorverstärker für 4,5 V	233
13.4	NF-Verstärker mit Gegentakt-Endstufe	234
13.5	Vollintegrierte NF-Verstärker	235
14.	**Schwingschaltungen (Oszillatoren)**	**239**
14.1	LC-Oszillatoren	241
14.2	Quarzoszillatoren	241
14.3	RC-Oszillatoren (RC-Generatoren)	243
14.4	Anwendungsbeispiele für Schwingschaltungen	243
15.	**Empfängerschaltungen**	**253**
15.1	Der AM-Sender	253
15.2	Der Detektor (Geradeausempfänger)	255
15.3	Detektor mit Rahmenantenne und Schiebekondensator	259
15.4	Detektor mit Variometer	260
15.5	Audionempfänger	262
15.6	Rückgekoppeltes Audion	264
15.7	Das Pendelaudion	267
15.8	Erweiterungen der Geradeausempfänger	271
15.9	Überlagerungsempfänger: Das Superhet-Prinzip	272
15.10	Ein CB-Funk-Empfänger	278
Register		**279**

Hinweise zum Gebrauch des Buches

Es ist ein Irrtum anzunehmen, man könne sich Elektronik im schnellen Überfliegen eines „Lehrbuchs" anlesen. Ebensowenig, wie man theoretisch Klavierspielen oder Fahrradfahren lernen kann, ist es möglich, rein theoretisch den Zugang zur Elektronik zu finden. Elektronik ist eine Sache des „Machens" (Technik) und kann wirklich nur im direkten Zugriff und Umgang mit den elektrischen Bauteilen, Schaltzeichen, auf der Grundlage der Kenntnis naturwissenschaftlicher Gesetzmäßigkeiten usw. „erfahren" werden.

Elektronik ist keine Zauberei! In ihr geht alles mit rechten Dingen zu – und mit wenigen obendrein. Wollen Sie die Sache wirklich „in die Hand" bekommen, dann müssen Sie zunächst erkunden, wie sich in einer bestimmten Leitungsdrahtverbindung die Spannungen verteilen, wie darin die Ströme fließen, was Widerstände, Dioden, Kondensatoren und andere Bauteile bewirken. Sie werden bald selbst merken, daß es immer wieder darauf ankommt, die wenigen Dinge und Prinzipien in ihrer immer wieder neuen Gestalt und immer wieder anderen Kombination wiederzuerkennen. Manchmal ist es, als müßte man neu sehen lernen. Daher geht es nicht ohne den praktischen Umgang mit der Materie. Man braucht dabei keinen Lehrer, der ständig „richtig" oder „falsch" sagt. Die Schaltung verrät es allein. Als Gegenleistung fordert sie, und das sei keineswegs verschwiegen, genaue und geduldige, kurz: liebevolle Arbeit; sie dankt dafür nicht nur mit nützlichen Funktionen, sondern mit der Freude, wie sie nur ein faszinierendes Hobby schenken kann.

Widerstehen Sie der Versuchung, sich aus dem hier reichlich unterbreiteten Angebot reizvoller Bauvorschläge die eine oder andere Schaltung herauszusuchen, andere außer Betracht zu lassen. Auf diese Weise kämen Sie mit Sicherheit nicht zum Ziel, und es wäre schade, wenn Sie letztlich auch dieses Buch (wie möglicherweise schon andere) enttäuscht zur Seite legen würden. Dieser „Lehrgang" ist so aufgebaut, daß die jeweils für das spätere Verständnis erforderlichen Erfahrungen in vielen einzelnen Vorversuchen gewonnen werden. Bauen Sie daher alle Schaltvorschläge (mit Ausnahme der in Abschnitt 11.3 angegebenen Schaltungen für 220 V, die dort nur zur Information mitgeteilt werden) sorgfältig nach – auch wenn es sich schon um Ihren zehnten NF-Verstärker oder Empfänger handeln sollte. Verfolgen Sie dabei alle notwendigen Voraussetzungen ihrer Funktion im einzelnen. Jeder nachfolgende Schaltvorgang beinhaltet zugleich eine neue Detailerfahrung, mithin einen Schritt vorwärts.

Die Autoren haben bewußt darauf verzichtet, den unterbreiteten Bauvorschlägen jeweils sogenannte Bauteillisten beizufügen. Sie wollten das Rezeptdenken („man nehme . . .!") vieler fehlgeleiteter Amateur-Elektroniker gar nicht erst provozieren. Für den Erwerb wirklichen Verständnisses ist es unbedingt notwendig, bei jedem Vorhaben den erforderlichen Bauteilbedarf an Hand der Schaltbedingungen immer wieder selbst zu erkunden. Erst wenn Sie in die Lage kommen, festzustellen, warum an diesem oder jenem Platz ein Widerstand oder Kondensator (mit welchem Wert) zu sitzen hat, gewinnen Sie auch für weiteres die nötige (Erfahrungs-)Sicherheit.

Auf die Auseinandersetzung mit den physikalischen Grundlagen kann und darf nicht verzichtet werden. Ausreichendes Basiswissen ist erforderlich, um sich Funktionszusammenhänge zu erklären. Ebensowenig darf die mathematische „Durchleuchtung" fehlen. Erst rechnerische Unternehmungen ermöglichen es, elektronische Zusammenhänge und Wirkungen in ihrer Größe zu erfassen. Der Versuch, ganz ohne die Hilfe der Mathematik in die Elektronik einzuführen, ist Falschmünzerei. Die Autoren haben den mathematischen Anteil auf das notwendige Mindestmaß beschränkt und dabei oft auf die Faustformeln des Praktikers zurückgegriffen; auch diese zeigen die mathematischen Zusammenhänge, führen zu hinreichend genauen Ergebnissen und kommen – last not least – im allgemeinen mit den Grundrechenarten aus. Im Besitz eines preiswerten Taschenrechners braucht heute niemand den mathematischen Anteil zu fürchten, selbst dann nicht, wenn Mathematik nicht gerade zu den Lieblingsfächern in der Schule gehörte. Die Autoren ermutigen, dieses Buch stets zusammen mit einem Rechner zu benutzen, alle Rechenbeispiele nachzuvollziehen und parallele Fälle immer wieder selbst durchzurechnen.

Jedes einzelne Thema wird durch Experimentier- oder Bauanleitungen ergänzt. Diese sind bewußt einfach gehalten und beschränken sich auf das Grundsätzliche. Trotzdem funktionieren sie einwandfrei! Nicht nur die Autoren haben jede Schaltung mehrmals aufgebaut; die Modelle wurden ebenso von zahllosen Schülern und Jugendlichen nachgebaut. Die besondere, eigens für die Lern- und Experimentierphase entwickelte Brettschaltungsweise ist nicht nur leicht zu handhaben, sie hat auch andere Vorteile. So ermöglicht z.B. die räumliche Übereinstimmung von Plan und Werk jederzeit und immer wieder, sich ohne Schwierigkeiten in der Schaltung zu orientieren, Bauelemente sofort zu identifizieren, Meßpunkte zu finden usw.

Alle Schaltungen sind, wenn es nicht einmal ausdrücklich anders vermerkt ist, mit handelsüblichem, billigstem Material auszuführen. Die Schaltungen sind so dimensioniert, daß man mit möglichst wenig verschiedenen Bauelementen auskommt. Besonderer Wert wurde auf die Stromversorgung gelegt: Durchgehendes Prinzip ist es, mit einer Flachbatterie, höchstens mit zweien, als Spannungsquelle auszukommen. Netzspannung ist in keiner Bauanleitung vorgesehen. Alle Arbeiten sind daher absolut ungefährlich und können unbedenklich auch von jüngeren Leuten durchgeführt werden.

Ein aufwendiger Meßpark ist nicht erforderlich. Benötigt wird lediglich ein Vielfachmeßinstrument. Das freilich sollte nach Möglichkeit nicht von der allerbilligsten Sorte sein, doch die Mittelklasse genügt vollkommen. Ergänzend enthält das Buch eine Reihe von Meß- und Prüfhilfen, deren Nachbau die Mühe reichlich lohnt. Es ist zu empfehlen, an allen Aufbauten immer wieder möglichst viele Vorgänge zu messen: Messen heißt wissen!

Die den Modellen beigegebenen „Durchstechpläne" (Aufbauvorschläge für Brettschaltungen mit Festlegung von Lötstützpunkten) konnten aus Platzgründen nicht in originaler Größe abgebildet werden (Verkleinerungsfaktor 1,4). Aber auch hier gilt die Empfehlung, sich diese Aufbaupläne nach der gegebenen Anweisung selbst zu erarbeiten. Grundsätzlich haben alle verwendeten Holzklötzchen eine Kurzseitenlänge von 8 cm und eine Langseitenlänge von 12 cm; von dieser Dimensionierung wurde nur selten abgewichen. Die Leitungen verlaufen in einer Randentfernung von 1 cm und entsprechen auch im Schaltungsinneren dem 0,5–1 cm-Raster.

Die Leiterplatten-(Platinen-)Vorschläge und die dazugehörigen Bestückungspläne wurden originalgroß abgebildet; sie können kopiert anschließend auf das Basismaterial übertragen werden.

1. Handwerkliche Grundlagen

Für den Nachbau der in diesem Buche beschriebenen Schaltungen werden nur die einfachsten handwerklichen Kenntnisse und Fertigkeiten vorausgesetzt, so etwa der Umgang mit Hammer, Schraubendreher („Schraubenzieher"), Feile, Laubsäge, Handbohrmaschine, Pinzette, Zangen und Seitenschneider. Darüber hinausgehende Arbeiten werden genau dargestellt.

Elektronische Arbeiten erfordern nicht den versierten Feinmechaniker. Grundsätzlich sollte man aber bedenken, daß ohne Genauigkeit und Geduld ein Erfolg nicht zu erwarten ist. Im Gegensatz zu manchen anderen Werkbereichen verhindern in der Elektronik schon kleinste Fehler die einwandfreie Funktion einer Schaltung. Elektronikarbeiten beurteilen sich selbst. Genaue Kontrolle des eigenen Tuns ist wohl die wichtigste Arbeitsgrundlage. Größere Körperkraft ist nie erforderlich – im Gegenteil: meist stört sie. Der Empfindlichkeit des Materials entspricht ein feinfühliges Vorgehen.

1.1 Der Arbeitsplatz

Alle Arbeiten lassen sich an einem normalen, stabilen Tisch ausführen. Mit einer Schutzauflage versehen darf es sogar der Schreibtisch sein. Als Auflage eignen sich eine kräftige, glatte Pappe, ein Stück PVC-Fußbodenbelag, eine Gummimatte oder eine Verbundglasscheibe aus einem älteren Fernsehgerät, kurz alles, was fest und eben ist und elektrisch nicht leitet.

Unterhalb der Tischplatte befestigt man eine Tischsteckdose. Sie braucht nicht fest montiert zu werden, es genügt, sie an einem Haken aufzuhängen. Es kommt lediglich darauf an, daß Geräte, wie z.B. ein Lötkolben, nahe am Arbeitsplatz an das Stromnetz angeschlossen werden können, ohne daß auf der Tischplatte mehr Kabel als nötig umherliegen oder die Bewegungsfreiheit wegen der zu weit entfernten Steckdose eingeschränkt wird.

Den Wert einer guten Beleuchtung sollte man nicht unterschätzen. Eine schwenkbare, am besten an der Tischplatte befestigte Leuchte ist sehr zu empfehlen.

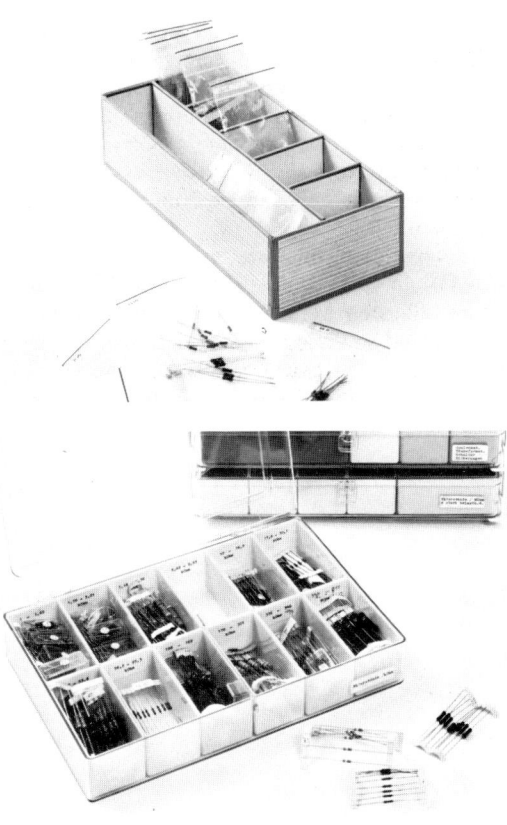

1/2 *Kunststoffbeutel und Sortimentskästen zur Aufbewahrung elektronischer Bauteile.*

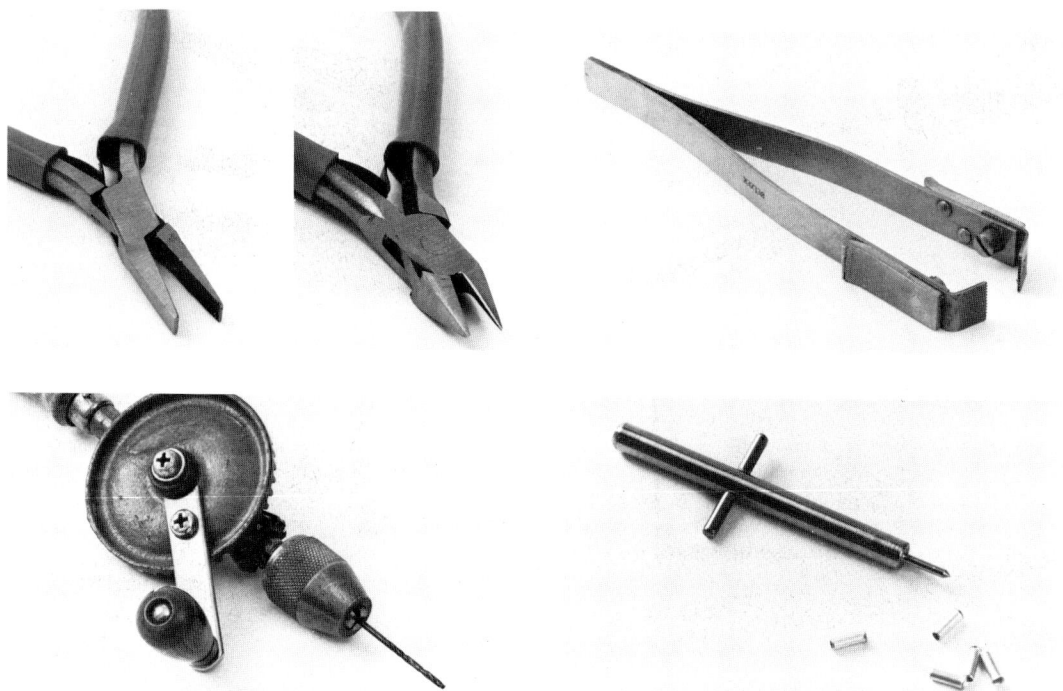

3–7 Kleinwerkzeuge in der für elektronische Arbeiten günstigen Miniaturform: Richt- und Biegezange (Flachzange) und Seitenschneider. – Eine Lackabziehpinzette (oben rechts) bekommt man nur in den „besseren" Werkzeuggeschäften. – Handbohrmaschinen gibt es in größeren und kleineren Modellen: man sollte sich nach einem möglichst kleinen Modell umsehen (siehe Text). – Das praktische Setzwerkzeug zum Setzen der Aderendhülsen (Lötstützpunkte in Brettschaltungsaufbauten) wurde speziell für die Hand des Schülers und beginnenden Elektronikbastlers entwickelt (Selbstanfertigung). Ein Vorstecher leistet ebenso gute Dienste.

Für die Aufbewahrung der Teile eignen sich die im Fachhandel erhältlichen Sortimentskästen (2). Sie sind gut, aber auch sehr teuer. Für den Anfang – und nicht nur für den Anfang – reicht auch ein Karton aus starker Pappe, in den man eine Trennwand so einklebt, daß in dem Fach kleine Polyäthylenbeutel mit Druckleiste hintereinander stehen können (1).
Zur Unterbringung des empfindlichen Werkzeugs, zu dem auch das Vielfachmeßinstrument gehört, sollte man eine Schublade ausräumen. Man legt sie mit einer dünnen Schicht Schaumstoff aus, damit beim Bewegen die Werkzeuge nicht durcheinanderrutschen.

1.1.1 Wichtige Werkzeuge

Mit unhandlichem „Klempnerwerkzeug" wird man bei der Ausführung feiner Verdrahtungen Schiffbruch erleiden. Hingegen werden im Handel Werkzeuge angeboten, die schon mehr oder weniger Miniaturformen der im Normalgebrauch benutzten Zangen und Seitenschneider darstellen (3–6). Je feiner das Werkzeug ist, um so präziser kann damit gearbeitet werden.
Für die nachfolgend beschriebene Brettmontage genügen:

1 kleine Handbohrmaschine, Länge einschließlich Griff ca. 250 mm, Bohrfutter bis 6 mm $\varnothing$ (6) – dazu Spiralbohrer 2,2 mm HSS,
1 kräftiger Seitenschneider, ca. 140 mm lang, Schneidleistung bis 1,5 mm Kupferdraht,
1 kleiner Seitenschneider, ca. 125 mm lang, Schneidleistung bis 0,6 mm Kupferdraht (4),
1 Richt- und Biegezange (3) mit flachen Backen (Flachzange, Justierzange),
1 Richt- und Biegezange mit langen, halbrundspitzen Backen (Flachrundzange, Telefonzange),
1 Hammer, 200 g,
1 Reißnadel (oder Vorstecher),
1 Laubsäge mit Laubsägetischchen und Zwinge – dazu feine Metallsägeblätter,

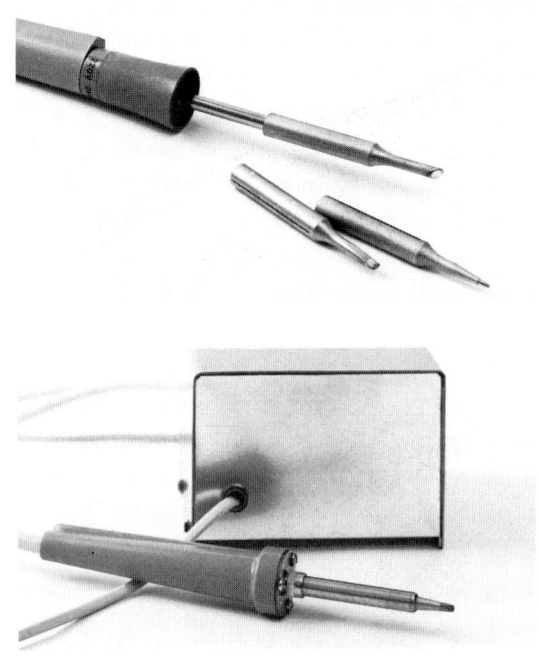

8–11 *Lötkolben mit der für elektronische Arbeiten erforderlichen Leistung (15 bis 60 Watt) kauft man für Netz- (oben) oder Kleinspannung (Mitte). Kleinspannungsgeräte müssen über einen Transformator an das Netz angeschlossen werden. Zu empfehlen ist ein Kolben, auf den sich unterschiedliche Lötspitzen – am besten Dauerlötspitzen („Longlife") – aufstecken lassen. – Um in den Arbeitspausen nicht immer wieder mit dem heißen Kolben in unliebsame Berührung zu kommen, empfiehlt sich auch die Anschaffung einer Ablage, die für Kleinspannungskolben oft schon mit dem Trafoteil kombiniert ist. – Prüfschnüre mit Krokodilklemmen (unten) kann man nie genug haben!*

je 1 *Schraubendreher* mit 2, 3 und 4 mm Klingenbreite,
1 *Pinzette*, 120–145 mm lang, mit fein gerillten Griffflächen,
1 *Lackabziehpinzette* (5),
1 kleines *Messer* mit schmalen Abbrechklingen,
1 elektrischer *Lötkolben*, 15 bis 60 W (unten, S. 12 f.),
1 *Vielfachmeßgerät* (unten, S. 21 f.),
Prüfschnüre – am besten Prüfschnüre mit Krokodilklemmen (jede Prüfschnur mit 2 Krokodilklemmen, ca. 45 cm lang; Bündel mit 10 Prüfschnüren in 5 verschiedenen Farben, ca. 4 bis 5 DM, *11*).

Für die weiterführenden Arbeiten, insbesondere zur Herstellung elektronischer Gebrauchsgeräte, ist eine nicht zu große *elektrische Bohrmaschine* sehr hilfreich. Sie sollte nach Möglichkeit eine elektronische Drehzahlregelung haben. – Für die Durchbohrung der Leiterplatten (Platinen) ist eine *elektrische Miniaturbohrmaschine* zu empfehlen (S. 20).

Hinzu kommen noch:
1 Satz *Schlüsselfeilen*,
1 *Halbrundfeile*,
1 *Rundfeile*,
1 kleiner *Metallschraubstock*.

Diese Ausrüstung reicht für so gut wie alle Arbeiten. Falls einmal ein besonderes Werkzeug notwendig sein sollte, wird es eigens erwähnt.

1.2 Abisolieren

Natürlich kann man mit der eigens zu diesem Zweck geschaffenen Abisolierzange ein isoliertes Leitungsdrahtstück „problemlos" abisolieren – vorausgesetzt, daß sie zuvor sorgfältig auf die betreffende Drahtstärke eingestellt und in der Einstellung kontrolliert worden ist. Schüler bringen kaum die nötige Geduld für einen solchen Um-

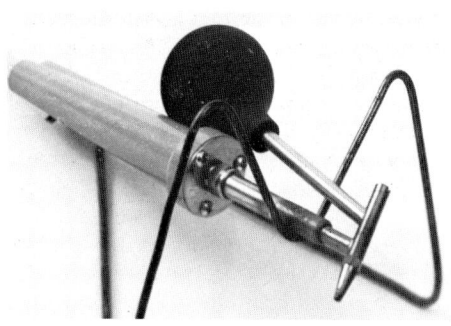

12 Dieser praktische „Entlöter" ist ein aufsteckbarer Zusatzteil zum Kleinspannungslötkolben. Es gibt auch besondere Entlötgeräte für Netzanschluß. Man braucht ein solches Werkzeug für Korrekturen und Reparaturen – oder um Bauelemente aus billigem Industrieschrott auszulöten.

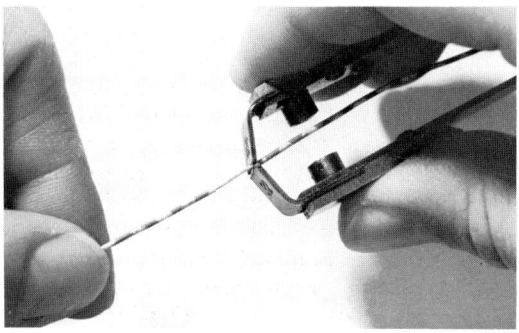

13 Die Handhabung der Lackabziehpinzette beim Abisolieren eines Leitungsdrahtstücks.

gang mit dem Werkzeug auf, und wenn die Drahtstärken oft wechseln, unterlaufen auch dem Erwachsenen Nachlässigkeiten. Der Draht wird durch die Isolation hindurch angeschnitten, es entsteht eine Einkerbung, über die er bei der Verarbeitung bricht. Da die Abisolierzange auch ein verhältnismäßig teures Werkzeug ist, versuchen wir, ohne sie auszukommen.

Abisolieren eines langen Drahtstücks durch Recken: Ein ca. 1 bis 2 m langes Stück PVC-isolierter Cu-Draht („Schaltdraht") wird mit einem Ende irgendwo an einem Haken, Türgriff oder an einem anderen festen Punkt angeknotet. Das andere Ende bindet man an ein Stück Holz als Griff (oder man faßt es fest mit einer Kombizange). Dann zieht man langsam (nicht ruckartig). Der Draht dehnt sich. Er wird merklich (bis um 10 % der Ausgangslänge) länger – und dabei selbstverständlich auch dünner. Er löst sich vom Kunststoffmantel (Isolierschlauch), der sich nach dem Abschneiden der verbogenen Drahtenden in ganzer Länge leicht abstreifen läßt. Auf diese Weise gewinnt man einen blanken und durch das Recken außerdem „gerichteten" Draht (für saubere Verdrahtungen). Zum Isolieren kann man an erforderlichen Stellen wieder ein Stück Isolierschlauch aufstreifen. Bei Litze läßt sich das Verfahren nicht anwenden.

Abisolieren der Schaltdrahtenden mit der Lackabziehpinzette: Daumen und Zeigefinger auf die beiden Griffleisten des Werkzeugs legen (*13*). Mit den gezähnten Klauen „wie mit Fingernägeln" (ohne Druck!) die Isolierung an der gewünschten Stelle fassen – und abziehen. Die Isolierung wird durch den Druck der Klauen nur geschwächt (nicht durchschnitten!) und durch den Zug in der Richtung des Drahtverlaufs abgerissen. Der Lackkratzer braucht nicht auf die wechselnden Drahtstärken eingestellt zu werden. Beschädigungen des Drahtes sind nahezu ausgeschlossen, weil sich die auf die Klauen übertragene Fingerkraft in ihrer Begrenztheit schon selbst reguliert. Nur Litzen müssen auch mit dem Lackkratzer vorsichtig behandelt werden.

Abisolieren mit dem Seitenschneider: Diese elegante Methode erfordert Übung und Fingerspitzengefühl. Das Drahtstück sanft zwischen die Backen des Werkzeugs nehmen. Nicht drücken! Zwei Finger als „Bremse" zwischen die Griffe legen. Auch hier hilft die Vorstellung, man wolle die Isolierung nur mit den Fingernägeln „abzupfen". Wie oben: Die Isolierung wird durch den beiderseitigen Backendruck geschwächt und durch einen seitlichen Schub (im Richtungsverlauf des Drahtes) abgerissen.

1.3 Löten

Elektrisch leitende Verbindungen werden in der Elektronik fast ausschließlich durch Löten hergestellt. Die modernen Werkzeuge und Hilfsmittel sind so gut, daß Mißerfolge ausgeschlossen werden können – aber freilich gilt auch hier die Regel, daß nur Übung den Meister macht.
Der Lötkolben sollte eine Leistung zwischen 15 und 60 Watt haben. Fast alle Arbeiten lassen sich mit einem 30-W-Lötkolben ausführen. Der Kolben sollte nicht zu lang sein; mit einem kurzen Werkzeug kann man feinere Bewegungen besser

kontrollieren. Kleinspannungskolben – das sind solche, die mit 6 bis 42 Volt über einen Transformator gespeist werden (9) – sind den direkt an das 220-V-Netz anzuschließenden Kolben vorzuziehen, und zwar aus Sicherheitsgründen – für sich selbst wie für empfindliche Bauteile, z.B. Feldeffekttransistoren (wo keine hohe Spannung ist, kann sie auch nicht über geringe Isolationsfehler wirksam werden und Schäden verursachen).

Bei der Anschaffung eines Lötkolbens sollte man einem solchen Modell den Vorzug geben, dessen Spitzen auswechselbar sind, so daß man je nach Lötarbeit zwischen einer breit-flachen, einer bleistiftspitzen und anderen Formen wählen kann (8). Es gibt einfache Kupferspitzen. Sie kosten wenig Geld, sind aber schnell verbraucht. Im Handel werden sog. ,,Longlife"- oder Dauerlötspitzen angeboten. Hierbei handelt es sich um Kupferspitzen mit einem Eisenmantel, dessen Spitze galvanisch verzinnt ist. Der Mehraufwand für diese Dauerlötspitzen ist in jedem Fall gerechtfertigt.

Die Lötkolbenspitze muß vor Gebrauch gereinigt und verzinnt werden: Beim Löten soll die Wärme aus dem Kolben auf die Lötstelle, also auf die zu verbindenden Anschlußteile, übertragen werden. Dazu muß die Kolbenspitze metallisch blank und gut verzinnt sein.

Wenn man mit dem heißen Kolben etwas Lot aufnimmt, so muß dieses über die Spitze fließen und sie gleichmäßig benetzen. Bildet sich ein Kügelchen, vergleichbar einem Regentropfen auf einem frisch gewachsten Autodach, so ist die Spitze nicht sauber genug. Wenn es überhaupt Mißerfolge beim Löten gibt, dann liegt deren Ursache fast immer in mangelnder Sauberkeit. Ein Kolben, auf dessen Spitze sich das Lot nicht gleichmäßig verteilt, ist zum Löten unbrauchbar.

Kupferspitzen oxydieren in der Lötwärme, sie ,,verzundern". Eine dicke Zunderschicht leitet die Wärme schlecht (s.o.). Sobald die Kupferspitze das Lot nicht mehr ,,annimmt", säubert man sie mit feinkörnigem Schleifpapier oder einer feinen Feile. Die Spitze wird im warmen Zustand blankgefeilt und muß sofort verzinnt werden: Man hält ein Stückchen Lot an die warme Kolbenspitze. Es zerfließt sofort, die Spitze bekommt einen silbrig-glänzenden Überzug, der sich auch mit einem nassen Viskoseschwamm nicht abwischen läßt. Da das Kupfer sehr schnell oxydiert, kann es nötig sein, schon während des Verzinnens mit einem harten Gegenstand über das Metall zu reiben und die entstehende Oxydschicht aufzureißen.

Flüssiges Zinn hat die Eigenschaft, Kupfer in geringen Mengen aufzulösen. Kupferne Spitzen werden daher immer zerfressen und müssen auch aus diesem Grunde von Zeit zu Zeit nachgefeilt werden. Hat man die zerfressene Oberfläche abgefeilt, so ,,härtet" man die Spitze durch ein paar kräftige Hammerschläge über einer glatten Unterlage (z.B. einem Hammerkopf oder einem kleinen Amboß). Anschließend muß die Spitze natürlich wieder sorgfältig verzinnt werden.

Dauer-(,,Longlife"-)spitzen nehmen das Lot von vornherein gut an, man braucht sie während der Arbeit nur ab und zu über einem angefeuchteten Viskoseschwamm abzuwischen. Mit Feile oder Schleifpapier dürfen sie nie in Berührung kommen (ist die galvanische Verzinnung erst einmal zerstört, so ist sie so leicht nicht wieder aufzubringen). Dauerlötspitzen behalten sehr lange ihre Form. Wenn sie beschädigt sind, muß man sie austauschen.

Das Lot: Zum Löten an elektrischen Schaltungen darf nur Kolophoniumlötdraht verwendet werden. Hierbei handelt es sich um ein drahtförmiges Rohr aus Lötzinn, dessen Hohlraum mit Kolophonium (oder ,,Löthonig") ausgefüllt ist. Kolophonium dient als Flußmittel und hat die Aufgabe, die blanken Metalloberflächen der zu verbindenden Teile während des Lötens vor dem Oxydieren in der Lötwärme zu schützen. Schärfere Flußmittel (Lötwasser, Lötpaste, Lötfett), die in der handwerklichen Metallverarbeitung auch auf unblanken Metalloberflächen vorhandene Metalloxyde auflösen sollen, dürfen in der Elektronik nicht verwendet werden. Es sind säurehaltige Stoffe. Die Säurerückstände zerfressen nicht nur nach dem Löten die dünnen Metallteile in einer Schaltung, sie leiten auch den Strom und können Kriechströme und sogar Kurzschlüsse verursachen.

Der Lötdraht, den man am besten als ,,Radiolot" einkauft (der Händler weiß, was man braucht), sollte nicht dicker als 1 mm oder höchstens 1,5 mm sein. Für feinere Arbeiten empfiehlt sich Lötdraht mit 0,5 bis 0,8 mm Durchmesser. Der Zinnanteil sollte mindestens 60% betragen. Das hier vorgeschlagene Lot trägt die Bezeichnung ,,L-Sn 60 Pb". – ,,L" bedeutet ,,Lot" – ,,Sn" ist die chemische Kurzbezeichnung für das Element Zinn (lat. stannum) – ,,Sn 60" besagt, daß dieses Lot 60 Gewichtsprozente Zinn enthält. Der Rest ist Blei (,,Pb" – lat. plumbum). –

,,L-Sn 60 Pb Cu2" ist ein Kupferschutzlot mit einem geringen Kupfergehalt (,,Cu" – lat. cuprum), das kupferne Lötkolbenspitzen schont (s.o.).

Das Löten: Entscheidend für den Erfolg ist absolute Sauberkeit der Lötstellen von Verunreigungen und Oxyden. Gegebenenfalls muß man die Lötstellen blank kratzen. Leitungsdrähte sollte man vor dem Anlöten unbedingt verzinnen, indem man die Anschlußenden mit dem heißen Kolben erwärmt und gleichzeitig etwas Lot hinzuführt.

Die Anschlußdrähte elektronischer Bauteile sind in der Regel bereits verzinnt oder so beschaffen (vergoldet, versilbert), daß sie das Lot von vornherein gut annehmen. Sollten sie einmal oxydiert sein, muß man sie blank kratzen.

Unterläßt man das Verzinnen, so ist der elektrische Kontakt oft mangelhaft. Man spricht in diesem Zusammenhang von „kalten" Lötstellen. Sie sind eine der häufigsten Fehlerursachen.

Ferner kommt es auf den guten Wärmekontakt zwischen Lötkolben und Lötstelle an. Die verzinnte Lötkolbenspitze ist möglichst flächig (nicht nur mit der Kante) und mit leichtem Druck auf die Lötöse, das Lötauge der Leiterbahn, die Aderendhülse usw. zu setzen. Dann hält man das Lötdrahtende kurz in den Winkel zwischen Lötstelle und Kolbenspitze (nicht auf diese, weil dann das Flußmittel sein Ziel gar nicht erreicht, sondern vorzeitig verdampfen würde). Man schmilzt nur eine geringe Menge. Ein häufiger Fehler ist, daß zu viel Lot abgeschmolzen wird.

Das Lot muß gut „fließen" (sich auf der Lötstelle ausbreiten). „Perlt" es, so kann es dafür zwei Ursachen geben: 1. Die Lötstelle ist noch nicht genügend „durchgeheizt" (das geschmolzene Lot hat einen wesentlichen Anteil an der Wärmeübertragung, daher den Kolben nicht zu früh wegnehmen!) – das ist die häufigste Ursache. – 2. Die Lötstelle ist nicht sauber genug. Verhindert eine nur dünne Oxydschicht das Fließen des Lots, so hilft oft schon leichtes Reiben mit der Kolbenspitze. Andernfalls muß die Lötstelle noch einmal mit einem Messer blank gekratzt werden. Eine Lötstelle, auf der das Lot eine Perle gebildet hat oder die körnig-grau aussieht, ist „kalt" und als elektrische Verbindung unbrauchbar. Die Lotoberfläche muß nach dem Erkalten hellsilbrig glänzen.

Daß die zu verlötenden Teile während der nur wenige Sekunden dauernden Abkühlung nicht bewegt werden, sollte selbstverständlich sein. Ebenso verbieten sich „Festigkeitsproben". An unter Spannung stehenden Schaltungen darf grundsätzlich nicht gelötet werden.

1.4 Ein übersichtlicher Schaltungsaufbau nach dem Brettschaltungsprinzip

Für den Anfang hat sich – besonders in der Schule – der folgende Brettaufbau bewährt. Er hat den Vorteil, daß die fertige Schaltung genau dem Stromlaufplan entspricht. Alle Bauteile liegen an der dem Plan entsprechenden Stelle, alle Leitungen nehmen denselben geometrischen Verlauf wie im Plan, so daß die Übereinstimmung zwischen Plan und Werk leicht zu kontrollieren ist. Die Anforderungen an die handwerkliche Geschicklichkeit sind nicht groß.

Als Montageplatte dient ein Stück Span- oder Tischlerplatte. Für die abgebildeten Modelle wurden hauptsächlich Zuschnitte aus kunststoffbeschichtetem Plattenmaterial mit seidenmatter Oberfläche verwendet. Man kann sich die Stücke im Do-it-yourself-Geschäft zuschneiden lassen. Die Seitenlänge eines quadratischen Zuschnitts beträgt 8 cm und dient als Standardmaß, von dem man natürlich nach Bedarf abweichen kann.

Die Schaltung kann nun direkt auf einen solchen Zuschnitt aufgezeichnet werden, lediglich in die Dimension „verzerrt", die die Größe der Bauelemente erfordert. Zum Zeichnen nehme man einen Fettstift (Farbstift) oder Faserschreiber, keinesfalls einen Bleistift (Graphit leitet!). Die Punkte, die eine Verbindung von Leitern bezeichnen, stellen zugleich Lötstützpunkte dar.

Ratsamer ist es jedoch, den Aufbauplan der Schaltung auf einem Stück Papier mit Rastereinteilung (z.B. kariertes Schreibpapier mit 5-mm-Quadraten oder auf Millimeterpapier) zu entwerfen, auf das sich auch die Abmessungen der Bauteile, die einem solchen „Rastermaß" entsprechen, leicht übertragen lassen. Man sticht dann die Verbindungspunkte von Leitungen mit einem spitzen Werkzeug, z.B. einer Reißnadel, auf die Montageplatte durch. Die Eindrücke lassen sich dem Stromlaufplan entsprechend leicht wieder in den gewünschten Zusammenhang bringen.

Ferner empfiehlt es sich, die Lötstützpunkte so anzuordnen, daß die Bauteile an kurzen Anschlußdrähten eingelötet werden können. Sie ruhen dann fest auf der Platte. Entfernungen werden mit Schaltdraht überbrückt.

Als Lötstützpunkte eignen sich 7–10 mm lange, etwa 2 mm starke Aderendhülsen für 1,5 mm² Kabelschnittfläche aus Messing, verzinnt oder versilbert – daher auch „Silberfischchen" genannt (Werner Wirth KG, Basselweg 103, 2000 Ham-

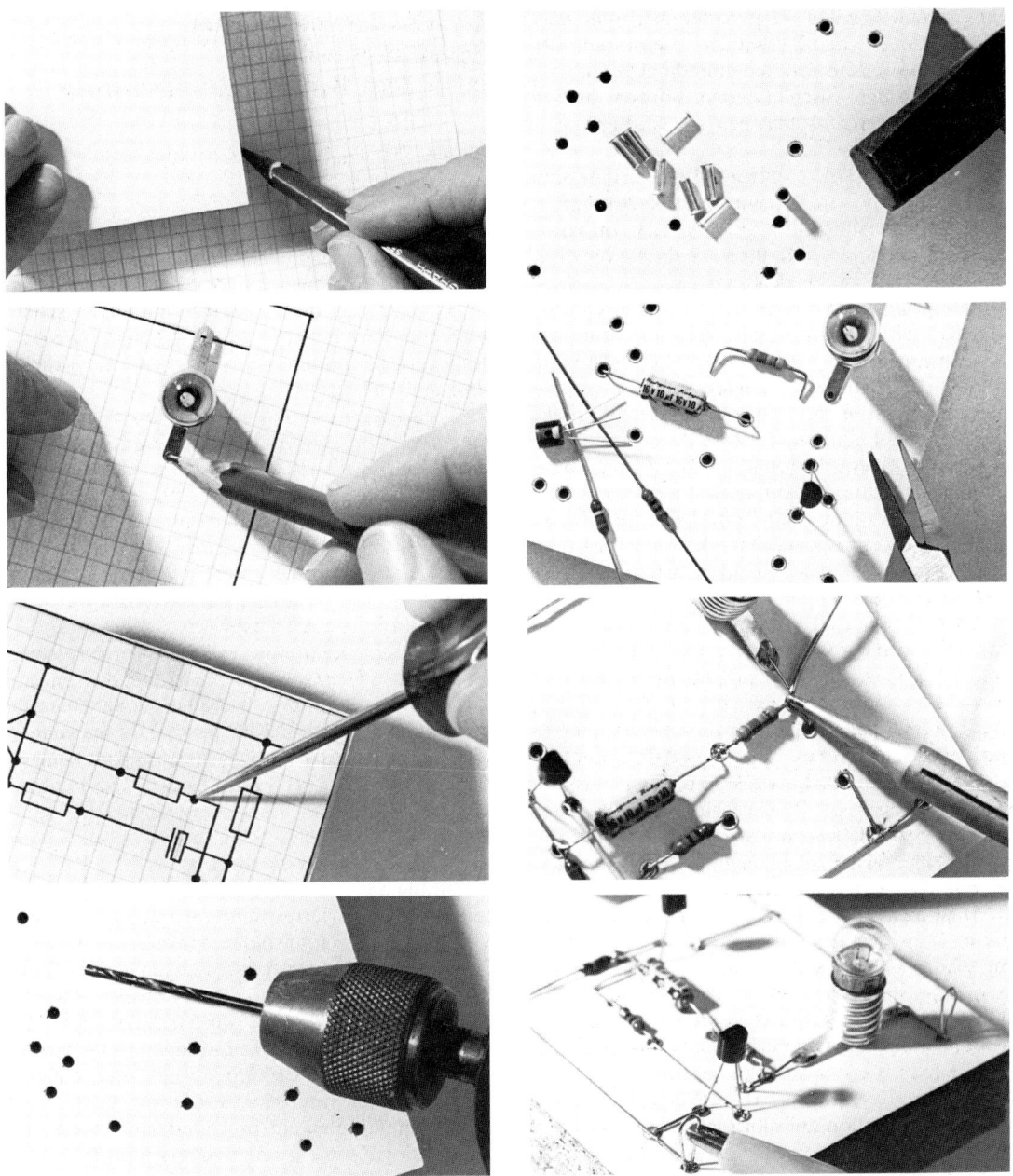

14–21 Der Schaltungsaufbau im Brettmontageverfahren:
(Linke Seite) – 1. Größe des Montagebrettchens auf dem Entwurfspapier festlegen. – 2. Stromlaufplan in einen Aufbauplan umwandeln. – 3. Planzeichnung auf das Montagebrett legen und die durch Punkte markierten Lötstellen durchstechen. – 4. An den bezeichneten Stellen mit einem Spiralbohrer (2,3 mm) Löcher in das Holz bohren.

5. Aderendhülsen (Lötstützpunkte) in die Bohrungen eintreiben. – 6. Platte bestücken: Zunächst die Anschlußdrähte der Bauteile abwinkeln und kürzen. Fehlende Leitungsverbindungen aus Schaltdraht anfertigen. – 7. Beim Einlöten der bislang noch lose in den Aderendhülsen liegenden Anschlußdrähte zügig verfahren. – 8. Zum Anklemmen der Zu- und Ableitungen empfiehlt es sich, Drahtschlaufen in die Endhülsen einzulöten.

burg 54, Artikel EE 2061/1,5–7, 1000 Stück ca. 16,– DM).

Zum Einsetzen dieser Hülsen bohrt man mit einem Spiralbohrer 2,3 mm an den entsprechenden Stellen Löcher in die Grundplatte. Dazu empfiehlt es sich, die Platte mit der Zwinge des Laubsägetischchens an einer Tischkante anzuklemmen. Für die verhältnismäßig dünnen Spiralbohrer wirkt eine kleine Handbohrmaschine lebensverlängernd. Die Ursache für häufiges Abbrechen der Bohrer ist meistens eine große, schwergängige Kurbel, bei deren Betätigung starke seitliche Kräfte wirksam werden.

Wegen der Elastizität des Holzes fallen die Löcher immer etwas kleiner aus. Die Endhülsen lassen sich mit dem Hammer stramm einschlagen. Sie bedürfen keiner weiteren Befestigung. Beim Einschlagen führt man sie mit einer spitzen Zange (z.B. Telefonzange), einer Reißnadel oder einem Vorstecher – oder mit dem oben (7) abgebildeten Setzwerkzeug (Selbstanfertigung). Beschränkt man sich auf eine Montagefläche aus nicht kunststoffbeschichtetem und oberflächig weichem Material (z.B. Tischlerplatte), dann kann man mit diesem praktischen Werkzeug die Hülsen auch wie Nägel direkt einschlagen. Vor dem Herausziehen ist das Werkzeug leicht zu drehen; es darf keinesfalls verkantet werden, weil sonst der Dorn abbricht.

In diese Lötstützpunkte lassen sich die Anschlußdrähte und Enden der weiterführenden Drähte leicht einstecken. Sie ruhen darin während des Lötens sicher. Das hat auch den Vorteil, daß bei ungeschickten Lötversuchen, Korrekturen (Auswechseln von Bauteilen) die Verdrahtung nicht auseinanderfällt, wie das bei dem in der Literatur immer wieder auftauchenden Verfahren, die blanken Kopfflächen in das Holz eingedrückter Reißzwecken als Lötstützpunkte zu verwenden, unweigerlich der Fall ist.

Als Schaltdraht eignet sich verzinnter Kupferdraht in den Stärken 0,6 oder 0,8 mm (kunststoffisoliert). Die Anschlüsse der Bauteile sind ohnehin meist verzinnt. Wenn man die Lötkolbenspitze auf den Rand der Aderendhülse stützt und den Lötdraht von der Seite zuführt, dann wird das Lot sofort in die Stützpunkthülse einfließen. Guter Wärmekontakt zwischen Lötkolben und Aderendhülse ist selbstverständlich wichtig. Die Hülse muß richtig „durchgewärmt" werden; leichter Druck mit der Lötkolbenspitze ist unerläßlich. Nach kurzem Erwärmen lassen sich solche Lötverbindungen auch wieder lösen. Beim Auswechseln defekter oder falsch eingelöteter Bauteile (die nicht zu lange erwärmt werden dürfen) empfiehlt es sich, die Hülse mit einer spitzen Zange aus der Bohrung herauszuziehen, dann zu entlöten und durch eine neue zu ersetzen.

1.5 Schaltungsaufbau auf Leiterplatten (Platinenherstellung)

Elektronische Schaltungen werden fast durchweg auf Leiterplatten (kurz „Platine", „gedruckte Schaltung", „Printplatte" oder „der Print") montiert. Das Prinzip besteht darin, daß auf einer Isolierplatte einseitig, oft auch beidseitig, Kupferbahnen (Leiterbahnen) aufgebracht werden. Isolierplatte und Leiterbahn werden durchbohrt, die Drahtenden der Bauelemente durchgesteckt und an den Kupferbahnen festgelötet. Die Kupferbahnen übernehmen die Funktion der Verbindungsdrähte zwischen den Bauelementen. Auf diese Weise läßt sich ein stabiler, bei Serien unerhört zeitsparender Aufbau erreichen. Verdrahtungsirrtümer sind so gut wie ausgeschlossen.

Im Handel wird die kupferkaschierte Platte als „Basismaterial" oder „PC-Material" (engl. *printed circuit* = gedruckte Schaltung) geführt. Die Isolierplatte besteht in der Regel aus Pertinax („Hartpapier") oder glasfaserverstärktem Epoxydharz und ist 1,5 mm dick. Für besondere Zwecke werden aber auch erheblich dickere oder dünnere Platten verwendet, auch solche aus anderen Isolierstoffen. Die Dicke der aufgeklebten Kupferfolie beträgt im allgemeinen 35 µm (0,035 mm).

In einfachster Weise wird das Kupfer, das als Leiterbahn stehenbleiben soll (die sog. „Ätzreserve"), mit einem säurefesten Lack abgedeckt. Der blanke Rest des Kupfers wird weggeätzt. Bei Einzelstücken oder Kleinserien bringt man den Abdecklack durch Handzeichnung oder Fotokopie auf, bei Großserien im Siebdruckverfahren – daher auch die Bezeichnung „gedruckte Schaltung".

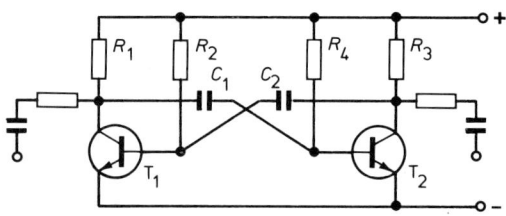

22 *Stromlaufplan für einen Multivibrator (Kapazitätsmeßbrücke, S. 76 f.).*

Bei der Fertigung von Großserien geht man inzwischen dazu über, nur die Leiterbahnen auf die Isolierplatte aufzubringen.

Die Verfasser ermutigen ausdrücklich dazu, Schaltungen auf selbstgefertigten Platinen aufzubauen. Die Hilfsmittel zum Herstellen derselben, insbesondere zum Ätzen (s.u.) sind heute so gut, daß saubere Arbeit auch in der Schule möglich ist.

1.5.1 Die Leiterbahnzeichnung

Vor der Herstellung jeder Platine steht der Entwurf als Bleistiftzeichnung (25–33). Er soll hier am Beispiel des Multivibrators, der in der Kapazitätsmeßbrücke (S. 76f.) die Wechselspannung erzeugt, erklärt werden. Dabei handelt es sich um einen „normalen" Multivibrator (S. 152ff.), der an den Kollektoren um zwei RC-Glieder erweitert ist, über die die Wechselspannung ausgekoppelt wird.

Selbstverständlich sollte vor Beginn der Zeichenarbeit nicht nur der Stromlaufplan (22) feststehen. Auch alle Bauelemente sollten vorhanden sein, zumindest muß man ihre Abmessungen, insbesondere das Rastermaß der Anschlußstifte und -drähte kennen. Da man aber nie dessen gewiß sein kann, das vorgesehene Bauelement in der gewünschten Ausführung auch wirklich zu erhalten, sollte man kompromißlos dafür sorgen, daß vor Beginn der Zeichenarbeit sämtliche Bauteile „vor-liegen" (wörtlich gemeint!). Es ist sehr hilfreich, wenn man sich die Teile beim Zeichnen in der Zuordnung des Stromlaufplans hinlegen kann.

Als Zeichengrundlage empfiehlt sich Millimeterpapier. Die meisten Bauelemente entsprechen dem 2,5-mm-Raster. Hat ein Bauteil (Drehkondensator, Spulenbecher usw.) mehrere Anschlüsse, deren Rastermaß nicht bekannt ist, so kann man es ausreichend genau feststellen, indem man die Anschlußstifte über einem Stück Styropor mit glatter Oberfläche in das Millimeterpapier eindrückt (es empfiehlt sich dabei, eine markante Seite des Bauteils auf eine Null-Linie des Millimeterpapiers zu legen). – Zum Feststellen von Abständen zwischen Bohrungen (z.B. zwischen den Befestigungslöchern in einem Drehkondensator) überdeckt man die Bauteilfläche mit einem Stück Millimeterpapier und stößt die Löcher mit einem spitzen Gegenstand (z.B. Bleistift) durch.

Beim Entwurf der Leiterbahnzeichnung geht man konsequent von links nach rechts im Stromlaufplan vor. Dabei erhält man in der Regel den elektronisch günstigsten Aufbau mit kurzen Leitungswegen. Außerdem ist die Gefahr gering, daß Bauteile vergessen werden.

Auf dem Stromlaufplan des Multivibrators sehen wir mehrere Leitungskreuzungen (23), die sich auf einer Platine nicht so einfach als Leiterbahnzüge verwirklichen lassen (Kurzschlüsse). Während man es beim Zeichnen von Stromlaufplänen der Übersichtlichkeit wegen vermeidet, eine Leitung durch das Schaltzeichen eines Bauteils hindurchzuzeichnen, findet man bei der Suche nach geeigneten Wegen für eine Leiterbahnführung gerade darin eine Lösung: Verbindungen werden zwischen die Anschlüsse von Bauelementen gelegt – so, als würden sie „durch das Bauelement" hindurchführen (24). Darüber hinaus braucht man nur noch etwas Phantasie und Übung.

Die Leiterbahnen selbst brauchen nicht breit zu sein. Eine 1 mm breite Leiterbahn kann einen Strom von 1 A übertragen! Das schließt nicht aus, daß der Elektroniker gern viel Kupfer für die „Masseleitung" stehen läßt. Dadurch wird der Schaltungsaufbau meist elektrisch stabiler; außerdem wird weniger Ätzmaterial benötigt. – Die Lötstellen, die ja durchbohrt werden müssen, zeichnet man von vornherein etwas breiter, am besten als kleine Kreise („Lötaugen").

Beim Zeichnen des Leiterbahnentwurfs denkt man sich immer die Kupferseite der Platine – d.h. man sieht die Bauteile, die ja später auf der Isolierstoffseite montiert werden, beim Leiterbahnzeichnen „von unten". Bei Bauelementen mit

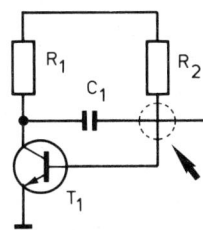

23 *Leitungskreuzung im Stromlaufplan (ein problematischer Punkt beim Platinenentwurf).*

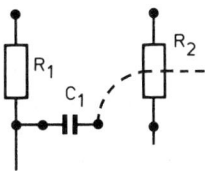

24 *Die Leiterbahn wird zwischen die Anschlüsse eines Bauelements gelegt.*

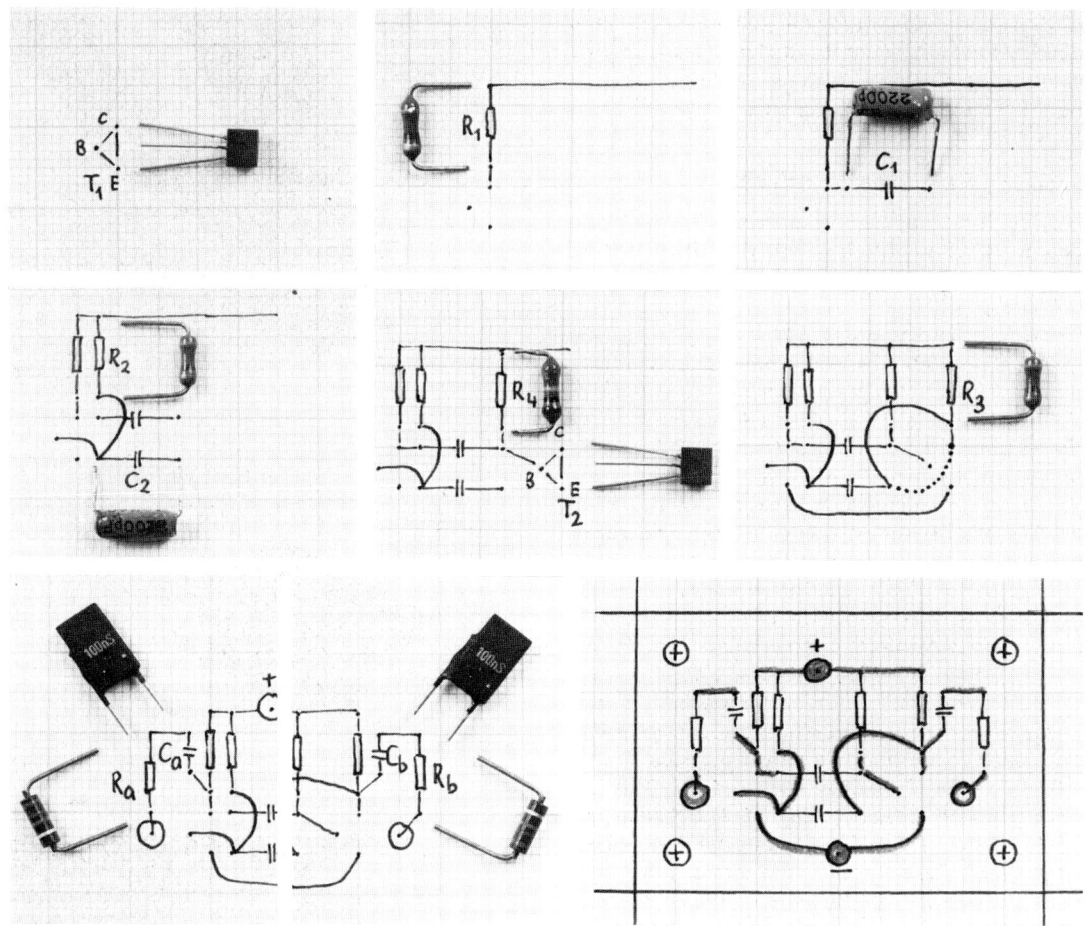

25–33 So entsteht der Platinenentwurf für den Multivibrator (Leiterbahnzeichnung).

zwei Anschlüssen (Widerstände, Kondensatoren) spielt das keine Rolle, aber bei Transistoren und anderen mehrpoligen Bauteilen muß man die Sichtweise genau beachten (es lohnt sich, die Anschlußfolge „von unten gesehen" zur leichteren Orientierung auf dem Rand des Zeichenblatts zu vermerken).

Der Platinenentwurf für den Multivibrator (vgl. die Abb. 25–33): Wir beginnen mit dem Festlegen der Lötpunkte für den ersten Transistor T_1 (25). Es folgen der Reihe nach die Bauelemente R_1 (26), C_1 (27), R_2 und C_2 (28). Da R_1 an einer durchgehenden Plus-Leitung liegt, zeichnet man diese schon provisorisch ein (26).
Für die Anbindung von R_2 an C_2 und die Basis von T_1 gibt es mehrere Möglichkeiten. In jedem Fall führt die Leiterbahn zwischen den Anschlüssen eines benachbarten Bauelements hindurch (hier durch C_1) – (28).
R_4 kann leicht an das freie Ende von C_1 angefügt werden (29). Damit steht auch fest, wohin T_2 zu setzen ist – Anschluß der Basis von T_2 an R_4 und C_1 (29). Nun kann man die Emitter von T_1 und T_2 miteinander verbinden (30).
Der Kollektorwiderstand R_3 wird zwischen T_2 und Plus-Leitung eingefügt (30). Der Leitungsweg von C_2 zum Kollektor T_2 führt in der Abbildung (30) zwischen den Anschlüssen von C_1 und R_4 hindurch – er könnte auch zwischen dem Basis- und Emitteranschluß von T_2 (punktierte Linie) liegen. Da die Transistoranschlüsse dicht beieinanderstehen, empfiehlt sich dieser Weg weniger (obwohl er kürzer ist).
Nun fügen wir noch die beiden *RC*-Glieder an (*31* und *32*) und markieren die Anschlußpunkte für

die Spannungsversorgung (*33*). Dann umgibt man den Entwurf mit einem Rand, der Befestigungslöcher zuläßt. Die Leiterbahnen sollte man mit einem Faserschreiber kräftig hervorheben (*33*).

1.5.2 Die Anfertigung der Platine

Benötigt man nur eine Platine, so überträgt man den Entwurf unmittelbar auf das Basismaterial (Zuschnitt mit der Laubsäge – feinstes Metallsägeblatt).
Die Kupferseite muß von Fett und Oxyd sorgfältig gereinigt werden. Das kann mit einem Scheuermittel (ATA, VIM) geschehen, besser mit einem Polierblock (POLIFIX, *34*) aus dem Bastlerladen. Es empfiehlt sich, die Kanten des Platinenzuschnitts nicht schon vorher zu entgraten (siehe S. 21), da der anhängende Sägegrat den Block bei der Benutzung immer wieder reinigt. Die gereinigte (blanke) Kupferfläche darf nun nicht mehr mit der bloßen Hand berührt werden.
Man sticht jetzt die vier Ecken der Entwurfszeichnung auf dem Millimeterpapier mit der Reißnadel durch, womit die Grenzen der Zeichnung auch rückseitig markiert werden. Zwischen diesen Punkten kann man den Plattenzuschnitt (Kupferseite nach unten) mit Klebeband fixieren.
Alle Lötaugen-Punkte werden von der Vorderseite der Entwurfszeichnung im Durchstich mit der Reißnadel auf die Kupferseite der Platte übertragen (*36*). Dabei sollte man immer nur soviel Kraft aufwenden, als für eine deutliche Markierung nötig ist. Sticht man zu kräftig, so entstehen Krater, um die herum sich das Kupfer von der Isolierplatte löst.
Die Leiterbahnzüge werden mit einem Spezialstift (z.B. DALO-PC-Faserschreiber) der Entwurfszeichnung entsprechend direkt auf die Kupferseite übertragen (*37*). Die Tusche dieses Schreibers trocknet schnell, haftet fest und bildet eine schützende Abdeckung des Kupfers gegen die Ätzflüssigkeit. Sie muß sich allerdings leicht auftragen lassen. Verläuft sie nicht (bildet sie Perlen oder gestörte Ränder), so ist die Kupferplatte nicht sauber und muß noch einmal gereinigt wer-

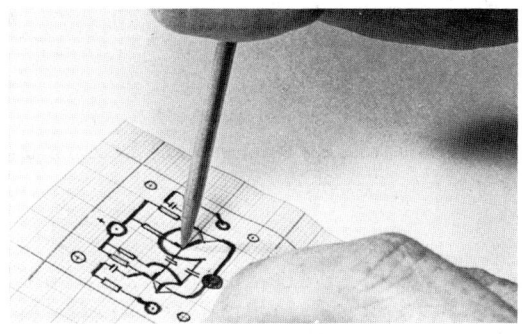

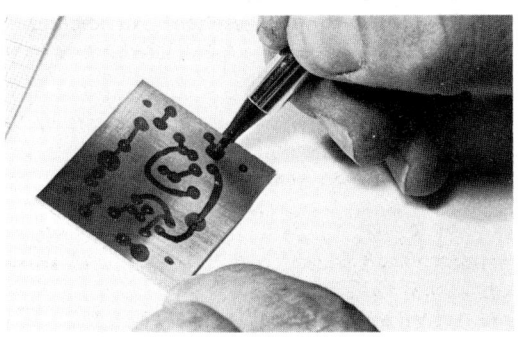

34–37 *Reinigen der Kupferoberfläche mit dem Polierblock. Fixieren der Leiterplatte auf der Rückseite der Entwurfszeichnung mit Klebestreifen. Lötpunkte mit einer Reißnadel auf die Kupferseite der Platine übertragen (durchstechen). Auftragen der Ätzreserve mit dem Spezialstift: Abdecken der Lötpunktstellen; die Leiterbahnzüge werden frei nach dem Entwurf gezeichnet.*

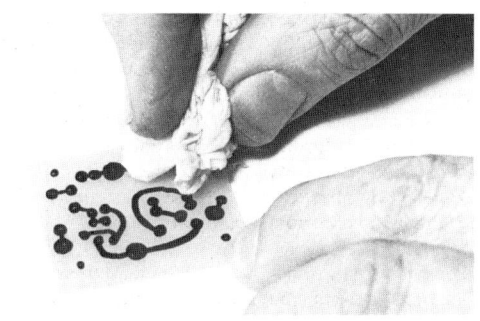
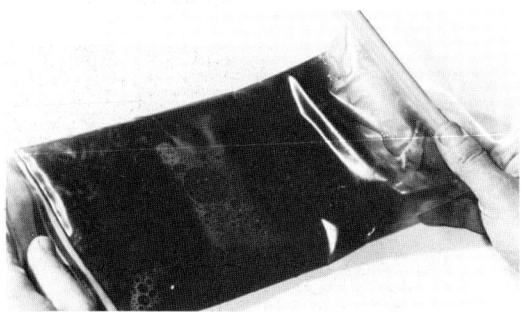

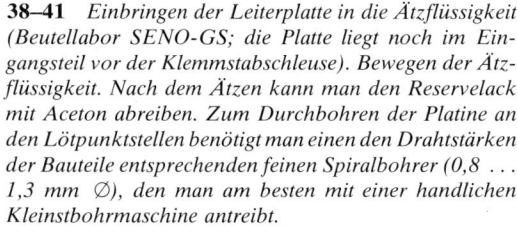

38–41 *Einbringen der Leiterplatte in die Ätzflüssigkeit (Beutellabor SENO-GS; die Platte liegt noch im Eingangsteil vor der Klemmstabschleuse). Bewegen der Ätzflüssigkeit. Nach dem Ätzen kann man den Reservelack mit Aceton abreiben. Zum Durchbohren der Platine an den Lötpunktstellen benötigt man einen den Drahtstärken der Bauteile entsprechenden feinen Spiralbohrer (0,8 . . . 1,3 mm ⌀), den man am besten mit einer handlichen Kleinstbohrmaschine antreibt.*

den. Die Tusche haftet nur auf metallisch blanker Oberfläche. Zum Abdecken größerer Flächen eignet sich auch der Faserschreiber EDDING 3000. Für ein gleichmäßigeres Leiterbahnenbild gibt es im Handel ätzfeste Aufreiber (Transfer-Symbole für IC-Fassungen, Transistoranschlüsse, Leiterbahnen, Lötaugen, Anschlußpunkte usw.).

Zur Herstellung mehrerer Platinen nach einer Vorlage empfiehlt sich die Übertragung des Leiterbildes auf das Basismaterial auf fotografischem Wege. Fotolack und Filme sind im Einzelhandel erhältlich, das Verfahren ist relativ einfach. Siebdruckanlagen ermöglichen größere Serien, etwa als Klassensatz in der Schule.

Nun kann die Platine geätzt werden. Der Fachhandel bietet verschiedene Ätzmittel an. Das harmloseste Mittel ist Eisen-III-Chlorid, mit dem man auch einmal die Finger benetzen kann.

Rezept: ca. 500 g werden unter leichtem Umrühren in 1 l Wasser gelöst. Die Lösung reicht für ca. 0,15 m² Basismaterial. Der Verbrauch hängt in starkem Maße auch davon ab, wieviel Kupfer geätzt werden soll (Größen der abgedeckten Flächen). Die Lösung kann in einer Plastikflasche aufbewahrt und wiederverwendet werden.

Man legt die Platine zum Ätzen mit der Kupferseite nach oben in eine kleinere, am besten hochbordige Kunststoffschale (Gefrierdose, kein Metall!) und gießt so viel Ätzlösung darüber, daß die Platte etwa 1 cm hoch bedeckt ist. Durch Schwenken der Schale muß die Flüssigkeit über der Platine von Zeit zu Zeit bewegt werden. Die Ätzzeit beträgt bei frischer Lösung je nach Temperatur und Schwenkbewegung 15 bis 30 Minuten. Das Ätzbad arbeitet schneller, wenn es auf maximal 60 °C erwärmt wird. Auch eine Zugabe von ca. 20 ml Salzsäure auf 1 l Eisen-III-Chlorid-Lösung verkürzt die Ätzzeit um einiges. Das gelöste Kupfer färbt die anfangs gelbliche Flüssigkeit braungrün. Der Prozeß ist beendet, wenn alles sichtbare Kupfer von der Platine verschwunden ist. Wenn die Ätzzeit mehr als 60 Minuten dauert, ist die Lösung verbraucht.

Hinweise: Spritzer auf Kleidungsstücke sofort unter fließendem Wasser ausspülen. Flecken können ggf. mit Zitronensaft oder einem Rostfleckenentferner entfernt werden. Hände nach der Benetzung mit viel Wasser abspülen.

Für besonders schnelles und sauberes Arbeiten ist unter der Bezeichnung SENO-GS ein „Beutellabor" im Handel, bei dessen Verwendung keine Schalen und andere Hilfsmittel mehr erforderlich sind und eine Berührung mit Chemikalien weitgehend ausgeschlossen ist. Als Ätzmittel wird Eisen-III-Chlorid mit Zusätzen von Stabilisierungs- und Beschleunigersalzen verwendet. Nach Angabe des Herstellers reicht eine Ätzeinheit für über 60 Platinen im Format 5 cm × 5 cm (etwa 1 600 cm^2 Basismaterial).

Vor dem Einlegen der Platine in den Ätzbeutel sind die Schnittränder mit einer Feile sorgfältig zu entgraten und scharfe Ecken abzurunden. Die Platine wird dann durch eine Klemmstabschleuse in die Ätzflüssigkeit eingebracht (38) und durch Bewegen des Beutels umspült (39). Der Beutel selbst ist vollkommen dicht, dabei durchsichtig, so daß der Ätzvorgang beobachtet und beurteilt werden kann. Nach beendeter Ätzung wird die Platine im oberen Beutelteil festgehalten und durch die Klemmstabschleuse wieder in den Eingangsabschnitt des Beutels zurückbefördert.

Die Ätzeinheit ist im Beutel unbegrenzt lagerfähig und läßt sich geschlossen in einer dazugehörigen Styropordose aufbewahren.

Die fertiggeätzte Platine ist in klarem Wasser gut zu spülen. Die Ätzreserve läßt sich mit Aceton oder ähnlichen Lösungsmitteln entfernen (40).

1.5.3 Montage der Bauelemente

Zunächst muß die Platine auf einer festen Unterlage von der Kupferseite aus an den Lötpunkten durchbohrt werden (Spiralbohrer, 0,8–1,3 mm). Dafür gibt es in den Bastelläden kleine, sehr handliche Kleinst-Bohrmaschinen, die mit Kleinspannung (8–14 V, 2 Flachbatterien oder Trafo mit Gleichrichter) betrieben werden und die Arbeit sehr erleichtern (41). Die Bauteile werden von der Isolationsseite der Platine aus mit ihren Anschlußdrähten durchgesteckt und an den Leitungsbahnen verlötet (42). Überstehende Drahtenden werden abgeschnitten (43).

1.6 Umgang mit dem Vielfachmeßgerät

Das Universal- oder Vielfachmeßgerät (auch „Multitester" genannt) ist in der Regel so gebaut, daß beim Messen ein Zeiger ausschlägt und die Größe des angezeigten Meßwerts auf einer Skala abgelesen werden kann. Bei den für uns in Frage kommenden Messungen genügt schon ein einfaches Gerät aus der Preislage um 50 DM mit einem möglichst hohen Innenwiderstand für die Spannungsmessung (s.u.). Sein empfindlichster Be-

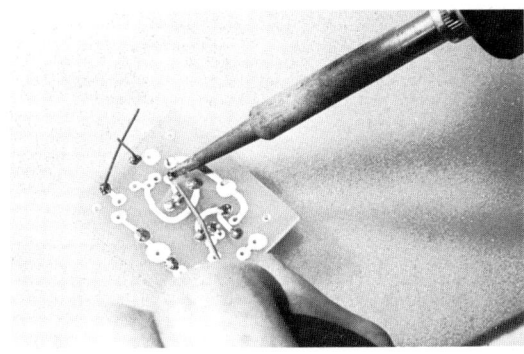

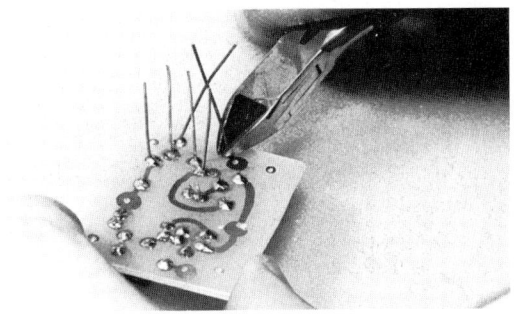

42/43 *Man steckt die Anschlußdrähte der Bauteile von der Isolationsseite her durch die Platinenbohrungen und verlötet sie auf der Leiterbahnseite mit den Kupferbahnen. Über das notwendige Durchwärmen der Kupferbahnen beim Löten s. S. 14. Abschließend werden die Drahtüberstände der eingelöteten Bauteile kurz abgeschnitten.*

reich für die Strommessung sollte 50 µA oder maximal 100 µA aufweisen.

Durch *Prüfen* ermitteln wir, ob ein Bauteil, eine Leitungsverbindung oder die Stufe einer Schaltung funktioniert. Beim *Messen* bestimmt man den genauen Zahlenwert einer Meßgröße – den „Meßwert". Gemessen werden Gleichspannungen, Wechselspannungen, Gleichströme, Wechselströme, Widerstände, mit besonderen Geräten oder Vorrichtungen auch Kondensator- und Transistorwerte (Kapazitäten, Verstärkungsfaktoren, Restströme). Zum Prüfen gängiger Bauelemente auf ihre Funktionstüchtigkeit kann man sich Prüfhilfsmittel auch selbst herstellen. Hinweise werden jeweils an Ort und Stelle gegeben. Fast alle handelsüblichen Vielfachmeßgeräte sind *Drehspulmeßinstrumente* (45/46). Das Meßwerk besteht aus einer kleinen und sehr leichten Spule, die im Feld eines starken Dauermagneten drehbar gelagert ist und am Ende ihrer Achse einen Zeiger

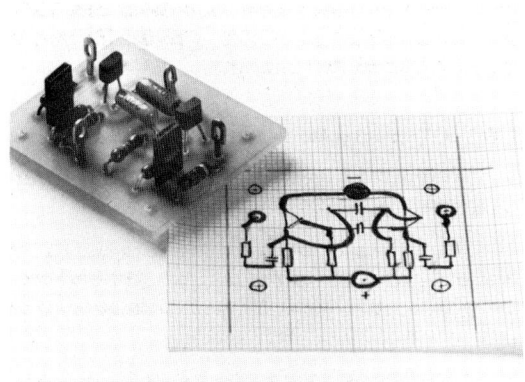

44 *Die fertigbestückte Platine (darunter die Entwurfszeichnung).*

trägt. Dieser Spule wird der Meßstrom über zwei gegensinnig gewickelte Spiralfedern zugeführt, die zugleich als Rückzugsfedern dienen. Fließt der Strom durch die Spule, so entsteht infolge des Induktionsgesetzes eine mechanische Kraft, die eine Spulendrehung entgegen dem Zug der Rückzugsfedern bewirkt. Die Spule dreht sich so weit, bis die beiden gespannten Spiralfedern dem „Drehmoment" der Spule das Gleichgewicht halten. Fließt der Strom in entgegengesetzter Richtung durch die Spule, so kehrt sich auch das Drehmoment um. Die Anzeige hängt also von der Stromrichtung ab. Daraus ergibt sich die *Notwendigkeit, beim Anschluß des Drehspulmeßinstruments an eine Gleichstrom führende Zuleitung stets auf die richtige Polung zu achten.* Wird das Instrument irrtümlich falsch angeschlossen, so bleibt der Zeiger nach einer kurzen Rückwärtsbewegung am Anschlag hängen. Wenn das nur kurz und bei angemessener Stufenbereichseinstellung geschieht, schadet es dem Instrument nicht. Stromüberlastung und längeres Hängen des Zeigers können aber dazu führen, daß die Spule unzulässig erwärmt und das Meßwerk zerstört wird.

Das Drehspulmeßwerk ist nur für Gleichstrom geeignet. Wechselströme werden ihm über eine vorgebaute Gleichrichterschaltung zugeführt. Verschiedene Meßbereiche lassen sich durch Zuschalten von Vor- und Nebenwiderständen einstellen. In Drehspulmeßgeräten folgen die Zeigerausschläge veränderten Stromgrößen sehr genau, gleichgültig, ob am Anfang, in der Mitte oder am Ende der Skala gemessen wird. Drehspulinstrumente haben eine regelmäßig geteilte Skala. Ein Vorteil ist auch ihre hohe Empfindlichkeit, die es erlaubt, Ströme noch in den Tausendstel- oder Millionstel-Ampere-Bereichen zu messen.

1.6.1 Empfindlichkeit und Meßgenauigkeit

In einem empfindlichen Meßgerät bewirkt schon eine geringe Änderung des Meßstroms einen starken Zeigerausschlag. Entscheidend dafür ist der Strom, den das Gerät selbst für den Betrieb des Meßwerks benötigt (Eigenverbrauch). Jede Messung mit dem Drehspulmeßwerk verbraucht Strom, verfälscht also das Ergebnis. Die Fehler im Meßergebnis sind um so kleiner, je weniger elektrische Energie die Spule zum Drehen braucht, d.h. je empfindlicher das Meßwerk ist.

Für Strommessungen wird das Meßinstrument im allgemeinen direkt in den Stromkreis gelegt, so daß der zu messende Strom durch das Instrument fließt. Da der Widerstand des Meßinstruments in den Gesamtstromkreis eingeht und dessen Gesamtwiderstand erhöht, ist man natürlich daran interessiert, den Widerstand des Meßwerks möglichst klein zu halten.

Auch Spannungsmessungen sollen die Spannungsquelle möglichst wenig belasten – d.h. ihr möglichst wenig Strom entnehmen. Je empfindlicher die Drehspule ist, um so weniger Strom bzw. Spannung benötigt sie für den Zeigervollausschlag. Im allgemeinen sind die zu messenden Spannungen höher als der Spannungsbedarf der Spule. Daher schaltet man die Spule mit einem hohen Vorwiderstand in Reihe. Dieser Vorwiderstand, der eigentlich der Spannungsbegrenzung und Anpassung der Meßspannung an das Meßwerk dient, wird um so größer sein, je weniger Strom die Spule selbst benötigt. Durch Vorschalten verschieden großer Vorwiderstände lassen sich verschiedene Meßbereiche einstellen. Vorwiderstand und Spulenwiderstand zusammen ergeben den *Eingangs- oder Innenwiderstand* des Meßinstruments, der also zugleich ein Maß für die Empfindlichkeit ist. Da der Vorwiderstand je nach dem Spannungsmeßbereich umgeschaltet wird, geben die Hersteller den Innenwiderstand bezogen auf 1 Volt an. – Der Innenwiderstand sollte nicht unter 20 000 Ω pro Volt liegen; er kann je nach Preisklasse bis zu 100 000 Ω pro Volt oder mehr betragen.

Von der Empfindlichkeit zu unterscheiden ist die Meß- oder Anzeigegenauigkeit. Anzeigefehler entstehen z.B. durch Lagerreibung, ungenaue Skalenausführung und Fertigungstoleranzen, aber auch beim Gebrauch des Geräts unter vom Normalwert stark abweichenden Temperaturen,

45/46 *Das Vielfachmeßgerät – In Schaufenstern und Katalogen findet man eine erschreckende Vielfalt auch preislich unterschiedlicher Modelle. Wer nur gelegentlich einmal „mißt", wird schon mit einem einfacheren Gerät aus der Preisklasse um 50 DM (oben) auskommen. Höhere Erwartungen sind an Instrumente in den Preisklassen über 100 DM zu stellen. Beim Kauf achte man auf einen möglichst hohen Innenwiderstand, auf gute Anzeigegenauigkeit (möglichst Klasse 1,5–2,5), elastische Drehspullagerung, Überlastschutz, Ablesedeutlichkeit – und schließlich auch auf Handlichkeit. Praktisch sind „kombinierte" Geräte. So hat z.B. das unten abgebildete Meßinstrument zusätzlich einen Transistorprüfer, mit dem durch einfaches Umschalten Stromverstärkung und Reststrom von NPN- und PNP-Transistoren gemessen werden können.*

durch Schräghaltung (Neigung des Instruments gegenüber der horizontalen Gebrauchslage) usw. Diese Fehler dürfen die zulässigen Grenzen nicht überschreiten und werden in Prozent vom Meßbereichsendwert („SE" = Skalenende) angegeben. Nach ihnen teilt man die Meßgeräte in *Genauigkeitsklassen* ein: Klasse $1 = \pm 1\%$, Klasse $1,5 = \pm 1,5\%$, Klasse 2, Klasse 5.

Die auf den Endwert des Meßbereichs bezogene prozentuale Abweichung wird um so größer, je näher die Ablesung am Skalenanfang erfolgt. Für genauere Messungen sollte man daher den Meßbereich möglichst so wählen, daß der Zeiger im letzten Skalendrittel anzeigt.

1.6.2 Allgemeine Bedienungshinweise

1. Vor Inbetriebnahme die Batterie für die Widerstandsmessung einsetzen.

2. Bei *horizontaler Gebrauchslage* des Geräts die Nullpunkteinstellung des Zeigers kontrollieren und gegebenenfalls mit der Stellschraube auf dem Instrumentendeckel justieren.

3. Jedes Vielfachmeßgerät hat mit „+" und „–" (oder „0") bezeichnete Eingangsbuchsen („Klemmen"), dazu ein rotes und ein schwarzes Meßkabel. Das rote Meßkabel ist stets der Plus-Buchse, das schwarze der Minus-Buchse zuzuordnen.

4. Den Meßbereichschalter auf die gewünschte Meßart einstellen bzw. die Meßkabel in die richtigen Buchsen einstecken.

5. Bei unbekannten Spannungen und Strömen immer zunächst den höchsten Meßbereich einstellen. Erst wenn sich bei der Messung der Zeigerausschlag als zu gering erweist, auf den nächstkleineren Stufenbereich umschalten. Heftiges Anschlagen und längeres Hängen des Zeigers an der Ausschlagsbegrenzung können dazu führen, daß die Spule unzulässig erwärmt und das Meßwerk zerstört wird.

6. Beim Messen von Gleichspannungen und Gleichströmen auf den richtigen Anschluß der Meßkabel achten. Die schwarze Prüfschnur wird an die negative Zuleitung gelegt (bei einer Batterie an den Minuspol), die rote an den Teil der Schaltung, der gegenüber der negativen Zuleitung positives Potential aufweist.

7. *Beim ersten Schließen des Meßkontaktes die Zuleitung mit dem Prüfstift nur probeweise kurz antippen und dabei den Zeigerausschlag beobachten.* Bewegt sich der Zeiger in die falsche Richtung, so sind die Meßanschlüsse falsch gepolt und müssen vertauscht werden. Falschpolung kommt häufig vor, z.B. dann, wenn man über den Stromverlauf in einer Schaltung keine Anhaltspunkte hat. Durch kurzes Antippen der Leitung läßt sich leicht die Stromrichtung feststellen. Neigt der Zeiger aber zu einem schnellen Hinweileilen über die gesamte Skala, dann hat man sich in der Meßbereichseinstellung geirrt. Siehe die Vorsichtsmaßnahme in Pkt. 5.

8. Blickt man beim Ablesen nicht senkrecht, sondern schräg auf den Zeiger, dann scheint es, als ob dieser über einem anderen Teilstrich stünde („Parallaxefehler"). Um eine parallaxenfreie Ablesung zu ermöglichen, ist bei den meisten Instrumenten längs der Skala ein Spiegelbogen angebracht. Beim Ablesen sind Zeiger und Spiegelbild durch senkrechten Aufblick in Deckung zu bringen.

9. Schließlich muß der auf der Skala angezeigte Wert auch richtig abgelesen werden. Man beachte: Jede Anzeige liegt irgendwo zwischen zwei anderen, auf der Skala ziffernmäßig markierten Teilstrichen, denen der Richtungsverlauf der Skala zu entnehmen ist. Ferner ist aus der Anzahl der Teilstriche, die zwischen zwei jeweils bezifferten Teilstrichen liegen, der Skalenwert des einzelnen, nichtgekennzeichneten Teilstrichs festzustellen. 4 Teilstriche zwischen zwei grob gekennzeichneten Zehnerwerten besagen z.B., daß jedem einzelnen Teilstrich der Meßwert „2" zukommt. Aufpassen muß man, wenn sich innerhalb einer Skala die Teilstrichwerte ändern, wie das z.B. an der Widerstandsmeßskala der Fall ist. – Manchmal ist der Ablesewert auch noch mit einem auf dem Meßbereichschalter vermerkten Faktor zu multiplizieren. Der Schalterstellung R × 10 in einem Widerstandsmeßbereich besagt z.B., daß aus dem Ablesewert 22 Ohm (mit 10 multipliziert) der Meßwert 220 Ohm zu errechnen ist.

Über die verschiedenen Meßverfahren siehe S. 29f. (Spannungsmessung), S. 30f. (Strommessung), S. 33 (Widerstandsmessung).

2. Grundlagen der Elektrotechnik

Verbindet man die Pole einer Taschenlampenbatterie mit einer passenden Lampe, so leuchtet die Lampe auf. Die Ursache dieses Aufleuchtens ist der *elektrische Strom,* der von der Batterie durch eine Leitung zur Lampe und durch diese hindurch wieder zur Batterie zurückfließt. Die Glühlampe liefert Licht, der Tauchsieder Wärme, Elektromotoren leisten mechanische Arbeit. Durch elektrische Impulse können Informationen über weite Entfernungen transportiert werden.

Elektrischer Strom bewegt sich nur im geschlossenen Stromkreis durch das leitende System. Er ist nur in seinen Wirkungen erkennbar.

2.1 Vom Wesen der Elektrizität

„Elektron" ist das griechische Wort für Bernstein. Den alten Griechen war bekannt, daß das versteinerte Naturharz, das man im Norden Bernstein („Brenn"-stein) nennt, wenn man es reibt, unter Knistern Staub und andere leichte Teilchen anzieht und bald darauf wieder fallen läßt. Im Dunkeln kann man das Knistern begleitende blaue Funken sehen. Heute wissen wir, daß sich auch andere Stoffe, besonders Kunststoffe (Acrylglas, PVC, Polystyrol) so verhalten (wer sich mit einem Kunststoffkamm die Haare kämmt oder abends sein Perlonhemd auszieht, hört oft das Knistern der „Reibungselektrizität"). Durch das Reiben werden Kräfte wirksam, deren Ursache *elektrische Ladungen* sind. Solche Ladungen können auch auf andere Weise, durch Druck, Wärme, Lichteinwirkung, Magnetismus oder auf chemischem Wege, erzeugt werden. Dabei gilt unsere Frage den *Ladungsträgern,* die das leitende Material durchfließen und den elektrischen Strom verursachen.

Es hat sich gezeigt, daß das Reiben der Körper gar nicht die wesentliche Voraussetzung für die Entstehung elektrischer Ladungen ist, daß vielmehr schon eine enge Berührung und nachfolgende Trennung unterschiedlicher Stoffe ausreicht, um sie „elektrisch" zu machen. Die dazu erforderliche enge Berührung ist nur eben wegen der Oberflächenrauhigkeit durch festes Zusammenpressen oder Reiben herzustellen. Der Begriff „Reibungselektrizität" entstand zu einer Zeit, als diese Tatsache noch nicht bekannt war. Man spricht heute besser von „Berührungselektrizität".

2.1.1 Positive und negative Ladungsträger

Der kleinste bekannte Bauteil unserer stofflichen Welt, das *Atom* (gr. atomos = unteilbar) besteht aus einem Atomkern und unterschiedlich vielen Elektronen, die diesen Kern in bestimmten engeren und weiteren Bahnen, den sogenannten „Umlaufbahnen", umkreisen. Da die Umlaufgeschwindigkeit der Elektronen sehr hoch ist und sich auch die Ebenen der Umlaufbahnen ständig verlagern, wirken die Elektronenbahnen wie Schalen, die den Kern in einer jeweils bestimmten Entfernung umgeben. Man spricht daher auch von den „Elektronenschalen". Vereinfacht stellt sich uns ein Atom dar wie eine Sonne mit einem Planetensystem (47).

Der *Atomkern* besteht aus Protonen und Neutronen. Beide sind Masseteilchen (Elementarteilchen). Jedes einzelne Proton ist positiv geladen, es besitzt die kleinste bekannte positive Ladungsmenge – eine Elementarladung. Neutronen haben keine Ladung. Sie sind elektrisch neutral. Protonen und Neutronen werden in der Natur durch starke Kernkräfte zusammengehalten.

Auch die *Elektronen* sind elektrisch geladen. Im Unterschied zum Kern besitzt jedes einzelne Elektron eine negative Elementarladung. Die positive Ladung des Kerns und die negative Ladung der Elektronen sind Ursache für die anziehenden elektrischen Kräfte. Im Gesamtzusammenhang des Atoms halten diese der Fliehkraft aus der Umlaufgeschwindigkeit jedes einzelnen Elektrons die

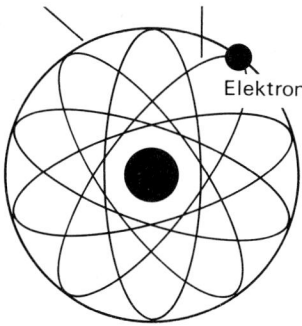

47 *Jedes Elektron umkreist den Atomkern mit hoher Geschwindigkeit auf einer Bahn, deren Ebene fortwährend die Lage ändert. So ergibt sich die Vorstellung, daß in einer bestimmten Entfernung vom Kern jederzeit an jedem Punkt ein Elektron „anzutreffen" sein müßte. Die Gesamtheit der unendlich vielen Punkte auf den Umlaufbahnen entspricht der „Elektronenschale".*

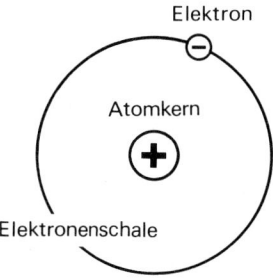

48 *Vereinfachte Darstellung des Wasserstoffatoms.*

Waage, woraus sich erklärt, daß die Elektronen trotz Anziehung in verschiedenen Entfernungen vom Kern auf ihren Bahnen bleiben.
Das denkbar einfachste Atom ist das Wasserstoffatom. Es besteht aus einem Proton und einem Elektron (*48*). Andere Atome haben mehrere Protonen und Elektronen. Jedem negativen Elektron in der Umlaufbahn entspricht im ungestörten Fall ein positives Proton im Kern. Das heißt, daß im Normalfall die Zahl der Elektronen in den Umlaufbahnen mit der Anzahl der Protonen im Atomkern übereinstimmt. Damit befindet sich das Atom in einem *Ladungsgleichgewicht*. Es verhält sich elektrisch neutral.
Die elektrischen Kräfte wirken um so stärker, je enger elektrische Ladungsträger aneinanderrücken. Sie werden um so schwächer, je weiter die Ladungsträger voneinander entfernt werden. Das erklärt, weshalb sich die anziehende Kraft zwischen den Protonen im Kern und den Elektronen auf der äußersten Schale weniger stark auswirkt. In diesem Umlaufbereich können Elektronen freigesetzt bzw. von benachbarten Atomen aufgenommen werden (*49*). Das hat dann eine *Störung des Ladungsgleichgewichts* zur Folge.

Das Stickstoffatom z.B. hat einen Kern mit 7 positiven Protonen und zwei davon verschieden weit entfernte Elektronenschalen mit innen 2 und außen 5 negativen Elektronen. Nach den atomtheoretischen Vorstellungen kann ein Atom auf der 1. Schale 2, auf der 2. Schale 8, auf der 3. Schale 18 Elektronen (usw.) aufnehmen. Das Stickstoffatom hat demnach auf seiner äußeren Schale noch 3 Plätze für die Aufnahme von Elektronen frei. Gerät es nun zu benachbarten Atomen mit geeignetem chemischen Verhalten in Wirknähe, so können sich bindungsfähige Elektronen der benachbarten Atome in die freien Plätze auf der äußeren Schale des Stickstoffatoms hineinschieben. Bei diesem Austausch verlieren alle beteiligten Atome ihr Ladungsgleichgewicht. Das Stickstoffatom, das nun negative Ladungsträger zusätzlich in den Umlaufbahnen hat, erscheint um diesen Überhang „negativ aufgeladen". Man bezeichnet es nun als ein *negatives Ion* (gr. = gehend, wandernd; weil es in geeigneter Umgebung zu einem Spannungsanschluß wandert, der der eigenen Ladung entgegengesetzt ist). Die Atome, die negative Ladungsträger abgeben mußten, haben nun einen Überhang an positiver Kernladung. Man bezeichnet sie als positive Ionen. Wie der positiv geladene Kern und die negativen Ladungsträger in den Umlaufbahnen, so ziehen auch die ungleichnamig ionisierten Atome einander an. Die Verbindung, die durch diese Wirkung elektrischer Kraft entsteht, ist das *Molekül*.

Die Fähigkeit eines Atoms, seine äußere Schale bis zum vollständigen Wert mit Elektronen aufzufüllen, bezeichnet man als seine *Wertigkeit*. Sauerstoff ist „zweiwertig", Stickstoff „dreiwertig". Edelgase sind zu keiner weiteren chemischen Verbindung fähig. Man bezeichnet sie als „chemisch stabil". – Elektronen, die sich leicht in die äußere Schale eines benachbarten Atoms einfügen, heißen *Valenzelektronen* (lat. valere = wert sein; die Zahl der Valenzelektronen gibt den Wert der Ladungsträger an, um den ein Atom aus seinem elektrischen Gleichgewicht gebracht werden kann).
Ionisierte Atome und Moleküle transportieren elektrische Ladungen in Flüssigkeiten und Gasen. Sie wandern dort zu den jeweils gegenpoligen Spannungsanschlüssen. In festen Metallen hingegen treten keine Ionisierungsvorgänge auf. Metallatome binden sich dadurch aneinander, daß sie einen Teil ihrer Valenzelektronen überhaupt ab-

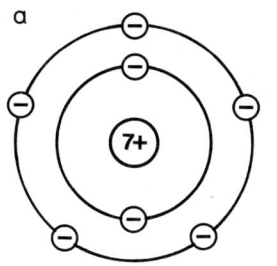

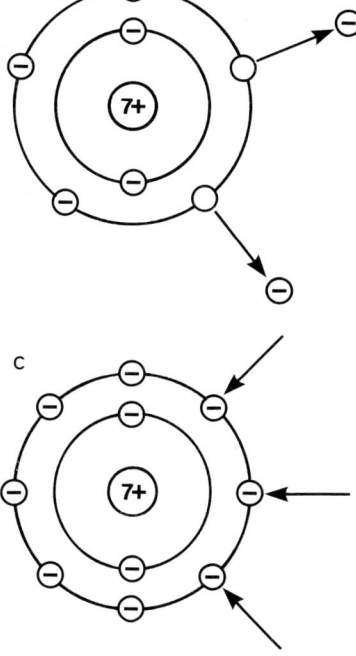

stoßen. Diese abgestoßenen Elektronen sind im metallischen Körper (Kristall- oder Raumgitter) frei beweglich und können weitergeleitet werden. Sie sind als *freie Elektronen* die eigentlichen *Träger der elektrischen Energie* (50).

2.1.2 Elektronenstrom und technische Stromrichtung

Tatsächlich haben wir es in der Elektrotechnik nur mit *negativen Ladungsträgern* zu tun. Die positiven Ladungen im Kern werden durch keinen Prozeß freigesetzt. Entfernen wir aber ein Elektron aus seiner Umlaufbahn, so bleibt das Restatom, dem ja nun eine negative Elementarladung fehlt, mit einem Überhang an positiver Kernladung zurück. Das abgewanderte Elektron hinterläßt an der Stelle seiner früheren Bindung eine Lücke, das „Loch", das nun infolge Fehlens der negativen Ladung auf benachbarte freie Elektronen *wie eine positive Elementarladung* wirkt (*51*).

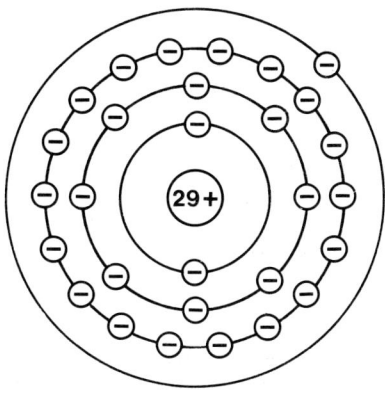

49 (a–c) *Die Zahl der negativen Elementarladungen eines Atoms läßt sich verändern, ohne daß dieses seinen einheitlichen Charakter verliert. Man spricht von Ionisierung.*
a) *Ladungsbild eines Stickstoffatoms.*
Protonen: 7 +
Elektronen: 7 –
Ladungszustand: neutral
3 Freiplätze auf der äußeren Elektronenschale.
b) *Zwei Elektronen sind abgewandert.*
Protonen: 7 +
Elektronen: 5 –
Ladungszustand: positiv   (2 +)
5 Freiplätze auf der äußeren Elektronenschale.
c) *Drei Elektronen sind zugewandert.*
Protonen: 7 +
Elektronen: 10 –
Ladungszustand: negativ   (3 –)
Mit 8 Elektronen ist die äußere Schale voll besetzt.

50 *Die Vorstellung, daß sich bestimmte Elektronen leicht aus ihrer Umlaufbahn lösen und in die Elektronenschalen benachbarter Atome einfügen lassen, berechtigt zu der Annahme, daß wandernde Elektronen auch einen fließenden elektrischen Strom bewirken können. Die Vorgänge bei der Bildung fester Metalle kommt diesem Gedanken besonders entgegen.*
Im Kupferatom z.B. verteilen sich insgesamt 29 negative Ladungsträger auf vier Elektronenschalen. Es hat auf der äußersten Schale nur 1 Elektron, das bei der Bindung des Atoms im Metallgitter vollkommen freigesetzt und dann als „freies" Elektron auf Wanderschaft geschickt werden kann. Da ein Stück Kupferdraht aus unzähligen Kupferatomen besteht, sind in seinem Metallgitter auch unzählige freie Elektronen enthalten, die den Draht verhältnismäßig leicht durcheilen und beim Anlegen einer Spannung den Elektronenstrom bilden.

Damit ist uns auch der Unterschied zwischen negativer und positiver *Polarität* klargeworden. Es besteht ein Energiegefälle (eine Druckdifferenz) zwischen zwei Polen – die Spannung. Am negativen Pol herrscht Elektronenüberschuß, am positiven Pol Elektronenmangel. Ungleiche Ladungen ziehen einander an, gleiche Ladungen stoßen sich ab (*52*).

Verbindet man Stellen mit unterschiedlicher Elektronenkonzentration durch einen leitenden Draht, so streben die freien Elektronen von der Stelle des Elektronenüberschusses zur Stelle des Elektronenmangels. *Der Elektronenstrom verläuft vom Minuspol zum Pluspol* (*53*).

Leider wurden die Begriffe „positiv" und „negativ" im elektrischen Bereich zu einer Zeit festgelegt, als man noch unzureichende Vorstellungen von den Vorgängen im Stromkreis hatte. So haben wir auch in der Schule gelernt – und jeder Elektriker sagt es nicht anders –, daß der elektrische Strom vom positiven zum negativen Pol einer Stromquelle fließt. Aus mancherlei praktischen Gründen ist man bislang bei der überkommenen Festlegung geblieben. Man nennt diese Stromrichtung *konventionelle* oder *technische Stromrichtung*. Stromrich-

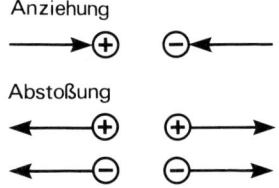

51 *Darstellung elektrischer Elementarladungen.*

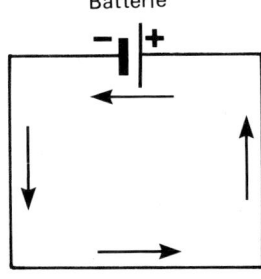

52 *Wirkungen der elektrischen Kräfte.*

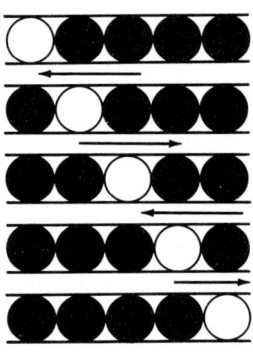

53 *Die Richtung des Elektronenstroms.*

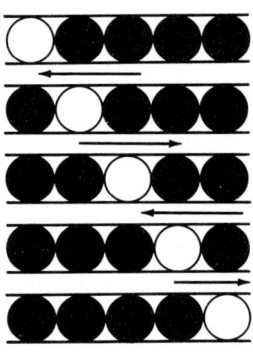

54 *Dem Elektronenstrom in der einen Richtung entspricht der entgegengesetzt fließende „Löcherstrom" (technische Stromrichtung).*

tungspfeile in Stromlaufplänen werden noch immer nach der konventionellen Stromrichtung gezeichnet (auch die Pfeile in den Schaltsymbolen z.B. der Dioden und bipolaren Transistoren zeigen in diese Richtung). Betrachtet man aber das Verhalten der Elektronen, so spricht man von der *physikalischen Stromrichtung* oder vom *Elektronenstrom*.

Tatsächlich erscheint es fast gleichgültig, ob man die Richtung des elektrischen Stroms als eine Vorwärtsbewegung negativ geladener Elektronen oder als eine Rückwärtsbewegung positiv geladener Löcher definiert. Jeder mag sich das hier Gemeinte an einer Reihe an einem Taxistand aufrückender Fahrzeuge vor Augen halten. Jedes aufrückende Taxi transportiert zugleich mit seiner Vorwärtsbewegung die vor ihm liegende Lücke auf seine Rückseite. Die gesamte Taxireihe kommt erst dann zur Ruhe, wenn sich die ursprünglich durch Abfahren des ersten Fahrzeugs vorn entstandene Lücke hinter dem letzten Taxi befindet. Der Vorwärtsbewegung der Fahrzeuge entspricht eine Rückwärtsbewegung der Lücke (*54*).

2.2 Der Stromkreis

Unter einem *Stromkreis* versteht man die geschlossene Strombahn (Leitungsweg) zwischen Spannungserzeuger und Verbraucher. Die Zapf- und Anschlußstellen der Leitung sind die *Pole*. In einem solchen Stromkreis treten die freien Elektronen am negativen Pol aus der Spannungsquelle aus und nach Leitungsdurchlauf und Arbeitsverrichtung im Verbraucher am positiven Pol wieder in die Spannungsquelle ein. In diesem äußeren Teil des Stromkreises wird kein einziges Elektron „verbraucht" – wie ja auch in einer Wassermühle das antreibende Wasser nicht verbraucht, sondern nur genutzt wird. Im Innern der Spannungsquelle (des Erzeugers) muß dann eine zusätzliche Energie erneut Spannung hervorrufen.

2.2.1 Spannung (messen)

In der *Spannungsquelle,* dem Spannungserzeuger, werden die positiven und negativen Ladungen, die in allen Stoffen enthalten sind, unter Energieaufwand voneinander getrennt. Dynamos, Batterien, Akkumulatoren, Solarzellen, Mikrofone, Tonabnehmer usw. sind solche Spannungserzeuger.

Die flache *Taschenlampenbatterie* (Normalbatterie), die wir für die Mehrzahl unserer Versuche verwenden, enthält drei in Reihe geschaltete Zink/Kohle-Elemente (Zellen). In einem Zinkbecher, der die negative Elektrode bildet, befindet sich ein Kohlestift, der von einem mit Braunsteinpulver gefüllten Beutel umgeben ist – die positive Elektrode. Das Braunsteinpulver soll durch seinen hohen Sauerstoffgehalt den Wasserstoff, der sich bei der Stromentnahme an der Kohle bildet und die Stromentwicklung auf die Dauer unterbinden würde, unschädlich machen. Vielfach wird der Pluspol des Elements auch als „Anode", der Minuspol als „Kathode" bezeichnet. Der Raum zwischen den beiden Elektroden ist mit einem Elektrolyten – eingedickter Salmiaklösung – ausgefüllt.

Vereinfacht dargestellt wird nun das Zink vom salzhaltigen Elektrolyten stark angegriffen. Zinkatome lösen sich auf, wobei sich Elektronen am Becherrand sammeln und die positiven Restatome (Ionen) in den Elektrolyten abwandern. Zwischen dem Elektrolyten und der Zinkelektrode baut sich eine Spannung auf, die nur über eine leitende Verbindung außerhalb des Elements ausgeglichen werden kann. Die Wiedervereinigung der Ladungsträger innerhalb des Elements kann nicht erfolgen, weil ständig neue Zinkatome in Lösung gehen und dadurch ein Lösungsdruck entsteht, der den anziehenden Kräften entgegenwirkt. Die Zelle ist verbraucht, wenn der Zinkmantel zerstört ist und die eingedickte Flüssigkeit (der Elektrolyt) sich chemisch zersetzt hat.

Die *elektrische Spannung* (Formelzeichen U, von engl. „voltage") hat die Einheit *Volt* (Einheitenzeichen V) – nach Alessandro Volta, ital. Physiker (1745–1827).

55 *Schaltzeichen für Batterien.*
a) Monozelle
b) Batterie 4,5 V
c) Batterie mit höheren Spannungen (z.B. 12 V).

Es gibt Spannungen, die viel größer oder kleiner als 1 V sind; daher wurde die Einheit „Volt" noch ergänzt durch:

1 Kilovolt = 1 kV = 1 000 V
1 Millivolt = 1 mV = 0,001 V
1 Mikrovolt = 1 µV = 0,000 001 V

Die in der einzelnen Zink/Kohle-Zelle (Monozelle; gr. monos = ein, einzeln) erzeugte Spannung beträgt 1,5 Volt. Durch Reihenschaltung mehrerer Einzelzellen lassen sich Batterien (frz. batterie = Zusammenstellung, [Schlacht-]Reihe) mit beliebiger Spannung aufbauen, die aber immer ein Vielfaches der einfachen Zellspannung (1,5 V) haben – die Flachbatterie z.B. hat $3 \times 1,5$ V = 4,5 V.

Zur Reihenschaltung werden die Monozellen so aneinandergereiht, daß jeweils der positive Pol (Metallkappe des Kohlestabes) der einen Zelle gegen den negativen Pol (Becherboden) der nächsten Zelle drückt. In der Flachbatterie sind die Zellen durch angeschweißte Leitungsdrähte miteinander verbunden. Man erkennt ihre Pole an den Blechen: kurzes Blech = Pluspol, langes Blech = Minuspol.

Geringe Spannungen sind ungefährlich. Bei Spannungen über 40 V ist Vorsicht geboten.

Die Spannung unseres Stromnetzes beträgt 220 V und ist lebensgefährlich. Schüler dürfen nur mit Kleinspannungen arbeiten – aus Batterien oder besonders gesicherten Stromversorgungsgeräten, die von den Lehrmittelfirmen angeboten werden.

Zur Messung elektrischer Spannungen muß der *Spannungsmesser* (Voltmeter) an die zwei Punkte der Schaltung gelegt werden, zwischen denen das zu messende Spannungsgefälle auftritt, z.B. an die Pole (Klemmen) der Batterie, die beiden Klemmen eines stromdurchflossenen Verbrauchers usw. Das Voltmeter wird also immer *parallel* zur Spannungsquelle oder zum Verbraucher angeschlossen (58).

Das Vielfachmeßgerät hat Bereiche für Gleichspannung (DCV, engl. „*d*irect *c*urrent *v*oltage") und für Wechselspannung (ACV, engl. „*a*lternating *c*urrent *v*oltage"). Elektronikschaltungen werden in der Regel mit Gleichspannung betrieben; also ist ein Meßbereich aus der Gruppe DCV einzustellen. Bei Wechselspannungen stellt man entsprechend einen Meßbereich aus der Gruppe ACV ein. In der Regel weiß man, ob man eine Gleichspannung oder eine Wechselspannung messen will. Ist einmal nicht bekannt, ob Gleich- oder Wechselspannung vorhanden ist, so beginnt man mit dem DCV-Bereich. Schlägt das Instru-

Kurz-zeichen	Handels-bezeichnung	Größtmaße (mm)		Nenn-spannung (V)	Ungefähre Betriebszeit bei Dauer-strom 0,2 A (Entladung bis zum halben Wert der Nennspannung)
		⌀	Höhe		
R 6	Mignon-zelle	14,5	50,5	1,5	1–2 Std.
R 14	Baby-zelle	26,0	50,0	1,5	ca. 6 Std.
R 20	Mono-zelle	34,0	61,5	1,5	ca. 12 Std.
3 R 12	Normal-batterie	Länge: 62 Breite: 22 Höhe: 67		4,5	ca. 5 Std.
6 F 22	Block-batterie	Länge: 26,5 Breite: 17,5 Höhe: 48,5		9	Diese Batterie ist nur für wesentlich geringere Entladeströme (ca. 0,050 A) geeignet

56 *Handelsübliche Batteriezellen und Batterien.*

ment nicht aus, so gibt es zwei Ursachen: Es ist keine Spannung vorhanden, oder es ist Wechselspannung. Schaltet man auf den ACV-Bereich um, so schlägt das Instrument bei Wechselspannung aus.

Beginnt man mit dem ACV-Bereich, so kann man einer Täuschung unterliegen, denn dieser Bereich zeigt auch Gleichspannungen an, nur stimmt dann die Skala nicht.
Das Voltmeter ist zugleich ein zuverlässiger Polaritätsprüfer. Es schlägt nur dann in den Skalenbereich hinein aus, wenn seine Plus-Klemme (rotes Meßkabel) mit dem Plus-Pol der Spannungsquelle und seine Minus-Klemme (schwarzes Meßkabel) mit dem Minus-Pol der Spannungsquelle verbunden sind.

2.2.2 Stromstärke (messen)

Der elektrische Strom (kurz „der Strom") oder die *Stromstärke* (Formelzeichen I, von engl. „intensity") hat die Einheit *Ampere* (Einheitenzeichen A) – nach André Marie Ampère, franz. Physiker (1775–1836).
Die Stromstärke drückt die *Menge der Ladungen* aus, die bewegt werden. Man kann den Strom mit einer Wassermenge vergleichen, die pro Sekunde durch ein Rohr fließt.
1 A ist ein verhältnismäßig großer Stromwert. In Gebrauchsgeräten werden viel kleinere Ströme benutzt – wie mA (Kofferradio, Taschenlampe), µA (Taschenrechner). Ströme in der Größenordnung einiger nA fließen ständig als Leckströme über Isolatoren.

1 Milliampere = 1 mA = 0,001 A
1 Mikroampere = 1 µA = 0,000 001 A
1 Nanoampere = 1 nA = 0,000 000 001 A

Zur Gleichstrommessung wird das Vielfachmeßgerät auf DCA (mA, µA), zur Wechselstrommessung auf ACA (mA, µA) eingestellt.

In der Regel muß der Stromkreis aufgetrennt und der Strommesser (Amperemeter) in die Leitung gelegt werden. Dabei liegt das Meßgerät mit dem Verbraucher *in Reihe* (*61*). Es ist so zu polen, daß seine Plus-Klemme zum Plus-Pol der Spannungsquelle und seine Minus-Klemme zum Minus-Pol der Spannungsquelle weist.

Besteht ein Stromkreis aus mindestens zwei Widerständen (Verbrauchern), von denen der Widerstandswert mindestens eines bekannt sein muß, so kann man mit Hilfe einer Spannungsmessung die Stromstärke feststellen: An jedem stromdurchflossenen Widerstand fällt

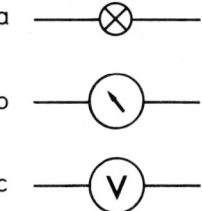

57 *Schaltzeichen. – a) Signallampe (Leuchtmelder) – b) Meßinstrument allgemein (mit einseitigem Zeigerausschlag) – c) Meßinstrument: Voltmeter.*

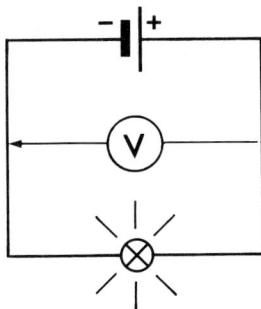

58 *Spannung messen.*

eine Spannung ab; sie ist nach dem Ohmschen Gesetz (S. 33) das Produkt aus Widerstand und Strom. Man mißt daher den Spannungsabfall zwischen den Enden des Widerstands. Dann teilt man die in Volt gemessene Spannung durch den Widerstandswert in Ohm und erhält den Strom in A.

Beispiel: Wie groß ist der Strom, der durch den Transistor fließt? Am Widerstand von 680 Ω fallen 3,4 V ab (62).

$$I = \frac{U}{R},$$

$$I = \frac{3,4\,\text{V}}{680\,\Omega} = 0,005\,\text{A} = 5\,\text{mA}.$$

Die Meßmethode ist nicht sehr genau, denn zur Ungenauigkeit des Voltmeters kommt noch die Toleranz des Widerstands hinzu. In der Praxis der Miniaturelektronik ist es aber sehr mühsam, den Stromkreis aufzutrennen

59 *Batteriezellen und Batterien. Von links nach rechts: Mignon-, Baby-, Monozelle, Normalbatterie, (liegend) Blockbatterie mit Druckknopfanschluß.*

60 *Schaltzeichen für ein Meßinstrument – Amperemeter.*

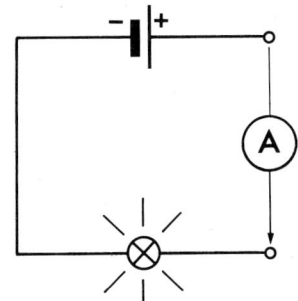

61 *Strom messen.*

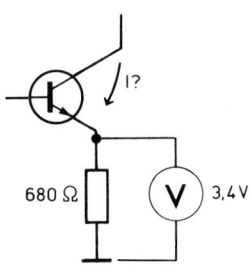

62 *Beispiel für Spannungsmessung.*

und das Amperemeter anzuschließen. Daher hilft man sich mit diesem Kunstgriff, sofern nicht die größtmögliche Genauigkeit erwünscht ist.

2.2.3 Leistung und Arbeit

Je größer der Wasserdruck in einem Wasserkraftwerk ist und je mehr Wasser in einer Sekunde durch die Turbine fließen kann, um so mehr wird die Turbine leisten. Dem Wasserdruck entspricht die elektrische Spannung, der Wassermenge der elektrische Strom.

Die elektrische Leistung (Formelzeichen P, von engl. „power") hat die Einheit *Watt* (Einheitenzeichen W) – nach James Watt, engl. Physiker (1736–1819).

Die Leistung errechnet sich nach der Formel $P = U \cdot I$.

$1\,\text{W} = 1\,\text{V} \cdot 1\,\text{A}$
$1000\,\text{W} = 1\,\text{kW}$ (Kilowatt)

Nennleistungen in Watt sind oft auf den elektrischen Geräten (Glühlampen, Lötkolben usw.) angegeben.

Die Einheit der elektrischen Arbeit (Formelzeichen W) ist die *Wattsekunde* (Einheitenzeichen Ws) oder auch *Joule* (Einheitenzeichen J) – nach James Prescott Joule, engl. Physiker (1818–1889).
1 Ws liegt vor, wenn bei einer Spannung von 1 V ein Strom von 1 A eine Sekunde lang fließt. Formel: $W = P \cdot t$.

1 Ws = 1 W · 1 s
3 600 000 Wattsekunden (Ws)
= 1000 Wattstunden (Wh)
= 1 Kilowattstunde (kWh)

Die elektrische Arbeit wird in kWh vom Zähler gemessen.

2.2.4 Leitfähigkeit, Widerstand und Leitwert

Metallatome ordnen sich nach einem mehr oder weniger regelmäßigen räumlichen Schema, das man Kristallgitter oder Raumgitter nennt. Wenn der Strom durch einen metallischen Leiter fließt, dann müssen sich frei Ladungsträger durch ein solches Gitter hindurchbewegen. Voraussetzung für eine gute *Leitfähigkeit* des Leiters sind daher eine möglichst große Zahl freier, leicht beweglicher Elektronen und ein möglichst regelmäßiger Aufbau des Kristallgefüges. Elektrolytisch gereinigtes Kupfer erfüllt diese Voraussetzungen in hohem Maße. Die Leitfähigkeit des Kupfers (siehe auch „Leitwert") wird nur noch von dem sehr viel teureren Silber übertroffen und ist sechsmal so hoch wie die des Eisens. Das macht verständlich, daß in der Elektrotechnik vorrangig Kupferleitungen verlegt werden.

Jeder Leiter setzt dem elektrischen Strom aber auch einen *Widerstand* entgegen, der die Elektronen in ihrer freien Bewegung behindert und die Gitterteilchen des Metalls in verstärkte Schwingungen versetzt. Schwingen von Atomen und Molekülen äußert sich als Erwärmung. Durch den Widerstand, den die freien Elektronen beim Durcheilen des Drahtes erfahren, wird elektrische Energie in Wärmeenergie umgewandelt (Prinzip der elektrischen Heizgeräte, des Bügeleisens usw. – Ursache der Glühlampenerwärmung).

Der Widerstand hängt ab von der Art des Leitungsmaterials (spezifischer Widerstand), dem Querschnitt und der Länge der Leitung. Je dicker die Leitung, desto geringer der Widerstand – je dünner die Leitung, desto größer der Widerstand. Der Widerstandswert nimmt mit der Länge der Leitung zu. In allen Fällen muß der Widerstand von der Spannung überwunden werden.

Der elektrische Widerstand (Formelzeichen R, von engl. „resistance") hat die Einheit *Ohm* (Einheitenzeichen Ω = griech. Großbuchstabe „Omega") – nach Georg Simon Ohm, deutscher Physiker (1789–1854). Besonders in der Zeitschriftenliteratur wird „Ohm" auch oft mit „E" abgekürzt. Sehr kleine Widerstandswerte kommen in normalen Schaltungen selten vor. Gebräuchliche Werte sind Megohm (MΩ = Million Ohm), Kiloohm (kΩ = Tausend Ohm), Ohm (Ω) und Milliohm (mΩ = Tausendstel Ohm).

Der durch das Leitungsmaterial bedingte *spezifische Widerstand* gibt den Widerstandswert eines Leiters von 1 m Länge und 1 mm² Querschnitt bei 20 °C in Ohm an. – Die Widerstandseigenschaft eines Werkstoffs kann außerdem durch den elektrischen *Leitwert* (s.o. „Leitfähigkeit") ausgedrückt werden.

Der Leitwert (Formelzeichen G) hat die Einheit *Siemens* (Einheitenzeichen S) – nach Werner v. Siemens (1816–1892).

S ist der Kehrwert des elektrischen Widerstands eines Leiters.

Formel: $G = \dfrac{1}{R}$

$1\,S = \dfrac{1}{1\,\Omega}$

Werkstoff	spezif. Widerstand Ω	Leitwert S
Silber	0,016	62,5
Kupfer	0,0175	57,1
Aluminium	0,0278	36
Eisen (WM 13)	0,13	7,7
Zinn	0,11	9,1
Blei	0,21	4,8

63 *Spezifische Widerstände und Leitwerte.*

Bei den *nichtleitenden Stoffen,* den sogenannten *Isolierstoffen* oder *Isolatoren,* sind alle Valenzelektronen fest an die Atome gebunden. Es gibt daher keine oder nur sehr wenige freie Ladungsträger, so daß in diesen Stoffen auch kein oder fast kein Strom fließen kann. In diesen „Nichtleitern" ist der spezifische Widerstand sehr groß und die Leitfähigkeit fast Null.

2.2.5 Widerstand messen

Im allgemeinen sind auch *Widerstandsmesser* (Ohmmeter) Bestandteil universeller Vielfachmeßgeräte (S. 21 ff.). Sie haben mehrere einschaltbare Widerstandsmeßbereiche, die alle den gesamten Bereich zwischen ∞ (unendlich) und 0 Ω umfassen.

Beim Messen liefert die im Gerät befindliche Batterie den von dem zu messenden Widerstand begrenzten Meßstrom. *Es versteht sich, daß der zu messende Bauteil oder Teil einer Schaltung beim Messen selbst nicht unter Strom stehen darf.*

Da die Batteriespannung während der gesamten Betriebsdauer nicht gleich groß bleibt, muß der Zeiger vor jeder Messung erneut mit der Justierschraube (engl. Ohm ADJ., adjustment = Anpassung, Eichung) auf den Nullpunkt der Ohmskala (0 Ω) eingepegelt werden (*65*). Strom fließt allerdings nur, wenn man dabei die beiden Prüfspitzen der Meßkabel aneinanderlegt (die Zuleitung kurzschließt). Wenn diese „Ohmsche Nullpunktkorrektur" nicht möglich ist, dann ist die Batterie verbraucht und muß erneuert werden.

Beim Messen wird der Bauteil, dessen Widerstand festgestellt werden soll, in den Stromkreis des Geräts gelegt. Auf die Polung des Ohmmeters braucht man im allgemeinen nicht zu achten. Die Ablesung muß irgendwo zwischen den Marken $R = 0$ (kein Widerstand, z.B. bei kurzgeschlossener Zuleitung) und $R = \infty$ (unendlich großer Widerstand = kein Durchgang) erfolgen. Ein Hinausschlagen des Zeigers über das Skalenende ist hier nicht möglich. Eventuell muß der Ablesewert noch mit einem auf dem Meßbereichschalter vermerkten Umrechnungsfaktor malgenommen werden (S. 24). Es empfiehlt sich, aus Gründen der Anzeigegenauigkeit den Meßbereich immer so zu wählen, daß sich ein möglichst großer Zeigerausschlag ergibt.

Widerstandsmesser können gut als „Durchgangsprüfer" verwendet werden, z.B. um fehlerhafte Kontaktstellen in nichtfunktionierenden Leitungsverbindungen aufzuspüren. Ein Durchgang wird mit 0 Ω angezeigt. Nach einer Widerstandsmessung oder Durchgangsprüfung empfiehlt es sich, den Meßbereichschalter immer sofort auf eine andere Meßart umzustellen, damit sich nicht bei unglücklicher Lage der Meßkabel die Batterie über die einander berührenden Prüfspitzen entlädt.

2.2.6 Das Ohmsche Gesetz

Zwei Feststellungen sind wichtig: 1. Der elektrische Strom nimmt im gleichen Verhältnis zu wie die Spannung. Hohe Spannung bedeutet starken Druck auf die freien Ladungsträger in der Leitung. Es fließt ein größerer Strom. Je höher die Spannung, um so größer der Strom! – 2. Bei gleicher Spannung verhält sich der Strom umgekehrt wie der Widerstand. Bei doppeltem Widerstand fließt nur der halbe, bei dreifachem Widerstand nur der dritte Teil des Stroms. Je größer der Widerstand, um so kleiner der Strom! – Es besteht also eine Gesetzmäßigkeit zwischen Stromstärke (I), Spannung (U) und Widerstand (R). Der deutsche Physiker Georg Simon Ohm hat den Zusammenhang in eine Formel gebracht.

Ohmsches Gesetz:

$$\text{Stromstärke} = \frac{\text{Spannung}}{\text{Widerstand}}$$

oder $\quad I = \dfrac{U}{R}$

oder $\quad A = \dfrac{V}{\Omega}$.

Die Formel erlaubt, jeweils die dritte Größe zu errechnen, wenn zwei Größen bekannt sind:

Gesucht wird I: $\quad I = \dfrac{U}{R}$.

Gesucht wird U: $\quad U = I \cdot R$.

Gesucht wird R: $\quad R = \dfrac{U}{I}$.

Das Ohmsche Gesetz kann man als die Grundregel der Elektrotechnik und Elektronik betrachten. Wenn man überhaupt eine Formel auswendig wissen sollte, dann diese.

Bei Berechnungen schleichen sich leicht Fehler ein, wenn man nicht genau auf die Dimensionen der zu verrechnenden Werte achtet. Am sichersten verfährt man, wenn man Widerstand (R), Spannung (U) und Strom (I) immer in den Grundeinheiten Ω, V und A in die Formeln einsetzt. Dazu muß man gegebenenfalls sehr kleine Werte (z.B. mA) oder sehr große Werte (z.B. kΩ) umformen. Zwei Beispiele mögen das verdeutlichen:

1. Beispiel: Eine Relaisspule hat einen unbekannten Widerstand. Bei einer Gleichspannung von 12 V fließen 20 mA. Wie groß ist der Widerstand?

$$R = \frac{U}{I}$$

$U = 12\,\text{V}$

$I = 20\,\text{mA} = \underline{0{,}02\,\text{A}}$

$R = \dfrac{12\,\text{V}}{0{,}02\,\text{A}} = 600\,\Omega$

2. Beispiel: Durch einen Widerstand von 1,5 kΩ fließt ein Strom von 3 mA. Wie groß ist die angelegte Spannung?

$U = I \cdot R$

$I = 3\,\text{mA} = 0{,}003\,\text{A}$

$R = 1{,}5\,\text{k}\Omega = 1500\,\Omega$

$U = 0{,}003\,\text{A} \cdot 1500\,\Omega = 4{,}5\,\text{V}$.

2.3 Gleichstrom, Wechselstrom

Bei der Betrachtung der Taschenlampenbatterie haben wir erkannt, daß sich in ihr eine Spannung stets in der gleichen Richtung aufbaut. Folglich muß auch der von dieser Spannung ausgehende Elektronenstrom stets in gleicher Richtung fließen (*64*). Wir nennen diesen Strom, der dauernd in gleicher Richtung und mit gleicher Stärke fließt, *Gleichstrom*. Das Schaltzeichen für Gleichstrom (nach DIN 40710 – Spannung, Strom, Schaltarten) ist: –.
In anderen Spannungsquellen, z.B. im Leitungsnetz des Hauses, das im Elektrizitätswerk von Generatoren gespeist wird, wechselt die Spannung in regelmäßigen, kurzen Zeitabständen Größe und Polarität. Die *Wechselspannung* entsteht z.B. durch Induktion, wenn sich eine Leiterschleife in einem gleichmäßigen Magnetfeld mit gleichmäßiger Geschwindigkeit dreht. Im allgemeinen zeigt sie einen kurvenförmigen Verlauf (Sinuskurve). Die Wechselspannung pulsiert zwischen 0 und ei-

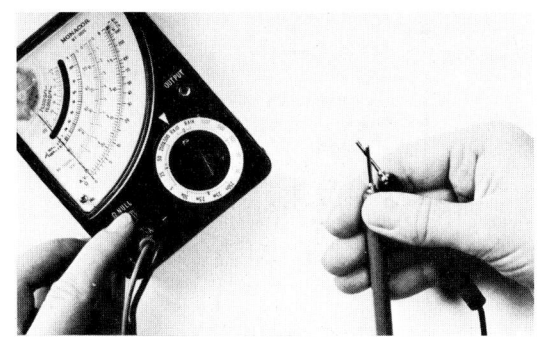

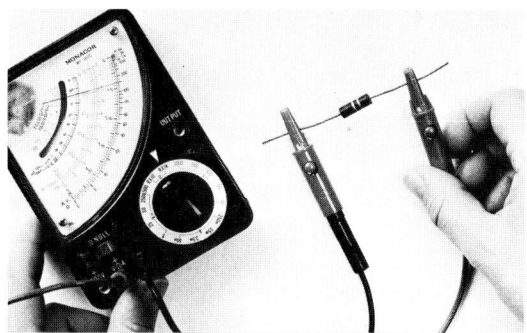

65/66 *Vor jeder Messung muß das Ohmmeter dem 0-Punkt der Ohm-Skala entsprechend justiert werden. – Der zu messende Widerstandskörper wird in den Stromkreis der im Meßgerät befindlichen Batterie gelegt. Er selbst darf bei der Messung nicht unter Strom stehen.*

67 *Schaltzeichen für einen Generator.*

nem Höchstwert, einmal mit positiver, das andere Mal mit negativer Spannungsrichtung. Folglich wechselt der Elektronenstrom auch ständig die Richtung, d.h., daß die Elektronen im Leiter hin und her pendeln. Diese Stromart, die ständig ihre Richtung und ihre Stärke ändert, nennt man *Wechselstrom*. Schaltzeichen: ∼.

2.3.1 Amplitude und Periode

Es ist nun wichtig, zu wissen, mit welcher Geschwindigkeit der Spannungswechsel geschieht, und wie Spannung und Strom dabei gerichtet sind. Üblicherweise wird das in einer Zeichnung dargestellt (*68*). Auf der waagerechten Linie, der Nullinie, werden die Zeitabschnitte aufgetragen, auf

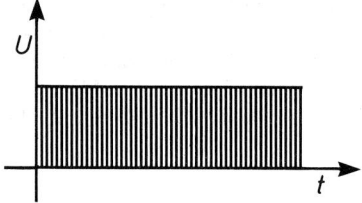

64 *Gleichstrom (schematische Darstellung im Spannungs-Zeit-Diagramm). Spannungsrichtung und Spannungshöhe bleiben konstant.*

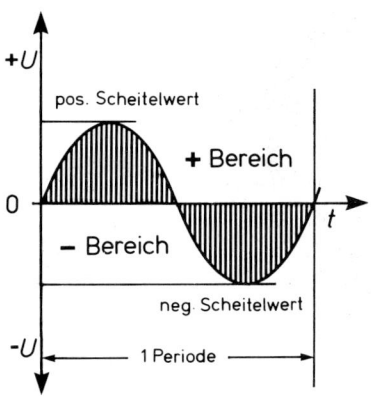

68 Wechselstrom. Die Spannung ändert periodisch ihre Polarität und Größe. Die schematische Darstellung im Spannungs-Zeit-Diagramm veranschaulicht einen sinusförmigen Stromverlauf.

der senkrechten Linie die Spannungswerte. Dabei ist die Nullinie zugleich auch als der Pol der Spannungsquelle zu verstehen, von dem aus man die Spannung des anderen Pols mißt. Spannung besteht ja immer zwischen zwei Polen. Man hält also einen Pol der Wechselspannungsquelle als Bezugspunkt (Null, vergleichbar dem Nullpunkt eines Lineals) fest und stellt auf der Kurve dar, wie sich der andere Pol zu dem „festgehaltenen" verhält: Im Zeitpunkt „$t = 0$" liegt keine Spannung an. Folglich fließt auch kein Strom. Mit der Zeit steigt die Spannung kurvenförmig bis zu gegebenen Spannungswert (Höchstwert) an, wird anschließend wieder geringer und geht in spiegelbildlich gleicher Kurve auf Null zurück. Beim Auftreffen auf die Nullinie ist auch die Spannung zwischen den Polen wieder = 0. dann baut sich die Spannung mit entgegengesetzter Polarität auf, folglich fließt auch der Strom in entgegengesetzter Richtung. Die Spannung erreicht erneut einen Höchstwert, sinkt ab und geht wieder auf Null zurück. Dieser Vorgang wiederholt sich fortgesetzt. Die in Abb. 68 dargestellte Sinuslinie erreicht einen positiven und einen negativen Höchstwert – den *Scheitelwert* oder die *Amplitude* (lat. amplitudo = Weite, Schwingungsweite). Das einmalige Hin- und Herpendeln der Elektronen entspricht einer *Schwingung* oder *Periode* (gr. periodos = regelmäßiger Umlauf der Gestirne, Zeitabschnitt). Die Zeitdauer (T) einer ganzen Periode ist die *Periodendauer*. Man mißt diese in Sekunden.

2.3.2 Frequenz

Die *Schwingungszahl* oder *Frequenz* (Formelzeichen f) einer Wechselspannung gibt die Zahl der Schwingungen oder Perioden je Sekunde an. Sie hat die Einheit *Hertz* (Einheitenzeichen Hz) – nach Heinrich Hertz, deutscher Physiker (1857–1894). Die Frequenz ist um so größer, je kleiner die Periodendauer ist.

1 Hertz (Hz) = 1 Periode je Sekunde

$$f = \frac{1}{T}$$

1 Kilohertz = 1 kHz = 1000 Hertz
1 Megahertz = 1 MHz = 1000 Kilohertz
1 Gigahertz = 1 GHz = 1000 Megahertz

Der Wechselstrom im Leitungsnetz des Hauses hat eine Frequenz von 50 Hz. Das heißt, daß die Elektronen in einer Sekunde 50 Schwingungen (Perioden) ausführen. Für eine Schwingung benötigen sie $1/50$ Sekunde.
50 Schwingungen pro Sekunde betrachtet man in der Elektrotechnik als eine sehr niedrige Frequenz. Das Mikrofon, das z.B. den Kammerton a aufnimmt, gibt immerhin schon einen Wechselstrom mit einer Frequenz von 440 Hz ab. Frequenzen von Wechselspannungen, die etwa im Hörbereich von Mensch (16...16 000 Hz) und Tier (Fledermaus bis ca. 100 kHz) liegen, nennt man Niederfrequenz (NF); höhere Frequenzen von Wechselspannungen, wie man sie z.B. in der Funktechnik benutzt, heißen Hochfrequenz (HF).
Mittelwellen-Rundfunksender arbeiten mit Frequenzen zwischen ca. 570 und 1600 kHz, UKW-Sender im Bereich von 87,5 bis 104 MHz; die Fernsehsender der 1. Programme benutzen Frequenzen zwischen 174 und 230 MHz, die der 2. und 3. Programme zwischen 479 und 790 MHz.

3. Widerstände und Widerstandsschaltungen

Der Begriff „Widerstand" hat in der Elektronik eine zweifache Bedeutung. Einmal wird damit die Eigenschaft des elektrischen Leiters bezeichnet, sich dem elektrischen Stromfluß zu widersetzen – zum anderen versteht man unter einem Widerstand ein *Bauelement* mit gewünschtem Widerstandsverhalten.

Widerstände werden in der elektronischen Schaltungstechnik in großer Zahl benötigt – zur *Strombegrenzung* und um weniger stark belastbare Bauteile an vorgegebene Betriebsspannungen anzuschließen, um *Spannungsabfälle* zu erzeugen, als *Spannungsteiler* usw. Es gibt sie in fast allen Ohmwerten und in unterschiedlichen Ausführungen. Wesentliche Unterschiede bestehen zwischen Widerständen mit festen, einstellbaren und veränderlichen Widerstandswerten.

3.1 Festwiderstände

Die bei kleinen Leistungen am häufigsten gebrauchten Widerstände sind *Schichtwiderstände* (70). Ein zylindrischer Keramikkörper trägt eine dünne, leitfähige Schicht aus Kohle, Metall oder Metalloxyd, deren Dicke bereits annähernd den gewünschten Widerstandswert ergibt. Bei größeren Genauigkeitsanforderungen wird die Widerstandsschicht durch Einschleifen einer wendelartigen Trennlinie auf den genauen Widerstandswert abgeglichen. Der Widerstandskörper ist beiderseitig mit Anschlußdrähten leitend verbunden. Ein farbiger Lacküberzug schützt die Schicht nach außen.

Weil Schichtwiderstände feste, d.h. unveränderliche Widerstandswerte haben, nennt man sie auch

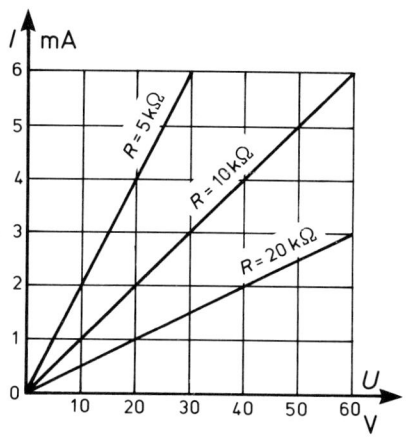

69 *Schaltzeichen für einen Festwiderstand.*

Festwiderstände. Ihr Verhalten im Stromkreis ist *linear* – d.h. sie behalten auch bei sich ändernden Spannungs- und Stromwerten ihren in Ohm zu messenden Widerstandswert bei (*71*).

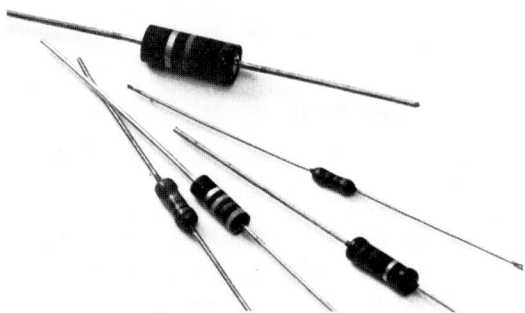

70 *Schichtwiderstände mit unterschiedlichen Belastbarkeiten – in verschiedenen Ausführungen.*

71 *Kennlinien verschiedener (linearer) Widerstände. Die Neigung der Widerstandsgeraden wird durch das Verhältnis von Spannung zu Strom festgelegt und entspricht dem Widerstandswert.*

3.1.1 Kennwerte (Nenndaten)

Die wichtigsten Kennwerte eines Widerstands sind Auslieferungstoleranzen, Belastbarkeit und Nennwert (Widerstandswert).

Auslieferungstoleranz: Bei der Produktion von Widerständen kommt es unausweichlich immer wieder zu Abweichungen der Ist-Werte von den gewünschten Soll-Werten (den auf den Widerstandskörpern aufgetragenen Nennwerten). Diese produktionstechnische Abweichung nennt man Toleranz. Nach internationaler Normung liegen die Toleranzgrenzen zwischen ±1% und ±20% (siehe Farbkode). Präzisionswiderstände (Metallfilmwiderstände) können mit Toleranzen von ±0,01% hergestellt werden.

Toleranzfragen können im allgemeinen großzügig behandelt werden. Mit einer Genauigkeit von ±10% kommt man weitgehend aus. Widerstände mit einer Toleranz von ±5% sind in jedem Bastlerladen leicht zu haben. Widerstände mit geringeren Toleranzen, etwa ±1% oder gar noch weniger, sind schwerer zu beschaffen und um vieles teurer. Man braucht sie allenfalls für spezielle Zwecke, z.B. in Meßgeräten. Daher nennt man sie auch „Meßwiderstände".

Belastbarkeit: Jeder Widerstand erwärmt sich bei Stromdurchfluß mehr oder weniger. Durch zu starke Erwärmung kann er zerstört werden. Außerdem verändert sich dabei sein Widerstandswert. Die Belastbarkeit gibt an, welches Maß an elektrischer Leistung der Widerstand in Wärme umsetzen kann. Sie wird in Watt angegeben, aber auf den Widerstandskörpern – ausgenommen bei Widerständen mit sehr großer Belastbarkeit – nicht vermerkt.

Da die Größe der Belastbarkeit eines Widerstands von seiner Fähigkeit abhängt, die entstehende Wärmemenge an die umgebende Luft abzustrahlen, kann man diese bei einiger Übung an der Größe des Widerstandskörpers (Oberfläche) erkennen (72–74).

Übliche Werte sind: $^1/_{16}$ W (0,06 W), $^1/_8$ W (0,12 W), $^1/_4$ W (0,25 W), $^1/_3$ W (0,33 W), $^1/_2$ W (0,5 W), 1 W, 1,5 W, 2 W.

Auch die Frage der Belastbarkeit von Widerständen spielt nur eine geringe Rolle, soweit es sich um deren Verwendung in Kleinsignalschaltungen handelt (d.s. zum Beispiel fast alle Schaltungen in diesem Buch). Der wohl gängigste Belastbarkeitswert ist $^1/_8$ W. – Ein Beispiel: In der auf Seite 131 ff. beschriebenen „Alarmanlage" soll bei 4,5 V (Normalbatterie) ein Strom von max. 3 mA (ein schon „gewaltiger" Basisstrom) durch einen Widerstand von 1,5 kΩ fließen. Wieviel Leistung muß dieser Widerstand als Wärme abgeben können? –

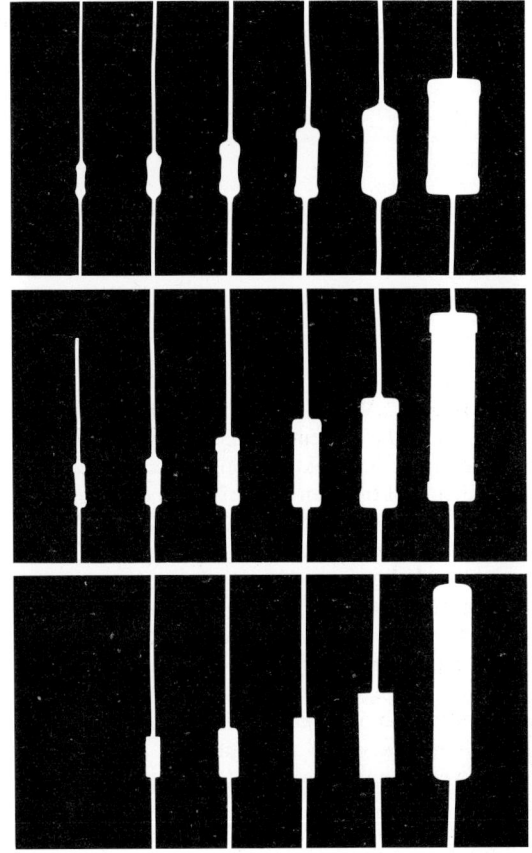

72–74 Erfahrene Elektroniker können die Belastbarkeit eines Widerstands an der Größe des Widerstandskörpers abschätzen. Die Schattenbilder zeigen Schichtwiderstände aus drei verschiedenen Fertigungsreihen – von links nach rechts mit den Belastungswerten 1/16, 1/8, 1/4, (1/3), 1/2, 1 und 2 Watt.

Rechnung:

$U \cdot I = 4{,}5 \cdot 0{,}003 = 0{,}0135$ W

$^1/_8$ W = 0,125 W – das ist bereits mehr als 9mal soviel!

Für höhere Belastungen stehen *Drahtwiderstände* zur Verfügung, die aber in der Elektronik kaum gebraucht werden.

Die Belastbarkeit des Widerstands bezieht sich im allgemeinen auf eine *höchstzulässige Betriebstemperatur* von 70 °C.

Widerstandswert (Nennwert): Schichtwiderstände werden heute fast ausschließlich nach internationalen Normen (IEC = engl. International Electrotechnical Commission) hergestellt. Die Normzahlreihen sind so gestaffelt, daß sich die Tole-

Widerstände													IEC-Reihen E6, E12 und E24											
E6	1,0				1,5				2,2				3,3				4,7				6,8			
E12	1,0		1,2		1,5		1,8		2,2		2,7		3,3		3,9		4,7		5,6		6,8		8,2	
E24	1,0	1,1	1,2	1,3	1,5	1,6	1,8	2,0	2,2	2,4	2,7	3,0	3,3	3,6	3,9	4,3	4,7	5,1	5,6	6,2	6,8	7,5	8,2	9,1

E6 (±20%)	1,0 10 100	1,5 15 150	2,2 22 220	3,3 33 330	4,7 47 470	6,8 68 680							
E12 (±10%)	1,0 10 100	1,2 12 120	1,5 15 150	1,8 18 180	2,2 22 220	2,7 27 270	3,3 33 330	3,9 39 390	4,7 47 470	5,6 56 560	6,8 68 680	8,2 82 820		
E24 (±5%)	1,0 10 100	1,1 11 110	1,2 12 120	1,3 13 130	1,5 15 150	1,6 16 160	1,8 18 180	2,0 20 200	2,2 22 220	2,4 24 240	2,7 27 270	3,0 30 300	3,3 33 330	3,6 36 360	3,9 39 390
	4,3 43 430	4,7 47 470	5,1 51 510	5,6 56 560	6,2 62 620	6,8 68 680	7,5 75 750	8,2 82 820	9,1 91 910					

Widerstandswerte in Ω, kΩ und MΩ.

75 *Genormte Widerstandswerte.*

ranzfelder gegenseitig nicht überschneiden, daß aber dazwischen auch keine Lücken entstehen. Für Widerstände mit kleinerer Leistung gelten die *IEC-Reihen*. Am gebräuchlichsten sind die Reihen E 6, E 12 und E 24 mit den Toleranzen ±20%, ±10% und ±5% (s. oben). Feinere Unterteilungen findet man in den Reihen E 48, E 96 und E 192. Die Ziffer verrät, wie viele Staffelwerte die Reihe jeweils innerhalb einer Zehnerpotenz – d.h. jeweils im Zahlenraum von 1 bis 10 bzw. 10 bis 100 oder 100 bis 1000 – enthält.

3.1.2 Wertangaben nach dem internationalen Farbcode

In der Regel sind Schichtwiderstände nach dem *internationalen Farbcode* gekennzeichnet. Dieser besteht aus vier Farbringen auf dem Widerstandskörper – zwei Ziffernringen und einem Nullenring (Multiplikator), der vierte Ring kennzeichnet die Toleranz. Beim Ablesen hält man den Widerstand so, daß der einem Ende des Wider-

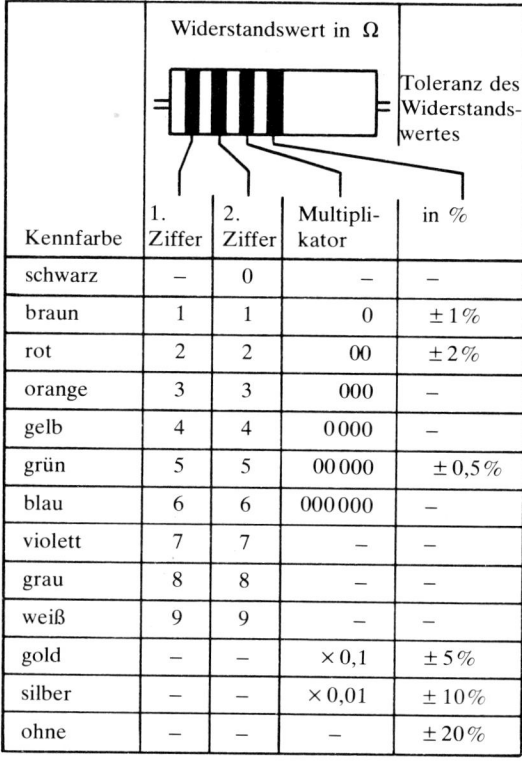

Kennfarbe	1. Ziffer	2. Ziffer	Multiplikator	Toleranz des Widerstandswertes in %
schwarz	–	0	–	–
braun	1	1	0	±1%
rot	2	2	00	±2%
orange	3	3	000	–
gelb	4	4	0000	–
grün	5	5	00000	±0,5%
blau	6	6	000000	–
violett	7	7	–	–
grau	8	8	–	–
weiß	9	9	–	–
gold	–	–	×0,1	±5%
silber	–	–	×0,01	±10%
ohne	–	–	–	±20%

76 *Farbenschlüssel für Widerstände.* ▶

standskörpers am nächsten befindliche Ring auf der linken Seite liegt. Oder man richtet sich nach dem Toleranzring, meist Silber (± 10%) oder Gold (± 5%); er muß rechts liegen. Nun kann man die Ringe von links nach rechts „lesen". Die Bedeutung der Farbringe sollte man sich einprägen. Als Merkhilfe könnte dienen, daß die Farben den Ziffern in etwa von dunkel nach hell folgen:

sw bn rt or ge gn bl vio gr ws
0 1 2 3 4 5 6 7   8 9

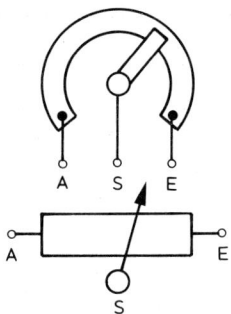

77 *Anschlußbezeichnungen des Potentiometers.*

Beispiele:
Farbe: rot   rot   gelb   ohne
Wert: 2   2   0 000   ±20%
Ergebnis: 220 000 Ω = 220 kΩ, ±20%
Farbe: gelb   violett   gold   silber
Wert: 4   7   × 0,1   ±10%
Ergebnis: 47 Ω × 0,1 = 4,7 Ω, ±10%
Farbe: blau   grau   orange   gold
Wert: 6   8   000   ±5%
Ergebnis: 68 000 Ω = 68 kΩ, ±5%
Farbe: braun   grün   blau   rot
Wert: 1   5   000 000   ±2%
Ergebnis: 15 000 000 Ω = 15 MΩ, ±2%

3.2 Einstellbare Widerstände

Es gibt Drehwiderstände und Schiebewiderstände. Man verwendet sie überwiegend als Spannungsteiler. Da mit einem verstellbaren Spannungsteiler verschiedene Spannungsanteile von der Gesamtspannung abgenommen werden können, bezeichnet man solche Widerstände auch als *Potentiometer* (aus lat. potentia = Kraft und lat. metiri = messen, zuteilen).

3.2.1 Potentiometer und Trimmer

Der Gesamtwiderstand des Potentiometers liegt ständig an der zu teilenden Spannung. Die Verschiebung eines drehbaren Schleifers auf einer ringförmig angelegten Widerstandsschicht ermöglicht eine *stetige Änderung des Widerstands* und damit das Abgreifen eines jeweils beliebig kleinen Teils der Gesamtspannung, mit der man dann weitere Bauelemente versorgen kann (s. S. 44 und S. 46).

Die Widerstandsschicht besteht aus harter Kohle. Sie ist ringförmig auf einen Träger aus Preßstoff oder Keramik aufgebracht. Werkstoffhärte und Kontaktdruck des Schleifers sind so eingestellt, daß ein Verschleiß kaum zu befürchten ist.
Der Anschluß erfolgt über Lötfahnen. Von der Bedienungsseite aus gesehen befindet sich die Lötfahne für den Schichtanfang (A) rechts, die Lötfahne für das Schichtende (E) links. Die Schleiferlötfahne (S) liegt in der Mitte. Die Gegebenheiten können durch Anschließen einer der beiden Endlötfahnen und der Schleiferlötfahne an ein Ohmmeter (Vielfachmeßgerät) leicht geprüft werden. Neben der Endlötfahne (E) kann zusätzlich noch eine vierte Lötfahne als Masselötfahne vorhanden sein, entweder am Abschirmgehäuse oder als fester Abgriff an der Kohlebahn.
Der Schleifer wird über eine Welle mit der Hand gesteuert. Die Welle ist in ihren Abmessungen genormt und lang genug, damit das Potentiometer auch von der Außenseite (Frontplatte) eines Geräts aus bedient werden kann. Bedienungsknöpfe lassen sich leicht aufsetzen (gegebenenfalls muß die Welle durch Absägen gekürzt werden).

Eine besondere Art von Schicht-Drehwiderständen sind *Einstell-Potentiometer,* sogenannte *Trimmwiderstände (Trimmer).* Man braucht sie, um eine Schaltung in einen bestimmten Betriebszustand zu bringen (engl. to trim = in den rechten Zustand bringen). Trimmwiderstände haben statt der Welle eine mit einem Schlitz versehene Drehscheibe *(82).* Die Einstellung des Schleifers kann mit einem Schraubendreher vorgenommen werden.

3.2.2 Schiebewiderstände

Schiebepotentiometer findet man – auch unter der weniger zutreffenden Bezeichnung „Schiebereg-

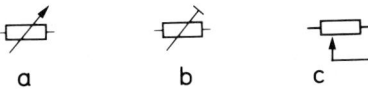

78 *Schaltzeichen für Potentiometer (a), Trimmwiderstand (b), Potentiometer mit Bedienungswelle (c).*

ler" – in HiFi-Anlagen und Mischpulten. Die Widerstandsschicht verläuft geradlinig, so daß der Schleifkontakt in einer Schienenführung leicht und in jeder Stellung gut erkennbar hin und her geschoben werden kann. Die Einstellung wird an einer Skala abgelesen.

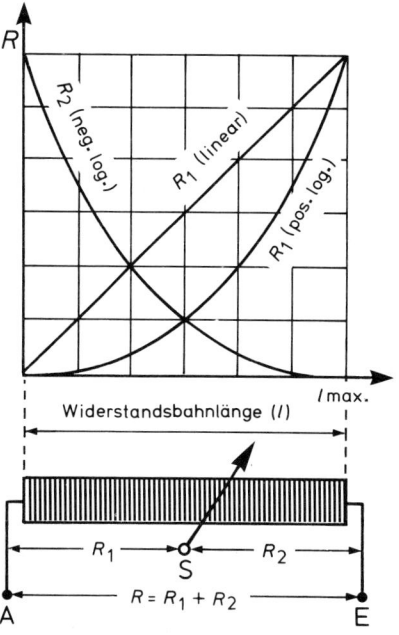

79 *Widerstandskurven einstellbarer Widerstände (Potentiometer).*

3.2.3 Widerstandskurven

Man unterscheidet Potentiometer mit linearem und mit logarithmischem Verlauf der Widerstandskurve (79). Die Kurve ist *linear* (lin), wenn der Widerstandswert beim Drehen der Potentiometerwelle gleichmäßig zunimmt. Um einen *logarithmischen* (lg) Widerstandsverlauf handelt es sich, wenn die Kurve erst langsam und dann zunehmend schneller ansteigt. In diesem Fall spricht man auch von einer *positiv-logarithmischen* (pos lg) Kurve, entgegengesetzt zu *negativ-logarithmisch* (neg lg). Positive und negative Kurven erhält man je nachdem, ob man das Spannungspotential zwischen Schleifer und Schichtanfang (A) oder zwischen Schleifer und Schichtende (E) abnimmt.

Logarithmische Kurvenverläufe sind erwünscht z.B. zur Lautstärkeeinstellung in Empfängern (Anpassung an das menschliche Gehörempfinden), zur Helligkeitssteuerung bei Bühnenbeleuchtung, oder wenn man aus irgendeinem Grunde Anfangswerte schneller durchfahren, aber niedrigere oder höhere Werte sehr fein einstellen möchte.

3.3 Veränderliche Widerstände

Das Widerstandsverhalten dieser Widerstände wird von außen beeinflußt durch Erwärmung, Spannungsänderung, Auftreten von Lichtenergie. Die Strom-Spannungs-Kennlinie ist *nicht linear*.

3.3.1 Temperaturabhängige Widerstände

Bei der Erörterung der Belastbarkeit von Festwiderständen wurde angedeutet, daß diese keiner zu starken Erwärmung ausgesetzt werden dürfen. Die für Festwiderstände angegebenen Widerstandswerte gelten im allgemeinen für eine Temperatur von 20 °C. Ändert sich die Temperatur, so ändert sich auch der Widerstandswert. Er nimmt

80 *Drahtpotentiometer. Oben ein Draht-Spindelpotentiometer mit sichtbarem Schleifer. Darunter ein Präzisions-Trimmpotentiometer in staub- und feuchtigkeitsgeschützter Ausführung (für die professionelle Elektronik).*

81 *Schichtpotentiometer mit verschieden langen Bedienungswellen (von der Frontseite des Geräts aus bedienbar).*

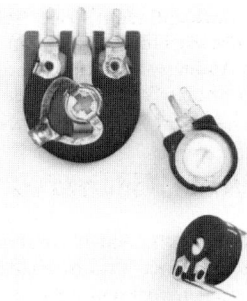

82 Offenes Schicht-Trimmpotentiometer. Daneben zwei sogenannte Miniatur-Einstellregler in voll eingekapselter staubdichter Ausführung.

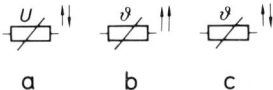

83 Schaltzeichen für veränderliche Widerstände.
a) Spannungsabhängiger (VDR-)Widerstand. Der Buchstabe U und die beiden entgegengerichteten Pfeile deuten an, daß bei zunehmender Spannung der Widerstandswert sinkt. – b) Kaltleiter (PTC-Widerstand). Pfeile gleichgerichtet = der Widerstandswert steigt mit steigender Temperatur. – c) Heißleiter (NTC-Widerstand). Pfeile entgegengerichtet = der Widerstandswert sinkt mit steigender Temperatur.

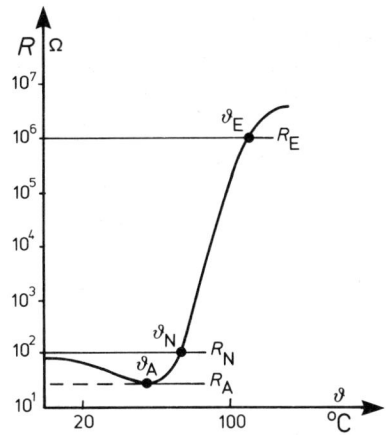

84 Widerstandskurve eines Kaltleiters (PTC-Widerstand) in Abhängigkeit von der Temperatur.

bei Kohleschichtwiderständen mit steigender Temperatur ab, bei Metallschichtwiderständen zu. Die *Temperaturabhängigkeit* wird von den Herstellern mit *dem Temperaturkoeffizienten* (TK) oder *Temperaturbeiwert* pro Celsiusgrad bezeichnet. Er gibt an, um wieviel % ein Widerstand seinen Wert pro °C ändert (1 = 100%, 0,1 = 10% usw.).

Es gibt Werkstoffe, die mit ihrem Widerstandsverhalten auf wechselnde Temperaturen außerordentlich stark reagieren. Man fertigt daraus Widerstände mit ausdrücklich temperaturabhängigem Verhalten – *Kaltleiter*- und *Heißleiterwiderstände*.

Kaltleiter- oder *PTC-Widerstände* (engl. Positive Temperature-Coefficient) leiten in kaltem Zustand besonders gut (daher „Kaltleiter"). Ihr Widerstand nimmt bei steigender Erwärmung zu.

Das Formelzeichen für Temperatur ist ϑ (griech. Kleinbuchstabe „theta"). Erwärmt man den Widerstand von 20 °C ausgehend, so sinkt sein Widerstandswert zunächst geringfügig ab (*84*). Bei einer sogenannten *Anfangstemperatur* (ϑ_A) beginnt er dann in kurzer Kurve anzusteigen (Kenn-

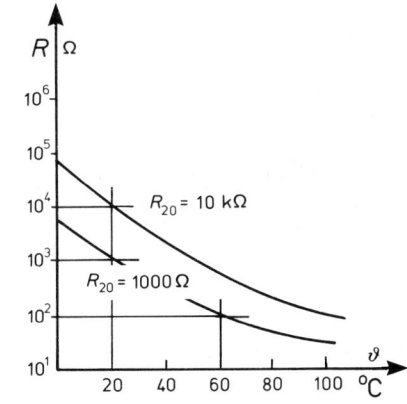

85 Widerstandskurven von NTC-Widerständen mit Kaltwiderstandswerten bei 20 °C.

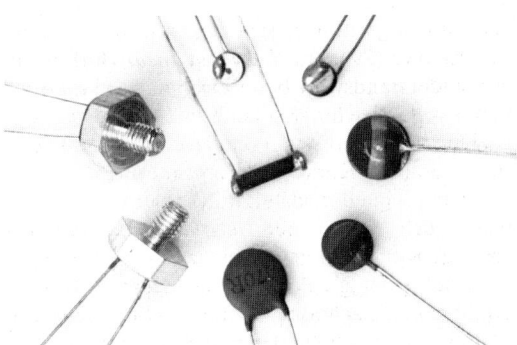

86 Heißleiter (NTC-Widerstände) in verschiedenen Ausführungen. NTC- und PTC-Widerstände können sehr unterschiedlich aussehen. Sie lassen sich an der Bauform allein nicht erkennen.

87 *Varistoren (VDR). Diese spannungsabhängigen Widerstände werden oft als Scheibenwiderstände gefertigt.*

88 *Fotowiderstände (LDR). Kennzeichen ist die unter einer lichtdurchlässigen Abdeckung mäanderförmig angeordnete lichtempfindliche Widerstandsschicht. Unterschiedliche Bauformen.*

linienknick). Zwischen der *Nenntemperatur* (ϑ_N) – oder *Ansprechtemperatur* – und *Endtemperatur* (ϑ_E) erfolgt der Anstieg steil und nahezu linear. Dies ist der eigentliche Arbeitsbereich des PTC-Widerstands. Man kann aber auch den unteren Teil der Kennlinie – den Kennlinienknick – z.B. für Schalterfunktionen benutzen. Das Ansteigen des Widerstandswerts erstreckt sich über mehrere Zehnerpotenzen (im Verhältnis von 1 bis zu mehreren 1 000). Übliche *Temperaturbeiwerte* liegen bei 0,07 und 0,6 je Grad.

Bei den *Heißleiter- oder NTC-Widerständen* (engl. Negative Temperature-Coefficient), den sogenannten *Thermistoren* (von engl. thermal sensitive resistor = temperaturempfindlicher Widerstand), liegen die Verhältnisse entgegengesetzt. Heißleiter leiten im heißen Zustand besonders gut. Ihr Widerstand nimmt bei Erwärmung ab, d.h. bei Abkühlung zu (85). Sie haben einen „negativen Temperaturbeiwert", der zwischen –0,02 und –0,07 je Grad C liegen kann. R_{20} bedeutet „Widerstand im kalten Zustand" (bei 20 °C). Manchmal werden auch Widerstandswerte bei 25 °C angegeben.

Temperaturabhängige Widerstände werden vielfach als *Temperaturfühler* eingesetzt, z.B. an schwer zugänglichen Stellen (Fernmessung). Kaltleiter „melden" mit zuverlässiger Genauigkeit, wann höchstzulässige Temperaturen an technischen Geräten (Motoren, Transformatoren) erreicht oder überschritten werden. Den gleichen Effekt kann man bei entsprechendem Einsatz auch mit einem Heißleiter erzielen. Heißleiter sind im Gegensatz zu Kaltleitern leicht zu beschaffen. In den meisten wie auch immer gelagerten Anwendungsfällen kommt man mit ihnen aus (vgl. 3.4.1).

3.3.2 Spannungsabhängige Widerstände

Auf die Widerstandswerte der Festwiderstände haben Spannungsänderungen keinen nennenswerten Einfluß. Festwiderstände behalten unabhängig von der angelegten Spannung ihren Widerstandswert bei.

Die Widerstandswerte der *Varistoren* (von engl. variable resistor = veränderlicher Widerstand) oder *VDR-Widerstände* (engl. Voltage Dependent Resistor = spannungsabhängiger Widerstand) sinken mit zunehmender Stromstärke. Sie sind bei niedriger Spannung sehr hoch und werden mit steigender Spannung immer kleiner.

VDR-Widerstände benutzt man hauptsächlich zur *Spannungsbegrenzung*, z.B. um empfindliche Bauelemente in Schaltungen vor Überspannung zu schützen. Außerdem kann man damit hohe *Spannungen stabilisieren*.

3.3.3 Lichtabhängige Widerstände

Während bei den Heißleitern die Elektronen durch Hinzuführung von Wärmeenergie beweglicher werden und daher der Widerstand des Leiters abnimmt, geschieht das bei den *Fotowiderständen* (LDR, engl. *L*ight *D*ependent *R*esistor = lichtabhängiger Widerstand) durch das Auftreffen von Licht. Der Widerstandswert eines Fotowiderstands wird um so geringer, je stärker die Lichteinstrahlung ist.

Die Einheit der Beleuchtungsstärke ist das *Lux* (Einheitszeichen lx) – lat. Helligkeit, Licht, Glanz. 1 lx ist zugleich das Maß für die Helligkeit einer 1 m² großen weißen Fläche, die mit der Lichtstärke einer Normalkerze (NK = international Candela) angestrahlt wird.

Beleuchtungsstärken:

direkte Sonnenbestrahlung:
Juni, 12 Uhr   bis 100 000 lx
Dezember, 12 Uhr   bis   9 000 lx

bedeckter Himmel:
Juni   20 000 bis 4 000 lx
Dezember   2 000 bis   900 lx
Nacht, Vollmond   0,2 lx

Straßenbeleuchtung:
Hauptstraße   30 bis 50 lx
Seitenstraße   1 bis 20 lx

Arbeitsplatzbeleuchtung:
für Feinarbeit   1 000 lx
für Büroarbeit   500 lx
Schreiben und Lesen   50 lx
Treppenhausbeleuchtung   5 lx

Cadmiumsulfid, Bleisulfid, Bleiselenit u.a. haben einen besonders starken „fotoelektrischen Effekt". Die Lichtempfindlichkeit kann durch besondere Beimengungen noch gesteigert werden. Die Widerstandsschicht des LDR liegt in engen Windungen mäanderförmig (*88*) auf einem keramischen Trägerplättchen dicht verschlossen unter einem Glasfenster. – Wichtige Kennwerte sind *Dunkelwiderstand* (R_0), *Hellwiderstand* (R_{1000}), *Wellenlänge der maximalen Lichtempfindlichkeit* (t_r). Bei Dunkelheit (nach einer Wartezeit von wenigstens 1 Minute) liegt der Widerstandswert im Megaohmbereich (1 MΩ bis 100 MΩ). Bei starker Beleuchtung kann er bis auf einige hundert Ohm (100 Ω bis 2 kΩ) absinken. Der Widerstand ist auch nicht für alle Lichtwellenlängen gleichempfindlich; spezielle Widerstände können besondere Empfindlichkeiten für grünes, blaues, orangerotes oder auch infrarotes Licht haben. Die Ansprechbarkeit beträgt 1 bis 3 ms (Millisekunden). Das entspricht der Zeit, die nach dem Einschalten von 1 000 lx vergeht, bis der Strom 65 % seines Wertes bei R_{1000} erreicht hat. Der Widerstandswert ändert sich nicht ohne Trägheit. Für besonders flinke Schaltungen sind sie daher nicht geeignet. Dafür reagieren sie aber sehr empfindlich auch auf feine Lichtstärkeschwankungen. Die

89 Schaltzeichen für einen Fotowiderstand. – a) Bisher übliches und oft noch anzutreffendes Zeichen. – b) Verbindliches Schaltzeichen; die beiden Pfeile kennzeichnen die auf den Widerstand auftreffenden Lichtstrahlen.

Verlustleistung (P_{max} = höchstzulässige Belastung) liegt je nach Ausführung zwischen 50 mW und 2 W.
Fotowiderstände werden vielfach für *Lichtschranken, Dämmerungsschalter, Lichtwächterschaltungen* und *Alarmanlagen* verwendet.

3.4 Widerstandsschaltungen

Im folgenden werden wir uns mit der Reihen- und Parallelschaltung von Widerständen beschäftigen. Es ist durchaus der Mühe wert, hierbei etwas länger zu verweilen. Da sich alle elektronischen Schaltungen, auch die kompliziertesten, im Prinzip als Reihen- oder Parallelschaltung von Widerständen bzw. aus deren Kombination erklären lassen, ist es wichtig, sich die nachfolgenden Gesetzmäßigkeiten so einzuprägen, daß man sie stets zur Verfügung hat. Die dargestellten Schaltungen sollte man auch unbedingt selbst aufbauen, um eine genaue Vorstellung davon zu bekommen, was in den Widerstandsschaltungen vor sich geht. Das ist wichtig, weil man das Zusammenwirken von Widerständen – auch an versteckten Stellen – „sehen" lernen muß.
Grundsätzlich ist davon auszugehen, daß sich das Verhältnis von Spannung, Strom und Widerstand nach dem Ohmschen Gesetz (2.2.6) regelt. Soll in einem Stromkreis bei einer vorgegebenen Spannung ein bestimmter Strom fließen, dann muß der gesamte Stromkreis einen bestimmten Widerstand haben:

$$I = \frac{U}{R}.$$

$$\text{Strom (A)} = \frac{\text{Spannung (V)}}{\text{Widerstand (Ω)}}.$$

Beispiel: Bei einer Batteriespannung von 4,5 V soll durch ein Glühlämpchen ein Strom von 100 mA (0,1 A) fließen. Welchen Widerstand muß der glühende Lampendraht haben?

$$R = \frac{U}{I} = \frac{4,5 \text{ V}}{0,1 \text{ A}} = 45 \text{ Ω}.$$

3.4.1 Widerstände in Reihenschaltung

Im obigen Beispiel fließt genau dann ein Strom von 0,1 A, wenn der gesamte Widerstand im Stromkreis 45 Ω beträgt. Dieser Widerstand muß aber nicht in einem einzigen Bauteil zustandekommen, er kann auch auf zwei oder mehrere „in einer Reihe" hintereinander geschaltete kleinere Widerstände verteilt werden (*90*). Daraus erklärt sich das Prinzip der *Reihenschaltung* oder *Serienschaltung* (lat. series = Kette). *Der Gesamtwiderstand (R_{ges}) der Reihenschaltung ergibt sich aus der Summe der Teilwiderstände.*

$$R_{ges} = R_1 + R_2 + \ldots$$
$(45\,\Omega = 27\,\Omega + 18\,\Omega).$

Da es sich um einen einfachen (unverzweigten) Stromkreis handelt, *ist in der Reihenschaltung der Strom an jeder Stelle des Stromkreises gleich groß.* Der im vorliegenden Beispiel angesetzte Strom von 0,1 A fließt durch R_1 und ebenso durch R_2.

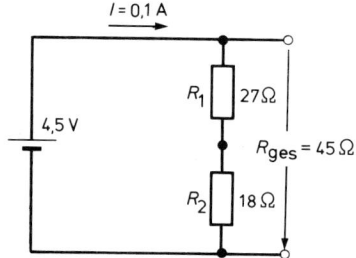

90 Reihenschaltung von Widerständen.

Wenn durch $R_1 = 27\,\Omega$ ein Strom von 0,1 A fließen soll, muß nach dem Ohmschen Gesetz dafür eine Spannung $U_1 = 2{,}7$ V zur Verfügung stehen:

$U = R \cdot I$
$U_1 = 27\,\Omega \cdot 0{,}1\,\text{A} = 2{,}7\,\text{V}.$

Entsprechendes gilt für $R_2 = 18\,\Omega$.
$U_2 = 18\,\Omega \cdot 0{,}1\,\text{A} = 1{,}8\,\text{V}.$

Die Batteriespannung teilt sich also an den in Reihe geschalteten Widerständen in *Teilspannungen* ($U_1, U_2, \ldots$) auf (*91*). Man nennt eine solche Teilspannung *Spannungsabfall*. Für die Berechnung des Spannungsabfalls gilt das Ohmsche Gesetz.

$U_1 = I \cdot R_1 = 0{,}1\,\text{A} \cdot 27\,\Omega = 2{,}7\,\text{V}$
$U_2 = I \cdot R_2 = 0{,}1\,\text{A} \cdot 18\,\Omega = \underline{1{,}8\,\text{V}}$
$U_{ges} = 4{,}5\,\text{V}$

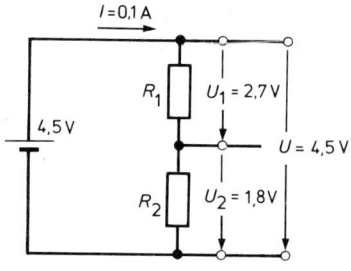

91 Spannungsabfälle in der Reihenschaltung.

Fließt durch einen Widerstand ein Strom, so entsteht an diesem Widerstand ein Spannungsabfall. Die Summe aller Spannungsabfälle (Teilspannungen) in einem Stromkreis ergibt die Spannung der Quelle. Im obigen Beispiel:

$2{,}7\,\text{V} + 1{,}8\,\text{V} = 4{,}5\,\text{V}.$

Das ist die sogenannte „Kirchhoffsche Maschenregel" (Gustav Robert Kirchhoff, deutscher Physiker, 1824–1887): Die Summe aller Maschen in einem Stromkreis = 0. Die „Plus-Masche" ist die Spannungsquelle, die „Minus-Maschen" sind die an den Widerständen abfallenden Teilspannungen. In unserem Beispiel:

$4{,}5\,\text{V} - 2{,}7\,\text{V} - 1{,}8\,\text{V} = 0$

Es wird ferner deutlich, daß sich die Spannungsabfälle (Teilspannungen) zueinander wie die Widerstände verhalten, an denen sie abfallen:

$$\frac{U_1}{U_2} = \frac{R_1}{R_2}.$$

Im obigen Beispiel:
$$\frac{2{,}7\,\text{V}}{1{,}8\,\text{V}} = \frac{27\,\Omega}{18\,\Omega}.$$

Da zwei oder mehrere in Reihe geschaltete Widerstände eine Spannung aufteilen, nennt man eine solche Schaltung auch *Spannungsteiler*.

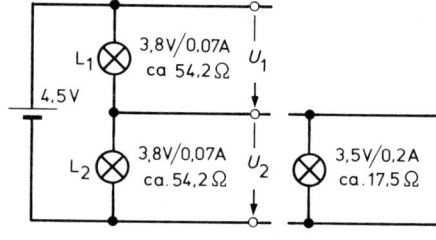

92 Versuch (Spannungsteiler).

Schaltet man zwei Verbraucher (L_1, L_2) in Reihe, so bilden auch sie einen Spannungsteiler (*92*). An zwei gleichen Lämpchen – z.B. 3,8 V/0,07 A – teilt sich die Batteriespannung gleich auf:

$$U_1 = U_2 = \tfrac{1}{2} U_b.$$

Tauscht man L_2 gegen ein Lämpchen 3,5 V/0,2 A aus, so wird man feststellen, daß L_2 nicht mehr leuchtet. Dieser Effekt erklärt sich durch die Spannungsteilerrechnung: Die Heißwiderstände der Lämpchen verhalten sich wie

$$\frac{54,2\,\Omega}{17,5\,\Omega} \approx \frac{3}{1}.$$

Also bleibt als U_2 (für L_2) nur $^1/_4\,U_b$ (Batteriespannung) übrig, ca. 1,1 V.

Tatsächlich liegen die Verhältnisse für L_2 noch ungünstiger, da das Lämpchen im kalten Zustand einen erheblich geringeren Widerstand als im glühenden Zustand hat (positiver Temperaturbeiwert bei Metall). Der Kaltwiderstand eines Lämpchens ist höchstenfalls halb so groß wie der errechnete Heißwiderstand. Das ergibt ein Verhältnis von

$$\text{ca.} \ \frac{54\,\Omega}{9\,\Omega} \approx \text{ca.} \ \frac{6}{1}.$$

Für L_2 bleibt nur $^1/_7\,U_b$ (ca. 0,6 V) – das reicht nicht aus, um das Lämpchen zum Leuchten zu bringen.

In der Praxis ist man hauptsächlich an der Teilspannung U_2 interessiert. Man erhält die für die Berechnung notwendigen Formeln durch algebraische Umformung des Verhältnisses:

$$\frac{U_\text{ges}}{U_2} = \frac{R_\text{ges}}{R_2}.$$

Formel 1:

$$U_2 = \frac{U_\text{ges} \cdot R_2}{R_\text{ges}}.$$

Formel 2:

$$R_2 = \frac{R_\text{ges} \cdot U_2}{U_\text{ges}}.$$

Beispiel: Aus einer Versorgungsspannung $U_b = 9$ V soll eine Teilspannung von 2,7 V gewonnen werden. Durch den Spannungsteiler soll ein

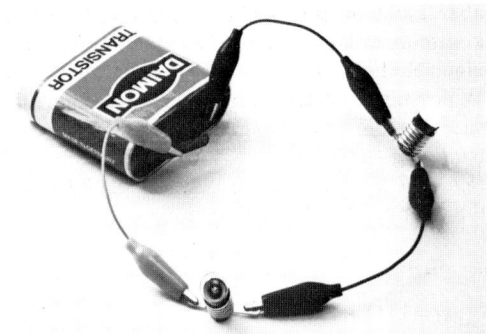

93 *Glühlampenversuch zur Reihenschaltung. Zum schnellen Erkunden eines elektronischen Zusammenhangs erübrigt es sich, die Schaltung fest auf eine Trägerplatte zu montieren. Schnelle Verbindungen lassen sich sehr einfach mit den in jedem Elektronikfachgeschäft erhältlichen billigen Prüfschnüren herstellen: Gegebenenfalls die lange Schnur kürzen: durchtrennen, Krokodilklemme neu anlöten!*

Strom („Querstrom") von 10 mA (0,01 A) fließen. Wie ist der Spannungsteiler aufzubauen? Berechnung des Gesamtwiderstandes nach dem Ohmschen Gesetz:

$$R = \frac{U}{I},$$

$$R_1 + R_2 = \frac{9\,\text{V}}{0,01\,\text{A}} = 900\,\Omega.$$

Berechnung des Widerstandes R_2 (nach Formel 2):

$$R_2 = \frac{900\,\Omega \cdot 2,7\,\text{V}}{9\,\text{V}} = 270\,\Omega.$$

Kontrollberechnung von U_2 (nach Formel 1):

$$U_2 = \frac{9\,\text{V} \cdot 270\,\Omega}{900\,\Omega} = 2,7\,\text{V}.$$

Berechnung von R_1:

$$R_1 = 900\,\Omega - 270\,\Omega = 630\,\Omega$$

(nächster Normwert 620 Ω).

Spannungsteiler kommen in der Praxis außerordentlich oft vor. So ist z.B. das *Potentiometer* nichts anderes als ein Spannungsteiler. Denkt man sich die beiden Widerstände R_1 und R_2 dicht aneinandergeschoben (*94*), so erscheinen sie als mit der geschlossenen Kohlebahn des Potentiometers vergleichbar. Der Punkt, an dem der

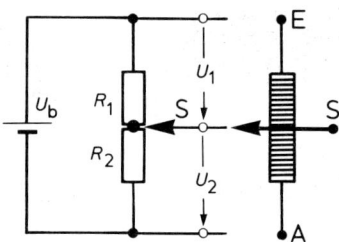

94 *Schematische Darstellung des Potentiometers als Reihenschaltung zweier Widerstände.*

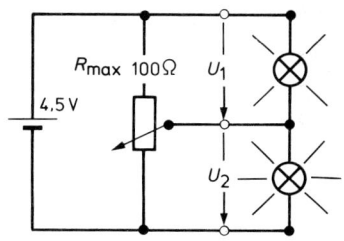

97 *Darstellung der eingestellten Teilspannungen durch zwei Glühlampen.*

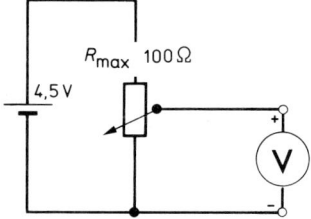

95 *Einstellen einer Teilspannung.*

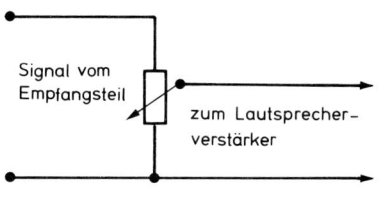

98 *Lautstärkeregelung am Rundfunkgerät.*

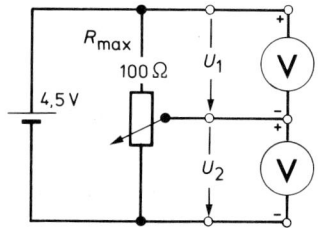

96 *Prüfversuch mit zwei Meßinstrumenten.*

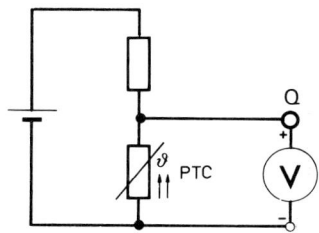

99 *Spannungsteiler mit PTC-Widerstand.*

Schleifer die Kohlebahn berührt, ist die „Nahtstelle" der beiden Widerstände. Da der Schleifer aber jede beliebige Stellung einnehmen kann, läßt sich damit auch jedes beliebige Verhältnis zwischen den Teilwiderständen R_1 und R_2 und damit auch der Teilspannungen U_1/U_2 einstellen.
Mit dem Potentiometer kann man die Teilspannung U_2 von 0 bis zum Maximum einstellen (95). Um sich die Wirkungsweise des Spannungsteilers einzuprägen, sollte man den Versuch unbedingt durchführen, am besten mit zwei (gleichen) Meßinstrumenten (96). Man sieht, wie beim Verschieben des Schleifers die eine Teilspannung von 0 auf 4,5 V ansteigt, während die andere von 4,5 V auf 0 absinkt. Stehen keine Meßinstrumente zur Verfügung, dann läßt sich die Spannungsteilung auch mit zwei Glühlämpchen 3,8 V/0,07 A sichtbar machen (97). Die Einstellmöglichkeit einer Teilspannung von 0 V bis zum Maximum mittels eines Potentiometers braucht man z.B. zur Lautstärkeregelung am Rundfunkgerät (98).

Spannungsteilerschaltungen (Reihenschaltung von Widerständen, um Teilspannungen oder Spannungsverschiebungen zu erzeugen) sind in vielen Fällen hilfreich.
In 3.3.1 war z.B. von NTC- und PTC-Widerständen die Rede. Zur Erinnerung: Ein NTC-Widerstand verringert seinen Widerstandswert bei Erwärmung, ein PTC-Widerstand erhöht ihn.
Gewünscht ist eine Meßschaltung, in der bei steigender Temperatur die Spannung am Meßpunkt Q *steigen* soll. Der als Meßfühler eingesetzte PTC-Widerstand erhöht seinen Wert mit steigender Temperatur, so daß sich das Spannungsteilerverhältnis immer mehr nach relativ größeren Werten des PTC-Widerstands verschiebt. Also steigt am Punkt Q die Spannung (99).
Ein Problem entsteht, wenn nur ein NTC-Wider-

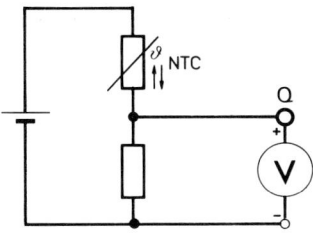

100 Spannungsteiler mit NTC-Widerstand (umgedreht) – gleicher Effekt wie im vorausgegangenen Versuch.

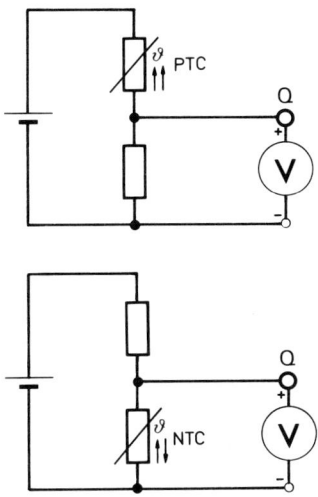

101/102 Spannungsteiler mit temperaturabhängigen Widerständen in entgegengesetzter Anordnung.

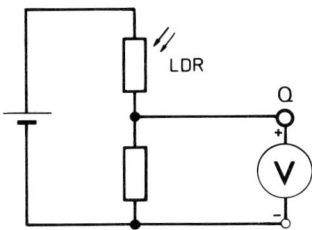

103 Spannungsteiler mit LDR.

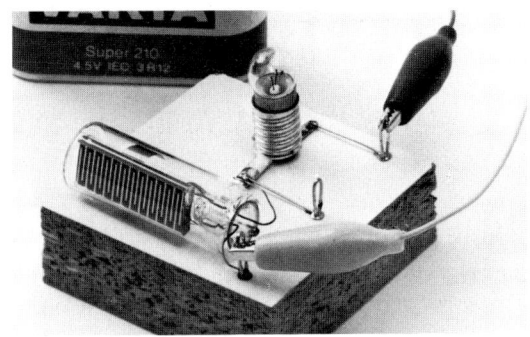

104 Reihenschaltung mit LDR. Statt des Widerstands R kann man auch ein Glühlämpchen in die Schaltung einsetzen (Batterieanschluß siehe Abb. 105). – Wird der Fotowiderstand vom Licht getroffen, so verringert sich sein Widerstandswert. Das Spannungsteilerverhältnis verschiebt sich. Die Spannung am Meßpunkt Q (mittlere Klemmschlaufe) fällt.

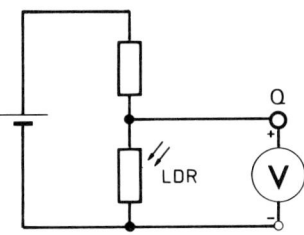

105 Spannungsteiler mit LDR (umgedreht).

stand zur Verfügung steht. – Lösung: Der Spannungsteiler wird „umgedreht" (*100*). Da der NTC-Widerstand mit steigender Temperatur seinen Wert verringert, verschiebt sich das Spannungsteilerverhältnis so, daß der NTC-Widerstand relativ zu R kleiner wird bzw., daß R relativ zum NTC größer wird; also steigt auch hier die Spannung am Punkt Q.
In vergleichbarer Weise läßt sich der umgekehrte Effekt herbeiführen (mit der Forderung, daß die Spannung am Meßpunkt Q mit steigender Temperatur sinkt – siehe die Abbildungen *101* und *102*).
Man sollte den Versuch auch mit einem LDR-Widerstand (s. 3.3.3) wiederholen und die Erklärung dazu selbst formulieren. – Aufgaben: Mit steigender Helligkeit soll die Spannung steigen (*103*). – Mit zunehmender Helligkeit soll die Spannung fallen (*105*).
Abschließend betrachten wir noch einen Sonderfall von Spannungsteiler, den man als solchen meist nicht sieht, der aber außer im alltäglichen Bereich in besonderer Form sehr oft in Transistorschaltungen eingesetzt wird – den *Schalter*.

Vom Schalter sagt man gemeinhin, daß er einen Stromkreis unterbricht oder schließt. Genaugenommen „unterbricht" er einen Stromkreis nicht total, denn dazu wäre ein totaler Isolator nötig. Die Metallteile eines Schalters sind aber auf einem Isolierkörper aufgebaut, über den sehr kleine, aber noch meßbare Leckströme fließen. Wo ein – wenn auch noch so kleiner – Strom fließt, da ist ein Widerstand vorhanden. Auch ein Schalter ist also im Prinzip ein „Widerstand", der (wenn man ihn „öffnet") seinen Wert schlagartig von „sehr klein" auf „außerordentlich groß" ändert. Hersteller geben in ihren Datenblättern die Widerstandswerte an. Die „Durchlaßwerte" liegen in der Größenordnung von 5 mΩ (0,005 Ω), die „Sperrwerte" bei 50 MΩ (50 Millionen Ω) oder erheblich darüber.

Der Schalter liegt als Widerstand mit dem Widerstand des Verbrauchers (Lämpchen) in Reihe und bildet somit mit diesem einen Spannungsteiler (*106*). Im Schaltzustand „offen" beträgt in unserem Beispiel das Spannungsteilerverhältnis 50 MΩ : 50 Ω = 1 000 000 : 1. Für das Lämpchen bleibt praktisch keine Spannung übrig, Q hat praktisch eine Spannung von 0 V. – Umgekehrt verhält es sich, wenn der Schalter „geschlossen" ist (*107*). Dem Widerstand des Lämpchens steht dann der auf fast 0 gesunkene Widerstand (ca. 0,005 Ω) des Schalters gegenüber. Das Spannungsteilerverhältnis beträgt ca. 1 : 10 000. Damit steht praktisch die gesamte Batteriespannung für das Lämpchen zur Verfügung.

Was soll diese (scheinbar) akademische Betrachtung? – Ein Schalter muß nicht unbedingt aus beweglichen Metallteilen bestehen. Wesentlich ist die Schaltfunktion eines Bauteils, das seinen Widerstandswert schlagartig von „fast 0" bis „sehr hoch" ändern kann. Diese Funktion können aber auch Dioden, Transistoren, Thyristoren erfüllen, weshalb diese Bauteile auch als Schalter eingesetzt werden. In Verbindung mit einem in Reihe geschalteten Widerstand – was immer einen Spannungsteiler ergibt – kann man mit solchen „elektronischen" Schaltern besonders schnelle Spannungssprünge erzielen.

3.4.2 Innenwiderstand der Spannungsquelle, Anpassung

In gleicher Weise ist zu erklären, warum die *Klemmenspannung einer Batterie bei Belastung* sinkt:
Jeder Spannungserzeuger hat einen *Innenwiderstand* (R_i) – denn auch im Spannungserzeuger bewegen sich ja die Elektronen durch leitendes Material, das ihnen einen Widerstand entgegensetzt. Dieser Innenwiderstand liegt mit dem Verbraucher in Reihe und bildet mit ihm einen Spannungsteiler (*108*). Wenn Strom fließt, fällt am Innenwiderstand R_i eine entsprechende Teilspannung U_i ab, so daß an den Klemmen des Erzeugers für den Verbraucher nur noch die Quellenspannung minus der Teilspannung U_i zur Verfügung steht. Je kleiner eine Batterie bemessen ist, um so größer ist im allgemeinen ihr Innenwiderstand. Die Spannung an den Klemmen einer 9-V-Blockbatterie bricht zusammen, wenn man eine solche Batterie mit einem Glühlämpchen belastet, das 0,2 A verbraucht – wohingegen bei zwei in Reihe geschalteten Normalbatterien (2 × 4,5 V) die Klemmenspannung bei gleicher Belastung kaum merklich sinkt.

Allein die Leerlaufspannung des Spannungserzeugers ist gleich der Quellenspannung.

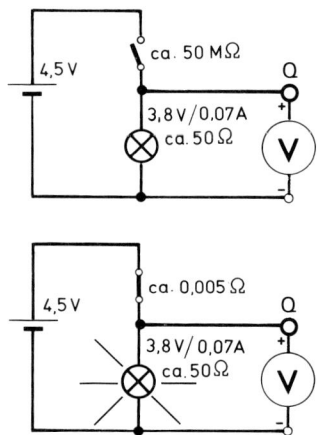

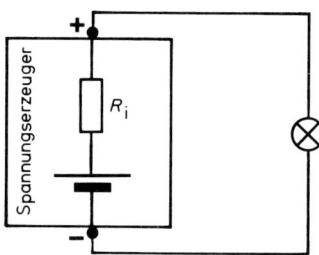

106/107 *Ein Sonderfall des Spannungsteilers ist – der Schalter!*

108 *Innenwiderstand der Batterie (schematische Darstellung).*

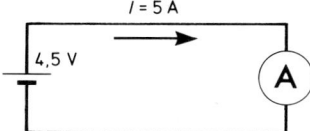

109 *Bestimmung des Innenwiderstands der Quelle mittels des Kurzschlußstroms.*

Den Innenwiderstand einer Quelle (R_i – oft auch „Generatorwiderstand" genannt) bestimmt man mittels des Kurzschlußstroms (s. Abb. *109*). Schließt man z.B. eine Flachbatterie 4,5 V mit einem Amperemeter kurz, so mißt man einen Strom von ca. 5 A. Die gesamte Spannung fällt wegen des Kurzschlusses in der Batterie ab – abgesehen von wenigen mV im Meßgerät und in den Leitungen. Der Innenwiderstand der Batterie beträgt nach dem Ohmschen Gesetz

$$R = \frac{U}{I} \qquad R_i = \frac{4,5\,\text{V}}{5\,\text{A}} = 0,9\,\Omega.$$

Diese 0,9 Ω sind in jedem Fall im Stromkreis, in dem die Batterie eingesetzt wird, vorhanden und liegen mit dem Verbraucherwiderstand in Reihe.

Oft kommt es darauf an, daß die Quelle die größtmögliche Leistung an den Verbraucher abgibt. Da der Innenwiderstand der Quelle i.allg. festliegt, muß man den Verbraucher an die Quelle *anpassen* (z.B. einen Lautsprecher an den Verstärker).
Eine Quelle gibt dann die größte Leistung an den Verbraucher ab, wenn dessen Widerstand („Lastwiderstand" – R_L) mit dem Innenwiderstand der Quelle gleich groß ist. Dabei bricht die Spannung der Quelle auf ihren halben Wert zusammen. Die Dimensionierung des Verbraucherwiderstandes $R_L = R_i$ heißt *Leistungsanpassung* (*110*).

Einige Kontrollrechnungen mögen diese Gesetzmäßigkeit deutlich werden lassen. Wir bleiben bei unserem obigen Beispiel mit der Flachbatterie.

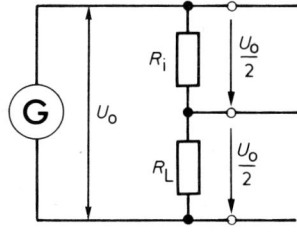

110 *Leistungsanpassung.*

Die Leistung wird nach der Formel

$$P = I^2 \cdot R_L$$

berechnet, der jeweilige Strom nach dem Ohmschen Gesetz

$$I = \frac{U_0}{(R_i + R_L)}.$$

Rechnung: $R_L = 900\,\Omega$ (angenommen), $R_i = 0,9\,\Omega$.

$$I = \frac{4,5\,\text{V}}{900\,\Omega + 0,9\,\Omega} = \frac{4,5}{900,9} = 0,004995\,\text{A},$$

$$P = 0,004995^2 \cdot 900 = 0,024\,\text{W}.$$

Die nächsten Rechnungen führt man analog durch:

Bei R_L	=	90 Ω	beträgt	$P = 0,22$ W
Bei R_L	=	9 Ω	beträgt	$P = 1,85$ W
Bei $R_L = R_i =$		0,9 Ω	beträgt	$P = 5,625$ W
Bei R_L	=	0,09 Ω	beträgt	$P = 1,86$ W
Bei R_L	=	0,009 Ω	beträgt	$P = 0,22$ W

Wie bereits erwähnt, bricht bei Leistungsanpassung die Spannung der Quelle auf ihren halben Wert zusammen. Ist man daran interessiert, eine möglichst hohe Spannung zu entnehmen, dann muß R_L erheblich größer als R_i sein (Überanpassung). Möchte man einen möglichst hohen Strom haben, dann muß R_L kleiner als R_i sein (Unteranpassung).

Es gibt noch mehr Anpassungsarten, z.B. die Rauschanpassung. Jeder Verstärker rauscht. Arbeitet man mit kleinen Signalen (z.B. am Eingang eines Empfängers), so möchte man möglichst viel Signalleistung und möglichst wenig Rauschen an die nächste Stufe weitergeben. Die Rauschanpassung muß nicht mit der Leistungsanpassung übereinstimmen.

Zwischen Quelle und Verbraucher bestehen durch den Innenwiderstand der Quelle enge Beziehungen. In diesem Buch wird eigens darauf verwiesen, wenn sie für die Funktion einer Schaltung von entscheidender Bedeutung sind. Es gibt aber grundsätzlich keinen Fall, in dem die Anpassung keine Rolle spielt.

3.4.3 Berechnung von Vorwiderständen

Es kommt häufig vor, daß eine vorhandene Versorgungsspannung größer ist als die Spannung, die ein Verbraucher benötigt. Beispiel: Auf dem Sokkel eines Glühlämpchens stehen die Nenndaten 3,8 V/0,07 A. Dieses Lämpchen an einer 12-V-Batterie zu betreiben, ist nicht ohne weiteres möglich. Da die Batteriespannung ca. dreimal so groß wie die Nennspannung des Lämpchens ist, würde nach dem Ohmschen Gesetz auch ein dreifacher Strom fließen. Das Lämpchen würde mit Sicherheit „durchbrennen". In einem solchen Fall muß man den Strom – und das heißt nichts anderes als: die Spannung – am Verbraucher (Lämpchen) „begrenzen". Das geschieht durch einen *Vorwiderstand* (R_v). Nach der „Maschenregel" (S. 44) muß an ihm die Differenz (U_v) zwischen der Batteriespannung U_b und der Betriebsspannung des Verbrauchers U_L abfallen (*111*):

$$U_v = 12\,V - 3{,}8\,V = 8{,}2\,V.$$

Den dafür erforderlichen Widerstandswert errechnet man nach dem Ohmschen Gesetz:

$$R_v = \frac{U_v}{I} = \frac{8{,}2\,V}{0{,}07\,A} \approx 117\,\Omega$$

(nächster Normwert 120 Ω).

Genaugenommen liegt auch hier eine Spannungsteilerschaltung vor. Es wäre daher auch die Berechnung nach der Spannungsteilerformel möglich:

$$R_{ges} = \frac{12\,V}{0{,}07\,A} \approx 171{,}43\,\Omega,$$

$$R_L = \frac{171{,}43\,\Omega \cdot 3{,}8\,V}{12\,V} \approx 54{,}28\,\Omega,$$

$$R_v = 171{,}43\,\Omega - 54{,}28\,\Omega \approx 117\,\Omega.$$

Diese Rechnung führt zum gleichen Ergebnis, ist aber etwas umständlicher. In der Praxis geht man daher auch meist den erstgenannten Weg. Auch dieses Beispiel bestätigt die Regel, daß sich die

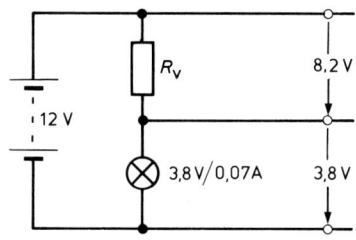

111 *Vorwiderstand.*

Batteriespannung an in Reihe geschalteten Widerständen im Verhältnis der Widerstände aufteilt.

Im allgemeinen reicht es aus, zu wissen, an welcher Stelle in einer Schaltung ein Vorwiderstand nötig ist und welcher Spannungsanteil an diesem abfallen soll. – Es soll z.B. eine Leuchtdiode an einer Spannung von 5 V betrieben werden. Die Schwellenspannung eines solchen Bauteils beträgt ca. 1,6 V (siehe auch S. 110). Es soll ein Strom von 10 mA (0,01 A) fließen. Da eine Leuchtdiode (wie jede andere Diode) kein Verbraucher ist, muß in jedem Fall ein Widerstand R_v zur Strombegrenzung in den Stromkreis eingefügt werden.

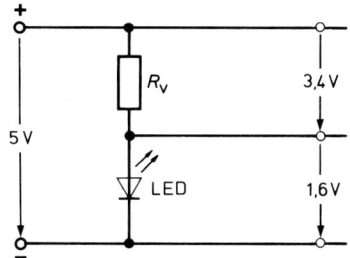

112 *Berechnungsbeispiel – Vorwiderstand für eine Leuchtdiode.*

Er wird so bemessen, daß bei einem Strom von 10 mA für die Leuchtdiode 1,6 V „übrigbleiben" – daß an ihm also 3,4 V abfallen (*112*). Man rechnet wieder nach dem Ohmschen Gesetz:

$$R_v = \frac{U_v}{I} = \frac{3{,}4\,V}{0{,}01\,A} \approx 340\,\Omega$$

(nächster Normwert 330 Ω).

3.4.4 Widerstände in Parallelschaltung

Werden mehrere Widerstände „nebeneinander" (parallel) geschaltet, so liegen alle an derselben Spannung *U*. *Parallelschaltungen* kommen sehr häufig vor; im Kraftfahrzeug z.B. liegen alle Verbraucher (= Widerstände) parallel an der Batterie, im Haushalt sind alle Verbraucher (Lampen, Herd, Radio usw.) parallel an die Netzleitung angeschlossen. Die Spannung am Widerstand R_1 ist genauso groß wie die Spannung am Widerstand R_2/R_3... Gleichzeitig wird jeder Widerstand von einem Strom (I_1, I_2 usw.) durchflossen, der sich nach dem Ohmschen Gesetz aus der Größe der Betriebsspannung und der Größe des Widerstands errechnet. *Der Gesamtstrom I_{ges} in der Parallelschaltung ist gleich der Summe der Teilströme (113):*

$I_{ges} = I_1 + I_2 + I_3 \ldots$

Beispiel: Zwei Widerstände – $R_1 = 15\,\Omega$ und $R_2 = 220\,\Omega$ – liegen an einer Betriebsspannung von 4,5 V:

$I_1 = \dfrac{U}{R_1} = \dfrac{4{,}5\,V}{15\,\Omega} = 0{,}3\,A,$

$I_2 = \dfrac{U}{R_2} = \dfrac{4{,}5\,V}{220\,\Omega} = 0{,}02\,A,$

$I_{ges} = 0{,}3\,A + 0{,}02\,A = 0{,}32\,A.$

Je mehr Widerstände nebeneinander geschaltet werden, um so größer wird der Gesamtstrom. Umgekehrt: Je größer der Gesamtstrom wird, desto kleiner wird der Gesamtwiderstand.

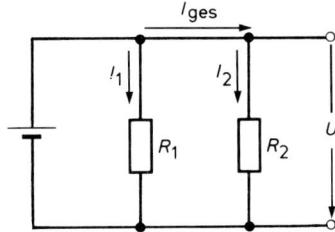

113 *Parallelschaltung von Widerständen.*

Berechnung des Gesamtwiderstands: Wenn nur 2 Widerstände parallel geschaltet sind, dann berechnet sich der Gesamtwiderstand nach der Formel

$R_{ges} = \dfrac{R_1 \cdot R_2}{R_1 + R_2}$

$= \dfrac{15\,\Omega \cdot 220\,\Omega}{15\,\Omega + 220\,\Omega} = \dfrac{3300\,\Omega}{235\,\Omega} \approx 14\,\Omega.$

Sind mehrere Widerstände parallel geschaltet, dann empfiehlt sich die Berechnung des Gesamtwiderstands aus den Widerstandskehrwerten (Leitwerten, S. 32).

Dabei geht man von folgender Überlegung aus: Wenn der Gesamtstrom der Parallelschaltung gleich der Summe der einzelnen Teilströme ist (siehe oben), dann muß auch der Leitwert (G) der gesamten Schaltung gleich der Summe der Leitwerte der Einzelwiderstände sein.

$G = G_1 + G_2 + G_3 + \ldots$

Formel:

$G = \dfrac{1}{R}.$

Rechnung:

$G_1 = \dfrac{1}{R_1} = \dfrac{1}{15\,\Omega} \approx 0{,}067\,S,$

$G_2 = \dfrac{1}{R_2} = \dfrac{1}{220\,\Omega} \approx 0{,}0045\,S$

$G_{ges} \approx 0{,}0715\,S$

$R = \dfrac{1}{G} = \dfrac{1}{0{,}0715\,S} \approx 14\,\Omega.$

Da der Gesamtstrom (I_{ges}) dieser Parallelschaltung bekannt ist, kann man auch einfach rechnen:

$R_{ges} = \dfrac{U}{I_{ges}} = \dfrac{4{,}5\,V}{0{,}32\,A} \approx 14\,\Omega.$

Der errechnete Gesamtwiderstand läßt sich auch als *Ersatzwiderstand* für die parallel geschalteten Widerstände betrachten. *Der Gesamtwiderstand ist immer kleiner als der kleinste Widerstand in der Parallelschaltung.*

3.4.5 Spannungsteiler mit Belastung

Baut man aus zwei Widerständen ($R_1 + R_2$) einen Spannungsteiler auf, so verfolgt man damit keinen Selbstzweck. In der Regel will man eine Teilspannung (U_2) für einen *Verbraucher* abzweigen, der mit geringerer Spannung als der Betriebsspannung für die gesamte Schaltung arbeiten soll (z.B. für eine nachfolgende Transistorstufe).

Durch den Verbraucher fließt ein Strom. Der Verbraucher stellt damit einen Widerstand dar, der parallel zu R_2 geschaltet ist (*114*).

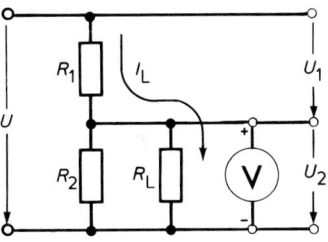

114 *Belasteter Spannungsteiler.*

Der Entnahmestrom „belastet" den Spannungsteiler; man nennt diesen Strom daher auch *Laststrom* (I_L). Der Verbraucher wird als *Last* oder *Lastwiderstand* (R_L) bezeichnet. Der Spannungsteiler besteht jetzt aus R_1 und dem Gesamtwiderstand (R_p) aus $R_2 \parallel R_L$ (R_2 parallel mit R_L). Da nach der schon bekannten Gesetzmäßigkeit der Gesamtwiderstand zweier parallel geschalteter Widerstände stets kleiner als der kleinste von ihnen ist, verschiebt sich das Spannungsteilerverhältnis nach relativ kleineren Werten von R_p ($= R_2 \parallel R_L$) – d.h. nach einem relativ größeren Wert von R_1. Also muß U_2 kleiner werden. U_2 *wird um so kleiner, je kleiner der Lastwiderstand* R_L *ist, d.h. je größer der Laststrom ist.*

Anders gesehen: R_1 wirkt für den Verbraucher R_L als Vorwiderstand. Je größer der Laststrom I_L ist, desto größer ist die Spannung, die an R_1 abfällt – desto kleiner ist die Restspannung U_2, die übrig bleibt.

Ein einfacher Versuch zeigt diese Gesetzmäßigkeit bei Belastung des Spannungsteilers (*115*): Zwei Glühlämpchen L_1 und L_2, jeweils 3,8 V/0,07 A, werden in Reihe zu einem Spannungsteiler zusammengeschaltet. Da es sich um gleiche Lämpchen – d.h. gleiche Widerstände – handelt, teilt sich die Spannung gleich auf. Beide Lämpchen leuchten gleich hell. Schaltet man nun neben L_2 (parallel) ein weiteres Lämpchen L_3, ebenfalls 3,8 V/0,07 A, so sinkt die Spannung U_2, L_2 und L_3 werden dunkler (L_1 wird heller, weil der Laststrom von L_3 auch über L_1 fließt; das Spannungsteilerverhältnis hat sich zu relativ höherem Widerstandswert von L_1 verschoben, also steht an L_1 auch eine höhere Spannung). – Belastet man den Spannungsteiler mit einem weiteren Lämpchen L_4, so sinkt U_2 noch weiter, L_2, L_3 und L_4 werden noch dunkler.

Mit einem Meßinstrument lassen sich diese Abstufungen noch deutlicher machen (*116*). Man baut einen Spannungsteiler aus zwei Widerständen je 1 kΩ auf. Das Meßinstrument (Meßbereich 2,5 V oder 5 V) zeigt U_2 als etwa die halbe Batteriespannung an – es wirkt ja selbst schon als (sehr kleine) Last am Spannungsteiler, von Ungenauigkeiten der Widerstände einmal abgesehen. Nun fügt man als R_L einen Widerstand 1 MΩ ein. Man muß schon sehr genau hinschauen, um am Zeigerausschlag überhaupt eine Änderung festzustellen. 1 MΩ ist im Verhältnis zu 1 kΩ ($= R_2$) ein sehr großer Widerstand – d.h. eine sehr kleine Last (es fließt nur ein sehr kleiner Entnahmestrom), daher sinkt die Spannung kaum merklich.

Setzt man für R_L 100 kΩ ein, so wird sich ebenfalls kaum eine Spannungsänderung beobachten lassen. Bei $R_L = 10$ kΩ beginnt die Last schon merklich größer zu werden; je mehr man R_L verkleinert (4,7 kΩ, 2,2 kΩ, 1 kΩ, 470 Ω, 100 Ω, ...), um so stärker sinkt U_2.

Setzt man für R_L ein Trimmpotentiometer (z.B. 4,7 kΩ) ein, so kann man beobachten, wie U_2 um so kleiner wird, je kürzer man die Widerstandsbahn einstellt.

Die Verhältnisse im belasteten Spannungsteiler:
Die Spannungsverhältnisse im belasteten Spannungsteiler lassen sich mit der Spannungsteilerformel berechnen, wenn man den aus der Parallelschaltung von R_2 und R_L resultierenden Gesamtwiderstand R_p an Stelle von R_2 in die Formel einsetzt:

$$\frac{U}{U_2} = \frac{R_1 + R_p}{R_p},$$

$$U_2 = \frac{U \cdot R_p}{R_1 + R_p}.$$

$$R_p = \frac{R_2 \cdot R_L}{R_2 + R_L}.$$

nach Umformung:

$$R_2 = \frac{R_p \cdot R_L}{R_L - R_p}.$$

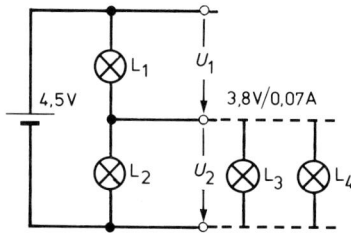

115 *Belastungsversuche (Spannungsteiler).*

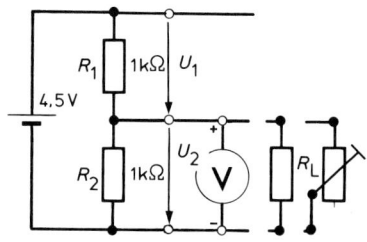

116 *Verhältnisbestimmung im belasteten Spannungsteiler.*

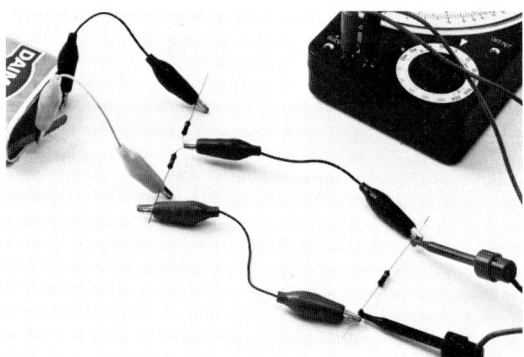

117 Mit einem genügenden Vorrat kurzer Prüfkabel können die vorgesehenen Experimentierschaltungen leicht aufgebaut werden. Hier die Belastung des Spannungsteilers durch einen Widerstand.

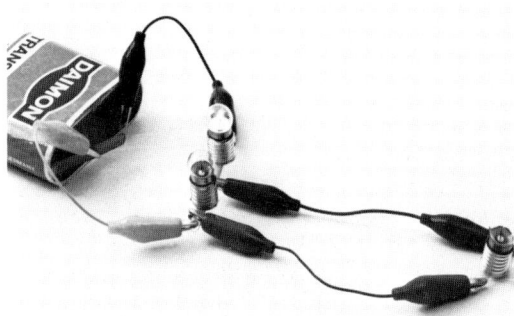

118 Die beiden in Reihe geschalteten Lämpchen bilden den Spannungsteiler. Belastet man diesen mit einem weiteren Lämpchen (L_3), so verschiebt sich das Spannungsteilerverhältnis zu einem relativ höheren Widerstandswert von L_1. L_1 leuchtet, während L_2 und L_3 dunkel bleiben.

Beispiel: Der Spannungsteiler nach Abb. *116* wird mit einem Lastwiderstand $R_L = 470\,\Omega$ belastet. Wie groß ist U_2?

$$R_p = \frac{1000\,\Omega \cdot 470\,\Omega}{1000\,\Omega + 470\,\Omega} \approx 320\,\Omega\ (319{,}72\,\Omega),$$

$$U_2 = \frac{4{,}5\,\text{V} \cdot 320\,\Omega}{1000\,\Omega + 320\,\Omega} \approx 1{,}09\,\text{V}\ (\approx 1{,}1\,\text{V}).$$

Hingegen konnte man am unbelasteten Spannungsteiler eine „Leerlaufspannung" von 2,25 V messen!
Die Verhältnisse im belasteten Spannungsteiler werden um so stabiler, je größer der Querstrom I_q im Verhältnis zum Laststrom I_L ist. Das ist insbesondere dann von Bedeutung, wenn I_L nicht ganz konstant ist. Man wählt daher in Elektronikschaltungen den Querstrom I_q von Spannungsteilern gern ca. zehnmal so groß wie den Laststrom I_L.
Beispiel: Ein Spannungsteiler soll an einer Batteriespannung von 9 V so eingestellt werden, daß die Teilspannung U_2 bei einem Entnahmestrom I_L von 0,1 mA 3 V beträgt (*119*):

Querstrom $I_q = 10 \cdot I_L = 10 \cdot 0{,}1\,\text{mA} = 1\,\text{mA}$.

Der Gesamtstrom, der durch R_1 fließt, ist $I_q + I_L = 1{,}1\,\text{mA}$.

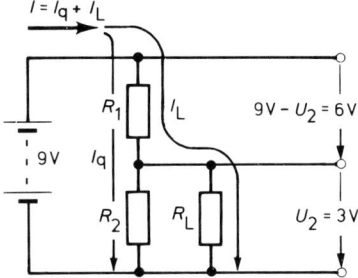

119 Berechnungsbeispiel für einen belasteten Spannungsteiler.

An R_1 müssen 6 V abfallen (9 V – 3 V = 6 V). R_1 beträgt daher

$$\frac{6\,\text{V}}{0{,}0011\,\text{A}} \approx 5{,}45\,\text{k}\Omega$$

(nächster Normwert 5,6 kΩ).

R_L beträgt

$$\frac{3\,\text{V}}{0{,}0001\,\text{A}} \approx 30\,\text{k}\Omega.$$

An $R_p\ (= R_2 \| R_L)$ müssen 3 V abfallen:

$$R_p = \frac{3\,\text{V}}{0{,}0011\,\text{A}} \approx 2{,}727\,\text{k}\Omega,$$

$$R_2 = \frac{R_p \cdot R_L}{R_L - R_p}$$

$$= \frac{30000\,\Omega \cdot 2727\,\Omega}{30000\,\Omega - 2727\,\Omega} \approx 2999\,\Omega$$

(nächster Normwert der Reihe E 12 = 3,3 kΩ).

Wie groß ist die Spannungsabweichung, wenn man aus der Reihe E 12 für R_1 den nächsten Normwert 5,6 kΩ und für R_2 den Normwert 3,3 kΩ einsetzt?

R_p beträgt dann

$$\frac{3300 \cdot 30000}{3300 + 30000} = 2972\,\Omega,$$

$$U_2 = \frac{U \cdot R_p}{R_1 + R_p}$$

$$= \frac{9\,\text{V} \cdot 2972\,\Omega}{5600\,\Omega + 2972\,\Omega} = 3{,}12\,\text{V}.$$

Die Abweichung beträgt 4% (darf im allgemeinen toleriert werden).
Stehen Widerstände der Reihe E 24 zur Verfügung (5,6 kΩ, 3 kΩ), dann liegen die Verhältnisse günstiger. U_2 beträgt dann rechnerisch 2,947 V; die Abweichung liegt bei 1,8% – das dürfte, wenn man die Fertigungstoleranzen der Widerstände in Betracht zieht, eine für den Normalfall bereits unrealistische Genauigkeit bedeuten. Benötigt man einmal eine wirklich genaue Einstellung, so verwendet man ein Trimmpotentiometer.

3.4.6 Die Brückenschaltung

Schaltet man zwei Spannungsteiler parallel (120), so sind die Teilspannungen U_1/U_2 in den beiden Teilern immer dann gleich groß, wenn auch die Widerstandsverhältnisse im linken und im rechten Spannungsteiler gleich sind. Damit ist aber nicht gesagt, daß auch die Widerstände, aus denen die beiden Spannungsteiler zusammengesetzt sind, gleiche Ohmwerte haben müssen. Im Spannungsteiler ist für die Größe der Teilspannungen nur das Verhältnis der Widerstände zueinander maßgeblich.
Die Parallelschaltung zweier Spannungsteiler nennt man *Brückenschaltung*. Die beiden Spannungsteiler heißen *Brückenzweige,* die Verbindung zwischen den Punkten A und B ist die *Brückendiagonale.* Besteht im Spannungsteiler R_1/R_2 das gleiche Widerstandsverhältnis wie im Spannungsteiler R_3/R_4, so befindet sich die Brücke im „Gleichgewicht". Man sagt auch, sie ist auf Null „abgeglichen" und spricht in diesem Zusammenhang vom „Nullabgleich". Zwischen den Punkten A und B ist keine Spannung, ein dazwischengelegtes Meßinstrument zeigt keinen Strom an (Strom = Null).
Sobald sich eines der beiden Spannungsteilerverhältnisse ändert, gerät die Brücke aus dem Gleichgewicht. Die beiden Teilspannungen U_1 und U_2 sind dann nicht mehr gleich groß – zwischen den Punkten A und B entsteht eine Spannungsdifferenz, und durch ein dazwischengelegtes Meßinstrument fließt ein Ausgleichsstrom, dessen Richtung und Größe sich aus der Art des Ungleichgewichts ergibt (121).

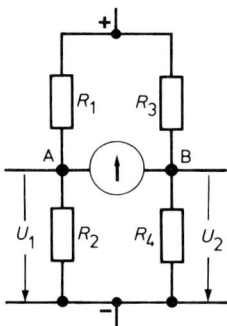

120 *Widerstandsbrücke im Gleichgewicht.*

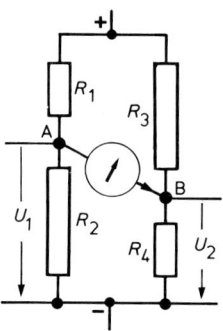

121 *Widerstandsbrücke im Ungleichgewicht (schematisiert).*

Die *Wheatstonesche Brücke* (nach Sir Charles Wheatstone, engl. Physiker, 1802–1875) ist eine empfindliche Meßschaltung, die z.B. zum genauen Messen von Widerständen benutzt wird. Für den Nullabgleich benötigt man ein Meßinstrument mit der Zeigerstellung Null in der Skalenmitte, weil je nach Art des Brückenungleichgewichts der Strom in der einen oder in der anderen Richtung durch das Instrument fließen kann. Die Widerstände R_1 und R_2 legen den Meßbereich der Brücke fest, weswegen man einen von ihnen austauschbar (umschaltbar) macht. Der unbekannte Widerstand wird an der Stelle R_x (R_3) in die Brücke eingefügt. Mit dem Potentiometer (R_4) wird die Schaltung auf Null abgeglichen (s. Abb. 123). – Die Einstellung des Potentiometers kann mit einem an der Bedienungswelle befestigten Zeiger sichtbar gemacht werden. Die Genauigkeit der Messung hängt von der Feinheit der Skala und der Qualität des Potentiometers ab, natürlich auch von der Genauigkeit der Vergleichswiderstände (Meßwiderstände).

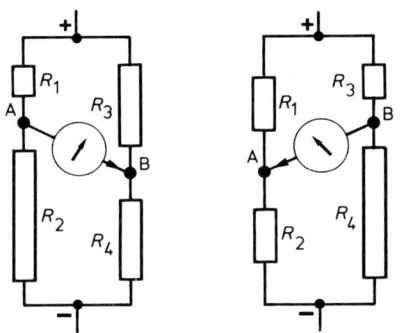

122 Schematische Darstellung ungleichgewichtiger Widerstandsbrücken. Verschiedene Widerstandsverhältnisse in den parallel geschalteten Spannungsteilern verursachen Ausgleichsströme.

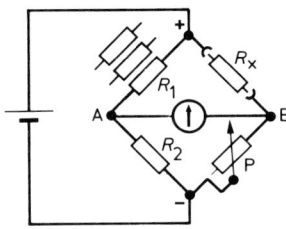

123 Prinzip der Wheatstonschen Meßbrücke.

Schwankungen der Batteriespannung gehen nicht in das Meßergebnis ein, weil sie ja beide Spannungsteiler (Brückenzweige) gleichermaßen betreffen und der Nullabgleich der Brücke nur von der Gleichheit der Spannungsteilerverhältnisse abhängt.

Der Selbstbau einer solchen Meßbrücke in einfacher Form führt im allgemeinen nicht zu der gewünschten Verwendbarkeit. Die Beschaffung hochpräziser Bauteile (Genauigkeitsklasse 0,1 %), Temperaturkompensation usw. ist schwierig.
Oft ist man aber an der Messung von (kleinen) Änderungen nichtelektrischer Größen interessiert, z.B. der Änderung einer Temperatur an einem unzugänglichen Ort, der Helligkeit, Feuchtigkeit, Gaszusammensetzung usw. Man benutzt dann zum Messen nicht den Nullabgleich, sondern die Abweichung von Null – und in diesem Fall, in dem man die Brücke gewissermaßen als „Ausschlagbrücke" anwendet, kann man ebensogut ein Vielfachmeßinstrument mit Null am Skalenanfang anschließen.

3.5 Fernthermometer

Setzt man in einen Brückenzweig der eben beschriebenen Brückenschaltung einen NTC-Widerstand (Heißleiter) ein, so kann man mit Hilfe des aus einem Potentiometer gebildeten zweiten Brückenzweiges (Potentiometer als Spannungsteiler, S. 46) bei einer bestimmten Ausgangstemperatur, z.B. bei 0 °C, die Brücke ins Gleichgewicht bringen. Steigt die Temperatur an, so sinkt der Widerstandswert des NTC – die Brücke verliert ihr Gleichgewicht, das Instrument zeigt einen Strom an. Durch das Trimmpotentiometer R_v (Berechnung des Vorwiderstands, S. 49f.) kann man die Größe des Stroms begrenzen, so daß man bei der höchsten noch zu messenden Temperatur, z.B. bei 80 °C für einen Motor, den Strom auf Vollausschlag des Zeigers einstellt (*124*). Der Vorteil der Brückenschaltung liegt darin, daß man die Endpunkte der Skala, insbesondere den Nullpunkt, je nach Bedarf festlegen kann. Das ist bei der einfachen Spannungsteilerschaltung (S. 47) nicht möglich.

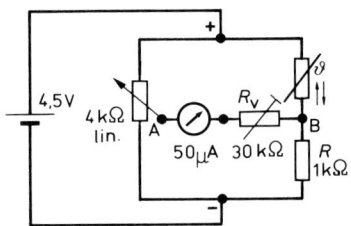

124 Fernthermometer

3.5.1 Die Dimensionierung der Brücke

Am besten richtet man sich nach dem vorhandenen NTC-Widerstand als dem Bauelement, das im Bastlerladen nur mit geringer Auswahl zu beschaffen ist.
Man mißt den Wert des NTC-Widerstands mit dem Ohmmeter (Widerstandsmessung, S. 33) bei Zimmertemperatur (ca. 20 °C – nicht lange festhalten!) und erhält beispielsweise 470 ... 500 Ω. Man kann davon ausgehen, daß der Widerstandswert bei 100 °C auf durchschnittlich 5–10% des gemessenen Wertes sinkt (der prozentuale Wert ist je nach NTC-Typ verschieden).
Als zweiten Widerstand im Brückenzweig wählt man einen Wert, der ca. 1- bis 5mal so groß wie der gemessene NTC-Wert ist – z.B. 1 kΩ.
Der zweite Brückenzweig wird aus einem

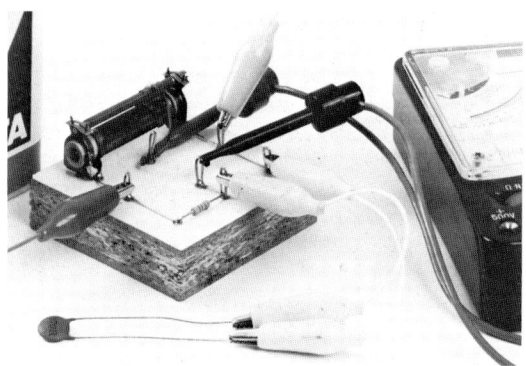

125 So sieht die beschriebene Fernthermometerschaltung im Brettaufbau aus. Das Drahtspindelpotentiometer bildet den Spannungsteiler. Die Brückenpunkte A–B im Mittelfeld sind an den Kontaktschlaufen (Anklemmung des Meßgeräts) zu erkennen. Der Meßwertaufnehmer (NTC-Widerstand) müßte vor dem Eintauchen in eine leitende Flüssigkeit isoliert werden. Über eine verlängerte Zuleitung kann man diesen Meßwertaufnehmer an entfernte und unzugängliche Orte verlegen.

(Trimm-)Potentiometer gebildet. Der Höchstwert richtet sich nach dem vorhandenen Meßinstrument. Hat man beispielsweise ein Meßgerät mit Zeigervollausschlag bei 50 µA, so darf die Summe der Widerstände vor und hinter dem Instrument nur so groß sein, daß in jedem Fall noch 50 µA fließen können. Bei Verwendung einer Flachbatterie (4,5 V) bedeutet das

$$R = \frac{U}{I} = \frac{4{,}5\,\text{V}}{0{,}00005\,\text{A}} = 90\,\text{k}\Omega.$$

Man ist also bei der Wahl des Potentiometerwertes sehr frei. Viel wichtiger ist die Qualität dieses Bauteils. Zu empfehlen ist ein Draht-Spindelpotentiometer. Der Widerstandswert kann im Rahmen der obigen Rechnung zwischen 1 und 25 kΩ lin. schwanken. Man sollte den vollen Bereich nicht ausschöpfen, da die Einstellung um so schwieriger wird, je höher der damit einzustellende Widerstandswert ist.

R_v ist nur nötig, wenn man den Endpunkt des Meßausschlags beliebig festlegen will. Ein Widerstand von 90 kΩ würde in jedem Fall den Zeigerausschlag auf 50 µA begrenzen (s.o.). Mit einem Trimmpotentiometer von 50 kΩ, das man in die eine Zuleitung zum Meßgerät legt, dürften sich alle Einstellungen ermöglichen lassen.

3.5.2 Inbetriebnahme

Als Brückeninstrument dient das Vielfachmeßgerät. Vor dem Anklemmen der Batterie stellt man einen großen Strombereich (z.B. 250 mA) ein, um das Instrument vor Überlastung zu schützen, weil die Brücke wahrscheinlich erst einmal sehr stark aus dem Gleichgewicht ist. Nun klemmt man die Batterie an und stellt mit dem Potentiometer das Brückengleichgewicht her. Dann stellt man den nächstkleineren Bereich des Meßinstruments ein und regelt mit dem Potentiometer nach. So geht man stufenweise bis zum empfindlichsten Strommeßbereich (z.B. 50 µA) vor.

Temperaturvergleichswerte erhält man, wenn man den NTC-Widerstand (die Sonde) mit einem genormten Thermometer zusammen in eine kalte oder heiße Flüssigkeit eintaucht. Wichtig ist, den NTC-Widerstand zuvor zu isolieren (z.B. mit „Pattex"-Kontaktkleber überziehen), oder daß die den Vergleichswert vermittelnde Flüssigkeit selbst schon isoliert (z.B. Erwärmen in Öl).

Die Länge der Zuleitung spielt eine untergeordnete Rolle. Ihr sehr geringer Widerstand geht als Festwiderstand mit in die Brücke ein.

Da man bei dieser Anwendung der Brückenschaltung nicht den Nullabgleich sucht, sondern die Größe des Ausgleichsstroms in der Brückendiagonale mißt, muß die Versorgungsspannung konstant gehalten werden – denn die Spannungsdifferenz zwischen den beiden Spannungsteilern steigt oder sinkt im gleichen Verhältnis, wie sich die Versorgungsspannung ändert, und somit ändert sich auch der Ausgleichsstrom, der durch das Meßwerk fließt. Zur Spannungsstabilisierung siehe S. 117.

Mit dieser Schaltung sind z.B. Fernmessungen an unzugänglichen oder nicht einzusehenden Stellen möglich – etwa am Motorblock eines versteckten Motors, im Innern eines Kühlaggregats, eines Wärmeschranks, Heizkessels, die synoptische Überwachung mehrerer Stellen usw.

3.6 Licht- oder Rauchdichtemessung

Ersetzt man den NTC-Widerstand des Fernthermometers durch einen LDR, so entsteht über das gleiche Brückenschaltprinzip nicht nur ein Helligkeitsmesser. Man kann, indem man einen Lichtstrahl auf den LDR lenkt und die Brücke auf Null abgleicht, beispielsweise auch die Rauchdichte eines Kamins, die Staubdichte in einer Holzwerkstatt, die Verunreinigungen von Wasser o.ä. mes-

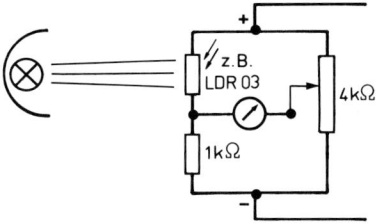

126 Licht- und Rauchdichtemessung (Stromlaufplan).

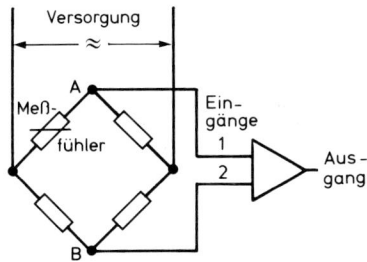

128 Prinzip einer Meßbrückenschaltung mit Differenzverstärker.

sen. Nimmt die Rauch- oder Staubdichte zu, dann fällt weniger Licht auf den LDR – der Widerstand steigt an, die Brücke rutscht aus dem Gleichgewicht. Der Zeiger des Meßinstruments schlägt um so stärker aus, je größer die Verunreinigung der Luft ist (126).

Die Rauchdichtemessung läßt sich im Versuch folgendermaßen gut durchführen. Man umgibt den LDR zur Abschattung von störendem Umlicht mit einem Lichtschacht aus dunklem Karton und richtet ihn auf eine Lichtquelle gleichbleibender Helligkeit, z.B. das Fenster. Die Brücke wird wie oben beschrieben (s. Fernthermometer) auf Null abgeglichen. Wenn man den Lichtkanal leicht abschattet, muß das Meßgerät stark ausschlagen. Will der Zeiger unter Null zurückweichen, vertauscht man entweder die Batterieanschlüsse oder die Anschlüsse des Meßgeräts. Die Brücke ist für den Meßzweck gut eingestellt, wenn der Zeiger des Meßinstruments etwa im ersten Viertel der Skala steht. Bläst man nun den Rauch einer Zigarette oder einer ausgeblasenen Kerze vor die Lichtschachtöffnung, so schlägt das Instrument deutlich aus. Die Reaktion wird deutlicher, wenn es gelingt, die „Rauchwand" mehrere Zentimeter dick zu machen, denn mit der Qualmmenge (oder -dichte) wächst auch die relative Abschattung.

Die Qualität (Eichbarkeit) dieses Rauchdichtemessers hängt einerseits von der Konstanz der Lichtquelle und der Versorgungsspannung, in starkem Maße aber auch von der Qualität des Brückenwiderstands, insbesondere des Potentiometers ab. Zu empfehlen ist ein Metallfilmwiderstand (Meßwiderstand) und die Verwendung eines Draht-Spindelpotentiometers.

Bei dem vorausgegangenen Versuch zeigt es sich, daß schon eine starke Rauchentwicklung nötig ist, um große Zeigerausschläge des Meßinstruments zu erzielen. Meist ist man aber gerade an der Messung feiner Abweichungen interessiert. Man könnte die Empfindlichkeit des Meßgeräts steigern, aber dem sind bald Grenzen gesetzt. Es ist einfacher, die Spannungsdifferenz, die zwischen den Punkten A und B der Brückendiagonale entsteht, zu verstärken. Das geschieht in der Regel mit dem auf Seite 224 ff. beschriebenen Differenzverstärker.

Der Differenzverstärker hat zwei Eingänge und einen Ausgang (s. Abb. 128). Solange beide Eingänge dasselbe Signal erhalten – d.h. solange zwischen ihnen keine (Spannungs-)Differenz steht, geschieht am Ausgang nichts. Das ist der Fall, wenn die Brücke im Gleichgewicht ist. Schon eine kleine Spannungsdifferenz zwischen den beiden Eingangsklemmen, die z.B. dann entsteht, wenn die Brücke aus dem Gleichgewicht zu geraten beginnt, wird hoch verstärkt (eine 1000fache Verstärkung der Eingangsdifferenz ist dabei kein Problem). Der Ausgang reagiert mit starken Spannungssprüngen. Diese können bereits mit einem relativ groben Meßinstrument angezeigt oder auch zum Schalten und Regeln einer größeren Anlage benutzt werden. Da sich Wechselspannungen besonders gut verstärken lassen, betreibt man in solchen Anwendungen die Brücke im allgemeinen mit einer Wechselspannung.

127 Die mit einem Fotowiderstand bestückte Meßbrücke als Helligkeitsmesser (ohne Lichtschacht – siehe Text).

4. Kondensatoren und Kondensatorschaltungen

Neben den Widerständen sind die Kondensatoren die in der Elektronik am häufigsten gebrauchten Bauteile.
Der Umgang mit den im Rahmen unserer Versuche aufgeladenen Kondensatoren ist harmlos. Größere, für hohe Nennspannungen zugelassene Kondensatoren werden lebensgefährlich, wenn sie kurz zuvor an Spannungen über 65 V angeschlossen waren. Besondere Vorsicht ist z.B. beim Demontieren frisch aus dem Betrieb genommener Radiogeräte geboten. Behandeln Sie grundsätzlich die in diesen Geräten befindlichen Kondensatoren so, als wären sie aufgeladen.
Am besten entlädt man sie über einen hochbelastbaren Widerstand von etwa 100 Ω. – Vor einer unzulässigen Demontage oder Falschpolung der Elektrolytkondensatoren wird auf Seite 64 ausdrücklich gewarnt.

4.1 Das Kondensatorprinzip

Im Prinzip besteht jeder *Kondensator* (von lat. condensare = dicht zusammendrängen, verdichten) aus zwei leitenden Platten (Metallplatten oder -folien), die einander isoliert gegenüberstehen. Auf diesen prinzipiellen Aufbau weist auch das Schaltzeichen hin (*129*).
Der Isolierstoff zwischen den Platten heißt Dielektrikum (sprich: di-elektrikum; von griech. diá = hindurch; die elektrischen Kräfte wirken durch das Dielektrikum hindurch). Im einfachsten Fall handelt es sich um Luft.
Im Ruhezustand sind die beiden Platten elektrisch neutral. Das ändert sich, wenn man eine Batterie anschließt. Zur Erinnerung: Am Minus-Pol der Batterie herrscht Elektronenüberfluß. Die überschüssigen Elektronen stoßen einander ab. Daher drängen sie auch in die angeschlossene Platte hinein. Die Platte wird negativ geladen.

Am Plus-Pol der Batterie herrscht Elektronenmangel. Es werden aus der hier angeschlossenen Platte gleich viele Elektronen abgezogen, wie der Minus-Pol in die gegenüberstehende Platte hineingedrückt hat. Die an den Plus-Pol angeschlossene Platte wird positiv geladen.
Beide Platten sind jetzt entgegengesetzt geladen (*131*). Die Spannung zwischen ihnen ist gleich der Spannung zwischen den Batteriepolen (Batteriespannung).

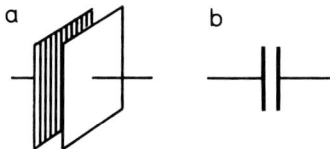

129 *Kondensator – a) prinzipieller Aufbau – b) davon abgeleitetes Schaltzeichen.*

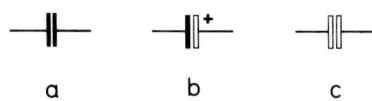

130 *Schaltzeichen – a) Kondensator (allgemein) – b) Elektrolytkondensator gepolt – c) Elektrolytkondensator ungepolt.*

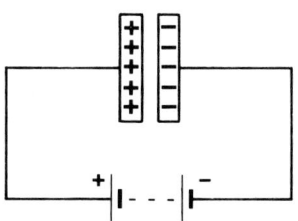

131 *Kondensator geladen (schematisch).*

4.1.1 Ladestrom, Entladestrom

Man schließt einen Kondensator von 1 000 Mikrofarad (μF, zur Dimension s.u.) über ein Glühlämpchen 3,8 V/0,07 A an eine Flachbatterie an. Bei einem Kondensator dieser Größe wird es sich um einen Elektrolytkondensator handeln. Man muß unbedingt darauf achten, daß sein Minuspol (Aufdruck; der Draht, der direkt an das Aluminiumgehäuse angeschweißt ist) zum Minus-Pol der Batterie – und sein Plus-Pol (Aufdruck, isoliert herausgeführter Draht, Rille an der Gehäusekante) zum Plus-Pol der Batterie hinweist.

Man geht am besten so vor: Zuerst verbindet man den Minus-Pol der Batterie mit dem Minus-Pol des Kondensators. Danach schließt man einen Pol des Lämpchens an den Plus-Pol des Kondensators an. Mit dem anderen Pol des Glühlämpchens tippt man an den Plus-Pol der Batterie (*132*). Das Lämpchen blitzt kurz auf, es fließt ein kurzer *Ladestrom*. Wenn der Kondensator aufgeladen ist, fließt kein Strom mehr (denn die Platten stehen ja einander isoliert gegenüber).

Entfernt man nun die Batterie aus dem Stromkreis, so bleiben die Ladungsunterschiede auf den Kondensatorplatten erhalten. Der geladene Kondensator stellt jetzt selbst eine Spannungsquelle dar.

Auch der *Entladestrom* läßt sich mit dem obigen Versuch nachweisen. Man verbindet die freien Anschlüsse des Glühlämpchens mit den Polen des geladenen Kondensators (Antippen genügt). Das Lämpchen blitzt abermals auf. Der Kondensator hat seine gespeicherte Ladung über das Lämpchen als Widerstand abgegeben.

Der Kondensator kann elektrische Ladung speichern und wieder abgeben.

4.1.2 Die Kapazität

Das Fassungsvermögen des Kondensators für elektrische Ladungen heißt *Kapazität* (von lat. capacitas = Fassungskraft). Das Formelzeichen dafür ist C.

Die Einheit der Kapazität ist das *Farad* (Einheitenzeichen F) – nach Michael Faraday, engl. Physiker (1791–1867).

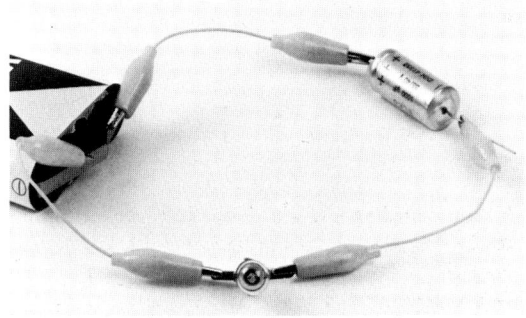

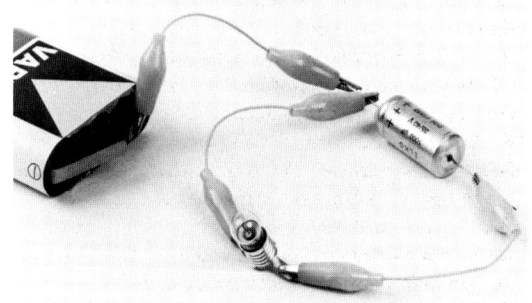

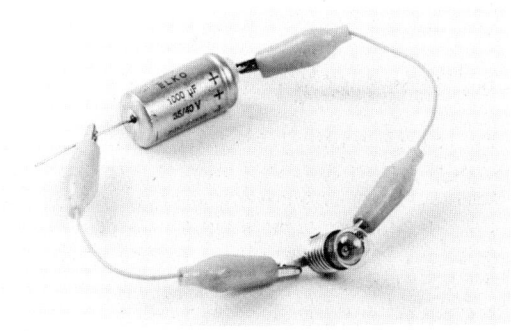

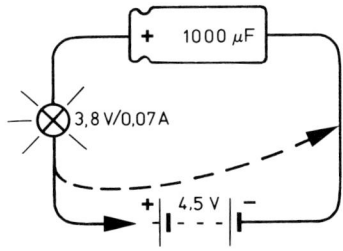

132 Versuch zum Laden und Entladen des Kondensators (schematisch dargestellt).

133–135 Versuchsschaltung zum Beobachten des Lade- und Entladevorgangs. Es ist gleichgültig, in welchen Teil der Zuleitung man das Lämpchen einsetzt. Wichtig ist, daß die mit dem Pluszeichen markierte Seite des Elektrolytkondensators zum Plus-Pol der Batterie hinweist.
Oben: Laden des Kondensators.
Mitte: Entladen.
Unten: Um die Funktion des geladenen Kondensators als Spannungsquelle sichtbar zu machen, kann man die Batterie auch ganz aus dem Stromkreis herausnehmen.

1 F = 1 Amperesekunde je Volt (1 As/V); d.h.: ein Kondensator hat dann die Kapazität von 1 F, wenn 1 Sekunde lang ein Ladestrom von 1 A fließen muß, damit die Spannung zwischen seinen Platten, kurz: „seine Spannung", um 1 V steigt. Das Farad ist eine gewaltige Einheit. Kondensatoren mit einer derart großen Kapazität kommen in der Praxis nicht vor. Als gängige Umgangsgröße dient das Mikrofarad (µF, der millionste Teil eines Farad). Aber selbst diese Größe ist für viele Anwendungen noch viel zu groß. Daher benutzt man die weiteren Unterteilungen Nanofarad (nF) und Picofarad (pF). Da man heute schon Kondensatoren mit Kapazitäten von 10 000 µF und mehr zu bauen imstande ist, taucht bisweilen auch der Begriff Millifarad (mF) auf:

1 Millifarad (1 mF) = 0,001 F = 10^{-3} F
1 Mikrofarad (1 µF) = 0,000 001 F = 10^{-6} F
1 Nanofarad (1 nF) = 0,001 µF = 10^{-9} F
1 Picofarad (1 pF) = 0,001 nF = 10^{-12} F

umgekehrt:

1 000 pF = 1 nF
1 000 nF = 1 µF
1 000 µF = 1 mF
1 000 mF = 1 F

Die Kapazität hängt von der Flächengröße der Platten, ihrem Abstand zueinander und von der Beschaffenheit des Dielektrikums ab. Sie ist um so größer, je dichter die Platten einander gegenüberstehen und je größer sie sind. Dabei spielt die Dicke der Platten keine Rolle. Ebensowenig kommt es darauf an, daß die Platten plan sind; meist sind sie als Folienbänder übereinandergewickelt.

Der Faktor, mit dem sich die Kapazität eines Kondensators multipliziert, wenn man statt Luft einen anderen Isolierstoff als Dielektrikum einfügt, ist die *Dielektrizitätszahl* ε_r (ε – griech. Kleinbuchstabe „epsilon").
Die Kapazität des Plattenkondensators ist

$$C = \frac{0{,}0885 \cdot \varepsilon_r \cdot A}{l}$$

C = Kapazität in pF
A = die wirksam gegenüber stehende Fläche der Platten in cm^2
l = Plattenabstand in cm
0,0885 = elektrische Feldkonstante.
Die Dielektrizitätszahlen der verschiedenen Isolierstoffe unterscheiden sich erheblich voneinander und beeinflussen die Kapazität beträchtlich:

Dielektrikum	ε_r
Luft	1
Polystyrol	2,5
Papier	4
Glimmer	6 ... 8
Tantalpentoxyd	27
keramische Massen	10 ... 50 000

Elektrische Isolierstoffe haben nur sehr wenige freie Elektronen. Nahezu alle Elektronen sind an die Atomkerne gebunden. Durch die im Spannungsfeld der geladenen Kondensatorplatten wirksame *Influenz* (von lat. influere = hineinströmen) erfolgt jedoch eine Verschiebung der im Isolierstoff gebundenen Elektronen. Es entstehen *molekulare Dipole* (Anordnungen mit gleichen entgegengesetzten elektrischen Ladungen), die sich dem Spannungsfeld entsprechend ausrichten (*136*). Die Seite mit dem negativen Potential zeigt zur positiven Platte, die Seite mit dem positiven Potential zeigt zur negativen Platte. Man nennt diesen Vorgang *dielektrische Polarisation*. Dabei entstehen auch auf der Oberfläche des Dielektrikums Ladungen, deren Polarität der der anliegenden Kondensatorplatten entgegengesetzt ist, was wiederum zur Folge hat, daß die Kondensatorplatten mehr Ladung aufnehmen können (Verdichtungseffekt, Kondensator = Verdichter).

Ein Beispiel mag das verdeutlichen: Zwei Metallplatten von der Größe eines 10-Pf-Stücks (Kreisfläche ca. 3,4 cm^2) bilden mit Luft als Dielektrikum und einem Abstand von 1,5 mm eine Kapazität von ca. 2 pF:

$$C = \frac{0{,}0885 \cdot 1 \cdot 3{,}4}{0{,}15} \approx 2\,\text{pF}.$$

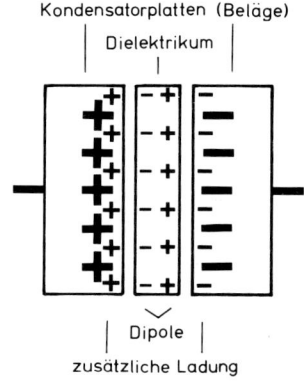

136 *Schematische Darstellung der „dielektrischen Polarisation". Die Ladungen in den Kondensatorplatten werden verdichtet.*

Schiebt man ein Stück Epoxydharz-Glasseiden-Platinenmaterial ($\varepsilon_r = 5$) zwischen die Platten, so vergrößert sich die Kapazität bis ca. 10 pF:

$$C = \frac{0{,}0885 \cdot 5 \cdot 3{,}4}{0{,}15} \approx 10\,\text{pF}.$$

Diesen Effekt nutzt man z.B. in älteren Fernsehgeräten zur Feinabstimmung, um die Kapazität des Abstimmkondensators zu ändern (kleine Kapazitätsänderung mit großem Bedienungsweg).

4.1.3 Wichtige Kennwerte

Der wichtigste Kennwert des Kondensators ist seine *Kapazität*. Sie wird als Nennwert angegeben, unterliegt aber einer *Fertigungstoleranz* (s. Tabelle).

Die Nennkapazität bezieht sich auf eine Temperatur von 20°C. Je nach Dielektrikum ändert sich die Kapazität des Kondensators mit der Temperatur mehr oder weniger. Es gibt Kondensatoren mit positivem und negativem *Temperaturbeiwert* (die Kapazität nimmt mit steigender Temperatur zu oder ab). Abgesehen von der Verwendung des Kondensators in Schwingkreisen und Zeitgliedern, spielt der Temperaturbeiwert in der Praxis keine große Rolle.

Wichtiger ist die *Spannungsfestigkeit* (Nennspannung). Im Bestreben, zu immer kleineren Abmessungen zu gelangen, verwendet man möglichst dünne Dielektrika. Das dünne Dielektrikum bedeutet einen geringen Plattenabstand, praktisch einen Gewinn an Kapazität, so daß man für die gleiche Kapazität Plattenfläche sparen kann. Andererseits handelt man sich mit dem dünnen Dielektrikum eine geringere Spannungsfestigkeit ein, denn eine dünne Schicht des gleichen Isolierstoffs wird naturgemäß schon bei geringeren Spannungen durchschlagen als eine dicke.

Die *Nennspannung* gibt die Maximalspannung an, auf die der Kondensator dauernd aufgeladen werden darf. Sie wird für Gleichspannung und Wechselspannung gesondert angegeben (für Wechselspannung ist sie bedeutend niedriger).

Oft ist auch der *Isolationswiderstand* einer Betrachtung wert. Da es keinen totalen Isolator gibt, sickern durch das Dielektrikum kleinste oder größere Leckströme, denen jeweils ein größerer oder kleinerer Isolationswiderstand entspricht. Gute Kondensatoren haben Isolationswiderstände in der Größenordnung von 10000 MΩ – ihre Leckströme sind also wirklich gering. Bei Elektrolytkondensatoren hingegen ist der Leckstrom so groß, daß man auf die Angabe des Isolationswiderstandes verzichtet und den Leckstrom als Reststrom angibt. Leck- und Restströme haben auch zur Folge, daß sich jeder Kondensator mit der Zeit selbst entlädt.

Im allgemeinen ist es nicht erforderlich, den genauen Wert des Isolationswiderstands zu kennen. Wissen muß man aber, in welcher Schaltung man sich einen Leckstrom leisten kann und wo nicht. Danach sucht man sich die entsprechende Bauform aus. Die verschiedenen Kondensatoren haben typische Größenordnungen von Leckströmen. Als Faustregel gilt, daß Wickelkondensatoren und keramische Kondensatoren sehr hohe, Elektrolytkondensatoren durchweg geringe Isolationswiderstände haben.

137–139 *Links ein alter Metall-Papier-Wickelkondensator (zur Darstellung des prinzipiellen Aufbaus geöffnet). – Mitte: Styroflex-Kondensatoren. – Rechts: Metallisierte Kunststoffolien-Kondensatoren mit Schrift- und Farbkennzeichnung.*

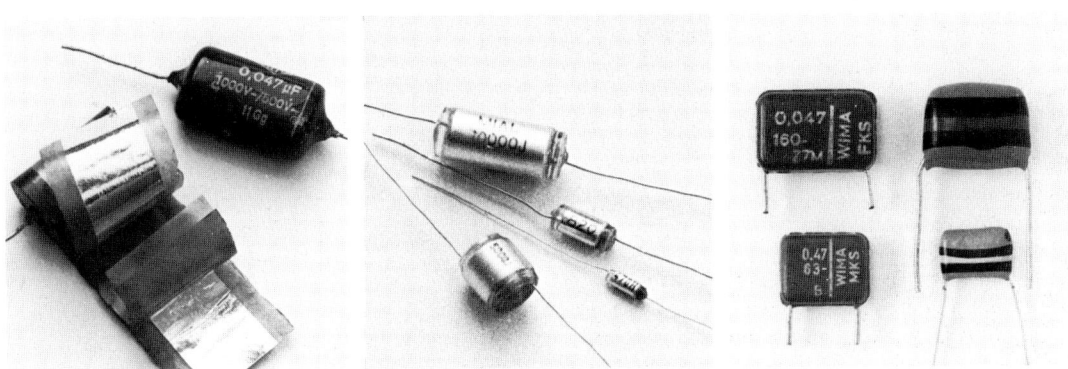

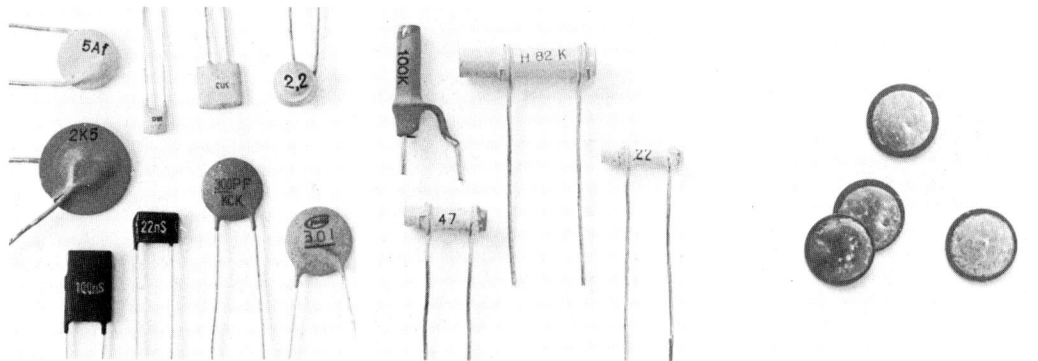

140–142 *Keramik-Kleinkondensatoren in Scheiben- und Röhrchenform. – Rechts: Scheibenkondensatoren zum direkten Einlöten.*

4.2 Bauformen von Kondensatoren

Kondensatoren gibt es für unterschiedliche Anwendung in den verschiedensten Ausführungen. Sie alle im Rahmen dieser Einführung zu beschreiben, ist nicht möglich. Wir beschränken uns daher auf einen sehr groben Orientierungsrahmen, der aber für die Lösung der einfacheren Probleme ausreichen dürfte. (Ausführliche Angaben findet man in den Katalogen und Datenblättern, die im allgemeinen von den Herstellern gegen eine geringe Schutzgebühr zu haben sind.)
Es gibt *gepolte* und *ungepolte Kondensatoren*. „Gepolte" bedeutet, daß ihr Plus-Pol in jedem Fall mit dem Plus-Pol und ihr Minus-Pol mit dem Minus-Pol der Spannungsquelle verbunden werden müssen. Durch falsche Polung wird der Kondensator zerstört. Gepolte Kondensatoren sind im wesentlichen die Elektrolytkondensatoren (s.u.). – „Ungepolt" bedeutet, daß es nicht darauf ankommt, an welche Platte der Plus- oder Minus-Pol der Spannungsquelle angeschlossen wird. Man braucht sich nicht darum zu kümmern, „wie herum" der Kondensator in eine Schaltung einzubauen ist. Ungepolt ist z.B. die ganze Gruppe der Kondensatoren, deren Dielektrikum aus Luft, Papier, Kunststoff oder keramischer Masse besteht.
Neben Kondensatoren mit festen Kapazitätswerten – *Festkondensatoren* – gibt es solche mit einstellbarer Kapazität. Die *einstellbaren Kondensatoren* (Drehkondensatoren und Trimmer) sind ebenfalls ungepolt. Zu den einstellbaren Kondensatoren gehören auch die Kapazitätsdioden (S. 121 f.), auf deren richtige Polung jedoch zu achten ist.

4.2.1 Ungepolte Festkondensatoren

In dieser großen Gruppe unterscheidet man Wickel- und Massekondensatoren.
Der Aufbau der *Wickelkondensatoren* erscheint relativ einfach: Zwei durch einen Isolierstoff (Dielektrikum) getrennte Aluminiumfolien werden zu einem Wickel aufgerollt und gegen das Eindringen von Feuchtigkeit luftdicht vergossen. Auf diese Weise lassen sich auf kleinem Raum große „Platten"flächen gegenüberstellen.
Ältere Wickelkondensatoren (z.B. aus alten Rundfunk- und Fernsehgeräten) haben als Dielektrikum mit Paraffin getränktes Papier. Man kann sie mit einem scharfen Messer leicht öffnen (*137*) und auch Schülern zur eingehenden Untersuchung anbieten. Am besten verwendet man dazu Kondensatoren mit hoher Nennspannung (500 oder 1 000 V), weil diese ein dickeres Dielektrikum haben, das beim Aufwickeln nicht so leicht reißt.
Die neueren *Metallisierten Kunststoff-Kondensatoren (MK-Kondensatoren)* haben nur noch eine hauchdünne Kunststoffolie als Dielektrikum. Auf diese Folie werden die leitenden „Beläge" als sehr dünner Metallfilm aufgedampft. Das ermöglicht die Herstellung noch engerer Wickel, um größere Kapazitäten in noch kleineren Abmessungen unterzubringen.
Man erkennt diese Kondensatorgattung an den Anfangsbuchstaben ihrer Typenkennzeichnung – sie fangen alle mit „MK" an; ein dritter Buchstabe gibt Auskunft über die Kunststoffart des Dielektrikums (MKT, MKC, MKS u.a.).
Alle Wickelkondensatoren haben einen sehr hohen Isolationswiderstand. Sie eignen sich daher gut zur Verwendung in Zeitgliedern (s.u.), sind

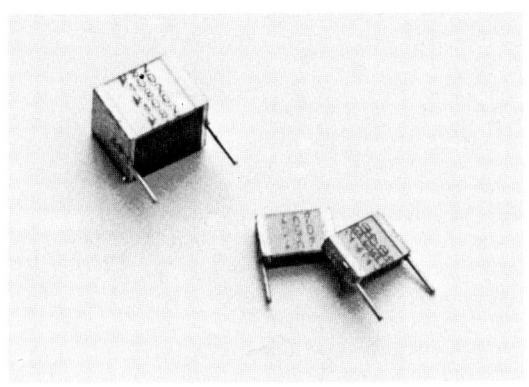
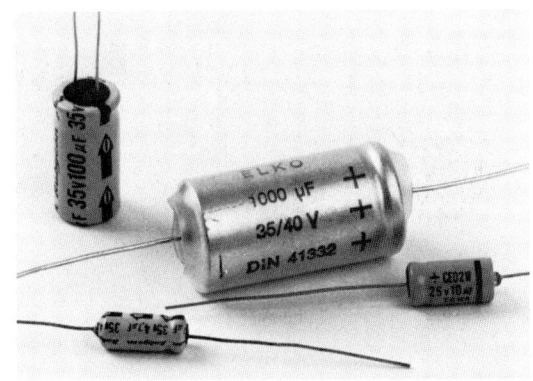

143 *Metallisierte Kunststoff-Schichtkondensatoren mit steckbaren Anschlüssen (für den Einbau in geätzte Leiterplatten).*

aber wegen ihrer hohen Induktivität (Folge der Wickeltechnik, s. S. 61) für Hochfrequenz weniger geeignet. Ausgenommen davon sind die *Styroflex-Kondensatoren* (KS, MKS), die sich hervorragend zum Aufbau von Schwingkreisen eignen.

Keramik-Kondensatoren: Die Entwicklung von keramischen Werkstoffen mit Dielektrizitätszahlen zwischen 10 und 50000 (!) ermöglicht den Aufbau von Kondensatoren mit verhältnismäßig großen Kapazitäten (von 0,5 pF bis 4,7 µF!) auf allerkleinstem Raum.

Die keramische Isoliermasse (Dielektrikum) bildet den Grundkörper. Die metallischen Beläge werden von außen einander gegenüberliegend aufgebrannt. An diese werden die Anschlußdrähte gelötet. Schließlich wird der Kondensator mit Kunststoff umhüllt oder schutzlackiert. Keramikkondensatoren gibt es in tropfen-, scheiben-, waffel- und röhrchenförmigen Ausführungen.

Es gibt eine Einteilung der Keramikkondensatoren nach dem Dielektrikum in 2 Gruppen:

Typ 1: NDK-Kondensatoren (mit „*n*iedriger *D*ielektrizitäts*k*onstante", ε_r 13 ... 470), zu erkennen an der grauen Körperfarbe. Sie werden im Kapazitätsbereich 0,5 pF ... 56 nF hergestellt, haben einen geringen Verlustwinkel und einen geringen Temperaturbeiwert. Sie eignen sich daher auch für frequenzbestimmende Schwingkreise.

Typ 2: HDK-Kondensatoren (mit „*h*oher *D*ielektrizitäts*k*onstante", ε_r 700 ... 50000), zu erkennen an der braunen oder schwarzen Körperfarbe. Diese Kondensatoren werden im Kapazitätsbe-

144/145 *Aluminiumelkos in verschiedenen Ausführungen und Dimensionen. – Rechts: Tantal-Elektrolytkondensatoren mit „nassem" und „festem" Elektrolyten (letztere perlenförmig).*

reich 100 pF ... 100 nF (0,1 µF) hergestellt. Sie haben einen größeren Verlustwinkel und vor allem einen sehr starken Temperaturbeiwert. Man setzt sie dort ein, wo relativ große Kapazitäten auf kleinstem Raum untergebracht werden sollen, die Einhaltung eines bestimmten Kapazitätswertes aber weniger wichtig ist.

Alle Keramik-Kondensatoren haben sehr geringe Induktivitäten, weswegen sie in Hochfrequenzschaltungen grundsätzlich gut zu verwenden sind.

4.2.2 Gepolte Festkondensatoren

Im allgemeinen handelt es sich um *Elektrolytkondensatoren*, kurz „Elko" genannt. Sie unterscheiden sich im Aufbau grundsätzlich von allen anderen Kondensatoren. Entsprechend dem Plattenmaterial unterscheidet man Aluminium- und Tantalkos.

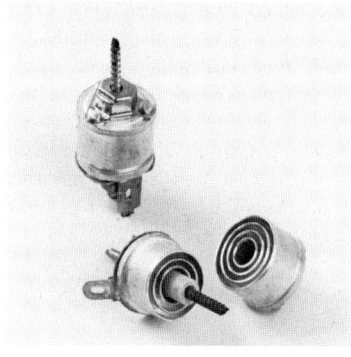  

146–148 *Von links nach rechts – Konzentrische Lufttrimmer (Tauchtrimmer) – Luft-Abgleichkondensatoren – keramische Scheibentrimmer für Schraubendrehereinstellung.*

Der bei den Wickelkondensatoren gegebene Demontagevorschlag gilt nicht für Elektrolytkondensatoren. **Die Elektrolyte der Elkos sind teilweise stark ätzend, hochgiftig und in der Lage, die menschliche Haut zu durchdringen. Man sollte Elkos daher nicht öffnen, auf keinen Fall in der Schule – zumal man es dem Elko von außen nicht ansieht, welchen Elektrolyten er enthält. Ein geschlossener Elko ist ungefährlich.**

Aluminium-Elkos bestehen aus einem aufgerollten Aluminiumband, das in einen Aluminiumbecher mit leitender Flüssigkeit (Elektrolyt) eintaucht (beim Schütteln alter Elkos der 1. Generation – bis Anfang der 50er Jahre – kann man die Flüssigkeit noch hören). Das Aluminiumband ist die eine Kondensatorplatte (Anode), der Elektrolyt die andere (Kathode). Legt man eine Gleichspannung an (Anode +, Kathode –), so überzieht sich die Anode mit einer dünnen, nichtleitenden Schicht aus Aluminiumoxyd, man sagt – der Kondensator „formiert" sich. Dieses hauchdünne Dielektrikum mit hoher Dielektrizitätszahl bewirkt eine große Kapazität, die sich durch Aufrauhen (Anätzen) der wirksamen Anodenoberfläche noch erheblich steigern läßt (mehrere Tausend µF auf engstem Raum).

Nicht zuletzt aus Sicherheitsgründen taucht man heute die Anode nicht mehr in ein Elektrolytbad, sondern man formt aus ihr und einem elektrolytgetränkten Papierstreifen eine enge Wickelspirale, in die man zur Stromzuführung für den Elektrolyten einen zweiten Aluminiumstreifen einfügt.

Elektrolytkondensatoren dürfen nur an Gleichspannung angeschlossen werden. *Die Polung Anode (+) an den Plus-Pol der Spannungsquelle, Kathode (−) an den Minus-Pol der Spannungsquelle muß unbedingt eingehalten werden.* Vertauscht man die Pole, so deformiert sich der Elko unter starker Wärme- und Gasentwicklung, wobei er explosionsartig bersten und gefährliche Verletzungen (Augen!) verursachen kann. *Die Pole der Elektrolytkondensatoren sind immer bezeichnet.* Man kann aber auch schon aus dem Aufbau auf die Polung des Bauteils schließen: Der Elektrolyt (die Kathode) berührt den Aluminiumbecher; also ist der an den Becher angeschweißte Draht immer der Minus-Pol. Die Anode muß isoliert aus dem Becher herausgeführt werden. Also ist der isoliert herausgeführte Draht der Plus-Pol.

Werden Elkos lange nicht benutzt, so deformieren sie sich von selbst. Vor Gebrauch muß man sie wieder formieren, indem man einen kleinen Formierungsstrom fließen läßt (ca. halbstündiger Anschluß an eine kleine Spannung mit einem Vorwiderstand, der den Strom auf wenige mA begrenzt). Unterläßt man es, kann das die Ursache für ein Versagen der Schaltung sein. Diese Selbstdeformation ist häufig der Grund dafür, daß manches lange nicht benutzte elektronische Gerät bei erneuter Inbetriebnahme den Dienst versagt.

Für den Betrieb mit wechselnder Polung oder reinem Wechselstrom werden auch ungepolte Elektrolytkondensatoren hergestellt. Praktisch handelt es sich um zwei mit den Minuspolen zusammengeschaltete Kondensatoren in einem Gehäuse, wobei je nach Stromrichtung jeweils der eine oder der andere in Funktion tritt.

Aluminiumelkos haben einen geringen Isolationswiderstand. Es fließt immer ein *Reststrom*, der nach DIN max. 5 µA pro V und µF betragen darf. Dieser Reststrom beschränkt die Verwendung der Elkos auf Lade-, Sieb- und Kopplungszwecke – sorgt aber auch dafür, daß sich Elkos im Betrieb ständig neu formieren.

149/150 *Einstellbare Kondensatoren. – Oben: Drehkondensatoren („Drehkos") und Trimmer mit Luft als Dielektrikum. – Unten: Miniatur-Drehkos und Trimmer mit Festdielektrikum aus Kunststoffolie.*

Tantalelkos sind ähnlich wie die Aluminiumelkos gebaut, wegen der höheren Dielektrizitätszahl des Tantalpentoxyds ($\varepsilon_r = 27$) aber bei gleicher Kapazität wesentlich kleiner. Sie sind derzeit die kleinsten Kondensatoren im Verhältnis Volumen/Kapazität.
Es gibt zwei Bauformen: Tantalelkos mit Tantalblechanode und flüssigem Elektrolyt („nasse") und Tantalelkos mit Anode aus gesintertem Tantalpulver und festem Halbleiterelektrolyt („trockene"). – Die „nassen" Tantalelkos haben die kleinsten Restströme und können sogar für Meßzwecke eingesetzt werden. „Trockene" Tantalelkos sind kleiner, haben etwas größere Restströme, insgesamt aber noch immer weitaus bessere Werte als Aluminiumelkos.

4.2.3 Einstellbare Kondensatoren

(Siehe auch Kapazitätsdioden, S. 121.) – An den einstellbaren Kondensatoren ist das Kondensatorprinzip am deutlichsten zu erkennen: Es stehen sich zwei Platten(sätze) gegenüber. Als Dielektrikum dient Luft oder eine Kunststoffolie. Der eine (bewegliche) Plattensatz, der gegen den anderen (feststehenden) isoliert ist, läßt sich in diesen hineindrehen, ohne daß sich die einzelnen Platten berühren. Durch das satzweise Zusammenschalten mehrerer Platten erreicht man eine große Gesamtplattenfläche. Wirksam sind immer nur die Flächen, die je nach Einstellung einander gegenüberstehen. Dem Zweck der Feinabstimmung entsprechend sind die Kapazitäten aller einstellbaren Kondensatoren verhältnismäßig gering. Sie betragen höchstens einige hundert pF.
Drehkondensatoren braucht man zur Abstimmung von Schwingkreisen (S. 91 f.), z.B. zur Senderabstimmung von Empfangsgeräten.
Trimmerkondensatoren dienen zum einmaligen oder korrigierenden Einstellen eines bestimmten Kapazitätswertes. Meist handelt es sich um kreisförmig aufgebaute Scheibenkondensatoren. Bei den aus mehreren ringförmigen Platten zusammengesetzten *Tauchtrimmern* wird der verschiebbare Teil über ein Schraubengewinde in den feststehenden Teil eingedreht.

4.2.4 Unerwünschte Kondensatoren

Sie ergeben sich überall, wo sich zwei zueinander spannungführende Leiter isoliert gegenüberstehen. Die spannungführenden Adern einer Doppelleitung bilden z.B. einen Kondensator. In einer abgeschirmten Leitung steht das Abschirmgeflecht der „Seele" gegenüber. Eine 10 m lange Mikrofonleitung (abgeschirmte Leitung) kann eine Kapazität von bis zu 1 600 pF (!) haben – das bedeutet eine spürbare Dämpfung hoher Frequenzen (s. „Tiefpaß", S. 73 f.). Auch die voneinander isolierten Leiterbahnen einer Leiterplatte bilden einen Kondensator. Praktisch gibt es keinen Stromkreis ohne Kondensatorwirkung. Der Praktiker „sieht" solche Kondensatoren und berücksichtigt sie.

4.3 Kennzeichnung von Kondensatoren

Dem Nichteingeweihten muß das Entziffern der Kondensatorenkennzeichnung als eine Geheimwissenschaft erscheinen, vor allem deswegen, weil die Hersteller nicht (international) einheitlich verfahren. Die folgenden Hinweise sind nicht vollständig, reichen aber im allgemeinen aus.

4.3.1 Kennzeichnung der Kunststofffolien- und Keramikkondensatoren

1. Möglichkeit (vor allem bei älteren Exemplaren): Kapazitätswert, Toleranz und Nennspannung sind aufgedruckt,

z.B. 0,47 µF/10%/250 V–

Die Dimensionszeichen % und V können fehlen.

2. Möglichkeit: Die Dimensionsangabe fehlt, weil man aus der Körpergröße und dem Zahlenwert auf die Dimension schließen kann. Sehr kleine Zahlen (unter 0) meinen µF, große meinen pF:

0,022 bedeutet 0,022 µF = 22 nF.

Ein Irrtum ist kaum möglich, denn 0,022 pF können es nicht sein (so kleine Kondensatoren gibt es nicht als Bauelement).

2 200 bedeutet 2 200 pF.

2 200 µF können damit nicht gemeint sein; der Kondensator hätte ein viel größeres Volumen.

3. Möglichkeit: Die Dimension ist abgekürzt angegeben: µ = µF, n = nF, p = pF. Dabei nimmt das Dimensionszeichen oft die Stelle des Kommas ein:

47 p = 47 pF
4p7   = 4,7 pF
p47   = 0,47 pF

47 n = 47 nF
4n7   = 4,7 nF
n47   = 0,47 nF = 470 pF

µ47   = 0,47 µF.

Größere Werte als 1 µF werden voll ausgeschrieben.

4. Möglichkeit: Der Kapazitätswert ist in pF codiert (ohne Kennzeichnung der Dimension) angegeben – z.B. „473". 473 pF können es nicht sein, denn die 3 pF in der scheinbaren Einerstelle wären weniger als 1% des Gesamtwertes. So genau werden Keramikkondensatoren i.allg. nicht gefertigt. Die 3. Ziffer „3" ist der Multiplikator und gibt die Zehnerpotenz (= Zahl der anzuhängenden Nullen) an.

473 bedeutet also 47 000 pF = 47 nF.

151/152 *Kennzeichnung der Keramikkondensatoren.*

Toleranz und Nennspannung				
großer Buchstabe Kapazitätstoleranz			kleiner Buchstabe Nennspannung	
	C ≤ 10 pF in pF	C ≥ 10 pF in %		
B	± 0,1		a	50 V–
C	± 0,25		b	125 V–
D	± 0,5	± 0,5	c	160 V–
F	± 1	± 1,1	d	250 V–
G	± 2	± 2	e	350 V–
H		± 2,5	g	700 V–
J		± 5	h	1000 V–
K		± 10	u	250 V ~
M		± 20	v	350 V ~
P		+ 100/–0	w	500 V ~
R		+ 30/–20		
S		+ 50/–20		
Z		+ 80/–20		

Beispiel: Keramikkondensator (rohrförmig), 4,7 nF; + 50/–20%, 700 V–

Farbenschlüssel: Keramikkondensatoren				
Nennkapazität in pF	Körperfarbe			Toleranz des Kapazitätswertes
Kennfarbe	1. Ziffer	2. Ziffer	Multiplikator	in %
schwarz	–	0	× 1	± 20
braun	1	1	× 10	–
rot	2	2	× 100	–
orange	3	3	× 1000	–
gelb	4	4	× 10 000	–
grün	5	5	1–	–
blau	6	6	–	–
violett	7	7	–	–
grau	8	8	× 0,01	–
weiß	9	9	× 0,1	± 10

Toleranz und Nennspannung werden als großer bzw. kleiner Buchstabe angegeben (s. Tabelle).

5. Möglichkeit: Die metallisierten Kunststoffolien-Kondensatoren werden mit Farbstreifen nach dem internationalen Farbcode gekennzeichnet. Die Zählweise geht von oben nach unten, die Kuppe ist der 1. Farbstreifen (Tabellen).

Die Farbstreifen gehen ohne Trennlinie ineinander über. Wenn die beiden ersten Ziffern gleich sind (22, 33), so sind sie einzeln nicht zu unterscheiden und bilden eine breite Kuppe.

4.3.2 Kennzeichnung der Elektrolytkondensatoren (Elkos)

Aluminiumelkos sind durchweg beschriftet, Kapazitätsangaben in µF – bei ausländischen Fabrikaten oft als MFD geschrieben. Wenn die Dimensionsbezeichnungen fehlen, so ist die erste Zahl die Kapazitätsangabe in µF, die zweite die Nennspannung in V:

47/25 = 47 µF/25 V

Tantalelkos sind entweder beschriftet oder (besonders die tropfenförmigen Ausführungen) nach der folgenden Tabelle *157* farbcodiert. Schaut man auf das „Gesicht" des aufrecht gehaltenen Kondensators, so ist das rechte Bein der Plus-Pol.

4.4 Kondensatorschaltungen

Bei der *Parallelschaltung* von Kondensatoren vergrößert sich die wirksame Plattenoberfläche. Die Kapazität wird größer. Die Gesamtkapazität ist gleich der Summe der Einzelkapazitäten.

$C_1 + C_2 = C_{ges}$

(Vgl. die Reihenschaltung von Widerständen S. 43 ff.)
Man nutzt diese Gesetzmäßigkeit, um Kapazitätswerte zu erzielen, die mit einem bestimmten Kondensator nicht erhältlich sind.

Für das Metronom (S. 165 f.) wird z.B. ein Wickelkondensator von ca. 2 µF benötigt. Da dieser Wert im Einzelhandel schwer zu beschaffen ist, ist auf der Leiterplatte Platz für zwei Kondensatoren vorgesehen. Der Wert 1 µF ist im allgemeinen erhältlich. Also setzt man 2 µF aus 2 Kondensatoren je 1 µF zusammen:

1 µF + 1 µF = 2 µF

Kunststoffolienkondensatoren			
Kapazität in µF	Farbstreifen 1.	2.	3.
0,010	braun	schwarz	orange
0,015	braun	grün	orange
0,022	rot	rot	orange
0,033	orange	orange	orange
0,047	gelb	violett	orange
0,068	blau	grau	orange
0,10	braun	schwarz	gelb
0,15	braun	grün	gelb
0,22	rot	rot	gelb
0,33	orange	orange	gelb
0,47	gelb	violett	gelb
0,68	blau	grau	gelb
1,0	braun	schwarz	grün
1,5	braun	grün	grün
2,2	rot	rot	grün
4.		5.	
Toleranz weiß (± 10%) schwarz (± 20%)		Spannung rot (250 V–) gelb (400 V–)	

153 *Farbkennzeichnung – Kunststoffolienkondensatoren.*

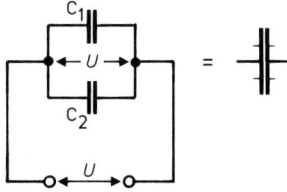

154 *Bei der Parallelschaltung von Kondensatoren summieren sich die Plattengrößen. Der Zwischenraum zwischen den Platten bleibt gleich.*

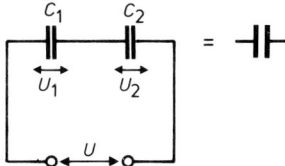

155 *Bei der Reihenschaltung von Kondensatoren summieren sich die Zwischenräume. Die Plattengröße bleibt gleich.*

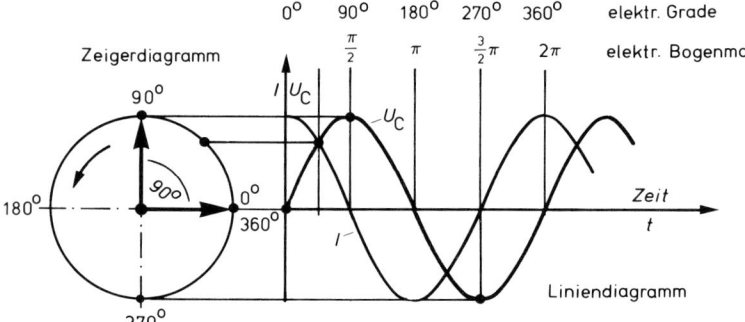

156 Strom- und Spannungsverlauf eines idealen Kondensators im Linien- und Zeigerdiagramm.

Für die Schwingkreisabstimmung bei der Senderwahl im Empfangsgerät werden z.B. Kondensatoren benötigt, deren Temperaturbeiwert möglichst nahe 0 sein soll. Also setzt man den gewünschten Kapazitätswert aus einem Kondensator mit positivem und einem mit negativem Temperaturbeiwert zusammen.

Bei einer *Reihenschaltung* vergrößert sich bei gleichbleibender Plattenfläche der Abstand. Die Kapazität wird daher kleiner. Die Gesamtkapazität ist kleiner als die kleinste Einzelkapazität.

$$C_{ges} = \frac{C_1 \cdot C_2}{C_1 + C_2}$$

allgemein:

$$\frac{1}{C_{ges}} = \frac{1}{C_1} + \frac{1}{C_2} + \dots \frac{1}{C_n}.$$

(Vgl. Parallelschaltung von Widerständen, S. 50f.)
Auch nach dieser Gesetzmäßigkeit kann man Kondensatoren mit nicht erhältlichem Wert aus anderen zusammensetzen.

So wird beim „Jedermannfunk-Empfänger" (S. 278) ein Drehkondensator für die Sendereinstellung mit einer Endkapazität von 2 pF benötigt. Vorhanden ist aber nur ein handelsüblicher UKW-Drehkondensator mit 20 pF Endkapazität. Also wird dieser mit einem Kondensator von 2,5 pF „verkürzt":

$$\frac{20 \cdot 2,5}{20 + 2,5} \approx 2,2 \, \text{pF}.$$

4.5 Der Kondensator im Stromkreis

Wird ein Kondensator an eine Spannungsquelle angeschlossen, so ist zunächst seine eigene Spannung 0 V. In dem Augenblick ist die Differenz zwischen seiner Spannung und der der Spannungsquelle am größten. Der Kondensator wirkt wie ein Kurzschluß. Es fließt der größtmögliche Strom – begrenzt durch den Innenwiderstand der Spannungsquelle und den Widerstand der Zuleitungen. Aufgrund des Ladestroms steigt die Kondensatorspannung an. Die Differenz zur Spannungsquelle wird immer kleiner. Mit kleiner werdender Spannungsdifferenz, aber bei gleichbleibendem Widerstand, nimmt nach dem Ohmschen

Nennkapazität in µF				
Kennfarbe	Kuppe 1. Ziffer	Ring 2. Ziffer	Punkt Multiplikator	Nennspannung
braun	1	1	×10	–
rot	2	2	×100	–
orange	3	3	–	–
gelb	4	4	–	6,3 V
grün	5	5	–	16 V
blau	6	6	–	20 V
violett	7	7	–	–
grau	8	8	×0,01	25 V
weiß	9	9	×0,1	3 V
schwarz	–	0	×1	10 V
rosa	–	–	–	35 V
Polaritätskennzeichnung: Bei Blick auf den Farbpunkt ist + = rechter Draht				

157 Farbkennzeichnung der Tantal-Elektrolytkondensatoren.

Gesetz der Strom ab. Hat der Kondensator die gleiche Spannung wie die Quelle erreicht, dann herrscht keine Spannungsdifferenz mehr; folglich wird der Strom = Null.
Der Strom ist der Spannung gewissermaßen „vorangelaufen". Dieser Zusammenhang läßt sich an der Wechselspannungs- bzw. Wechselstromkurve gut darstellen (*156*).
Im Liniendiagramm decken sich die Kurven für Strom und Spannung nicht. Man sagt, sie sind *nicht phasengleich*.
Überträgt man das zu einem bestimmten Zeitpunkt bestehende Lageverhältnis zwischen dem Stand der Stromkurve und dem Stand der Spannungskurve in ein Zeigerdiagramm (ebenfalls *156*), so läßt sich an diesem ein Winkel von 90° ablesen. *Der Strom eilt der Kondensatorspannung um 90° voraus*. Freilich gilt das mit dieser Genauigkeit nur für einen idealen (verlustfreien) Kondensator.
In Wirklichkeit ist der Winkel kleiner, weil wegen der Verluste des realen Kondensators, nämlich durch Leckströme, Leitungswiderstände, insbesondere dielektrische Verluste (s.u., S. 73) und durch die Induktivität des Wickels eine reale Leistung verbraucht wird, die sich als mit der Spannung phasengleicher Wirkstrom äußert. Der Winkel, der zu dem 90° des idealen Kondensators fehlt, heißt δ (griech. Kleinbuchstabe „delta").
Der *Verlustfaktor* des Kondensators wird als Tangens dieses Winkels angegeben (tan δ).

4.6 Der Kondensator im Gleichstromkreis

Wie eben bei der Erörterung des grundsätzlichen Verhaltens eines Kondensators im Stromkreis festgestellt wurde, fließt nach dem Aufladen kein Strom mehr. *Der Kondensator sperrt Gleichstrom.*

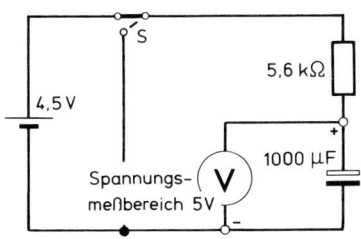

158 *Versuchsschaltung zum Beobachten des zeitlichen Verlaufs der Spannung beim Laden und Entladen eines Kondensators.*

4.6.1 Die Zeitkonstante

Den zeitlichen Verlauf des Ladens und Entladens sollte man unbedingt in einem *Versuch* beobachten (*158*).
Der Schalter S kann eine Prüfschnur sein. Ein Ende wird fest an den Widerstand geklemmt. Zum Laden tippt man mit dem anderen Ende den Plus-Pol der Batterie, zum Entladen den Minus-Pol des Elkos an. Nach dem Anlegen der Batterie steigt die Spannung langsam an – nach dem Umklemmen sinkt sie langsam auf 0.
Die Zeit, die für das Aufladen des Kondensators benötigt wird, hängt von dem im Stromkreis wirksamen Widerstand R und der Größe der Kapazität C ab. Aus diesen beiden Faktoren errechnet sich die *Zeitkonstante* τ (griech. Kleinbuchstabe „tau"):

$$\tau = R \cdot C \quad [\text{s}, \Omega, \text{F}]$$

Die Zeitkonstante ist das Maß für die Aufladegeschwindigkeit eines Kondensators. Sie gibt den Zeitabschnitt an, innerhalb dessen die Kondensatorspannung auf etwa $2/3$ ihres Höchstwertes (rund 63%) angestiegen und der Ladestrom auf $1/3$ (rund 37%) seiner ursprünglichen Stärke abgesunken ist (*159*).

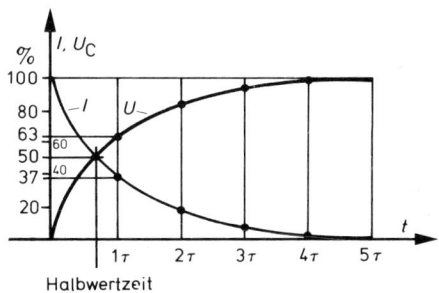

159 *Der zeitliche Verlauf von Strom und Spannung beim Laden eines Kondensators.*

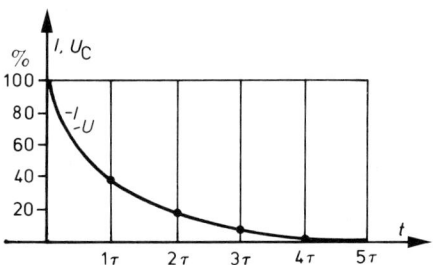

160 *Der zeitliche Verlauf von Strom und Spannung beim Entladen eines Kondensators.*

Die Kurve, die den zeitlichen Verlauf von Kondensatorspannung und Strom darstellt, ist nicht linear. Sie folgt einer mathematischen Gesetzmäßigkeit, nach der auch andere natürliche Vorgänge ablaufen (radioaktiver Zerfall, Erwärmung, Abkühlung). Nach dieser Kurve vergeht immer die gleiche Zeit („Halbwertzeit"), bis der Ladestrom auf die Hälfte seines vorherigen Wertes abgesunken ist. Theoretisch kann der Ladestrom nie ganz Null werden. Man betrachtet den Ladevorgang als beendigt, wenn der Wert des Ladestroms nur noch weniger als 1 % des Anfangswertes beträgt, was nach etwa 5 Zeitkonstanten der Fall ist. Den Ablauf dieser 5 Zeitkonstanten bezeichnet man als die *Einschaltzeit* des Kondensators.

Die Entladung des Kondensators nimmt den gleichen Kurvenverlauf, nur daß dabei Spannung und Entladestrom gemeinsam abfallen (*160*). Die *Ausschaltzeit* beträgt ebenfalls 5 Zeitkonstanten (5τ).

4.6.2 *RC*-Glieder

Die Auf- und Entladezeiten von Kondensatoren werden wichtig, wenn man Schaltungen braucht, die einem zeitlichen Ablauf entsprechen, z.B. um nach einer bestimmten Zeit einen Vorgang auszulösen. Durch geeignete Dimensionierung von R und C lassen sich beliebige Zeitkonstanten einstellen, so daß man damit die Ein- und Ausschaltzeiten von Kondensatoren bis auf mehrere Sekunden ausdehnen kann. Man nennt die Reihenschaltung eines Kondensators mit einem Widerstand *RC*-Glied.

Beispiel: Ein Kondensator hat eine Kapazität von 1 000 µF. Der dazu in Reihe geschaltete Widerstand beträgt 5,6 kΩ. Die Schaltung soll an eine Spannung von 10 V gelegt werden. Wie groß ist die Einschaltzeit?

$\tau = R \cdot C$

$5,6\,\text{k}\Omega \cdot 1000\,\mu\text{F}$

$= 5,6 \cdot 10^3\,\Omega \cdot 1000 \cdot 10^{-6}\,\text{F} = 5,6\,\text{s}.$

Nach 5,6 s (= Zeitkonstante) beträgt die Kondensatorspannung 63 % des Höchstwertes (63 % von 10 V = 6,3 V). Da nach der Einschaltzeit (= volle Aufladedauer) gefragt ist, muß die Zeitkonstante noch mit 5 malgenommen werden: 5,6 s · 5 = 28 s.

In einem anderen Fall möchte man wissen, welcher Widerstand für einen bestimmten Kondensator (z.B. 1 000 µF) und eine vorgesehene Zeitkonstante (z.B. 5 s) einzusetzen ist:

$$R = \frac{\tau}{C}$$

$$= \frac{5\,\text{s}}{1\,000 \cdot 10^{-6}\,\text{F}} = 5\,000\,\Omega = 5\,\text{k}\Omega.$$

(Vgl. dazu auch die Werkaufgabe „Nachdenkzeitbegrenzer", S. 146).

4.6.3 Impulsverhalten (*RC*-Glieder)

Durch den Zeitfaktor im Lade- und Entladeverhalten verändert der Kondensator Impulse.

Das Merkmal des Impulses (lat. impulsus = Anstoß) ist der Spannungssprung von 0 V auf einen Maximalwert und der nachfolgende Abfall auf 0 V. Entsprechend seiner rechteckigen Form im Diagramm (*161*) wird ein solcher Impuls gemeinhin als *Rechteckimpuls* bezeichnet.

Ein *RC*-Glied kann man als einen Vierpol mit zwei Eingangs- und zwei Ausgangsklemmen betrachten (*162*).

Gibt man den oben bezeichneten (rechteckförmigen) Spannungsstoß (Impuls) auf den Eingang, so entsteht die Frage, wie sich die Spannung am Ausgang des *RC*-Gliedes verhält.

Die Spannung steigt nach dem Einschalten entsprechend der bereits bekannten Ladekurve an

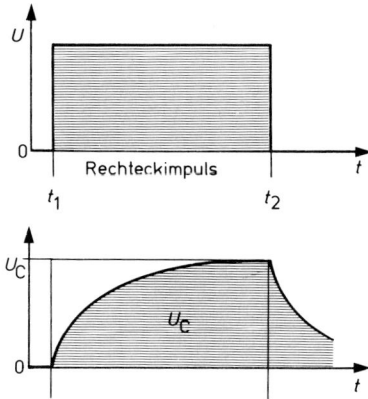

161 *Die Umformung eines „rechteckigen" Eingangsimpulses in einen „sägezahnähnlichen" Ausgangsimpuls entsprechend der Lade- und Entladekurve des Kondensators in einem RC-Glied. t_1 = Spannungssprung von 0 V auf den Maximalwert (Einschalten) – t_2 = Spannungssprung vom Maximalwert auf 0 V (Ausschalten).*

und fällt nach dem Abschalten entsprechend der Entladekurve ab *(163, 164)*. Ist die Zeitkonstante des *RC*-Gliedes im Verhältnis zur Impulsdauer kurz, so verläuft die Kurve wenig gerundet. Je kürzer die Zeitkonstante im Verhältnis zur Impulsdauer ist, desto weniger gerundet sind die Flanken, desto ähnlicher ist der Ausgangsimpuls dem Eingangsimpuls *(163 a)*.

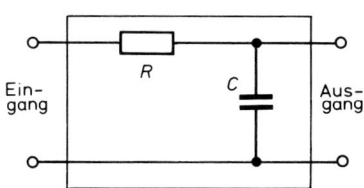

162 *Die Darstellung eines RC-Gliedes als „Vierpol" (2 Eingangs- und 2 Ausgangsklemmen).*

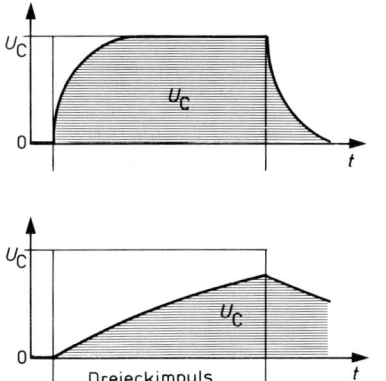

163 *Ausgangsimpulse von RC-Gliedern mit (oben) kurzer und (unten) langer Zeitkonstante im Verhältnis zur Impulsdauer.*

Ist die Zeitkonstante relativ lang, entsteht ein *Dreieckimpuls*. Seine Flanken sind um so flacher, je relativ länger die Zeitkonstante ist *(163 b)*. Man nennt diese Art der Impulsverformung *Integrieren* (nach der Rechenoperation, bei der die Flächenteile unter einer Kurve zusammengefaßt werden).

Vertauscht man *R* und *C*, so ergibt sich folgende Impulsverformung: Erscheint am Eingang der Spannungssprung von 0 auf eine positive Spannung, so lädt sich *C* über *R* auf. Am Anfang der Ladezeit ist der Strom am größten. Da er über *R* fließt, fällt an *R* eine hohe Spannung ab. Der Spannungsabfall wird geringer, je kleiner der Ladestrom wird. Wenn der Ladestrom 0 ist, ist auch der Spannungsabfall 0 *(165, 166)*.

Springt die Eingangsspannung auf 0 zurück, so entlädt sich *C* über *R*. Der Entladestrom ist anfangs am größten, entsprechend fällt abermals an *R* eine hohe Spannung ab. Sie verringert sich mit kleiner werdendem Entladestrom, bis Strom und Spannung 0 sind. Da der Entladestrom in der entgegengesetzten Richtung zum Ladestrom fließt, ist auch die Spannung entgegengesetzt gerichtet.

Diese Art der Impulsverformung nennt man *Differenzieren* (ebenfalls nach einer Rechenoperation, die die Umkehrung des Integrierens ist). – Durch Differenzieren kann man aus breiten Rechteckimpulsen schmale Nadelimpulse gewinnen (s. auch „Metronom", S. 166, Löschen von Thyristoren, S. 186). Die Nadelimpulse sind um so spitzer, je kürzer die Zeitkonstante des *RC*-Gliedes ist.

Integrier- und Differenzierglieder haben in der Elektronik große Bedeutung. Sie ergeben sich in Schaltungsaufbauten auch ungewollt (s. „Verstärker", S. 207).

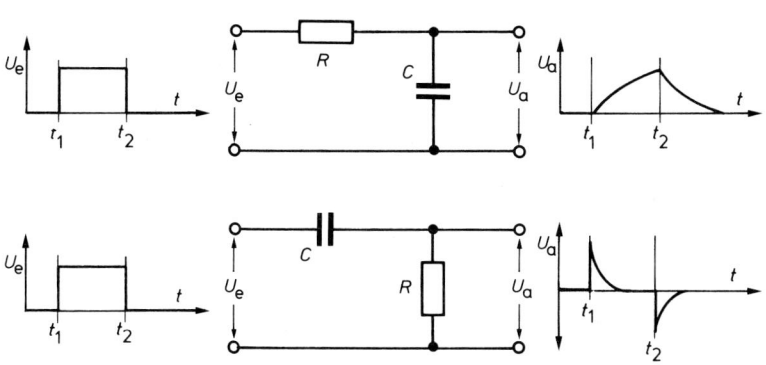

164 *Integrierglied (mit Darstellung des Ein- und Ausgangsimpulses).*

165 *Differenzierglied (mit Darstellung des Ein- und Ausgangsimpulses).*

4.7 Der Kondensator im Wechselstromkreis

Fügt man einen Kondensator in einen Wechselstromkreis ein (167), so zeigt ein dazwischengeschaltetes Anzeigeinstrument – im einfachsten Fall ein Glühlämpchen – einen kontinuierlich fließenden Strom an. *Der Kondensator verhält sich so, als ob er trotz der Isolierung zwischen den Platten Wechselstrom durchließe.*
Im Versuch zum Speicherverhalten (S. 59) haben der Lade- und Entladestrom jeweils das Lämpchen aufblitzen lassen. An der Wechselspannungsquelle folgen der ständigen Umpolung entsprechende Lade- und Entladeströme, die in ihrer Vielzahl und Kontinuität den Anschein eines kontinuierlich durch den Kondensator fließenden Wechselstroms erwecken. Das Meßgerät zeigt nur diese ständig wechselnden Lade- und Entladeströme, nicht aber einen durch den Kondensator hindurchfließenden Strom an.
Aufgrund des unterschiedlichen Verhaltens bei Gleich- und Wechselstrom (Sperrung und scheinbarer Durchlaß) werden Kondensatoren sehr oft zur Trennung von Mischströmen eingesetzt, wenn z.B. in einer Schaltung wechselstromüberlagerte Gleichströme fließen. Der Kondensator sperrt den Gleichstrom und überträgt nur den Wechselstromanteil. Diese Anwendung als „Koppelkondensator" kommt z.B. in fast allen Verstärkern vor (siehe auch S. 207).

4.7.1 Kapazitiver Blindwiderstand

Der Kondensator setzt den Wechselstromschwingungen einen mehr oder weniger großen Widerstand entgegen. *Der Wechselstromwiderstand ist um so geringer, je größer die Kapazität des Kondensators und je größer die Frequenz des Wechselstroms ist.*
Die Erklärung dieses Sachverhalts erfordert einiges Umdenken: Es fließen keine Leitungselektronen durch das Dielektrikum. Arbeit wird nicht in Wärme umgewandelt, Energie nicht verbraucht. Die Leistung, die für den Aufbau des elektrischen Feldes benötigt wird, wird beim Abbau desselben wieder an den Spannungserzeuger zurückgegeben. Man nennt die zwischen der Spannungsquelle und dem Kondensator hin- und herpendelnde Leistung Blindleistung – den Widerstand, der sich den Wechselstromschwingungen entgegensetzt – *kapazitiven Blindwiderstand* (Formelzeichen X_C). Dieser Blindwiderstand darf nicht mit einem echten Leistungswiderstand (= Ohmschen Widerstand) verwechselt werden.
Eine weitere Erklärung verlangt das Absinken des Blindwiderstands bei zunehmender Frequenz. Nach dem Ohmschen Gesetz wirken immer 3 Faktoren zusammen: Spannung, Strom und Widerstand. Geht man von einer konstanten Spannung aus, so kann man die Veränderungen im Zusammenspiel der beiden anderen Faktoren – Strom und Widerstand – gesondert betrachten.
Bei einer Frequenz von 0 Hz (= Gleichstrom) kann kein Strom fließen. Der Kondensator sperrt nicht nur den Durchfluß durch das Dielektrikum, sondern überhaupt jeden Strom in den Zuleitungen. Wenn man von dem durch die undichten Stellen im Dielektrikum fließenden Leck- und Reststrom und von dem theoretisch nie zu Ende gehenden Ladevorgang absieht, ist der Widerstand des Kondensators unendlich groß.
Bei einer Frequenz von 1 Hz ergeben sich pro Sekunde ein Lade- und ein Entladestromstoß. Verteilt man die dabei bewegten Ladungen gleichmäßig auf die 1 Sekunde, so bedeuten sie nur einen kleinen Hin- bzw. Rückstrom. Einem kleinen Strom entspricht nach dem Ohmschen Gesetz ein großer Widerstand.

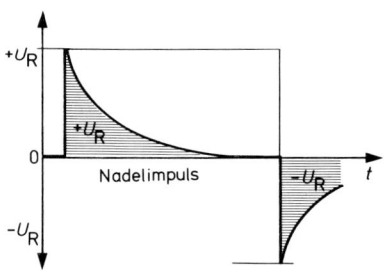

166 *Ausgangsimpuls eines Differenziergliedes (Nadelimpuls).*

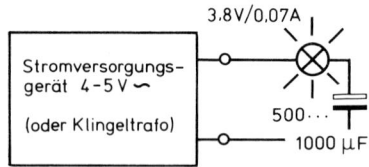

167 *Versuchsschaltung zur Beobachtung des Wechselstromverhaltens von Kondensatoren. – Hinweis: Der mit der erforderlichen Kapazität vorhandene Elektrolytkondensator darf nur für die kurze Dauer dieses Versuchs in einen Wechselstromkreis unter 5 V gelegt werden. Zur Stromversorgung eignet sich auch ein regelbarer Spielzeugtrafo mit Wechselstromausgang.*

Bei einer Frequenz von 10 Hz ergeben sich im gleichen Zeitraum 10 Lade- bzw. Entladeströme. Verteilt man die transportierten Ladungen wieder gleichmäßig auf die 1 Sekunde, so erscheint der Strom entsprechend größer. Einem größeren Strom entspricht (bei gleicher Spannung) ein kleinerer Widerstand.

Der kapazitive Blindwiderstand X_C (Index C für „Kapazität") wird nach folgender Formel berechnet:

$$X_C = \frac{1}{2 \cdot \pi \cdot f \cdot C}.$$

Die aus der Kreisberechnung bekannte Zahl π (griech. Kleinbuchstabe „pi") = 3,14... Die Frequenz (f) wird in Hz, die Kapazität (C) in F angegeben. Die Einheit des Blindwiderstands (X_C) ist das Ohm.

Da bei frequenzabhängigen Berechnungen der Faktor $2 \cdot \pi \cdot f$ oft vorkommt, schreibt man ihn als ω (griech. Kleinbuchstabe „omega"). Diesen Faktor nennt man die „Kreisfrequenz". Vereinfacht geschrieben heißt die Formel:

$$X_C = \frac{1}{\omega \cdot C}.$$

Diese Formel gilt exakt nur für den „idealen", d.h. für einen verlustfreien Kondensator. Sie reicht aber für die Praxis meist aus.

Berechnungsbeispiele: Welchen Blindwiderstand hat ein Kondensator von 500 µF bei einer Frequenz $F = 50$ Hz (s. den Versuch S. 72, Abb. 167)?

$$X_C = \frac{1}{2 \cdot 3{,}14 \cdot 50 \cdot 500 \cdot 10^{-6}} \approx 6{,}4\,\Omega.$$

Welchen Blindwiderstand hätte ein Kondensator von 1 000 µF?

$$X_C = \frac{1}{2 \cdot 3{,}14 \cdot 50 \cdot 1000 \cdot 10^{-6}} \approx 3{,}2\,\Omega.$$

4.7.2 Verluste im Wechselstromkreis

Die Bedeutung des Dielektrikums für die Kapazität liegt in seiner Fähigkeit zur Polarisierung (s.o., S. 60).

Wird die Spannung umgepolt, so wechseln auch die Dipole ihre Richtung. Der dabei fließende *Verschiebungsstrom* spielt in einem Gleichstrom nur im Lade- und Entladefall eine vernachlässigbar geringe Rolle.

Im Wechselstromkreis wird die Spannung dauernd umgepolt; mit jedem Wechsel wechseln auch die Dipole ihre Richtung. Ein Teil der zur Verschiebung erforderlichen elektrischen Arbeit wird in Wärme umgewandelt. Die dafür aufgewandte Energie geht verloren. *Dielektrische Verluste* entstehen nur bei Wechselspannung und sind bei hohen Frequenzen (weil mehr Verschiebungen pro Sekunde stattfinden) höher als bei niedrigen.

Viele Kondensatoren sind gewickelt. Ein gewickelter Leiter ist eine Spule und besitzt daher *Induktivität* (s.u., S. 82 f.). Die Induktivität setzt dem Wechselstrom einen Widerstand entgegen, der mit der Frequenz steigt. Aber auch die Zuleitungen zu den Platten haben geringe Induktivitäten. Jeder Kondensator hat daher auch einen frequenzabhängigen induktiven Verlustanteil.

Der *Verlustwinkel* δ (s.o., S. 69) wird wegen der Frequenzabhängigkeit der Verluste immer auf eine bestimmte Frequenz bezogen angegeben. Er ist i.allg. so klein, daß man ihn vernachlässigen kann.

In einem Sonderfall spielt er aber eine große Rolle: Der kapazitive Blindwiderstand eines Kondensators nimmt mit steigender Frequenz ab. Ein Elko großer Kapazität müßte für Hochfrequenz fast widerstandslos durchlässig sein. In Wirklichkeit ist er aber – insbesondere wegen der hohen Induktivität seines Wickels – für Hochfrequenz praktisch undurchlässig. Benötigt man ein Koppel- oder Entkoppelglied, das sowohl für sehr hohe wie auch für sehr tiefe Frequenzen durchlässig ist, so ist einem Elko ein keramischer Kondensator parallel zu schalten. Er läßt die hohen Frequenzen passieren, während der Elko die tiefen Frequenzen überträgt.

4.7.3 Frequenzverhalten (*RC*-Glieder)

Das *Integrierglied* (S. 70) bildet im Wechselstromkreis einen Spannungsteiler (s.o., S. 44), dessen einer Teilwiderstand ein frequenzunabhängiger Ohmscher Widerstand (R), dessen anderer Teilwiderstand der frequenzabhängige kapazitive Widerstand X_C des Kondensators ist (*168*). Nach der Spannungsteilerregel ist die Ausgangsspannung um so größer, je größer der Widerstand

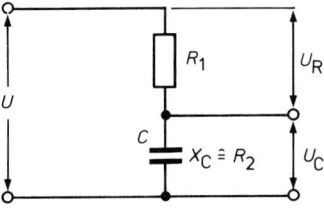

168 *Das Integrierglied (Tiefpaß) – ein frequenzabhängiger Spannungsteiler.*

R_2 (hier X_C) im Verhältnis zu R_1 (hier R) ist. – Für tiefe Frequenzen ist der Kondensator nahezu undurchlässig. Sein Widerstand ist groß. Auch im Verhältnis zu R ist X_C groß. Das hat zur Folge, daß die tiefen Frequenzen fast unbeeinträchtigt durch den Kondensator an den Ausgang des RC-Gliedes gelangen.

Für hohe Frequenzen ist der Kondensator sehr durchlässig. Sein Widerstand ist klein. Auch im Verhältnis zu R ist X_C klein (bei $f = \infty$ theoretisch Null). Folge: Der Ausgang wird für hohe Frequenzen durch den Kondensator mehr oder weniger „kurzgeschlossen". Die Ausgangsspannung ist erheblich kleiner als die Eingangsspannung (Spannungsteilerregel).

Man nennt das Integrierglied *Tiefpaß*, weil es „tiefe" Frequenzen „passieren" läßt. Hohe Frequenzen erscheinen am Ausgang mehr oder weniger geschwächt.

Um einen Tiefpaß dimensionieren zu können, braucht man den Begriff *Grenzfrequenz* (f_g). Das ist die Frequenz, bei der die Ausgangsspannung nur noch den 0,7fachen Wert der Eingangsspannung beträgt. Bis zu dieser Frequenz gilt ein Tiefpaß als „durchlässig" (*169*). – Da auch ein nachfolgender Lastwiderstand, z.B. ein Verstärkereingang, stark in das Spannungsverhältnis eingeht (*170*, s. „belasteter Spannungsteiler", S. 51 f.), muß er in die Berechnung aufgenommen werden. Die Formel lautet:

$$f_g = \frac{\frac{1}{R} + \frac{1}{R_L}}{2 \cdot \pi \cdot C}$$

Tiefpässe spielen in Verstärkern und Empfängern eine große Rolle – z.B. zur Frequenzkorrektur oder zum Ausfiltern von HF-Resten.

Oft ergeben sie sich aber auch ungewollt. Weiter oben wurde die Kapazität einer 10 m langen Mikrophonleitung mit 1 600 pF angegeben. Mit dem Innenwiderstand des Mikrophons bildet die Leitungskapazität einen Tiefpaß (*171*).

Wir nehmen den Innenwiderstand des Mikrophons mit 50 kΩ an; der Eingangswiderstand des Verstärkers soll auch 50 kΩ betragen. Wie groß ist die Grenzfrequenz des Mikrophons in Verbindung mit der Leitung?

$$f_g = \frac{\frac{1}{50\,000} + \frac{1}{50\,000}}{2 \cdot \pi \cdot 1\,600 \cdot 10^{-12}}$$
$$\approx 3980 \, \text{Hz}.$$

Diese Rechnung zeigt, wie die Qualität eines an sich hochwertigen Mikrophons (das bis zu 16 000 Hz gut übertragen sollte) durch eine unpassende Leitung herabgesetzt werden kann.

Wir wählen ein niederohmiges Mikrophon mit einem Innenwiderstand $R_i = 200 \, \Omega$ und benutzen ansonsten dieselbe Anordnung:

$$f_g = \frac{\frac{1}{200} + \frac{1}{50\,000}}{2 \cdot \pi \cdot 1\,600 \cdot 10^{-12}}$$
$$\approx 49\,960 \, \text{Hz}.$$

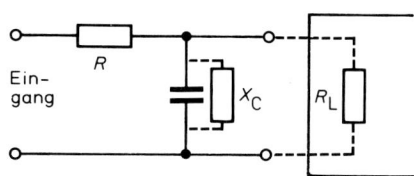

170 *Integrierglied mit schematisch eingezeichnetem Blindwiderstand (X_C) und Lastwiderstand (R_L), z.B. einem Verstärkereingang.*

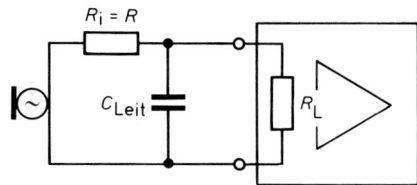

171 *Die Leitungskapazität (hier als Kondensator C_{Leit} gezeichnet) bildet mit dem Innenwiderstand des Mikrophons ($R_i = R$) einen Tiefpaß.*

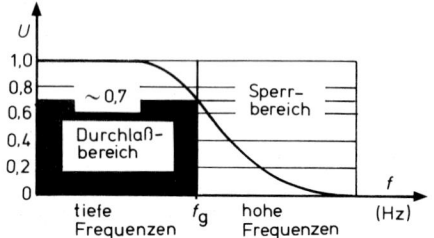

169 *Frequenzdurchlässigkeit im Tiefpaß.*

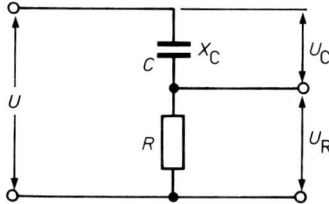

172 *Das Differenzierglied (Hochpaß) – ein frequenzabhängiger Spannungsteiler.*

Jetzt liegt die Grenzfrequenz mit Sicherheit weit über der Leistungsfähigkeit des Mikrophons.
So führt eine einfache Überlegung zu der Erkenntnis, daß man bei langen Mikrophonleitungen mit zwangsweise großer Kapazität sinnvoll nur niederohmige Mikrophone benutzen sollte, daß Überspielleitungen zwischen Radio- und Tonbandgeräten möglichst kurz sein sollten usw.

Vertauscht man den Kondensator mit dem Widerstand, so entsteht ein *Differenzierglied* (wie auf Seite 71 beschrieben). X_C und R liegen nun umgekehrt im Spannungsteiler *(172)*.

Da R und R_L konstant sind, X_C mit steigender Frequenz kleiner wird, steigt die Ausgangsspannung mit steigender Frequenz. Praktisch verhält sich also der Kondensator nicht anders als oben. Aber die Schaltung läßt jetzt durch seine andere Anordnung hauptsächlich die „hohen" Frequenzen „passieren" – es entsteht ein *Hochpaß*. Für die tiefen Frequenzen ist der Kondensator praktisch undurchlässig *(173)*.

Beim Hochpaß geht in den oberen Teil des Spannungsteilers auch der Innenwiderstand des Generators ein, daher darf dieser in der Berechnung nicht vernachlässigt werden. Die Formel zur Berechnung der Hochpaß-Grenzfrequenz lautet:

$$f_g = \frac{1}{2 \cdot \pi \cdot C \cdot (R + R_i)}.$$

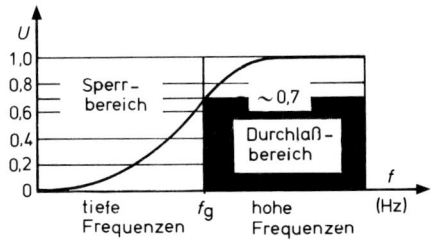

173 *Frequenzdurchlässigkeit im Hochpaß.*

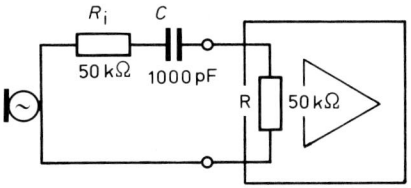

174 *Der Innenwiderstand des Generators (hier des Mikrofons; Innenwiderstand als Ersatzwiderstand R_i gezeichnet) geht in den oberen Teil des Spannungsteilers ein. Der Hochpaßwiderstand (R) wird durch den Eingangswiderstand des Verstärkers gebildet.*

Mikrophone, Plattenspieler usw. schließt man über Kondensatoren an die Verstärker an, um die Betriebsspannung des Verstärkers (Gleichspannung) vom Mikrophon fernzuhalten (das Mikrophon erzeugt eine Wechselspannung, die den Kondensator passieren kann). So ergibt sich zwangsläufig ein Hochpaß, dessen Eigenschaften die Übertragung in weiten Grenzen beeinflussen können.
Beispiel: Ein Mikrophon mit einem Innenwiderstand $(R_i) = 50 \text{ k}\Omega$ wird über 1 000 pF an einen Verstärker mit einem Eingangswiderstand von 50 kΩ angeschlossen *(174)*.

$$f_g = \frac{1}{2 \cdot \pi \cdot 1000 \cdot 10^{-12} \cdot (50000 + 50000)}$$

$$\approx 1592 \text{ Hz}.$$

1 592 Hz entsprechen einem sehr hohen Ton. Wenn man bedenkt, daß bei dieser Frequenz (Grenzfrequenz) die Ausgangsspannung nur noch das 0,7fache der Mikrophonspannung beträgt, so ist einzusehen, daß die Tiefen praktisch nicht mehr übertragen werden. Die Übertragung klingt „spitz". Bei $C = 0,1$ µF beträgt die Grenzfrequenz 15,9 Hz. Die Übertragung ist gut.

Hochpässe werden zur Frequenzkorrektur in Verstärkern eingesetzt. Zwangsläufig entstehende Hochpässe muß man „sehen" lernen, um sie berücksichtigen zu können.

4.8 Prüfen und Messen von Kondensatoren

Zur grundsätzlichen Unterscheidung (Prüfen – Messen) siehe Seite 21.

4.8.1 Prüfen von Kondensatoren

An Kondensatoren können zwei Arten von Fehlern auftreten.

1. Sie können durchschlagen; dann ist die Isolation des Dielektrikums durchbrochen, und es besteht eine leitende Verbindung zwischen den Platten.

2. Sie können ihre Kapazität verlieren – z.B. dadurch, daß sich eine Zuleitung von einem Belag löst, oder daß der Elektrolyt austrocknet.

Zu 1.: Man prüft den Kondensator mit dem Ohmmeter auf Durchgang (s. Widerstandsmessung, S. 33). Zeigt das Ohmmeter Durchgang oder einen geringen Widerstand an (wenige kΩ), so ist der Kondensator defekt. Ein evtl. vom Ohmmeter angezeigter Widerstandswert (bei größeren Kapazitäten, s.u.) muß nach dem Aufladen gegen

∞ gehen. Da das Ohmmeter über eine interne Batterie verfügt, steht an seinen Anschlußklemmen(-buchsen) eine Gleichspannung. *Das Ohmmeter hat einen Plus- und einen Minus-Pol.*

Bei Vielfachmeßinstrumenten erscheint in der Regel der Minus-Pol der eingebauten Batterie an der „+"-markierten Buchse – der Plus-Pol der Batterie an der mit „– (COM)"-markierten Buchse – also umgekehrt, wie das Instrument zur Spannungsmessung gepolt werden muß. Warum das so ist, zeigen die beiden Vergleichsdarstellungen (*175*).

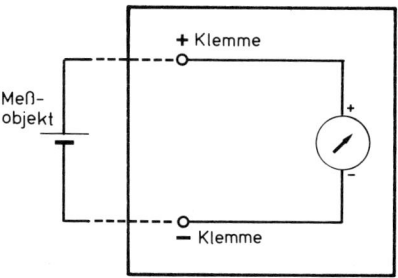

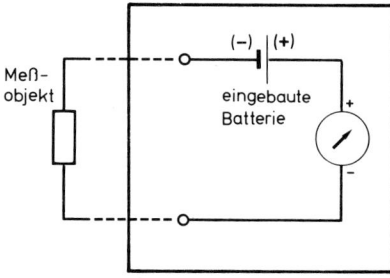

175 *Vergleichsdarstellung. Bei Benutzung der für den Betrieb des Ohmmeters in das Vielfachmeßgerät eingesetzten Batterie als Spannungsquelle ändern sich die Polwerte der Klemmbuchsen am Gehäuse.*

Bei bestimmten Messungen ist die Polung des Ohmmeters wichtig; daher sollte man die Polarität seines Instruments kennen. Man überprüft sein Vielfachmeßgerät mittels einer Diode (S. 101). Wenn das Instrument an der Diode keinen Durchgang anzeigt, vertauscht man ihre Anschlüsse; dann zeigt es einen deutlichen Ausschlag an. Die Buchse, zu der die Kathode der Diode (markierte Seite) hinweist, ist der Minus-Pol des Ohmmeters.

Bei ungepolten Kondensatoren spielt die Polarität des Ohmmeters keine Rolle. *Bei Elkos muß man auf die Polung Plus (+) an Plus (+) und Minus (–) an Minus (–) achten.*

Zu 2.: Das Ohmmeter zeigt den abnehmenden Ladestrom als ansteigenden Widerstand an. Bei großen Kapazitäten (im µF-Bereich) muß das Ohmmeter nach dem Anklemmen des Kondensators deutlich ausschlagen und dann je nach Kapazität schneller oder langsamer in Richtung ∞ gehen. Der Ausschlag ist um so länger zu sehen, je höher der Ohm-Meßbereich ist, weil durch die im Instrument eingebauten Vorwiderstände die Zeitkonstante erhöht wird. Aus der Dauer des Ausschlages kann man bei einiger Erfahrung im Umgang mit seinem eigenen Vielfachmeßinstrument auf die Kapazität des Kondensators schließen. Zeigt das Instrument sofort ∞ Ω an, so ist die Kapazität des Kondensators sehr klein; bei Elkos, die größere Kapazität haben sollten, bedeutet das, daß sie diese verloren haben und unbrauchbar geworden sind.

Statt des Vielfachmeßinstruments läßt sich auch der auf S. 181 f. beschriebene akustische Durchgangsprüfer verwenden. Er ist sehr empfindlich und erlaubt die Prüfung von Kondensatoren ≧ 10 nF. Auch bei diesem Gerät sind der interne Plus- und Minus-Pol zu beachten.

4.8.2 Messen von Kondensatoren

Im Wechselstromkreis verhält sich der Kondensator wie ein Widerstand, dessen Widerstandswert bei einer bestimmten Frequenz einer bestimmten Kapazität entspricht. Es genügt daher, den Wechselstromwiderstand zu messen. Dazu ist die Widerstandsmeßbrücke (s.o., S. 54 f.) geeignet, bei der ein Zweig wieder aus einem Potentiometer gebildet wird. Als „Vergleichswiderstand" im anderen Brückenzweig dient ein Kondensator C_v (*176*).

4.9 Eine einfache Kapazitätsmeßbrücke

Die nachfolgend beschriebene *C*-Meßbrücke ist nach diesem Prinzip aufgebaut. Sie läßt Kapazitätsmessungen zwischen ca. 3 pF und 1,5 µF zu. Abb. *176* zeigt die vollständige Schaltung; sie besteht aus zwei Teilen, der eigentlichen Brücke (links) und dem astabilen Multivibrator (s. S. 152 ff.) zur Wechselspannungserzeugung (rechts). Schwankungen der Frequenz und der Spannungshöhe gehen in das Meßergebnis nicht ein, weil beide Brückenzweige in gleicher Weise davon betroffen werden und die Brückendiagonale auf 0 abgeglichen wird.

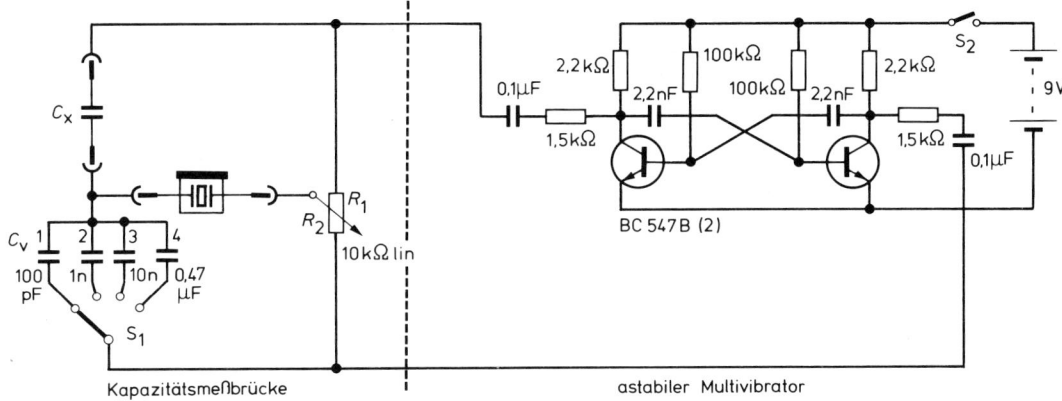

176 *Stromlaufplan der Kapazitätsmeßbrücke*

Der rechte Brückenzweig R_1/R_2 besteht aus den zwei Teilen der Widerstandsbahn im Potentiometer, deren Verhältnis durch den Schleifer in weiten Grenzen verschoben werden kann. Die Brücke ist dann am günstigsten auf 0 abzugleichen, wenn sich der Schleifer etwa im mittleren Bereich der Widerstandsbahn bewegt. Um trotzdem einen größeren Meßbereich zu erfassen, ist der linke Brückenzweig mit S_1 umschaltbar gemacht, so daß sich mit einem Vergleichskondensator C_v und dem unbekannten Kondensator C_x immer ein mittleres Spannungsteilerverhältnis herstellen läßt. Es hat bei dieser einfachen Ausführung der Brücke wenig Sinn, mit C_v 1 µF zu überschreiten, weil sich dann die Kondensatorverluste so stark bemerkbar machen, daß ohne Kompensationsmaßnahmen eine scharfe Null-Anzeige nicht mehr möglich ist. Als Vergleichskondensatoren sollte man möglichst verlustarme Typen (MK-Typen) wählen; HDK-Typen kommen wegen ihres hohen Temperaturbeiwerts nicht in Frage.

Die Qualität der Brücke steht und fällt mit der *Qualität des Potentiometers*. Das beste ist gerade gut genug. Wenn möglich sollte man ein Draht-Potentiometer verwenden; ideal wäre ein (kostspieliges!) 10-Gang-Wendelpotentiometer. – Im allgemeinen wird man auch mit einem normalen (guten) Kohleschichtpotentiometer relativ gute Ergebnisse erzielen. Man sollte aber ein Potentiometer mit möglichst langer Kohlebahn (mit großem Durchmesser) wählen, um eine gute Auflösung zu erreichen. Ferner sollte man beim Kauf darauf achten, daß die Welle keinen toten Gang aufweist, und daß (dicht am Ohr!) keine Kratzgeräusche zu hören sind. Vor Sonderangeboten sollte man sich in diesem Fall hüten. Auch beim Einbau ist das Potentiometer sorgsam zu behandeln. Wenn die Welle gekürzt werden muß, so spannt man diese (und nicht das eigentliche Potentiometer) in den Schraubstock ein und kürzt sie mit einer feinzahnigen Metallsäge.

In der Brückendiagonale liegt als Anzeigeinstrument ein *keramischer Ohrhörer* ($Z \gtrsim 50$ k). Der

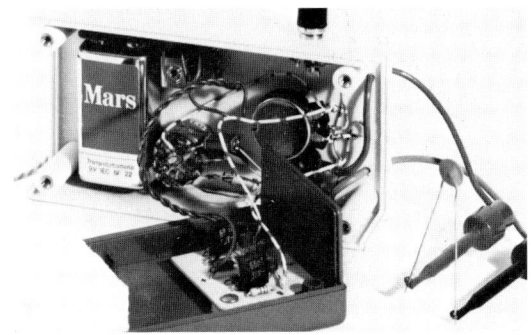

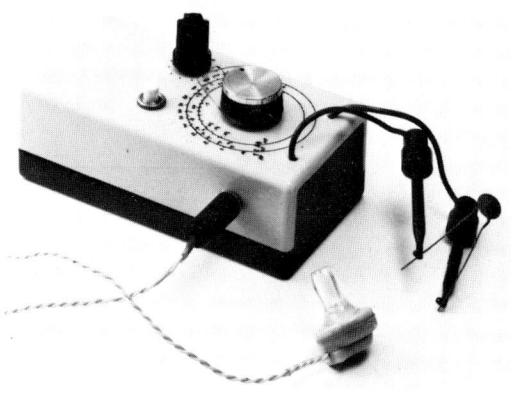

177/178 *Fertiger Aufbau der Kapazitätsmeßbrücke.*

Nullabgleich ist um so schärfer, je weniger die Brückendiagonale belastet wird. Ein Kopfhörer mit $Z = 2000\ \Omega$, ansonsten als „hochohmig" bezeichnet, ist viel zu niederohmig!

Der Aufbau des Multivibrators auf einer Leiterplatte wurde bereits S. 16 ff. ausführlich dargestellt. Die gesamte Schaltung ist in einem OKW-Gehäuse 9020087 untergebracht (*178*). Die Leiterplatte wurde auf PVC-Füßchen geschraubt, diese wiederum mit einem Zweikomponentenkleber in das Gehäuse eingeklebt. Die Vergleichskondensatoren wurden freitragend zwischen dem Schalter und einem angeklebten Lötstützpunkt angelötet.

Der Ein/Aus-Schalter S_2 ist ein Taster; er wird während des Brückenabgleichs gedrückt. Legt man die Meßbrücke nach Gebrauch fort, so ist auch die Batterie automatisch abgeschaltet. Die Batterie wurde mit einem Stück Teppich-Verlegeband in das Gehäuse eingeklebt.

Die Anschlußklemmen für den unbekannten Kondensator C_x sollten an möglichst kurzen, dikken (und hochflexiblen) Kabeln durch getrennte Bohrungen aus dem Gehäuse herausgeführt werden. Ihre Kapazität zueinander bestimmt weitgehend die untere Bereichsgrenze der Meßbrücke.

Die Eichung geschieht am besten im Vergleich mit einer geeichten Meßbrücke. Für die unteren Kapazitätsbereiche (3–1000 pF) leistet ein Drehkondensator mit 2×500 pF (2 MW-Sektionen) und 2×20 pF (2 UKW-Sektionen) Endkapazität gute Dienste. Man stellt auf der geeichten Meßbrücke den auf die Skala zu übertragenden Wert ein, z.B. 150 pF. Danach schließt man den Drehko an und stellt ihn auf diese Kapazität. Den so auf einen bestimmten Wert eingestellten Drehko legt man als C_x an die zu eichende Meßbrücke, gleicht diese auf 0 ab (kein Ton im Ohrhörer) und markiert die Zeigerstellung auf der Skala. Für Werte von 2–20 pF nimmt man eine UKW-Sektion, von 20–40 pF beide in Parallelschaltung, für 30–500 pF eine MW-Sektion, für Werte ≥ 500 pF beide MW-Sektionen in Parallelschaltung. Größere Werte erreicht man durch weiteres Parallelschalten von Festkondensatoren.

Die Eichung ist aber auch mit „Bordmitteln" möglich. Kleinere Kondensatoren (bis ca. 500 pF) sind mit geringer Toleranz ($\pm 1,5$ oder $2,5\%$) als Styroflexkondensatoren leicht zu haben. Für weitere Eichzwecke genügen auch gute Folienkondensatoren, deren Toleranzen sich durch Zusammenschalten (s. Tabelle) weitgehend gegenseitig ausgleichen dürften. HDK-Keramikkondensatoren kommen dafür auf keinen Fall in Frage.

Am Beispiel einer Dekade sei dargestellt, wie man mit einigen Standardtypen Zwischenwerte erzielen kann: Geeicht werden soll der Bereich 1 nF bis 10 nF. Benötigt werden 3 Stück 5 nF und 4 Stück 1 nF. Entsprechend der Tabelle lassen sich durch Parallel- und Reihenschaltung genügend feine Unterteilungen herstellen. – Wenn andere Kondensatoren mit genau bekannten Werten vorhanden sind, wird man mit entsprechenden Zusammenstellungen ebenso zum Ziel kommen.

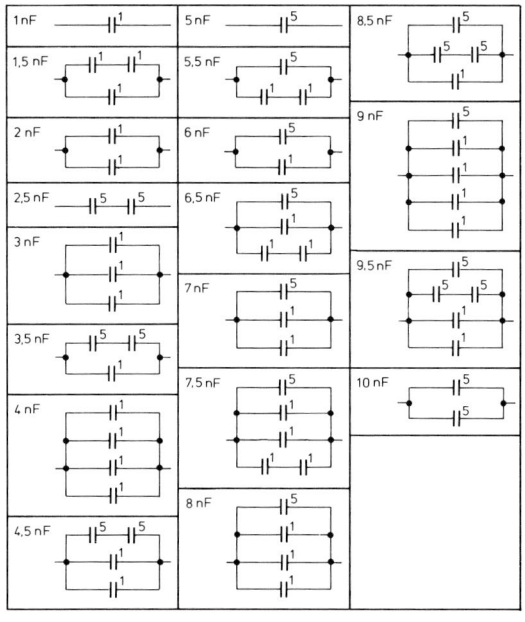

179 Zusammenschalten von Kondensatoren. Zum Eichen der Kapazitätsmeßbrücke müssen die einzelnen Kondensatoren mit möglichst kurzen Drähten (evtl. nur mit den Anschlußdrähten) zusammengelötet werden.

Im kleinsten Kapazitätsbereich findet man, auch wenn die Anschlußklemmen für C_x leer sind, eine Null-Stelle im Skalenbereich bei ca. 3 pF. Was man dort mißt, sind die internen Schaltkapazitäten der Meßbrücke selbst. Diesen Punkt sollte man besonders markieren – einerseits, damit er keine echte Messung vortäuscht, andererseits, weil er die untere Meßgrenze angibt.

Bei sorgfältiger Eichung ist mit der Brücke trotz des minimalen Aufwands eine Meßgenauigkeit von $\pm 3\%$ erreichbar.

5. Spulen und Spulenschaltungen

Die Spule ist ein sehr einfaches Bauelement, sie besteht im wesentlichen nur aus aufgewickeltem Draht. Zur Wirkung des Drahtwiderstands kommen magnetische Wirkungen hinzu. Diese magnetischen Wirkungen sind es, die die Spule zu einem unentbehrlichen Bauelement in allen Bereichen der Elektronik machen. Das gilt insbesondere für die Bereiche, in denen Wechselströme verarbeitet werden.

5.1 Das Magnetfeld der Spule

Sobald durch einen Draht oder einen anderen Leiter ein Strom fließt, entsteht ein *magnetisches Feld*, das den Leiter wie einen Mantel umgibt. Das magnetische Feld läßt sich als eine Ansammlung von Feldlinien mit Eisenfeilspänen oder Kompaßnadeln darstellen. Wickelt man den Draht zu einer Spule auf, so fügen sich die Magnetfelder der einzelnen Windungen zusammen, und es entsteht ein *Elektromagnet* mit einem magnetischen Kraftfeld sowie Nord- und Südpol wie bei einem Stabmagneten. An welchem Ende der Spule sich Nord- und Südpol einstellen, hängt von der Stromrichtung ab. Wechselt die Stromrichtung, dann wechseln auch die Pole. Die Pole verhalten sich genauso wie die eines Permanentmagneten: *Gleichnamige Pole stoßen sich ab, ungleichnamige ziehen sich an.*
Der wesentliche Unterschied zum Permanentmagneten besteht darin, daß das magnetische Feld nicht konstant ist: *Es kann nicht nur seine Richtung wechseln, sondern auch entsprechend der Stromstärke zu- oder abnehmen oder ganz verschwinden.*
Die magnetische Feldstärke hängt von der Menge der bewegten Elektronen ab und wächst proportional zu dem Produkt aus Strom und Windungszahl, der sogenannten „Amperewindungszahl" (Aw-Zahl). Die magnetische Feldstärke einer Spule mit 100 Windungen und einem Strom von 1 A ist die gleiche wie die einer Spule mit 200 Windungen und einem Strom von 0,5 A. In beiden Fällen ist das Produkt Ampere mal Windungen gleich 100 Aw.

5.1.1 Permeabilität

Im obigen Beispiel wurde die gleiche Länge der Spule vorausgesetzt. Die Bauform beeinflußt die Feldstärke beträchtlich. Je enger die Windungen nebeneinanderliegen, desto stärker wirken deren einzelne Kraftlinien zusammen, desto größer ist die gemeinsame magnetische Feldstärke. Rücken die Windungen auseinander, so überlagern sich deren Feldlinien weniger, und die gemeinsame Feldstärke nimmt ab (s. S. 83).
Die Luft setzt den magnetischen Feldlinien einen erheblichen Widerstand entgegen. Daher ist die Feldstärke einer Luftspule verhältnismäßig gering. Füllt man aber den Innenraum der Spule mit Eisen oder einem magnetisch vergleichbaren Material aus, so erhöht sich die Feldstärke um ein Vielfaches, denn Eisen leitet die magnetischen Feldlinien vorzüglich. Für die magnetischen Vorgänge in der Spule ist die magnetische Durchlässigkeit, die *Permeabilität* (von lat. permeare= hindurchgehen) von erheblicher Bedeutung.
Die Permeabilität der Luft, Formelzeichen μ_0, ist die „magnetische Feldkonstante":

$$\mu_0 = 4 \cdot \pi \cdot 10^{-7} \left(\frac{V \cdot s}{A \cdot m} \right).$$

Der Index „0" (null) steht für „leeren Raum"; die Permeabilität der Luft ist praktisch gleich der des leeren Raums.
Die Permeabilität von Werkstoffen wird mit μ_r bezeichnet. Der Index „r" steht für „relative" Per-

meabilität. μ_r ist der Faktor, mit dem sich μ_0 beim Einfügen eines Kerns in die Spule multipliziert. Je nach Werkstoff und Betriebsbedingungen kann er zwischen eins und -zigtausenden betragen.

μ_r ist „relativ", weil auch bei ein und demselben Werkstoff nicht immer gleich: Ein Eisenkern wird in einer Spule zu einem Magneten; das geschieht – wie beim Permanentmagneten – dadurch, daß sich die Elementarmagnete gleich ausrichten. Seine Magnetkraft ist dann am größten, wenn alle Elementarmagnete ausgerichtet sind. Dann läßt sich seine Magnetkraft nicht mehr steigern, er ist „gesättigt". – Während die magnetische Feldstärke in der Luftspule proportional mit dem Strom ansteigt, nimmt sie in der Eisenkernspule mit ansteigendem Strom relativ immer weniger zu (weil immer weniger Elementarmagnete „noch nicht" ausgerichtet sind). Schließlich läßt sich die Feldstärke auch durch hohen Strom nicht mehr steigern (Sättigung). μ_r nimmt also mit steigender Magnetisierung ab.

Neben Windungszahlen und Abmessungen bestimmen μ_0 und μ_r die Eigenschaften der Spule s.u., S. 83).

5.1.2 Anwendung

Der Elektromagnet kommt in der Elektronik hauptsächlich als Meßwerk, als Relais und als „elektromagnetischer Wandler" (z.B. Kopfhörer, Lautsprecher) vor.

Beim *Drehspulmeßwerk* (s. auch S. 21) fließt der Meßstrom durch eine zwischen den Polen eines Permanentmagneten drehbar aufgehängte Spule (*180*). Sie wird durch Federn so gehalten, daß sie im stromlosen Zustand quer zu den Kraftlinien des Permanentmagneten steht. Fließt ein Strom, so wird die Spule selbst ein Magnet.
Aufgrund der Anziehungs- und Abstoßungskräfte dreht sich die Spule nach den Polen des Permanentmagneten hin. An dieser Drehbewegung wird sie durch Federn gehindert. Je stärker der Strom ist, desto stärker kann sie ausschlagen. Der Drehwinkel ist daher ein Maß für den Strom. Ein an der Spule befestigter Zeiger ermöglicht das genaue Ablesen des Drehwinkels – also des Stroms.
Das *Relais* (*181*) besteht aus einer Spule mit Eisenkern und einem beweglichen Stück Eisen („Anker"), das mit Kontakten verbunden ist. Fließt durch die Spule ein Strom („Erregerstrom"), so zieht der magnetisch gewordene Eisenkern den Anker an. Der wiederum schließt oder unterbricht durch seine Bewegung Kontakte. Fließt kein Erregerstrom mehr, so wird der Anker von einer eingebauten Feder oder von der Federkraft der Kontakte zurückgezogen. Man sagt: Das Relais fällt ab.
Das Relais hat auch im „vollelektronischen" Zeitalter seine Bedeutung nicht verloren, denn der Erregerstromkreis und der Stromkreis des Kontaktsatzes sind

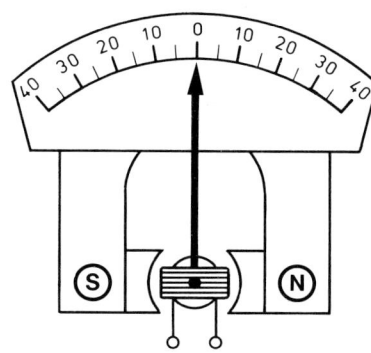

180 *Prinzipieller Aufbau eines Drehspulmeßwerks.*

voneinander galvanisch getrennt. Dieser Sachverhalt führt zu der heute wohl wichtigsten Anwendung: Eine mit geringer Spannung betriebene Elektronik liefert den Erregerstrom für ein Relais, und das schaltet an der Netzspannung betriebene Verbraucher ein und aus. Die Netzspannung ist von der Elektronik hochisoliert getrennt. – Die Bedeutung des Relais liegt auch darin, daß mit einem einzigen Erregerstrom mehrere voneinander isolierte Stromkreise gleichzeitig geschaltet werden können, und daß eine kleine Erregerleistung ausreicht, um sehr große Leistungen zu schalten.
Beim *Lautsprecher* oder *Kopfhörer* (*182/183*) steht einem Permanentmagneten eine an einer Membran beweglich aufgehängte Spule dicht gegenüber (*184*). Fließt durch die Spule ein Wechselstrom, so wechseln ihre Magnetpole mit jeder Halbwelle: Während der einen Halbwelle wird die Spule vom Magneten angezogen (ungleiche Pole), während der anderen abgestoßen (gleiche Pole). Jede Schwingung des Wechselstroms erzeugt eine Hin- und Herbewegung der Spule und der Membran, an der sie befestigt ist. Dadurch wandelt der Lautsprecher den Wechselstrom in mechanische Schwingungen (Schall) um.
Bei Lautsprechern und Kopfhörern ist der Widerstand der Spule zu beachten. Er muß an die Quelle „angepaßt" sein (Leistungsanpassung, s. S. 49).

5.2 Die Induktion

Eine Änderung des Spulenstroms ruft eine Änderung des Magnetfeldes hervor. Dieser Vorgang verläuft aber auch umgekehrt: Ändert sich das Magnetfeld in einer Spule, so entsteht zwischen ihren Enden eine Spannung – es wird eine Spannung „induziert" (lat. inducere = herbeiführen).
Der Vorgang heißt *Induktion*.
Die Betonung liegt auf Änderung, Bewegung, wobei es gleichgültig ist, ob sich die Spule in einem Magnetfeld oder das Magnetfeld in einer Spule bewegt.

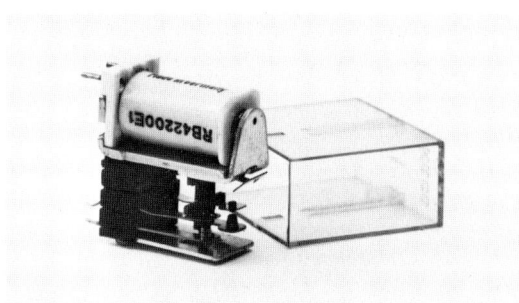

181 Das Relais (franz. = Vorspann) ist ein elektromagnetisch betätigter Schalter.

182/183 Lautsprecher ermöglichen die Umsetzung elektrischer Energie in akustische Energie. Die an der Membran befestigte Schwingspule bewegt sich im Luftspalt eines Magneten.

Ein *Fahrraddynamo* funktioniert nach diesem Prinzip: Je nach Bauform wird ein Magnet in einer Spule oder eine Spule zwischen den Polen eines Magneten bewegt. Nur wenn der Rotor des Dynamos bewegt wird, entsteht die Induktionsspannung.

Entsprechend läßt sich die Funktion des *Lautsprechers* und *Kopfhörers* umkehren: Bewegt man die Membran – genaugenommen die an ihr befestigte Spule –, so wird mit jeder Bewegung ein Spannungsstoß induziert. Der Schalldruck ist in der Lage, Membranen zu bewegen. Ein Lautsprecher ist daher zugleich auch ein *Mikrofon*. In billigen Handfunkgeräten und Wechselsprechanlagen werden die Lautsprecher zugleich als Mikrofone benutzt. Telefonhörkapseln sind hochwertige, bei Funkamateuren beliebte Mikrofone zur Sprachübertragung.

Die Änderung des Magnetfeldes muß aber nicht allein mechanisch geschehen. Eine quantitative Änderung als ein sich auf- oder abbauendes Magnetfeld bewirkt ebenso die Induktion. Montiert man beispielsweise zwei Spulen so zueinander (am besten auf ein und denselben Kern), daß sich ihre Magnetfelder durchdringen können, entsteht der *Transformator* (von lat. transformare = umformen).

Schaltet man den Strom in der ersten Spule (Primärspule, lat. primus = der erste) ein, so baut sich im Kern ein Magnetfeld auf, das auch die zweite Spule (Sekundärspule, lat. secundus = der zweite) durchdringt. In der Sekundärspule ändert sich der magnetische Zustand, daher wird in ihr eine Spannung induziert (*185*).

Fließt nach dem Einschalten der Batterie ein *gleichbleibender* Strom, so bleibt auch das Magnetfeld gleich, also ohne Änderung. Daher wird in der Sekundärspule keine Spannung mehr induziert. Schaltet man den Strom aus, dann bricht das Magnetfeld zusammen. Das ist wieder eine Änderung des magnetischen Zustands in der Sekundärspule, es wird daher abermals in ihr eine Span-

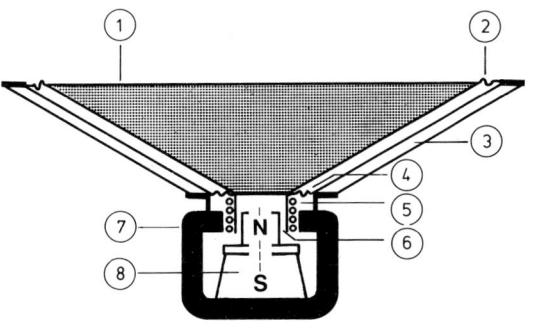

184 Schnittzeichnung durch einen elektrodynamischen Lautsprecher. 1) Trichterförmige Membran – 2) elastische Membranaufhängung – 3) Rahmen – 4) Zentrierung – 5) Schwingspule – 6) Luftspalt – 7) Weicheisentopf – 8) Permanentmagnet.

5.3 Selbstinduktion – Induktivität

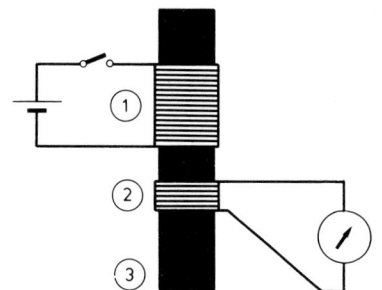

185 *Transformator. 1) Primärspule – 2) Sekundärspule – 3) gemeinsamer Kern. Ändert sich der Strom in der Primärspule, so wird auch in der Sekundärspule eine Spannung induziert.*

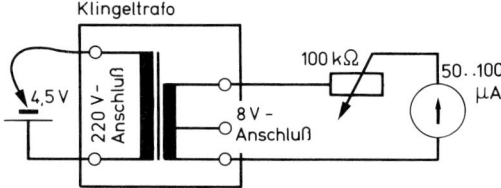

186 *Nachweis der Induktion. Man stellt zunächst das Potentiometer auf größten Widerstand und verringert diesen, bis das Meßwerk beim „Antippen" der Batterie deutlich ausschlägt. Der Batteriestromkreis bleibt so lange geschlossen, bis der Zeiger nach dem Anzeigen der Einschaltinduktion auf Null zurückgekehrt ist. Erst danach ist der Stromkreis zu unterbrechen, wobei der Zeiger entgegengesetzt ausschlägt (Ausschaltinduktion).*

Stromänderungen induzieren nicht nur eine Spannung in einer Sekundärspule, die von ihnen verursachten magnetischen Änderungen betreffen auch die stromdurchflossene Spule selbst. Auch in ihr wird eine Spannung induziert. Dieser Vorgang heißt *Selbstinduktion*.

Die Selbstinduktionsspannung ist stets der Ursache, durch die sie hervorgerufen worden ist, entgegengerichtet. Nimmt der Strom in der Spule zu, dann ist die Induktionsspannung so gerichtet, daß sie die Zunahme des Stroms hemmt. Nimmt der Strom ab, so wirkt sie in der Richtung des Stroms und bremst seine Abnahme. Dieses Verhalten läßt sich mit dem der trägen Masse vergleichen: Wenn ein Läufer startet, so widersetzt sich seine Körpermasse der zunehmenden Bewegung; will er jedoch im vollen Schwung anhalten, so treibt ihn das Beharrungsvermögen weiter.

Die Höhe der Selbstinduktionsspannung hängt einerseits von der Größe der Stromänderungen – d.h. magnetischen Änderungen in der Spule – ab, andererseits von den Aufbaugrößen der Spule (Windungszahl, Abmessungen, Wert des Kernmaterials). Der Einfluß dieser Aufbaugrößen auf die Höhe der Selbstinduktionsspannung – der „Selbstinduktionskoeffizient" (von lat. coeficere = mitbewirken) – ist die *Induktivität* der Spule, Formelzeichen *L*. Je größer die Induktivität der Spule ist, desto größer ist die in ihr induzierte Spannung bei einer bestimmten Stromänderung.

Die Induktivität ist der wichtigste Kennwert der Spule. Ihre Maßeinheit ist das *Henry* (Einheitenzeichen H) – nach Joseph Henry, amerikan. Physiker (1797–1878).

Eine Spule hat dann die Induktivität von 1 H, wenn eine Stromänderung von 1 A im Verlauf von 1 s eine Spannung von 1 V induziert.

Das H ist eine sehr große Einheit. Gebräuchliche Einheiten sind das Millihenry (mH), das Mikrohenry (μH) und das Nanohenry (nH):

1 mH = 0,001 H = 10^{-3} H
1 μH = 0,000 001 H = 10^{-6} H
1 nH = 0,000 000 001 H = 10^{-9} H

umgekehrt:

1 000 nH = 1 μH
1 000 μH = 1 mH
1 000 mH = 1 H

Ein altes Induktivitätsmaß ist das Zentimeter (cm); 1 cm = 1 nH.

nung induziert. Diese ist aber entgegengesetzt zu der vorher induzierten Spannung gerichtet (weil der magnetische Vorgang entgegengesetzt abgelaufen ist).
Diese Vorgänge lassen sich an jedem beliebigen Transformator darstellen. Am besten eignen sich für den Versuch ein Klingeltrafo und eine Flachbatterie. An die Sekundärspule (8-V-Klemmen) schließt man ein empfindliches Meßinstrument (Vollausschlag 50 bis 100 μA, mit Mittenanzeige) an. Ein Potentiometer 100 kΩ soll das Meßwerk vor Überlastung schützen (*186*). Beim Schließen des Batteriestromkreises über die Primärspule schlägt das Instrument kurz nach einer Seite hin aus. Solange der Batteriestrom gleichmäßig fließt, erfolgt keine Anzeige. Beim Abtrennen der Batterie schlägt der Zeiger nach der anderen Seite aus. Das Instrument zeigt somit beim Ein- und Ausschalten entgegengesetzten Stromrichtungen an.
Nur die Strom*änderungen* in der Primärspule induzieren in der Sekundärspule eine Spannung. Daher kann man einen Transformator sinnvoll nur mit Wechselstrom oder pulsierendem Gleichstrom betreiben (s. auch S. 89).

5.3.1 Berechnung der Induktivität

Die Induktivität einer Spule hängt von ihrer Windungszahl, ihrer Länge, ihrem Durchmesser, der Permeabilität im Bereich ihres magnetischen Feldes, der Länge der magnetischen Feldlinien und von anderen Faktoren (z.B. der Umgebungstemperatur) ab. Ihre Induktivität genau zu berechnen ist so gut wie unmöglich. Es gibt aber eine Reihe von Näherungsformeln, deren Genauigkeit für die Praxis voll ausreicht. Soll eine bestimmte Induktivität genau erreicht werden, so wird sie mittels eines Gewindekerns (Abgleichkerns) eingestellt (s.u., S. 86).

Den Einfluß von Windungszahl, Durchmesser und Länge auf die Induktivität einer Zylinderspule (Windung neben Windung wie bei einer Schraubenfeder) zeigen folgende Faustregeln:

Doppelte Windungszahl = vierfache Induktivität
Halbe Windungszahl = viertel Induktivität
Doppelter Durchmesser = vierfache Induktivität
Halber Durchmesser = viertel Induktivität
Doppelte Länge = halbe Induktivität
Halbe Länge = doppelte Induktivität

Insbesondere ist zu merken, daß die Induktivität dem Quadrat der Windungszahl proportional ist. Den Einfluß der Länge benutzt man in billigen UKW-Empfängern dazu, die Spule auf den genauen Wert abzugleichen, indem man die wenigen Windungen auseinanderzieht oder zusammenschiebt.

Zur Berechnung der Induktivität gilt allgemein folgende Gleichung:

$$L = \mu_0 \cdot \mu_r \cdot \frac{N^2 \cdot S}{l}$$

L = Induktivität in H,
μ_0 = magnetische Feldkonstante $4 \cdot \pi \cdot 10^{-7} \left(\frac{V \cdot s}{A \cdot m}\right)$,
μ_r = Permeabilität des Kerns,
S = Spulenquerschnitt in m^2,
l = mittlere Feldlinienlänge in m.

Diese Gleichung ist schwer zu handhaben, weil insbesondere die mittlere Feldlinienlänge kaum zu ermitteln ist. Die Feldlinienlänge ist nicht gleich der Spulenlänge. In abgewandelter Form kann die Formel aber praktisch genutzt werden (S. 84).

5.3.2 Berechnung von zylindrischen Luftspulen

In der Praxis hat sich folgende Näherungsformel bewährt:

$$L = \frac{d^2 \cdot N^2 \cdot 10^{-6}}{100 \cdot l + 45 \cdot d}$$

L = Induktivität in H,
N = Windungszahl,
l = Länge in cm,
d = Durchmesser in cm,
(siehe *187*).

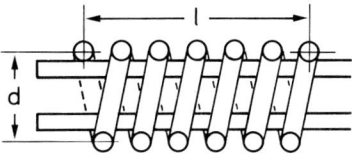

187 *Abmessungen der Spule. l = Spulenlänge in cm, d = Spulendurchmesser in cm.*

Meist ist die Windungszahl für eine bestimmte Induktivität gesucht. Nach Umstellung heißt die Formel:

$$N = \sqrt{\frac{L \cdot (100 \cdot l + 45 \cdot d)}{d^2 \cdot 10^{-6}}}.$$

Beispiel: Die Spule eines Detektors soll eine Induktivität von 180 µH haben. Als Spulenkörper steht eine Papphülse von 1,4 cm ⌀ zur Verfügung. Der vorhandene Draht hat einen Durchmesser von 0,2 mm (= 0,02 cm), der mittlere Durchmesser der Spule beträgt somit 1,42 cm. Die Länge der Spule wird auf 4 cm veranschlagt.

$$N = \sqrt{\frac{180 \cdot 10^{-6} \cdot (100 \cdot 4 + 45 \cdot 1,42)}{1,42^2 \cdot 10^{-6}}}$$

≈ 203 Windungen.

Diese 203 Windungen müssen gleichmäßig auf die Länge von 4 cm verteilt werden. Wickelt man sie eng nebeneinander, reicht der Platz gerade.
Die obige Formel ist jedoch nur für $l \geqq 0,3 \cdot d$ ausreichend genau.
Die Grundformel ist für die Praxis brauchbar, wenn sie um einen Korrekturfaktor K erweitert wird, der sich aus dem Verhältnis von Durchmesser zu Länge ergibt. Er ist dem Nomogramm (*188*) zu entnehmen. Für l wird dann nicht die mittlere Länge der Feldlinien, sondern die Länge der Spule eingesetzt. Rechnet man in der Längeneinheit cm (statt m), so ist μ_0 mit $4 \cdot \pi \cdot 10^{-9}$ einzusetzen. Den Spulenquerschnitt S setzt man mit

$$\frac{\pi \cdot d^2}{4}$$

ein. Die so umgestaltete Formel lautet:

$$L = \mu_0 \cdot \mu_r \cdot \frac{N^2 \cdot S}{l} \cdot K$$

$$= \frac{4 \cdot \pi \cdot 10^{-9} \cdot \mu_r \cdot N^2 \cdot \pi \cdot d^2 \cdot K}{l \cdot 4},$$

$$L = \frac{\pi^2 \cdot 10^{-9} \cdot \mu_r \cdot N^2 \cdot d^2 \cdot K}{l}.$$

Umgestellt nach N:

$$N = \sqrt{\frac{L \cdot l \cdot 10^9}{\pi^2 \cdot \mu_r \cdot d^2 \cdot K}}.$$

Bei der Berechnung von Luftspulen entfällt μ_r.

Beispiel: Die Induktivität der oben beschriebenen Detektorspule soll mit dieser Formel kontrolliert werden. Das Verhältnis $d:l = 1{,}42:4 \approx 0{,}355$; K beträgt somit $\approx 0{,}86$.

$$L = \frac{\pi^2 \cdot 10^{-9} \cdot 203^2 \cdot 1{,}42^2 \cdot 0{,}86}{4} \approx 176\,\mu H.$$

Die Abweichung beträgt ca. 2,2 %. Damit ist die Spule hinreichend genau berechnet. Sie genauer berechnen zu wollen, ist illusorisch, weil in den praktischen Aufbau viel größere Unwägbarkeiten eingehen.

Schwingkreises (s.u., S. 267ff.) soll 1,74 µH betragen. Zur Verfügung stehen ein zylindrischer Spulenkörper mit 5 mm ⌀ und ein Abgleichkern mit $\mu_r = 3$ (Angabe des Herstellers; dieser Wert gilt, wenn der Kern die gesamte Länge der Spule ausfüllt, d.h. wenn er ganz hineingedreht ist). Der Kern soll zu zwei Dritteln eingeschraubt werden (damit für das genaue Einstellen der Spuleninduktivität später nach oben und unten ein Spielraum bleibt; außerdem sei daran erinnert, daß μ_r stark von den Betriebsbedingungen der Spule abhängt und bei steigender Strombelastung abnimmt, s.o., S. 80). Wir setzen daher μ_r nur mit dem Wert 2 statt 3 in die Formel ein:

$d = 0{,}54$ cm,
$l = 1$ cm (geschätzt),
$\mu_r = 2$,
$K = 0{,}83$,

$$N = \sqrt{\frac{1{,}74 \cdot 10^{-6} \cdot 1 \cdot 10^9}{\pi^2 \cdot 2 \cdot 0{,}54^2 \cdot 0{,}83}} = 19 \text{ Wdg.}$$

19 Windungen aus Kupferlackdraht 0,4 mm ⌀ (dazu kommen der Lack und unerwünschte Zwischenräume beim Wickeln) füllen die Wickellänge gerade aus.

Oft geben die Hersteller für Spulenkerne den sog. A_L-Wert (magnetischen Leitwert) an. Auf größere Kerne, z.B. Schalenkerne, ist er aufgedruckt. Er schwankt je nach Größe des Kerns und Art des Materials zwischen 10 und einigen tausend. Der A_L-Wert gibt die Induktivität einer Windung in

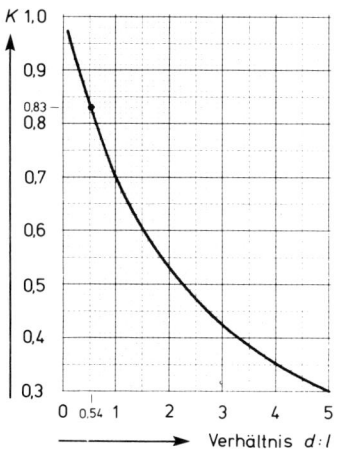

188 *Nomogramm zum Auffinden des Korrekturfaktors K aus dem Durchmesser/Längenverhältnis der Spule.*

5.3.3 Berechnung von Spulen mit Kern

Ist die Permeabilitätszahl des Spulenkerns bekannt, so ist die obige Formel zu verwenden.
Beispiel: Die Induktivität eines 27-MHz-

189 *Der Spulenkörper für die große Experimentier-Luftspule besteht aus einem Papprollenabschnitt – die zweite (kleinere) Experimentierspule wurde über einen handelsüblichen Spulenkörper aus Kunststoff gewickelt (es gibt solche Spulenkörper auch mit mehreren „Kammern"). Daneben eine freitragende Spule aus dickerem Draht und mit nur wenigen (auseinandergezogenen) Windungen. Die kleine Spule rechts unten ist eine auf einen Keramikkörper gewickelte HF-Drossel.*

nH an. Dem Gesetz folgend, daß die Induktivität dem Quadrat der Windungszahl proportional ist, ergibt sich folgende Formel:

$$L = A_L \cdot N^2 \quad (L \text{ in nH})$$

nach Umstellung:

$$N = \sqrt{\frac{L}{A_L}}.$$

Beispiel: Die Detektorspule mit $L = 180$ µH soll auf einen Ferritstab gewickelt werden. Der A_L-Wert eines Ferritstabes liegt in der Größenordnung von 50. Genauer kann der A_L-Wert nicht angegeben werden, denn er unterliegt hohen Toleranzen, die teils produktionstechnisch bedingt sind, teils von den Betriebsbedingungen abhängen.

$$N = \sqrt{\frac{180 \cdot 10^3}{50}} = 60 \text{ Wdg.}$$

5.4 Bauformen von Spulen

Die einfachste Spulenform ist die zylindrische *Luftspule* (189). Sie wird vielfach in KW- und UKW-Empfängern angewendet. Besteht sie aus nur wenigen Windungen dicken Drahts, so kann sie freitragend gewickelt sein. Spulen mit zahlreichen Windungen wickelt man über einen magnetisch neutralen Spulenkörper. Freitragende Spulen können durch Auseinanderziehen oder An-einanderdrücken der Windungen abgeglichen werden.

Um die Magnetkraft bzw. Induktivität zu erhöhen, erhalten die Spulen sehr häufig einen *Kern*. Wird eine Spule mit Gleichstrom betrieben, damit sie als Elektromagnet (Hubmagnet, Relais) Arbeit verrichtet, so darf der Kern aus einem Weicheisenklotz bestehen. Wird die Spule aber mit Wechselstrom betrieben, so wirkt ein durchgehender Weicheisenkern wie eine Anhäufung von kurzgeschlossenen Windungen. In ihnen werden wie in kurzgeschlossenen Sekundärwicklungen eines Transformators Ströme induziert. Da die Strompfade nicht festliegen, nennt man diese

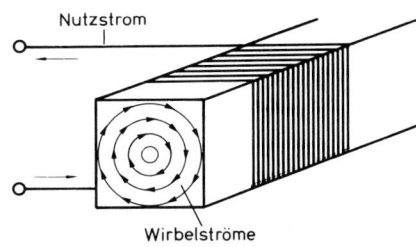

190 *Wirbelstrombildung im Volleisenkern (schematisch dargestellt).*

Ströme „Wirbelströme" (190). Sie erwärmen nicht nur den Kern, sondern verursachen vor allem hohe Energieverluste. In Transformatoren und NF-Übertragern (191) wird daher der Kern in dünne Bleche aufgeteilt, die isoliert nebeneinander liegen. Solche Kerne sind bis zu 20 kHz brauchbar. Für höhere Frequenzen benutzt man Kerne aus „Ferriten". Ferrite sind keramische Werkstoffe aus Verbindungen des Eisenoxyds mit anderen Stoffen wie Mangan, Kobalt, Nickel, Kupfer, Magnesium, Zink, Cadmium usw. Sie zeichnen sich durch einen sehr hohen elektrischen

191–194 *Der in dünne Bleche aufgeteilte Kern in einem Transformator verringert Wirbelstromverluste. Daneben Schalenkernsätze, ein bewickelter Ringkern und Lochkerne (hauptsächlich für Drosselspulen zur Entstörung von Rundfunk- und Fernsehempfängern, Motoren, Zündanlagen usw.)*

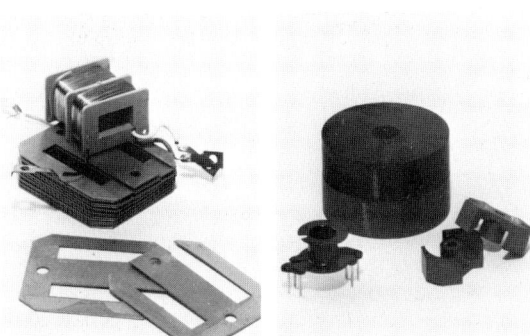

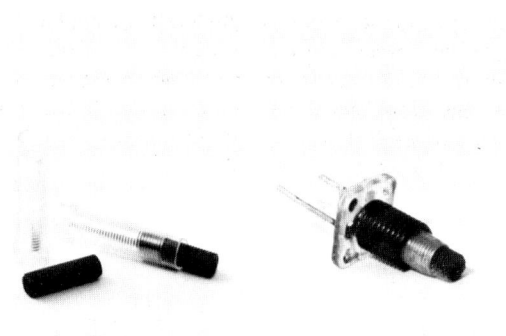

195/196 *Gewindekerne (Abgleichkerne) mit den dazu passenden Spulenkörpern. Durch unterschiedlich tiefes Eindrehen kann eine gewünschte Spuleninduktivität genau eingestellt werden.*

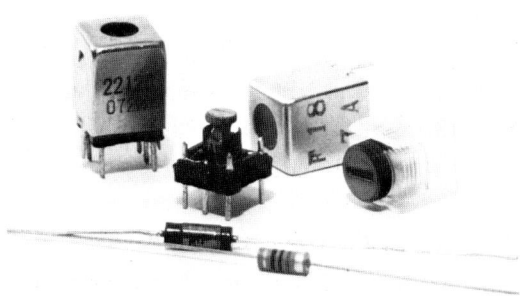

197 *Bandfilterspulen mit Abgleichkappe und Abschirmhaube; davor „Festinduktivitäten" (HF-Drosseln) mit Aufdruck und Farbkennzeichnung.*

Widerstand aus, der die Wirbelströme wirksam unterbindet; zugleich haben sie magnetische Eigenschaften. Man fertigt aus ihnen Schalenkerne (*192*), die die Spule wie ein Mantel umhüllen, Ringkerne (*193*), Lochkerne (*194*) und Gewindekerne (Abgleichkerne, *195*, *196*), die mehr oder weniger weit in die Spule hineingeschraubt werden und so eine genaue Einstellung der Induktivität ermöglichen.
Ferrite werden eigens für verschiedene Frequenzbereiche hergestellt. Abgleichkerne tragen oft einen Farbpunkt, der den Anwendungsbereich angibt. Diese Farbcodierung wird jedoch nicht einheitlich gehandhabt; ein und dieselbe Farbe hat je nach Fabrikat verschiedene Bedeutungen, so daß bei Gebrauch die Tabellen des Herstellers zu berücksichtigen sind.
Spulen werden wie andere Bauelemente in häufig gebrauchten Standardausführungen wie Transformatoren und Übertragern, Spulen für oft benutzte Frequenzen, gefertigt (*197*). Außerdem gibt es sogenannte „Festinduktivitäten" in den Abstufungen der E-12-Reihe von 0,15 µH bis 100 mH. Sie sind entweder mit Ziffernaufdruck oder nach dem internationalen Farbcode gekennzeichnet; im letzten Fall tragen sie fünf Ringe: Der erste ist silbergrau und doppelt so breit wie die anderen – er gibt den Beginn der Zählrichtung an –, die drei folgenden codieren die Induktivität in µH. Der letzte bezeichnet die Toleranz in %.

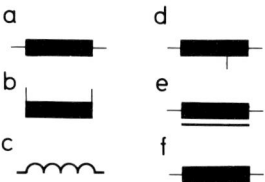

198 *Schaltzeichen – a) Spule (Wicklung, Induktivität) allgemein – b, c) wahlweise – d) Spule mit Anzapfung – e) Spule mit Kern (aus magnetischem Werkstoff) – f) Spule mit Luftspalt.*

5.5 Unerwünschte Induktivitäten

Auch der gestreckte Leiter, z.B. ein gerader Draht, besitzt eine Induktivität; sie wirkt genauso wie die Induktivität einer Spule. Die Induktivität eines gestreckten, 1 m langen und 1 mm dicken Kupferdrahtes beträgt ca. 1,5 µH. Sie ist – an der „richtigen" Stelle untergebracht – groß genug, um einen UKW-Rundfunkempfänger funktionsuntüchtig zu machen. In allen HF-Schaltungen müssen daher die Bauelemente einander so zugeordnet werden, daß die Verbindungsdrähte möglichst kurz sind. Jeder vermeidbare Zentimeter Draht ist 1 cm Draht zuviel!
Auch Bauelemente können mit unerwünschten Induktivitäten behaftet sein. Widerstände sind oft als Drahtwickel oder Kohlewendel ausgeführt (s.o., S. 36). Ein handelsüblicher Schichtwiderstand mit 6 Wendeln („Windungen"), einem Durchmesser von 2,5 mm und einer Länge von 8 mm besitzt eine Induktivität von ca. 24 nH; diese kann in UKW- und Impulsschaltungen erheblich stören. Deswegen muß man in solchen Schaltungen ungewendelte Massewiderstände verwenden. Auch die Induktivitäten gewickelter Kondensatoren können erheblich sein, denn die

Lade- und Entladeströme müssen durch die aufgewickelten Bänder wie durch Spulen fließen. In HF-Schaltungen sind deswegen überall dort, wo HF möglichst ungehindert passieren soll, keramische Kondensatoren einzusetzen. Diese sind besonders induktionsarm.

5.6 Die Spule im Stromkreis

Wie bereits dargestellt, behindert die Selbstinduktion jede Stromänderung in der Spule. Schließt man eine Spannungsquelle an die Spule an (*199*), so liegt zwar sofort an ihren Enden die volle Spannung an, doch der Strom beginnt wegen der Selbstinduktion nur langsam zu fließen. Die Spule verhält sich genau umgekehrt wie der Kondensator (vgl. S. 68 ff.).
Erst wenn das Magnetfeld aufgebaut ist, erreicht der Strom seinen durch die angelegte Spannung und den Drahtwiderstand bedingten Wert. Solange sich der Strom nicht ändert, besteht auch das Magnetfeld unverändert, daher wird keine Gegenspannung mehr induziert.
Wenn der Strom abgeschaltet wird, bricht das Magnetfeld zusammen und induziert eine Spannung, die den Strom zunächst noch weiterfließen und nur langsam abnehmen läßt, sofern zwischen den Spulenenden eine leitende Verbindung besteht. Andernfalls sucht sich die Ladung als Abschaltfunken einen Weg (s.u.).

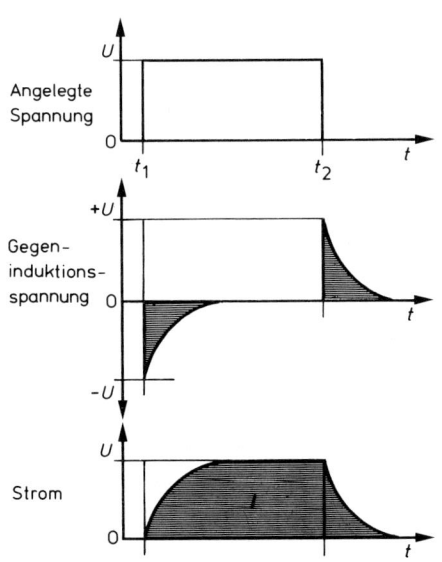

199 *Wirkung der Gegeninduktion beim Ein- und Ausschalten des Spulenstroms.*

Die Stromänderungen laufen gewissermaßen hinter den Spannungsänderungen her. Überträgt man dieses Verhalten auf eine Wechselspannungs- bzw. Wechselstromkurve, so sieht man die Phasenverschiebung (*200*). *Der Strom läuft der Spannung um 90° hinterher.*

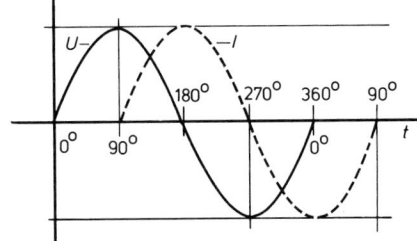

200 *Phasenverschiebung in der Spule (Wechselspannungs- und Wechselstromkurve).*

Strenggenommen gilt die Phasenverschiebung von 90° nur für die ideale, d.h. verlustfreie Spule. Bei der realen Spule ist die Phasenverschiebung wegen ihrer Verluste, z.B. durch den Drahtwiderstand, geringer als 90°. Die Differenz zwischen der wirklichen Phasenverschiebung und 90° ist der Verlustwinkel δ.

5.6.1 Die Spule im Gleichstromkreis

Mit Ausnahme der Ein- und Ausschaltmomente setzt die Spule dem Gleichstrom nur ihren – meist sehr geringen – Drahtwiderstand entgegen. *Sie läßt Gleichstrom passieren* (vgl. dazu den Kondensator, S. 69).
Besondere Beachtung verdient der Ausschaltaugenblick. Die Selbstinduktionsspannung U_0

201 *Versuchsaufbau zum Nachweis der Abschaltinduktion beim Abschalten einer 4,5-V-Batterie von einer Spule (hier aus einem 12-V-Relais).*

hängt von der Stromänderung Δ_I (Δ = griech. Großbuchstabe „Delta", steht für Differenz, Änderung) innerhalb eines Zeitabschnitts Δ_t und der Induktivität der Spule ab:

$$U_0 = -L \cdot \frac{\Delta_I}{\Delta_t}.$$

Das Minuszeichen deutet die Gegeninduktion an.

Je schneller sich der Strom ändert und je größer die Stromänderung ist, desto größer ist die induzierte Spannung. Diese Gesetzmäßigkeit wird besonders dann wirksam, wenn der Spulenstrom abgeschaltet wird: Die Stromänderung Δ_I ist dann sehr groß, der Zeitabschnitt Δ_t sehr klein — eben nur der Moment des Ausschaltens. Daher ist die Selbstinduktionsspannung U_0 sehr groß. *Bei Spulen mit größeren Induktivitäten kann U_0 das Vielfache der angelegten Batteriespannung betragen.*

In einem Versuch läßt sich die Ausschaltspannungsspitze sichtbar machen. Parallel zu einer Spule mit vielen Windungen, z.B. von einem 12-V-Kammrelais (*201*), schaltet man eine Glimmlampe mit einer Zündspannung von 110 V (oder 90 V). Dann schließt man eine 4,5-V- oder 9-V-Batterie an. In diesem Augenblick, in dem man die Batterie wieder abtrennt, leuchtet die Glimmlampe für einen kurzen Moment auf. Die induzierte Spannung beträgt also mindestens 110 V!

Oft ist die hohe „Abschaltspannung" erwünscht, z.B. an den Zündkerzen des Kraftfahrzeugs, an der Bildröhre des Fernsehgeräts. Vielfach macht sich diese Spannungsspitze auch sehr unangenehm bemerkbar, etwa als Ausschaltfunke. Die Funkenstrecke ist erheblich größer als sie der angelegten Spannung entspricht. Die „Abschaltfunken" müssen durch geeignete Maßnahmen unterdrückt werden, weil sie die Schalterkontakte verbrennen und Funkstörungen verursachen. Halbleiterbauelemente können von den Spannungsspitzen zerstört werden, wenn man sie nicht durch besondere Maßnahmen schützt (s.u., S. 134).

5.6.2 Die Spule im Wechselstromkreis

Die Spule setzt allen Stromänderungen den durch ihre Selbstinduktionsspannung hervorgerufenen *induktiven Widerstand* entgegen. Das oben beschriebene Einschaltverhalten mag das verdeutlichen: Kleiner Strom trotz hoher Spannung bedeutet großen Widerstand.

Der Strom benötigt eine gewisse Zeit, um auf seinen durch den Drahtwiderstand bedingten höchstmöglichen Wert zu kommen. Je häufiger nun pro Sekunde die Spannung wechselt, desto weniger erreicht der Strom seinen höchstmöglichen Wert, d.h. desto höher ist der induktive Widerstand. *Der induktive Blindwiderstand ist also frequenzabhängig* (vgl. dazu 4.7.1 „Kapazitiver Blindwiderstand"). *Er nimmt mit der Frequenz zu.*

Ferner wird der induktive Widerstand von der Induktivität der Spule bestimmt (denn ihrer Größe proportional ist die Selbstinduktionsspannung).

$$X_L = 2 \cdot \pi \cdot f \cdot L$$

X_L in Ω (Ohm)
f in Hz (Hertz)
L in H (Henry).

X_L ist ein reiner Blindwiderstand, denn er verbraucht keine Leistung (die Energie, die zum Aufbau des Magnetfeldes nötig ist, wird beim Abbau desselben wieder an den Spannungserzeuger zurückgegeben).

Der Blindwiderstand wirkt aber nie allein. Es kommt der Ohmsche Widerstand (R) des Drahtes hinzu, an dem real Leistung verbraucht wird. Blind- und Drahtwiderstand wirken in Reihe; zusammen bilden sie den *Scheinwiderstand* (ältere Bezeichnung: *Impedanz*) – Formelzeichen Z. Wegen der Phasenverschiebung kann man sie nicht einfach addieren. Für die Berechnung des Scheinwiderstandes gilt

$$Z = \sqrt{R^2 + X_L^2}.$$

Bei vielen Bauteilen wird die Impedanz der in ihnen enthaltenen Spule angegeben, so z.B. die Impedanz der Schwingspule eines Lautsprechers.

Ersetzt man in der Formel X_L durch X_C, so erhält man den Scheinwiderstand eines Kondensators (s. S. 73).

5.7 Spulenschaltungen

5.7.1 Verwendung einzelner Spulen

Einzelne Spulen verwendet man einerseits zur Erzeugung mechanischer Kraft (z.B. im Relais, im Lautsprecher), andererseits als „Drossel". Durch ihren induktiven Widerstand drosselt sie den Wechselstrom oder die Wechselstromanteile eines Mischstroms. Bei Leuchtstoffröhren wirkt die Drossel im reinen Wechselstromkreis als Vorwiderstand. In der Nachrichtentechnik dient sie dazu, aus Gleichstromleitungen überlagerte und störende Wechselstromanteile herauszusieben; sie sperrt diese (s.o.), während sie dem Gleichstrom nur den geringen Drahtwiderstand entgegensetzt und damit praktisch Durchgang gewährt.

5.7.2 Zusammenschaltung von Spulen

Bei der *Reihenschaltung von Spulen* (*202*) addieren sich die Einzelinduktivitäten:

$$L_{ges} = L_1 + L_2 + L_3 \ldots$$

(s. auch Widerstände S. 43 ff., hingegen Kondensatoren in Reihe S. 67 f.).

202 *Spulen in Reihenschaltung.*

Das gilt aber nur für den Fall, daß die Magnetfelder der Spulen nicht aufeinander koppeln. Wenn sie einander durchdringen können und gleichgerichtet sind, wird L_{ges} größer. L_{ges} wird kleiner, wenn sie einander entgegengerichtet sind. Diese Variation von L_{ges} wird beim sog. Variometer ausgenutzt (s. S. 260f.).
Parallelgeschaltete Spulen (*203*) verhalten sich analog zu parallelgeschalteten Widerständen:

$$\frac{1}{L_{ges}} = \frac{1}{L_1} + \frac{1}{L_2} + \frac{1}{L_3} \ldots$$

Für 2 Spulen gilt entsprechend:

$$L_{ges} = \frac{L_1 \cdot L_2}{L_1 + L_2}.$$

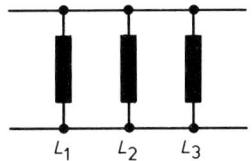

203 *Spulen in Parallelschaltung.*

5.8 Der Transformator

Zwei Spulen, die – etwa durch einen gemeinsamen Eisenkern – magnetisch fest miteinander gekoppelt sind, bilden einen *Transformator* (von lat. transformare = umformen, umgestalten). In der Nachrichtentechnik heißen Transformatoren auch Übertrager (*204*).
Das Wirkungsprinzip wurde bereits bei der Darstellung der Induktion (S. 80ff.) erläutert. Die

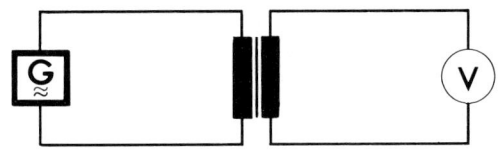

204 *Prinzipschaltung und Schaltzeichen für einen Transformator. Der Strich zwischen den Spulen deutet den gemeinsamen Kern an.*

Spule, die das Magnetfeld erzeugt (das ist die, in die der Strom hineingeschickt wird), ist die *Primärspule* (Primärwicklung, von lat. primus = der erste). Die Spule, in der das wechselnde Magnetfeld die Spannung induziert, ist die *Sekundärspule* (Sekundärwicklung, von lat. secundus = der zweite). Die an die Primärspule angelegte Spannung heißt *Primärspannung;* die in der Sekundärspule induzierte Spannung heißt *Sekundärspannung.*
Primär- und Sekundärspule nennt man auch Ein- bzw. Ausgang. Sinngemäß spricht man von Ein- und Ausgangsspannungen (Ein- und Ausgangsströmen).
Primär- und Sekundärspannung verhalten sich zueinander wie die zugehörigen Windungszahlen (*N*):

$$\frac{U_p}{U_s} = \frac{N_p}{N_s}.$$

Beispiel: Die Primärwicklung (N_p) eines Transformators besteht aus 1 000 Windungen. U_s beträgt 220 V ~. Die Sekundärwicklung (N_s) hat nur 100 Windungen. Da N_s nur ein Zehntel der Windungen von N_p hat, beträgt auch U_s nur ein Zehntel von U_p, also 22 V.
Umgekehrt lassen sich höhere Sekundärspannungen als die Primärspannung erzeugen, wenn die Sekundärwicklung mehr Windungen als die Primärwicklung hat.
Mit einem Transformator lassen sich beliebige Wechselspannungen in beliebig hohe oder niedrige umformen.
Den rechnerischen Wert der Sekundärspannung erreicht man allerdings nur im „Leerlauf" (wenn kein Strom entnommen wird). Sobald ein Strom fließt, entsteht an dem Drahtwiderstand ein Spannungsabfall, so daß die Spannung etwas geringer wird.
Die Ströme verhalten sich umgekehrt wie die Windungszahlen:

$$\frac{I_p}{I_s} : \frac{N_s}{N_p}.$$

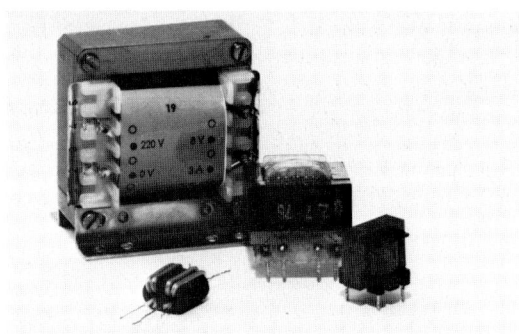

205 *Transformatoren: Netztransformator – zwei NF-Übertrager – ein HF-Übertrager.*

Unter der Voraussetzung, daß Primär- und Sekundärleistung gleich sind, entspricht einer niedrigen Windungszahl, d.h. einer niedrigen Spannung, ein großer Strom – einer hohen Windungszahl, d.h. einer hohen Spannung, ein geringer Strom.
Im obigen Beispiel wurden in der Sekundärwicklung 22 V erzeugt. Wird der Wicklung ein Strom von 1 A entnommen, so beträgt die Leistung $(P) = 22$ W.

$P = U \cdot I$,
$P = 22 \cdot 1 = 22$ W.

Die Spannung der Primärwicklung beträgt 220 V. Bei einer Leistung von 22 W fließt ein Strom von 0,1 A.

$I = \dfrac{P}{U}$,

$I = \dfrac{22}{220} = 0,1$ A.

Entnimmt man der Sekundärwicklung einen größeren Strom, d.h. größere Leistung, so steigt auch die Leistung in der Primärwicklung (der Strom nimmt ebenfalls zu, denn der Sekundärwicklung kann man nur die Leistung entnehmen, die man in die Primärwicklung investiert).
Die am Ausgang herrschenden Verhältnisse übertragen sich demnach auf den Eingang. Da sich das Verhältnis Spannung zu Strom durch den Widerstand ausdrücken läßt, werden auch die Widerstände vom Ausgang auf den Eingang transformiert, und zwar proportional dem Quadrat des Übersetzungsverhältnisses.

Das Übersetzungsverhältnis (Formelzeichen $ü$) ist Primärwindungszahl (N_p) : Sekundärwindungszahl (N_s):

$ü = \dfrac{N_p}{N_s}$.

Unter Vernachlässigung der Verluste ist

$N_p = N_s$.

Wenn man für N den Ausdruck U^2/R und für R den Scheinwiderstand Z einsetzt, ergibt sich

$\dfrac{U_p^2}{Z_p} = \dfrac{U_s^2}{Z_s}$.

Da die Spannungen den Windungszahlen entsprechen, läßt sich U durch die Windungszahl N ersetzen:

$\dfrac{N_p^2}{Z_p} = \dfrac{N_s^2}{Z_s}$

nach Umformung

$\dfrac{N_p^2}{N_s^2} = \left(\dfrac{N_p}{N_s}\right)^2 = ü^2 = \dfrac{Z_p}{Z_s}$.

Die Widerstandstransformation spielt in der Nachrichtentechnik eine wichtige Rolle. Wie bereits dargestellt, kann einer Stromquelle dann die größte Leistung entnommen werden, wenn der Lastwiderstand gleich dem Innenwiderstand der Quelle ist (s. Leistungsanpassung, S. 49). Sehr häufig muß der Lastwiderstand seiner Wechselstromquelle „angepaßt" werden, z.B. ein Lautsprecher dem Verstärker, ein Verstärkereingang dem Tonabnehmer des Plattenspielers, ein Empfängereingang der Antenne usw. (s. auch Transistorprüfer, S. 243 ff.).
Beispiel: Ein Lautsprecher mit der Impedanz $Z = 8\ \Omega$ soll einer Transistor-(Verstärker-)stufe mit einem Quellenwiderstand von 3200 Ω angepaßt werden. Wie groß muß das Übersetzungsverhältnis des Übertragers sein?

$ü^2 = \dfrac{Z_p}{Z_s} = \dfrac{3200}{8}$,

$ü\ = 20$.

Die Primärspule muß 20mal so viele Windungen haben wie die Sekundärspule.
Transistorübertrager mit oft benötigten Übersetzungsverhältnissen sind als Standardbauelemente erhältlich.

5.9 Der Schwingkreis

Eine außerordentlich häufige Spulenschaltung ist die Kombination einer Spule mit einem Kondensator. Diese Anordnung bildet jeweils einen *Schwingkreis*. Je nachdem, ob Spule und Kondensator parallel oder in Reihe geschaltet sind, handelt es sich um einen *Parallelschwingkreis (206a)* oder um einen *Reihenschwingkreis (206b)*.

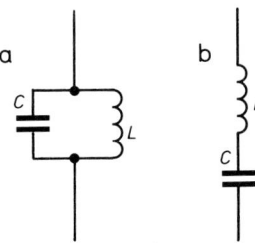

206 Schwingkreise. a) Parallelschwingkreis – b) Reihenschwingkreis.

5.9.1 Der Parallelschwingkreis

Vgl. die Abbildungen *207a–e*:
1. Wir gehen davon aus, daß der Kondensator geladen ist, sei es durch das kurzzeitige Anlegen einer Betriebsspannung an den Schwingkreis, sei es, daß ein geladener Kondensator an die Spule angeschlossen wird (*a*).
2. Der Kondensator beginnt, sich über die Spule zu entladen. Der Entladestrom baut in der Spule ein Magnetfeld auf (*b*).
3. Wenn der Kondensator entladen ist, fließt kein Entladestrom mehr durch die Spule, der das Magnetfeld, wenn schon nicht mehr weiter aufbauen, so doch wenigstens erhalten könnte. Das Magnetfeld hat seine größte Stärke erreicht (*c*).
4. Das Magnetfeld bricht zusammen und erzeugt dabei einen Selbstinduktionsstrom, der in der gleichen Richtung wie der Entladestrom des Kondensators weiterfließt. Jetzt ist er aber Ladestrom und lädt den Kondensator mit umgekehrter (!) Polarität auf (*d*).
5. Wenn das Magnetfeld der Spule vollkommen zusammengebrochen ist, fließt auch dieser Ladestrom nicht mehr. Der Kondensator hat seine höchste Ladung erreicht. Nun ist ein Zustand wie bei 1 erreicht – freilich mit umgekehrter Polarität des Kondensators (*e*).
Die Vorgänge 2 bis 4 wiederholen sich, doch jetzt mit umgekehrter Stromrichtung: Der Kondensator entlädt sich über die Spule, sie baut ein Magnetfeld auf; wenn kein Entladestrom mehr fließt, bricht dieses zusammen und erzeugt einen Induktionsstrom, der den Kondensator wieder mit umgekehrter Polarität auflädt. Damit ist der Zustand 1 wieder erreicht. Die Energie pendelt (schwingt) zwischen Kondensator (als elektrischem Feld) und Spule (als magnetischem Feld) hin und her.

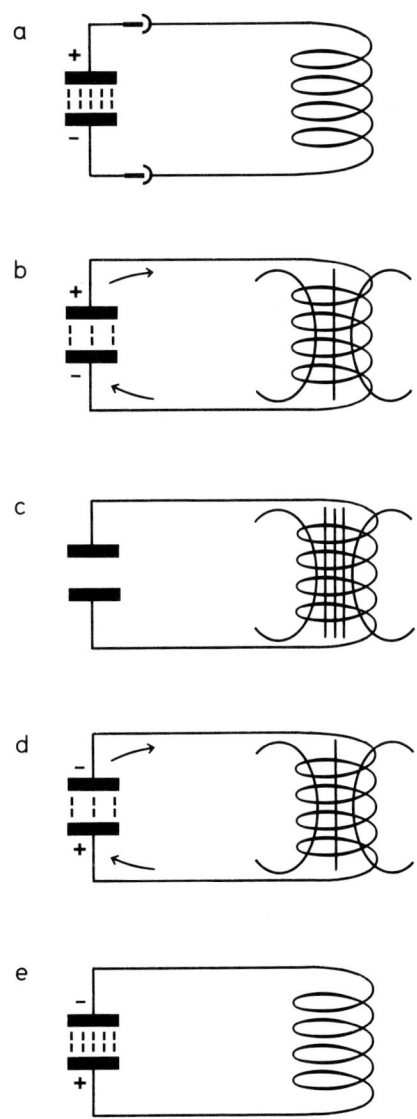

207 Pendelvorgang im Parallelschwingkreis (schematisch). *Der Kondensator speichert die elektrische Energie als elektrisches Feld, die Spule als magnetisches Feld. Die Energie pendelt zwischen den beiden Speichern hin und her.*

Die Kombination aus Spule und Kondensator heißt daher *Schwingkreis*.

Die Häufigkeit pro Sekunde, mit der die Energie zwischen Spule und Kondensator pendelt, ist die *Frequenz* des Schwingkreises. Jeder Schwingkreis hat seine *Eigenfrequenz*. Sie hängt von der Induktivität der Spule und der Kapazität des Kondensators ab. Je größer Induktivität und Kapazität sind, desto niedriger ist die Frequenz. Das ist leicht einzusehen: ein Kondensator mit großer Kapazität braucht mehr Zeit zum Laden und Entladen als einer mit kleiner Kapazität, ebenso verzögert eine große Induktivität das Entladen bzw. Umladen des Kondensators stärker als eine kleine.

5.9.2 Resonanz

Im obigen Beispiel wurden die Schwingungen nur einmal, durch die Energie einer Kondensatorladung, angestoßen. Sie würden wegen der Verluste im Schwingkreis (Drahtwiderstand, dielektrische Verluste) geschwächt („gedämpft") und sehr bald ganz aufhören. Solche Schwingungen nennt man „gedämpfte Schwingungen" (*208*). Die Auswirkung der Verluste ist die *Dämpfung* des Schwingkreises.

Führt man dem Schwingkreis einen Wechselstrom zu, so werden die Schwingungen im Schwingkreis um so heftiger, je genauer die Frequenz des Wechselstroms mit der Eigenfrequenz des Schwingkreises übereinstimmt. Der Schwingkreis gerät in *Resonanz* (von lat. resonare = widerhallen). Die elektrische Resonanz ist der akustischen Resonanz zweier gleichgestimmter Saiten durchaus vergleichbar; auch eine Schaukel schwingt weit aus, wenn sie genau im Rhythmus ihrer Eigenfrequenz angestoßen wird. Wegen seines Resonanzverhaltens wird der Schwingkreis daher auch oft *Resonanzkreis* genannt; seine Eigenfrequenz heißt dementsprechend *Resonanzfrequenz* (f_{res} oder f_0).

Wird an einen Parallelschwingkreis über einen Widerstand R eine Wechselspannung angelegt (*209*), dann ist die Spannung an seinen Enden so lange erheblich kleiner als die Speisespannung, wie deren Frequenz von der Resonanzfrequenz abweicht. Bei Resonanz steigt die Spannung am Schwingkreis sprunghaft an. Sie kann dann sogar durch die Induktionswirkung der Spule größer als die Speisespannung werden. Man spricht daher auch von der „Spannungsüberhöhung" des Parallelschwingkreises.

Das auffällige Resonanzverhalten wird durch das Zusammenwirken der beiden Blindwiderstände X_L und X_C hervorgerufen. Für Frequenzen $<f_{res}$ ist X_L klein, X_C groß (der Schwingkreis wirkt über X_L wie ein Kurzschluß). Für Frequenzen $>f_{res}$ ist X_C klein, X_L groß (der Schwingkreis wirkt über X_C wie ein Kurzschluß). Allgemein: Der Parallelkreis wirkt für Frequenzen $\neq f_{res}$ wie ein kleiner Widerstand, mehr oder weniger wie ein Kurzschluß. Im Resonanzfall sind X_L und X_C gleich groß.

Im Schwingkreis fließen der Spulenstrom I_L und der Lade- bzw. Entladestrom des Kondensators I_C. Aufgrund der Phasenverschiebungen sind diese beiden Ströme um 180° entgegengesetzt gerichtet: Während I_C der Kondensatorspannung um 90° vorauseilt (s. S. 69), läuft I_L der Spulenspannung um 90° nach. Im gleichen Augenblick, in dem I_L in die eine Richtung fließt, fließt I_C in die andere. Die Ströme wirken gegeneinander. Durch den Schwingkreis fließt infolgedessen nur der Differenzstrom ($I = I_L - I_C$). Im Resonanzfall sind X_L und X_C gleich groß. Daher sind auch I_L und I_C gleich groß und heben einander auf.

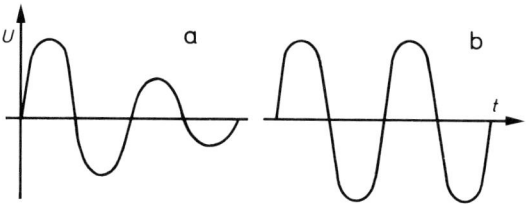

208 *Schwingungen. a) Gedämpfte Schwingungen – b) ungedämpfte Schwingungen.*

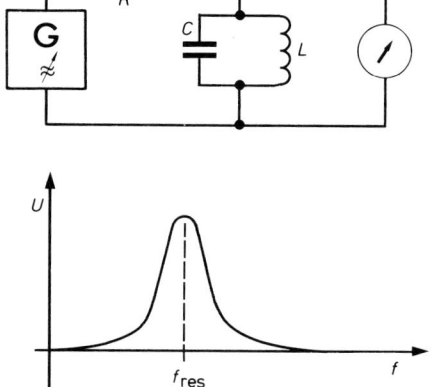

209 *Meßanordnung und Spannung am Parallelschwingkreis bei wechselnder Frequenz. Im Resonanzfall erreicht die Spannung ihren höchsten Wert.*

Wenn trotz angelegter Spannung kein Strom durch den Schwingkreis fließt, so bedeutet das nach dem Ohmschen Gesetz, daß der *Resonanzwiderstand* (R_{res}) im Parallelschwingkreis ∞ groß ist. Das gilt allerdings nur für den idealen, d.h. verlustfreien Schwingkreis. Tatsächlich betragen die Phasenverschiebungen wegen der Verlustwiderstände in Spule und Kondensator weniger als 90°, I_L und I_C heben sich daher nicht total auf (der Resonanzwiderstand des Parallelschwingkreises ist zwar hoch, aber nicht ∞).

5.9.3 Der Reihenschwingkreis

Im Reihenschwingkreis (*210*) liegen die Verhältnisse umgekehrt. Weil Spannungsquelle, Spule und Kondensator in Reihe liegen, fließt nur ein Strom. Am Kondensator läuft die Spannung (U_C) dem Strom um 90° nach, während die Spannung an der Spule (U_L) um 90° voreilt. Beide Spannungen sind gegeneinander um 180° phasenverschoben, weswegen auch die Blindwiderstände X_C und X_L um 180° phasenverschoben wirken. Im Resonanzfall sind sie gleich groß und heben sich daher gegenseitig auf.

Im idealen Reihenschwingkreis ist der wirksame Widerstand X bei Resonanz gleich Null (Kurzschluß). Im realen Schwingkreis ist X wegen der Verlustwiderstände – z.B. dem Drahtwiderstand der Spule – zwar sehr niedrig, aber nicht völlig 0 Ω.

Weicht die Frequenz der Speisespannung von der Resonanzfrequenz des Reihenschwingkreises ab, so ist dessen Widerstand groß: Für Frequenzen $<f_{res}$ ist X_L zwar klein, X_C aber groß. Für Frequenzen $>f_{res}$ ist X_L groß, dafür X_C klein. In jedem Fall ist $X_L \neq X_C$; die Widerstände X_C und X_L heben sich bei Frequenzen $\neq f_{res}$ nicht auf, und der Gesamtwiderstand des Kreises ist groß.

5.9.4 Die Schwingungsgleichung

Schwingkreise kann man als frequenzabhängige „Schalter" betrachten (s.o., S. 48). Sie ermöglichen es, Wechselströme mit einer bestimmten Frequenz auszusieben, hervorzuheben oder zu unterdrücken. Die Antenne eines Radios liefert z.B. eine Fülle von Wechselströmen der verschiedensten Frequenzen, die von den auf verschiedenen Frequenzen arbeitenden Sendern herrühren. Mit Hilfe eines oder mehrerer Schwingkreise läßt sich der Wechselstrom einer bestimmten Frequenz herausfiltern, d.h. das Radio wird auf einen Sender „abgestimmt". Die Abstimmung auf verschiedene Sender erreicht man dadurch, daß man entweder den Kondensator (Drehkondensator) oder die Spule (Variometer) variabel macht.

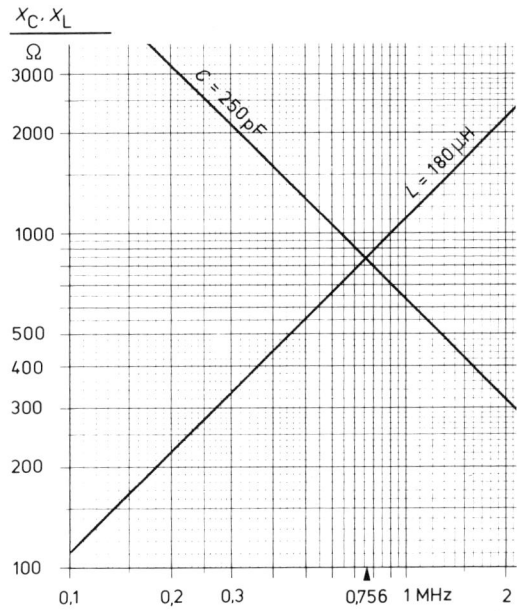

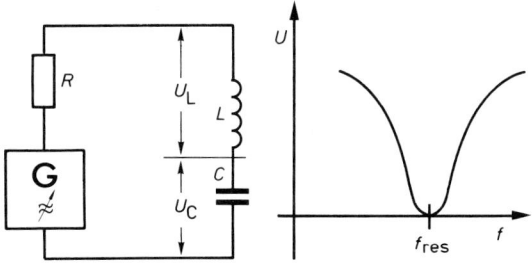

210 Meßanordnung und Spannung am Reihenschwingkreis. Im Resonanzfall erreicht die Spannung ihren tiefsten Wert (theoretisch 0 Volt).

211 Zeichnet man X_C und X_L (für einen konstanten C- bzw. L-Wert) auf Papier mit zweifach-logarithmischer Teilung, so fällt X_C mit steigender Frequenz in einem Winkel von 45° ab, während X_L im gleichen Winkel ansteigt. Wo sich die X_C- und X_L-Linie schneiden (X_C und X_L gleich groß sind), liegt die Resonanzfrequenz des aus diesen Werten gebildeten Schwingkreises. – Es gibt Nomogramme mit einer Fülle von Linien für verschiedenste Kapazitäten und Induktivitäten (man bezeichnet sie als „HF-Tapeten"). Aus ihnen können für eine beliebige Kombination von C- und L-Werten die Resonanzfrequenz – oder für eine gewünschte Resonanzfrequenz die benötigten Werte für C und L abgelesen werden. – Die dargestellten Linien zeigen das Verhältnis des Detektorschwingkreises $f = 756$ kHz.

Die Resonanzbedingung ist sowohl für den Parallelschwingkreis wie auch für den Reihenschwingkreis $X_L = X_C$. Wenn man in diese Gleichung für X_L und X_C

$$2 \cdot \pi \cdot f \cdot L \quad \text{bzw.} \quad \frac{1}{2 \cdot \pi \cdot f \cdot C}$$

einsetzt, folgt daraus die *Thomsonsche Schwingungsgleichung* (nach Sir William Thomson, engl. Physiker, 1824–1907). Sie ermöglicht es, die Resonanzfrequenz bei gegebenen Bauelementen oder die für eine bestimmte Frequenz benötigten Bauelemente zu berechnen:

$$f_0 = \frac{1}{2 \cdot \pi \cdot \sqrt{L \cdot C}}.$$

Um L und C für eine bestimmte Frequenz zu ermitteln, wird die Formel umgestellt:

$$L = \frac{1}{(2 \cdot \pi \cdot f)^2 \cdot C},$$
$$C = \frac{1}{(2 \cdot \pi \cdot f)^2 \cdot L}.$$

Beispiel: Ein Detektor soll auf den DLF (Sender Ravensburg, $f = 756$ kHz) abgestimmt werden. Es ist ein Drehkondensator mit einem Bereich von 25 bis 500 pF vorhanden. Die Frequenz von 756 kHz soll etwa in der Mitte des Abstimmbereichs, also bei 250 pF liegen. Wie groß muß L sein?

$$L = \frac{1}{(2 \cdot \pi \cdot 756000)^2 \cdot 250 \cdot 10^{-12}},$$

$L \approx 178\,\mu\text{H}$ (177,45 μH).

(Die Berechnung der Spule s.o., S. 83 f.)

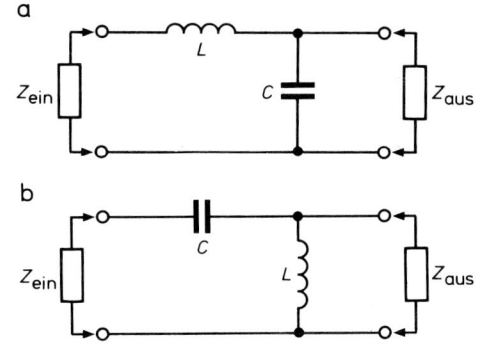

212 *Aus Kondensator und Spule gebildete a) Tiefpaß- und b) Hochpaß-„Halbglieder".*

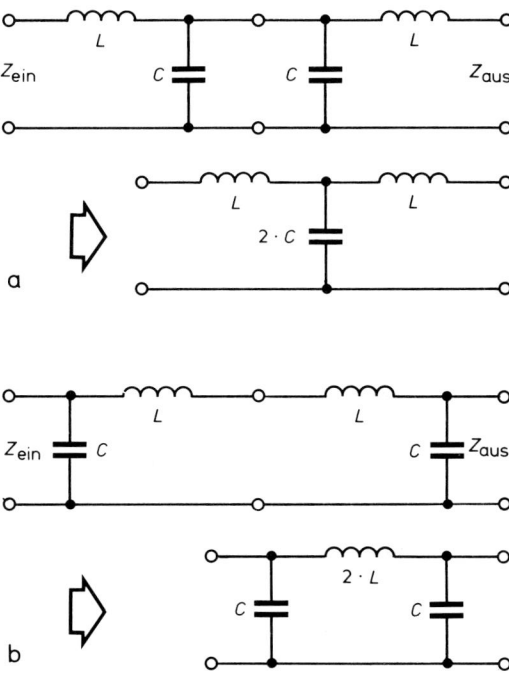

213 *a) Zwei Tiefpaß-Halbglieder „C an C" und ihre praktische Koppelung, genannt „T-Glied" (zwei gleiche Kondensatoren parallel ergeben die doppelte Kapazität). – b) Zwei Tiefpaß-Halbglieder „L an L" und ihre Koppelung, genannt „π-Glied" (zwei gleiche Spulen in Reihe ergeben die doppelte Induktivität).*

5.10 Tief- und Hochpaß

In Kap. 4.7.3 (S. 73 ff.) wurden Tief- und Hochpaß aus Widerstand und Kondensator dargestellt. Ersetzt man darin den Widerstand durch eine Spule L, so erhält man wieder einen Tief- bzw. Hochpaß (*212*).
L und C bilden einen Spannungsteiler, in dem beide Widerstände frequenzabhängig sind und gegeneinander wirken: Mit steigender Frequenz wird X_L größer, X_C kleiner. Die Sperrwirkung (Dämpfung) des LC-Tief- bzw. Hochpasses ist der der entsprechenden RC-Schaltungen weit überlegen.

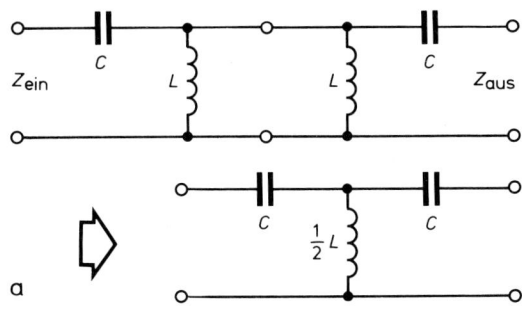

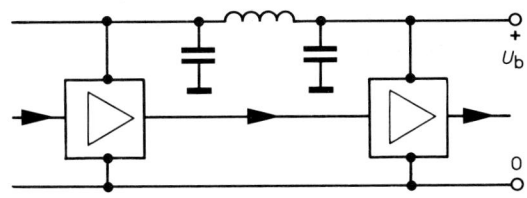

215 Entkopplung zweier HF-Verstärkerstufen durch einen Tiefpaß (gebildet aus einer HF-Drossel mit zwei Kondensatoren).

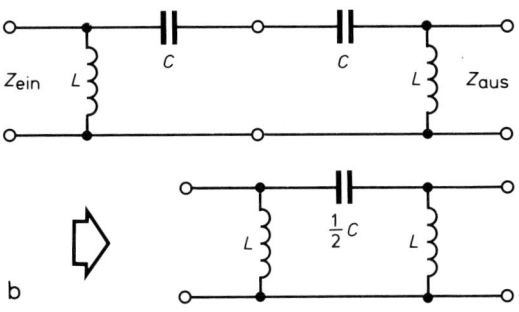

214 a) Zwei Hochpaß-Halbglieder „L an L" und ihre Koppelung, T-Glied (zwei gleiche Spulen parallel ergeben die halbe Induktivität). – b) Zwei Hochpaß-Halbglieder „C an C" und ihre Koppelung, π-Glied (zwei gleiche Kondensatoren in Reihe ergeben die halbe Kapazität).

Da der Spannungsteiler jedoch immer auch zugleich einen Reihenschwingkreis bildet, ist der Bemessung von L und C einige Sorgfalt zu widmen. Die potentielle Resonanzstelle sollte im Durchlaßbereich liegen und von der auszusiebenden Frequenz weit entfernt sein. Bei genauer Anpassung des LC-Hoch/Tiefpasses an den Innenwiderstand der Quelle (Z_{ein}) und den Eingangswiderstand der nachfolgenden Stufe (Z_{aus}) wirkt die Resonanzfrequenz als Grenzfrequenz (f_g), bei der die Ausgangsspannung auf den 0,7fachen Wert der Eingangsspannung vermindert ist. Da Ein- und Ausgangsimpedanz eines „Halbgliedes" verschieden sind, fügt man in der Praxis stets zwei Halbglieder zusammen – und zwar L an L oder C an C (213, 214). Im Fall einer solchen Kopplung sind Z_{ein} und Z_{aus} gleich. Die Berechnung ist nach einer etwas vereinfachten Formel hinreichend genau. Sie gilt für Hoch- und Tiefpaß:

$$L = \frac{Z}{2 \cdot \pi \cdot f_g} \quad (H, \Omega, Hz),$$

$$C = \frac{1}{2 \cdot \pi \cdot f_g \cdot Z} \quad (F, \Omega, Hz).$$

Das π-Glied wird häufig zur Entkopplung von HF-Verstärkerstufen angewendet (215): Auf die Leitung der Versorgungsspannung geraten i.allg. HF-Restspannungen. Sie können über diesen Weg von einer Stufe zur anderen vagabundieren und unkontrollierbare Verhältnisse schaffen. Der Weg muß daher gesperrt (d.h. die Stufen müssen „entkoppelt") werden. Dazu dient das π-Glied (2 Tiefpaß-Halbglieder). Es besteht aus einer HF-Drossel und zwei Kondensatoren, die umgangssprachlich „Abblockkondensatoren" oder „Bypass"-Kondensatoren heißen (engl. bypass = „Entlastungsstraße"; die Kondensatoren bilden für HF-Spannungen einen sehr geringen Widerstand und schließen sie kurz).

6. Halbleiterbauelemente (Dioden)

Bisher sind wir mit der Einteilung der Stoffe in Leiter und Nichtleiter (Isolatoren) ausgekommen. Es ist auch noch gar nicht so lange her, daß dies die gültige Einteilung war. Inzwischen haben die sogenannten *Halbleiter* eine Bedeutung erlangt, die der der Leiter und Nichtleiter nicht nachsteht.
Halbleiter sind Stoffe, die bei normalen Umgebungstemperaturen eine geringe Leitfähigkeit besitzen – den Strom nur „halb" so gut leiten. Ihre überragende Bedeutung liegt aber weniger in dieser Besonderheit als in der Möglichkeit, ihre Leitfähigkeit bei gezielter Behandlung in weiten Grenzen auf gewünschte Werte einzustellen.

6.1 Halbleiterwerkstoffe

Auf S. 32 wurde dargestellt, daß ein Stoff nur dann leitet, wenn er in seinem Kristallgitter frei bewegliche Elektronen enthält. Hat ein Stoff diese freien Elektronen nicht, dann leitet er auch den Strom nicht.
Im periodischen System der Elemente nehmen die üblichen Halbleiterwerkstoffe eine bestimmte Stelle ein: Sie sind „vierwertig" (S. 26). Jedes einzelne Atom hat 4 Valenzelektronen. Zu diesen Stoffen gehören z.B. Germanium (Ge), Silizium (Si) und Kohlenstoff (C). Die Atome dieser Elemente können sich zu einem vollkommen regelmäßig gebauten Einkristall zusammenschließen. Dabei werden alle vier Valenzelektronen eines jeden Atoms für Bindungszwecke benötigt. Jeweils 1 Valenzelektron wird an das benachbarte Atom abgegeben – gleichzeitig wird ein Valenzelektron des Nachbaratoms aufgenommen. Man nennt das „Paarbindung" *(216a)*.
Da der reine Kristallaufbau freie Elektronen nicht enthält, sind Halbleiter in der reinsten Form Nichtleiter. Ihr Widerstand ist theoretisch unendlich groß. Genaugenommen gilt das nur für Temperaturen um den absoluten Nullpunkt (0 Kelvin = −273,16 °C). Aber auch bei Raumtemperatur ist die Leitfähigkeit dieser Werkstoffe noch außerordentlich gering (daher die Bezeichnung „Halbleiter"). Das gilt allerdings nur, wenn das Material überaus rein ist. Schon geringe Beimengen bestimmter Fremdelemente stören den kristallinen Aufbau derart, daß die Leitfähigkeit erheblich zunimmt.
Die Leitfähigkeit nimmt aber auch mit der Erwärmung zu: Die Bindung der Valenzelektronen läßt sich durch Hinzuführen von Wärmeenergie mehr und mehr aufreißen. Je stärker Halbleiter erwärmt werden, um so mehr nehmen die thermischen Schwingungen der Atome zu, desto mehr wachsen die interatomaren Abstände. Einzelne Valenzelektronen werden im Gesamtverband des Kristalls verschiebbar. Durch Anlegen einer Spannung läßt sich ein geringer Stromfluß erzeugen. Halbleiter verringern also mit zunehmender Temperatur ihren Widerstand.
Diese thermisch bedingte Leitfähigkeit ist uns bereits in den NTC-Widerständen (S. 41) begegnet. In diesen Widerständen wird sie praktisch genutzt, allgemein erscheint sie aber als unerwünschter Effekt.
Wir fassen zusammen: *Die Leitfähigkeit des Halbleitermaterials* kann auf zweierlei Weise bewirkt werden – a) durch gezieltes Verunreinigen des Halbleiterkristalls mit Fremdatomen (Störstellenleitung) – b) durch Erwärmung (thermisch verursachte Eigenleitung).

6.1.1 Dotieren von Halbleitern

Man nennt das gezielte (bewußt geringe) Verunreinigen des Halbleiterkristalls mit Stoffen höherer oder niederer Wertigkeit – *Dotieren* (lat. dotare = ausstatten).
Germanium und Silizium haben 4 Valenzelektro-

nen. Dotiert man ein solches reines Material mit einem 5wertigen Element – z.B. Arsen (As), Phosphor (P) oder Antimon (Sb) –, so findet eines der 5 Valenzelektronen des Fremdatoms (Störatoms) bei der Kristallbildung keinen Bindungspartner. Es bleibt frei (*216b*) und kann als beweglicher Ladungsträger die Funktion des Ladungstransports übernehmen. Da in einem so verunreinigten Kristall negative Ladungsträger (Elektronen) bewegt werden, bezeichnet man ihn als *n-leitend*. Die 5wertigen Atome, die Elektronen abgeben, heißen *Donatoren* (lat. donator = Schenker). Da trotz Vorhandensein freibeweglicher Elektronen im Kristallgefüge die Zahl der negativen Ladungsträger der Zahl der positiven Kernladungen entspricht, verhält sich das n-leitende Halbleitermaterial nach außen hin elektrisch neutral.

Dotiert man einen (4wertigen) Halbleiter mit einem 3wertigen Element, z.B. Bor (B), Aluminium (Al), Gallium (Ga), Indium (In) – so gehen deren 3 Valenzelektronen Paarbindungen mit je einem Kristallatom ein. Weil ein Elektron fehlt, bleibt die vierte Paarbindung offen (*216c*). Eine solche Störstelle bezeichnet man als „Loch" oder „Defektelektron" (von lat. deficere = fehlen, also „fehlendes Elektron").

Wird die Fehlstelle (das „Loch") mit einem Elektron eines Nachbaratoms besetzt, was z.B. durch den Druck einer angelegten Spannung geschehen kann, so ist auch sie von einem Atom zu einem anderen „verschiebbar", und zwar in die Richtung, aus der das Elektron gekommen ist. Siehe dazu S. 28. So wie sich auf dem dort bezeichneten Parkstreifen das Loch der wartenden Autoschlange entgegenbewegt, so wandern im Halbleiterkristall die Löcher in entgegengesetzter Richtung zu den Elektronen. Sie wandern auf den Minus-Pol der angelegten Spannung zu und verhalten sich wie positive Ladungsträger. Man nennt daher einen 3wertig dotierten Halbleiter *p-leitend*. Die 3wertigen Atome, die ein zusätzliches Elektron annehmen können, heißen *Akzeptoren* (lat. acceptor = Empfänger). Auch das p-leitende Halbleitermaterial ist nach außen hin elektrisch neutral.

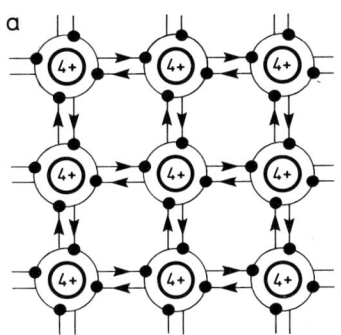
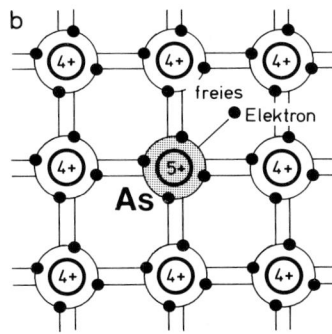
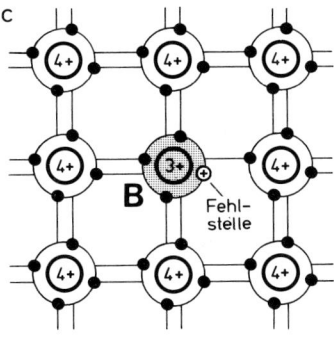

216 *Paarbindung im vierwertigen Halbleiterkristall (a). Dotiert man den vierwertigen Halbleiterkristall mit fünf- oder dreiwertigen Störatomen – z.B. Arsen, Bor – (b und c), so werden negative oder positive Ladungsträger freigesetzt. Das Material wird n- oder p-leitend.*

6.1.2 Der pn-Übergang

Dotiert man einen Kristall auf der einen Seite n-leitend und auf der gegenüberliegenden Seite p-leitend, so entsteht eine Übergangszone (*217*). Man nennt sie *pn-Übergang*, auch „Grenzschicht" oder „Sperrschicht" (in angelsächsischer Literatur „junction" = Verbindung, nämlich einer p- und einer n-leitenden Schicht).

In dieser sehr dünnen Zone (ca. 1 µm) findet ein Austausch der Ladungsträger statt. Überschüssige Elektronen aus dem n-leitenden Bereich dringen in den p-leitenden Bereich ein und besetzten die Fehlstellen (Löcher). Man nennt den Vorgang *Rekombinieren* (von lat. re- = zurück, cum = zusammen, bini = je zwei, ein Paar; rückbilden, wieder zusammenfügen).

Daß nicht alle Löcher des Kristalls mit den im n-leitenden Teil vorhandenen freien Elektronen ausgefüllt werden, hat folgenden Grund: Vor dem Austausch der Ladungsträger waren die beiden einander gegenüberstehenden Bereiche elektrisch neutral (s.o.). Akzeptoren und Donatoren sind unbeweglich in den Kristallverband eingebaut. Die Akzeptoren (p-leitender Bereich) nehmen Elektronen auf, die aus dem n-leitenden Bereich in den p-leitenden Bereich *diffundieren* (lat. diffundere = sich ergießen). Im rekombinierten Teil des p-leitenden Bereichs entsteht ein negativer Überhang, also eine negative Ladung. Da den unbeweglichen Donatoren im rekombinierten Teil des n-leitenden Bereichs die freien Elektronen verlorengegangen sind, überwiegt dort eine positive Ladung. So baut sich am pn-Übergang eine Spannung auf, die weiterer Elektronenbewegung entgegengerichtet ist: Die im p-leitenden Bereich entstandene negative Ladung stößt weitere Elektronen ab, die aus dem n-leitenden Bereich kommen könnten. Man nennt die durch die Ladungsträgerdiffusion am pn-Übergang entstandene Spannung *Diffusionsspannung* (*217*).

Die Diffusionsspannung beträgt bei Zimmertemperatur (ca. 20 °C) in einem Germanium-Kristall ca. 0,3 V – in einem Silizium-Kristall ca. 0,6 bis 0,7 V.

In der rekombinierten Schicht befinden sich keine freien Ladungsträger. Sie ist daher ein Isolator und wird deswegen auch *Sperrschicht* genannt.

6.1.3 Sperr- und Durchlaßrichtung

Legt man den Minus-Pol einer Spannungsquelle (Batterie) an die p-leitende Schicht und den Plus-Pol an die n-leitende Schicht, so werden die Löcher vom pn-Übergang weg zum Minus-Pol der Batterie – und im n-leitenden Bereich die Elektronen zum Plus-Pol der Batterie hingezogen. Die Sperrschicht wird dadurch breiter (*218*). Der Sperrschichtwiderstand steigt (der in der Sperrschicht zurückbleibende „reine" Kristall ist sehr hochohmig – bis auf die oben erwähnte, sehr geringe, überwiegend thermisch bedingte Eigenleitung). Der Kristall sperrt den Strom. Die Richtung, in der der Halbleiter den Strom sperrt, heißt *Sperrichtung*.

Polt man die Batterie um, so liegt ihr Plus-Pol am p-leitenden Bereich, ihr Minus-Pol am n-leitenden Bereich. Die angelegte Spannung wirkt jetzt der Diffusionsspannung entgegen. Aufgrund der gegenseitigen Abstoßung gleicher Ladungen werden vom Minus-Pol der Batterie die Elektronen des n-leitenden Bereichs durch das rekombinierte Kristallgefüge der Sperrschicht hindurchgedrückt. Die Sperrschicht wird mit Ladungsträgern überschwemmt und abgebaut (*218*). Mit dem Abbau der Sperrschicht wird der pn-Übergang leitend. Die Richtung, in der der Halbleiter den Strom leitet, heißt *Durchlaßrichtung* oder *Flußrichtung*.

Zum Durchfluten der Sperrschicht – d.h. zum Überwinden der Diffusionsspannung – ist eine

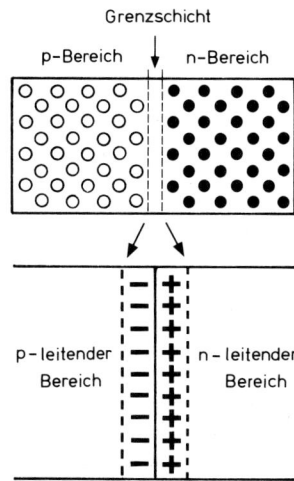

217 *pn-Übergang, schematisch dargestellt.*

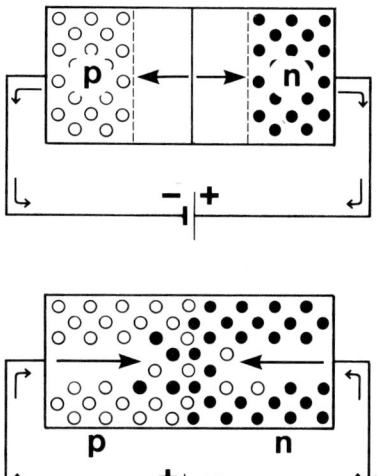

218 *Die Grenzschicht in Sperr- und Durchlaßrichtung.*

Mindestspannung nötig, die gleich der Diffusionsspannung sein muß. Man nennt sie *Schwellenspannung* oder „Schleusenspannung". Sie ist je nach Halbleitermaterial verschieden; bei Germanium beträgt sie ca. 0,2–0,3 V, bei Silizium 0,6–0,7 V (s.o.), bei Galliumarsenid ca. 1,5 V. Erreicht die angelegte Spannung diesen Schwellenwert nicht, so ist der pn-Übergang (je nach Spannung) mehr oder weniger undurchlässig. Es ist daher wichtig zu wissen, aus welchem Material ein Halbleiterbauelement gefertigt ist. Bei hiesigen Erzeugnissen gibt darüber der erste Buchstabe der Typenkennzeichnung Auskunft: O oder A bedeuten Germanium (z.B. OA 91, AA 113), B Silizium (BA 100), C Galliumarsenid (o.ä. – CQY 26).

Der pn-Übergang spielt mit seinen veränderlichen Eigenschaften bei fast allen Halbleiterbauelementen wie Dioden, Transistoren, Diacs, Triacs, integrierten Schaltkreisen usw. die entscheidende Rolle und darf als das „Geheimnis der Halbleiterelektronik" angesehen werden.

6.2 Dioden

Das Bauelement mit einem pn-Übergang ist die *Diode* (von lat. di- = zwei, gr. hodos = Weg). Der Anschluß am p-Bereich heißt *Anode* (gr. anodos = Aufstieg, Hinweg), der am n-Bereich *Kathode* (oft auch Katode; gr. kathodos = Abstieg, Rückweg). Siehe *219*.

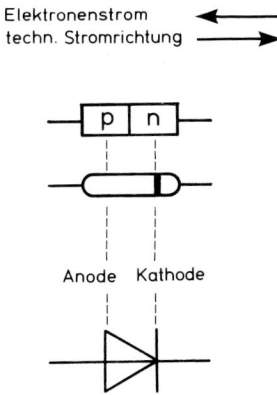

219 *Der Elektronenstrom fließt über den pn-Übergang vom n-leitenden Bereich zum p-leitenden Bereich, d.h. von der Kathode zur Anode. Der Pfeil im Schaltzeichen zeigt entgegengesetzt in die technische Stromrichtung; der Strich an der Pfeilspitze bedeutet „Kathode".*

Gekennzeichnet ist in der Regel die Kathode – durch einen Ring, Punkt o.ä. Bei größeren Dioden ist auch oft das Symbol (Schaltzeichen *220*) aufgedruckt. Der Strich an der Dreieckspitze im Schaltzeichen bezeichnet die Kathode (n-leitende Schicht).

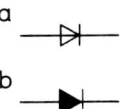

220 *Schaltzeichen für eine Diode – a) jetzt gültige Norm – b) noch häufig verwendetes Diodenzeichen.*

Dioden gibt es entsprechend den vielfältigen Anwendungsmöglichkeiten in zahllosen Ausführungen (s. Abbildungen). Bei inländischen Erzeugnissen gibt die *Typenbezeichnung* schon einige wichtige Auskünfte: Der „Name" besteht entweder aus 2 Buchstaben plus 3 Ziffern (z.B. AA 112) oder aus 3 Buchstaben plus 2 Ziffern (z.B. BYX 82). Typen mit 2 Buchstaben sind Standardtypen, vorgesehen vor allem für die Unterhaltungselektronik. Typen mit 3 Buchstaben entsprechen den erhöhten Anforderungen der professionellen Elektronik (Industrieelektronik). Der erste Buchstabe kennzeichnet das Halbleitermaterial und damit die Größenordnung der Schwellenspannung (s.o.), der zweite den Anwendungsbereich:

A – Allzweckdiode (z.B. AA 112)
B – Kapazitätsdiode (z.B. BB 113)
P – Photodiode (z.B. BP 104)
Q – Leuchtdiode (z.B. CQX 13)
Y – Gleichrichterdiode (z.B. BY 127)
Z – Zenerdiode (z.B. BZX 83)

Leider wird dieser „Pro Electron"-Schlüssel („Pro Electron": Organisation europäischer Hersteller für elektronische Bauelemente) noch nicht konsequent angewendet. Er gilt auch nicht für ältere Bauformen.

6.2.1 Grundverhalten der Dioden

Alle Dioden, mit Ausnahme der Tunneldiode, zeigen das gleiche *Grundverhalten:* Je nach Richtung der angelegten Spannung läßt die Diode den Strom passieren – oder sie sperrt ihn. Die Durchlaßrichtung heißt *Flußrichtung*, Spannung und Strom in Flußrichtung tragen daher den Index F (U_F und I_F – F von engl. forward = vorwärts).

221 Dioden in verschiedenen Ausführungen. Bei den kleinen Bauformen handelt es sich um Kleinleistungstypen für Rundfunk, Fernsehen und ähnliche Anwendungen. Die großen Schraubdioden sind „Leistungsdioden" für Sperrspannungen zwischen 50 und 2 000 V und Ströme bis zu einigen hundert A.

Spannung und Strom in *Sperrichtung* erhalten den Index R (U_R und I_R – R von engl. reverse = rückwärts).
Die *Kennlinie* (222) zeigt das typische Verhalten einer Siliziumdiode. Wir betrachten zunächst die voll ausgezogene Kurvenlinie. Zu beachten sind die verschiedenen Dimensionen der einzelnen Größen.
Der I. Quadrant zeigt die Diode in *Flußrichtung*; der Strom I_F ist in verhältnismäßig großer Dimension (mA), die Spannung U_F in kleiner Dimension (Zehntel-Volt) eingetragen. I_F = *Durchgangsstrom*, U_F = *Durchlaß- oder Flußspannung*. Bis zum Erreichen der Schwellenspannung U_S fließt durch die Diode nur ein geringer Strom. Er ist so klein, weil die angelegte Spannung zunächst die Diffusionsspannung in der Sperrschicht (pn-Übergang) überwinden muß. Steigt U_F über U_S hinaus, so genügt schon eine geringe Erhöhung von U_F, um den Durchgangsstrom sehr schnell ansteigen zu lassen.
Der III. Quadrant zeigt die Diode in *Sperrichtung*. Hier ist der *Sperrstrom (Rückstrom)* I_R in sehr kleinen Werten (μA) eingetragen (damit man ihn überhaupt noch darstellen kann), die *Sperrspannung* U_R dagegen in großen Werten (-zig Volt). Die Diode sperrt nicht total, sie bildet einen großen Widerstand (große Spannung : kleiner Strom = großer Widerstand). – Der Sperrwiderstand ist bei Siliziumdioden erheblich größer als bei Germaniumdioden (223).

6.2.2 Wichtigste Kenndaten

Vgl. dazu die beiden Tabellen aus dem Siemens-Datenbuch.
Maximale Sperrspannung U_R: Der angegebene Wert darf nicht überschritten werden, weil dann die Diode „durchbricht" (s. Kennlinie, 223).
Maximaler Durchgangsstrom I_F: Seinen Maximalwert muß man einhalten, weil ein übermäßiger Strom den Kristall so stark erwärmt, daß der pn-Übergang zerstört wird.
Durchlaßspannung (Flußspannung) U_F: Die Kennlinie zeigt, daß an der Diode eine Mindest-

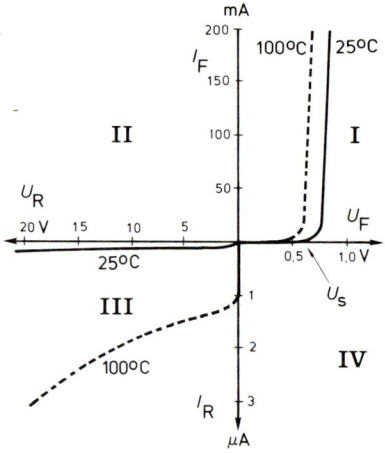

222 Typische Dioden-Kennlinie.

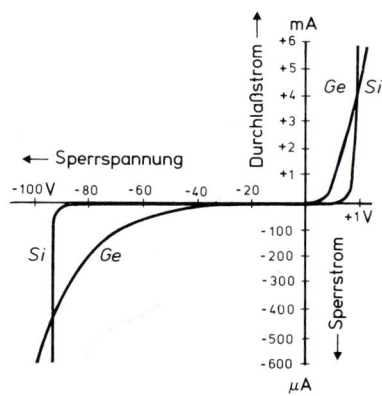

223 Unterschiedliches Verhalten von Germanium- und Siliziumdioden. Die Schwellenspannung der Ge-Dioden liegt bei 0,2–0,5 V, die der Si-Dioden bei 0,6–0,7 V. Typisch für alle Si-Dioden ist der steile Stromanstieg schon bei geringsten Spannungsunterschieden. Der Sperrstrom von Ge-Dioden ist im allgemeinen erheblich größer als der von Si-Dioden.

Germanium-Dioden

Typ	Sperr-spanng. U_R (V)	Durchlaßspannung bei $I_F = 10$ mA U_F (V)	Sperrstrom bei $U_R = 10$V I_R (µA)	Anwendung
AA 113	60	1,1 (< 1,6)	12	HF-Diode
AA 113 gep.				
AA 116	20	1,0	20	HF-Diode
AA 116 gep.				
AA 117	90	1,2	4	Universaldiode
AA 118	90	1,05	2,5	Universaldiode
AA 118 gep.				
AA 119	30	1,5	4,5	HF-Diode
AA 119 gep.				

Silizium-Dioden

Typ	Sperr-spanng. U_R (V)	Durchlaßspannung bei $I_F = 100$ mA U_F (V)	Sperrstrom bei U_R I_R (µA)	Anwendung
BA 103	6	$\leq$ 1,0	$\leq$ 1	Durchlaßdiode
BA 104	100	$\leq$ 1,1	$\leq$ 1	HF-Gleichrichter
BA 105	300	$\leq$ 1,1	< 1	HF-Gleichrichter
BA 108	50	· 1,1	· 1	HF-Gleichrichter
BA 127 D	75	· 1,0	· 5	Universaldiode
BA 133 F	1000	· 1,1 ($I_F = 200$ mA)	0,05 (< 1)	Netzgleichrichter

224 *Ausschnitt aus einem Datenbuch über Einzelhalbleiter (nach Siemens-Unterlagen).*

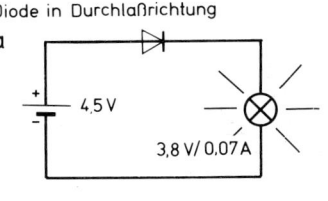

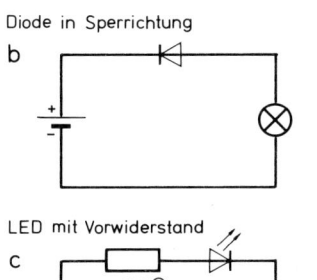

225 *Prüfschaltungen für Dioden. a) und c) Dioden in Durchlaßrichtung. b) Bei in Sperrichtung eingesetzter Diode bleibt das Lämpchen dunkel.*

spannung (*Schwellenspannung* U_S) liegen muß, damit der Strom zu fließen beginnt. Soll ein höherer Strom fließen, so muß die Spannung geringfügig (um mehrere Zehntelvolt) erhöht werden.
Wird eine Diode in Durchlaßrichtung betrieben, so fällt an ihr immer die Durchlaßspannung (Flußspannung) ab. Ihr Produkt mit dem Durchlaßstrom I_F ist die *Verlustleistung*, die in Wärme umgesetzt wird.
Die Verlustleistung begrenzt die Belastbarkeit der Diode (s.u.). Die Durchlaßspannung U_F geht im Stromkreis verloren. Daher geben die Hersteller die Größe dieser Spannung gern in Verbindung mit einem bestimmten Strom an (z.B. bei $I_F = 100$ mA). In den wiedergegebenen Tabellen handelt es sich um Siliziumdioden (1. Buchstabe „B"). Wenn man weiß, daß die Schwellenspannung dieser Dioden zwischen 0,6 und 0,7 V liegt (S. 99) und dazu die Angaben der Durchlaßspannung bei einem bestimmten Strom betrachtet, dann kann man grob auf die Steigung der Kennlinie schließen.
Der *Sperrstrom* kann interessant werden, wenn er als Leckstrom unerwünscht ist.
Die Angabe des *Wärmewiderstands* $R_{th\ JU}$ (s.u.) läßt Rückschlüsse auf die maximale Belastbarkeit zu.

6.2.3 Prüfen von Dioden

Für Dioden darf – wie für alle Halbleiter – eine Faustregel gelten: Sie sind entweder funktionstüchtig, oder sie sind defekt. Auf die Betrachtung seltener Ausnahmen sei in dieser Einführung verzichtet. Alle Dioden, d.h. alle pn-Übergänge (auch in anderen Bauelementen, z.B. Transistoren) können zwei Fehler haben: Entweder sind sie unterbrochen – oder sie haben Kurzschluß. Zum *Prüfen* genügt ein Ohmmeter (S. 33), z.B. Vielfachmeßinstrument. Mit seiner eingebauten Batterie ist es eine Gleichspannungsquelle mit Plus- und Minus-Pol. Schließt man eine Diode zur Durchgangsprüfung an, so muß das Ohmmeter – je nach Polung der Anschlüsse – ausschlagen oder (fast) $\infty\,\Omega$ anzeigen. Die Umpolung der Ohmmeteranschlüsse bedeutet das Umpolen der Batterie. Zeigt das Ohmmeter auch nach der Umpolung $\infty\,\Omega$ an, so ist die Diode unterbrochen. Zeigt es beide Male Durchgang an, so hat die Diode Kurzschluß. In beiden Fällen ist sie unbrauchbar. Zum Prüfen eignet sich besonders ein „unterer" Ohm-Bereich (Meßbereicheinstellung $\times 1\,\Omega$, $\times 10\,\Omega$, $\times 100\,\Omega$).
Bei Gallium-Arsenid-Dioden (Leuchtdioden) mit einer Schwellenspannung von 1,5 V und darüber kann das Ohmmeter u.U. versagen, wenn nur eine Monozelle (1,5 V) als Spannungsquelle dient. Da es sich bei diesen Dioden um Leuchtdioden (s.u., S. 109) handelt, prüft man sie besser in einem Stromkreis aus einer Flachbatterie (4,5 V) und einem Widerstand $\geq 150\,\Omega$ (225 c). *Der Widerstand muß zur Strombegrenzung eingefügt werden, weil die Diode kein Verbraucher ist und ohne*

Arbeitswiderstand einen Kurzschluß erzeugen würde.
Andere Dioden kann man ebenfalls mit einer Flachbatterie prüfen. Als Arbeitswiderstand empfiehlt sich ein Glühlämpchen mit möglichst geringem Stromverbrauch (z.B. 3,8 V/0,07 A). Je nach Polung der Diode im Stromkreis muß das Lämpchen einmal aufleuchten, einmal dunkel bleiben (*225 a, b*).

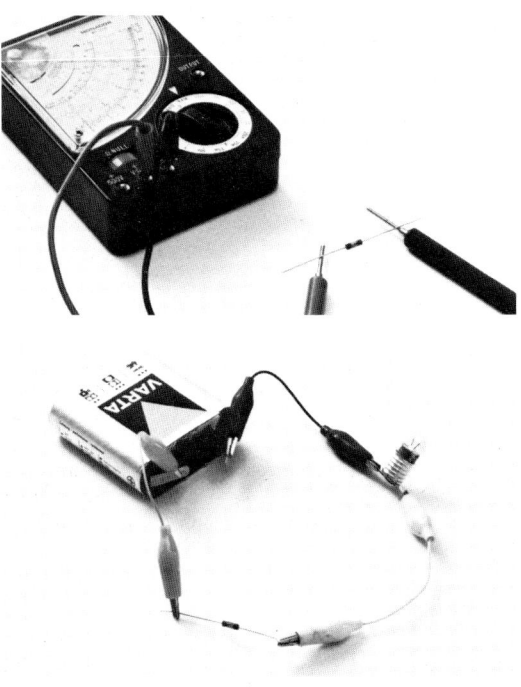

226/227 *Durchgangsprüfung mit dem Ohmmeter. – Mit einem Lämpchen als Arbeitswiderstand kann die Diode auch direkt in den Stromkreis einer 4,5-V-Batterie gelegt werden.*

228 *Leistungsdiode mit Kühlkörper – daneben der einzelne Halbleiter.*

Will man eine Diode daraufhin untersuchen, ob es sich um eine Ge- oder Si-Diode handelt, so baut man mit Hilfe eines Widerstands einen Stromkreis auf, in dem ca. 0,5 mA fließen (Berechnung s. S. 49 f.). Die Diode wird in Durchlaßrichtung eingefügt. Dann mißt man die Durchlaßspannung der Diode. Beträgt sie ca. 0,2 bis 0,3 V, so handelt es sich um eine Ge-Diode, bei einer Durchlaßspannung von 0,6 bis 0,7 V um eine Si-Diode.

6.3 Erwärmung und Kühlung

Die folgenden Betrachtungen gelten sinngemäß für alle Halbleiterbauelemente (Dioden, Transistoren, Thyristoren, Diacs und Triacs) und spielen überall dort eine Rolle, wo ein solches Bauelement größere Leistungen zu verarbeiten hat. Sie seien hier allen weiteren Überlegungen vorangestellt.

Alle Halbleiterbauelemente sind wärmeempfindlich, denn der pn-Übergang wird beim Überschreiten einer zulässigen Maximaltemperatur zerstört. Die kritische Temperatur ist je nach Material verschieden. Germanium-(Ge-)Bauelemente können eine Sperrschichttemperatur ϑ_j („j" von engl. junction = Sperrschicht, eigtl. Verbindung; statt ϑ_j wird auch oft T_j geschrieben – statt „j" findet man auch „J") bis zu 90 °C vertragen – Silizium-(Si-)Bauelemente bis durchschnittlich 150 °C (allein schon aus diesem Grunde sollte man in der Schule nur Si-Bauelemente verwenden).

Beim Löten wird über den Anschlußdraht Wärme in den Kristall geleitet. Es könnte durchaus sein, daß Ge-Bauelemente lang andauernde Lötversuche nicht überstehen. Si-Bauelemente sind dagegen robust.

Im Betrieb wird durch den Strom, der durch einen pn-Übergang fließt, Energie verbraucht, d.h. in Wärme umgewandelt (s. Verlustleistung, S. 101). Fließt z.B. durch eine Diode mit der Durchlaßspannung 1 V ein Strom von 1 A, so beträgt die Verlustleistung P_{tot} (Index tot für „total", d.h. Gesamtverlustleistung):

$P = U \cdot I,$

$P_{tot} = 1 \text{ V} \cdot 1 \text{ A} = 1 \text{ W}.$

Dieses 1 W heizt den pn-Übergang auf. Wie er darauf reagiert, ist der Kennlinie (*222*) zu entnehmen. Die voll ausgezogene Kurvenlinie bezieht sich auf eine Temperatur $\vartheta = +25$ °C, die unterbrochene auf $+100$ °C. Sowohl I_F als auch I_R

steigen mit der Temperatur deutlich an. *Die Diode ist (wie alle Halbleiterbauelemente) thermisch nicht stabil:* Steigt die Temperatur der Sperrschicht, so steigt auch der Strom. Der vergrößerte Strom ruft eine weitere Erwärmung hervor, wodurch der Strom weiter steigt und wiederum die Kristalltemperatur erhöht usw. Am Ende dieses circulus vitiosus steht oft genug der „Wärmetod" des Bauelements.

Die Erwärmung muß also in Grenzen gehalten werden. Abhilfe schaffen *Kühlung* oder – bei Transistoren – auch elektronische Maßnahmen. Bei kleinen Verlustleistungen (bis ca. 1 W) hilft man sich in der Regel noch durch „freihängende Montage" (es empfiehlt sich, die Anschlußdrähte der gefährdeten Bauelemente beim Einbau nicht zu kürzen, so daß die langen Anschlußdrähte wie Kühlkörper wirken und Wärme an die Umgebungsluft abgeben). Bei größeren Leistungen reicht die Wärmeableitung unmittelbar vom Gehäuse nicht aus. Die Gehäuseoberfläche ist dann zu klein, um genügend Wärme an die umgebende Luft abstrahlen zu können. Die abstrahlende Oberfläche läßt sich aber vergrößern, indem das Gehäuse des Bauelements möglichst eng mit einem Kühlkörper verbunden wird. Die Abb. *221* zeigt auch Dioden, die für große Ströme vorgesehen sind. Sie haben nicht nur selbst einen großen Körper – d.h. umfangreiche Oberfläche –, sondern sind auch so gebaut, daß sie auf Kühlbleche oder Kühlkörper montiert werden können (*228*).

Die Kühlfläche für Leistungshalbleiter kann grundsätzlich nicht groß genug sein. Es ist daher durchaus sinnvoll, sie so umfangreich auszulegen, wie es die Größe des zu bauenden Geräts gerade noch zuläßt. Wo bei den in diesem Buch angegebenen Schaltungen Kühlung notwendig ist, wird eigens darauf hingewiesen.

Die folgenden Berechnungen wird man in der Regel nicht durchführen. Sie sollen jedoch den Zusammenhang zwischen Verlustleistung und Kühlung verdeutlichen: Die in der Sperrschicht erzeugte Wärme wandert durch den Kristall und das Gehäusematerial und wird an die Luft abgegeben. Diesen Wärmestrom kann man mit einem elektrischen Strom vergleichen. Er ist um so größer, je größer die „Wärmespannung", d.i. die Differenz zwischen ϑ_j (s.o.) und Umgebungstemperatur ϑ_u (Index u für „Umgebung", oft auch T_u) ist. Dementsprechend bezeichnet man die Behinderung der Wärmeabgabe durch das Material als Wärmewiderstand R_{th}. Der Wärmewiderstand eines Halbleiterbauelements ist das Verhältnis von Wärmespannung ($\vartheta_j - \vartheta_u$) zur Wärmeleistung (= Verlustleistung) P_{tot}, – $R_{th\,JU}$.

$$R_{thJU} = \frac{\vartheta_j - \vartheta_u}{P_{tot}} \quad [R_{th} \text{ in } °C/W].$$

Beispiel: Oben wurde als Verlustleistung einer Diode $P_{tot} = 1$ W angenommen.
Liegt die Sperrschichttemperatur dauernd um 50 °C über der Umgebungstemperatur, so beträgt der Wärmewiderstand

$$R_{thJU} = \frac{50}{1} = 50 \,°C/W.$$

Ist das Halbleiterbauelement nicht auf einen Kühlkörper montiert, so bekommt R_{th} den Index JU (bisweilen auch U geschrieben) für den Wärmewiderstand zwischen der Sperrschicht (J) und der kühlenden Umgebung (U) – meist Luft. Der Wert $R_{th\,JU}$ wird vom Hersteller angegeben.
Meist ist man aber daran interessiert, zu wissen, welche Verlustleistung man einem Bauelement zumuten darf. Daher formt man die obige Gleichung nach P_{tot} um:

$$P_{tot} = \frac{\vartheta_j - \vartheta_u}{R_{thJU}}.$$

Beispiel: Der Hersteller gibt den Wärmewiderstand $R_{th\,JU}$ unserer Diode mit 150 °C/W an. Die höchste Sperrschichttemperatur (Silizium, s.o.) darf ebenfalls 150 °C betragen. Das zu bauende Gerät soll noch in einer Umgebungstemperatur $\vartheta_u = 60$ °C betrieben werden können (das ist kein sehr großer Wert, wenn man bedenkt, wie warm z.B. ein Autoradio im Hochsommer werden kann). Die Differenz $\vartheta_j - \vartheta_u$ beträgt im ungünstigsten Fall 90 °C.

$$P_{tot} = \frac{150 - 60}{150} = 0,6 \text{ W}.$$

Die Verlustleistung darf also max. 0,6 Watt betragen. Bei einer Durchlaßspannung von 1 V entspricht das einem Strom von 0,6 A. Den oben angenommenen Strom von 1 A würde die Diode nicht überstehen.

Gelingt es, den Wärmewiderstand durch Vergrößerung der Kühlfläche zu verringern, so wird pro Zeiteinheit mehr Wärme an die Luft abgegeben. Für dieselbe Aufheizung der Sperrschicht wird also mehr Leistung verbraucht; die Verlustleistung darf zunehmen.

Der gesamte Wärmewiderstand R_{thg} – er entspricht dem Wert $R_{th\,JU}$ – setzt sich zusammen aus

– dem Wärmewiderstand zwischen
Sperrschicht und Gehäuse $\quad R_{thG}$
– dem Wärmewiderstand zwischen
Gehäuse und Kühlkörper $\quad R_{thGK}$
– dem Wärmewiderstand zwischen
Kühlkörper und Luft $\quad R_{thK}$

Man kann sich diese Wärmewiderstände wie in Reihe geschaltete Widerstände vorstellen (*229*).

$$R_{thg} = R_{thJU} = R_{thG} + R_{thGK} + R_{thK}.$$

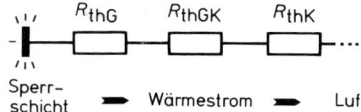

229 (*Ersatzwiderstände*)

R_{thGK} hängt weitgehend von der Montage ab. Bei guter Wärmeleitung, d.h. enger Verbindung mit dem Kühlkörper (ohne Luftpolster) liegt R_{thGK} weit unter 1 °C/W; bei gutem Kontakt darf man 0,5 °C/W annehmen. Bleiben wir bei unserem Beispiel: Gesetzt den Fall, die Diode hat einen R_{thG} von 50 °C/W und wird mit einem Übergangswiderstand $R_{thGK} = 0,5$ °C/W auf einen Kühlkörper mit $R_{thK} = 35$ °C/W montiert – dann beträgt der gesamte Wärmewiderstand

$R_{thg} = R_{thG} + R_{thGK} + R_{thK}$,
$R_{thg} = 50\ °C/W + 0,5\ °C/W + 35\ °C/W = 85,5\ °C/W.$

Die Verlustleistung (Wärmeleistung) darf jetzt

$$P_{tot} = \frac{150 - 60}{85,5} = 1,05\ W$$

betragen. Sie entspricht bei einer Durchlaßspannung von 1 V einem Strom von 1 A.
Durch Kühlung läßt sich die Belastbarkeit eines Halbleiterbauelements erhöhen. Der im Datenblatt angegebene Maximalstrom darf aber nicht überschritten werden.

6.4 Diodenschaltungen

Wegen ihrer „Ventil"wirkung hat die Diode große Bedeutung als *Gleichrichter* – einerseits, um aus Wechselstrom Gleichstrom zu gewinnen – andererseits, um im Empfänger das modulierte Hochfrequenz-(HF-)Signal eines Senders gleichzurichten und so die aufgeprägte Modulation (Sprache, Musik) zurückzugewinnen. Die entsprechenden Schaltungen zur Gleichrichtung und Demodulation sind im Abschnitt 15 (S. 255 ff.) ausführlich dargestellt.
In ihrer Anfangszeit wurde die Diode ausschließlich für Gleichrichterzwecke verwendet. Heute ist der Einsatz als Gleichrichter nur einer unter vielen.
Für die folgenden Versuchsaufbauten ist – wenn nicht ausdrücklich anders angegeben – jede beliebige Si-Allzweckdiode geeignet, die im Fachhandel unter der Bezeichnung DUS (*D*iode, *U*niversal, *S*ilizium) geführt wird und sehr preiswert ist. Als Glühlämpchen kommen grundsätzlich nur solche mit einem geringen Stromverbrauch in Frage. Der Glühdraht erreicht erst beim Glühen seinen Nennwiderstand. Der Kaltwiderstand des Glühdrahtes beträgt je nach Lampentyp nur ein Viertel bis ein Zehntel des Heißwiderstands, d.h., daß der Einschaltstromstoß vier- bis zehnmal so groß wie der Nennstrom ist. Der Einschaltstrom eines Glühlämpchens 3,8 V/0,07 A erreicht ca. 0,3 bis 0,7 A. Diesen Strom können billigste Halbleiterbauelemente für die kurze Zeit vom Einschalten des Stroms bis zum Glühen des Drahtes (wenige ms) gerade noch vertragen. *Deswegen wird in fast allen in diesem Buch vorgeschlagenen Schaltungen ein Glühlämpchen 3,8 V/0,07 A verwendet.* Lämpchen mit höherem Nennstrom (z.B. 3,5 V/0,2 A) sollten nicht verwendet werden.

6.4.1 Grundschaltung der Diode (Allzweckdiode)

Die Grundfunktion der Diode kann schon in einem sehr frühen Lernstadium erforscht werden, nämlich dann, wenn man Kinder mit Hilfe einer Batterie und eines Glühlämpchens die Leitfähigkeit verschiedener Stoffe untersuchen läßt.
In der gleichen Weise wie den zu prüfenden Stoff kann man eine Si-Allzweckdiode in den Stromkreis einfügen (*227*). Man wird feststellen, daß der Strom je nach Polung der Batterie einmal fließt, einmal gesperrt wird. Beim Durchprobieren aller Möglichkeiten kommt man zu dem Ergebnis, daß die Diode immer dann den Strom passieren läßt, wenn ihre Kathode (*n*-Schicht) zum *n*egativen Pol der Batterie – ihre Anode (*p*-Schicht) zum *p*ositiven Pol der Batterie zeigt.
Es genügt für den Anfang, die Schaltung mit den oben vorgestellten Prüfschnüren mit Krokodilklemmen zusammenzustecken. Kinder sollten sie aber nach der Brettschaltungsmethode auch auf einem Holzklötzchen aufbauen – sowohl als Gedächtnisstütze für sich selbst wie auch als Spiel, um mit unvoreingenommenen Mitmenschen Schabernack zu treiben: Die Diode wird in einem Stück Isolierschlauch versteckt; die Anschlußdrähte erhalten große Fahnen mit den Bezeichnungen „+" und „–", und zwar in Sperrichtung. Wenn nun jemand aufgefordert wird, das Lämpchen über eine Batterie zum Leuchten zu bringen, so läßt er sich vielleicht durch die Suggestivkraft der Fähnchen dazu verleiten, das mit „+" bezeichnete Drahtende an den Plus-Pol – und das mit „–" bezeichnete Ende an den Minus-Pol der Batterie anzuschließen. Das Lämpchen leuchtet nicht. Der wissende Erbauer vertauscht die Pole und hat Erfolg.

Wenn man in der gleichen Schaltung die Diode mit einem Draht überbrückt, dann leuchtet das Lämpchen heller. Daraus ist zu schließen, daß die Durchlaßspannung der Diode im Stromkreis für den Verbraucher verlorengeht. Dem Spannungsabfall beim Stromfluß entspricht ein Widerstand, der *Durchlaßwiderstand* der Diode (R_F). Fließt z.B. ein Strom von 0,07 A und beträgt die Durchlaßspannung 0,7 V, so beträgt R_F

$$R = \frac{U}{I},$$

$$R = \frac{0,7}{0,07} = 10\,\Omega.$$

Setzt man (ausnahmsweise) in die Fassung ein Glühlämpchen 4 V/0,3 A ein, so fließt ein Strom von ca. 0,28 A – d.i. viermal so viel. Der Spannungsabfall müßte nun auch an der Diode auf den vierfachen Wert ansteigen:

$$U = I \cdot R,$$

$$U = 0,28\,\text{A} \cdot 10\,\Omega = 2,8\,\text{V}.$$

Beim Nachmessen ergibt sich, daß der Spannungsabfall (die Durchlaßspannung der Diode) jedoch erheblich niedriger ist. Sie beträgt bei der verwendeten Kleinsignaldiode ca. 1 V. R_F kann also nicht mehr 10 Ω betragen; er ist nur noch ca. 3,6 Ω groß. Der Durchlaßwiderstand einer Diode ist je nach Stromstärke verschieden – d.h. er hat an jedem Punkt der Kennlinie einen anderen Wert. Man spricht in diesem Zusammenhang vom *differentiellen Widerstand*.

Anmerkung: Kleinsignaldioden sind (s.o.) unter Umständen einem so starken Strom nicht gewachsen. Es ist daher durchaus möglich, daß eine Diode bei dem Versuch zerstört wird; bei Si-Dioden ist das aber nicht sehr wahrscheinlich.

6.4.2 Schalten mit Dioden

In Sperrichtung hat die Diode einen sehr hohen Widerstand, sie ist „hochohmig"; sie verhält sich wie ein geöffneter Schalter. In Durchlaßrichtung hat sie einen nur kleinen Widerstand, sie ist „niederohmig"; sie verhält sich wie ein geschlossener Schalter (s. auch S. 48). Betätigt wird dieser Schalter durch *Umpolen* der Spannung. Im Spiel aus 6.4.1 wird das Lämpchen durch Umpolen der Anschlüsse an der Batterie ein- oder ausgeschaltet.
Mit Dioden kann man aber auch *Umschalten*.

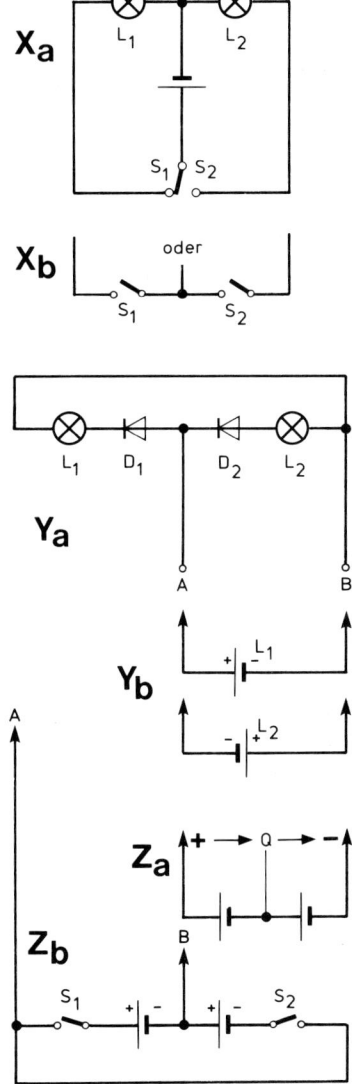

230 *Umschalten mit Dioden*

Problem: Es sollen zwei Verbraucher, z.B. rote und grüne Ampel an der Einfahrt eines Parkhauses, Klingel und Gong für Wohnungseigentümer und Untermieter, getrennt betätigt werden. Es stehen aber nur zwei Leitungen (eine Doppelleitung) zur Verfügung. Normalerweise benötigt man dazu drei (*230 Xa*).
Das Problem läßt sich mit 2 Dioden lösen (*230 Ya*). Wird der Plus-Pol der Batterie an Leitung A angeschlossen, der Minus-Pol an Leitung

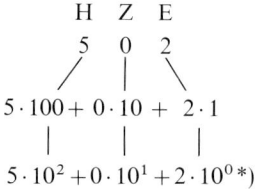

$$\begin{array}{ccc} H & Z & E \\ 5 & 0 & 2 \end{array}$$
$$5 \cdot 100 + 0 \cdot 10 + 2 \cdot 1$$
$$5 \cdot 10^2 + 0 \cdot 10^1 + 2 \cdot 10^0 \,{}^*)$$

*) Anmerkung: Jede Zahl hoch null hat den Wert „1".

Die Basis unseres üblichen Zahlensystems sind die 10 Möglichkeiten, eine Stelle zu belegen, weswegen es „Zehnersystem" oder auch „dekadisches System" (gr. deka = zehn) heißt. Die Stellenwerte sind von rechts nach links kontinuierlich steigende Potenzen der Basiszahl 10.
Als Basiszahl kommt aber nicht nur die „10" in Frage. Ein Zahlensystem läßt sich ebensogut mit jeder anderen Basiszahl aufbauen, nur ist dann zu beachten, daß die Stellen – als Potenzen der Basiszahl – andere Wertigkeiten besitzen.
In elektronischen Schaltungen gibt es im wesentlichen *zwei* Zustände: Es ist keine Spannung vorhanden (es fließt kein Strom) – oder es ist Spannung vorhanden (es fließt Strom). Ohne großen Aufwand lassen sich zwei Zustände beschreiben. Was liegt also näher, als einen Elektronenrechner in einem Zahlensystem mit der Basis „2" (zwei Zustände, Ziffern „0" und „1") arbeiten zu lassen? Das „binäre" (lat. bi = zwei-, zwie-) oder „duale" (lt. duo = zwei) Zahlensystem wurde vor rund 300 Jahren von dem deutschen Philosophen und Mathematiker Gottfried Willhelm Leibniz (1646–1716) entwickelt, wobei er schon an die Verwendbarkeit für Rechenmaschinen dachte.
Im *binären Zahlensystem* („Binärcode") kann jede Stelle die Zustände 0 oder 1 annehmen; die Stellen haben – als Potenzen der Basiszahl 2 – jeweils den doppelten Wert der vorangehenden:

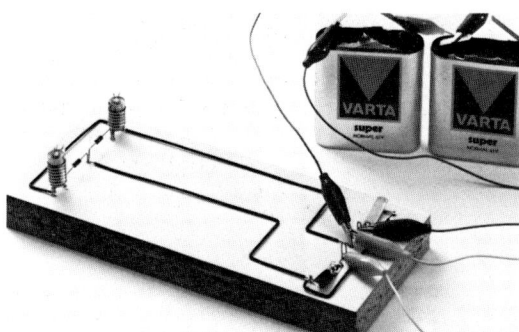

231 *Versuchsaufbau zum Umschalten mit Dioden (entsprechend dem Stromlaufplan Abb. 230).*

B, so liegt D_1 in Durchlaßrichtung; L_1 leuchtet. Wird die Batterie umgepolt („+" an B, „–" an A), so liegt D_2 in Durchlaßrichtung; L_2 leuchtet. – Zum Umpolen benötigt man eine Spannungsquelle, die zu einem Punkt jeweils Plus- oder Minus-Spannung haben kann. Schaltet man z.B. zwei Batterien in Reihe, so entsteht eine Spannungsquelle mit einem Plus- und einem Minus-Pol zum gemeinsamen Punkt Q der Batterien (*230 Za*). Verbindet man die Leitung B mit dem gemeinsamen Pol der Batterien, so kann man die Leitung A mit je einem Tastschalter entweder mit dem Plus-Pol oder mit dem Minus-Pol verbinden (*230 Zb*). Damit ist eine Umschaltung gemäß *230 Xb* erreicht. Die Abb. *231* zeigt den fertigen Aufbau.

6.5 Ein Binärcodierer

6.5.1 Das binäre (duale) Zahlensystem

Zum alltäglichen Zählen stehen uns 10 Ziffern (0 bis 9) zur Verfügung. Damit können wir 10 Zustände beschreiben. Hinzu kommt – mit der Möglichkeit, eine Zahl aus mehreren Ziffern zusammenzusetzen – die Wertigkeit der einzelnen Stellen, an denen die Ziffern stehen können; jede Stelle hat den zehnfachen Wert der vorangehenden. Stellen zählt man von rechts nach links. So bedeutet die Ziffer „5" in der Einerstelle „fünf", in der Zehnerstelle „fünfzig", in der Hunderterstelle „fünfhundert" usw. Der tatsächliche Inhalt einer Stelle ergibt sich aus der Multiplikation ihres Stellenwertes mit der darinstehenden Ziffer, der Wert einer mehrstelligen Zahl aus der Addition der Stelleninhalte. So bedeutet:

	Binärzahl				dekadische Zahl
Zweierpotenz	2^3	2^2	2^1	2^0	
Stellenwert	8	4	2	1	
	0	0	0	0	0
				1	1
			1	0	2
			1	1	3
		1	0	0	4
		1	0	1	5
		1	1	0	6
		1	1	1	7
	1	0	0	0	8
	1	0	0	1	9
	1	0	1	0	10

Der Wert einer mehrstelligen Binärzahl ergibt sich aus der Addition der mit „1" belegten Stellenwerte:

Binärzahl	dekadische Zahl
$1 \cdot 1$	1
$1 \cdot 2 + 0 \cdot 1$	2
$1 \cdot 2 + 1 \cdot 1$	3
$1 \cdot 4 + 0 \cdot 2 + 0 \cdot 1$	4
$1 \cdot 4 + 0 \cdot 2 + 1 \cdot 1$	5
$1 \cdot 4 + 1 \cdot 2 + 0 \cdot 1$	6
$1 \cdot 4 + 1 \cdot 2 + 1 \cdot 1$	7

Im übrigen gelten für das Binärsystem dieselben Rechenregeln wie für das dekadische System.

In der Rechen- und Meßtechnik benutzt man im allgemeinen nicht das reine Binärsystem, sondern man zählt und rechnet im dekadischen System, wobei aber jede dekadische Ziffer durch eine 4stellige Binärzahl ausgedrückt wird. Die Zahl 93 erscheint also folgenderart:

```
Z        E
9        3
1001     0011
```

Dieses System heißt *BCD-Code (Binär Codiertes Dezimalsystem)*. Oft nennt man ihn auch anschaulich „8-4-2-1-Code".

Dieser Code eignet sich nicht zuletzt deswegen besonders für die Praxis, weil er leicht zu decodieren und in Ziffern anzuzeigen ist.

Eine einzelne Binärstelle heißt *bit* (von engl. *binary digit* = binäre Ziffer). Vierergruppen, sog. Tetraden (griech. tetra- = vier-) werden sehr häufig gebraucht. Daher ist es durchaus der Mühe wert, die bit-Muster wenigstens der Tetraden 0 bis 9 auswendig zu kennen.

6.5.2 Aufbau des Binärcodierers

Vier Lämpchen (oder LED mit Vorwiderstand, s.u.) machen die vier Binärstellen sichtbar; Aufleuchten bedeutet, daß die Stelle belegt ist („1"), Dunkelbleiben – daß sie leer ist („0").
Eine besondere Funktionstabelle ist eigentlich nicht nötig, denn sie liegt als Tabelle der Binärzahlen schon vor. Wenn sie hier dennoch eigens aufgeführt wird, so hat das einen anderen Grund: Die vier Stellen einer Tetrade werden in der Praxis meist mit den vier Großbuchstaben A (2^0), B (2^1), C (2^2) und D (2^3) bezeichnet. In der Praxis interessiert ferner die Frage, ob Spannung vorhanden oder nicht vorhanden sein soll. Der „1" in einem bit entspricht der Zustand „(hohe) Spannung vorhanden"; dieser Zustand wird mit H (engl. high = hoch) bezeichnet. In dem Fall kann unser Lämpchen leuchten. Der „0" in einem bit entspricht der Zustand „(fast) keine Spannung vorhanden"; er wird mit L (engl. low = niedrig) bezeichnet. In dem Fall kann unser Lämpchen nicht leuchten.

	D	C	B	A
0	L	L	L	L
1	L	L	L	H
2	L	L	H	L
3	L	L	H	H
4	L	H	L	L
5	L	H	L	H
6	L	H	H	L
7	L	H	H	H
8	H	L	L	L
9	H	L	L	H
10	H	L	H	L

Die Funktionstabelle kann direkt in einen Stromlaufplan umgesetzt werden (*232*).
Bei der „0" soll kein Lämpchen aufleuchten; also wird kein Stromkreis geschlossen. Bei der „1" soll nur Lämpchen A (L_A) leuchten, daher wird Leitung „1" mit Leitung „A" über eine Diode (in Flußrichtung!) verbunden. Bei der „2" soll L_B leuchten, also wird Leitung „2" mit Leitung „B" über eine Diode verbunden. Bei der „3" sollen L_A und L_B aufleuchten; also wird die Leitung „3" mit Leitung „A" *und* Leitung „B" über Dioden verbunden usw.

Die Verbindungen müssen über Dioden hergestellt werden, um die Leitungen voneinander zu entkoppeln. Der Strom breitet sich nämlich auf den Leitungen nicht nur in den gewünschten, sondern in allen möglichen Richtungen aus. Wären die Stromkreise nur über einfache („galvanische") Verbindungen hergestellt, z.B. über Lötstellen, so könnte der Strom gewissermaßen die Lampenleitungen abwärts fließen und über die Verbindungsstellen von jeder Lampenleitung auf jede andere gelangen. Beim Einschalten jeder Zahl >0 würden alle Lämpchen aufleuchten. Die unterbrochenen Pfeillinien in der Abb. *232* deuten einige der möglichen Rückwege an. Nun trifft der „Rückstrom" aber auf die für ihn in Sperrichtung liegende Diode und wird gestoppt. – Ein einfacher Versuch macht die Rückwege sichtbar: Wenn man die Dioden der Ziffer „7" und der Ziffer „9" mit Prüfschnüren überbrückt, leuchten stets sämtliche Lämpchen auf.

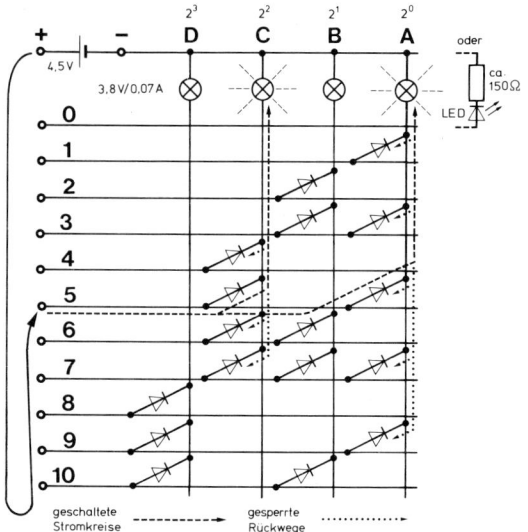

232 Binärcodierer (Stromlaufplan)

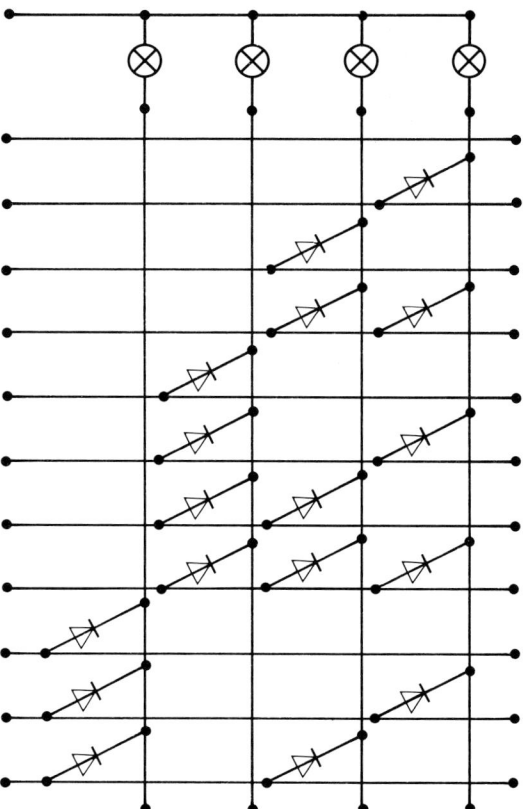

233 Montageplan für eine Binärcodierer-Brettschaltung. Die Punktmarken (Lötstützpunkte) sind im Abstandsverhältnis 1:2 auf die Montageplatte zu übertragen. Die vertikalen Leitungen werden blank verlegt – die horizontalen Leitungen müssen isoliert sein, um Kurzschlüsse an den Kreuzungspunkten zu vermeiden.

Eine Schaltung, bei der die Stromverteilung von einer Zeile einer Tabelle auf eine oder mehrere Spalten mit Dioden hergestellt wird, heißt *Diodenmatrix* oder *Diodenkreuzschiene*.
Die Diodenmatrix ist ein *Festwertspeicher*. Ein Festwertspeicher zeigt bei der Anwahl eines bestimmten Eingangs, einer bestimmten „Adresse", immer ein dieser Adresse zugeordnetes Verhalten an seinem Ausgang. Der einfachste Festwertspeicher ist der Lichtschalter: Schaltet man ihn ein, d.h. wählt man die Adresse „ein" an, so leuchtet die Lampe, und zwar jedesmal, wenn man diese Adresse angewählt hat. Schaltet man ihn auf „aus", d.h. wählt man die Adresse „aus" an, so leuchtet die Lampe nicht.
Festwertspeicher werden in der Elektronik sehr oft gebraucht, häufig in Form der Diodenmatrix. Sie können nach ihrer Herstellung nur „gelesen" werden. Daher heißen sie ROM (engl. *R*ead *O*nly *M*emory = „nur Lesespeicher"). Sie werden z.B. als integrierte Schaltungen mit oft Tausenden von Dioden hergestellt. Ihr Programm kann i.allg. nachträglich nicht geändert werden. Sind sie aber so gebaut, daß sie später vom Anwender programmiert werden können, so heißen sie PROM (engl. *P*rogrammable *R*ead *O*nly *M*emory). Unser Binärcodierer ist, großzügig betrachtet, wegen seiner offenen Bauweise ein PROM, weil Dioden auch nachträglich herausgenommen oder hinzugefügt werden können.

6.6 Ein Ampelprogramm

In der gleichen Weise wie der Binärcodierer läßt sich ein einfaches Programm für die Schaltung einer Verkehrsampel aufbauen. Die Funktionstabelle zeigt, wie sich die Ampeln zweier Straßen genau entgegengesetzt verhalten. Wir nehmen dabei den einfachsten Fall an, daß die vier Ampelzustände (rt, rt/ge, gn, ge) der einen Ampel synchron, also ohne zeitliche Überschneidungen, mit den entsprechenden der anderen verlaufen. Die vier Ampelzustände werden mit 0 beginnend fortlaufend gezählt. H bedeutet wieder, daß Spannung vorhanden ist, daß also die Lampe leuchtet; L bedeutet keine Spannung, also Dunkelbleiben.

6.7 Die Leuchtdiode (Lumineszenzdiode)

Die *Leuchtdiode* heißt umgangssprachlich kurz LED (engl. *l*ight *e*mitting *D*iode = *L*icht *e*mittierende [„ausstrahlende"] *D*iode). Ihr Verhalten kann mit dem obigen Versuch (6.4.1) ermittelt werden; dazu ist jede beliebige Leuchtdiode geeignet. Sie verhält sich im Stromkreis wie jede andere Diode (mit Durchlaß- und Sperrichtung), und sie leuchtet, wenn ein Strom I_F fließt.

Warum leuchtet die Leuchtdiode?
Für die Leitfähigkeit eines Stoffes sind die verschiebbaren Valenzelektronen maßgeblich. Sie haben um so mehr Energie, je weiter sie vom Atomkern entfernt liegen (s. S. 26). Die Valenzelektronen können zwei Abstände („Bänder") zum Kern einnehmen – das nähere Valenzband, in dem sie (auch bei chemischen Verbindungen) gewissermaßen ruhen, und das entferntere Leitungsband, in dem die Valenzelektronen nicht mehr fest an den Atomrumpf gebunden und daher verschiebbar sind.

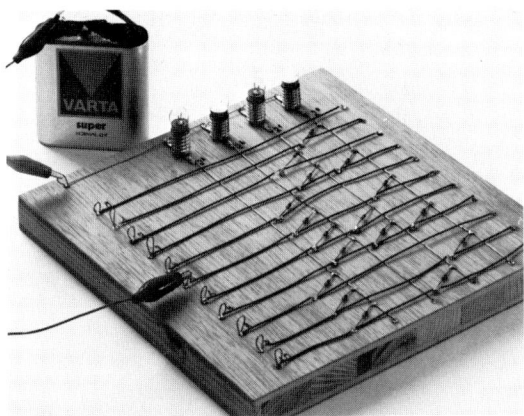

234 *Binärcodierer (Brettmontage, Schülerin, 12 J.).* – *Da sich die Leitungen der „Zeilen" und „Spalten" nicht berühren dürfen, sind die Leitungen der Zeilen isoliert.*

236 *Schaltzeichen – Leuchtdiode.*

Ampel-zustand	A-Straße			B-Straße		
	rt	ge	gn	rt	ge	gn
0	H	L	L	L	L	H
1	H	H	L	L	H	L
2	L	L	H	H	L	L
3	L	H	L	H	H	L

Die Funktionstabelle wird wieder in eine Diodenmatrix übertragen (*235*, gleich als Bauvorlage gezeichnet). Die vier Ampelzustände können mit einem Stufenschalter (*235*) oder einer automatischen Steuerung geschaltet werden.

Wird an die LED in Flußrichtung Spannung angelegt, so werden durch die Energiezufuhr im n-Bereich Elektronen aus dem Valenzband herausgeschlagen. Sie springen auf das Leitungsband über. Beim Stromfluß gelangen sie in den p-Bereich, dabei rekombinieren sie ununterbrochen Löcher; d.h., sie fallen dort vom Leitungsband in das Valenzband zurück und geben dabei die überschüssige Energie als Lichtstrahlung ab.
Dieser Vorgang ereignet sich prinzipiell in jeder Diode. Im allgemeinen entsteht aber Infrarotstrahlung, die einerseits nicht sichtbar ist, andererseits, durch die verhältnismäßig dicken Schichten absorbiert wird. Die Strahlungsstärke ist je nach Halbleitermaterial unterschiedlich. Bei Germanium und Silizium ist sie sehr gering. Bei den Halbleiterkristallen, die aus 3- und 5wertigen Elementen aufgebaut sind (sog. III-V-Verbindungshalbleiter) – Gallium-Arsenid-Phosphid (GaAsP), Galliumphosphid (GaP) und Galliumarsenid (GaAs) –, ist die Strahlung um ein Vielfaches stärker. Außerdem wird die p-Schicht der LED im Verhältnis zu anderen Dioden sehr dünn ausgeführt. GaAsP-LED leuchten rot, GaP-LED leuchten grün oder gelb. GaAs-Dioden strahlen im Infrarotbereich, weswegen sie kurz IRED (*i*nfra*r*ot *e*mittierende *D*iode) genannt werden.

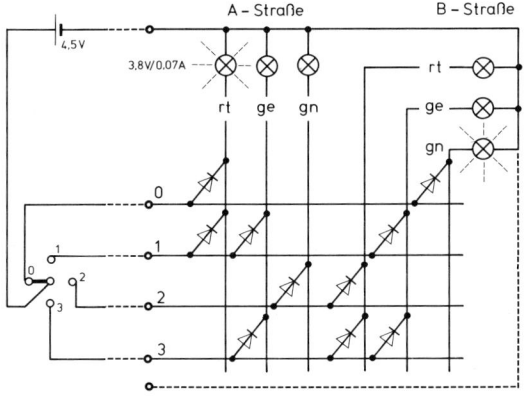

235 *Montageplan für ein Ampelprogramm. Abstandsverhältnis 1 : 2,8. Zum Handantrieb der Ampel benötigt man einen vierstufigen Schalter. Das Schalten kann auch einer automatischen Steuerung übertragen werden.*

6.7.1 Grenzdaten

LED beginnen je nach Ausführungen bei einem I_F von 0,5 bis 2 mA gut sichtbar zu leuchten. Im

237 Leuchtdioden – rechts unten: Subminiatur-LED (vergrößert abgebildet).

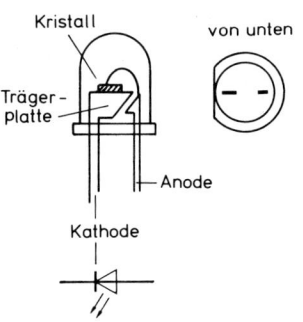

238 Innerer Aufbau und Anschlüsse der Leuchtdiode.

allgemeinen darf der Diodenstrom 50 mA nicht überschreiten. Als üblicher Mittelwert wird in der Regel ein Strom von 15 bis 20 mA eingestellt. Man begrenzt den Strom mit einem Vorwiderstand (Berechnung S. 49f.). Die Durchlaßspannung der LED liegt bei ca. 1,6 V (für rotleuchtende) bis ca. 2,8 V (für grün- und gelbleuchtende). Die maximale Sperrspannung ist gering. Sie darf bei vielen Typen 3 bis 5 V nicht überschreiten. Bei IRED darf sie i.allg. bis zu 30 V betragen.

6.7.2 Kennzeichnung der LED

Wie bei allen Dioden ist die Kathode gekennzeichnet: Bei runden LED ist die Kathodenseite meist abgeflacht. – Wenn man eine LED gegen das Licht hält, kann man auch am inneren Aufbau erkennen, wo die Kathode ist. Die Kristalle sind mit der n-Schicht (Kathode) auf eine Trägerplatte montiert. Diese deutlich sichtbare Trägerplatte (der Anschluß, auf dem der Kristall sitzt) ist die Kathode (*238*). Sehr kleine Bauformen (Subminiatur-LED) betrachtet man am besten von unten (*239*).

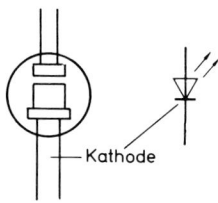

239 Die Anschlüsse einer Subminiatur-LED (von unten gesehen).

6.7.3 Anwendung der LED

LED werden vornehmlich zu Anzeigezwecken verwendet, z.B. als *Kontrollampen*. Eine besondere Form ist die sog. *7-Segment-Anzeige*. Darin sind 7 LED in jeweils einem Segment so angeordnet, daß sich mit verschiedenen Kombinationen leuchtender Segmente alle Ziffern darstellen lassen. Die Ziffern in Taschenrechnern und Digitaluhren bestehen aus solchen 7-Segment-Anzeigen. Die 7 LED sind mit jeweils einem Pol zusammengefaßt, sie haben eine gemeinsame Anode oder eine gemeinsame Kathode. Die Bezeichnung der Segmente mit den Buchstaben a bis g (*241*) ist genormt.
IRED strahlen 20- bis 50mal stärker als LED. Man verwendet sie vorwiegend für Lichtschranken.
LED und IRED arbeiten fast trägheitslos. Speist man sie mit Gleichstromimpulsen oder mit Wechselstrom, so senden sie ihre Strahlung genau im Rhythmus und Stärkeverhältnis der Speisung aus.

240 7-Segmentanzeige (Lumineszenzdioden-„Display") als handelsüblicher Bauteil. Für den Anschluß muß ein Datenblatt eingesehen werden. Die Betriebsspannung liegt je nach Bausteingröße zwischen 1,7 und 3,4 V.

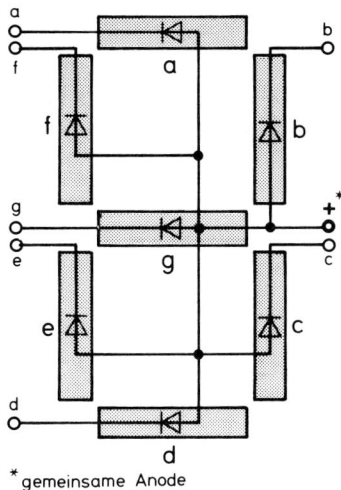

241 Aufbau und Anschlüsse einer 7-Segment-Anzeige. Die Bezeichnung der Segmente mit den Buchstaben a bis g ist genormt.

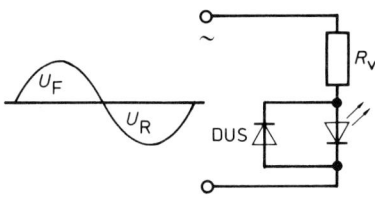

242 Schutzschaltung für eine LED bei Wechselstrombetrieb. Antiparallel geschaltete Allzweckdiode.

6.7.4 Behandlung von LED

LED sind empfindlich gegen Wärme. Man sollte daher ihre Anschlußdrähte nicht auf weniger als 1 cm kürzen. Andernfalls besteht die Gefahr, daß beim Einlöten zuviel Wärme über die Anschlußdrähte in den Kristall gelangt.

Ferner sollte man die Anschlußdrähte nicht dicht am Gehäuse biegen. Am besten biegt man sie gar nicht. Sollte es einmal unvermeidlich sein, dann hält man das gehäuseseitige Ende mit einer Spitzzange fest, damit die Biegekräfte nicht in die LED übertragen werden und dort einen Bruch im inneren Aufbau verursachen.

Wie bereits erwähnt, können LED mit Wechselspannung gespeist werden. Dabei ist eine Halbwelle in Flußrichtung gepolt (U_F), die andere in Sperrichtung (U_R). Während der in Flußrichtung

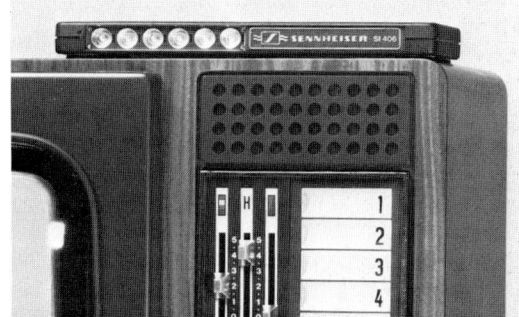

243/244 Information durch den Infrarot-Kopfhörer. Die Tonleistung des Funkempfängers speist einen Lichtsender (oben), dessen Leistung von dem in Kopfhörer eingebauten Lichtempfänger aufgenommen wird (nach Sennheiser-Unterlagen).

Man sagt, das Licht wird „moduliert". Die Modulationsfrequenz kann bis zu einigen MHz betragen. *Mit moduliertem Licht lassen sich daher Informationen übertragen.* Die Infrarot-Kopfhörer arbeiten z.B. so (*243, 244*). Die Tonleistung des Musik- oder Fernsehgeräts wird am Lautsprecher abgenommen (er wird dabei ausgeschaltet), und sie speist eine oder mehrere IRED. Im Kopfhörer ist ein Lichtempfänger eingebaut (s. auch Lichtschranken, S. 42 f.), der wiederum die Hörkapseln versorgt. Das Infrarot-Telefon („Licht-Telefon") funktioniert nach demselben Prinzip, ebenso die Übertragung von Mandolineneffekten in elektronischen Orgeln. Der *Opto-Koppler* besteht aus einer LED oder IRED, der – isoliert – ein lichtempfindliches Element gegenübersteht (s. S. 144). Im allgemeinen lassen sich alle diese Anwendungen als „Lichtschranken" bezeichnen.

gepolten Halbwelle fließt ein Diodenstrom, daher fällt an R_v auch Spannung ab. Die andere Halbwelle liegt in Sperrichtung. Es fließt (fast) kein Diodenstrom – also fällt an R_v (fast) keine Spannung ab. Somit liegt jetzt die volle Spitzenspannung an der Diode. Die Diode kann aber keine hohe Sperrspannung vertragen. Man muß also dafür sorgen, daß auch während dieser Halbwelle ein Strom fließt und an R_v einen Spannungsabfall erzeugt – z.B. durch eine antiparallel geschaltete Allzweckdiode (242). Sie liegt während der kritischen Halbwelle in Flußrichtung. Jetzt fließt über sie ein Strom, so daß an R_v ein Spannungsabfall entsteht und die an der LED stehende Spannung U_R nicht größer werden kann als die Durchlaßspannung der hinzugefügten Diode.

6.8 Eine 7-Segment-Großanzeige

Handelsübliche 7-Segment-Anzeigen (S. 110) sind verhältnismäßig klein; ihre Ziffernhöhe schwankt zwischen 3 mm und 20 mm. Sie sind zum Ablesen aus unmittelbarer Nähe gedacht. Für große Ableseentfernungen (Pausenhallen, Sportplätze, Spielanzeigen vor Gruppen usw.) benötigt man große Anzeigeeinheiten. Sie sind leicht in der gewünschten Größe herzustellen. Dabei kann man für jedes Segment eine Reihe von Glühlampen, z.B. 4 Stück 3,8 V/0,07 A, oder Leuchtdioden, z.B. 5 Stück rote LED mit 5 mm ⌀, in

	a	b	c	d	e	f	g
0	H	H	H	H	H	H	L
1	L	H	H	L	L	L	L
2	H	H	L	H	H	L	H
3	H	H	H	H	L	L	H
4	L	H	H	L	L	H	H
5	H	L	H	H	L	H	H
6	L	L	H	H	H	H	H
7	H	H	H	L	L	L	L
8	H	H	H	H	H	H	H
9	H	H	H	L	L	H	H

247 *Funktionstabelle und Diodenmatrix für den Anschluß der 7-Segment-Großanzeige.*

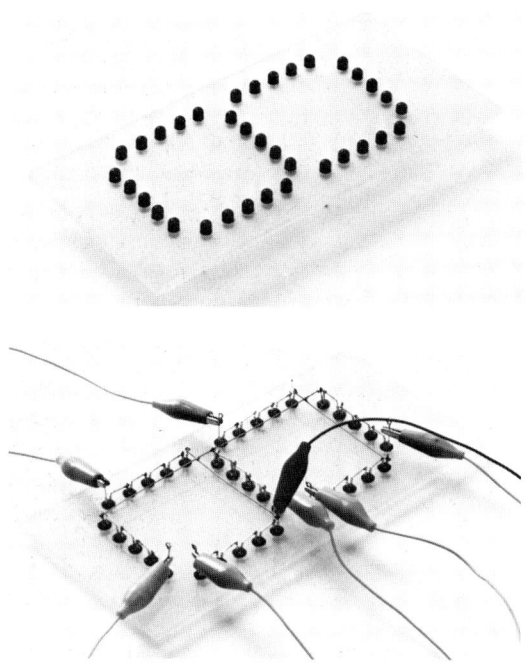

245/246 *7-Segment-Zifferngroßanzeige – Display. Rückseitig mit Anschlüssen.*

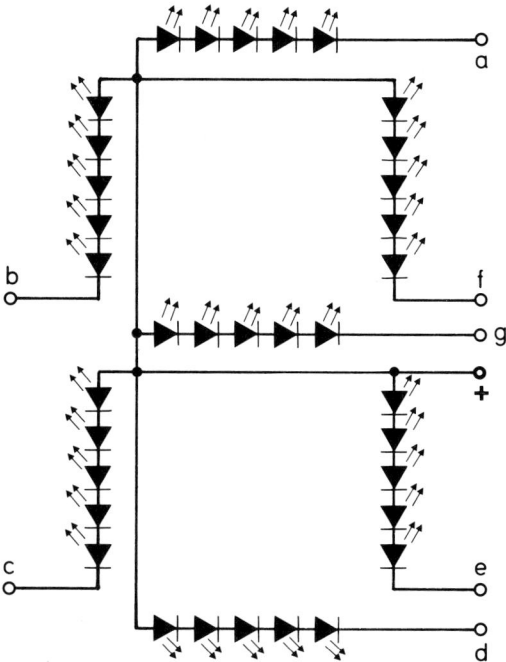

248 *Die Anschlußverhältnisse der aus jeweils 5 roten LED zusammengesetzten Segmente (von der Rückseite gesehen).*

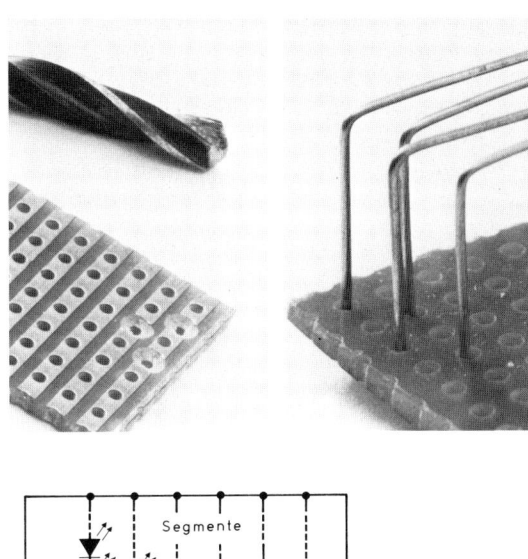
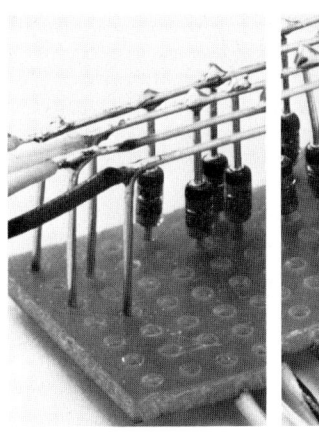

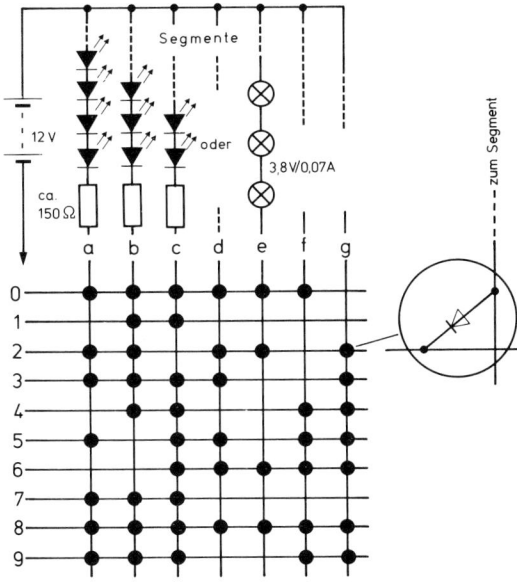

254 Die betriebsfertige Brettschaltung.

249–253 Die Abbildungen zeigen den Aufbau einer Diodenmatrix auf einer Veroboard-Leiterbahnplatte (Experimentierplatte mit Streifen). Die Leiterbahnstreifen bilden die waagerechten Zeilen der Matrix, die in den Abbildungen erkennbaren Drahtbügel verlaufen quer zu den Leiterbahnstreifen und bilden die senkrechten Spalten.

Zunächst müssen (zur isolierten Abtrennung) auf beiden Seiten der Platte jeweils zwei Leiterbahnrandstreifen mehrmals „auf Lücke" unterbrochen werden. Man macht das, indem man einen dicken Spiralbohrer in das jeweilige Leiterbahnloch einsetzt und mit der Hand dreht. Die stehenbleibenden Leiterbahnreste dienen als Lötstützpunkte für die Befestigung der Drahtbügel. Diese stehen den Lötstützpunkten entsprechend ebenfalls „auf Lücke" und werden mit Hilfe eines 15 cm starken Holzleistenabschnitts (als Abstandshalter) in die Platte eingelötet. Durch die Verwendung der Distanzleiste ergibt sich die gleiche Höhe aller Drahtbügel. Die Dioden finden zwischen den Leiterbahnstreifen (Zeilen) und Bügeldrähten (Spalten) stehend Platz. Die Anschlüsse für die Spalten werden unmittelbar an die Drahtbügel angelötet (siehe Abb. 251), die Anschlüsse für die Zeilen entsprechend an die einzelnen Leiterbahnstreifen. Abb. 253 zeigt die fertige Diodenmatrix für die 7-Segment-Anzeige mit den Zeilenanschlüssen, jedoch noch ohne den jeweiligen Spaltenanschluß. Eine solche Matrix benötigt nur einen Bruchteil des Raums, den der Brettaufbau erfordert.

Reihe schalten. Abb. *245–254* zeigen einen Vorschlag für eine 12 cm hohe Anzeige mit LED. Die Anzeigemuster sind identisch mit den auf S. 111 vorgestellten genormten Mustern. Die Funktionstabelle gibt die jeweils aktivierten Segmente an. Auch sie wird unmittelbar in eine Diodenmatrix umgesetzt (*247*). Bei umfangreichen Matrizen zeichnet man in der Praxis nicht jede Diode einzeln, sondern man markiert nur die Koppelpunkte mit einem kleinen Kreis oder dickeren Punkt und gibt die Ausführung der Koppelpunkte an (s. Nebenzeichnung).

Beim Entwurf der Anzeigeeinheit ist zu bedenken, daß Segmente mit Glühlämpchen zwar die größte Lichtausbeute zulassen, aber auch am meisten Strom verbrauchen.

Die Lämpchen müssen nicht unbedingt in Reihe geschaltet werden. Die Parallelschaltung kommt ebenso in Frage. Dann ist aber der größere Strom in die Planung einzubeziehen. Ein Segment aus 4 Glühlämpchen 3,8 V/0,07 A in Reihe benötigt eine Spannung von ca. 15 V, aber eben nur 70 mA. Dasselbe Segment in Parallelschaltung benötigt zwar nur ca. 4 V, aber 280 mA; nimmt man alle 7 Segmente zusammen, sind das bereits 1,96 A! Für eine vierstellige Anzeige (Uhrzeit, Punkt- oder Torverhältnis) benötigt man im ungünstigsten Fall knapp 8 A – damit stellt man schon gewaltige Anforderungen an die Stromquelle.

LED kann man sinnvoll nur dann parallel schalten, wenn jede LED ihren eigenen Vorwiderstand bekommt. Schaltet man mehrere LED an einen einzigen Vorwiderstand, so können dadurch, daß sich die Schwellenspannungen der einzelnen LED geringfügig unterscheiden, erhebliche Helligkeitsunterschiede entstehen; durch die LED mit der niedrigsten Schwellenspannung fließt der größte Strom (bei Extremwerten u.U. sogar der gesamte). Schaltet man z.B. eine rote LED (U_s = ca. 1,6 V) mit einer grünen (U_s = ca. 2,4 V) hinter einem gemeinsamen Vorwiderstand parallel, so leuchtet wegen der niedrigeren Schwellenspannung nur die rote. Das ist auch der Grund dafür, warum man grundsätzlich nicht zwei oder mehr Dioden zur Leistungserhöhung parallelschalten kann.

Stellt man ein Anzeigesegment aus mehreren LED zusammen, so empfiehlt sich die Reihenschaltung.

6.8.1 Berechnung eines Anzeigesegments

In Abb. *245* bestehen die Segmente aus je 5 in Reihe geschalteten roten LED (U_s = ca. 1,6 V). Welche Batteriespannung U_b muß mindestens zur Verfügung stehen? – Die Schwellenspannungen der LED addieren sich; für die 5 LED ist eine Spannung von 8 V nötig (5 · 1,6 V = 8 V). Dazu kommt mit 0,7 V die Schwellenspannung der Schaltdiode in der Diodenmatrix. Die Mindestspannung für diese Anzeige beträgt somit 8,7 V. Der Betrieb aus zwei Flachbatterien in Reihe (9 V) ist möglich. An R_v müssen 0,3 V abfallen. Bei einem Diodenstrom von 20 mA beträgt R_v nach dem Ohmschen Gesetz 15 Ω.

Betreibt man die Anzeige aus einer 12-V-Quelle, z.B. aus einem handelsüblichen Stromversorgungsgerät, so müssen an R_v 3,3 V (12 V – 8,7 V = 3,3 V) abfallen. R_v muß dann nach dem Ohmschen Gesetz 165 Ω betragen (nächster Normwert 150 Ω).

6.9 Die Zenerdiode (Z-Diode)

Die *Zenerdiode (Z-Diode)* hat ihren Namen nach dem Physiker Carl M. Zener, auf dessen Arbeit aus dem Jahre 1934 sie zurückzuführen ist. Sie ist im Prinzip eine Diode wie jede andere; sie verhält sich in Flußrichtung wie eine „normale" Diode. Das Besondere an ihr ist, daß sie in Sperrichtung betrieben wird. Nach dem Anlegen der Sperrspannung fließt der bei allen Dioden übliche geringe Reststrom, ansonsten sperrt die Diode. Erhöht man die Sperrspannung, wird die Diode bei einem bestimmten Wert sprunghaft niederohmig, d.h. leitend; sie „bricht durch". Eine gewöhnliche Diode wird beim Durchbrechen zerstört – die Z-Diode nicht, sofern der Strom nicht soweit anwächst, daß der Kristall durch die entstehende Verlustwärme beschädigt wird. Daher betreibt man die Z-Diode grundsätzlich in Verbindung mit einem Vorwiderstand. Schon geringe weitere Erhöhungen der Sperrspannung lassen den Durchbruchstrom rapide ansteigen (*255*). Nimmt man die Sperrspannung wieder zurück, so sperrt die

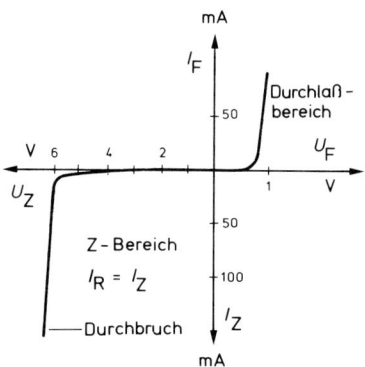

255 *Kennlinie einer Z-Diode. Der Sperrstrom steigt sprunghaft an, was an dem scharfen Knick und der steilen Abwärtsrichtung der Kennlinie zu sehen ist.*

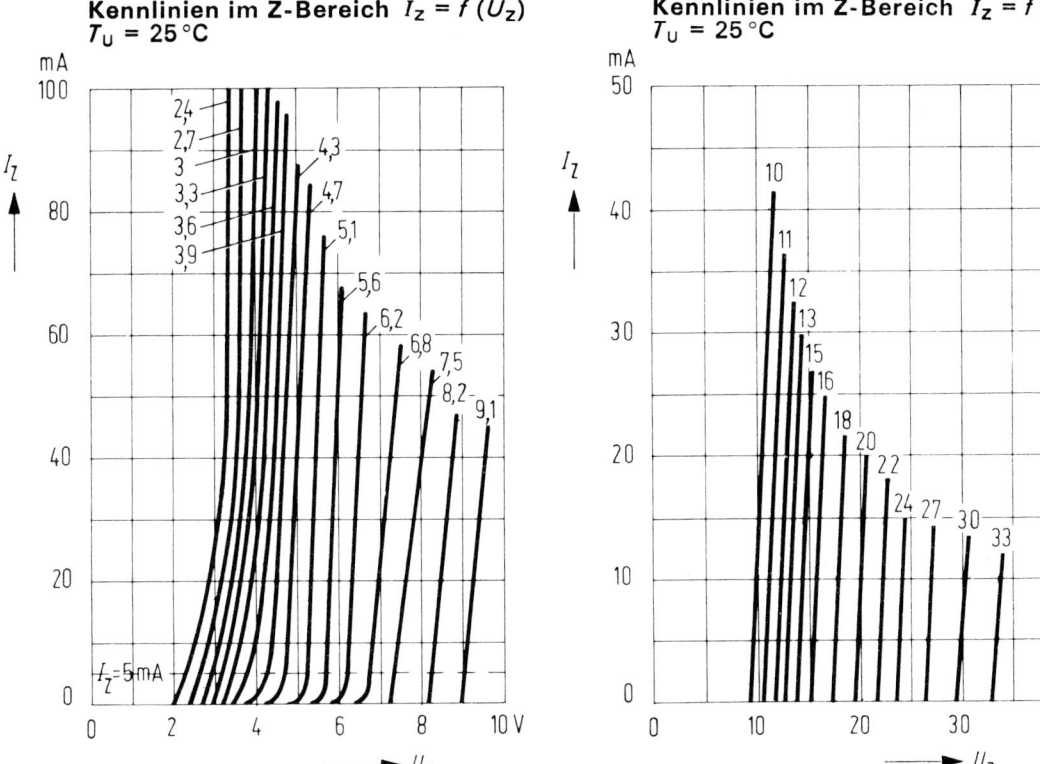

256/257 *Kennlinien im Z-Bereich (nach Siemens-Unterlagen).*

Diode unterhalb der Durchbruchspannung wieder.

Wie funktioniert eine Z-Diode? – Zwei Effekte verursachen die plötzliche Leitfähigkeit, der Zenereffekt und der Lawineneffekt.

Der Zenereffekt: Z-Dioden werden aus stark dotiertem Si-Material hergestellt. Aufgrund der starken Dotierung steigt die Diffusionsspannung in der Sperrschicht (s.o., S. /98). Die Sperrspannung addiert sich dazu. – Der an der Sperrschicht stehenden Spannung entspricht ein elektrisches Feld; dessen Feldstärke wirkt in Form von Anziehungs- und Abstoßungskräften auf die im Kristallgitter gebundenen Elektronen. Bei einer bestimmten Spannung – genauer: elektrischen Feldstärke – werden Elektronen aus dem Valenzband auf das Leitungsband (S. 109) gehoben und können verschoben werden. Damit ist die Sperrschicht leitend. Dieser von Zener erklärte und nach ihm benannte Effekt des Herauslösens von Elektronen aus ihren Bindungen durch ein elektrisches Feld ist maßgebend für Z-Dioden mit Durchbruchspannungen bis etwa 5,6 V.

Der Lawineneffekt (Avalanche-Effekt, frz./engl. avalanche = Lawine): Die durch den Zenereffekt freigesetzten Elektronen erhalten aufgrund der hohen Feldstärke große Energie und Beschleunigung, so daß sie bei ihrer Bewegung andere noch gebundene Elektronen anstoßen und aus ihren Bindungen herausschlagen. Dadurch gibt es in der Sperrschicht zahlreiche freie Elektronen; der Widerstand der Sperrschicht wird sehr gering, der Strom steigt lawinenartig an. Der Lawineneffekt spielt bei Z-Dioden mit Durchbruchspannungen über 5,6 V eine große Rolle, weil die Beschleunigung mit der Höhe der angelegten Spannung zunimmt.

6.9.1 Wichtigste Kenndaten der Z-Diode

Zenerspannung (U_z): Die Spannung, bei der die Z-Diode durchbricht. Sie wird in V angegeben. Z-Dioden gibt es in vielfältigen Spannungsabstufungen zwischen 2 V und 600 V, vorzugsweise in denen der Reihe E 24. Die Zenerspannung bleibt auch nach dem Durchbruch an der Z-Diode stehen (vergleichbar der Schwellenspannung U_s einer in Flußrichtung betriebenen Diode oder dem Spannungsabfall an einem Widerstand). Sie ist nicht absolut konstant, sondern steigt mit dem

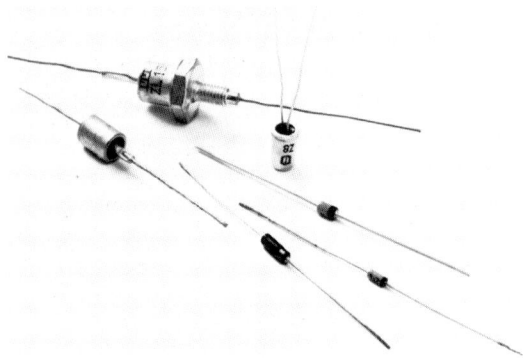

258 Zener-Dioden unterscheiden sich äußerlich nicht von anderen Dioden. Ein deutlicher Hinweis ist das „Z" in der Typenbezeichnung.

Durchbruchstrom geringfügig an (256, 257). Daher wird U_z bezogen auf einen bestimmten Strom, meist 5 mA, angegeben. Je steiler die Kennlinie einer Z-Diode ist, desto stabiler ist U_z bei Änderung des Stroms. Die geringsten Spannungsschwankungen ergeben sich bei Dioden mit U_z zwischen 5 V und 6 V.
Man kann Z-Dioden in Reihe schalten. Dabei addieren sich die Zenerspannungen (260). Schaltet man zur Z-Diode eine normale Si-Diode in Flußrichtung (261), so erhöht sich U_z um die Schwellenspannung der Si-Diode (0,6 V).
Zenerstrom (I_z): Der Durchbruchstrom heißt Zenerstrom. Der vom Hersteller angegebene Maximalwert darf nicht überschritten werden, weil sonst die Sperrschicht durch die Verlustwärme zerstört wird. Der Zenerstrom muß daher grundsätzlich durch einen Vorwiderstand begrenzt werden. Für sehr kurze Zeiten (<0,01 s) darf I_z auf sehr große Werte (das Hundertfache oder mehr) ansteigen.
Verlustleistung (P_{tot}): Statt des Zenerstroms wird oft für eine ganze Z-Dioden-Familie die maximale Gesamtverlustleistung angegeben. Sie ist das Produkt aus U_z und I_z:

$P_{tot} = U_z \cdot I_z$.

Aus der zulässigen Verlustleistung und der Zenerspannung läßt sich der maximale Zenerstrom errechnen.

Beispiel: Die maximale Verlustleistung für eine 5,6-V-Z-Diode darf 400 mW (= 0,4 W) betragen. Wie groß darf der Zenerstrom (I_z) sein?

$$I_z = \frac{P_{tot}}{U_z},$$

$$I_z = \frac{0,4\,W}{5,6\,V} \approx 0,07\,A \approx 70\,mA.$$

So stark wird man den Zenerstrom in der Praxis nie ansteigen lassen, weil man in der Regel an möglichst geringen Schwankungen der Zenerspannung interessiert ist, U_z bei einem solchen Strom aber merklich ansteigt.

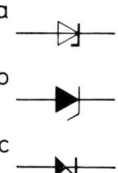

259 Schaltzeichen für eine Zener-Diode (Z-Diode) – a) jetzt gültige Norm. b) und c) noch häufig verwendete Zeichen.

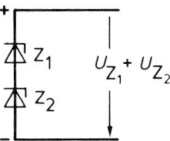

260 Z-Dioden in Reihenschaltung.

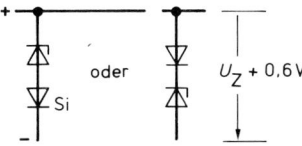

261 Vergrößern der Zenerspannung um die Schwellenspannung einer Si-Diode (0,6 V).

Temperaturkoeffizient (T_k): Die Zenerspannung ist temperaturabhängig. Bei Z-Dioden mit $U_z \approx 5,6$ V ist der Temperaturbeiwert (Temperaturkoeffizient) ≈ 0; bei $U_z < 5,6$ V ist er negativ (U_z wird mit steigender Temperatur kleiner), bei $U_z > 5,6$ V ist er positiv (U_z wird mit steigender Temperatur größer). Da sich Z-Dioden in Reihe schalten lassen (wobei sich die Zenerspannungen addieren, s.o.), kann man den T_k dadurch ausgleichen, daß man eine Z-Diode mit positivem und eine mit negativem T_k kombiniert.
Der T_k von Z-Dioden mit $U_z > 5,6$ V läßt sich auch mit einer Si-Diode kompensieren (s.o., 261), denn deren Schwellenspannung sinkt mit steigender Temperatur.

Bauelemente, bei denen diese Si-Diode mit der Z-Diode zusammen auf einem Kristall untergebracht ist, heißen *Referenzelemente* und genügen auch hohen Ansprüchen.

6.9.2 Bauformen und Kennzeichnungen der Z-Diode

Z-Dioden unterscheiden sich äußerlich nicht von anderen Dioden (s. S. 100). Leistungs-Z-Dioden sind für die Montage auf Kühlkörpern vorbereitet. Gekennzeichnet ist stets die Kathode.

Das „Z" in der Typenbezeichnung ist ein deutlicher Hinweis auf die besondere Eigenart. Nach dem Pro-Elektron-Schlüssel steht es an zweiter Stelle (z.B. BZX 93 . . .). Dieser Code wird aber oft nicht eingehalten (z.B. bei ZPD.., ZF.., ZD.., ZL.., ZX..). – Die ersten Buchstaben geben die „Familie", d.h. die maximale Verlustleistung (s.u.) an, die nachfolgenden Zahlen die Durchbruchspannung (Zenerspannung) in V bei einem bestimmten Strom, meist 5 mA. Handelt es sich um ganze Zahlen, dann wird die Dimension V meist nicht angegeben. Das V (für Volt) nimmt oft die Stelle des Dezimalpunktes ein (s. auch Kondensatoren, S. 66):

(BZX 98 C 12) BZX 98 Typ („Familie": P_{tot} 12,5 W)	Toleranz C	12 Durchbruchspannung 12 V
(BZX 83 C 5V6) BZX 83 Typ („Familie": P_{tot} 400 mW)	Toleranz C	5V6 Durchbruchspannung 5,6 V

Toleranz: A = ± 1%, B = ± 2%, C = ± 5%:

Andere Typenbezeichnungen (ZF.., ZD.., ZL..) lassen auf die Verlustleistung schließen:

ZF – kleine Leistung (bis 0,5 W)
ZD – mittlere Leistung (1–2 W)
ZL, ZX – große Leistung (ca. 10 W)

In Stromlaufplänen wird oft nur die Durchbruchspannung angegeben, z.B. „Z 8,2"; eine genaue Typenbezeichnung ist nämlich nur dann nötig, wenn eine hohe Verlustleistung gefordert ist. Vergleichbar dazu beschränkt man sich ja auch bei Widerständen und Kondensatoren meist auf die Angabe des Wertes.

6.9.3 Anwendung der Z-Diode

1. Spannungsstabilisierung: Elektronische Schaltungen benötigen oft eine stabile Versorgungsspannung; darauf wurde z.B. auf Seite 56 (Meßbrücke) hingewiesen. Die Spannungsstabilisierung beruht darauf, daß U_Z auch bei Schwankungen von I_Z verhältnismäßig konstant bleibt.

Siehe *262:* Die Eingangsspannung U_{ein} muß grundsätzlich höher sein als die gewünschte stabilisierte Spannung U_{aus}. I_Z und I_L fließen über den gemeinsamen Vorwiderstand R_v und erzeugen daran einen Spannungsabfall. Steigt U_{ein}, so müßte auch die Spannung am Punkt Q steigen. I_Z vergrößert sich. Durch den vergrößerten Strom fällt an R_v eine höhere Spannung ab. U_Z, d.h. gleichzeitig U_{aus}, erhöht sich nur unwesentlich. Sinkt U_{ein}, so müßte auch die Spannung an Q sinken. I_Z verringert sich. Durch den verringerten Strom fällt an R_v eine geringere Spannung ab. U_Z, d.h. gleichzeitig U_{aus}, sinkt nur unerheblich. Entzieht der Verbraucher R_L weniger Strom (d.h. vergrößert sich R_L), so steigt die Spannung an Q (Spannungsteilerregel); daher nimmt I_Z zu, und zwar (etwa) um den Betrag, der weniger durch R_L fließt. Durch R_v fließt (etwa) der gleiche Strom, der Spannungsabfall an R_v bleibt (etwa) gleich. – Entzieht der Verbraucher mehr Strom (d.h. verringert sich R_L), so sinkt nach der Spannungsteilerregel die Spannung an Q. I_Z nimmt ab, und zwar (etwa) um den Betrag, der mehr durch R_L fließt, wodurch an R_v wieder (etwa) die gleiche Spannung abfällt.

Daraus folgt, daß sowohl bei Schwankungen der Eingangsspannung wie auch des Laststroms die Ausgangsspannung der Schaltung (ziemlich) konstant bleibt.

Stabilisierung der Batteriespannung für die Meßbrücke auf S. 55 ff. (Berechnungsbeispiel):

Die Meßbrücke soll aus einer Flachbatterie gespeist werden. Die stabilisierte Spannung muß daher deutlich unter 4,5 V liegen. Wählt man 2,7 V, so kann die Batte-

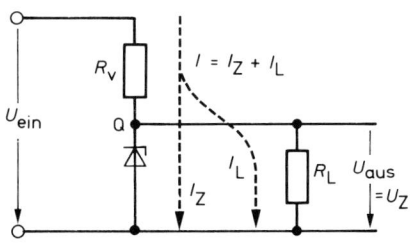

262 *Spannungsstabilisierung mit Z-Diode.*

rie weitgehend verbraucht werden, ohne daß sich die stabilisierte Spannung unzulässig ändert.

Wie groß muß R_v sein? – Siehe *263*: Der durch die Meßbrücke fließende Laststrom I_L beträgt maximal 4 mA. Wenn die Batteriespannung auf 3,5 V abgesunken ist, soll der Zenerstrom noch 3 mA betragen; als Gesamtstrom fließen dann über R_v maximal 7 mA.
An R_v fällt die Differenz zwischen Batteriespannung und Zenerspannung ab:

$$U_{R_v} = U_b - U_z$$

In unserem Falle ist

$$U_{R_v} = 3{,}5\,\text{V} - 2{,}7\,\text{V} = 0{,}8\,\text{V}.$$

Die Berechnung von R_v erfolgt wieder nach dem Ohmschen Gesetz:

$$R_v = \frac{U_{ein} - U_z}{I_z + I_L},$$

$$R_v = \frac{0{,}8\,\text{V}}{0{,}007\,\text{A}} \approx 114\,\Omega$$

(nächster Normwert 120 Ω).

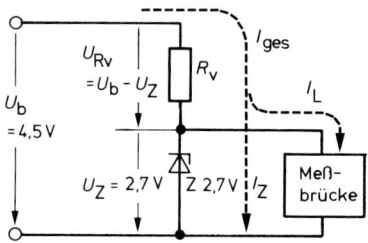

263 *Spannungsstabilisierung für die Meßbrücke von S. 55.*

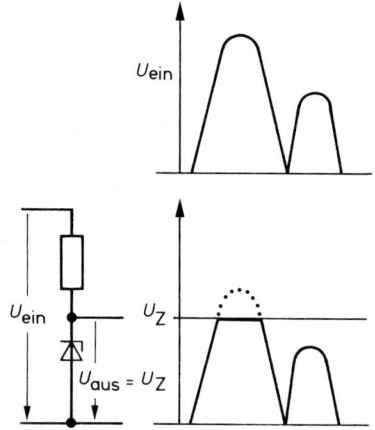

264 *Die Eingangsspannung wird auf U_Z begrenzt.*

Wie groß ist I_z bei frischer Batterie (4,5 V), wenn der Laststrom, aus welchem Grund auch immer, auf 0 mA zurückgegangen ist? – Diesen Fall sollte man als Eckwert einkalkulieren, denn wenn der Laststrom ausfällt, fließt der gesamte Strom über die Z-Diode.
An R_v fallen 1,8 V ab (4,5 V − 2,7 V = 1,8 V). Nach dem Ohmschen Gesetz fließen dann durch $R_v = 120\,\Omega$ 15 mA. Dieser Strom ist auch einer Kleinleistungs-Z-Diode zuzumuten, denn die dabei entstehende Verlustleistung P_{tot} beträgt nur ca. 40 mW (2,7 · 0,015 ≈ 0,04).
R_v und die Z-Diode sind der Meßbrücke (*126*) leicht einzufügen.

2. Spannungsbegrenzung: **Am Vorwiderstand fällt immer soviel Spannung ab, daß die Zenerspannung nicht überschritten wird. Eine Eingangsspannung $>U_z$ wird dadurch auf den Wert U_z beschnitten (*264*). Eine Eingangsspannung $<U_z$ wird nicht beeinflußt, die Z-Diode bleibt hochohmig.** Mit dieser Spannungsbegrenzung lassen sich wirksam Eingänge von elektronischen Schaltungen und Geräten vor Spannungsspitzen oder Überspannungen schützen.

Überspannungs- und Verpolungsschutz für elektronische Geräte (265):
In diesem besonderen Fall wird die Z-Diode *ohne* Vorwiderstand betrieben. Als Vorwiderstand dient gewissermaßen die Sicherung, die bei einem Überstrom durchbrennt.
Das Gerät, z.B. ein Autoradio, ist für eine Batteriespannung von 12 V vorgesehen. Es verbraucht einen Maximalstrom 1,6 A und wird mit 2 A abgesichert. Die maximale Spannung von 15 V darf nicht überschritten werden; ferner soll das Gerät gegen Falschpolung der Batterie geschützt sein.
Als Z-Diode dient eine Z 15 mit hoher Verlustleistung, z.B. BZX 98 C 15 (P_{tot} 12,5 W).
Steigt die Spannung über 15 V, so bricht die Z-Diode durch. Da ihr Zenerstrom nicht durch einen Vorwiderstand begrenzt wird, erreicht er sehr schnell einen so großen Wert, daß die Sicherung schmilzt. Bei dieser Schutzschaltung wird also der Umstand ausgenutzt, daß die Z-Diode für kurze Zeit stark überlastet werden darf.
Wird die Batterie falsch gepolt angeschlossen, so liegt die Z-Diode in Flußrichtung im Stromkreis – praktisch wie ein Kurzschluß. Auch dann schmilzt die Sicherung.
Diese Schutzschaltung wird gern dort angewendet, wo wenig Platz vorhanden ist, z.B. in mobilen Funkgeräten.

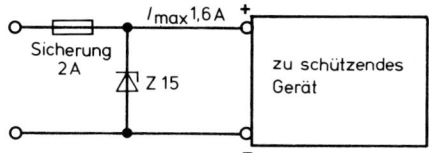

265 *Überspannungssicherung für elektronische Geräte.*

3. Spannungsdetektor: Da eine Z-Diode erst mit einer Mindestspannung durchbricht, kann man mit ihr Grenzwerte von Spannungen überwachen, z.B. das Vorhandensein einer Minimalspannung oder das Überschreiten einer Maximalspannung. Diese Überwachungsart empfiehlt sich überall dort, wo es auf höchste Genauigkeit nicht ankommt, ein Meßinstrument aber zu groß (oder zu teuer) wäre.

266 *Batterieprüfgerät.*

6.10 Ein Batterieprüfgerät

Batterien haben die unangenehme Eigenschaft, immer gerade dann ihren Dienst zu versagen, wenn man sie braucht und Ersatz nicht zu beschaffen ist. Das folgende Gerät soll eine zuverlässige Prognose darüber ermöglichen, ob die Batterie ihrem Ende entgegengeht und für Ersatz zu sorgen ist. Es ist hier für eine Flachbatterie dimensioniert, kann aber mit entsprechenden Änderungen auch auf andere Batterien zugeschnitten werden.

Seine Funktion beruht darauf, daß sich mit dem Entladen einer Batterie deren Innenwiderstand (s.o., S. 49) erhöht. Der Innenwiderstand einer frischen Flachbatterie beträgt ca. 0,9 Ω. Bei Entnahme eines Stroms von 0,07 A (z.B. Glühlämpchen) fallen am Innenwiderstand ca. 0,06 V ab. An den Polklemmen erscheint fast die volle Spannung. Die Entladung einer Flachbatterie kündigt sich unübersehbar an, wenn der Innenwiderstand auf ca. 15 Ω anwächst. Entnimmt man einer solchen Batterie 0,07 A, so fällt am Innenwiderstand ca. 1 V ab – an den Polen bricht die Spannung auf ca. 3,5 V zusammen (4,5 V – 1 V = 3,5 V).

Die Flachbatterie soll als erneuerungsbedürftig gelten, wenn ihre Spannung bei einer Belastung mit einem Glühlämpchen 3,8 V/0,07 A auf 3,5 V zusammenbricht. Die Schaltung (*267*) wirkt als Unterspannungsdetektor:

Die LED benötigt eine Schwellenspannung von ca. 1,6 V. Die Z-Diode bricht mit 2,4 V durch. Damit die LED leuchten kann, müssen – rein rechnerisch – mindestens 4 V vorhanden sein. Tatsächlich genügen aber einige Zehntelvolt weniger, weil mit dem Absinken des Zenerstroms auf fast 0 mA auch die Zenerspannung sinkt (bei einer Z 2,4 auf ca. 2 V, s.o., S. 115). Eine gute LED glimmt noch bei ca. 1 mA gerade sichtbar; bei dem geringen Strom sinkt ihre Flußspannung um ca. 0,1 V auf ca. 1,5 V. Die LED verlöscht also erst beim Absinken der Spannung auf ca. 3,5 V:

$U_z + U_{LED} = 2$ V $+ 1,5$ V $= 3,5$ V.

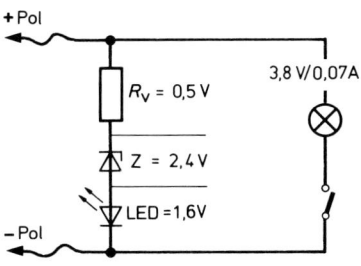

267 *Das Lämpchen kann auch durch einen Widerstand von 47 Ω ersetzt werden. Der Batterie soll lediglich ein Strom von 70 bis 100 mA entnommen werden.*

R_v dient zur Strombegrenzung. Bei frischer Batterie sollen maximal 10 mA fließen. An R_v müssen ca. 0,5 V abfallen (4,5 V – 2,4 V – 1,6 V = 0,5 V). Nach dem Ohmschen Gesetz beträgt R_v 50 Ω (nächster Normwert 47 Ω).

6.10.1 Prüfung des fertigen Geräts

Von einer frischen Flachbatterie ist die Deckplatte zu entfernen, so daß die einzelnen Zellen zugänglich sind. Der Minus-Eingang des Geräts wird an den Minus-Pol der Batterie angeschlossen. Verbindet man den Plus-Eingang des Geräts mit +4,5 V, so muß die LED leuchten. Verbindet man den Plus-Eingang mit +3 V (Plus-Pol der mittleren Zelle), so muß die LED dunkel bleiben. Leuchtet sie auch dann, ist die Z-Diode zu überprüfen (Polung, Durchbruch, s. auch S. 101, Prüfung von Dioden). Leuchtet sie auch bei 4,5 V nicht, so ist die LED falsch gepolt – oder unterbrochen – oder R_v ist defekt – von unsicheren Kontakten abgesehen.

6.10.2 Handhabung des Geräts

Nach dem Anlegen der Batterie muß die LED leuchten. Bleibt sie dunkel, so ist die zu prüfende Batterie schon völlig verbraucht – oder falsch gepolt angeschlossen. Das Gerät dient somit zugleich als Polaritätsprüfer.
Wenn die LED leuchtet, wird der Schalter geschlossen – d.h., die Batterie wird mit dem Glühlämpchen belastet, es leuchtet. Leuchtet die LED auch bei Belastung, so ist die Batterie noch brauchbar. Wird die LED merklich dunkler, so geht die Batterie ihrem Ende entgegen. Erlischt die LED ganz, so ist die Batterie praktisch verbraucht.

6.10.3 Praktische Bedeutung der Schaltung

Nickel-Cadmium-Akkus dürfen nicht „tief" entladen werden, d.h. eine Mindestspannung darf nicht unterschritten werden. Ist sie erreicht, müssen die Akkus sofort wieder geladen werden. Daher baut man als Unterspannungsdetektor in Geräte, die aus solchen Akkus gespeist werden (z.B. Handfunkgeräte), eine Schaltung wie den oben beschriebenen LED-Stromkreis ein; der Ladezustand des Akkus kann dauernd oder durch Tastendruck abgefragt werden. Eine solche Schaltung ist billiger und kleiner als ein Meßwerk.

6.11 Die Fotodiode

Zwischen der Fotodiode und einer „normalen" Diode besteht nur ein konstruktiver Unterschied: Der pn-Übergang liegt an der Oberfläche des Kristalls und ist durch eine Glas- oder glasklare Kunststoffabdeckung hindurch dem Licht zugänglich. Oft ist diese Abdeckung zur Bündelung des Lichts wie eine optische Linse geformt. Die *Fotodiode* ist eine Diode, deren Sperrstrom unter Lichteinwirkung ansteigt.

Wie funktioniert die Fotodiode?
Wie bei der Z-Diode ist auch hier der Sperrstrom interessant. Trifft nach dem Anlegen einer Sperrspannung kein Licht auf den pn-Übergang, so fließt nur der bei allen Dioden übliche, durch die thermische Leitfähigkeit (s. S. 96) bedingte Reststrom. Er heißt in diesem Fall

268 Schaltzeichen für eine Fotodiode – a) jetzt gültige Norm – b) noch häufig verwendetes Zeichen.

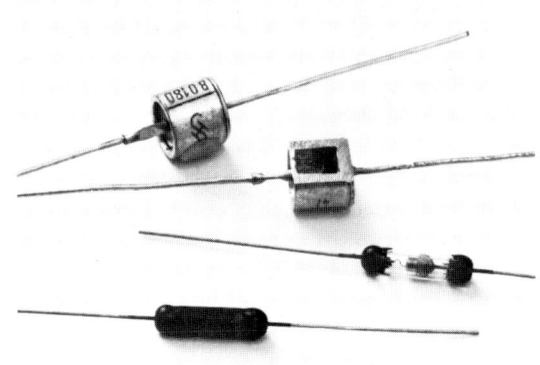

269 Durch Auffeilen des Metallkörpers einer Leistungsdiode und Abkratzen der Lackschicht vom Glaskörper einer älteren Ge-Diode wurden die Sperrschichten dem Licht zugänglich gemacht. Einfallendes Licht verringert den Sperrwiderstand und vergrößert den Sperrstrom (s. „Fotodiode").

Dunkelstrom I_D. Dringt Licht in die Sperrschicht ein, so werden durch die zugeführte Energie Elektronen vom Valenzband auf das Leitungsband gehoben; dadurch stehen in der Sperrschicht freie Ladungsträger (Löcher und Elektronen) zur Verfügung. Sie verringern den Sperrwiderstand. *Der Sperrstrom steigt mit der Stärke des einfallenden Lichts.*
Versuch: Wenn die Fotodiode eine „normale" Diode ist, so muß sich auch jede andere Diode, deren Sperrschicht dem Licht zugänglich gemacht wird, wenigstens in geringem Maße zur Fotodiode umfunktionieren lassen. So ist z.B. bei LED die Sperrschicht lichtzugänglich; Ge-Dioden sind oft in Glaskörper untergebracht (z.B. AA 112, AA 113, AA 132); ältere Typen (z.B. 0A 90, 0A 91, ...) haben einen schwarzen Lacküberzug, den man abkratzen kann. Für den Versuch eignen sich besonders gut Leistungsdioden (auch Z-Dioden) in Metallgehäusen, die man auffeilen kann (dazu wird das Metallgehäuse in einen Schraubstock eingespannt). Solche „umfunktionierten" Dioden schließt man an ein Ohmmeter mit hohem Meßbereich (R × 10 kΩ, besser R × 100 kΩ) in Sperrichtung an (*270*). Bei Dunkelheit zeigt es (fast) ∞ Ω an. Nähert man die Diode einer starken Lichtquelle, so verringert sich der Sperrwiderstand deutlich meßbar (u.U. muß man solche „Ersatzfotodioden" dicht unter die Glühlampe halten).

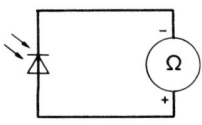

270 Die Reaktion der Fotodiode kann mit einem Ohmmeter festgestellt werden (Polung s. S. 76).

Dieses Reaktionsvermögen ist bei der „richtigen" Fotodiode besonders ausgeprägt. Wiederholt man den Versuch z.B. mit einer BPW 34, so wird man eine um das Vielfache gesteigerte Empfindlichkeit feststellen.
Eine Fotodiode wirkt aber auch als *Fotoelement*.
Versuch: Man verbindet die Anschlüsse einer (Ersatz-)-Fotodiode mit einem möglichst empfindlichen µA-Meter (der 50 µA-Bereich des Vielfachmeßinstruments reicht aus; besser ist aber ein noch empfindlicheres Meßwerk). Nähert man die Fotodiode wieder der Glühlampe, so zeigt das µA-Meter einen geringen Strom – den *Fotostrom* I_{ph} – an, der mit der Beleuchtungsstärke wächst oder abnimmt. Mit roten LED läßt sich, je nach Fabrikat unterschiedlich, an einer 60-W-Glühlampe ein Strom von 1 µA bis 3 µA erzielen – ebenso mit den genannten Ge-Dioden; mit aufgefeilten Leistungsdioden (z.B. BY 116) oder Z-Dioden (z.B. BZX 12) erzielt man einen Fotostrom von gut 20 bis 40 µA (*271*).
Woher kommt der Fotostrom?
Die in der Sperrschicht freigesetzten Ladungsträger werden durch die Diffusionsspannung (S. 98) abgezogen – die Elektronen zur n-Schicht, die Löcher zur p-Schicht. Dadurch bildet sich an der Kathode (n-Schicht) ein Minus-Pol, an der Anode (p-Schicht) ein Plus-Pol. Verbindet man Anode und Kathode leitend, so fließt der Fotostrom I_{ph}.

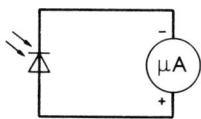

271 *Feststellen des Fotostroms mit einem µA-Meter.*

Die übliche Arbeitsschaltung der Fotodiode ist der Betrieb in Sperrichtung; mit zunehmender Stärke sinkt der Sperrwiderstand. In diesem Verhalten ist die Fotodiode mit dem LDR zu vergleichen. Im Gegensatz zu diesem ist sie hochohmig (s. Versuch, S. 120) und benötigt einen empfindlichen Verstärker, wohingegen der LDR meist allein eingesetzt werden kann (z.B. Meßbrücke, S. 57). Dennoch gewinnt gerade die Fotodiode an Bedeutung. Der LDR reagiert träge. Er vermag Lichtwechseln mit einer Frequenz von höchstens einigen hundert Hz zu folgen. Die Fotodiode ist dagegen flink, sie reagiert nahezu trägheitslos und folgt Lichtwechseln bis in den GHz-Bereich hinein. Sie ist daher der ideale Empfänger für moduliertes Licht – in der Übertragungstechnik (Informationsübertragung, Lichtschranken für Meß- und Produktionskontrollzwecke usw.).

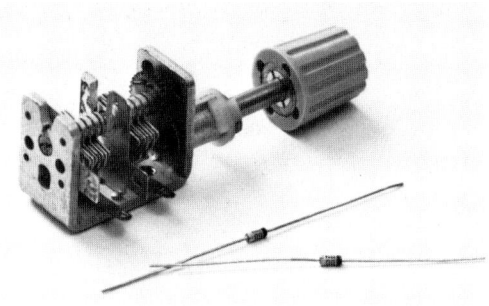

272 *Ein Größenvergleich! Die beiden Kapazitätsdioden (vorn) übernehmen im Prinzip weitgehend die Funktion der beiden räumlich aufwendigeren Drehkondensatoren.*

6.12 Die Kapazitätsdiode (Varicap)

An jedem pn-Übergang baut sich, wenn keine Spannung oder eine Sperrspannung angegeben wird, eine Sperrschicht auf (s. S. 99). Diese isolierende Sperrschicht kann man als Dielektrikum betrachten, die p- und n-Schicht mit ihren Ladungsträgern als je eine Kondensatorplatte. Jeder pn-Übergang (d.h. jede Diode) hat also eine Kapazität.

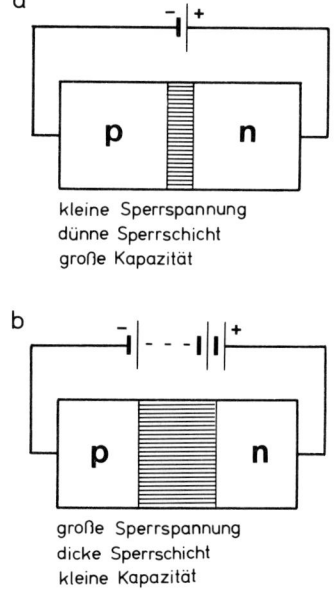

273 Die Sperrschicht kann als Dielektrikum betrachtet werden.

Im allgemeinen ist diese Kapazität unerwünscht, daher wird sie klein gehalten. Bei Allzweck- und Schaltdioden bewegt sie sich in der Größenordnung von 1 pF bis 5 pF – und zwar mit geringer Sperrspannung.

274 *Schaltzeichen Kapazitätsdiode (Varicap).*

Bei den *Kapazitätsdioden* jedoch ist diese Eigenschaft kultiviert – z.B. durch Vergrößerung der Sperrschichtfläche (denn je mehr Plattenfläche einander gegenübersteht, desto größer ist die Kapazität, s. S. 60). Die Diodenkapazität läßt sich in weiten Grenzen beeinflussen *(273)*. Erhöht man die Sperrspannung, so wird die Sperrschicht dikker (s. Abschn. 5.1.3) – d.h., daß der Abstand zwischen den „Platten" größer wird und sich dadurch die Kapazität verringert (s. S. 60).

Man betreibt Kapazitätsdioden mit Sperrspannungen, die zwischen 3 V und 30 V eingestellt werden können. Die Kapazitäten bewegen sich je nach Typ zwischen 2 pF (30 V) bis 25 pF (3 V) und 30 pF (30 V) bis 250 pF (3 V). Dioden der letzten Art sind z.Zt. allerdings kaum erschwinglich.

Kapazitätsdioden dienen in Abstimmkreisen (S. 91 f.) von Fernseh- und Rundfunkempfängern (besonders im UKW-Teil) als Ersatz für Drehkondensatoren *(272)*. Der finanzielle Vorteil gegenüber dem Drehkondensator ist gering, denn man benötigt außer einer hochstabilen 30-V-Versorgung noch mehrere zusätzliche Bauteile mit sehr guter Qualität. Die mechanische Konstruktion vereinfacht sich freilich.

7. Transistoren und Transistorschaltungen

Auch der Transistor ist ein Halbleiterbauelement. Er wurde im Jahre 1948 von den amerikanischen Physikern John Bardeen und Walter Houser Brattain erfunden und von William Shockley beschrieben. Die drei Wissenschaftler erhielten 1956 für ihre epochemachende Erfindung den Nobelpreis für Physik.

Die Bezeichnung Transistor setzt sich aus den englischen Wörtern „transfer" (= übertragen) und „resistor" (= Widerstand) zusammen, was auch auf das Funktionsprinzip des Transistors hinweist. Diesem Prinzip nach handelt es sich um einen elektrisch steuerbaren Halbleiterwiderstand.

Es gibt zwei große Gruppen: bipolare und unipolare Transistoren. Der „normale" Transistor ist der bipolare, der im allgemeinen kurz „Transistor" genannt wird.

7.1 Der bipolare Transistor

Dotiert man einen Halbleiterkristall in drei Schichten mit wechselnder Leitfähigkeit, so ergeben sich zwei Möglichkeiten: die Folge P-N-P und die Folge N-P-N (*275*).

Das Bauelement mit drei wechselnden Schichten ist der (bipolare) *Transistor*. Je nach der Schichtenfolge kann er ein *PNP*- oder ein *NPN-Transistor* sein. Im Schaltzeichen ist die jeweilige Transistorart an der Richtung der Pfeilspitze zu erkennen. Weist der Pfeil nach innen, so kennzeichnet er einen PNP-Transistor. Ist er nach außen gerichtet, so bedeutet das, daß es sich um einen NPN-Transistor handelt.

Die mittlere Schicht heißt *Basis* (gr. Grundlage, Ausgangspunkt). Sie ist sehr dünn; je nach Transistortyp schwankt ihre Stärke zwischen 2 µm und 50 µm. Die äußeren Schichten heißen ihrer Funktion entsprechend *Emitter* (lat. emittere = aussenden, „Aussender") und *Kollektor* (lat. colligere = einsammeln, „Einsammler" s.u.). Theoretisch könnte man die beiden äußeren Schichten im Betrieb vertauschen; in der Praxis wird man dabei aber wenig Erfolg haben, weil sie nicht symmetrisch gebaut und insbesondere nicht gleich stark dotiert sind.

Durch die drei Schichten mit wechselnder Folge der Leitfähigkeit ergeben sich im Kristall zwei pn-Übergänge: pn1 und pn2, d.h. zwei *Dioden* (*276*). Beide haben eine Schicht – die Basis – gemeinsam. *Ein Transistor besteht also aus zwei mit einem Pol gegensinnig verbundenen Dioden.* Beim PNP-Transistor liegen die beiden Kathoden gemeinsam an der Basis, beim NPN-Transistor die beiden Anoden. Die Dioden heißen nach den äußeren Schichten *Basis-Emitter-Diode* (kurz: Emitter-Diode) und *Basis-Kollektor-Diode* (kurz: Kollektor-Diode).

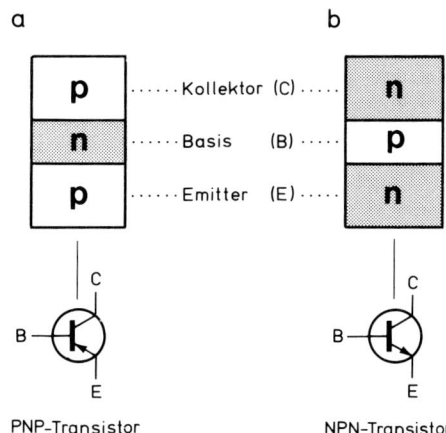

275 *Aufbau und Schaltzeichen für PNP- und NPN-Transistoren.*

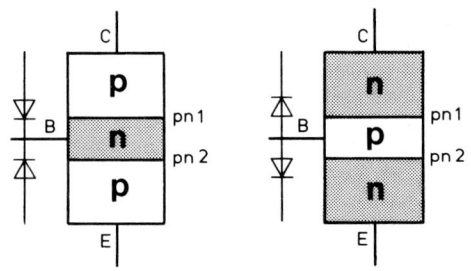

276 *Der Aufbau des Transistors (es bilden sich jeweils 2 pn-Übergänge = Sperrschichten aus) entspricht 2 gegeneinander in Reihe liegenden Dioden.*

Man kann den Transistor nicht durch zwei getrennte Dioden nachbilden, denn seine Wirkungsweise ergibt sich durch die *gemeinsame dünne Basisschicht.*

7.1.1 Funktionsprinzip des Transistors

Grundsätzlich funktionieren PNP- und NPN-Transistor gleich. Der umgekehrten Reihenfolge der Schichten entsprechend fließen lediglich die Ströme in jeweils entgegengesetzter Richtung. Die Schaltzeichen weisen darauf hin: Beim PNP-Transistor zeigt der Stromrichtungspfeil des Emitters zur Basis hin, beim NPN-Transistor zeigt er von der Basis weg (*275*).
Im folgenden betrachten wir den NPN-Transistor (*277*): Legt man an Kollektor und Emitter eine Spannung („+" an C, „–" an E), so ist die Basis-Emitter-Diode (pn2) in Flußrichtung gepolt, die Basis-Kollektor-Diode (pn1) in Sperrichtung. Abgesehen vom geringen Leckstrom (s. Diode, S. 100f.) fließt kein Strom. Die Kollektor-Emitter-Strecke sperrt den Strom wie ein sehr großer Widerstand oder ein geöffneter Schalter.

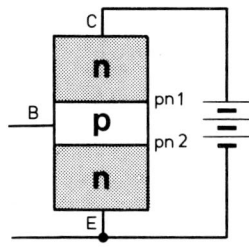

277 *Bei Anlegen einer Spannung an Kollektor und Emitter verhält sich der Transistor wie ein sehr großer Widerstand (pn1 in Sperrichtung).*

Nun legt man zusätzlich an Basis und Emitter eine Spannung (Batt. 2, „+" an B, „–" an E), so daß die Basis-Emitter-Diode (pn2) in Flußrichtung gepolt ist. Diese Spannung ist kleiner als die an den Kollektor angelegte („Kollektorspannung"), aber größer als die Schwellenspannung der BE-Diode. Sofort fließen Elektronen vom Minus-Pol der Batterie über den Emitter in die Basis, um von dort zum Plus-Pol der Batterie zu gelangen. Sie dringen aber so schnell in die dünne Basis-Zone ein, daß die meisten von ihnen sie eher durchlaufen haben, als sie über die Basis-Zuleitung abfließen können. Sie geraten in die Basis-Kollektor-Sperrschicht (pn1) und werden dort von der höheren Kollektorspannung abgezogen (*278*).

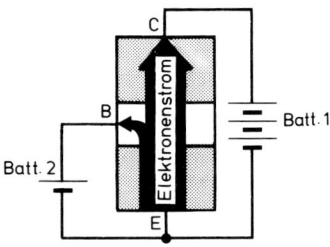

278 *Erhält auch die Basis ein Potential, das der Basis-Emitter-Diode in Flußrichtung entspricht, so wird der Transistor auf der Emitter-Kollektor-Strecke leitend. Es fließt ein Strom, dessen Stärke an der Basis gesteuert werden kann.*

Die vom Emitter „ausgesandten" Elektronen fließen nur zu einem sehr geringen Teil (1% und weniger) zur Basis hinaus. Sie bilden den Basisstrom (I_B). Die meisten von ihnen werden vom Kollektor „eingesammelt". Die Höhe der Basis-Emitter-Spannung (U_{BE}) bestimmt die Geschwindigkeit, mit der die Elektronen vom Emitter in die Basis eindringen. Je höher sie ist, desto stärker werden die Elektronen beschleunigt, desto mehr dringen sie aber auch in die Basis-Kollektor-Sperrschicht ein und machen sie durchlässiger – desto größer wird der Kollektorstrom (I_C).
Der höheren Basisspannung U_{BE} entspricht ein höherer Basisstrom I_B. Je größer der Basisstrom ist, desto größer ist der Kollektorstrom. Den Basisstrom I_B kann man mit der Höhe der Basisspannung steuern. Zugleich steuert man damit den Kollektorstrom. Genauer gesagt steuert man mit I_B den Abbau der Basis-Kollektor-Sperrschicht, man steuert ihren Widerstand zwischen sehr hohen (kein I_B) und sehr kleinen Werten (großer I_B).

Da am Stromfluß im Transistor Elektronen (negative Ladungsträger) und „Löcher" (die man sich zur Vereinfachung der Vorstellung als positive Ladungsträger denken kann) beteiligt sind, nennt man den hier beschriebenen Transistor-Typ „bipolar" (lat. bi- = zwei-). Man betrachtet ihn im allgemeinen als den „normalen" Transistor (s.o.). Das Gegenstück dazu ist der „unipolare" Transistor (lat. unus = eins), z.B. der Feldeffekt-Transistor (s.u., S. 172 ff.), in welchem sich nur eine Art von Ladungsträgern bewegt.

Der PNP-Transistor funktioniert genauso wie der NPN-Transistor. Zur Erklärung seiner Funktion betrachtet man aber nicht den Elektronenstrom, sondern den „Löcherstrom". Die Spannungen werden mit umgekehrter Polarität angelegt: „+" an Emitter, „–" an Kollektor und Basis.

7.1.2 Wichtige Kennwerte

Die Hersteller geben eine Fülle von Kennwerten an, die für den Entwicklungsingenieur je nach Anwendungsfall insgesamt oder teilweise wichtig sind. Außerdem beschreiben sie das Verhalten der Transistoren durch eine Reihe von Kennlinien. Fürs erste beschränken wir uns auf die Kennwerte, die in jedem Anwendungsfall zu beachten sind.

Spannungen und Ströme werden jeweils mit *Indizes* für die zugehörigen Elektroden angegeben. Bleibt die dritte Elektrode offen, d.h. bei einem Meßaufbau unbenutzt, so wird sie durch eine 0 (Null) gekennzeichnet. – Beispiel: U_{CE0} heißt „Spannung zwischen Kollektor und Emitter; die dritte Elektrode (Basis) ist offen".
Spannungs- und Stromrichtungen werden durch *Vorzeichen* angegeben. Kein Vorzeichen bedeutet „+" (plus); nur „–" (minus) wird geschrieben. Beim Ablesen gilt die konventionelle Stromrichtung („der Strom fließt von Plus nach Minus", S. 28). Eine Spannung ist „positiv", wenn der Meßpunkt „positiver" als der Bezugspunkt ist. Bei einem Doppelindex bedeutet der erste Buchstabe den Meßpunkt, der zweite den Bezugspunkt. Für die Meßpraxis heißt das: Plus-Klemme des Meßinstruments an den Punkt des ersten Buchstabens, Minus-Klemme an den des zweiten.
Beispiel: Bei einem NPN-Transistor muß der Kollektor (C) dem Emitter (E) gegenüber positiv sein. Bei der Spannungsangabe U_{CE} mißt man vom Bezugspunkt E (Minus-Klemme) zum Meßpunkt C (Plus-Klemme) und erhält einen positiven Wert, z.B. $U_{CE} = 10$ V. – Beim PNP-Transistor muß der Kollektor dem Emitter gegenüber negativ sein. Bei der gleichen Meßanordnung erhält man einen negativen Wert, z.B. $U_{CE} = -10$ V. Nach den Regeln der algebraischen Umformung schreibt man auch $-U_{CE} = 10$ V.
Mit den Strömen verhält es sich analog. In einen Anschluß hineinfließende Ströme erhalten ein positives Vorzeichen, herausfließende ein negatives.
Beispiel: Beim NPN-Transistor fließt der Basisstrom (I_B), konventionell gesehen, in die Basis hinein, nämlich von Plus nach Minus, z.B. $I_B = 1$ mA. – Beim PNP-Transistor fließt er, da die Basis negativ dem Emitter gegenüber ist, aus der Basis heraus; I_B erhält daher einen negativen Wert, z.B. $I_B = -1$ mA, anders geschrieben $-I_B = 1$ mA. Entsprechend erhält auch der Kollektorstrom (I_C) eines PNP-Transistors ein negatives Vorzeichen.

Spannungsfestigkeit: Die BC-Diode wird in Sperrrichtung betrieben. Sie kann beim Überschreiten einer Maximalspannung durchbrechen wie jede andere Diode. Die Kollektorsperrspannung U_{CB0} und die Kollektor-Emitter-Sperrspannung U_{CE0} dürfen nicht überschritten werden.
Die Sperrspannungsfestigkeit der BE-Diode beträgt i.allg. nur wenige V. Da die BE-Diode in Flußrichtung betrieben wird, ist die Durchbruchgefahr gering.
Der maximale *Kollektorstrom* (I_C) darf nicht überschritten werden. I_C darf seinen Maximalwert nur erreichen, wenn dabei die zulässige Gesamtverlustleistung nicht überschritten wird (s. auch Versuch, S. 131 f.). I_C erhält in Datenbüchern oft den Zusatz AV, also $I_{C AV}$. AV bezeichnet den arithmetischen Mittelwert, der z.B. bei impulsartigen Kollektorströmen interessant ist; kurzzeitige Stromspitzen dürfen größer sein, denn nach ihnen folgt eine „Pause", in der die Sperrschicht wieder abkühlen kann.

Die *Gesamtverlustleistung* (P_{tot}) ist das Produkt aus U_{CE} und I_C; genaugenommen kommt noch das Produkt aus U_{BE} und I_B hinzu, doch ist es im Verhältnis zu $U_{CE} \cdot I_C$ so klein, daß man es vernachlässigen kann.

$$P_{tot} = U_{CE} \cdot I_C + (U_{BE} \cdot I_B).$$

Die Gesamtverlustleistung wird in Wärme umgesetzt. Sie begrenzt die Belastbarkeit des Transistors. Wenn die Wärme durch Kühlmaßnahmen (S. 102 f.) abgeführt wird, kann P_{tot} in gewissen Grenzen vergrößert werden.

Der *Stromverstärkungsfaktor* (B oder β, griech. Buchstabe „beta") gibt das Verhältnis des Kollektorstroms zum Basisstrom an, also um wievielmal der Kollektorstrom stärker als der Basisstrom ist.

$$\beta = \frac{I_C}{I_B}; \quad I_C = \beta \cdot I_B; \quad I_B = \frac{I_C}{\beta}.$$

B (β) bezeichnet die sog. „Kurzschlußverstär-

Transistor-Typ	N P	Hersteller	Valvo-Typ	Gehäuse M K G	A P_{tot} (U_{CES}) W	B U_{CBO} (U_{CES}) V	C U_{CEO} (U_{CER}) V	D I_{CAV} (I_{CM}) A	E B (β)	F f_T MHz
				Daten des Ausgangstyps						
BC 547 A	N	S.SE.T.V	BC 547 A	SOT-54 K	0,5	50	45	0,1	110–220	300
BC 547 B	N	S.SE.T.V	BC 547 B	SOT-54 K	0,5	50	45	0,1	200–450	300
BC 557	P	S.SE.T.V	BC 557	SOT-54 K	0,5	50	45	0,1	(75–250)	150
BC 557 A	P	S.SE.T.V	BC 557 A	SOT-54 K	0,5	50	45	0,1	(125–250)	150

279 *Nach Valvo-Unterlagen – N: NPN, P: PNP.*

kung" (Kollektor und Emitter liegen unmittelbar an den Polen der Spannungsquelle).
Beispiel: Bei einem Transistor mit $B = 100$ ist ein I_C von 100 mA gewünscht. Wie groß muß I_B sein?

$$I_B = \frac{I_C}{\beta [B]},$$

$$I_B = \frac{100\,\text{mA}}{100} = 1\,\text{mA}.$$

Der Stromverstärkungsfaktor gilt nur für einen bestimmten Arbeitsbereich. Innerhalb dieses Arbeitsbereichs bewirkt eine Vergrößerung oder Verringerung des Basisstroms eine um den Stromverstärkungsfaktor multiplizierte Änderung des Kollektorstroms. Hat der Kollektorstrom einen bestimmten Maximalwert erreicht, dann läßt er sich auch durch einen großen Basisstrom kaum noch steigern (siehe Kennlinie *280*).

B (großer Buchstabe) bezieht sich auf *Gleichstromverstärkung*, β auf *Wechselstromverstärkung*. Mit steigender Frequenz nimmt die Stromverstärkung ab, weswegen β i.allg. in bezug auf eine bestimmte Frequenz angegeben wird, z.B. 1 kHz. In diesem Zusammenhang ist die von den Herstellern angegebene *Transitfrequenz* (f_T) zu sehen. Sie ist das Produkt aus einer bestimmten Frequenz und dem bei ihr gemessenen Stromverstärkungsfaktor, wobei die Meßfrequenz so hoch gewählt wird, daß β schon stark zurückgeht (f_T ist ungefähr die Frequenz, bei der $\beta = 1$ ist, d.h. Stromverstärkung nicht mehr stattfindet).

Abb. *279* zeigt Originalausschnitte aus einer Äquivalenzliste (Vergleichsliste) für Transistoren. – Diese wenigen Angaben reichen für einfache Anwendungsfälle aus.

Die beiden Typen BC 547 und BC 557 wurden deswegen ausgewählt, weil sie als „Allerweltstypen" gelten. Im Handel ist oft billige Massenware unter den Bezeichnungen *TUN* (*T*ransistor, *u*niversal, *N*PN) und *TUP* (*T*ransistor, *u*niversal, *P*NP) zu erhalten. Gemeint sind damit Transistoren, die in etwa den Typen BC 547 und BC 557 entsprechen. Die meisten der in diesem Buch angeführten Schaltungen können mit TUN und TUP bestückt werden, es sei denn, daß einmal ausdrücklich ein anderer Transistortyp angegeben wird.

7.1.3 Bauformen und Kennzeichnungen

Das bedeutendste Herstellungsverfahren für Transistoren ist die *Planartechnik* (lat. planus = flach, eben). Die einzelnen Schichten entstehen durch Eindiffundieren von Fremdatomen in eine hochreine Siliziumscheibe (Flächentransistor, s. *281*). Der Vorteil des Verfahrens liegt darin, daß in einem Fertigungsprozeß 1 000 und mehr Transistorsysteme auf einer Si-Scheibe hergestellt

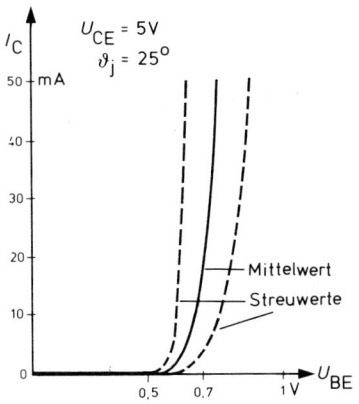

280 *Typische Steuerkennlinie eines Si-Transistors (Eingangskennlinie).*

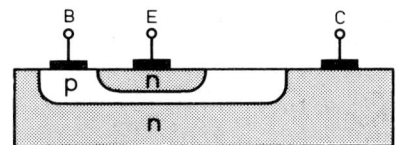

281 Aufbau und Schichtenlage eines Flächentransistors.

werden können. Flächentransistoren (Planartransistoren) sind nicht nur preisgünstig, sondern auch besonders zuverlässig.

Es gibt Tausende von Transistortypen – für die verschiedensten Verwendungszwecke. Nach dem „Pro-Electron-Schlüssel" kann man sie schon nach der Typenbezeichnung in etwa einordnen.

Die *Typenbezeichnung* besteht aus zwei Buchstaben und drei Ziffern, wenn es sich bei dem betrachteten Transistor um einen „Standardtyp" handelt (z.B. BC 107 – für die Unterhaltungselektronik). Bei Transistoren für die professionelle Elektronik besteht die Typenbezeichnung aus drei Buchstaben und zwei Ziffern (z.B. BCY 58).

Der erste Buchstabe gibt, wie bei den Dioden, den Hinweis auf das Halbleitermaterial. A steht für Germanium (z.B. AC 117), B für Silizium. Der zweite Buchstabe kennzeichnet den Anwendungsbereich:

C: Kleinleistungstransistor für NF
  (z.B. BC 547)
D: Leistungstransistor für NF
  (z.B. BD 135)
F: Kleinleistungstransistor für HF
  (z.B. BF 314)
L: Leistungstransistor für HF
  (z.B. BLY 90)
P: Fototransistor (z.B. BPX 38)
S: Schalttransistor für kleine Leistung
  (z.B. BSX 20)
U: Schalttransistor für große Leistung
  (z.B. BU 131)

282/283 Transistoren. Oben – Kleinleistungstransistoren (mit 3 Anschlußdrähten) in Metall- und Kunststoffgehäusen. Unten – Leistungstransistoren im TO3- und SOT-9-Gehäuse.

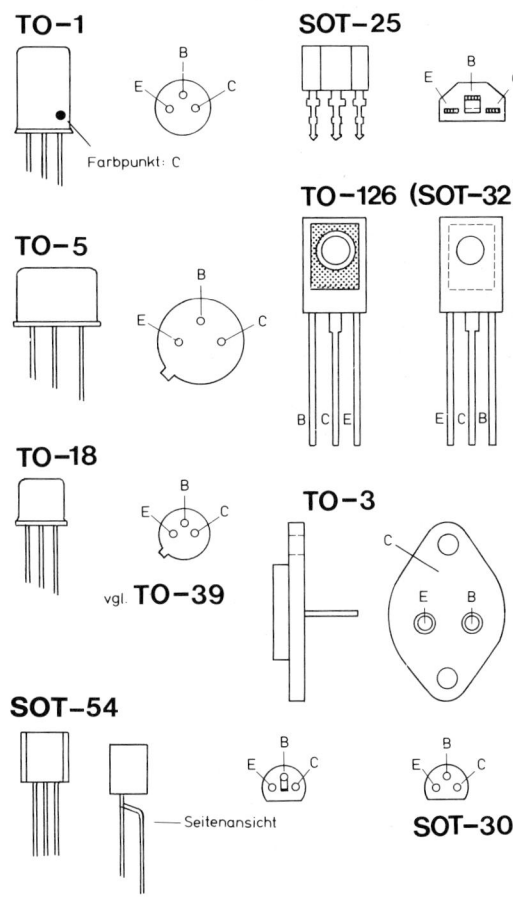

284 Gebräuchliche Gehäuseformen für Transistoren.

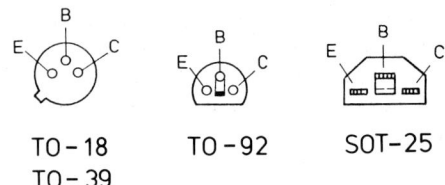

285 *Zum Lesen der Anschlüsse hält man das Gehäuse am besten so, daß die Anschlußlage eine Dachform bildet. Im allgemeinen liest man von links nach rechts: Emitter – Basis – Kollektor. Eine „Nase" an der Gehäuseplatte kennzeichnet die Lage des Emitters.*

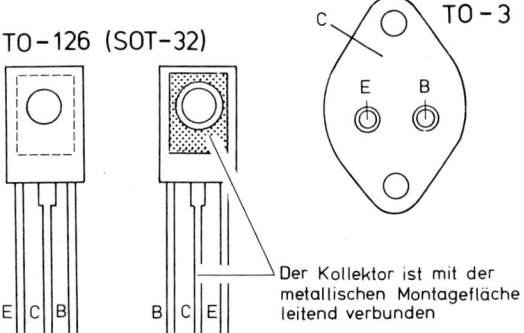

286 *Manche Gehäuse haben Montageflächen (für guten Kontakt mit einem Kühlkörper) – der Kollektor ist mit diesen leitend verbunden.*

Die *Gehäuseform* deutet auf die Leistung des Transistors hin: Kleine Gehäuse (Plastik, z.B. SOT-25, TO 92, Metallgehäuse, z.B. TO 18) lassen auf kleine Leistungen, mittelgroße Metallgehäuse (z.B. TO 39) auf mittlere Leistungen schließen. Transistoren, deren Gehäuse so gebaut sind, daß sie auf Kühlkörper montiert werden können, sind für große Leistung vorgesehen.
Ein Problem sind die *Anschlüsse*. Welcher Anschlußdraht gehört zu welcher Schicht? – Im Zweifelsfall gibt das Datenbuch Auskunft. Hat man Pech, so besitzt man kein Datenbuch – oder die Transistorbezeichnung ist nicht mehr lesbar – oder gerade für den vorhandenen Transistor findet man keine Angaben – oder die verwendete Billigware ist nicht gestempelt.
Mit den folgenden Regeln findet man sich in 90% aller Fälle zurecht:
1. Transistoranschlüsse werden so angegeben, daß man von unten auf die Anschlußlage schaut. Die Anschlüsse liegen im Dreieck. Man drehe das Gehäuse so, daß man auf die Anschlüsse wie auf den Giebel eines Hauses schauen kann (*285*).

287 *Die Belastbarkeit der Transistoren kann durch die Montage auf Kühlkörpern oder durch Aufsetzen passender Kühlsterne, Kühlbleche usw. erhöht werden. Schwarze Flächen strahlen die Wärme besser ab als helle. Durch solche Maßnahmen wird die wirksame Oberfläche zur Wärmeabgabe verbessert.*

Meistens ist dann die Anschlußfolge E-B-C. Bei einigen HF- und Schalttransistoren ist die Anschlußfolge B-E-C, bei den Leistungstransistoren (s.u.) B-C-E.
2. Zum Zwecke der besseren Wärmeableitung werden Transistoren meist so in Metallgehäuse eingebaut, daß der Kollektor leitend – d.h. auch wärmeleitend – mit dem Gehäuse verbunden ist. Er ist mit der Kollektorschicht direkt auf den Gehäuseboden gelötet (s. geöffnete Transistoren, S. 141). Der bei dreibeinigen Transistoren – meist sichtbar (*286*) – an das Gehäuse angeschweißte Anschluß ist der Kollektor.
Bei Leistungstransistoren bildet das Gehäuse in der Regel selbst den Kollektoranschluß (z.B. beim TO-3-Gehäuse). Ein solcher Transistor hat dann nur zwei „Beine" (*286*).
3. Manche HF-Transistoren haben vier Anschlüsse (*288*). Der vierte Anschluß ist leitend mit dem Metallgehäuse verbunden. Das Gehäuse dient dann zur Abschirmung des Transistors, es kann „geerdet", „an Masse gelegt" werden. In diesem Fall wird der Kollektor aus dem Gehäuse isoliert herausgeführt.

288 *Transistorgehäuse mit einem Anschluß zur Abschirmung.*

7.1.4 Prüfen von Transistoren

Zur Funktionsprüfung von Transistoren genügt ein Ohmmeter. Da ein Transistor nämlich aus zwei an der Basis gegensinnig miteinander verbundenen Dioden (S. 124) besteht, genügt es in der Regel, von der Basis aus zum Kollektor und zum Emitter die Diodenprüfung (S. 101 f.) vorzunehmen. Kollektor- und Emitterdiode verhalten sich von der Basis aus gesehen gleich.

Man hält eine Prüfspitze des Ohmmeters an der Basis fest und tippt mit der anderen nacheinander Kollektor und Emitter an (289). An beiden Anschlüssen muß das Ohmmeter je nach Polung Durchgang oder fast ∞ Ω anzeigen. Jetzt vertauscht man die Anschlüsse des Ohmmeters. Nun müssen sich die Dioden genau entgegengesetzt verhalten. Sperren und leiten beide Dioden gleichermaßen, so ist der Transistor in Ordnung. Ist eine der beiden Dioden kurzgeschlossen oder unterbrochen, so ist der Transistor defekt. Man kann davon ausgehen, daß ein Transistor entweder funktionstüchtig oder defekt ist; Zwischenstufen gibt es nicht – von seltenen Feinheiten abgesehen.

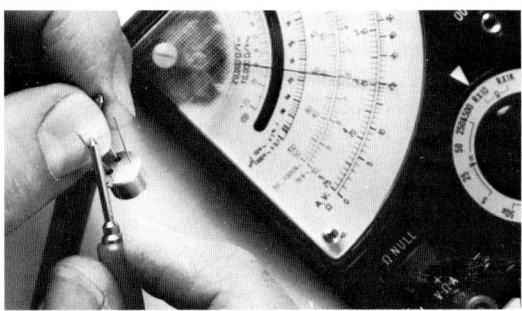

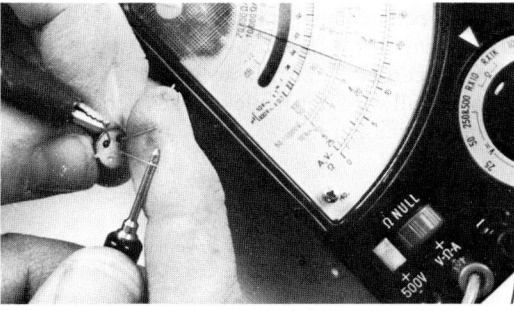

289/290 *Transistorprüfen mit dem Ohmmeter. Oben – Diodenkontrolle. Gleichzeitig erfährt man, ob es sich um einen NPN- oder PNP-Transistor handelt. Unten – ob Emitter oder Kollektor, das verrät die Fingerprobe.*

Zur Identifizierung der Transistoren nach PNP oder NPN gilt folgende Regel: Bei einem PNP-Transistor leiten die Dioden dann, wenn der Minus-Pol des Ohmmeters mit der Basis verbunden ist. Bei einem NPN-Transistor leiten die Dioden, wenn der Plus-Pol des Ohmmeters mit der Basis verbunden ist. „Plus" und „Minus" beziehen sich hier nicht auf die Anschlußmarkierungen des Vielfachmeßgeräts, sondern auf die eingebaute Batterie (s. S. 76).

Mit dem Ohmmeter kann man bei unbekannten Transistoren auch die Anschlußfolge der Elektroden herausfinden. Bei Leistungstransistoren ist das besonders leicht: Das Gehäuse ist der Kollektor. Man sucht den Anschluß, der zum Kollektor hin Diodenverhalten zeigt. Es ist die Basis. Der jetzt noch freie Anschluß muß der Emitter sein.

Bei Kleinsignaltransistoren sucht man durch Probieren den Anschluß, der zu den beiden übrigen Anschlüssen Diodenverhalten zeigt. Er ist die Basis. Kollektor und Emitter kann man verwechseln; aber auch diese Unterscheidung läßt sich eindeutig herbeiführen:

Man schaltet das Ohmmeter auf den Meßbereich $R \times 1$ k. Durch die Diodenprüfung weiß man, ob es sich um einen PNP- oder NPN-Transistor handelt (s.o.). Bei einem PNP-Transistor verbindet man mittels Prüfschnüren den Minus-Pol des Ohmmeters mit dem (vermuteten) Kollektor, den Plus-Pol mit dem (vermuteten) Emitter. Das Ohmmeter zeigt (fast) ∞ Ω. Nun überbrückt man Kollektor und Basis mit einem angefeuchteten Finger (290). Schlägt das Ohmmeter deutlich aus, so ist die Vermutung richtig (denn über den feuchten Finger und die Basis fließt ein kleiner Strom, der die Kollektor-Emitter-Strecke leitend macht). Schlägt das Ohmmeter nicht aus, so ist die Vermutung falsch.

Bei einem NPN-Transistor geht man genauso vor, nur muß man Plus- und Minus-Pol des Ohmmeters vertauschen: „+" an Kollektor, „–" an Emitter.

Dieses etwas umständliche Prüfverfahren läßt auch Rückschlüsse auf den Stromverstärkungsfaktor zu (unterschiedlicher Zeigerausschlag). Zugleich ist es ein sicherer Weg, das Wissen über das Grundverhalten des Transistors zu festigen. Man sollte es zur Übung an möglichst vielen Transistoren erproben. Wie gut oder wie schlecht man eine Methode findet – in der Praxis heißt das: wie hilfreich sie ist –, hängt nicht zuletzt davon ab, wie sicher man sie beherrscht. Als Gedächtnisstütze empfiehlt es sich, zumindest in der Anfangszeit je einen bekannten PNP- und NPN-Transistor mit dem Ohmmeter zusammen aufzubewahren. Zur Messung von B s.u., S. 175 ff.

Nie sollte man einen Transistor ungeprüft in eine Schaltung einbauen – auch keinen neuen! An diesem Grundsatz ist festzuhalten. Das Prüfen dauert nur wenige Sekunden, die Fehlersuche sehr viel länger. Die Autoren hätten sich viel Sucharbeit ersparen können, wenn sie diese Regel selbst immer befolgt hätten. Viele Schaltungen wird man – besonders in der Schule – mit preisgünstiger Massenware aufbauen, die in Hunderterpackungen im Handel zu haben ist. Fehlerhafte Exemplare sind dabei unvermeidlich. Aber auch gestempelte Ware „1. Wahl" enthält mitunter einen defekten Transistor. Vertrauen zum Händler ist sicher berechtigt, trotzdem kann die rechtzeitige Kontrolle manchen Mißerfolg vermeiden helfen. – Der auf Seite 243 ff. beschriebene einfache *Transistortester* ist für die Schnellprüfung gedacht. Er gibt Auskunft über die Funktionstüchtigkeit („go" – „no go"), über die Schichtenfolge (NPN – PNP) und ermöglicht es, bei einem völlig unbekannten Transistor durch Probieren die Anschlußfolge von E, B und C eindeutig zu ermitteln.

7.1.5 Grunderfahrung mit dem Transistor

Diese Versuchsschaltung braucht nicht fest aufgebaut zu werden. Es genügt, sie mit kurzen Prüfschnüren herzustellen oder als „Laborigel" frei zusammenzulöten (*291*).
Wir nehmen einen billigen NPN-Silizium-Universaltransitor („TUN") und beginnen mit dem Kollektor-Emitter-Stromkreis (CE). Die CE-Strecke des Transistors T liegt mit dem Glühlämpchen (3,8 V/0,07 A) in Reihe (*292*). Die Basis bleibt zunächst offen. Das Glühlämpchen leuchtet nicht. Es fließt (fast) kein Strom. Die CE-Strecke muß also einen sehr hohen Widerstand haben, vergleichbar einem geöffneten Schalter.
Nun setzen (klemmen, löten) wir einen Widerstand R (100–500 Ω) und ein Potentiometer P (10–50 kΩ) in die Schaltung ein. P ermöglicht es als Spannungsteiler, der Basis eine mehr oder weniger hohe Spannung zukommen zu lassen und

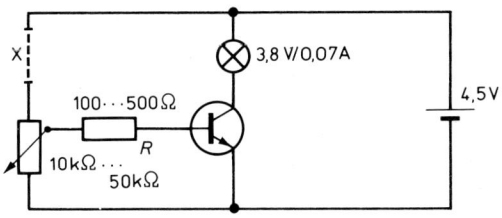

292 Versuchsschaltung zur Ermittlung des Grundverhaltens des Transistors.

damit den Basisstrom zu verändern (höhere B-Spannung bedeutet höheren B-Strom). R ist ein Schutzwiderstand: Die Basis-Emitter-Diode (BE) ist kein Verbraucher. Wird der Schleifer des Potentiometers ganz zum Plus-Pol der Batterie hin gedreht, so würde über die BE-Diode praktisch ein Kurzschluß entstehen. Der dabei fließende hohe Strom würde die Diode zerstören. Aus diesem Grunde wird der Strom durch R begrenzt, ein totaler Kurzschluß verhindert. R könnte auch an der Stelle X eingesetzt werden.
Je nach der Stellung des Potentiometers leuchtet das Lämpchen stark, dunkel oder gar nicht. – Steht ein mA-Meter (Vielfachmeßinstrument) zur Verfügung, dann sollte man den Kollektorstrom (= Lampenstrom) messen. Man kann dabei die Stromänderungen feiner beobachten: I_C ändert sich, aber die Batteriespannung bleibt gleich. Das heißt, daß sich der Widerstand der CE-Strecke ändert, und zwar entsprechend dem Basisstrom. Man sagt kurz: *Der Transistor wird gesteuert.*
Nach Möglichkeit sollte man auch den Basisstrom (I_B) messen und dabei beobachten, wie mit dem Ansteigen des Basisstroms das Lämpchen heller wird, d.h. der Kollektorstrom zu-, der Widerstand der CE-Strecke abnimmt.
Ferner sollte man die Basisspannung (Spannung zwischen Basis und Emitter – U_{BE}) messen. – Von welcher U_{BE} an wird die CE-Strecke leitend (beginnt das Lämpchen eben zu glimmen)? – Das geschieht erst, wenn die Schwellenspannung der BE-Diode erreicht ist; bei dem verwendeten Si-Transistor etwa bei 0,6 bis 0,7 V.
Das stimmt in dieser Form allerdings nur für größere Basisströme ($\geq 0,1$ mA). Tatsächlich beginnt auch bei niedrigeren Spannungen, ca. 0,5 V, schon ein geringer Basisstrom (≤ 10 μA) zu fließen. Die BE-Diode ist eine „normale" Diode, daher gilt für sie auch die typische Kennlinie (S. 100).
Nun ist noch die Spannung zwischen Kollektor und Emitter (U_{CE}) zu messen (*293*). Wenn kein

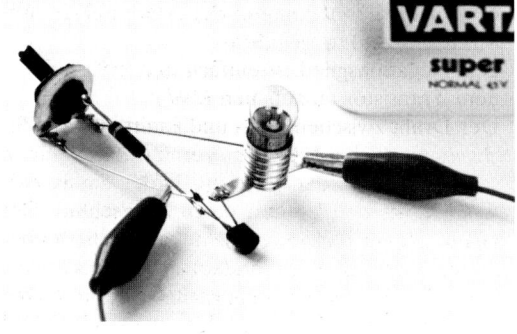

291 „Laborigel". Eine frei (mehr oder weniger provisorisch) aufgebaute Versuchsschaltung zur Erkundung des grundsätzlichen Verhaltens von Transistoren.

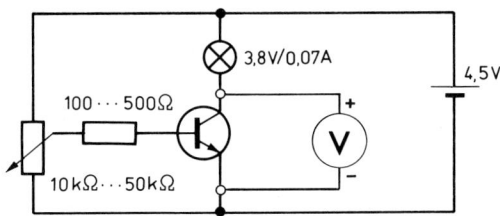

293 Messen der Spannung zwischen Kollektor und Emitter. Je nach Stellung des Potentiometers wird durch den Zeigerausschlag die volle Batteriespannung oder die Kollektor-Sättigungsspannung U_{CEsat} angegeben.

Basisstrom fließt (Schleifer von P auf 0 Volt gestellt), steht zwischen C und E die volle Batteriespannung. Da L und die CE-Strecke in Reihe liegen, muß nach der Spannungsteilerregel die CE-Strecke einen sehr hohen Widerstand haben. Dreht man den Schleifer des Potentiometers in Richtung Batterie-Plus-Pol (Verringern des Widerstandes, Erhöhen von U_{BE}), so beginnt L zu leuchten. Zugleich sinkt die Spannung zwischen C und E. Der Widerstand der CE-Strecke wird also kleiner (Spannungsteilerregel). Erhöht man den Basisstrom weiter, so sinkt auch die Spannung zwischen C und E weiter – *sie wird aber nie 0 V*. Es bleibt auch bei stark erhöhtem Basisstrom eine kleine Spannung, d.h. ein kleiner Spannungsabfall, zwischen C und E stehen. Sie heißt *Kollektor-Emitter-Sättigungsspannung* (U_{CEsat}). Sie beträgt je nach Transistortyp und Kollektorstrom etwa 0,1 bis 1,5 V. Die Sättigungsspannung geht im Kollektorstromkreis „verloren" – vergleichbar der Schwellenspannung einer Diode.

Für die nächste „Messung" benötigen wir die Finger als Thermometer. Wir tauschen das Glühlämpchen gegen ein anderes mit stärkerem Nennstrom aus (z.B. 3,8 V/0,3 A oder 4 V/0,3 A) und steuern mit P den Transistor soweit durch, daß das Lämpchen deutlich zu leuchten beginnt (I_C = etwa 150 mA). Wir befühlen den Transistor – er wird warm oder sogar heiß.

Nun steuern wir den Transistor möglichst weit durch (größte Helligkeit des Lämpchens). Es fließt ganz offensichtlich ein erheblich stärkerer Strom. Trotzdem wird der Transistor nicht heißer; beim Anfassen stellen wir fest, daß er im Gegenteil sogar etwas abkühlt.

Wie ist das zu erklären? – Im halbdurchgesteuerten Zustand ist der Transistor verhältnismäßig hochohmig. Mißt man die Spannung zwischen C und E, so ergibt sich ein Spannungsabfall von ca. 3 V. Diese 3 V werden im Transistor wie in einem Widerstand „vernichtet", im Technikerjargon heißt das „verbraten". Bei einem Strom von 150 mA beträgt die *Verlustleistung*

$$P_{tot} = U_{CE} \cdot I_C$$
$$= 3 \text{ V} \cdot 0,15 \text{ A} = 0,45 \text{ W}.$$

Diese 0,45 W werden in Wärme umgesetzt. Ein Kleinsignaltransistor mit P_{tot} max. = 0,3 W übersteht das nicht lange. Er wird durch die Verlustwärme zerstört.
Im voll durchgesteuerten Zustand fließen 0,3 A, die Sättigungsspannung beträgt ca. 0,5 V; daraus resultiert eine Verlustleistung von nur 0,15 W – trotz des höheren Stroms!
Betreibt man einen Transistor so, daß er nur zwei Zustände – Sperren und größtmögliche Durchsteuerung – kennt, so spricht man vom *Schalterbetrieb*. Nimmt der Transistor entsprechend seiner Durchsteuerung die vielen möglichen Zwischenstufen an, so spricht man vom *Verstärkerbetrieb*.

7.2 Alarmanlage

Der Alarm soll durch Unterbrechung eines Stromkreises – z.B. durch das Durchreißen eines dünnen Drahtes in einem Fenster, das Öffnen eines Türkontakts – ausgelöst werden. Das Aufleuchten eines Kontrollämpchens (z.B.) soll die Unterbrechung anzeigen.
Das ist ohne weiteres nicht möglich. Man würde das Warnlicht, die Klingel o.ä. ständig durchlaufen lassen; im Alarmfall würde dann der Stromkreis unterbrochen, das Licht würde verlöschen, die Klingel verstummen usw. – das wäre eine Art „umgekehrter" Alarm.
Man benötigt also ein Negationsglied, das die Stromunterbrechung in der Sicherungsschleife in eine Stromeinschaltung in der Alarmanlage umwandelt – und umgekehrt.
Das Negationsglied ist einfach und billig mit einem Transistor aufzubauen (*294*):
Der Draht zwischen Basis und Emitter ist die Sicherungsschleife. Er hat im Verhältnis zu R einen sehr kleinen Widerstand und bildet damit zwischen Basis und Emitter einen Kurzschluß. Der eigentlich der Basis zugedachte Strom fließt über diesen Kurzschluß ab; anders ausgedrückt – die Basis liegt in dem Spannungsteiler, der aus R und der Sicherungsschleife gebildet wird, (fast) auf dem Emitterpotential. Da in diesem Spannungsteiler die Schwellenspannung der Basis-Emitter-Diode nicht erreicht wird, fließt kein Basis-

strom, deswegen sperrt der Transistor. Reißt der Draht der Sicherungsschleife, so ist der Kurzschluß aufgehoben. Der der Basis zugedachte Strom fließt nun wirklich über die Basis, der Transistor schaltet durch, das Lämpchen leuchtet.

Die „Sicherungsschleife" muß nicht unbedingt durch einen zerreißbaren Draht gebildet werden. Ebenso eignet sich ein Tastschalter, dessen Kontakte beispielsweise beim Öffnen einer Tür, einer Schublade usw. gelöst werden. Häufig verwendet man sog. Reed-Kontakte (engl. reed = Zunge). Im Reed-Kontakt stehen zwei aus einer Nickel-Eisen-Legierung bestehende Kontaktzungen einander in geringem Abstand gegenüber (295). Werden sie in ein Magnetfeld gebracht, so ziehen sie sich an und schließen den Kontakt. Für die Funktion ist es gleichgültig, ob das Magnetfeld von einem Permanentmagneten oder einer um den Reed-Kontakt gewickelten Spule stammt. Da man für die Versorgung eines solchen Schalters Anschlußdrähte verlegen muß, empfiehlt es sich, den Reed-Kontakt im feststehenden Teil, z.B. im Türrahmen, den Magneten im beweglichen Teil, z.B. in der Türblattkante, zu montieren. Solange der Magnet dem Reed-Kontakt nahe gegenübersteht – in unserem Beispiel: solange die Tür geschlossen ist –, ist auch der Kontakt geschlossen. Öffnet man die Tür, so entfernt sich der Magnet. Der Reed-Kontakt öffnet sich und löst den Alarm aus. – Man kann an Fenstern und Türen beliebig viele Reed-Kontakte in Reihe schalten. Wenn auch nur einer öffnet, ist die Sicherungsschleife unterbrochen.

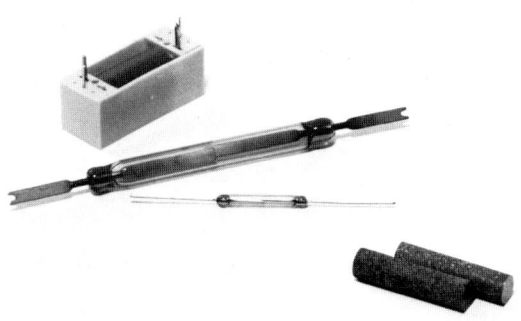

296 *Reedkontakte. Rechts oben ein Reed-Relais. In der Mitte zwei verschieden große Schutzgaskontakte (mit in Glaskörpern eingegossenen Kontaktfahnen). Im Vordergrund Permanentmagnete zur mechanischen Betätigung der Reedkontakte.*

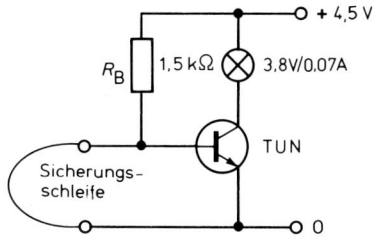

294 *Stromlaufplan für eine Alarmanlage.*

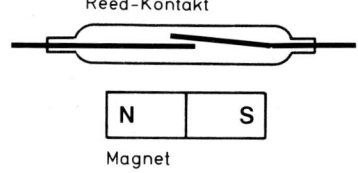

295 *Die Betätigung des Reedkontakts erfolgt durch Bewegen eines Permanentmagneten oder mit einer Magnetspule. Ein solcher Schalter arbeitet geräuscharm, hat sehr kurze Schaltzeichen, unterliegt geringer Abnutzung und ist sehr erschütterungssicher. Kleinste Maße eignen sich zum Bau nahezu unbemerkbarer Alarmkreise.*

7.2.1 Berechnung des Basiswiderstandes R_B

Damit überhaupt ein Basisstrom fließen kann, muß die Spannung an der Basis die Schwellenspannung der Basis-Emitter-Diode erreichen. Die Schwellenspannung beträgt bei Germanium-Transistoren ca. 0,2 V, bei Silizium-Transistoren 0,6 bis 0,7 V.

Am Widerstand R_B muß daher die Batteriespannung U_b minus Schwellenspannung abfallen, z.B.

$U_R = 4,5\text{ V} - 0,7\text{ V} = 3,8\text{ V}$

Bei billigsten Universaltransistoren (TUN, TUP) kann man für eine grobe Faustrechnung einen Stromverstärkungsfaktor $B = 50$ annehmen, d.h., der Kollektorstrom ist 50mal so groß wie der Basisstrom. Um einen Kollektorstrom von 100 mA zu erzielen, bedarf es eines Basisstroms von 2 mA. Dieser Basisstrom fließt durch den Widerstand R_B.

Die Berechnung des Widerstands erfolgt nach dem Ohmschen Gesetz:

$$R_B = \frac{U_b - U_{BE}}{I_B} =$$

$$R_B = \frac{4,5\text{ V} - 0,7\text{ V}}{0,002\text{ A}} \approx 1900\ \Omega = 1,9\text{ k}\Omega.$$

Um sicherzugehen, daß der Transistor voll durchschaltet, wird dieser Wert oft halbiert, d.h., der Basisstrom verdoppelt. Da in diesem Beispiel größere Toleranzen möglich sind, ist jeder Widerstand aus der Normreihe zwischen 1 und 1,8 kΩ (einschließlich) brauchbar.

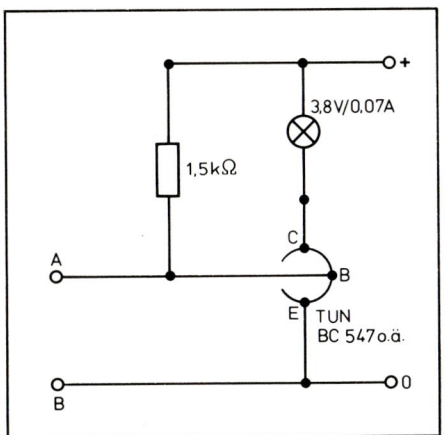

297 Aufbau der Schaltung für die Alarmanlage. Die Sicherungsschleife wird zwischen A und B angeschlossen. Ihr Drahtwiderstand darf nur so groß sein, daß an dem aus ihr und dem Basiswiderstand gebildeten Spannungsteiler die Schwellenspannung des Transistors noch nicht erreicht wird.

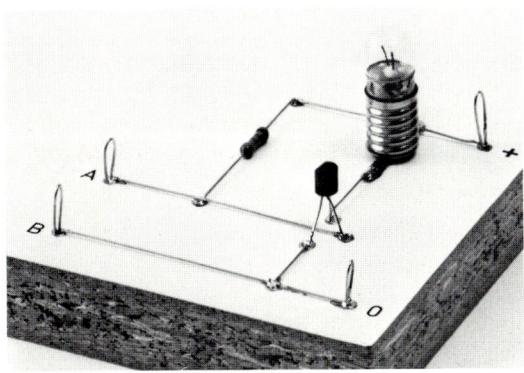

298 Alarmanlage (fertiger Baustein).

7.2.2 Inbetriebnahme und Fehlersuche

Die Schaltung ist so einfach, daß Probleme nicht auftreten dürften. Trotzdem gibt es sie bisweilen. Am Anfang jeder Inbetriebnahme steht die genaue Sichtkontrolle: Richtigkeit der Bauelemente und der Verdrahtung, einwandfreie Kontakte, keine Kurzschlüsse durch Zinnreste oder Drahtenden. Hier liegt die Mehrzahl der Fehler.

Das Lämpchen leuchtet nicht auf: Wenn man C und E des Transistors überbrückt, muß das Lämpchen aufleuchten. Sonst ist der Lampenstromkreis unterbrochen (Lämpchen defekt, kalte Lötstelle), oder die Fassung hat einen Kurzschluß (was nicht selten vorkommt). In diesem Fall wird auch der Transistor heiß.
Leuchtet das Lämpchen nur beim Überbrücken der C-E-Strecke, so liegt der Fehler im Transistor. Es ist aber auch möglich, daß das Lämpchen einen zu großen Nennstrom hat (s.u.).

Das Lämpchen verlöscht nicht beim Schließen der Sicherungsschleife: Entweder hat der Transistor einen Kurzschluß zwischen C und E, oder er ist falsch eingelötet (B an Lämpchen, C oder E an Null).
Glimmt das Lämpchen bei geschlossener Sicherungsschleife und leuchtet es beim Unterbrechen der Schleife hell auf, dann ist die Sicherungsschleife zu hochohmig. In dem mit R_B gebildeten Spannungsteiler ist die Spannung am Knotenpunkt so hoch, daß bereits ein Basisstrom fließt. Abhilfe schaffen Vergrößerung von R_B oder Verringerung des Leitungswiderstands der Schleife (Verkürzung, dickerer Draht).

7.2.3 Messungen an der Schaltung

1. Beim Messen von U_B und U_C wird man feststellen, daß U_C dann hoch ist, wenn U_B niedrig ist, also wenn der Transistor sperrt. U_C ist immer dann niedrig, wenn U_B hoch ist, wenn also der Transistor durchschaltet. Der Kollektor verhält sich auf die Spannung bezogen genau umgekehrt wie die Basis – der Transistor „invertiert" (lat. invertere = umkehren) die Eingangsspannung. Das gilt nur für die hier angewendete Grundschaltung, in der der Emitter die gemeinsame Elektrode für Ein- und Ausgangsspannung ist. Diese Grundschaltung, in der der Lastwiderstand (das Lämpchen) im Kollektorzweig liegt, heißt „Emitterschaltung" (s. auch S. 198). Sie wird am häufigsten verwendet. *In Emitterschaltung ist der Transistor ein Inverter.* Die Umkehrfunktion spielt insbesondere bei logischen Schaltungen eine große Rolle und muß bei der Anwendung als Schalter bedacht werden.

2. Man mißt U_{CEsat} (S. 131) mit dem Lämpchen 3,8 V/0,07 A als Lastwiderstand und erhält einen Wert von beispielsweise 0,15 V. Dann tauscht man das verwendete Lämpchen gegen ein Lämpchen 4 V/0,3 A aus. U_{CE} ist nun deutlich höher und kann mehrere Volt betragen, so daß das Lämpchen gar nicht richtig leuchtet. Man muß den Basisstrom erhöhen, um das Lämpchen zum hellen Leuchten zu bringen, indem man einen Widerstand von etwa 100 Ω parallel zu R_B legt. Aber auch dann ist U_{CEsat} noch höher als vorher. *U_{CEsat} steigt mit dem Laststrom.*

Ein idealer Schalter hat bei geschlossenem Kontakt keinen Widerstand; dementsprechend fällt an ihm auch keine Spannung ab. Bei geöffnetem Kontakt sperrt der ideale Schalter total, d.h. er bildet einen unendlich hohen Widerstand. Durch den Transistor fließt aber immer ein mehr oder weniger großer Reststrom. In beiden Beziehungen ist der Transistor kein idealer Schalter und einem mechanischen Schalter weit unterlegen. Er hat aber einen Vorteil: Er ist flink. Soll ein mechanischer Schalter 500 Schaltvorgänge pro Sekunde bewältigen, muß er schon einen sehr guten Schaltmechanismus haben. Für einen guten Transistor sind 100 Millionen Schaltungen pro Sekunde noch nicht sehr schnell. Der Zeitfaktor ist heute ausschlaggebend. Ferner gibt es beim Transistor keine mechanisch bewegten Teile, also keinen Verschleiß.

7.2.4 Erweiterungen der Alarmanlage (s. auch Darlington-Schaltung)

Die beschriebene „Alarmanlage" ist ein Modell; sie vermag lediglich ein Kontrollämpchen einzuschalten. Einen „Großalarm" kann sie nicht auslösen, denn mit dem Betrieb einer Hupe oder stärkeren Lichtsignalanlage wäre der TUN überfordert.
Man führt daher die schwache Schaltleistung des Transistors heute noch oft einem *Relais* (S. 80f.) zu, das seinerseits einen großen Verbraucher ein- oder ausschaltet. Parallel zur Relaisspule und in Sperrichtung zur Batteriespannung muß eine „Schutzdiode" (Löschdiode, Clampdiode – engl. clamp = Klemme) geschaltet werden *(299)*.

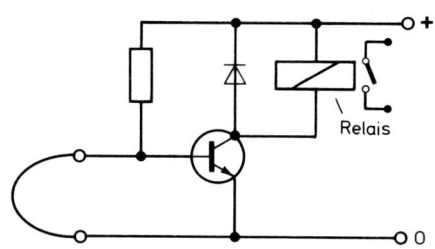

299 *Alarmanlage mit Relais und Schutzdiode.*

Wenn der Transistor das Relais eingeschaltet hat, ist der Eisenkern magnetisch. Sobald der Transistor das Relais ausschaltet, entsteht beim Zusammenbrechen des Magnetfeldes eine Induktionsspannung mit zur Batteriespannung umgekehrter Polarität. Diese Induktionsspannung kann je nach Windungszahl der Relaisspule und Abschaltgeschwindigkeit ein Vielfaches der Batteriespannung (Spannungsspitzen von 100 bis 200 V) erreichen. Ein solcher Spannungsstoß kann den Transistor leicht zerstören (s. auch S. 87f.). Die Schutzdiode ist für diese Induktionsspannung in Flußrichtung gepolt und schließt sie kurz.

Alle Verbraucher, bei denen eine Spule ausgeschaltet wird (Klingel, Relais, Motor), müssen in Transistorschaltungen mit einer Schutzdiode ausgestattet werden.

7.3 Darlington-Schaltung

Ein anderer Weg, um die Belastbarkeit der Schaltung zu erhöhen, ist die Verwendung eines Leistungstransistors, z.B. BD 130 (2N3055). Schon die Kurzdaten deuten die Leistungsfähigkeit an:

P_{tot} 115 W
U_{CBO} 100 V
U_{CEO} 60 V
I_{CAV} 15 A
β (B)   20–70

Leistungstransistoren haben allgemein, bedingt durch ihre Konstruktion, ein verhältnismäßig geringes β (B). Das heißt, man benötigt einen großen Basisstrom, wenn man ihre Leistungsfähigkeit ausnutzen will.
Beispiel: Ein BD 130 (o.ä. Leistungstransistor, $B = 20$) soll einen I_C von 2 A schalten. Wie groß muß I_B sein?

$$I_B = \frac{I_C}{B},$$

$$I_B = \frac{2}{20} = 0{,}1 \text{ A}.$$

Ein so großer Strom kann oft nicht zur Verfügung gestellt werden. *Man schaltet daher zwei Transistoren so zusammen, daß der Emitterstrom des ersten Transistors (T_1 genannt) als Basisstrom durch den zweiten Transistor (T_2) fließt.*
Zwei Transistoren gleicher Schichtenfolge derart miteinander verbunden bilden die *Darlington-Schaltung*.

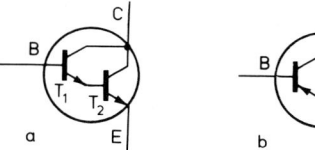

300 *Darlingtonstufen. a) NPN-Darlington, b) PNP-Darlington. Die Kreise sollen andeuten, daß man die Darlingtonstufe als einen Transistor betrachten kann.*

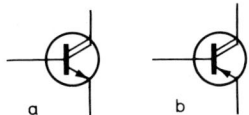

301 Schaltzeichen. a) NPN-Darlington, b) PNP-Darlington.

Eine Darlington-Schaltung kann wie ein einziger Transistor behandelt werden (*300*). Die Stromverstärkungsfaktoren der beiden Transistoren multiplizieren sich zu β_{ges}.

$\beta_{\text{ges}} \approx \beta_1 \cdot \beta_2$.

Beispiel: Der TUN aus der Alarmanlage ($\beta_1 \approx 50$) bildet mit einem 2N3055 ($\beta_2 \approx 20$) eine Darlington-Schaltung.

β_{ges} ist dann etwa 1000!

Mit der Darlington-Schaltung läßt sich leicht ein β_{ges} von 10000 erreichen (etwa durch zwei Transistoren mit $\beta \approx 100$).
Es lassen sich auch drei oder mehr Transistoren verbinden (*302*).
Dadurch läßt sich β_{ges} nochmals steigern. Mehr als drei Transistoren auf diese Weise hintereinanderzuschalten hat aber wenig Sinn, weil sich dann instabile Verhältnisse ergeben.
Der Leckstrom von T_1 geht als Basisstrom in T_2 ein, erscheint in T_2 als mit β_2 multiplizierter Kollektorstrom;

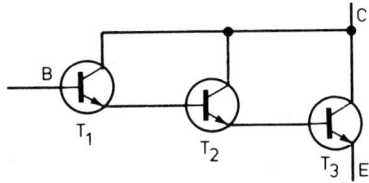

302 Dreistufige Darlingtonschaltung.

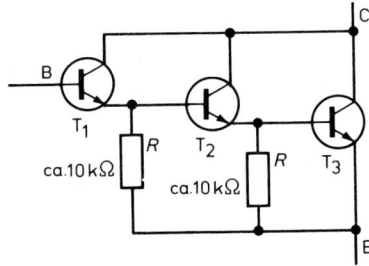

303 Stabilisierung der dreistufigen Darlingtonschaltung mit Widerständen („Ableiten" des Leckstroms).

der geht als Basisstrom in T_3 ein und erscheint mit β_3 nochmals multipliziert als Kollektorstrom von T_3.
Den Leckströmen kann man dadurch begegnen, daß man sie mit einem Widerstand „ableitet" (*303*), der im Verhältnis zur gesperrten CE-Strecke klein ist (ein Wert zwischen 10 und 100 kΩ erfüllt etwa diese Forderung). Der Ausdruck „ableiten" ist üblich, aber nicht ganz korrekt: Der Widerstand R bildet mit der CE-Strecke einen Spannungsteiler. Die Basis des folgenden Transistors liegt am Knotenpunkt des Spannungsteilers, und wenn R im Verhältnis zur CE-Strecke (mehrere MΩ) klein ist, erreicht die Spannung im Knotenpunkt nicht die Basis-Schwellenspannung des nächsten Transistors. Folglich wirkt sich der Leckstrom nicht aus (dasselbe Prinzip, das wir bereits in der Alarmanlage kennengelernt haben). R sollte möglichst groß gewählt werden, damit auch bei geringer Durchsteuerung des Transistors die Basis-Schwellenspannung des folgenden Transistors erreicht wird. Gegebenenfalls ist R durch Versuche zu ermitteln.

Mit einer Darlington-Schaltung nimmt die oben beschriebene Alarmanlage die in Abb. *304* gezeigte Gestalt an.

R_B ist dem Laststrom entsprechend zu dimensionieren (vgl. 7.2.1).

Beispiel:

gewünscht I_L = 1 A

B_{ges} = 1000

$I_B = \dfrac{I_C}{B}$ = 0,001 A (1 mA)

Schwellenspannungen = 2 · 0,65 V = 1,3 V

$R_B = \dfrac{U_B - U_{BE}}{I_B}$

$= \dfrac{12\,\text{V} - 1,3\,\text{V}}{0,001\,\text{A}} = 10\,700\,\Omega = 10,7\,\text{k}\Omega$.

Die Darlington-Schaltung ist eine glückliche Verbindung zwischen hohem β und großer Leistung; sie läßt sich gut auf einem Kristall integrieren (lat. integrare = ein Ganzes aus Teilen zusammenschließen). Die Industrie bietet daher eine breite Palette von sog. „Darlington-Transistoren" an – sowohl für große Leistungen als auch für den Kleinsignalbereich (*305/306*); bei letzteren kommt es auf den hohen Stromverstärkungsfaktor an ($\beta \gtrsim 10000$); bei den Typen BC 516 (PNP) und BC 517 (NPN) beträgt er z.B. mindestens 30000! Das ganze System ist in ein Transistorgehäuse eingebaut (TO 39, TO 92, TO 3, TO 126 u.a.) und hat wie ein Transistor die Anschlüsse E, B und C.

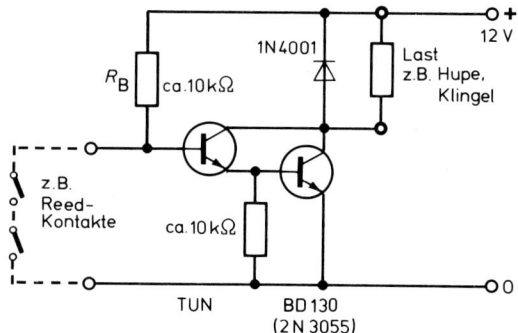

304 Stromlaufplan der verbesserten Alarmanlage.

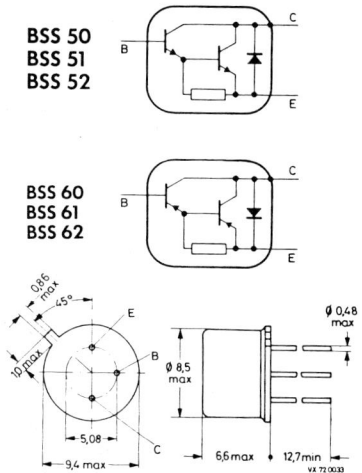

305 In diese Darlingtontransistoren sind Ableitwiderstand und Schutzdiode integriert (nach Valvo-Unterlagen). Diese Schutzdiode schützt gegen Überspannungsspitzen bei komplexen Lasten.

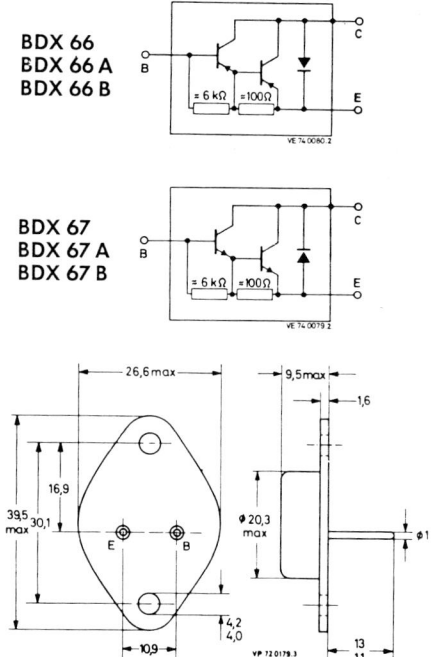

306 Leistungs-Darlingtontransistoren werden häufig im Bereich der Unterhaltungselektronik (HiFi-Lautsprecherverstärker) eingesetzt (nach Valvo-Unterlagen).

Wegen des hohen β ist die Darlington-Schaltung im Verstärkerbetrieb bisweilen schwierig zu handhaben. Für den Schalterbetrieb ist sie die ideale Lösung, denn der zweite Transistor (der eigentliche Schalter) wird sehr schnell voll durchgesteuert.

Bei allen Darlington-Transistoren ist zu beachten, daß die Basis-Schwellenspannung wegen der zwei Basis-Emitter-Dioden doppelt so groß ist wie bei einem Einzeltransistor (ca. 1,3 V), und daß U_{CEsat} ebenfalls höher ist ($\geq$ 1,3 V). In Stromlaufplänen wird der Darlington-Transistor oft mit doppeltem Kollektor gezeichnet (*301*); dieses Schaltzeichen wird aber nicht konsequent angewendet.

7.4 Der White-Folger

Analog zur Darlington-Schaltung kann man auch einen PNP-Transistor mit einem NPN-Transistor so kombinieren, daß der Kollektorstrom des ersten Transistors als Basisstrom in den zweiten eingeht. Diese Abart der Darlington-Schaltung heißt *White-Folger*. Auch diese Kombination kann man als einen Transistor behandeln. Der erste Transistor bestimmt jeweils die Gesamtfunktion (*307*):
Der Gesamtstromverstärkungsfaktor ist wie bei

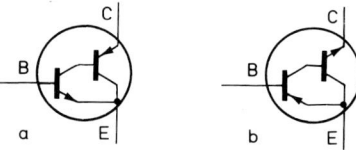

307 Whitefolgerstufen. a) NPN-Whitefolger, b) PNP-Whitefolger. Beim Zusammenschließen der beiden Transistoren müssen die Emitterpfeile in die gleiche Stromrichtung zeigen.

der Darlington-Schaltung etwa das Produkt aus den Stromverstärkungsfaktoren der Einzeltransistoren:

$\beta_{ges} \approx \beta_1 \cdot \beta_2$.

Der White-Folger verbindet die Vorteile der Darlington-Schaltung mit der Möglichkeit, einen Leistungstransistor „umfunktionieren" zu können. Diese Möglichkeit wird dann interessant, wenn z.B. PNP-Leistungstransistoren vorhanden sind, aber NPN-Typen benötigt werden.

7.5 Abwandlungen der Darlington- und Whitefolger-Schaltung

Die bei *308a, b* abgebildeten Schaltverstärker funktionieren nach demselben Prinzip wie die Darlington- und Whitefolger-Schaltung. Der Unterschied besteht darin, daß der Kollektor des 1. Transistors nicht unmittelbar mit dem des 2. Transistors verbunden ist.

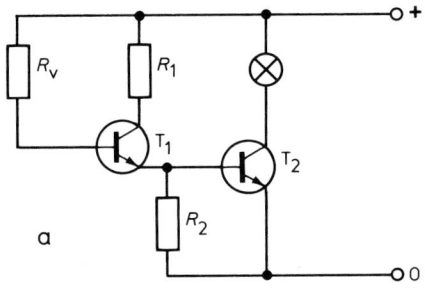

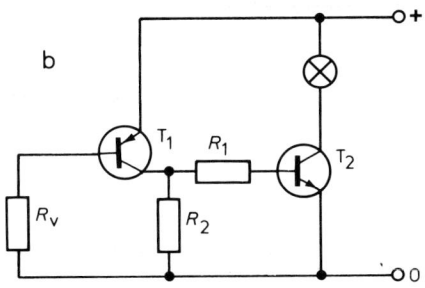

308 *Schaltverstärker mit „Darlington"- und „Whitefolger"-ähnlichem Aufbau. Die Stromrichtungspfeile (Emitterpfeile) der Transistoren müssen in dieselbe Stromrichtung zeigen. R_1 liegt jeweils in der Kollektorleitung.*

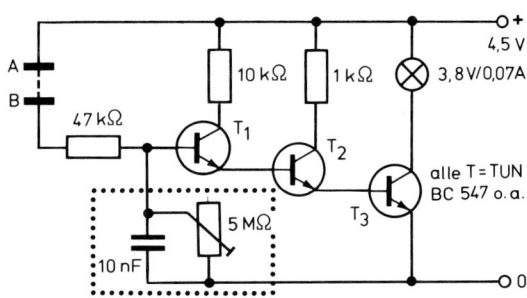

309 *Stromlaufplan für einen „Lügendetektor". Die Punkte A und B werden durch Hautkontakt miteinander verbunden.*

Der Emitter- bzw. Kollektorstrom des ersten Tansistors (T_1) fließt als Basisstrom durch T_2. Die Stromverstärkungsfaktoren der beiden Transistoren multiplizieren sich. R_v ist entsprechend groß. Der Widerstand R_1 soll den Basisstrom von T_2 auf einen Maximalwert begrenzen. R_2 ist der schon von S. 135 bekannte „Ableitwiderstand".

Der Vorteil dieser Schaltungen liegt darin, daß U_{CESat} von T_2 geringer ist als in der Darlington- bzw. Whitefolger-Schaltung. Die Verlustwärme ist daher ebenfalls geringer. *Diese Schaltungen empfehlen sich besonders dann, wenn ein großer Laststrom gewünscht ist.*

Wie in der Darlington-Schaltung können auch hier mehrere Transistoren miteinander gekoppelt werden, wobei es wieder wenig sinnvoll ist, mehr als drei Stufen hintereinanderzuschalten (s.o.). Die Schaltung nach *309* ist so empfindlich, daß schon ein einfacher Hautberührungskontakt (großer Widerstand zwischen der Basis von T_1 und dem Plus-Pol) ausreicht, um T_3 durchzuschalten.

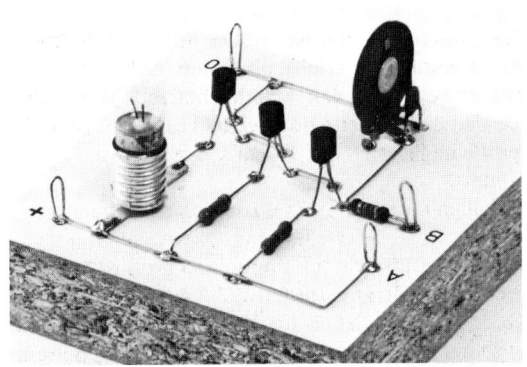

310 *„Lügendetektor" – fertiger Baustein.*

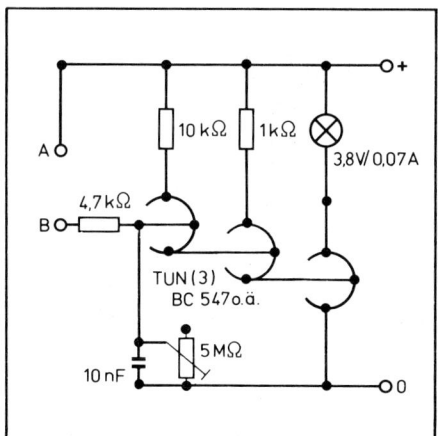

311 Aufbau der Schaltung für den „Lügendetektor". Sollte das Lämpchen nach dem Anlegen der Batteriespannung sofort leuchten, dann müssen die Leckströme der Transistoren durch einen Widerstand (ca. 10 kΩ) abgeleitet werden.

Nach diesem Prinzip funktionieren die zu Spielzwecken angebotenen „Lügendetektoren": Das „Opfer" muß durch einen Hautkontakt die Punkte A und B überbrücken, und falls aufgrund von Erregung die Haut feuchter wird, sinkt der Widerstand zwischen A und B – T_3 schaltet vollständig durch.

Der Eingang der Schaltung weist zwei zusätzliche Bauelemente auf, den Kondensator 10 nF und den Trimmer 5 MΩ. Die Schaltung ist so empfindlich, daß z.B. schon die Zuleitungen zum Probanden, wenn sich dieser in der Nähe eines Ortssenders aufhält, so viel Antennenspannung liefern, daß das Lämpchen aufleuchtet. Um das zu verhindern, wurde der 10-nF-Kondensator gegen 0 geschaltet. Er bildet für HF einen Kurzschluß, so daß sie nicht an die Basis des Eingangstransistors gelangt. Der Trimmer 5 MΩ bildet zusammen mit dem Schutzwiderstand 47 kΩ und dem Übergangswiderstand der Haut des Probanden einen Spannungsteiler. Mit ihm wird die Schaltung auf die individuelle Leitfähigkeit der Haut eingestellt. Der Proband faßt die Sensoren – zwei Blechstreifen – locker an. Dann wird der Trimmer so eingestellt, daß das Lämpchen gerade glimmt. In dem Augenblick, in dem die Haut feuchter wird, leuchtet das Lämpchen hell auf.

7.6 Ein empfindlicher Sensorschalter

Sensoren (lat. sensor = Fühler) sind Bauelemente, die auf die Änderung nichtelektrischer Größen wie Wärme, Druck, Feuchtigkeit, Schall usw. elektrisch reagieren, z.B. durch die Änderung ihres Widerstands. Als solche wurden bereits die NTC-, PTC- und LDR-Widerstände (s. 40ff.) vorgestellt. Ein Feuchtigkeitssensor kann beispielsweise aus zwei Blechstreifen bestehen, zwischen denen der Isolationswiderstand bei Trockenheit fast ∞ groß ist, aber sehr klein wird, wenn z.B. Regen eine leitende Verbindung schafft oder – wie bereits oben erwähnt – durch das Feuchtwerden der Haut deren Leitwert ansteigt. Die Reaktion solcher Sensoren ist i.allg. nicht so stark, daß über sie allein Verbraucher ein- und ausgeschaltet werden können. Dazu ist ein Schaltverstärker nötig. Darlington- und Whitefolger-Schaltungen erfüllen bereits diese Funktion.

7.6.1 Funktion des Sensorschalters

Das folgende Beispiel zeigt die Verbindung von PNP- und NPN-Transistoren. Dabei kann man noch einmal die Polaritätsbedingungen der Transistoren studieren. Zu beachten ist wieder, daß die Emitterpfeile in die gleiche Stromrichtung zeigen müssen (*312*).

Der eigentliche Schalter ist der Transistor T_3. Das darübergezeichnete Schaltersymbol soll diese Funktion verdeutlichen. Im Ruhezustand (Sensorwiderstand fast ∞ groß) erhält T_1 keine Basisspannung. T_1 sperrt also. Wenn T_1 sperrt, sperrt auch T_2, weil auch er keine Basisspannung erhält. Ebenso sperrt T_3, weil kein Basisstrom fließen kann; der müßte aber T_2 fließen.

Wenn nun im Sensor, z.B. zwischen den beiden Blechstreifen, die im Regen durch eine Wasserbrücke leitend verbunden werden, die Verbindung von R_1 zum Minus-Pol der Batterie entsteht, so fließt ein – unter Umständen sehr kleiner – Basisstrom durch T_1. Dieser löst einen um den Stromverstärkungsfaktor von T_1 vergrößerten

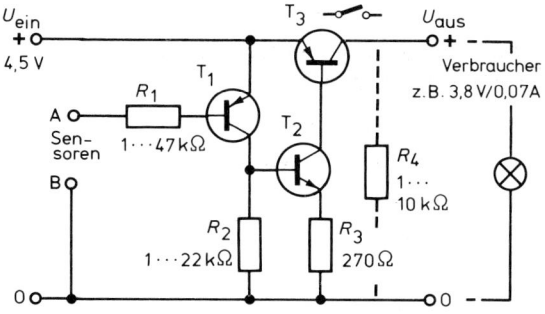

312 Stromlaufplan für einen Sensorschalter.

Kollektor-Emitter-Strom in T_1 aus. Der wiederum fließt als Basisstrom durch T_2; R_3 dient dabei zur Strombegrenzung. T_2 schaltet durch und gibt den Basisstrom für T_3 frei. T_3 schaltet durch.

Wird die Verbindung zwischen den beiden Sensoren wieder geöffnet, dann sperrt T_1 wieder. Als Folge davon sperren auch T_2 und T_3.

R_1 soll den Basisstrom von T_1 begrenzen und einen Kurzschluß im Basisstromkreis verhindern. R_2 und evtl. R_4 sorgen dafür, daß die Schaltung im Ruhezustand wirklich sperrt, indem sie die Leckströme von T_1 und T_3 ableiten. Für den Fall, daß geringe Leckströme durch T_3 keine Rolle spielen (z.B. wenn man nur ein Lämpchen schalten will), ist R_4 entbehrlich. R_2 sollte möglichst groß sein. – Die Werte der Widerstände sind im angegebenen Rahmen unkritisch. Als Transistoren genügen billigste Silizium-Allzwecktypen (TUP und TUN).

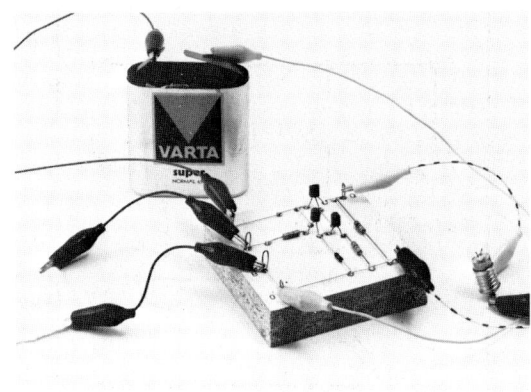

314 Sensorschalter (fertiger Baustein) mit Glühlampenanzeige.

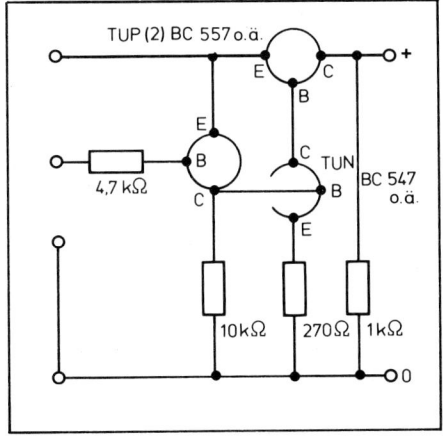

313 Aufbau der Schaltung für den Sensorschalter. In diesem Plan sind für die variablen Widerstandswerte Mittelwerte angegeben.

7.6.2 Anwendung und Inbetriebnahme des Sensorschalters

Auch dieser Schalter ist so empfindlich, daß er auf Veränderungen des Leitwerts der menschlichen Haut reagiert. Man kann ihn als „Lügendetektor" zu Spielzwecken verwenden. Zwei Blechsensoren, dicht nebeneinander auf ein Löschpapier gebracht und auf das Fensterbrett gelegt, reagieren auf Regentropfen. Benutzt man zur Anzeige statt des Lämpchens (Verbraucher) den auf S. 158 beschriebenen Multivibrator, so erhält man einen „Regenpfeifer", der z.B. die Hausfrau mahnt, die Wäsche hereinzuholen, den Sohn, sein Fahrrad in den Keller zu bringen usw. Mit Bügeln aus V2A-Stahldraht, die man über den Rand eines Trinkgefäßes hängt, dient die Schaltung dem Sehbehinderten als „Glas-voll-Indikator" (Füllstandsmesser). Mit einer Fotodiode ersetzt sie dem Großstädter morgens den ersten Hahnenschrei. Der Vielzahl der Anwendungsmöglichkeiten setzt lediglich die Phantasie Grenzen.

Probleme bei der Inbetriebnahme: Weil die Werte der Bauelemente in sehr weiten Grenzen schwanken dürfen, ist bei richtigem Aufbau nicht mit Schwierigkeiten zu rechnen. Sperrt die Schaltung bei offenem Eingang nicht, so ist der Leckstrom eines Transistors zu groß. Man findet diesen Transistor, indem man bei T_1 beginnend mit einer Prüfschnur jeweils Basis und Emitter überbrückt: Ein Kurzschluß zwischen B und E sperrt jeden Transistor. Der Transistor, bei dessen Überbrückung der BE-Diode die Schaltung sperrt, verursacht die Störung. Man kann ihn durch einen besseren ersetzen oder seinen Leckstrom ableiten (s.o., S. 135).

Verwendet man einen verhältnismäßig niederohmigen Sensor, z.B. einen NTC-Widerstand, so muß der Eingang wie in den folgenden Schaltbeispielen mit einem weiteren Widerstand als Spannungsteiler ausgelegt werden.

7.7 Eingangsschaltungen für Sensorschalter

In 3.4.1 wurde dargestellt, wie am Knotenpunkt eines Spannungsteilers, der aus einem NTC- und einem Festwiderstand gebildet wird, je nach der Reihenfolge der Widerstände die Spannung mit zunehmender Erwärmung steigen oder fallen kann. Verbindet man die Basis eines Transistors, d.h. den Eingang eines Schaltverstärkers, mit dem Knotenpunkt dieses Spannungsteilers, so kann man durch die dort auftretenden Spannungsänderungen den Transistor steuern. Das Prinzip sei hier mit einem Fotowiderstand (LDR) wiederholt (*315*):

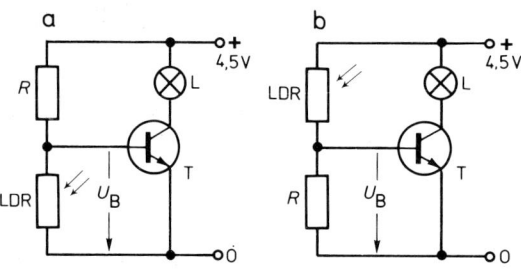

315 *Eingangsschaltungen mit LDR für Sensorschaltung. a) Dunkelschaltung, b) Hellschaltung. Das Lämpchen deutet den Verbraucher nur an. Ein Relais an seiner Stelle kann große Lasten wie Lampen, Motoren usw. ein- und ausschalten.*

In Schaltung a) sinkt U_B bei einfallendem Licht, weil der LDR niederohmig wird. Unterschreitet U_B die Schwellenspannung der Basis-Emitter-Diode, so sperrt T. Ihrer Funktion nach entspricht die Schaltung der „Alarmanlage" (S. 131 ff.). Da T nur dann schaltet, wenn es dunkel ist, heißt diese Anordnung *Dunkelschaltung*. Man kann sie z.B. als Parklichtschalter für ein Kfz benutzen, denn die Parkleuchte soll nur dann eingeschaltet sein, wenn es dunkel ist.

Die Schaltung b) verhält sich umgekehrt: Bei Dunkelheit ist der LDR sehr hochohmig (im MΩ-Bereich). Da R im Verhältnis dazu klein ist (kΩ-Bereich), erreicht U_B die Schwellenspannung der BE-Diode nicht, daher sperrt T. – Fällt Licht auf den LDR, so wird dieser niederohmig. U_B steigt, und T wird durchgesteuert. Da dies bei Helligkeit geschieht, heißt diese Anordnung *Hellschaltung*. Sie ist in Lichtschranken aller Art üblich, z.B. beim Lesen von Lochkarten, in der Diebstahlsicherung als Alarmanlage (ein Einbrecher schaltet z.B. die Zimmerbeleuchtung ein, deren Infrarot-Anteil den Alarm auslöst), beim Öffnen von Garagentoren durch den Scheinwerferkegel usw.

Hell- und Dunkelschaltung werden in *315* mit NPN-Transistoren vorgestellt. PNP-Transistoren eignen sich ebenfalls, nur ist dann der Anschluß an der Batterie umzupolen. Andere Sensoren (z.B. NTC- oder PTC-Widerstände) sind sinngemäß einzusetzen. Die Schaltschwelle läßt sich in weiten Grenzen einstellen, wenn man R veränderlich macht (Trimmer, Potentiometer). Abb. *316* zeigt einen Parklichtschalter mit einstellbarer Schaltschwelle.

Mit dem Potentiometer läßt sich der Dunkelheitsgrad einstellen, bei dem T_2 voll durchgesteuert wird und die Lampe hell leuchtet. Solange T_2 voll durchschaltet, ist die Wärmeentwicklung gering. U_{CE} beträgt etwa 0,9 V; bei einem Strom von 0,833 A beträgt die Verlustleistung ca. 0,75 W. Die dabei entstehende Verlustwärme kann leicht abgeleitet werden. Ein kleines Kühlblech reicht aus.

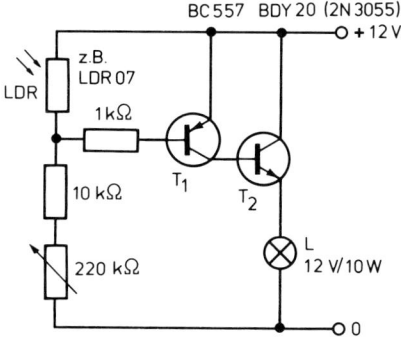

316 *Stromlaufplan für einen Parklichtschalter mit einstellbarer Schaltschwelle.*

Kritisch ist der Zustand während der Dämmerung; T_2 beginnt zu leiten, schaltet aber nicht voll durch. Wenn die Lampe dunkel leuchtet, fließt ein Strom von ca. 0,5 A; an der Strecke C-E fallen ca. 6 V ab. Die Verlustleistung, die in Wärme umgesetzt wird, beträgt dann ca. 3 W. Dafür benötigt T_2 einen großen Kühlkörper.
Der Parklichtschalter hat einen Mangel: Er schaltet nicht wie ein mechanischer Schalter ein oder aus, sondern erhöht mit zunehmender Dämmerung den Lampenstrom allmählich. Erst bei der mit dem Potentiometer eingestellten Dunkelheit leuchtet die Lampe hell. Abgesehen vom Aufwand zur Kühlung bedeutet dieses Verhalten auch Energieverschwendung, denn es beginnt bereits ein Strom zu fließen, wenn es noch nicht erforderlich ist. Beide Nachteile entfallen, wenn der Parklichtschalter so gesteuert wird, daß er beim Erreichen eines bestimmten Schwellenwerts schlagartig umschaltet. Eine solche Verbesserung ergibt sich aus der Kombination mit dem Schmitt-Trigger (s.u., S. 147 ff.).

7.8 Der Fototransistor

Der *Fototransistor* (*317*) ist ein Silizium-Planar-Transistor, dessen Basis-Kollektor-Diode wie eine Fotodiode (s. S. 120f.) großflächig ausgebildet ist und an der Oberfläche des Kristalls liegt. Sie ist durch eine Glas- oder Kunststoffabdeckung dem Licht zugänglich.

Fällt Licht auf die BC-Diode, so wirkt sie als Fotoelement, dessen Fotostrom so gerichtet ist, daß er als Basisstrom in den Transistor eingeht. Der Kollektorstrom des Transistors ist um den Stromverstärkungsfaktor größer als der Fotostrom. Man kann sich daher den Fototransistor als Fotoelement mit Transistorverstärker vorstellen. Er ist 100- bis 500mal empfindlicher als eine Fotodiode. Eine weitere Empfindlichkeitssteigerung erreicht der Foto-Darlington-Transistor durch seine vervielfachte Stromverstärkung (s. S. 134f.).

Die gesteigerte Empfindlichkeit geht aber auf Kosten der Schaltgeschwindigkeit, weswegen in den Bereichen der Informationsübertragung, in denen Licht mit einer hohen Frequenz moduliert wird, die Fotodiode dem Fototransistor weitaus überlegen ist.

Der Basisanschluß des Fototransistors wird i.allg. nicht benötigt, so daß er unter Umständen am Gehäuse fehlen kann. Man spricht dann von einer *Foto-Duodiode* (lat. duo = zwei). Bei einigen Fototransistoren ist ein Basisanschluß vorhanden. Damit kann man die Arbeitsweise des Transistors beeinflussen, z.B. seinen „Arbeitspunkt einstellen" (S. 202ff.). Dabei geht die Empfindlichkeit zurück, dafür erhöht sich aber die Schaltgeschwindigkeit erheblich (einige zehn kHz).

319 *Fototransistoren. Links – aus normalen Planartransistoren durch Absägen der Gehäusedecken hergestellte „Ersatz"-Fototransistoren. Der originale Fototransistor (daneben) trägt eine linsenförmige Abdeckung aus glasklarem Kunststoff.*

320 *(rechts) Die dem Licht zugängliche B-C-Diode. Oben – Blick in einen „Ersatz"-Fototransistor. Unten – Original-Fototransistor.*

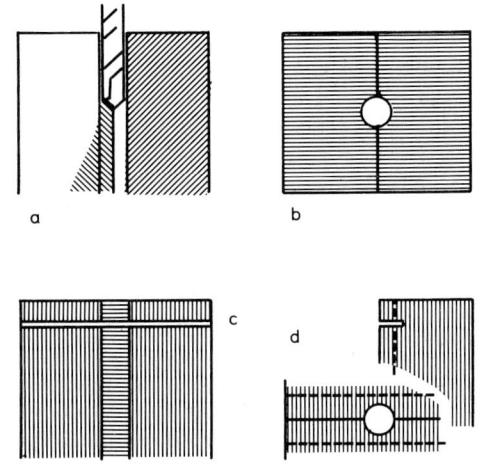

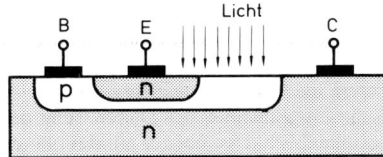

317 *Prinzipieller Aufbau eines Foto-Planartransistors.*

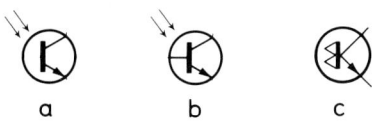

318 *Schaltzeichen für Fototransistoren. a) und b) jetzt gültige Norm, c) ein noch häufig verwendetes Zeichen. – a) Basisanschluß nicht herausgeführt – b) Basisanschluß herausgeführt.*

321 *Herstellung eines Transistor-Einspannwerkzeugs. Man spannt zwei Hartholzklötzchen zusammenliegend in den Schraubstock ein. Dann durchbohrt man die Klotzlage über der Stoßfuge so, daß sich eine aufklappbare Form ergibt (a und b). Die Bohrerstärke richtet sich nach dem Durchmesser des einzuspannenden Transistors – für TO-18-Gehäuse beträgt sie 4,5 mm, für TO-39-Gehäuse 8 mm. Zuletzt sägt man mit einer PUK-Säge parallel zum oberen Klotzrand in die Fugenfläche jeder Formhälfte einen Schlitz für den Kragen des Transistorgehäuses ein (c und d). Auch diese Schlitze müssen beim Zusammenschließen der beiden Formhälften übereinanderliegen. Für TO-18-Gehäuse beträgt der Abstand von der oberen Klotzkante 3 bis 4 mm – für TO-39-Gehäuse 4 bis 5 mm.*

Herstellen eines „Ersatz-Fototransistors"
LDR, Fotodioden und Fototransistoren sind teure Bauelemente, die sich oft nur schwer beschaffen lassen. Aus diesem Grund empfiehlt es sich, für Arbeiten im Bereich der Schule und einfachen Hobby-Elektronik „Ersatz-Fototransistoren" selbst herzustellen.
Wenn es zutrifft, daß der Fototransistor eigentlich ein „normaler" Planartransistor ist, dann muß sich auch ein solcher in einen Fototransistor umfunktionieren lassen. Dazu muß man die BC-Diode freilegen (ohne den Kristall oder die Anschlußdrähte zu beschädigen, was bei Transistoren mit Kunststoffgehäuse nicht gelingt).
Von Metallgehäusen (z.B. TO-18, TO-39) läßt sich die Kappe absägen. Man nimmt dazu die Laubsäge mit feinstem Metallsägeblatt; die Gehäusebleche sind so dünn, daß Sägeblätter mit groben Zähnen zu stark reißen.
Zum Festhalten des Transistors stellt man sich aus zwei Hartholzklötzchen eine Art Spannklammer her (*321*), mit deren Hilfe sich der Transistor im Schraubstock halten läßt.
Als „Ersatz-Fototransistoren" haben sich besonders die Typen BC108C, BC109C (TO-18) und BSX45 (TO-39) bewährt. Grundsätzlich eignen sich alle Planartransistoren mit hohem Stromverstärkungsfaktor.

322/323 *Die Abbildungen zeigen das fertige Einspannwerkzeug für TO-18- und TO-39-Gehäuse – dasselbe mit eingespanntem Transistor.*

Der geöffnete Transistor muß in jedem Fall geprüft werden. Bei NPN-Typen verbindet man den Plus-Pol des Ohmmeters mit dem Kollektor, den Minus-Pol mit dem Emitter („plus" und „minus" beziehen sich auf die eingebaute Batterie, siehe auch S. 76). Bei PNP-Typen muß umgepolt werden. Man stellt einen hohen Meßbereich ein (etwa R × 10 kΩ, R × 100 kΩ). Bei Dunkelheit zeigt das Ohmmeter (fast) ∞ Ω an, bei starker Beleuchtung muß es deutlich ausschlagen.
„Ersatz-Fototransistoren" sind im Infrarotbereich am empfindlichsten. Sie eignen sich daher besonders für das Licht von Glühlampen, z.B. Taschenlampen.

7.9 Eine empfindliche Lichtschranke

Mit dem Ersatz-Fototransistor lassen sich empfindliche Lichtschranken für Hell- und Dunkelschaltung (s.o.) aufbauen (*324*).

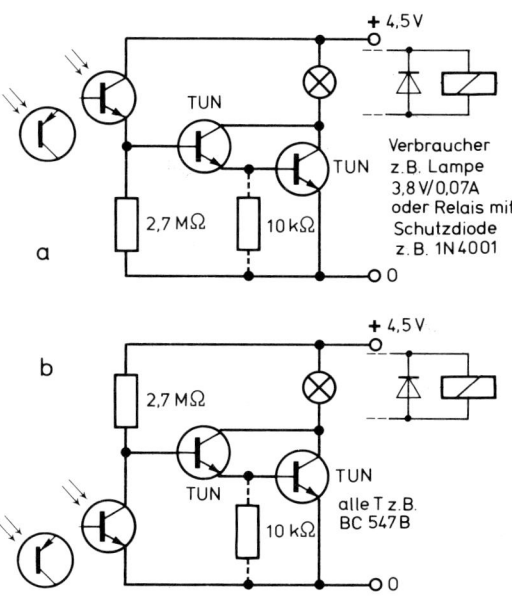

324 *Stromlaufplan Lichtschranke. a) Hellschaltung, b) Dunkelschaltung.*

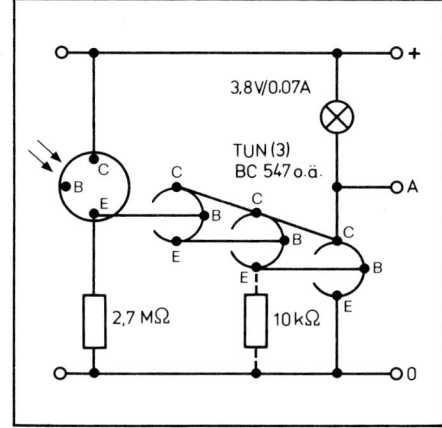

325 *Aufbau der Schaltung für eine Lichtschranke (Fotoempfänger). Die dreistufige Darlingtonschaltung erhöht die Empfindlichkeit des Schaltverstärkers. Wenn man das Lämpchen aus der Fassung dreht, kann man an seiner Stelle auch einen anderen Verbraucher anschließen.*

Es ist darauf zu achten, daß der Fototransistor seiner Polarität entsprechend eingesetzt wird: Bei NPN-Transistoren muß der Kollektor „positiver" als der Emitter – bei PNP-Transistoren muß der Kollektor „negativer" als der Emitter sein. Da die CE-Strecke des Fototransistors hochohmig ist, muß der Spannungsteilerwiderstand ebenfalls hochohmig sein; er soll mindestens 1 MΩ betragen.

Aus dem hochohmigen Spannungsteiler kann nur ein sehr geringer Basisstrom für den nachfolgenden Transistor entnommen werden. Daher ist mindestens eine Darlington-Stufe als Schalter nötig. Sollte die Schaltung im Ruhestand nicht sperren, dann hilft ein „Ableitwiderstand" (Wert zwischen 10 und 100 kΩ, s. S. 135). Auch die anderen bereits besprochenen Schaltverstärker sind geeignet.

7.10 Eine Lichtmorseanlage

Morse-Blinkzeichen sind sehr schwer aufzunehmen, besonders dann, wenn eine bestimmte Geschwindigkeit der Zeichenfolge erreicht werden soll. Hörbare Morsezeichen sind dagegen auch in hoher Geschwindigkeit gut zu „lesen" (100 Buchstaben pro Minute sind ein durchaus normales Tempo). In Verbindung mit dem auf S. 158) beschriebenen Multivibrator lassen sich Blinkzeichen in hörbare Morsezeichen umsetzen. Abb. 326 zeigt die Zusammenschaltung von Lichtschranke und Multivibrator.

Hinweise zum Betrieb: Die erzielbare Reichweite hängt weitgehend von den optischen Bedingungen ab. Der Lichtstrahl der hellen (!) Taschenlampe muß gut gebündelt werden, z.B. durch einen verstellbaren Reflektor. Auch eine Empfangs-„antenne" erhöht die Reichweite erheblich. Ein möglichst großer Hohlspiegel (Rasierspiegel, Schminkspiegel) kann großflächig Licht aufnehmen und bündeln. Den verhältnismäßig großen Brennpunkt kann man mit einer Lupe noch schärfer fokussieren. In den so sehr eng gebündelten Lichtstrahl stellt man den Fototransistor (327).

Der Vergleich des Hohlspiegels mit der Antenne ist erlaubt; die Parabolantennen an Fernsehumsetzern, Radarstationen u.ä. Einrichtungen wirken genauso.

Die Taschenlampe sollte fest eingespannt und mit einem externen Taster geschaltet werden. Jede Berührung der Lampe lenkt die Richtung des Lichtstrahls geringfügig aus und verschiebt damit empfangsseitig den Brennpunkt. Die Empfindlichkeit des Lichtempfängers läßt sich nur dann voll ausnutzen, wenn man ihn gegen Fremdlicht abschirmt (z.B. durch einen innen dunkel gefärbten Karton). Die Zeichen werden durch Zwischenschalten des Schmitt-Triggers nach Abb. 340 sauberer.

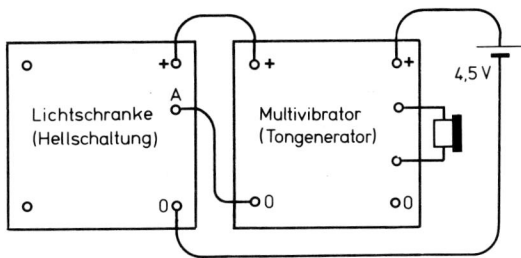

326 *Die Zusammenschaltung des Lichtschranken-Bausteins mit einem Multivibrator ergibt eine einfache Lichtmorseanlage (der Multivibrator wird an Stelle des Glühlämpchens als Verbraucher eingesetzt).*

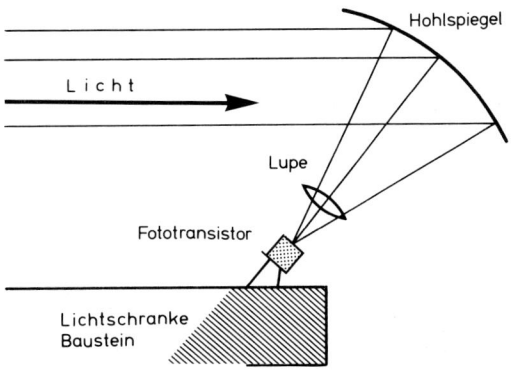

327 *Schematische Darstellung einer möglichen Lichtbündelung im Empfangsteil der Lichtmorseanlage.*

328 *Lichtschranke (Hellschaltung) mit Ersatz-Fototransistor. Fertiger Baustein.*

7.11 Der Optokoppler

Lumineszenzdiode (LED) und Fototransistor in einem Gehäuse untergebracht bilden das „optoelektronische Koppelelement", kurz den *Optokoppler* (330). Darin werden die ankommenden elektrischen Signale in optische und diese wieder in elektrische Signale umgewandelt. Praktisch handelt es sich auch hierbei um eine Lichtschranke mit gegen Fremdlicht abgeschirmtem Weg.

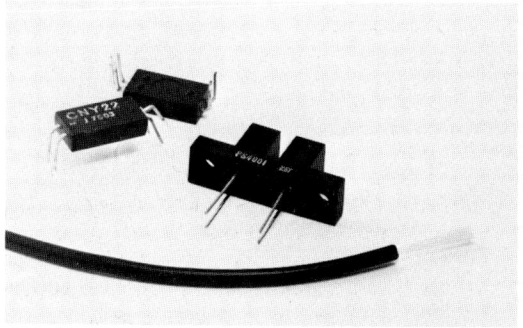

329 *Optokoppler und Gabellichtschranke als Bauelemente. Unten ein Lichtleiter (ein Bündel Glasfasern, das in einem Schutzschlauch untergebracht ist).*

tes" Relais auf dem mechanischen Wege 500 Schaltungen pro Sekunde schafft, sind für den Optokoppler 1 Million Schaltungen pro Sekunde keine besondere Leistung. Ein Relais kann nur „ein" und „aus" schalten. Der Optokoppler überträgt auch analoge Signale, d.h. er überträgt auch die vielen Zwischenstufen zwischen „ein" und „aus", z.B. die Wechselspannung von Sprache und Musik (s. auch „Licht-Telefon", S. 213 ff.). Schließlich: Bei einem Relais müssen (wegen der Kopplung über den Magnetanker) Steuerkreis und geschalteter Kreis nahe beieinander liegen. Das ist im Optokoppler nicht nötig. Die beiden Funktionsteile (LED und Fototransistor) müssen sich nicht unbedingt in einem Gehäuse befinden. Die optische Verbindung läßt sich auch über weite Entfernungen durch sog. *Lichtleiter* („Faseroptik") herstellen. So ein Lichtleiter (329) besteht aus einem Bündel von Glasfasern, das in einem Schutzschlauch untergebracht ist. Der Lichtleiter überträgt fast die gesamte Lichtenergie des Senders; es ist keine abwegige Spekulation, im Lichtleiter das Telefonkabel der Zukunft zu sehen.

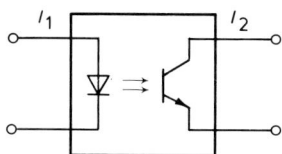

330 *Funktionsbild und Schaltzeichen für ein optoelektronisches Koppelelement (Optokoppler). Leuchtdiode und Fototransistor in einem Gehäuse übertragen Signale zwischen zwei galvanisch getrennten Stromkreisen.*

Die Bedeutung dieses Bauelements liegt darin, daß ein Stromkreis einen anderen steuern kann, ohne mit diesem galvanisch leitend verbunden zu sein. Zwischen den beiden Funktionsteilen (LED und Fototransistor) besteht hohe Isolation. So kann eine mit Kleinspannung (z.B. 5 V) gespeiste Elektronik (unter Zwischenschaltung eines Triac) ein mit Netzspannung betriebenes Gerät steuern und doch voll von ihm isoliert sein. Der Optokoppler wird oft aus Sicherheitsgründen eingesetzt.

Ein weiterer Vorteil ist die absolute Freiheit von Rückwirkungen. In einer Elektronik, die aus mehreren Stufen besteht, wirken die Vorgänge am Ausgang der Schaltung fast immer auf den Eingang der vorangehenden Stufe zurück. Diese Rückwirkungen lassen sich nur vermindern, nicht völlig ausschalten. Der Optokoppler überträgt Signale rückwirkungsfrei von einer Schaltung auf die folgende.

Der Optokoppler übernimmt die Funktion des Relais (s. S. 80). Er kann zwar ohne nachfolgende Bauelemente nicht so große Leistungen schalten, ist dafür aber schnell. Wenn schon ein „sehr gu-

Die *Gabellichtschranke* (329) ist ein Optokoppler, bei dem man die Lichtschranke mechanisch unterbrechen kann, z.B. dadurch, daß eine lichtundurchlässige Fahne in den Übertragungsspalt eintaucht. Läßt man z.B. die Lüfterflügel eines Motors durch den Spalt der Gabellichtschranke laufen, so werden elektrische Impulse erzeugt, die man zur Drehzahlmessung oder -regelung usw. benutzen kann (s. auch „Bandendabschaltung", S. 160). – Die Gabellichtschranke kann auch als kontaktfreier – daher verschleißfreier – Schalter eingesetzt werden; die Kontakte eines Schalters können leicht verschmoren, oxydieren, ihre Berührung verlieren usw., durch die Gabellichtschranke braucht nur eine Fahne bewegt zu werden. Die Reihe der Anwendungsbeispiele läßt sich fortsetzen.

7.12 Verzögerungsschaltungen

In den bisherigen Schaltstufen wurde der Eingangsspannungsteiler aus Widerständen zusammengesetzt. So war es möglich, durch Feuchtigkeit, Wärme, Licht usw. einen Schaltvorgang auszulösen. Ersetzt man einen Widerstand des Spannungsteilers durch einen Kondensator, so kann man auch noch die Dimension „Zeit" in die Reihe der auslösenden Faktoren einbeziehen.

Auf S. 69 wurde dargestellt, wie beim Laden eines Kondensators über einen Widerstand die Spannung von 0 Volt an steigt. Mit dieser langsam steigenden Spannung steuert man die Basis eines Transistors (*331*). Solange die Kondensatorspannung unterhalb der Schwellenspannung des Transistors bleibt, sperrt dieser, weil kein Basisstrom fließen kann. Erst wenn der Kondensator bis zur Schwellenspannung des Transistors aufgeladen ist, kann über R_b ein Basisstrom fließen; der Transistor öffnet. In der Schaltung nach Abb. *331* leuchtet das Lämpchen nach dem Anlegen der Batteriespannung mit einer *Verzögerung* t_v (*t* von lat. tempus = Zeit, Index v für Verzögerung). t_v hängt von mehreren Faktoren ab, so von der Zeitkonstanten τ des RC-Gliedes (s. S. 69), der Art des Transistors, der Höhe der Batteriespannung u.a. Für die Praxis reicht aber die Näherungsformel aus:

$t_v \approx 0{,}7 \cdot \tau$
($t_v \approx 0{,}7 \cdot R \cdot C$) Ω, F.

R ist zugleich Basiswiderstand des Transistors; er darf einen Maximalwert nicht überschreiten (s. S. 132). Bei einem Einzeltransistor ist er verhältnismäßig klein. Um längere Verzögerungen zu erreichen, muß *C* vergrößert werden.

Beispiel: t_v soll 10 Sekunden betragen, R_b darf 1,8 kΩ nicht überschreiten. Wie groß muß *C* sein?

$t_v = 0{,}7 \cdot R \cdot C$,

$C = \dfrac{t_v}{0{,}7 \cdot R}$

$= \dfrac{10}{0{,}7 \cdot 1800}$,

$C \approx 0{,}007936$ F $\approx 7936\,\mu$F.

Fast 8000 µF sind ein sehr hoher Wert, und der ist nur deswegen nötig, weil *R* so klein ist. In der Praxis baut man daher gern die Eingangsstufe als Darlingtonstufe auf, wobei *R* um ein Vielfaches größer sein darf.

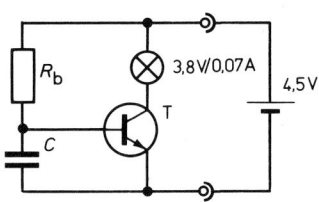

331 *Prinzip der Einschaltverzögerung durch ein RC-Glied.*

Beispiel: $t_v = 10$ s, $R = 470$ kΩ. Wie groß muß *C* sein?

$C = \dfrac{t_v}{0{,}7 \cdot R} = \dfrac{10}{0{,}7 \cdot 470000} \approx 30{,}4\,\mu$F.

In Wirklichkeit ist t_v größer; weil die Schwellenspannung einer Darlingtonstufe höher ist als die eines Einzeltransistors, muß auch der Kondensator höher aufgeladen sein, ehe ein Basisstrom fließen kann.

Die Schwellenspannung eines Einzeltransistors kann man künstlich erhöhen, indem man eine (oder mehrere) Si-Dioden mit der Basis-Diode in Reihe schaltet. Die Schwellenspannungen addieren sich (s. S. 136), t_v wird wie bei der Darlingtonstufe länger. Die genaue Zeit stellt man dadurch ein, daß man *R* in einen Fest- und in einen Trimmwiderstand aufteilt. Der Festwiderstand dient als Schutz für den Transistor (damit nicht die volle Batteriespannung auf die Basis gelangt, falls der Trimmer versehentlich auf 0 Ω gestellt wird).

Verlangt man von t_v eine hohe Wiederkehrgenauigkeit, etwa für einen Zeitschalter in einem Fotolabor, dann muß *C* von hoher Güte sein (s. S. 61). In dem Fall kommen nur Kunststoffolien-Kondensatoren in Frage. Größere Kondensatoren setzt man durch Parallelschalten mehrerer kleiner zusammen. Elektrolytkondensatoren sind wegen ihrer sich ständig ändernden Leckströme für Zeitglieder nur dann geeignet, wenn die Anforderungen an die Wiederkehrgenauigkeit nicht hoch sind (z.B. bei einer Treppenhausbeleuchtung oder Eieruhr). Wenn man für eine lange Schaltzeit und die dadurch geforderte große Kapazität Elektrolytkondensatoren verwenden muß, dann sind Tantalkos vorzuziehen (von denen man u.U. mehrere parallelschaltet).

Zeitglieder spielen in der Elektronik eine sehr große Rolle. Sie sind fast immer so aufgebaut, daß die Lade- und Entladezeit eines Kondensators genutzt wird.

7.13 Ein „Nachdenkzeitbegrenzer"

Bei Brett- und Ratespielen möchte man gern gleiche Bedingungen herstellen und das sog. „Mauern" unterbinden. Der in *332* dargestellte „Nachdenkzeitbegrenzer" ist die Grundschaltung der Einschaltverzögerung mit einer Darlingtonstufe. Der Taster S ermöglicht es, C zu entladen. Mit dem Drücken des Tasters S erlischt das Lämp-

334 *Nachdenkzeitbegrenzer (Verzögerungsschaltung), der fertige Baustein.*

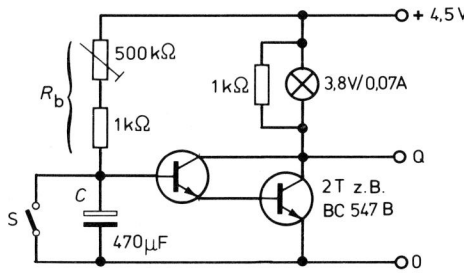

332 *Einschaltverzögerung als „Nachdenkzeitbegrenzer" (Verzögerungsschaltung).*

chen, mit dem Loslassen beginnt die „Uhr" zu laufen. Nach Ablauf der Zeit leuchtet das Lämpchen auf. Die Zeit wird mit dem Trimmer P eingestellt. Statt des Lämpchens kann man auch den auf S. 158 beschriebenen Multivibrator einfügen; nach Ablauf der Zeit erhält man dann ein akustisches Signal.

Bei der Verwendung unbekannter Transistoren, z.B. billiger Massenware, kann es sein, daß R_b mit ca. 470 kΩ zu groß ist, um die Darlingtonstufe durchzusteuern, weil die Stromverstärkungsfaktoren der Transistoren zu niedrig sind. Man baut daher die Schaltung zunächst ohne C auf und prüft, ob das Lämpchen über den ganzen Stellbereich von P aufleuchtet. Ist das bei groß eingestelltem Widerstand nicht mehr der Fall, so sind entweder die Transistoren gegen solche mit größerem B auszutauschen, oder man muß sich mit einem kleineren R_b begnügen. Für längere Zeiten ist C entsprechend zu vergrößern.

Beim Einlöten von C muß man, sofern C ein Elko ist, unbedingt auf die richtige Polarität achten. Es ist günstig, parallel zur Lampenfassung einen Widerstand von ca. 1 kΩ zu setzen. Wenn man dann das Lämpchen aus der Fassung schraubt, kann der Baustein universell als Zeitstufe eingesetzt werden. Vom Punkt Q ist dann die Steuerspannung für weitere Stufen abzunehmen.

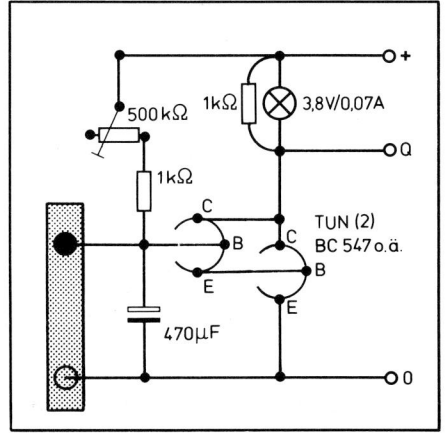

333 *Aufbau einer Verzögerungsschaltung, zugleich „Nachdenkzeitbegrenzer".*

8. Kippschaltungen

Es wurde bereits darauf hingewiesen, daß ein Transistor bei der Verwendung als Schalter seinen Leitungszustand möglichst schlagartig ändern soll – etwa so, wie auch ein mechanischer Schalter von einer Stellung in die andere kippt. Schaltungen, die sehr schnell, ohne ausgeprägte Zwischenzustände, vom Zustand „leitend" in den Zustand „sperrend" kippen, heißen dementsprechend *Kippschaltungen* oder „Multivibratoren" (Vielfachschwinger). Bei den Kippschaltungen handelt es sich um ein und dieselbe Grundschaltung; je nach Variation erhält man eine *astabile Kippschaltung*, also eine Schaltung, die keinen dauerhaften („stabilen") Zustand kennt, sondern selbsttätig und unablässig von dem einen in den anderen kippt – eine *monostabile Kippschaltung*, die einen stabilen Zustand hat und, aus ihm herausgelenkt, nach einer einstellbaren Zeit in ihn zurückkehrt, oder eine *bistabile Kippschaltung*, die zwei stabile Zustände kennt und in ihrem einmal eingenommenen Zustand verharrt, bis sie durch einen Impuls zum Umschalten veranlaßt wird. Eine besondere Form der Kippschaltung ist der *Schmitt-Trigger*.

8.1 Der Schmitt-Trigger

Der *Schmitt-Trigger* (Schmitt = Entwickler der Schaltung; engl. to trigger = auslösen) ist ein Schwellwertschalter, der beim Über- und Unterschreiten einer bestimmten Steuerspannung schlagartig umschaltet. Diese Schaltung wird bisweilen auch als Niveauschalter, Spannungsdiskriminator (von lat. discrimen = Unterscheidung), Spannungshöhenanzeiger oder „Spannungswächter" bezeichnet (*335*).
Zwei Transistoren sind so geschaltet, daß der eine jeweils den anderen sperrt. Das entscheidende Bauelement für diese Mitkopplung ist der gemeinsame Emitterwiderstand R_1.

Im Ruhezustand (keine oder geringe Basisspannung an T_1) sperrt T_1. Daher ist die Spannung am Kollektor von T_1 hoch (H).
T_2 erhält über R_2/R_3 Basisspannung und schaltet durch. Der Spannungsteiler $R_2/R_3/R_4$ ist so bemessen, daß T_2 bis in die Sättigung gesteuert wird. U_Q ist niedrig (L). Der Kollektorstrom von T_2 fließt über R_1 und erzeugt den Spannungsabfall U_E. T_1 erhält dadurch an der Basis eine zum Emitter negative (Sperr-)Spannung, weil die Basis über die steuernde Quelle mit dem negativen Pol des Spannungsabfalls verbunden ist. T_1 sperrt vollkommen.
Steigt U_S so weit an, daß sie größer wird als die Basisschwellenspannung von $T_1 + U_E$, so beginnt T_1 zu leiten. Durch T_1 beginnt ein Kollektorstrom zu fließen; an R_2 fällt Spannung ab; deswegen sinkt die Spannung am Kollektor von T_1 und folglich auch an der Basis von T_2. Der Steuerstrom an der Basis von T_2 nimmt ab. Da T_2 aber übersteuert wurde (s.o.), fließt der von R_1 und R_5 zugelassene Kollektorstrom noch für einen kurzen Augenblick weiter.
In diesem Augenblick, in dem durch T_1 schon, durch T_2 noch Kollektorstrom fließt, fließt ein er-

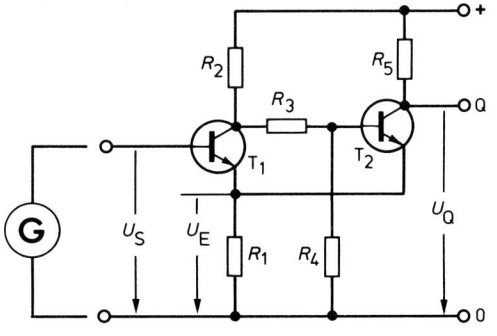

335 *Grundschaltung des Schmitt-Trigger.*

höhter Strom durch den gemeinsamen Emitterwiderstand R_1. Der Spannungsabfall U_E steigt an. Damit steigt auch die Emitterspannung von T_2. Da dessen Basisspannung im Sinken begriffen ist (während seine Emitterspannung steigt), wird die Spannungsdifferenz zwischen Basis und Emitter (U_{BE}) sehr rasch klein, so daß T_2 schlagartig sperrt. U_Q springt von L auf H. Wenn T_2 vollkommen sperrt, wird U_E nur noch vom Emitterstrom T_1 bestimmt. U_E sinkt.

Fällt die Eingangsspannung U_S wieder unter den Wert Basisschwellenspannung von $T_1 + U_E$, so beginnt T_1 wieder zu sperren. Wegen des sich verringernden Kollektorstroms steigt die Spannung am Kollektor von T_1, während U_E aufgrund des verminderten Stroms sinkt; damit sinkt auch die Emitterspannung von T_2, während zugleich die Basisspannung ansteigt. Die Spannungsdifferenz zwischen Basis und Emitter von T_2 wird rasch größer. T_2 schaltet sehr schnell durch, und U_Q springt von H auf L.

fallende Eingangsspannung U_{Su} (u für untere). Diesen Unterschied bezeichnet man als *Hysterese* (griech. hysteresis = Verspätung). Die Hysterese ist um so größer, je größer R_1 und je kleiner der Kollektorstrom T_1 im Verhältnis zu dem von T_2 sind (d.h. je größer R_2 im Verhältnis zu R_5 ist). Die Hysterese ist wichtig und kommt den meisten Anwendungen entgegen. Bei unserem Parklichtschalter steigt die Spannung U_S mit der Dunkelheit. Hätte der Schmitt-Trigger keine Hysterese, so „wüßte" die Schaltung beim Erreichen der kritischen Dunkelheit eine Zeitlang nicht, wie sie sich verhalten soll. Bei einer geringfügigen Änderung des Wolkenbildes, beim Vorbeifahren eines Wagens usw. würde sie ein- bzw. ausschalten. Die Lampe würde solange flackern, bis es eindeutig dunkel genug geworden ist. Ist der Schmitt-Trigger jedoch mit Hysterese aufgebaut, so wird er, hat er erst einmal geschaltet, nur noch nach deutlichen Änderungen der Eingangsverhältnisse wieder umschalten.

Der Schmitt-Trigger wird sehr häufig als *Impulsformer* benutzt. Logische Schaltungen können nur Signale mit steilen Anstiegs- und Abfallflanken,

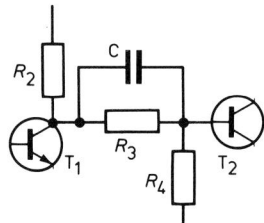

336 *Erhöhen der Umschaltgeschwindigkeit im Schmitt-Trigger durch einen zusätzlichen Kondensator (C).*

Für die Umschaltgeschwindigkeit sind lediglich die Kopplung der Schaltung – d.h. die gegenseitige Beeinflussung der Transistoren durch R_1 und den Spannungsteiler $R_1/R_2/R_3$ – und die Eigenschaften der Transistoren maßgebend. Die Anstiegs- und Abfallgeschwindigkeit der Eingangsspannung U_S hat keinen Einfluß darauf; nur die Höhe von U_S löst die Umschaltung aus. Die Umschaltgeschwindigkeit kann noch gesteigert werden, wenn man parallel zu R_3 einen Kondensator mit kleiner Kapazität (= kleiner Zeitkonstante) schaltet *(336)*. C bildet mit R_4 ein Differenzierglied (s. S. 71), dessen Spannungsspitzen an der Basis von T_2 als zusätzliche Sperr- und Öffnungsspannungen wirken.

Die Umschaltpunkte (Schaltschwellen) liegen nicht in gleicher Höhe *(337)*. Die Schaltschwelle für die ansteigende Eingangsspannung U_{So} (Index S für Schwelle, o für obere) ist höher als die für die

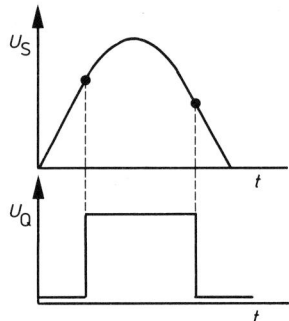

337 *Schaltwellen des Schmitt-Trigger mit Hysterese.*

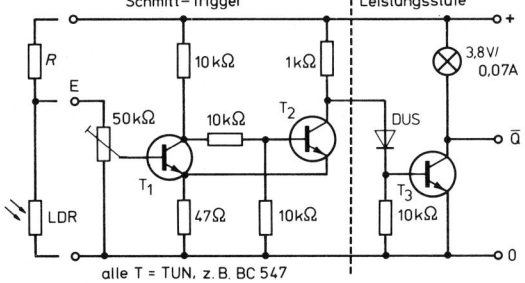

338 *Stromlaufplan für einen Schmitt-Trigger mit Leistungsstufe. Der Trimmer am Eingang ermöglicht es durch seine Funktion als Spannungsteiler, den Baustein den verschiedensten Quellen anzupassen.*

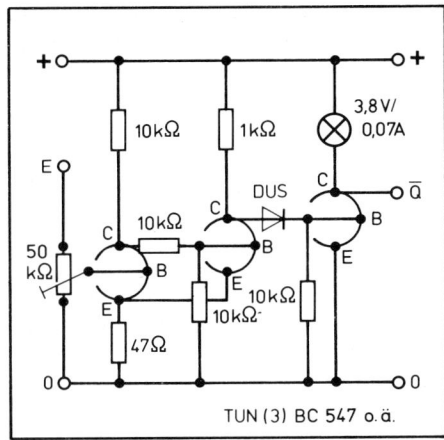

339 Aufbau der Schaltung für den Schmitt-Trigger mit Kleinleistungsstufe (Schmitt-Trigger-Baustein).

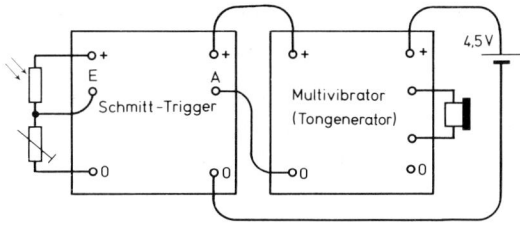

341 Zusammenschaltung des Schmitt-Trigger-Bausteins mit dem Multivibrator-Baustein. Das Lämpchen im Schmitt-Trigger kann aus der Fassung geschraubt werden, denn der Multivibrator ist der Verbraucher.

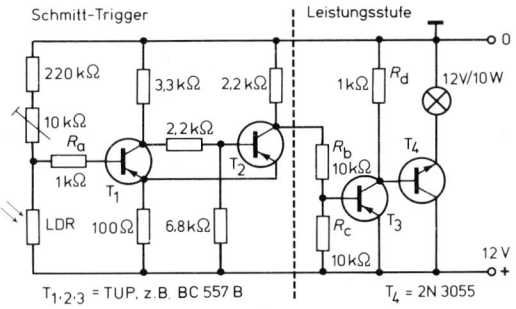

342 Stromlaufplan für einen verbesserten Parklichtschalter mit präziser Umschaltung durch einen Schmitt-Trigger.

340 Schmitt-Trigger; der fertige Baustein.

also saubere Rechtecksignale, verarbeiten. *Der Schmitt-Trigger formt aus Signalen beliebiger Form saubere Rechtecksignale,* die weiter verarbeitet werden können. Diese Funktion spielt überall dort eine Rolle, wo Signale gewonnen werden, z.B. an einer Lichtschranke, oder wo Signale durch lange Übertragungswege verwaschen sind und vor der Weiterverarbeitung regeneriert werden müssen. Wegen der häufigen Anwendung gibt es Schmitt-Trigger als fertige (integrierte) Bausteine.

Abb. 338 zeigt ein Funktionsmodell mit NPN-Transistoren. Der Baustein ist mit einer Kleinleistungsstufe ausgestattet. Je nach Aufbau des Eingangsspannungsteilers (s. S. 139f.) kann er als Hell-, Dunkel-, Warm-, Kalt-Schalter usw. eingesetzt werden. Der Trimmer 50 kΩ dient zum Einstellen der Schaltschwelle (Näheres dazu s. S. 148). Fügt man statt des Lämpchens den auf S. 158 beschriebenen Multivibrator ein, so übernimmt das Modell z.B. als Hellschalter (315) die Funktion eines elektronischen „ersten Hahnenschreis". Als Dunkelschalter mahnt es, die spielenden Kinder hereinzurufen usw.

8.1.1 Aufbau eines verbesserten Parklichtschalters

Wir ergänzen den Parklichtschalter von S. 140 durch einen Schmitt-Trigger (342) und erreichen damit ein sauberes Schaltverhalten.
Da die Parklichtlampe einseitig am Chassis des Kfz zu montieren ist, liegt der eine Anschluß zwangsweise am Minus-Pol der Batterie. Zum Schalten der Lampe ist daher eine PNP-Konfiguration geeignet, in diesem Beispiel als White-Folger. Der Schmitt-Trigger ist ebenfalls mit PNP-Transistoren bestückt, damit der PNP-Whitefolger ohne Umkehrstufe angesteuert werden kann. R_a ist ein Schutzwiderstand und verhindert, daß im Falle eines Kurzschlusses im LDR-Spannungsteiler die volle Batteriespannung auf die Basis von T_1 kommen kann. R_b koppelt die Leistungsstufe lose an den Schmitt-Trigger an. R_c und R_d sollen eventuell fließende Leckströme ableiten (s. S. 135).

Bei der Montage ist darauf zu achten, daß das Licht der Lampe nicht auf den LDR trifft, denn sonst erhält man ein Flackerlicht: Das Aufleuchten der Lampe schaltet das „Parklicht" sofort wieder aus; da der LDR nun im Dunkeln ist, wird die Lampe wieder „ein"-geschaltet; durch ihr Licht schaltet sie wieder „aus" usw.

8.1.2 Ein verbesserter „Nachdenkzeitbegrenzer"

Auch dieses Beispiel zeigt, daß ein und dieselbe Grundschaltung die verschiedensten Aufgaben übernehmen kann. Das auf S. 146 vorgestellte Modell des „Nachdenkzeitbegrenzers" hat den gleichen Mangel wie der auf S. 141 beschriebene Parklichtschalter: Er schaltet nicht präzise, das Lämpchen beginnt langsam zu leuchten. Dieser Mangel kann durch Nachschalten eines Schmitt-Triggers behoben werden. Für den Modellaufbau sind die auf den Seiten 146, 148 f. beschriebenen Bausteine geeignet.

Der Ausgang Q (bei herausgeschraubtem Lämpchen) wird mit dem Eingang des Schmitt-Triggers verbunden.

Da der „Nachdenkzeitbegrenzer" nicht absolut auf 0 Volt schaltet, sondern an der Darlingtonstufe eine recht hohe CE-Sättigungsspannung stehen bleibt, muß die Schwaltschwelle des Schmitt-Triggers heraufgesetzt werden (weil er sonst nicht abschalten kann).
Drei Maßnahmen sind möglich:
1. Man vergrößert den gemeinsamen Emitterwiderstand. Dadurch wird der Spannungsabfall U_E größer, und entsprechend steigt U_S.
2. Vor den Eingang des Schmitt-Triggers schaltet man eine Si-Diode in Flußrichtung. Dadurch erhöht sich die Schaltschwelle um die Schwellenspannung der Diode.
3. Vor den Eingang schaltet man einen Trimmer (10 ... 50 kΩ) als Spannungsteiler. Diese Methode ist die beste, weil damit die Schaltschwelle beliebig eingestellt werden kann. Der Trimmer ist im Schmitt-Trigger-Baustein (S. 148 f.) enthalten.

8.1.3 Verfolgen der Signale im „verbesserten Nachdenkzeitbegrenzer"

Die Abb. *343* zeigt eine Kombination des „Nachdenkzeitbegrenzer"-Bausteins mit dem Schmitt-Trigger-Baustein. Die Schaltschwelle des Schmitt-Triggers wird mit dem Trimmer eingestellt.
Beim Betrieb wird man feststellen, daß sich das Lämpchen genau umgekehrt verhält als vorher. Während es vorher im Zeitablauf dunkel blieb, leuchtet es jetzt während der „Nachdenkzeit" und erlischt anschließend. Wie ist das zu erklären?
Bereits auf S. 133 wurde dargestellt, daß der Transistor in Emitterschaltung ein Inverter ist. Wir verfolgen nun die Signale – zunächst (a) im Zustand „Kondensator entladen" (Taster geschlossen), dann (b) im Zustand „Kondensator geladen", und beschränken uns bei der Messung der Spannungen auf „hoch" (H) und „niedrig" (L). Alle Spannungen werden gegen „0" gemessen.

Wir erhalten folgende Tabelle:

	1	2	2'	3	4	5
a)	L	H	H	L	H	L
b)	H	L	L	H	L	H

Wenn der Kondensator ungeladen ist, sperren T_1/T_2; die Spannung an 2 ist daher H (1. Umkehrung). H wird an den Eingang des Schmitt-Triggers weitergegeben (2'), T_3 schaltet durch, deswegen ist an 3 die Spannung L (2. Umkehrung). L an der Basis von T_4 sperrt T_4, deswegen ist an 4 die Spannung H (3. Umkehrung). H gelangt an die Basis von T_5, T_5 schaltet durch und schließt den

343 Die Kombination der einfachen Verzögerungsschaltung mit dem Schmitt-Trigger führt zu präzisen Schaltvorgängen.

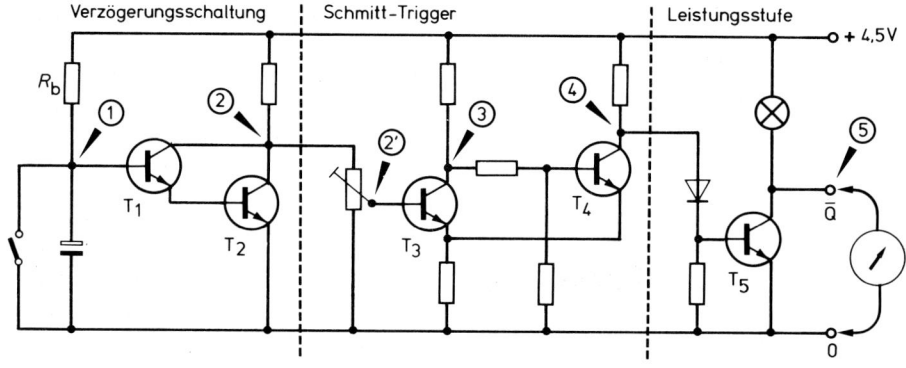

Lampenstromkreis; die Spannung an 5 ist L (4. Umkehrung).
Der zweite Zustand („Kondensator geladen") ergibt die umgekehrte Folge.

Bei einer Reihe mehrerer Schaltstufen ist unbedingt ihre Anzahl zu beachten. Eine ungerade Anzahl kehrt das Eingangssignal um, eine gerade Anzahl verändert es nicht. Im obigen Beispiel haben wir eine gerade Anzahl von Schaltstufen, daher kehrt sich die Spannung nicht um.

8.2 Modell einer Treppenhausbeleuchtung

Eine Treppenhausbeleuchtung soll nach dem Drücken des Tasters eine Weile leuchten und dann verlöschen. Unser „Nachdenkzeitbegrenzer" von S. 146 (Verzögerungsschalter ohne Schmitt-Trigger) bleibt aber nach dem Tastendruck dunkel und leuchtet erst nach Ablauf der Verzögerungszeit t_v. Also muß eine Umkehrstufe nachgeschaltet werden (*343*). Dazu eignet sich der Lampenbaustein (*344/346*).

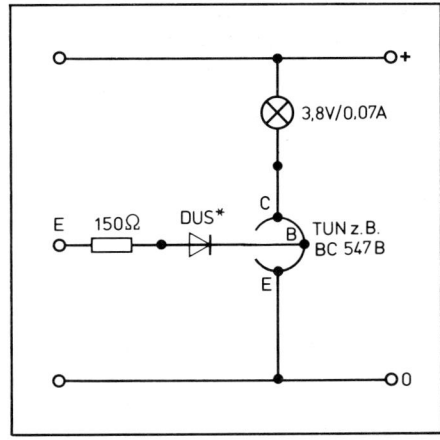

*Silizium-Allzweckdiode

346 *Aufbau der Schaltung für den Lampenbaustein. Durch Zwischenschalten einer oder auch mehrerer Dioden in Flußrichtung kann man die Basisschwelle des Transistors erhöhen und damit die Empfindlichkeit für niedrige Eingangsspannungen herabsetzen. Denselben Zweck erfüllt auch eine Z-Diode (besser).*

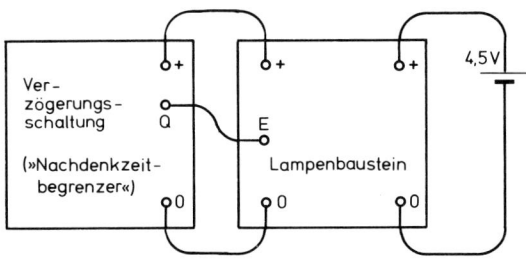

344 *Verzögerungsschaltung mit Umkehrstufe (Inverter). Nach dem Herausschrauben des Lämpchens aus dem „Nachdenkzeitbegrenzer" wird der parallel zur Fassung liegende Widerstand wirksam.*

345 *Der Lampenbaustein.*

R 150 Ω ist ein Schutzwiderstand, damit über die Basis des Transistors kein Kurzschluß entstehen kann. Da an Q die Spannung wegen der hohen Sättigungsspannung der Darlingtonstufe nicht ganz 0 Volt werden kann, ist es u. U. erforderlich, die Basisschwellenspannung des folgenden Transistors mit einer in Flußrichtung geschalteten Si-Diode künstlich zu erhöhen (s. S. 135 f.).

Nach der Zusammenschaltung muß das Glühlämpchen aus dem „Nachdenkzeitbegrenzer" herausgeschraubt werden.

8.3 Modell einer Rolltreppensteuerung

Eine Rolltreppe läuft dann an, wenn der Lichtstrahl einer Lichtschranke unterbrochen wird. Nach einer voreingestellten Zeit t_v bleibt sie wieder stehen.
Der Taster unseres „Nachdenkzeitbegrenzers" (Verzögerungsschaltung) wird durch die Lichtschranke (S. 142) ersetzt; und zwar ist dazu die Dunkelschaltung erforderlich (*347*). Sobald kein Licht mehr auf den Fototransistor fällt, werden T_1/T_2 leitend. T_2 übernimmt die Funktion des Tasters. Der Verzögerungsschaltung muß wieder eine Umkehrstufe folgen, denn im übrigen verhält sich die Rolltreppensteuerung wie die oben beschriebene Treppenhausbeleuchtung.

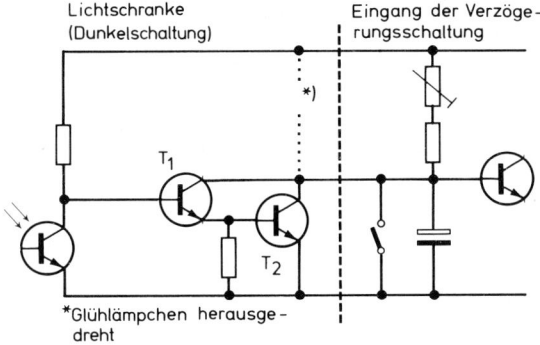

347 *Die Verbindung der Lichtschranke (Dunkelschaltung) mit der Verzögerungsschaltung („Nachdenkzeitbegrenzer") ermöglicht eine „Rolltreppensteuerung". Das Leuchten des Lämpchens im zweiten Baustein zeigt die Laufdauer des Motors an. Das Lämpchen kann auch durch einen Spielzeugmotor mit geringem Stromverbrauch ersetzt werden.*

8.4 Die astabile Kippschaltung (der astabile Multivibrator)

In den bisher besprochenen Schaltungen mußte der Transistor immer von außen, durch einen außerhalb des eigentlichen Systems erfolgenden Vorgang geschaltet werden – in der Alarmanlage beispielsweise dadurch, daß der „Einbrecher" die Sicherungsschleife durchriß – in der Lichtschranke dadurch, daß der Lichtstrahl durch ein vorbeigeführtes Objekt unterbrochen wurde oder auf den Fototransistor traf usw. In jedem Fall hat ein äußerer Anlaß den Schaltzustand des Transistors verändert.

Sehr oft benötigt man aber eine Schaltung, die von selbst eine in regelmäßigen Zeitabständen („periodisch") wiederkehrende Änderung des Schaltzustandes bewirkt. Ein bekanntes Beispiel dafür ist die Blinkanlage, wie sie etwa in einer Ampelschaltung, im Kraftfahrzeug, im Wechsellicht von Reklamebeleuchtungen usw. vorkommt.

Sollte diese Aufgabe von einem mechanischen Schalter erfüllt werden, so müßte diesen jemand mit der Hand regelmäßig und vor allem unermüdlich in der erforderlichen Geschwindigkeit zwischen den Stellungen „ein" und „aus" hin- und herkippen. Das Absurde dieses Verfahrens wird deutlich, wenn man an Schaltgeschwindigkeiten denkt, die kein Mensch manuell zu erreichen in der Lage wäre, z.B. im Mikrosekundenbereich, wie das für genaue physikalische Messungen nötig ist (ein automatischer Schalter, der so eingestellt ist, daß er genau 1-Million-mal in der Sekunde ein- und ausschaltet, erzeugt Meßperioden in der Länge einer Mikrosekunde. Abgezählt erlauben sie die Zeitbestimmung auf eine Mikrosekunde genau).

Durch ihr beständiges Ein- und Ausschalten erzeugt die *astabile Kippschaltung* nahezu rechteckförmige Impulse (*348*). Sie wird daher vornehmlich als Taktgeber für alle sich wiederholenden Vorgänge verwendet – z.B. für Blinkschaltungen, als Impulsgeber in Rechenautomaten, als Steuerglied für ein regelmäßig zu ölendes Maschinenteil, als Tongenerator – überall dort, wo man einen Schalter braucht, um einen Vorgang periodisch zu steuern.

8.4.1 Wie funktioniert die astabile Kippschaltung?

Die Funktion der astabilen Kippschaltung kann auf mannigfache Weise erklärt werden. Besonders elegant ist die als Mitkopplung zweier Verstärker (s.u., S. 243). Für den Anfang ist es aber wichtig, Verhalten und Zusammenwirken der einzelnen Bauelemente zu betrachten.
Vgl. dazu die Abb. *349–356*.
1. Weil kein Basisstrom fließt, verhält sich der Transistor T_1 wie ein geöffneter Schalter: Es fließt kein Kollektorstrom.
2. Weil über den Vorwiderstand R_1 ein Basisstrom fließen kann, schaltet T_1 durch.

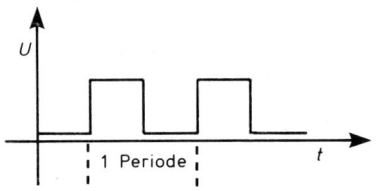

348 *Rechteckimpulse (oder -schwingungen).*

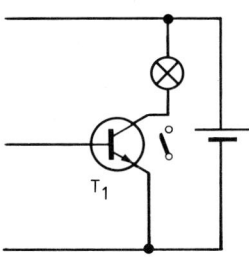

349 *Funktionszustand 1.*

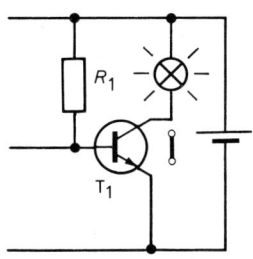

350 *Funktionszustand 2.*

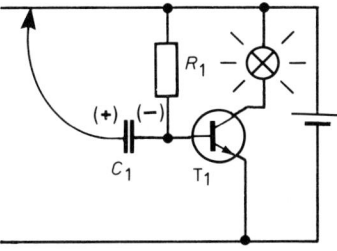

351 *Funktionszustand 3.*

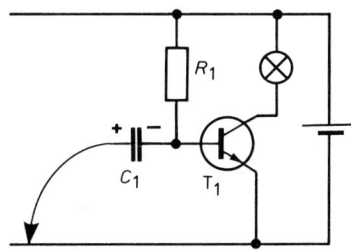

352 *Funktionszustand 4a.*

3. Wenn man an die Basis von T_1 einen Kondensator anschließt und die andere Kondensatorplatte mit dem Plus-Pol verbindet, bleibt T_1 weiterhin durchgeschaltet, denn der Basisstrom wird durch C_1 ja nicht behindert. – C_1 liegt einerseits am Plus-Pol, andererseits über die Basis-Emitter-Diode am Minus-Pol. C_1 lädt sich auf (Batteriespannung minus Schwellenspannung von T_1 = Spannungsabfall von R_1). Solange sich C_1 auflädt, fließt ein erhöhter Basisstrom. Das hat zur Folge, daß in dem Augenblick T_1 „erst recht" durchschaltet.

4a. Verbindet man nun C_1 mit dem Minus-Pol, so liegt der vorher aufgeladene Kondensator C_1 jetzt praktisch zwischen Basis und Emitter; das Minus-Potential liegt an der Basis, das Plus-Potential am Emitter. Somit liegt an der Basis eine Sperrspannung. Daher sperrt T_1. C_1 entlädt sich nun über R_1 und die Batterie.

4b. Wenn C_1 leer ist, wirkt er im Basisstromkreis zunächst wie ein Kurzschluß: Der über R_1 der Basis zugedachte Strom fließt in C_1 und lädt ihn auf. Zunächst sperrt T_1 noch. Sobald aber C_1 bis zur Schwellenspannung von T_1 aufgeladen ist, fließt wieder Strom über die Basis. T_1 schaltet wieder durch.

5a. Die Aufgabe, C_1 über einen Widerstand (hier als Lämpchen dargestellt) erst an den Plus-Pol und dann an den Minus-Pol der Batterie zu schalten, kann man einem weiteren Transistor (T_2) übertragen: Wenn T_2 sperrt (also offener Schalter), liegt C_1 (Punkt A) über das Lämpchen am Plus-Pol. Es liegt also der Zustand von Nr. 3 vor.

5b. Wenn T_2 durchschaltet (also geschlossener Schalter), liegt C_1 (Punkt A) am Minus-Pol. Es tritt also zunächst der Zustand 4a ein, nach dem Umladen des Kondensators C_1 der Zustand 4b.

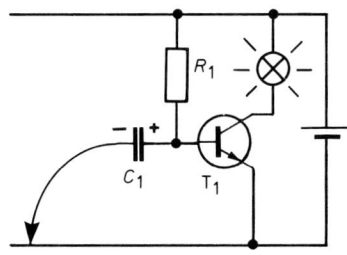

353 *Funktionszustand 4b.*

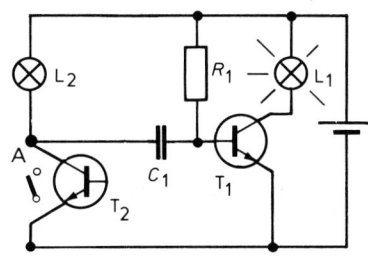

354 *Funktionszustand 5a.*

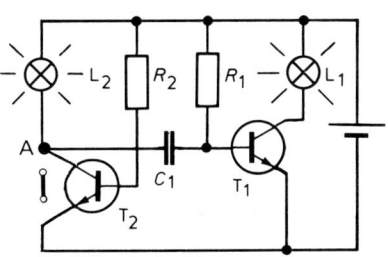

355 *Funktionszustand 5b.*

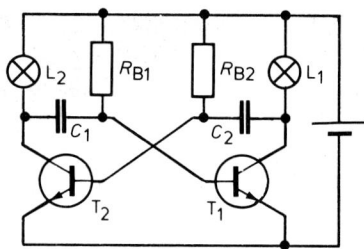

356 Funktionszustand 6.

6. T_2 wird auf dieselbe Art und Weise von T_1 geschaltet, wenn man seine Basis über einen Kondensator (C_2) mit dem Kollektor von T_1 verbindet. Die Transistoren schalten abwechselnd durch bzw. sperren abwechselnd.

8.4.2 Die Dimensionierung des Multivibrators

Die Ausschaltzeit (t) von T_1 entspricht der Einschaltzeit (t) von T_2, und die Einschaltzeit (t) von T_1 entspricht der Ausschaltzeit (t) von T_2.
Berechnung der Ausschaltzeiten der einzelnen Transistoren.

Faustformel:
$t_{T1} \approx 0{,}7 \cdot R_{B1} \cdot C_1$ (s, Ω, F)
$t_{T2} \approx 0{,}7 \cdot B_{B2} \cdot C_2$.

Es handelt sich hierbei um die aus der Einschaltverzögerung (S. 145) bekannte Näherungsformel. Mit ihr erhält man einen für die Praxis vollkommen ausreichenden Näherungswert (an sich gehen in die Zeitkonstante noch viele andere Parameter ein – Größe des Kollektorwiderstandes, Höhe der Batteriespannung, Umgebungstemperatur usw.). Eine ganze Schaltperiode setzt sich aus der Ausschaltzeit und der Einschaltzeit eines Transistors zusammen, ist also

$\approx 0{,}7 \cdot R_{B1} \cdot C_1 + 0{,}7 \cdot R_{B2} \cdot C_2$
$\approx 0{,}7 \cdot (R_{B1} \cdot C_1 + R_{B2} \cdot C_2)$.

Die Kippfrequenz des Multivibrators (Anzahl der Schaltperioden pro 1 Sekunde) beträgt demnach

$$f \approx \frac{1}{0{,}7 \cdot (R_{B1} \cdot C_1 + R_{B2} \cdot C_2)} \text{ (Hz)}.$$

Die beiden Zeiten, aus denen sich die Periode zusammensetzt, brauchen nicht gleich zu sein. Man kann ihr Verhältnis zueinander („Tastverhältnis") in sehr weiten Grenzen frei wählen.

Berechnung und Aufbau eines Doppelblinkers mit zwei Glühlämpchen anstelle der Kollektorwiderstände.

Gegeben:
Batterie 4,5 V
Lampenstrom: bis 100 mA
(Glühlämpchen 3,8 V/0,07 A)
NPN-Silizium-Transistoren mit einem Gleichstromverstärkungsfaktor $B = 100$
Gewünscht: $t_{T1} = t_{T2} = 1$ s.
Bei einem Stromverstärkungsfaktor der Transistoren $B = 100$ benötigt man einen Basisstrom von 1 mA. – Wie groß darf der Basiswiderstand maximal sein?
Formel:

$$R_{B\,max} = \frac{U_b - U_{BE}}{I_B}$$

Rechnung:

$$R_{B\,max} = \frac{4{,}5 - 0{,}7}{0{,}001} = 3800 \, \Omega.$$

(Es sei daran erinnert, daß die Schwellenspannung U_{BE} eines Silizium-Transistors in der Größenordnung von 0,6 bis 0,7 V liegt.)
Ergebnis: Der höchstzulässige Basiswiderstand beträgt also nur 3,8 kΩ!
Eine andere Überschlagsformel zur Berechnung des Basiswiderstandes geht vom Kollektorwiderstand R_C des Schalttransistors aus:

$R_{B\,max} = 0{,}8 \cdot B \cdot R_C$.

Bei niedrigen Batteriespannungen ($U_b < 10 \cdot U_{BE}$) ist der Faktor 0,8 auf 0,7 zu verkleinern.
Im obigen Beispiel beträgt R_C (Glühlämpchen 3,8 V/0,07 A) ca. 54 Ω.

$R_{B\,max} = 0{,}7 \cdot B \cdot R_C$
$= 0{,}7 \cdot 100 \cdot 54 = 3780 \, \Omega$.

Will man auf eine Periodenzeit von 2 s kommen (1 s „ein", 1 s „aus"), so muß
$t_{T1}\,(=t_{T2}) \approx 0{,}7 \cdot 3800 \cdot C = 1$
sein.

Rechnung:

$$C \approx \frac{1}{0{,}7 \cdot 3800} \approx 375 \, \mu F.$$

Ergebnis: Man wählt den nächstgrößeren gängigen Normwert 470 μF.

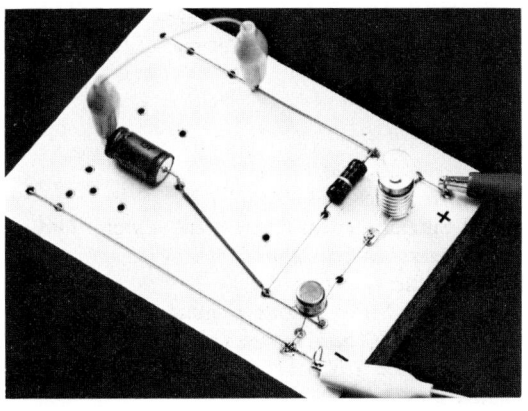
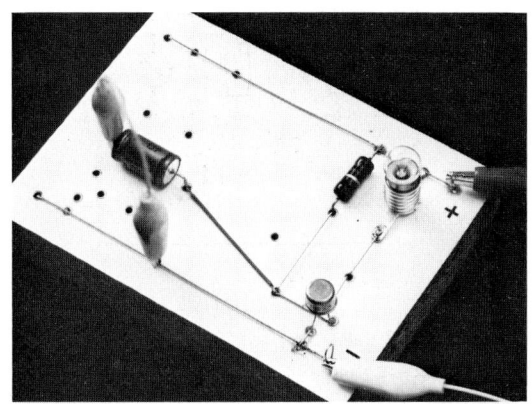
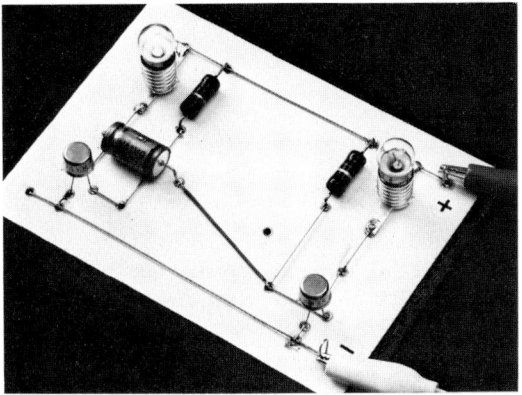
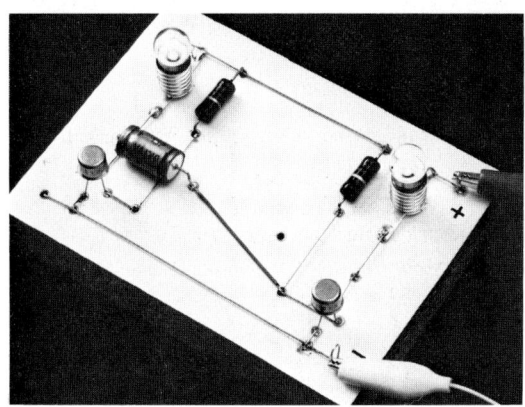

357–360 Die Abbildungen veranschaulichen die Funktionszustände 3, 4 a, 5 a/5 b (in den Zuständen = 4 a/4 b).

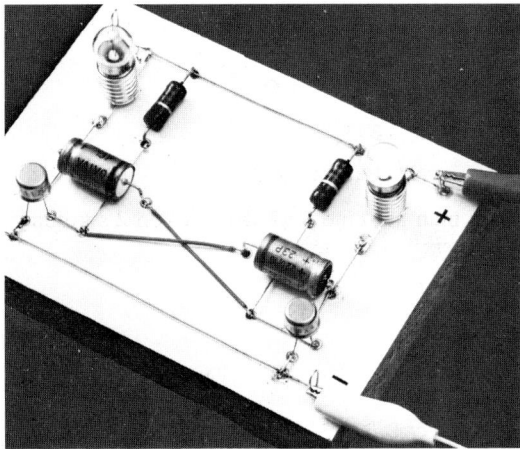

361 Die astabile Kippschaltung (Multivibrator) in Funktion (Funktionszustand 6).

Weil nun der Kondensator größer als der errechnete Wert ist, muß man den Widerstand verkleinern, um wieder auf eine Zeit $t = 1$ s zu kommen. Nach Einsetzen der bereits bekannten Werte in die Formel $t_T \approx 0{,}7 \cdot R_B \cdot C$ erhält man

$$1 \approx 0{,}7 \cdot R_B \cdot 470 \cdot 10^{-6}$$

(1 µF = 1 Millionstel F, daher $C = 470 \cdot 10^{-6}$).

Rechnung:

$$R_B = \frac{1 \cdot 10^6}{0{,}7 \cdot 470} = 3040\,\Omega$$

Die nächsten Normwerte sind 2,7 kΩ unterhalb bzw. 3,3 kΩ oberhalb des errechneten Wertes. Wählt man den kleineren Widerstand, so ist die Zeit entsprechend kürzer (die Frequenz größer). Wählt man den größeren Widerstand, so ist die Zeit entsprechend länger (die Frequenz kleiner). Für den Fall, daß die Zeit genau eingehalten werden muß, setzt man statt des Festwiderstandes ein Trimmpotentiometer von 5 kΩ ein.

Abb. *362* zeigt die Anordnung der Bauelemente. Beim Aufbau ist auf die richtige Polung der Elkos zu achten. Im Betrieb läßt sich an den Lämpchen gut beobachten, wie ein Transistor leitet, während der andere sperrt.

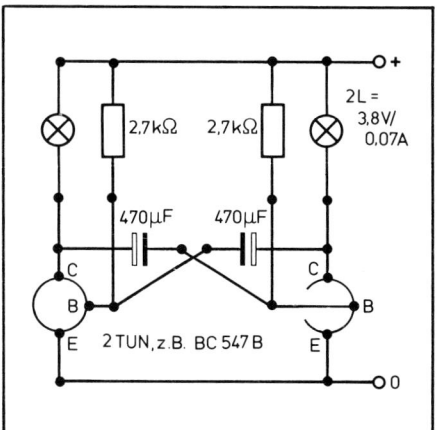

362 *Aufbau der Schaltung für den astabilen Multivibrator (Doppelblinker mit 2 Glühlämpchen)*

Berechnung und Bau eines Doppelblinkers mit Darlington-Transistoren

Für die im vorausgegangenen Beispiel erforderlichen großen Kapazitäten kommen nur Elektrolytkondensatoren in Frage. Diese sind in den höheren Kapazitätswerten relativ teuer. Man wird daher bestrebt sein, mit möglichst kleinen Kapazitätswerten auszukommen. Daraus folgt, daß man den Basiswiderstand entsprechend zu vergrößern hat. Das geht aber nur, wenn der Stromverstärkungsfaktor des Transistors entsprechend groß ist.

363 *Zwei zu einer Darlingtonstufe zusammengeschlossene Universal-Transistoren (vergr.)*

Die einfachste Lösung ist, zwei einfache (billige) Universal-Transistoren gleicher Art (hier die zuvor angeführten NPN-Silizium-Transistoren mit einem Gleichstromverstärkungsfaktor $B = 100$) zu einer Darlington-Stufe zu verbinden (*363*). Es sei daran erinnert, daß eine Darlington-Stufe wie ein einziger Transistor behandelt werden kann (s. S. 135).

1. Wie groß muß der Basisstrom (I_B) sein, um einen Kollektorstrom (I_C) = 100 mA zu schalten? Zuerst wird der Stromverstärkungsfaktor (B) der Darlington-Stufe errechnet.

$$B_{ges} \approx B_1 \cdot B_2,$$
$$B_{ges} \approx 100 \cdot 100 \approx 10\,000 \; (!)$$

Nun kann der Basisstrom berechnet werden.

$$I_B = \frac{I_C}{B_{ges}}.$$

$$I = \frac{100}{10\,000} = 0{,}01 \text{ mA}.$$

2. Wie groß darf der Basiswiderstand (R_B) sein, um einen Basisstrom $I_B = 0{,}01$ mA zu ermöglichen?

Zu bedenken ist, daß an der Darlington-Stufe die Schwellenspannung der Basis-Emitter-Diode (U_{BE}) zweimal abfällt – bei Silizium-Transistoren also $2 \cdot 0{,}7$ V (s. Skizze *364*).

$$R_{B\,max} = \frac{U_b - 2 \cdot U_{BE}}{I_B} \quad (\text{V}, \Omega, \text{A})$$

$$R_{B\,max} = \frac{4{,}5 - 1{,}4}{0{,}00001} = 310 \text{ k}\Omega,$$

(0,01 mA = 0,00001 A)

$$R_{B\,max} = 310 \text{ k}\Omega \, (!)$$

So hoch darf der Basiswiderstand werden – ein gewaltiger Unterschied zum R_B eines Einzeltransistors! – Der R_B darf ca. 100mal so groß sein, also darf C etwa 100mal so klein sein.

3. Berechnung des Basiswiderstandes für einen vorhandenen Kapazitätswert. – Vorhanden sind beispielsweise Kondensatoren mit einer Kapazität von 10 µF. Frage: Wie groß muß R_B bei Verwendung dieser Kondensatoren und einer gewünschten Schaltzeit von $t_{T1} = t_{T2} = 1$ s sein?

Die Rechnung wird nach der Formel

$$R_B \approx \frac{t}{0{,}7 \cdot C}$$

ausgeführt:

$$R_B \approx \frac{1}{0{,}7 \cdot 10 \cdot 10^{-6}} \approx 142{,}8 \text{ k}\Omega.$$

Der nächste Normwert ist 150 kΩ. Damit liegen wir im sicheren Durchschaltbereich der Darlington-Stufe.

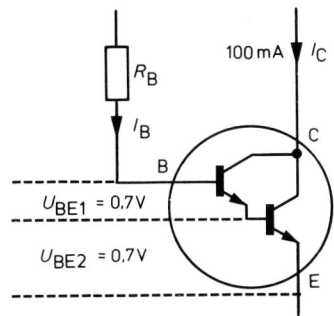

364 *Die Schwellenspannung an der Darlingtonstufe.*

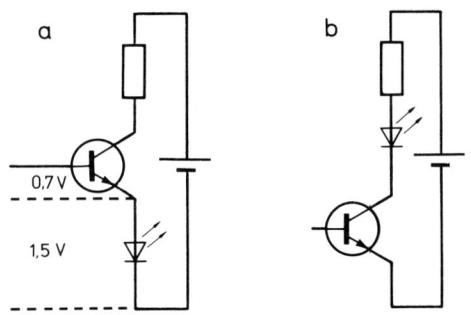

365 *Schwellenspannung. a) LED in der Emitterleitung – b) LED in der Kollektorleitung.*

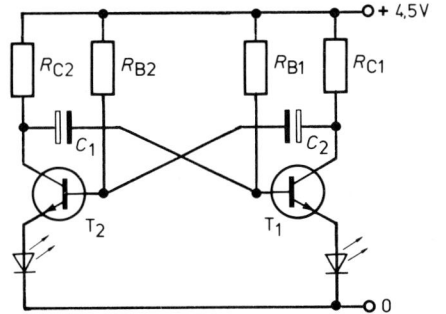

366 *Grundschaltung des astabilen Multivibrators mit LED-Anzeige (in der Emitterleitung).*

Der Aufbau unterscheidet sich nicht von dem des vorangegangenen Beispiels. Abb. *363* zeigt den Aufbau einer Darlingtonstufe, die als ein Transistor einzusetzen ist.

Berechnung und Aufbau eines Doppelblinkers mit zwei Leuchtdioden (LED)
Wählt man als Anzeigeelemente Leuchtdioden (*366*), dann kommt man mit einem Kollektorstrom von 5 mA gut aus. Hat der Transistor einen Stromverstärkungsfaktor $B = 100$ (siehe oben!), dann reicht ein Basisstrom von 0,05 mA. Schwellenspannung der LED: 1,5 V – siehe Abb. *365a*.

1. Möglichkeit: Die Leuchtdiode wird in die Emitterleitung gelegt (*365a*); in dem Fall erhöht sich die Schwellenspannung des Transistors um die Schwellenspannung der LED.
Berechnung des Basiswiderstandes:

$$R_{B\,max} = \frac{4{,}5 - 0{,}7 - 1{,}5}{0{,}00005} \approx 46\,000\,\Omega.$$

Für C benötigt man dann eine Kapazität von

$$C \approx \frac{1}{0{,}7 \cdot 46\,000} \approx 31\,\mu\text{F}.$$

Der nächsthöhere Normwert ist 47 µF. Damit man wieder auf eine Zeit $t = 1$ s kommt, muß R_B verkleinert werden:

$$1 \approx 0{,}7 \cdot R_B \cdot 47 \cdot 10^{-6},$$

$$R_B \approx \frac{1 \cdot 10^6}{0{,}7 \cdot 47} \approx 30\,000\,\Omega.$$

Der nächstkleinere Normwert ist 27 kΩ; damit erhält man eine Ein- bzw. Ausschaltzeit von etwas weniger als 1 s.
Berechnung des Kollektorwiderstandes (als Vorwiderstand für die LED):

$$R_v = \frac{U_b - \text{Schwellenspannung } 1{,}5\,\text{V}}{5\,\text{mA}}$$

$$= \frac{4{,}5 - 1{,}5}{0{,}005} = \frac{3}{0{,}005} = 600\,\Omega.$$

Der nächstniedere Normwert wäre 560 Ω. Da aber der Leuchtstrom auch erheblich stärker sein darf (größere Leuchtstärke) kann man den R_v bis auf ca. 270 Ω verringern. Dadurch steigt der Leuchtstrom

$$I = \frac{U}{R} = \frac{3}{270} = 0{,}011\,\text{A}$$

auf ca. 11 mA an. Damit liegt man noch im sicheren Bereich der LED.

2. Möglichkeit: Die Leuchtdiode wird zusammen mit ihrem Vorwiderstand in die Kollektorleitung gelegt (365b).

$$R_{B\,max} = \frac{4,5 - 0,7}{0,00005} \approx 76000\,\Omega.$$

Der Basiswiderstand darf jetzt sogar 76 kΩ betragen, das bedeutet eine entsprechende Verkleinerung von C:

$$C \approx \frac{1}{0,7 \cdot 76000} \approx 19\,\mu F.$$

Der nächste Normwert beträgt 22 µF. Für eine Zeit $t = 1$ s muß R_B verkleinert werden:

$$1 \approx 0,7 \cdot R_B \cdot 22 \cdot 10^{-6},$$

$$R_B \approx \frac{1 \cdot 10^6}{0,7 \cdot 22} \approx 65000\,\Omega.$$

Der nächsthöhere Normwert ist 68 kΩ. Damit erhält man eine Ein- bzw. Ausschaltzeit von etwas mehr als 1 s.

Berechnung und Aufbau eines Tongerators
Gewünscht:
f ≈ 2 000 Hz
Tastverhältnis 1 : 1 ($t_{T1} = t_{T2}$)
Kollektorstrom maximal 2 mA
Vorhanden:
Transistoren mit einem Stromverstärkungsfaktor $B = 100$. Als Basiswiderstände sind 10 kΩ vorge-

368/369 Dynamische Hörkapseln (z.B. aus alten Telefonhörern) haben ihre „Anschlüsse" oft an den Gehäuseflächen. Es empfiehlt sich, zum Ansetzen der Krokoklemmen Drahtösen an die durch eine Isolation voneinander geschiedenen Zonen anzulöten.

sehen (z.B. weil sie in der Bastelkiste reichlich vorhanden sind).

Frage: Ist der Wert $R_B = 10$ kΩ vielleicht zu groß? – R_C ist (bei $U_b = 4,5$ V und $I_C = 2$ mA) 2,25 kΩ.

$$R_{B\,max} = 0,7 \cdot B \cdot R_C$$
$$= 0,7 \cdot 100 \cdot 2250 = 157,5\,k\Omega$$

$R_B = 10$ kΩ überschreitet den zulässigen Maximalwert nicht.

Gesucht: Größe von $C_1 = C_2$

Überlegung: 1 Periode dauert $\frac{1}{2000}$ s = 0,0005 s;

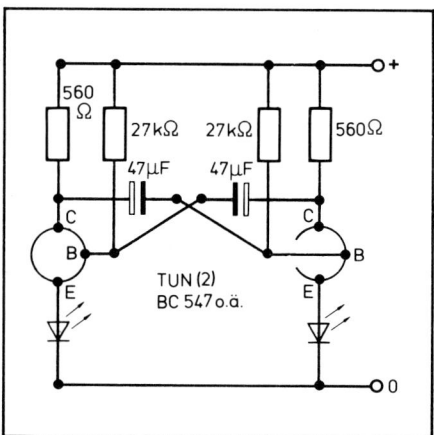

367 Aufbau der Schaltung für den astabilen Multivibrator mit 2 Leuchtdioden (LED) in der Emitterleitung.

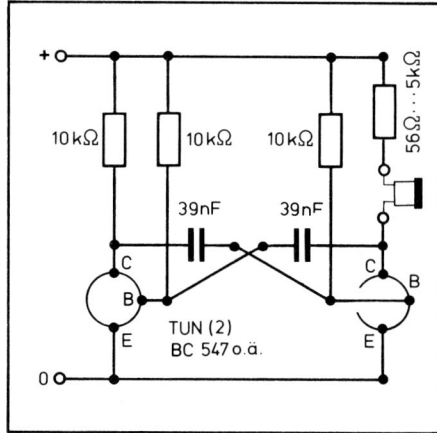

370 Aufbau der Schaltung für den astabilen Multivibrator als Tongenerator (ca. 2 000 Hz).

371 *Dieser Tongenerator erzeugt in der vorgeschlagenen Dimensionierung (ca. 2 000 Hz) einen Summton und stellt in dieser Form schon einen brauchbaren akustischen Zeichengeber dar (z.B. für ein Rufsignal in den Hobbykeller). Der noch fehlende Tastschalter läßt sich leicht in eine verlängerte Leitung einfügen.*

1 Zeit (t) dauert $\frac{1}{2}$ Periode = 0,00025 s.

Bekannte Faustformel: $t \approx 0{,}7 \cdot R_B \cdot C$

Rechnung:

$0{,}00025 \approx 0{,}7 \cdot 10000 \cdot C$

$C \approx \dfrac{0{,}00025}{0{,}7 \cdot 10000} \approx 35{,}7 \,\text{nF}.$

Der nächsthöhere Normwert beträgt 39 nF. Damit erhält man eine Frequenz von etwa 1 831 Hz. Der Kollektorwiderstand R_{C2} hat die Aufgabe, den Strom von T_2 beim Durchschalten zu begrenzen. Da man an dieser Stelle keine große Leistung braucht, wird man bestrebt sein, den Schaltstrom von T klein zu halten (0,5 mA oder noch weniger – Batterieverbrauch!). Geht man von einem gewünschten Schaltstrom von 0,5 mA aus, was zum Laden und Entladen eines Kondensators von 39 nF immer ausreicht, so ergibt sich nach dem Ohmschen Gesetz

$R_C = \dfrac{4{,}5}{0{,}0005} = 9 \,\text{k}\Omega$

(nächster Normwert 10 kΩ).

Der Vorwiderstand vor der Hörkapsel dient gleichfalls der Strombegrenzung. Er darf in weiten Grenzen nach Gutdünken dimensioniert werden. Es lohnt sich, verschiedene Werte zwischen 56 Ω und 5 kΩ auszuprobieren (*370*).

8.5 Die monostabile Kippschaltung (das Mono-Flop)

Ersetzt man in der astabilen Kippschaltung einen Kondensator durch einen Widerstand Z (*372*), so nimmt die Schaltung einen stabilen Zustand ein; daher der Name *monostabile Kippschaltung* (von griech. monos = einzig, ein-).

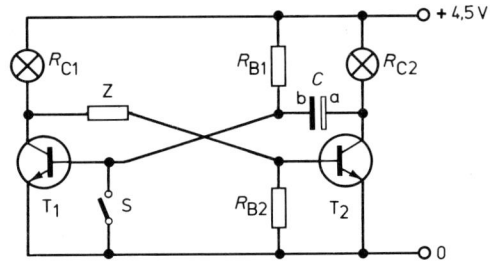

372 *Prinzip der monostabilen Kippschaltung (Mono-Flop).*

Im Ruhezustand ist der Basisstromkreis von T_1 geschlossen; daher schaltet T_1 durch. Auch in dieser Schaltung muß die Bedingung

$R_B \lessapprox 0{,}8 \cdot B \cdot R_C$

(bei niedrigen Batteriespannungen $0{,}7 \cdot B \cdot R_C$) eingehalten werden (s. S. 154).
T_2 bezieht seine Basisspannung vom Kollektor T_1. Dort ist die Spannung aber nahe 0 Volt, weil T_1 ja durchgeschaltet ist; T_2 erhält deswegen keine Basisspannung – T_2 sperrt. Der Basiswiderstand R_{B2} ist nicht mit dem Plus-Pol der Batterie, sondern mit 0 verbunden (weil T_2 sperren soll).
Schließt man für eine kurze Zeit den Schalter S, so sperrt T_1 (wie bereits aus der „Alarmanlage", S. 131 ff., bekannt). Nun erhält T_2 Basisspannung, schaltet durch, und die Platte a des Kondensators wird auf 0 geschaltet. Auch wenn man den Schalter S wieder öffnet, bleibt T_1 so lange gesperrt, bis C sich aufgeladen hat. T_1 bildet also in diesem Zustand mit R_{B1} und C ein Zeitglied, wie wir es bereits vom „Nachdenkzeitbegrenzer" (S. 146) und aus dem Zustand 4b von S. 153 kennen. Wenn C so weit aufgeladen ist, daß über T_1 ein Basisstrom fließen kann, schaltet T_1 durch. Damit ist der Ruhezustand wieder erreicht. Die Auslenkzeit t_v ist auch in dieser Schaltung etwa $0{,}7 \cdot R \cdot C$.
Wie kommt es, daß die Schaltung so rasch in den Ruhezustand zurückkippt, während beim einfachen Zeitglied (S. 145) nur ein langsames Durchsteuern zu beobachten war?

Solange T_2 durchgeschaltet ist, lädt sich C über R_{B1} auf – Platte a negativ, Platte b positiv. Sobald T_1 wieder durchzusteuern beginnt, sinkt dessen Kollektorspannung. Damit sinkt die Basisspannung von T_2; T_2 beginnt zu sperren, d.h. der Widerstand zwischen Kollektor und Basis und damit auch die Spannung am Kollektor erhöhen sich. Der geladene Kondensator wirkt wie eine kleine Spannungsquelle, die auf die Kollektorspannung von T_2 aufgestockt ist. T_1 erhält also einen schnellen Zuwachs an Basisspannung, die Kondensatorladung fließt zumindest teilweise (C kann sich auch über $R_{B1}-R_{C2}$ entladen) als zusätzlicher Basisstrom durch T_1. Daher schaltet T_1 sprunghaft durch.

In der obigen Form hängt die Sperrzeit von T_1 bzw. die Durchschaltzeit von T_2 auch von der Dauer ab, während S geschlossen bleibt. t_v beginnt erst nach dem Öffnen von S, denn solange S geschlossen ist, kann sich C nicht aufladen. Diese Form ist als *Abschaltverzögerung* oft erwünscht, z.B. wenn ein Ventilator noch eine bestimmte Zeit nachlaufen soll, nachdem ein Gerät abgeschaltet ist.

Wird S während der Aufladezeit erneut geschlossen, so entlädt sich C wieder; nach dem Öffnen von S beginnt t_v erneut. Dieses erneute Auslösen von t_v nennt man *nachtriggern*. Die Möglichkeit, eine monostabile Kippstufe nachzutriggern, wird häufig benötigt.

Eine Rolltreppe soll z.B. anlaufen, wenn der erste Passant die Lichtschranke unterbrochen hat. Sie soll so lange laufen, bis er das Ende der Treppe erreicht hat. Inzwischen kommt der nächste Passant. Er triggert die Rolltreppenschaltung nach; damit beginnt t_v erneut, und so gelangt auch er bis zum Ende der Treppe. Ließe sich die Rolltreppenschaltung nicht nachtriggern, so bliebe die Rolltreppe stehen, noch ehe der zweite Passant sein Ziel erreicht hat, und es bliebe ihm nichts anderes übrig, als entweder weiterzusteigen oder auf den nächsten Passanten zu warten.

Aber auch zum Aufspüren fehlender Impulse ist die nachtriggerbare Schaltung geeignet. In vielen Cassettenrecordern wird der Motor durch ein Mono-Flop geschaltet. Solange sich der Motor dreht, erzeugt er (z.B. durch das periodische Unterbrechen einer Lichtschranke) Impulse in schneller Folge. Die Impulse triggern das Mono-Flop ständig nach, der Motor läuft ruhig weiter. Wird der Motor erheblich langsamer oder bleibt er ganz stehen, weil das Band klemmt oder die Spule abgelaufen ist, dann bleiben die Triggerimpulse aus, t_v läuft ab, und der Motor wird abgeschaltet. Dieser Aufwand verbirgt sich hinter der knappen Bezeichnung „automatische Bandabschaltung".

Soll t_v aber von der Schließzeit des Schalters unabhängig sein, so fügt man in den Schaltstromkreis einen Kondensator kleiner Kapazität ein (*373*). T_1 kann dann nur für die Dauer des Ladestromstoßes durch den Schalter gesperrt werden, t_v beginnt sofort anschließend. Wie lange man auch den Schalter schließt, die Schaltzeit bleibt gleich.

Damit sich der Kondensator wieder entladen kann, überbrückt man ihn mit einem Widerstand, dessen Wert so hoch sein muß, daß er die Basisspannung praktisch nicht beeinflussen kann.

Die Unabhängigkeit der Zeit t_v von der Dauer der Schalterschließzeit wird ebensoft benötigt, und zwar immer dann, wenn Impulse verschiedenster Dauer auf eine bestimmte Impulsbreite verkürzt oder gedehnt werden sollen.

In den Omnibussen der Nahverkehrslinien gibt der Fahrgast dem Fahrer durch Knopfdruck ein Signal, daß er an der nächsten Haltestelle aussteigen möchte. Das zu kurze Signal eines zaghaften „Drückers" könnte der Busfahrer überhören, ein „Dauerdrücker" könnte ihn zur Verzweiflung treiben. Also werden alle Signale mit einem nicht nachtriggerbaren Mono-Flop auf gleiche Dauer gebracht, etwa auf 0,5 s (s. auch u., S. 163). Ähnlich verhält es sich mit der elektronisch gesteuerten Verschlußzeit einer Kamera; auch sie soll unabhängig davon, wie lange der Fotograf den Auslöser betätigt, ablaufen.

Der Punkt, an dem eine Kippschaltung ausgelöst wird, heißt „Eingang". Eingänge, die über den Ladestromstoß eines Kondensators getriggert werden, heißen „dynamische Eingänge" (weil sie nur auf eine sehr schnelle Spannungsänderung reagieren). Zeitunabhängige Eingänge sind „statische Eingänge". – Die beiden Kollektoren der Schaltung sind die „Ausgänge". Sie verhalten sich immer einander entgegengesetzt.

Das Mono-Flop wird sehr oft benötigt. Es gibt daher fertige Bausteine für die verschiedensten Anwendungen als integrierte Schaltungen (IC).

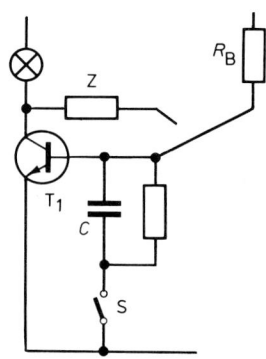

373 *Impulseingang für eine Kippstufe.*

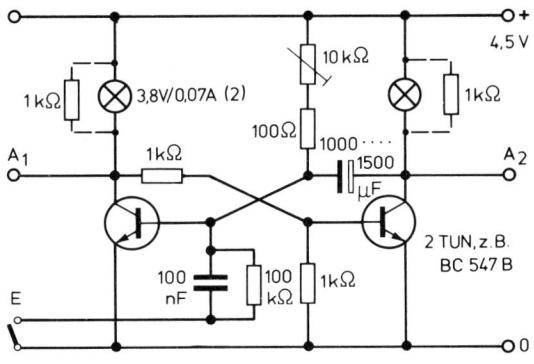

374 *Vollständiger Stromlaufplan für einen Monoflop-Baustein.*

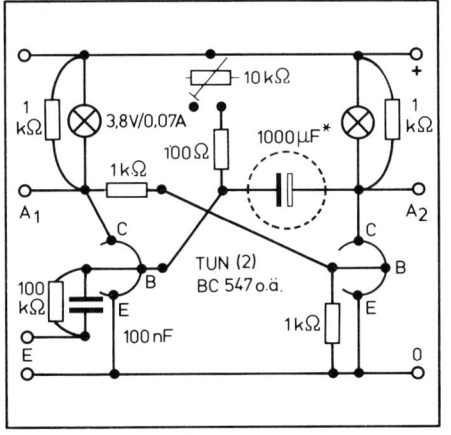

*stehende Bauform (für »gedruckte Schaltungen«)

375 *Aufbau der Schaltung für eine monostabile Kippschaltung (Monoflop-Baustein).*

376 *Monoflop. Der fertige Baustein.*

8.5.1 Aufbau einer monostabilen Kippschaltung

Abb. 374 zeigt einen Schaltungs- und Aufbauvorschlag für eine monostabile Kippschaltung zu Spiel- und Steuerzwecken. R_B ist als Trimmer ausgeführt, um t_v variieren zu können. Es empfiehlt sich, Si-Transistoren mit hoher Stromverstärkung (z.B. 547 B oder C) zu nehmen, denn die Bedingung $R_B \leq 0{,}7 \cdot B \cdot R_C$ muß unbedingt eingehalten werden. Je höher B ist, desto größer darf R_B sein. Für eine „Nachdenkzeit" von 10 s muß C bei $R_B = 10\,\text{k}\Omega$ 1428 µF (nächster Normwert 1500 µF) haben. Es empfiehlt sich, parallel zu den Glühlampenfassungen 1-kΩ-Widerstände zu löten. Wenn man die Lämpchen aus der Fassung schraubt, sind das die Arbeitswiderstände der Transistoren, und man kann den Baustein batterieschonend universell als Zeitgeber (s.u., S. 163) einsetzen. Im Ruhestand ist A_1 L, A_2 H – während der Auslenkzeit t_v ist A_1 H, A_2 L.

8.6 Die bistabile Kippstufe (das Flip-Flop)

Ersetzt man in der Kippschaltung beide Kondensatoren durch je einen Widerstand Z_1, Z_2 (377), so kann sie in beiden möglichen Schaltzuständen verharren; die Schaltung ist *bistabil* (von lat. bi = zwei).

Beide Basiswiderstände sind mit 0 verbunden, damit die Transistoren im Sperrzustand total sperren. Nach dem Anlegen der Batteriespannung wird (aufgrund von Unsymmetrien) ein Transistor früher durchschalten als der andere. Wir nehmen an, T_1 schaltet zuerst durch; in dem Fall erhält T_2 keine Basisspannung, denn an A_1 ist die Spannung fast 0 Volt (L). T_2 sperrt; die Spannung an A_2 ist H. T_1 erhält über R_{C2}/Z_2 Basisspannung und bleibt weiter durchgeschaltet.

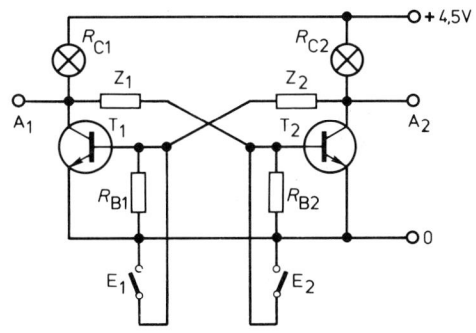

377 *Prinzip der bistabilen Kippstufe (Flip-Flop).*

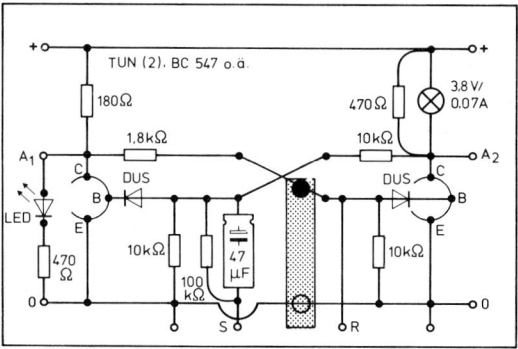

378 Aufbau der Schaltung für eine bistabile Kippstufe (Flipflop-Baustein; zugleich Spiel „sichere Hand").

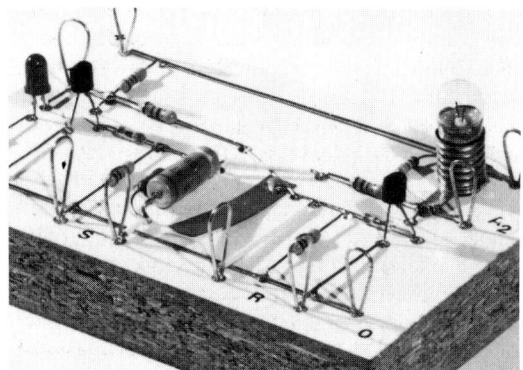

379 Flipflop. Der fertige Baustein.

Schließt man die Basis von T_1 (E_1) für einen Augenblick kurz (negativer Impuls), so sperrt T_1 zunächst für diese Zeit. Dadurch geht A_1 von L auf H, und die Basis von T_2 erhält Basisspannung. T_2 schaltet durch; dadurch fällt A_2 von H auf L, und nun erhält T_1 keine Basisspannung mehr, auch wenn der Schalter an E_1 wieder geöffnet ist. T_2 bleibt weiterhin durchgeschaltet, T_1 weiterhin gesperrt. *Der negative Impuls an E_1 ist also gespeichert.* Man kann nun beliebig viele (negative) Impulse an E_1 geben, am Schaltzustand ändert sich nichts. Erst wenn man die Basis von T_2 kurzschließt (negativer Impuls), sperrt T_2, und infolgedessen leitet T_1 wieder. Der Vorgang ist der gleiche, nur „seitenverkehrt". *Der negative Impuls an E_2 hat den gespeicherten Impuls gelöscht.* Wegen des Hin- und Herkippens nennt man die Schaltung (lautmalerisch) „Flip-Flop". Das Einspeichern eines Impulses heißt „setzen", das Löschen „rückstellen". Die Eingänge können wie bei der monostabilen Kippschaltung mit einem Kondensator „dynamisch" ausgelegt werden.

Das Flip-Flop hat eine überragende Stellung in der Datentechnik. Rechner, Digitaluhren, kurz alles, was sich hinter dem Ausdruck „computer" verbirgt, ist ohne Flip-Flop nicht denkbar. Heute baut man Flip-Flops nur noch sehr selten aus einzelnen Bauelementen auf, man verwendet die billigeren und sehr viel kleineren „integrierten Schaltkreise"; am Prinzip hat sich dadurch aber wenig geändert.

8.7 Spiel „sichere Hand" (mit einem Flip-Flop)

Ein steifer, blanker Draht soll durch eine Drahtöse geführt werden, ohne daß diese dabei berührt wird. Man kann dazu einen langen Draht, der durch eine größere Öse zu führen ist, oder einen kurzen und eine sehr kleine Drahtschlaufe nehmen. Die Schwierigkeiten, mit der Aufgabe fertigzuwerden, erhöht sich gewaltig, wenn in den Draht eine S-Kurve eingebogen ist.

Die Schaltung (*380*) besteht aus einem Flip-Flop. Der Rückstelleingang ist mit einer Taste (R) als statischer Eingang, der Setzeingang (S) ist als dynamischer Eingang ausgeführt; das ist aber für die Funktion dieses Spiels nicht erforderlich und hat nur für die universelle Verwendung dieser Schaltung als Baustein Bedeutung. Der Kondensator ist mit 47 µF recht groß; er muß diesen Wert wegen des sehr kleinen Lampenwiderstands haben. Das Flip-Flop kann nur gesetzt werden, wenn die Spannung an A_2 unter einen Höchstwert sinkt. Bis der Transistor den großen Lampenstrom geschaltet hat, vergeht eine gewisse Zeit, und mindestens diese Zeit muß der Ladestromstoß dauern. In der

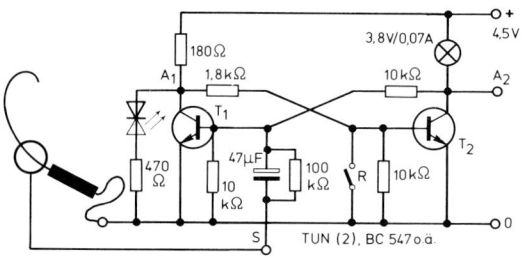

380 Vollständiger Stromlaufplan für einen Flip-Flop-Baustein – als Spiel „sichere Hand".

angegebenen Dimensionierung dauert er etwa drei Hundertstelsekunden.

Das Lämpchen zeigt den Zustand „gesetzt" an. Zusätzlich ist am Ausgang A_1 eine LED mit Vorwiderstand angebracht. Sie dient als Spannungs„messer" und macht sichtbar, daß die Kollektorspannung (= Ausgangsspannung) am gesperrten Transistor H ist. Da beide Anzeigeelemente den Zustand „gesetzt" anzeigen, kann man das Lämpchen auch durch einen Widerstand 470 Ω (auf dem abgebildeten Modell parallel zur Lampenfassung gelötet) ersetzen. Damit spart man Batteriestrom, außerdem reicht dann ein Kondensator von 0,1 µF für den dynamischen Eingang gut aus.

Der Schalter, der die Setzimpulse erzeugt, besteht aus Führungsdraht und Öse. Für die einwandfreie Funktion ist es wichtig, daß sowohl Führungsdraht als auch Öse eine sehr gut leitende Oberfläche besitzen. Am besten verwendet man für beide Teile versilberten Kupferdraht. Sobald beide einander berühren, wird das Flip-Flop gesetzt und speichert den „Treffer". Mogeln ist nicht möglich. Auch die kürzeste Berührung wird angezeigt. Das Flip-Flop muß mit der Rückstelltaste zurückgestellt werden; dann kann der nächste Spieler seine Geschicklichkeit erproben.

8.8 Modell eines „Halt!"-Signals für einen Busfahrer

Einem Busfahrer soll durch Knopfdruck von den Fahrgästen mitgeteilt werden, daß er an der nächsten Station halten soll. Für ihn ist es mit Rücksicht auf seine Konzentrationsfähigkeit wichtig, ein kurzes Summer-Signal nur ein einziges Mal hören zu müssen, auch wenn mehrere Fahrgäste den „Halt!"-Knopf betätigen („Dauerdrücker" eingeschlossen). Zusätzlich soll das Signal aber auch in einer Kontrollampe gespeichert werden.

Nach dem Anhalten soll der Fahrer die Anlage wieder zurückstellen können.

Zum Aufbau der Anlage verwenden wir die drei besprochenen Kippschaltungen (381).

Durch Knopfdruck setzen die Fahrgäste das Flip-Flop. Gleichgültig, wie oft der „Halt!"-Knopf (die Setztaste) betätigt wird, das Flip-Flop speichert das erste Signal im Lämpchen. Der Spannungssprung von H auf L am Ausgang A_2 wird zum Mono-Flop weitergeleitet, welches für eine bestimmte Zeit ausgelenkt wird und dadurch den astabilen Multivibrator (Tongenerator) für die vorbestimmte Dauer einschaltet.

8.9 Astabile Kippschaltung mit komplementären Transistoren

Die nachfolgende Variante der astabilen Kippschaltung zeigt, wie sich durch geschickte Zusammenstellung der Bauelemente der Aufwand verringern läßt.

Die Funktion der Schaltung wird wieder als Blinkgeber erklärt. Sie besteht aus einem Ein-/Aus-Schalter (382a) und einem Zeitglied (382b). Für das Prinzip des Zeitglieds ist es kein Unterschied, ob die Platte a des Kondensators direkt oder über einen Widerstand Betriebsspannung erhält (dadurch ändern sich nur die Lade- bzw. Entladezeiten des Kondensators). In der Schaltung (382c) ist Platte a des Kondensators über die Glühlampe L mit Plus verbunden.

Bevor wir den Kippvorgang betrachten, vergegenwärtigen wir uns die Schaltbedingungen der Transistoren. T_2 kann nur durchschalten, wenn T_1

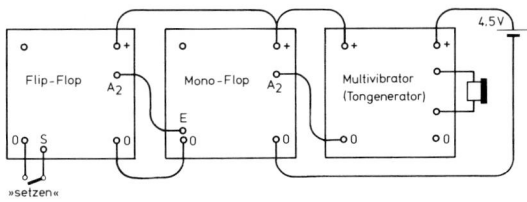

381 *Die Verbindung von Flipflop-, Monoflop- und Multivibrator-Baustein zu einer „Halt!"-Signal-Steuerung für einen Busfahrer.*

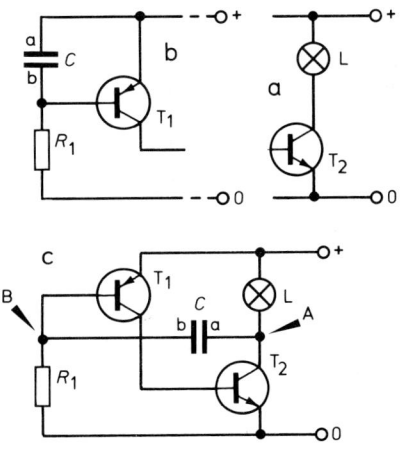

382 *Prinzip der Blinkgeber-Kippschaltung mit komplementären Transistoren.*

öffnet (denn er bezieht seinen Basisstrom über T_1). T_1 seinerseits kann nur durchschalten, wenn das Zeitglied R_1/C einen Basisstrom zuläßt. R_1 muß so groß sein, daß mit dem allein über ihn fließenden Strom T_1 nicht voll durchschalten kann.

Der Kippvorgang: Legt man die Batteriespannung an, so sind zunächst beide Transistoren gesperrt. C liegt mit Platte a über den geringen Lampenwiderstand an Plus, mit der Platte b über R_1 an 0. C lädt sich über R_1 auf, a positiv, b negativ. Sobald die Schwellenspannung von T_1 erreicht wird, beginnt T_1 leitend zu werden und gibt Basisstrom für T_2 frei. T_2 beginnt durchzuschalten, der Widerstand der CE-Strecke verringert sich rapide, und der Punkt A rutscht auf 0 zu. Die hohe Kondensatorladung ($U_b - U_{BE}$) liegt nun wie eine kleine Batterie zwischen 0 und der Basis von T_1. C entlädt sich über die Basis von T_1; es fließt kurzzeitig ein kräftiger Basisstrom, T_1 schaltet durch, in dessen Folge auch T_2. Das Lämpchen leuchtet. Punkt A liegt, abgesehen vom geringen Restwiderstand der CE-Strecke von T_2 auf 0. C liegt nun mit Platte b über die BE-Diode von T_1 an Plus, mit Platte a an 0 und lädt sich mit umgekehrter Polarität auf. Da der Widerstand, über den C geladen wird, sehr gering ist, ist die Ladezeit kurz. Die Ladezeit läßt sich dadurch verlängern, daß man zwischen a und A einen Widerstand (R_2) einfügt (*383*).

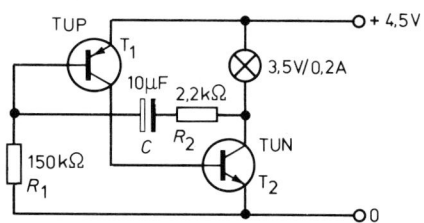

383 *Stromlaufbahn für einen Blinkgeber mit komplementären Transistoren.*

Wenn C aufgeladen ist (b positiv, a negativ), fließt kein Ladestrom mehr, also auch kein Strom über die Basis von T_1. T_1 sperrt wieder, und folglich auch T_2. Das Lämpchen erlischt, Punkt A liegt praktisch wieder an Plus. Der geladene Kondensator wirkt wieder wie eine Batterie auf die Basis von T_1; die negativ geladene Platte a liegt über L am Emitter, die positiv geladene Platte b an der Basis. Für einen PNP-Transistor bedeutet das eine Sperrspannung. T_1 sperrt.

C entlädt sich über R_1, die Batterie (eine Batterie ist für eine in Gegenrichtung gepolte Spannung praktisch ein Kurzschluß) und L. Wenn C leer ist,

384 *Der fertige Blinkgeber.*

ist der Ausgangszustand erreicht, und der Kippvorgang beginnt erneut: C lädt sich über R_1 auf, bis die Schwellenspannung von T_1 erreicht ist usw.

Die Kippfrequenz hängt von C und $R_1/(R_2)/L$ ab; sie kann zwischen Bruchteilen eines Hz und einigen -zig-tausend frei gewählt werden. Bei der Dimensionierung ist jedoch einiges zu beachten: Es wurde bereits erwähnt, daß R_1 so groß sein soll, daß T_1 über ihn allein nicht mit genügend Basisstrom zum völligen Durchschalten versorgt werden kann. Diese Bedingung ist dann erfüllt, wenn R_1 größer ist als das Produkt aus den Stromverstärkungsfaktoren der Transistoren (sie bilden zusammen in etwa einen White-Folger) und dem Lampenwiderstand R_L (Kollektorwiderstand von T_2):

$R_1 > B_1 \cdot B_2 \cdot R_L$.

Beispiel: Lämpchen 3,5 V/0,2 A ($R_L \approx 17{,}5\ \Omega$)
T_1; $B = 80$
T_2; $B = 80$
$R_1 > 80 \cdot 80 \cdot 17{,}5$ (= 112 000 Ω).

Wählt man für R_1 einen Widerstand von 150 kΩ, so ist die Umschaltbedingung sicher erfüllt.

Die Funktionsfähigkeit der Schaltung hängt weitgehend vom Stromverstärkungsfaktor der Transistoren ab; B soll möglichst niedrig (< 100) sein. Billigste (ungestempelte) Massenware erfüllt i. allg. diese Bedingung. Die bisher als Allzwecktransistoren vorgeschlagenen Typen BC 547 bzw. BC 557 sind für diesen Zweck „zu gut". In jedem Fall sollte man vor dem Einsetzen der Transistoren deren B messen; siehe dazu S. 177. Die Bedingung $B < 100$ gilt selbstverständlich auch für alle Varianten dieser Kippschaltung. Sollten Transistoren mit geringem B nicht vorhanden sein, so ist R_1 entsprechend der Umschaltbedingung zu vergrößern. – Andererseits ist ein

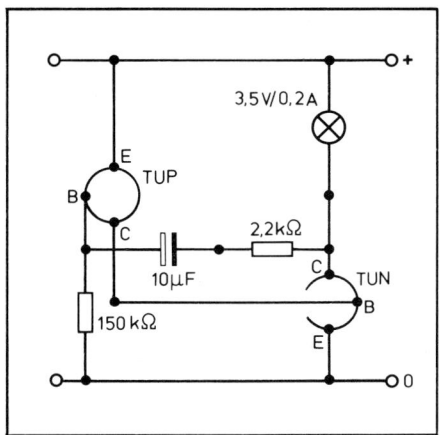

385 Aufbau der Schaltung für einen Blinkgeber mit komplementären Transistoren.

Lämpchen mit geringem Widerstand zu wählen. Ein Lämpchen 3,8 V/0,07 A, wie wir es bisher hauptsächlich verwendet haben, hat einen so hohen Widerstand (ca. 54 Ω), daß es für diese Schaltung nicht geeignet ist.

Die Leuchtdauer (Durchschaltzeit von T_2) der Lampe ist

$t_L \approx R_2 \cdot C.$

Die Pausendauer (Sperrzeit von T_2) ist

$t_p \approx (R_1 + R_2) \cdot C.$

Die Pause ist also in jedem Fall länger als die Leuchtdauer.

8.9.1 Doppelblinker mit zwei LED

Die obige Schaltung läßt sich zu einem Doppelblinker ausbauen (386). Das Lämpchen wird durch den Widerstand R_C ersetzt. Die beiden LED D_1 und D_2 zeigen jeweils den Spannungszustand am Kollektor von T_2 an. Wenn T_2 sperrt, ist die Spannung H, D_2 leuchtet. D_1 kann nicht leuchten, weil zwischen A und der Plus-Leitung nur der geringe Spannungsabfall (ca. 0,2 V) steht, der an den 12 Ω von R_C erzeugt wird. Die Schwellenspannung von D_1 wird damit bei weitem nicht erreicht.

Wenn T_2 öffnet, liegt A (fast) auf 0; darum leuchtet D_1. An D_2 steht nur die geringe U_{CEsat} von T_2; sie ist erheblich kleiner als die Schwellenspannung von D_2, darum bleibt D_2 dunkel.

8.10 Von der Blinkschaltung zum Metronom (Impulse differenzieren)

Ein Metronom, das als Taktgeber für Gymnastik- oder Instrumentalübungen dienen soll, muß ein möglichst präzises und hartes Knackgeräusch erzeugen. Das geschieht z.B. dadurch, daß ein kurzer Gleichstromimpuls durch einen Lautsprecher geleitet wird.

Wir fügen statt des Glühlämpchens einen Lautsprecher in die in Abb. 383 gezeigte Blinkschaltung ein. Wir müßten den kurzen Gleichstromstoß als Knack hören. In Wirklichkeit hören wir aber einen Doppelknack: tick-tack – tick-tack –; das sind die Ein- und Ausschaltmomente des Gleichstroms. Der Impuls ist viel zu breit. Davon abgesehen, daß ein langer und starker Dauerstrom (bei $U_b = 4,5$ V und einer Lautsprecherimpedanz von 8 Ω fließt ein Gleichstrom von ca. 0,5 A!) den Lautsprecher leicht überlastet, können wir ein solches Metronom nicht gebrauchen.

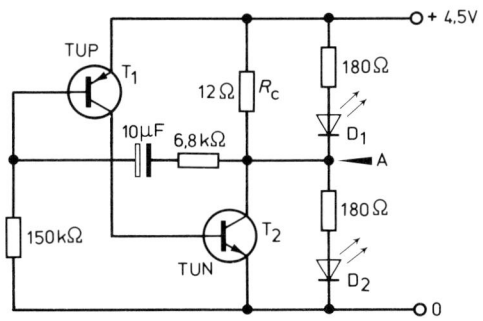

386 Stromlaufplan für einen Doppelblinker mit komplementären Transistoren.

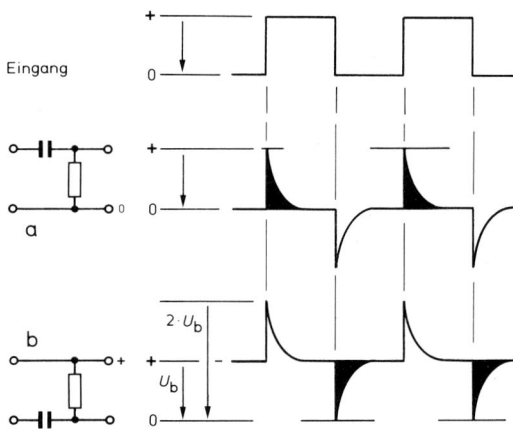

387 Differenzieren von Impulsen. Die Impulse pendeln um die 0- (a) oder +Achse (b).

Um die Impulse zu verkürzen, nehmen wir R_2 aus der Schaltung (Überbrücken mit einer Prüfleitung). Eine Verbesserung ist unüberhörbar, doch noch immer vernehmen wir den Doppelknack. Abhilfe schafft das Differenzierglied (s.o., S. 71). Es formt aus Spannungssprüngen kurze, nadelförmige Impulse. Ob man das Differenzierglied von der Null-Leitung oder von der Plus-Leitung aus „sieht", macht prinzipiell keinen Unterschied. In beiden Fällen entstehen die nadelförmigen Impulse, lediglich das Ausgangsniveau ist unterschiedlich (*387*).

Mit den Impulsen kann man einen Leistungstransistor ansteuern (*389, 390*), der dann nur für die kurze Impulszeit durchschaltet; die Zeit ist um so geringer, je kleiner die Zeitkonstante τ des RC-Gliedes ist.

Am Differenzierglied entstehen jeweils zwei Impulse entgegengesetzter Spannungsrichtung. Nur einer von ihnen kann zur Steuerung des nachfolgenden Transistors genutzt werden; der andere liegt in Sperrrichtung der BE-Diode. Durch diesen kann bei hohen Spannungen der Transistor beschädigt werden, da die meisten Transistoren an der BE-Diode nur geringe Sperrspannungen vertragen. Daher schließt man ihn durch eine für diesen Impuls in Flußrichtung gepolte Diode (D) kurz.

Nun erzeugt das Metronom schon harte Knackzeichen, doch sie sind noch sehr leise. Um die Lautsprecherleistung zu steigern, erhöhen wir die Batteriespannung auf 9 V (zwei Flachbatterien in Reihe). Das Lämpchen ist durch einen Widerstand von ca. 15 Ω zu ersetzen, weil es sonst

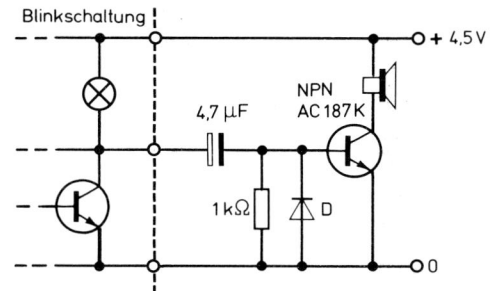

389 *Ansteuerung eines NPN-Transistors mit einem von 0 (= Emitterspannung) aus gesehen positiven Impuls.*

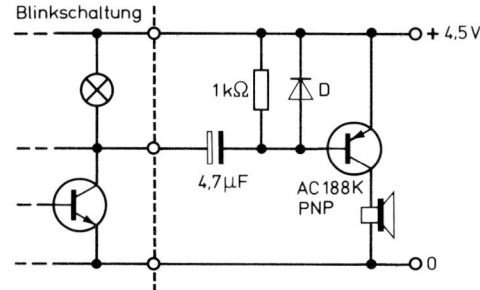

390 *Ansteuerung eines PNP-Transistors mit einem von + (= Emitterspannung) aus gesehen negativen Impuls.*

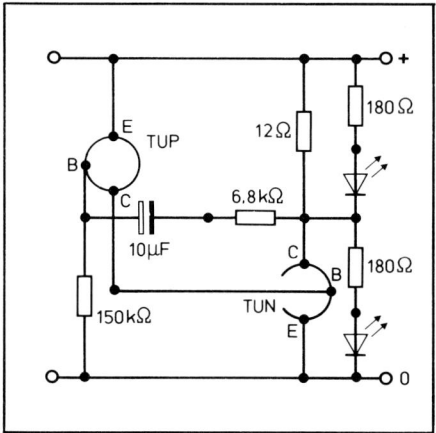

388 *Aufbau der Doppelblinker-Schaltung mit LED-Anzeige.*

durchbrennen würde. Das Metronom wird lauter, aber der Knack klingt wieder flau (nicht trocken und hart).

Wie kommt das? – Hier spielt der Innenwiderstand der Batterie eine Rolle. Wenn der Transistor durchschaltet, fließt bei $U_b = 9$ V durch einen 8-Ω-Lautsprecher ca. 1 A. Diesen Strom kann die Batterie nicht schlagartig abgeben. Die Spannung bricht am Innenwiderstand etwas zusammen, der Strom steigt nur langsam an, der Knack klingt weich. Abhilfe schafft ein Kondensator (470 … 1000 µF) parallel zur Batterie. Ein Kondensator vermag seine Ladung schlagartig mit geringstem Innenwiderstand abzugeben. Während der Pausen lädt er sich auf, beim Durchschalten gibt er seine Ladung ab.

Dieser Kondensator spielt in batteriegespeisten Radios und Recordern eine große Rolle, weil er in den Belastungsspitzen seine Ladung mit geringem Innenwiderstand zur Verfügung stellt. Man sagt, er verringert den „Wechselstromwiderstand" (Belastungsspitze – Pause – Belastungsspitze – Pause usw.) der Batterie.

Die Lautstärke des Metronoms erhöht sich noch

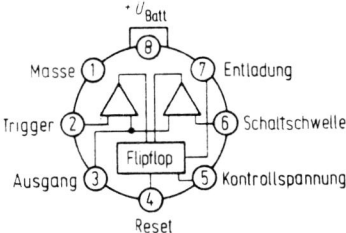

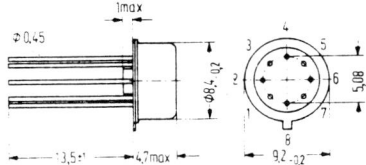

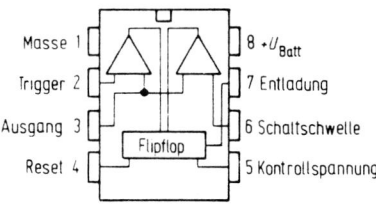

391 Blockschaltbild und Anschlußordnung für den integrierten Schaltkreis Typ 555 im TO-Gehäuse (nach Siemens-Unterlagen).

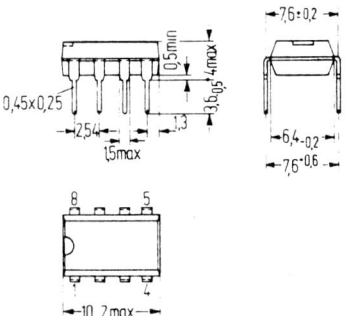

392 Blockschaltbild und Anschlußfolge für den integrierten Schaltkreis Typ 555 im Plastik-Steckgehäuse (nach Siemens-Unterlagen).

um einiges, wenn der Lautsprecher in ein Gehäuse eingebaut wird.

Die Taktfrequenz läßt sich dadurch verändern, daß R_1 als Potentiometer mit einem in Reihe geschalteten Schutzwiderstand ausgelegt wird (10 kΩ Festwiderstand + 220 kΩ log.).

Dieses Metronom geht nicht sparsam mit der Batterie um. Die Lautsprecherstufe ist sehr sparsam. Es fließt zwar in der Spitze ein Strom von ca. 1 A, aber jeweils nur für wenige Millisekunden. Die Blinkschaltung verbraucht ungleich mehr Strom – nutzlos. Auf S. 168 ist daher eine Gebrauchsschaltung mit einem stromsparenden Steuerteil angegeben.

8.11 Ein Metronom mit hoher Frequenzkonstanz und geringem Stromverbrauch

Zeitschalter und Multivibratoren werden so häufig gebraucht, daß es sie als „integrierte Schaltkreise" gibt. Der hier benutzte 555 (je nach Hersteller NE 555, TDB 0555 usw., *391*, *392*) arbeitet je nach äußerer Beschaltung als Monoflop, Flipflop oder astabiler Multivibrator. Als solcher ist er im Metronom eingesetzt. Auf die genaue Darstellung seines Innenaufbaus verzichten wir hier; nur soviel sei zur Erläuterung gesagt: Der Ausgang (Anschluß 3) schaltet durch (fällt auf L), wenn die Spannung an C_1 (*393*) zwei Drittel U_b erreicht hat. Dann wird C_1 über R_B und Anschluß 7 auf ein Drittel U_b entladen. In dem Augenblick geht der Ausgang wieder auf H, und für C beginnt ein neuer Ladezyklus.

Für die Ladezeit t_1 (Ausgang auf H) gilt laut Datenblatt:

$$t_1 = 0{,}685 \cdot (R_A + R_B) \cdot C \quad (s, \Omega, F),$$

für die Entladezeit t_2 (Ausgang auf L) gilt

$$t_2 = 0{,}685 \cdot R_B \cdot C \quad (s, \Omega, F).$$

Eine ganze Periode setzt sich aus t_1 und t_2 zusammen:

$$T = t_1 + t_2 = 0{,}685 \cdot (R_A + 2 \cdot R_B) \cdot C.$$

Die Frequenz f (Perioden pro s) beträgt dann

$$f = \frac{1}{T} = \frac{1}{0{,}685 \cdot (R_A + 2 \cdot R_B) \cdot C} \quad (Hz, \Omega, F).$$

Die Summe von R_A und R_B darf zwischen 1 kΩ und 10 MΩ schwanken.

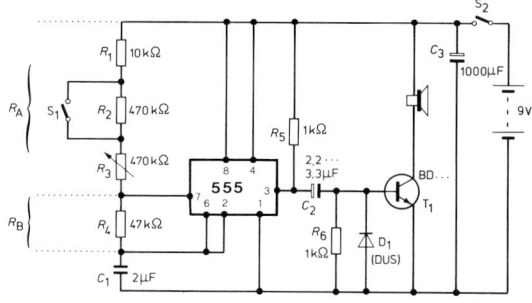

393 Stromlaufplan für ein Metronom mit hoher Frequenzkonstanz und geringem Stromverbrauch.

Ein Metronom soll den Taktbereich von ca. 40 bis 200 Schlägen pro Minute erfassen. Die längste Zeit beträgt damit 1,5 s, die kürzeste 0,3 s. Wählt man C_1 mit 2 µF, so läßt sich der gewünschte Bereich mit $R_A = 1$ MΩ und $R_B = 47$ kΩ gerade erfassen. R_A ist aufgeteilt in einen Schutzwiderstand von 10 kΩ (R_1) – damit auch bei auf 0 Ω gestelltem Potentiometer die Batteriespannung nie ohne Arbeitswiderstand auf den Triggereingang (7) gelangen kann – in einen mit dem Schalter S_1 überbrückbaren Festwiderstand (R_2) und das Potentiometer 470 kΩ (R_3). Um eine möglichst gleichmäßige Teilung der Skala zu erreichen, wäre ein Potentiometer mit quadratischem Widerstandsverlauf wünschenswert. Es wird i.allg. nicht leicht zu beschaffen sein; ein Potentiometer mit logarithmischem Verlauf genügt aber auch. Die Qualität des Potentiometers bestimmt die Wiederkehrgenauigkeit der Einstellung. Es kann daher nicht gut genug sein (Sonderangebote sollte man für diesen Zweck nicht nutzen).
Durch den Schalter S_1 wird die Skala zweigeteilt, indem bei geschlossenem S_1 über den ganzen Drehwinkel des Potentiometers die Werte von 10 kΩ bis 480 kΩ, bei geöffnetem S_1 die Werte von 480 kΩ bis 950 kΩ einzustellen sind. Die Zweiteilung erleichtert das Eichen wie auch das Einstellen bzw. Ablesen.
Die Frequenzkonstanz folgt weitgehend aus der Qualität von C_1. Ein Elko ist an der Stelle denkbar ungeeignet. Es kommen nur verlustarme Folienkondensatoren in Frage; C_1 setzt man z.B. aus zwei Stück 1 µF eines MK-Typs zusammen.
Das am Ausgang (3) entstehende Taktsignal wird, wie bereits dargestellt, differenziert (C_2/R_6) und dem Leistungsschalter T_1 zugeführt. Es ist jeder NPN-Leistungstransistor (BD...-Typ) geeignet. Kühlung ist nicht nötig. D_1 ist die von S. 166 be-

394/395 Das fertige Metronom.

reits bekannte Schutzdiode (eine billige Si-Allzweckdiode genügt).

Abb. 394–396 zeigt einen Leiterbahnentwurf und die Montage der Leiterplatte in ein OKW-Gehäuse 9030087. Die Bohrungen der Schallöcher für den Lautsprecher (Korbdurchmesser 70 mm) wurden mit der Reißnadel durch ein 5-mm-Karo-Papier angezeichnet und mit einer langsam laufenden (elektronisch geregelten) Handbohrmaschine, Spiralbohrer 3 mm ⌀, gebohrt (s. S. 246), anschließend mit einem dickeren Spiralbohrer durch vorsichtiges (sanftes) Drehen mit der Hand entgratet. Der Lautsprecher wurde mit einem Zweikomponentenkleber in das Gehäuse eingeklebt.
Der Skalenkreis kann mit Ziehfeder und Folientusche auf den Gehäusedeckel aufgezeichnet werden. Erst danach wird der Mittelpunkt zum Befestigen des Potentiometers aufgebohrt. Der Zeigerknopf besteht aus einem normalen Drehknopf mit untergeklebtem Plexiglasstreifen; der Zeigerstrich wird auf der Unterseite eingeritzt.
In die „Füßchen" der Leiterplatte (mit der Laubsäge aus einer 5 mm starken PVC-Platte gesägt) schneidet man ein M3-Gewinde. Danach werden sie an die fertig bestückte Leiterplatte geschraubt und zusammen mit der Leiterplatte wiederum mit Zweikomponentenkleber in das Gehäuse eingeklebt.

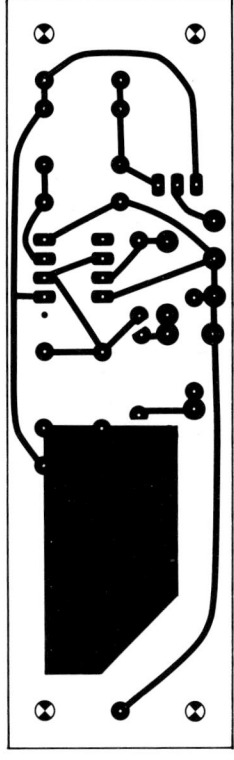
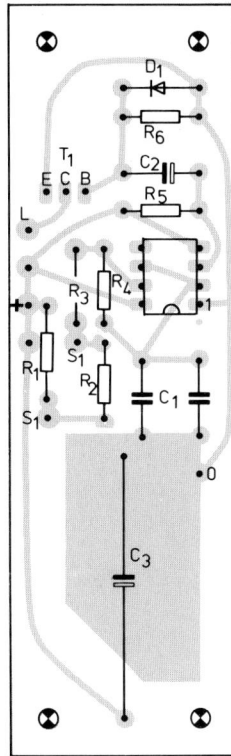

396 *Leiterplatte und Bestückungsplan zum Metronom. C_1 kann aus Kondensatoren zusammengesetzt werden.*

Schläge pro min	T^*) in s
40	1,5
42	1,428
44	1,363
46	1,304
⋮	⋮
60	1,0
⋮	⋮
120	0,5
⋮	⋮
180	0,333

Es empfiehlt sich, auf der dem Lautsprecher gegenüberliegenden Seite in den Gehäuseboden Schallöcher zum Druckausgleich zu bohren. Damit erzielt man eine erhebliche Steigerung der Lautstärke.

Die mittlere Stromaufnahme beträgt ca. 5 mA; daher reicht zum Betrieb eine kleine 9-V-Blockbatterie (IEC 6 F22), die mit einem Stück Teppich-Verlegeband dem Potentiometer gegenüber auf den Gehäuseboden geklebt werden kann. Der Batterieanschluß besteht aus der Druckknopfleiste einer ausgedienten Batterie gleichen Typs oder einer käuflichen Druckknopf-Anschlußleiste.

Das Metronom ist im Vergleich mit einem anderen zu eichen; der Weg ist zwar mühsam, führt aber mit Sicherheit zum Ziel. Eine andere Möglichkeit besteht darin, in jeweils einer Zeigerstellung die Taktschläge genau 60 s lang zu zählen. Die dritte (eleganteste) Möglichkeit erfordert einen Frequenzzähler, mit dem man die Periodendauer messen kann. Man rechnet die Taktzahl pro min. in die Dauer einer Periode (T) um und gibt die Impulse, abgenommen zwischen dem Kollektor von T_1 und 0, auf den Frequenzzähler:

$$*)\ T = \frac{60}{\text{Schläge pro min}}$$

8.12 Eine elektronische Orgel (Impulse integrieren)

Die Blinkschaltung Abb. *383* läßt sich zu einer kleinen elektronischen Orgel umdimensionieren. Aus den Versuchen mit dem Metronom geht hervor, daß sich die Taktfrequenz durch die Veränderung von R_1 in Form eines Potentiometers in weiten Grenzen variieren läßt. Dasselbe gilt auch für die Variation des Kondensators (s. auch Berechnung, S. 165).
Wir verringern den Wert von C von 10 µF auf 0,47 µF und vergrößern R_2 auf 18 kΩ. Statt R_1 setzen wir ein Potentiometer 1 MΩ mit einem Schutzwiderstand (ca. 50 kΩ) in die Schaltung ein; statt des Lämpchens einen Lautsprecher (*397*): Im Lautsprecher sind beim größten Wert von R_1 schnell aufeinanderfolgende Knackgeräusche zu hören, die um so rascher aufeinanderfolgen, je weiter wir R_1 verringern – bis sie schließlich einzeln nicht mehr zu unterscheiden sind und als Ton klingen, dessen Höhe mit noch kleiner werdendem R_1 ansteigt. Fügt man für C 10 nF ein, so läßt sich die Tonhöhe mit R_1 über mehr als drei Oktaven verändern.
Damit haben wir die Grundschaltung einer kleinen Orgel. R_1 wird mit Tasten schaltbar gemacht und für jede Taste auf den zugehörigen Ton eingestellt (*399*).
Noch ist der Klang der Orgel sehr dünn und spitz. Das liegt an den außerordentlich kurzen Durchschaltzeiten von T_2 (*398*). Durch Integrieren (s.o., S. 70f.) der Steuerimpulse an der Basis von T_2 läßt sich die Durchschaltkurve abflachen. Der Ton wird weicher und voller. Abb. *399* zeigt das Integrierglied vor der Basis von T_2.

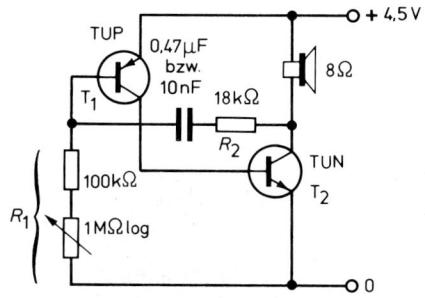

397 Abwandlung der Blinkschaltung zu einem Tongenerator.

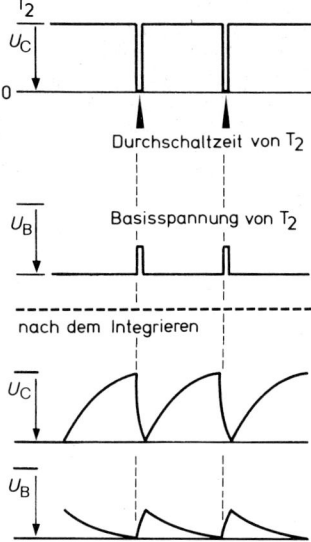

398 Veränderung des Schaltvorgangs durch das Integrierglied (Spannungshöhen schematisch dargestellt).

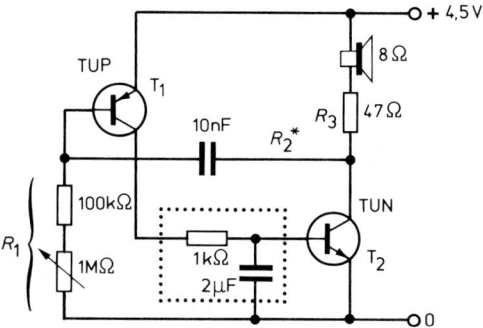

399 Zum Orgeloszillator abgewandelte Blinkschaltung. R_2 wurde entfernt, um den Frequenzbereich zu erweitern. Die Lautsprecherimpedanz ist durch R_3 künstlich erhöht.

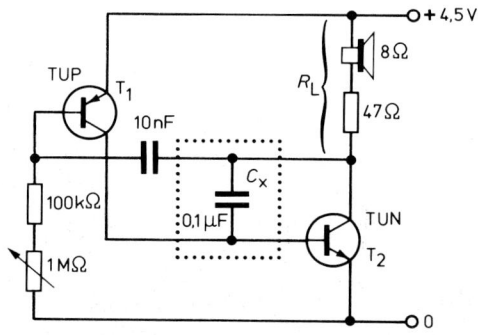

400 Integrieren nach dem Prinzip des Miller-Integrators.

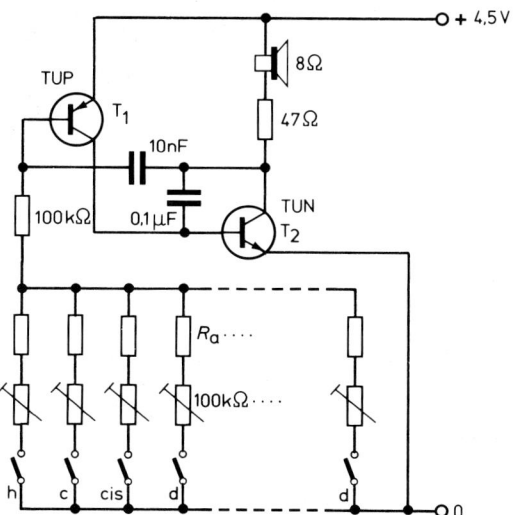

401 Stromlaufplan für eine Orgel. Das Potentiometer ist in einen festen (R_a) und einen veränderlichen Teilwiderstand aufgeteilt. Dadurch wird das Stimmen erleichtert. Die unterschiedlichen R_a-Werte sind der nachfolgenden Tabelle zu entnehmen.

Das Integrierglied wird so dimensioniert, daß eine Zeitkonstante etwa der mittleren Periodendauer entspricht – bei 500 Hz ca. 2 ms. Der Widerstand darf nicht zu groß werden, da sonst die Schaltung nicht mehr kippt. Mit 1 kΩ ist die Kippbedingung noch sicher erfüllt. Um $\tau = 2$ ms zu erreichen, muß C 2 μF betragen:
$\tau = R \cdot C$; $0,002 = 1000 \cdot 2 \cdot 20^{-6}$. Abb. *398* zeigt die Impulsverformungen nach dem Integrieren. Die sägezahnähnlichen Impulse ergeben einen angenehmen Klang.
Dasselbe Ziel läßt sich auch auf anderem Wege erreichen: Schaltet man zwischen Kollektor und Basis eines Transistors in Emitterschaltung (allge-

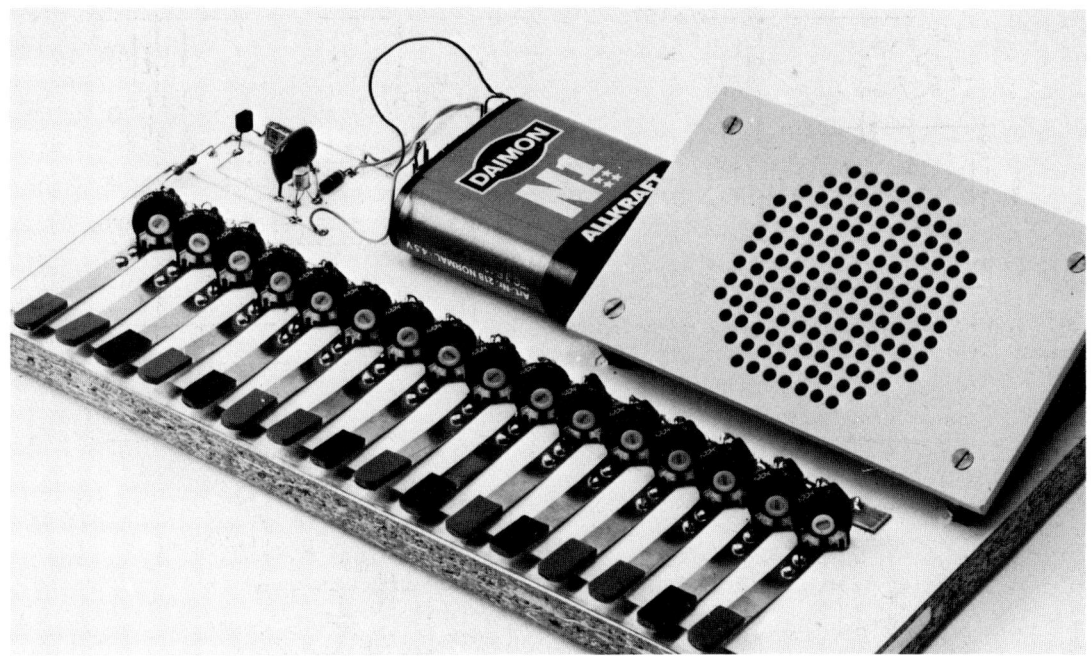

402 *Aufbau der Orgel.*

mein: zwischen Ein- und Ausgang eines invertierenden Verstärkers) einen Kondensator, so verhält er sich wie ein Integrierglied. Der Schaltungsart nach handelt es sich dabei um eine starke frequenzabhängige Gegenkopplung (s.u., S. 207 ff.). Die Schaltung selbst heißt nach ihrem Entwickler „Miller-Integrator". Das Zeitglied besteht aus C_X und R_L, wobei C gleichsam um den Verstärkungsfaktor des Transistors multipliziert wirkt. C darf daher verhältnismäßig klein sein.

Wir formen die Schaltstufe T_2 zu einem Miller-Integrator um und erhalten die Schaltung Abb. *400*. Der Aufwand ist erheblich geringer, der Kondensator kann wesentlich kleiner (und damit billiger) sein. Allerdings beeinflußt er die Frequenz der Schwingung stark, weil er unmittelbar mit dem Zeitglied R_1/C verbunden ist. Abb. *401* zeigt die fertige Orgelschaltung.

Als Kondensatoren kommen nur MK-Typen (geringe Verluste und Temperaturabhängigkeit) in Frage. Beim Bau der Tasten ist auf beste Kontaktgabe zu achten. In dem abgebildeten Modell wurden die Tasten aus den Polblechen von Flachbatterien, die Sammelschiene aus einem Streifen Messingblech gefertigt. Die Tasten wurden am Berührungspunkt angekörnt, so daß an der Berührungsseite eine kornförmige Erhebung entstand. Dadurch erhöhten sich der Berührungsdruck und die Kontaktsicherheit.

Widerstandswerte zu Abb. 401
($R_a \ldots$):

h	246,9 Hz	330 kΩ
c'	261,6 Hz	270 kΩ
cis'	277,2 Hz	279 kΩ
d'	293,7 Hz	220 kΩ
dis'	311,1 Hz	220 kΩ
e'	329,6 Hz	220 kΩ
f'	349,2 Hz	150 kΩ
fis'	370,0 Hz	150 kΩ
g'	392,0 Hz	150 kΩ
gis'	415,3 Hz	150 kΩ
a'	440,0 Hz	82 kΩ
b'	466,1 Hz	82 kΩ
h'	493,9 Hz	82 kΩ
c''	523,2 Hz	82 kΩ
cis''	554,3 Hz	56 kΩ
d''	587,3 Hz	56 kΩ

R_a hängt stark von den Toleranzen der übrigen Bauelemente ab.

Abschließend sei noch angemerkt, daß die beschriebenen Differenzier- und Integrierschaltungen in der Fernsehtechnik bei der Impulsaufbereitung eine wichtige Rolle spielen.

9. Unipolare Transistoren

Der bipolare Transistor hat der Elektronenröhre gegenüber neben vielen Vorteilen einen gewichtigen Nachteil: Er benötigt einen Steuerstrom, folglich eine Steuerleistung. Sein Eingangswiderstand ist klein, er belastet die Quelle (z.B. Antenne, Mikrofon), und er kann aus hochohmigen Quellen oft nur mit Kunstgriffen angesteuert werden. Die Sägezahnspannung des UJT-Oszillators von S. 183 kann ihm nicht ohne weiteres zugeführt werden; durch seinen niederohmigen Eingang – er besteht aus der in Flußrichtung gepolten Be-Diode – belastet er die hochohmige Quelle so stark, daß die Schwingungen aussetzen.

Die Elektronenröhre dagegen ist leistungslos, nur mit der Feldstärke der angelegten Steuerspannung zu steuern. Die praktische Bedeutung liegt darin, daß ihr Eingangswiderstand sehr groß ist (Spannung, aber „fast" kein Strom = sehr hoher Widerstand) und die Quelle (z.B. Mikrofon) nicht belastet wird. Mit einer Röhre läßt sich die erwähnte Sägezahnspannung ohne weiteres abnehmen, verstärken und z.B. für eine elektronische Orgel nutzbar machen.

Kein Wunder also, daß man nach einem Bauelement suchte, das die Vorzüge des Transistors mit denen der Röhre vereinigt. Das Ergebnis dieser Entwicklung ist die Gruppe der *Feldeffekttransistoren* (abgek. FET). Der Name weist auf das Funktionsprinzip hin: Gesteuert wird der FET nur mit der Feldstärke der angelegten Steuerspannung, ohne Steuerstrom, also leistungslos (von Leckströmen und Verlusten abgesehen). Da in ihm nur Ladungsträger einer Polarität bewegt werden – entweder Elektronen oder „Löcher" –, nennt man die FET *unipolare Transistoren*.

9.1 Funktionsprinzip des Feldeffekttransistors

Das Prinzip der Feldeffektsteuerung ist „alt" im Vergleich zum bipolaren Transistor. Bereits 1928 erhielt Julius Edgar Lilienfeld ein Patent auf das Prinzip, den Widerstand eines Leiters durch den Einfluß eines elektrischen Feldes zu verändern. Allerdings konnte diese Entdeckung noch nicht praktisch genutzt werden, denn in gute (metallische) Leiter dringt ein elektrisches Feld nicht tief ein; die Eindringtiefe in Isolatoren ist zwar sehr groß, nur sind sie als Widerstände (= Leiter) nicht zu gebrauchen. Die Entwicklung der Halbleiter brachte den geeigneten Werkstoff, der einerseits leitet, andererseits das elektrische Feld tief eindringen läßt. 1952 konnte Shockley den ersten brauchbaren FET vorstellen. Bis zur Produktionsreife vergingen aber noch viele Jahre.

Um das Funktionsprinzip des FET zu verstehen, vergegenwärtigen wir uns wieder folgende Grundlagen:

1. Ein Leiter leitet nur, wenn er bewegliche Ladungsträger (Elektronen oder „Löcher") enthält.
2. Der Widerstand eines Leiters (aus ein- und demselben Material) wird um so größer, je kleiner sein Querschnitt ist: Der Widerstand eines dicken Kupferdrahts ist kleiner als der eines dünnen.
3. Gleiche Ladungen stoßen einander ab, ungleiche ziehen einander an.

Der Hauptteil des FET ist ein *Strompfad* („Kanal") aus schwach dotiertem Silizium. Je nachdem, ob der Kanal n- oder p-dotiert ist, heißt er n-Kanal oder p-Kanal. Der Kanal ist ein Widerstand und leitet in beiden Richtungen. Seine Enden heißen *Source* (abgek. *S*, von engl. = Quelle) und *Drain* (abgek. *D*, von engl. = Abfluß). Um den Kanal herum ist eine Elektrode, das *Gate* (abgek. *G*, von engl. = Sperrschranke, Tor) isoliert angebracht.

Die Funktionsweise wird an einem n-Kanal FET erklärt: Der n-Kanal leitet, weil in ihm frei bewegliche Elektronen vorhanden sind. Erhält das Gate eine zum Kanal (Source) negative Spannung, so stoßen die Elektronen des Gate die des Kanals ab und drängen sie aus der Randzone in die Mitte. In der Randzone wird der Kanal wieder ein reiner Kristall, d.h. ein Isolator. Dadurch verengt sich der leitende Querschnitt des Kanals, sein Widerstand erhöht sich. Steigert man die (negative) Gatespannung, so werden immer mehr Elektronen aus dem Kanal verdrängt, d.h., sein leitender Teil verengt sich zunehmend. Bei einer bestimmten Gatespannung (der „Abschnürspannung") sind an einer Stelle schließlich alle Elektronen verdrängt, der Kanal ist „abgeschnürt", er leitet nicht mehr.

Man kann das FET-Prinzip mit einem mehr oder weniger zugedrückten Wasserschlauch vergleichen. Je mehr Druck auf ihn ausgeübt wird, desto mehr verengt er sich, desto weniger Wasser fließt.

Umgekehrt funktioniert die Steuerung auch: Ein sehr schwach dotierter p-Kanal ist zunächst nichtleitend. Eine positive Gate-Spannung saugt Elektronen in den Kanal und macht ihn leitend. Der Kanalwiderstand sinkt mit zunehmender U_{GS}.
Der FET ist ein durch die Feldstärke der Gatespannung steuerbarer Widerstand. Der Steuerbereich ist sehr groß. Grundsätzlich kann man D und S vertauschen; da die FET aber nicht genau-symmetrisch gefertigt werden, erzielt man mit der „richtigen" Anschlußweise die besseren Ergebnisse.

Je nachdem, auf welche Weise das FET-Prinzip verwirklicht wird, unterscheidet man verschiedene Familien der FET. Die beiden Hauptgruppen sind der Sperrschicht-FET und der MOS-FET.

9.2 Der Sperrschicht-FET

Das Gate ist als stark dotierte Zone um den schwach dotierten Kanal angebracht. Es ist gegensätzlich zum Kanal dotiert, so daß ein pn-Übergang entsteht, dessen Sperrschicht als Isolation wirkt. Daher heißt diese Gruppe der Feldeffekttransistoren *Sperrschicht-FET* oder *JFET* (J von engl. junction = Sperrschicht).
Die Funktionsweise wird wieder am n-Kanal-FET dargestellt (*403*): Zwischen D und S liegt U_{DS}. Die Elektronen fließen von S nach D. Nun wird die Spannung U_{GS} (Minus-Pol an G) an das Gate angelegt. Dabei liegt der pn-Übergang zwischen G und dem Kanal in Sperrichtung. Wie bei der Kapazitätsdiode wird die Sperrschicht mit zunehmender Spannung breiter (s.o., S. 121 f.). Da der Kanal im Verhältnis zum Gate schwach dotiert ist, wächst die Sperrschicht überwiegend in den Kanal hinein, d.h., die Elektronen werden aus einem Teil

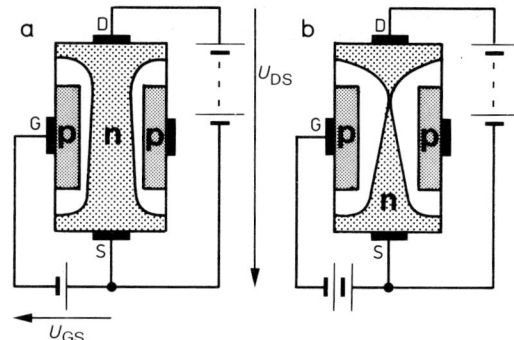

403 *Aufbau und Wirkungsweise des Sperrschicht-FET; a) bei niedriger U_{GS} „offener" Kanal; b) bei hoher U_{GS} abgeschnürter Kanal.*

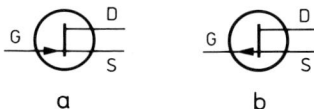

404 *Sperrschicht-FET, Schaltzeichen. a) n-Kanal, b) p-Kanal.*

des Kanals verdrängt. Dieser Teil wird als reiner Kristall nichtleitend. Der leitfähige Teil des Kanals wird enger, sein Widerstand wächst, bis der Kanal bei einer bestimmten Gatespannung „abgeschnürt" ist und nicht mehr leitet – s.o. Es fließt kein Steuerstrom – mit Ausnahme des bei allen Dioden vorhandenen kleinen Leckstroms.
Der p-Kanal-JFET arbeitet genauso, nur mit umgekehrt gepolten Batterien.

In Abb. *403* ist zu sehen, daß die Sperrschicht nicht gleichmäßig in den Kanal hineinwächst. Das ist damit zu erklären, daß die Drain-Source-Spannung sich am Widerstand des Kanals, durch den ja ein Strom fließt, aufteilt (Spannungsteilerregel). Im Gebiet des Drain-Anschlusses ist die Spannungsdifferenz zwischen G und dem gegenüberliegenden Bereich des Kanals am größten; daher ist dort die Sperrschicht am breitesten. Im Gebiet des Source-Anschlusses ist die Differenz am geringsten, die Sperrschicht am dünnsten. Eine Rechnung kann das verdeutlichen:
U_{GS} soll -2 V betragen. Da über das Gate kein Strom fließt, ist überall am Gate $U_{GS}=-2$ V.

U_{DS} soll 10 V betragen. Am Anschluß D ist $U_{DS}=10$ V; die Differenz zwischen $(-)$ U_{GS} und $(+)$ Kanal beträgt 12 V. Tastet man, dem Schleifer eines Potentiometers vergleichbar, den Kanal in Richtung S ab, so wird die Spannung zu S immer geringer, bis sie in S angekommen 0 V beträgt. An dieser Stelle beträgt die Spannungsdifferenz zwischen Gate und Kanal nur noch $-U_{GS}$, also -2 V.

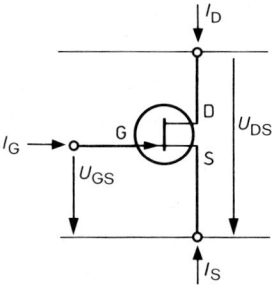

405 Strom- und Spannungsverhältnisse am Sperrschicht-FET.

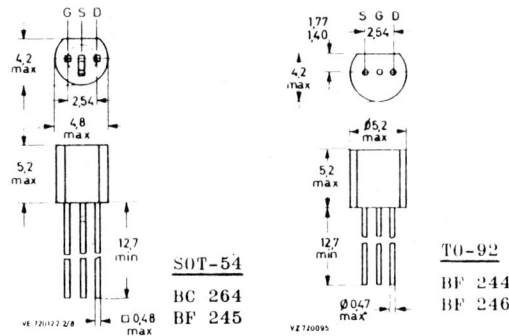

407 Gebräuchliche Gehäuseformen und Anschlußbelegungen des Sperrschicht-FET (Typen BF 245 und BF 244, nach Valvo-Unterlagen).

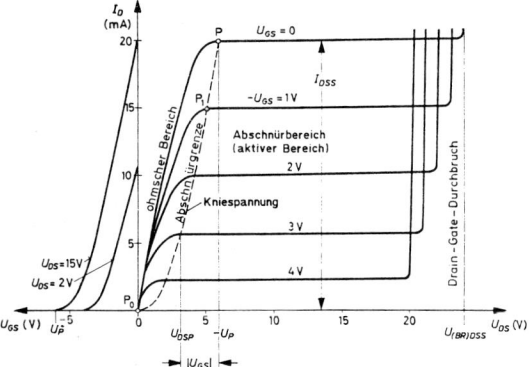

406 Typisches Kennlinienfeld für einen n-Kanal-Sperrschicht-FET (nach Valvo-Unterlagen).

Das Kennlinienfeld (406) verdeutlicht die Arbeitsweise des JFET: Es besteht aus zwei – links und rechts der I_D-Achse angesiedelten – Teilen. Die linke Seite zeigt den Zusammenhang zwischen dem Drainstrom I_D (= Kanalstrom) und der Gatespannung. Je größer $-U_{GS}$ ist, desto geringer wird I_D, bis bei einer bestimmten Spannung, der „Abschnürspannung" U_p (Index p von engl. pinch off = abschnüren), $I_D = 0$ geworden ist. Weiter fällt auf, daß U_{GS} nur im negativen Bereich gezeichnet ist. U_{GS} darf zur S nicht positiv werden, weil dann der pn-Übergang in Flußrichtung gepolt und ein Diodenstrom fließen würde.

Der rechte Teil des Kennlinienfeldes zeigt das Verhalten des JFET bei jeweils konstanter $-U_{GS}$, aber steigender U_{DS}. Steigt U_{DS} von 0 V an, so steigt auch der Drainstrom I_D zunächst gleichmäßig mit; d.h., der Kanalwiderstand bleibt etwa gleich groß und verhält sich vergleichbar wie ein Ohmscher Widerstand. Daher nennt man diesen Bereich den „Ohmschen Bereich". Von einem bestimmten Wert an steigt I_D nicht mehr linear mit der Spannung weiter, sondern nimmt erst deutlich ab und steigt dann (fast) gar nicht mehr. Mit wachsendem I_D verengt sich der Kanal, bis er schließlich abgeschnürt ist. Die Spannung, bei der sich der Kanal bis zur Abschnürung verengt, heißt der Kurvenform entsprechend „Kniespannung" (U_{DSP}). Die Verbindung der Kniepunkte ist die Abschnürgrenze. Rechts der Abschnürgrenze läßt sich der I_D (fast) nicht mehr von der Höhe der Betriebsspannung U_{DS}, nur noch von der Steuerspannung $-U_{GS}$ beeinflussen. Dieser Bereich ist der „aktive (steuerbare) Bereich" des JFET. Soll ein JFET nur durch U_{GS} gesteuert werden, dann darf die Betriebsspannung U_{DS} einen bestimmten (typenabhängigen) Minimalwert nicht unterschreiten; er liegt in der Größenordnung von 5 bis 6 V. Bemerkenswert ist ferner, daß I_D einen (typenabhängigen) Maximalwert nicht überschreiten kann – es sei denn, die angelegten Spannungen überschreiten die Durchbruchgrenze.

9.3 Der MOSFET

Bei der zweiten Hauptgruppe der FET besteht die Isolation zwischen Gate und Kanal aus einer hauchdünnen Schicht Siliziumdioxyd (SiO_2); das Gate ist als metallischer Belag (aufgedampftes Al) ausgeführt. Dem Aufbau entsprechend heißen diese FET nach dem *M*etall des Gate, dem *O*xyd der Isolierschicht und dem *S*emiconductor (engl. Halbleiter) des Kanals MOS-FET oder auch IGFET (IG von engl. *i*solated *g*ate = isoliertes Gate).

In Abb. *408* bestehen der Kanal aus schwach p-dotiertem Material, D und S aus stark n-dotierten Inseln. Das Substrat, der „Untergrund" des Kri-

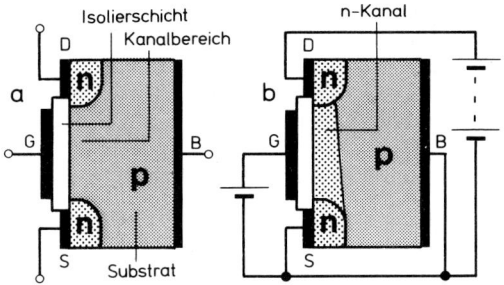

408 *Aufbau und Wirkungsweise des MOSFET; a) gesperrt; b) leitend.*

stalls (B, von engl. bulk = Masse, Hauptteil), ist intern oder durch äußere Verdrahtung mit S verbunden.

Wie man auch eine Spannung an D und S anlegt, einer der pn-Übergänge zwischen Kanal und Anschlußinsel liegt in Sperrichtung. Der MOSFET sperrt, sofern an G keine Spannung anliegt. Erhält G eine positive Spannung U_{GS} (*408b*), so werden die Löcher als positive Ladungsträger unmittelbar gegenüber der Gate-Elektrode aus dem Kanalbereich verdrängt, Elektronen aus dem mit S (negativer Pol der Batterie) verbundenen Substrat angezogen, so daß gegenüber G zwischen D und S eine n-leitende Brücke, die „Inversionsschicht" entsteht. Der Widerstand dieser Schicht sinkt mit steigender U_{GS}.

Dieser MOSFET-Typ wird erst leitend, wenn die Kanalregion mit Elektronen angereichert wird; er heißt daher „Anreicherungstyp" (engl. enhancement type), ferner „selbstsperrend", weil er bei offenem Gate oder $U_{GS} = 0$ V nicht leitet.

Ein anderer Typ ist so gefertigt, daß der Kanalbereich bereits schwach n-dotiert ist. Bei offenem G oder $U_{GS} = 0$ V leitet er; er ist „selbstleitend". Mit negativer U_{GS} können die Elektronen aus dem Kanalbereich bis zur Abschnürung (s.o.) verdrängt werden; durch positive U_{GS} können Elektronen in den Kanalbereich gesaugt werden, so daß der Kanalwiderstand weiter sinkt und I_D entsprechend ansteigt. Die Steuerung mit negativer U_{GS}, also mit der Verdrängung der Elektronen,

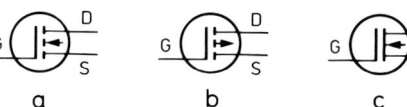

409 *MOSFET, Schaltzeichen. a) Anreicherungstyp, n-Kanal; b) Anreicherungstyp, p-Kanal; c) Verarmungstyp, n-Kanal.*

wird bevorzugt angewendet. Daher heißt diese Familie der MOSFET „Verarmungstyp" (engl. depletion type). Das besondere Merkmal der selbstleitenden MOSFET ist, daß sie sowohl durch positive als auch durch negative Gatespannungen steuerbar sind.

Die weiteren MOSFET-Typen sind Ableitungen der beiden obigen Hauptgruppen, auf deren Beschreibung in dieser Einführung verzichtet wird.

MOSFET sind sehr empfindliche Bauelemente. Auch geringe elektrostatische Aufladungen des Gate gegenüber dem Substrat, wie sie schon beim Anfassen entstehen, können bei offenem Gate wegen der hohen Isolation nicht abgeleitet werden. Aufgrund der extrem dünnen Isolierschicht (ca. 0,12 µm) führen sie zu hohen elektrischen Feldstärken; sie können die Isolierschicht durchschlagen und den FET zerstören. MOSFET dürfen daher nur unter bestimmten Vorsichtsmaßnahmen eingebaut werden. Dazu gehört z.B. ein Kurzschlußring um alle Anschlüsse, der erst nach dem Einbau entfernt wird.

Trotz der Empfindlichkeit und der daraus folgenden Schwierigkeiten bei der Handhabung überwiegen die Vorteile gewaltig. Der Eingangswiderstand ist außerordentlich hoch, er liegt in der Größenordnung von 10^{13} Ω. Ein Eingangsstrom fließt wegen der Gateisolation nicht. MOSFET erlauben sehr umfangreiche Schaltungen mit minimalem Stromverbrauch. Werden z.B. MOSFET als Kette von Schaltern zusammengefügt, so kann die Kette der Funktionen fast leistungslos ablaufen: Jeder „Schalter" braucht dem nächsten nur die Spannung, keinen Strom weiterzureichen. Die abertausend Transistorfunktionen im Schaltkreis eines Taschenrechners arbeiten z.B. so; der Leistungsverbrauch der eigentlichen Rechnerschaltung liegt in der Größenordnung menschlicher Gehirnströme oder darunter. Strom wird eigentlich nur für die Anzeige verbraucht. Die Digital-Armbanduhren sind ohne MOS-Technologie ebensowenig denkbar wie die Mikroprozessoren, die unsere Arbeitswelt gegenwärtig revolutionieren. Aufgrund des minimalen Leistungsverbrauchs entsteht keine nennenswerte Verlustwärme; daher kann man auf einem Kristall heute schon bis zu 100 000 Transistorfunktionen vereinen.

9.4 Konstantstromquelle für einen Transistorprüfer

FET werden wie bipolare Transistoren zum Schalten und Verstärken eingesetzt. Besonders einfach lassen sich mit ihnen Konstantstromquellen herstellen. Oft werden konstante Ströme benötigt, deren Größe von Änderungen der Versorgungsspannung oder des Verbraucherwiderstands nicht beeinflußt wird. Die Bedeutung einer solchen

Konstantstromquelle sei an einem Beispiel erläutert:
Um den Stromverstärkungsfaktor eines Transistors zu ermitteln, muß man sowohl I_B als auch I_C messen. Das ist z.B. mit zwei Meßinstrumenten möglich. Einfacher geht es, wenn man der Basis des zu messenden Transistors einen bestimmten (bekannten) Strom „einprägt", der unabhängig vom Transistortyp und dem Ladezustand der verwendeten Batterie seinen Wert nicht ändert. Dann genügt es, I_C zu messen und aus dem gewonnen Wert auf B zu schließen, denn

$$B = \frac{I_C}{I_B}.$$

Beispiel: Prägt man einem Transistor einen I_B von 0,1 mA ein, so genügt es, den gemessenen mA-Betrag des I_C mit dem Faktor 10 zu multiplizieren, um B zu erhalten:

$I_C = 1\,\text{mA} \cong B = 10$

$I_C = 10\,\text{mA} \cong B = 100$ usw.

9.4.1 Funktionsprinzip

Die Konstantstromquelle (*410*) besteht aus einem n-Kanal-JFET (z.B. BF 245) und einem Source-Widerstand R_S. Sobald durch den FET und R_S ein Strom fließt, fällt an R_S eine Spannung ab, die als $-U_{GS}$ am Gate wirksam wird. Je größer der Spannungsabfall wird, desto weiter wird der FET zugesteuert. Die Größe des Spannungsabfalls ergibt sich nach dem Ohmschen Gesetz aus dem Produkt I_{DS} mal R_S. Führt man R_S als Trimmer aus, so läßt sich I_{DS} von (fast) 0 bis zum höchstzulässigen Wert des FET einstellen.

Und so wirkt die Regelung: Hat I_{DS} die Tendenz zu steigen, weil sich etwa U_b vergrößert oder R_L sinkt, so hat auch U_{RS} ($= -U_{GS}$) die Tendenz zu steigen. Der FET steuert zu, d.h., der Kanalwiderstand wird größer. I_{DS} ändert sich nur sehr geringfügig, praktisch nicht.

Hat I_{DS} die Tendenz abzunehmen, weil etwa U_b absinkt oder R_L größer wird, so hat auch U_{RS} ($= -U_{GS}$) die Tendenz, geringer zu werden. Der FET steuert auf, d.h., sein Kanalwiderstand wird kleiner.

Für den Betrieb als Konstantstromquelle ist es wichtig, daß der FET im aktiven Bereich (s. Kennlinienfeld, S. 174) betrieben wird. Die Batteriespannung sollte daher mindestens 6 V betragen. Zu empfehlen ist der Betrieb mit einer 9-V-Batterie.

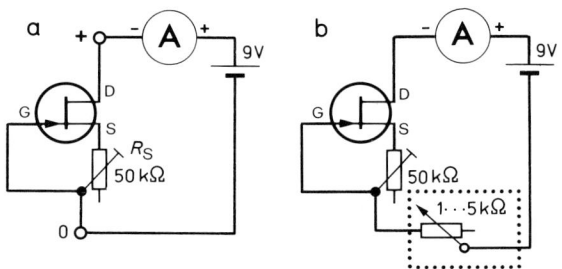

411 *Abgleichen der Konstantstromquelle; a) Messen des I_{DS}; b) Prüfen der Funktionsfähigkeit mit einem Potentiometer.*

Der Betrieb aus einer Flachbatterie (4,5 V) ist gerade noch möglich. Zum Abgleich des Konstantstroms I_{DS} ist dann in den Stromkreis eine Si-Diode (auch BE-Diode eines Si-Transistors) in Reihe zu schalten. Sie wird danach wieder entfernt. Wird der Konstantstrom über die BE-Diode des Prüflings geleitet, so fällt an dieser die Schwellenspannung (0,6–0,7 V) ab. Sie geht als U_{DS} für den FET verloren; von den 4,5 V der Flachbatterie bleiben damit für den FET nur noch 3,8 V übrig. Mit der so verringerten U_{DS} kommt man schon in den Ohmschen Bereich des FET, in dem die Höhe von U_{DS} den I_{DS} stark mitbestimmt. Die Einhaltung eines konstanten Stroms ist dann nur noch begrenzt möglich (stellt man I_{DS} ohne Zwischenschalten einer Si-Diode auf 100 µA ein, so kann es – je nach FET unterschiedlich – geschehen, daß der I_{DS}, der über die BE-Diode des Prüflings fließt, auf etwa 95 bis 90 µA zurückgeht und somit das Ergebnis verfälscht). Durch das Zwischenschalten der Diode beim Abgleich stellt man die realen Betriebsbedingungen her.

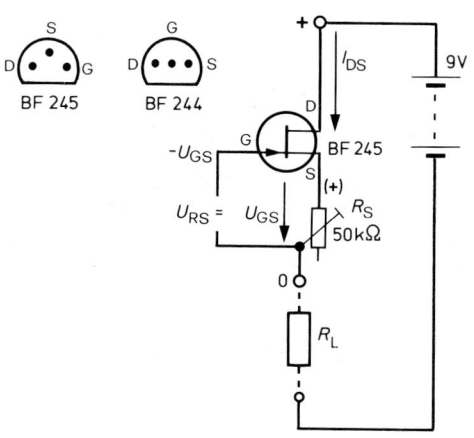

410 *Prinzipschaltung der Konstantstromquelle.*

Beim Betreiben der Konstantstromquelle mit 4,5 V sollte ferner der Schutzwiderstand (s. *413*) auf 1 kΩ verringert werden.

9.4.2 Aufbau und Anwendung beim Messen des Stromverstärkungsfaktors von NPN- und PNP-Transistoren

Die Schaltung ist so einfach, daß man sie auf einem Stückchen Experimentierplatte, z.B. Veroboard, leicht aufbauen kann (*412*). Mit einem mA-Meter (Vielfachmeßinstrument) mißt man I_{DS} (*411a*). Vorsichtshalber stellt man zuerst einen großen Meßbereich (>100 mA) ein und schließt erst dann die Batterie an. Dabei ist unbedingt auf richtige Polung zu achten. Bei falscher Polung liegt die Gate-Kanal-Diode des FET in Flußrichtung und wird durch den Kurzschluß (kein Arbeitswiderstand) zerstört. Das Instrument zeigt irgendeinen Strom an. Man schaltet nun den Meßbereich herunter und stellt I_{DS} mit dem Trimmer R_S auf 0,1 mA ein.

Zur Prüfung der Funktionsfähigkeit kann man in den Stromkreis zusätzlich ein Potentiometer (1 ... 5 kΩ) einfügen (*411b*) und beliebig verstellen. I_{DS} darf sich nicht merklich ändern.

Noch ist die Schaltung gegen Falschpolung ungeschützt. Da, wie wir bereits beobachtet haben, ein zusätzlicher Widerstand im Stromkreis den Konstantstrom nicht beeinträchtigt (zumindest solange er nicht so groß wird, daß der Konstantstrom auch bei völligem Aufsteuern des FET nicht mehr fließen kann), fügen wir einen Schutzwiderstand hinzu (*413*). Bei Falschpolung liegt die Gate-Kanal-Diode dann zwar noch immer in Flußrichtung, aber der Diodenstrom wird durch den zusätzlichen Widerstand auf ein ungefährliches Maß begrenzt.

Zur Inbetriebnahme werden die Anschlüsse des Bausteins mit + und – gekennzeichnet.

Der über die Konstantstromquelle der Basis des zu prüfenden Transistors eingeprägte I_B muß nicht unbedingt

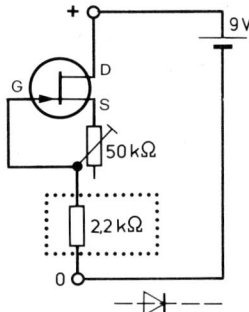

413 *Stromlaufplan der Konstantstromquelle mit Schutzwiderstand. Beträgt U_b nur 4,5 V, so fügt man während des Abgleichs eine Si-Diode in die Schaltung ein.*

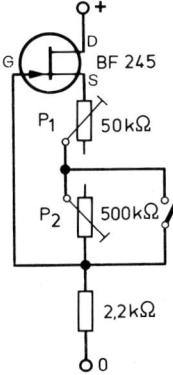

414 *Stromlaufplan für eine umschaltbare Konstantstromquelle.*

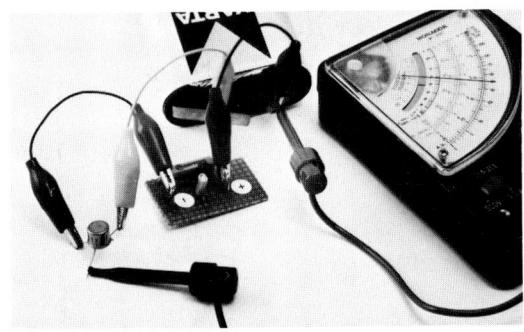

412 *Fertiger Aufbau der Konstantstromquelle mit Schutzwiderstand und Anschlußbezeichnungen.*

415 *Die Prüfschaltung wird mit kurzen Klemmschnüren hergestellt.*

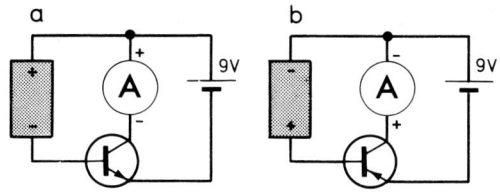

417 *Anschluß der Konstantstromquelle beim Messen; a) NPN-Transistoren; b) PNP-Transistoren.*

416 *Fertiger Aufbau einer umschaltbaren Konstantstromquelle.*

0,1 mA betragen. Dieser Wert wurde hier wegen der leichten Umrechnung von I_C auf B gewählt. Er kann vorteilhaft auch niedriger eingestellt werden. Damit erreicht man einerseits geringeren I_C auch bei hohem B (was die zu messenden Transistoren weniger belastet), andererseits kann man durch geeignete Wahl die Größe des Konstantstroms dem vorhandenen Vielfachmeßinstrument anpassen. Dieses besitzt z.B. einen Strommeßbereich von 5 mA. Wählt man I_B mit 0,05 mA (50 µA),

so erreicht man bis zum Vollausschlag einen Meßbereich bis $B = 100$. Wählt man I_B mit 0,01 mA (10 µA), so erreicht man einen Meßbereich bis $B = 500$. In Abb. *414* ist dargestellt, wie eine umschaltbare Konstantstromquelle für dieses Vielfachinstrument dimensioniert werden könnte. Beim Abgleich stellt man zuerst bei geschlossenem Schalter mit P_1 $I_{DS} = 0,05$ mA ein, dann bei geöffnetem Schalter mit P_2 $I_{DS} = 0,01$ mA.

Die Abbildungen *417a* und *b* zeigen den Anschluß der Konstantstromquelle beim Messen des Stromverstärkungsfaktors von (a) NPN- und (b) PNP-Transistoren.

10. Der Unijunction-Transistor (UJT)

Der *Unijunction-Transistor* (von lat. unus = ein; engl. junction = Sperrschicht) ist eigentlich gar kein Transistor, sondern eine steuerbare Diode, weswegen er auch oft „Doppelbasisdiode" genannt wird. Er besteht aus einer schwach n-dotierten Siliziumbahn. Sie heißt Basis, dementsprechend heißen ihre Anschlüsse B_1 und B_2. Aufgrund der Dotierung ist die Siliziumbahn schwach leitend und bildet einen Widerstand R_{BB} (je nach Typ und Toleranz 5 bis 10 kΩ). Man kann ihn mit dem Ohmmeter messen.

In die n-dotierte Basis ist eine p-dotierte Zone, der Emitter, eingebracht. Er bildet – wie jeder pn-Übergang – mit der Basis eine Diode (*418*). Die Schwellenspannung beträgt dem Material entsprechend ca. 0,6 V.

Der pn-Übergang teilt die Basisbahn in zwei Teilwiderstände auf, vergleichbar dem Schleifer des Potentiometers. Als Ersatzbild kann man den UJT daher auch als Spannungsteiler mit Diodenanschluß zeichnen (*419*). Der dem Anschluß B_2 zugewandte Teilwiderstand heißt R_{B2}, der andere entsprechend R_{B1}.

10.1 Funktionsprinzip des UJT

Legt man an den Spannungsteiler R_{B1}/R_{B2} eine Spannung an, z.B. 9 V, so teilt sie sich im Verhältnis der Teilwiderstände η (griech. Kleinbuchstabe „eta") auf. Angenommen, die Teilwiderstände sind gleich groß, so beträgt U_η die halbe Batteriespannung (4,5 V). Das *innere Spannungsverhältnis* η ist ein Kennwert des Unijunctiontransistors (übliche Werte 0,4 bis 0,9).

Legt man nun an Emitter (E) und Basisanschluß B_1 über einen strombegrenzenden Vorwiderstand R_v eine Spannung U_E, so sind zwei Zustände möglich:

1. U_E ist kleiner als U_η. Dann liegt die Diode in Sperrichtung zur Spannungsdifferenz U_η/U_E. Es geschieht nichts, es fließt nur der bei allen Dioden übliche sehr kleine Sperrstrom.

2. Man vergrößert U_E soweit, bis sie U_η + Schwellenspannung der Diode erreicht. Nun liegt die Diode in Flußrichtung der Spannungsdifferenz U_η/U_E. Es beginnt ein Emitterstrom zu fließen, der R_{B1} mit positiven Ladungsträgern („Löchern") überschwemmt. Dadurch verringert sich R_{B1} auf einen sehr kleinen Wert, etwa in der Größenordnung von 20 bis 30 Ω. Sofort setzt ein starker Emitterstrom ein. Fast die gesamte Spannung U_E fällt nun an R_v ab, d.h., daß die Spannung zwischen E und B_1 bis auf einen Rest, die *Talspannung* U_V (Index V von engl. valley = Tal) zusammenbricht. Entsprechend heißt der *Talstrom* I_V.

Die Emitterspannung, bei der der UJT leitend wird, ist die *Zündspannung* (U_Z) oder *Höckerspannung* U_P (Index P von engl. peak = Höcker, Spitze). $U_P = U_\eta$ + Schwellenspannung der Diode (0,6 V). Die Zündung erfolgt bei $U_{EB1} = U_P$.

Der *Höckerstrom* I_P ist der Mindeststrom, der beim Erreichen von U_P den UJT zündet (auslöst, triggert). Er ist i.allg. sehr klein (2 ... 12 μA).

Erhöht man U_E über U_P hinaus, so fließt auch ein stärkerer Emitterstrom I_E. R_{B1} wird um so gerin-

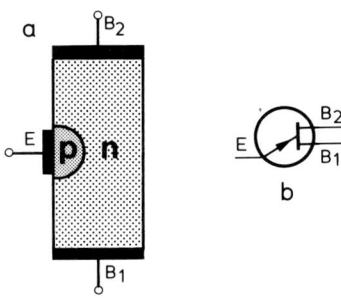

418 *Unijunction-Transistor; a) prinzipieller Aufbau; b) Schaltzeichen.*

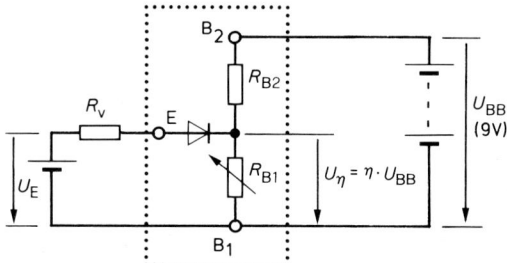

419 *Ersatzschaltung für einen Unijunction-Transistor.*

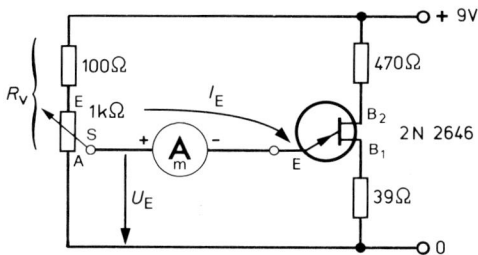

421 *Experimentierschaltung zum UJT (2N 2646).*

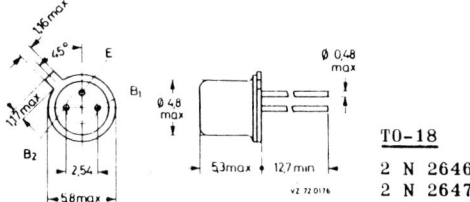

TO-18
2 N 2646
2 N 2647

420 *Gehäuseform und Anschlußfolge eines UJT (Typ 2N 2646, nach Valvo-Unterlagen).*

ger, je größer I_E wird (man spricht in diesem Zusammenhang von einem „negativen Widerstand").
Verringert man nach dem Triggern U_E wieder, so bleibt R_{B1} niederohmig, auch wenn U_E unter den Wert gesunken ist, der den Emitterstrom auslöste. Mit dem Abnehmen von U_E verringert sich auch I_E, aber I_E injiziert weiter Ladungsträger in R_{B1}, weswegen R_{B1} niederohmig bleibt. Bei weiterem Verringern von U_E wird I_E schließlich so schwach, d.h. die Injektion mit Ladungsträgern so gering, daß R_{B1} wieder hochohmig wird, und zwar so schlagartig, wie er niederohmig wurde. Damit ist wieder der Zustand 1 erreicht: Erneutes Durchschalten bei $U_E \geqq U_P$.
Der UJT ist also eine Diode, die entsprechend einer Steuerspannung vom sperrenden Zustand in den leitenden kippt. Da R_{B1} seinen Wert sprungartig ändert, ist der UJT in allen Schaltungen interessant, in denen die Zeit eine Rolle spielt, z.B. bei Verzögerungsgliedern, Zeitschaltern, Impulsgebern, Oszillatoren usw.
Für den folgenden Versuch ist jeder UJT geeignet. Am leichtesten und billigsten dürfte der 2N 2646 zu beschaffen sein. Er wird in den Vorschlägen dieses Buches verwendet.
Der Versuchsaufbau (*421*) zeigt den UJT in seiner Grundschaltung. Das Meßinstrument wird auf den Meßbereich 25 mA (Endausschlag) eingestellt.
Man dreht den Schleifer (S) des Potentiometers langsam von 0 Volt an (A, Anfang) in Richtung „plus" (E, Ende).

Nach der Spannungsteilerregel (S. 44) steigt dadurch U_E langsam an.
Das Meßinstrument zeigt zunächst keinen Strom an. Erst bei einer bestimmten Stellung des Schleifers, d.h. einer bestimmten Spannung U_E, beginnt plötzlich (ohne Ankündigung) Strom zu fließen. Dreht man den Schleifer des Potentiometers nun wieder langsam zurück, d.h. verringert man U_E, so wird auch der Emitterstrom kleiner. Bei einem bestimmten Wert von U_E, der weit unter dem Einschaltpunkt liegt, reißt I_E ab. Der Mindeststrom, der den UJT leitend erhält, liegt in der Größenordnung von 1 mA.
Dreht man nach dem Abreißen des Emitterstroms den Schleifer wieder in Richtung E, so fließt erst dann wieder Emitterstrom, wenn $U_E \geqq U_P$ geworden ist.

10.2 Die Dimensionierung der Zeitschaltung mit dem UJT

Abb. *422* zeigt die Grundschaltung des UJT als Zeit- bzw. Impulsgeber. R_t bildet zusammen mit C das bereits bekannte Zeitglied: C lädt sich über R_t auf, bis U_P erreicht ist; dann schaltet der UJT durch; C entlädt sich über den Emitter; damit ist U_E wieder sehr niedrig, der UJT sperrt; C lädt sich erneut auf usw. Auf diese Weise entstehen am

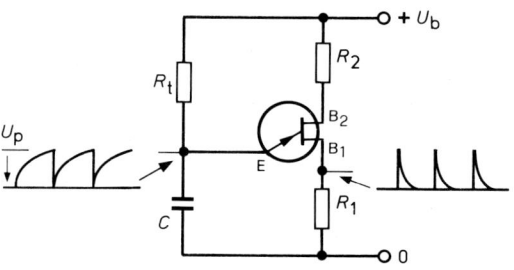

422 *Grundschaltung des UJT als Impulsgenerator.*

Emitter sägezahnähnliche Impulse (zur Kurve s.o., S. 69). Lädt man C mit einem konstanten Strom auf, so entstehen regelrechte Sägezahnimpulse.

Der Entladestrom fließt über R_1 und erzeugt an ihm einen Spannungsabfall. Daher entstehen an B_1 nadelförmige Impulse. Während man diese auch an niederohmige Lasten weiterleiten kann, können die Sägezahnimpulse nur an sehr hochohmige Lasten (Verstärkereingang u.ä.) abgegeben werden.

Die genaue Berechnung der Impulsfrequenz ist verhältnismäßig kompliziert. Daher seien hier nur einige – für die Praxis ausreichende – Hinweise gegeben:

U_P hängt von der Batteriespannung (U_b) und vom inneren Spannungsverhältnis ($R_{B2}:R_{B1}$) ab. η beträgt je nach Typ und Fertigungstoleranz 0,4 bis 0,9, d.h., U_P beträgt unter Vernachlässigung der Schwellenspannung der Diode $\eta \cdot U_b \approx 0{,}65 \cdot U_b$ ($\eta = 0{,}65$ ist der Mittelwert zwischen 0,4 und 0,9). Da C die Spannung $0{,}65 \cdot U_b$ nach etwa einer Zeitkonstante erreicht, geht man nicht fehl, wenn man für die Dimensionierung von R_t und C von einer Zeitkonstanten ausgeht. Die genaue Zeit stellt man dann mit R_t als Potentiometer ein. R_t darf allerdings nicht beliebig klein sein; er muß mindestens so groß sein, daß der über ihn fließende Strom den UJT bei geladenem C zwar noch triggern, aber beim Laden von C die Leitfähigkeit des UJT nicht aufrechterhalten kann. Für den Mindestwert gilt daher

$$R_t \geqq \frac{U_b - U_V}{I_V}.$$

U_V liegt beim 2N 2646 in der Größenordnung von 1,5 V, der minimale Talstrom I_V bei etwa 1 mA. Unter diesen Bedingungen muß R_t mindestens 7,5 kΩ betragen:

$$R_t \geqq \frac{9\,V - 1{,}5\,V}{0{,}001\,A} = 7{,}5\,k\Omega.$$

In der Praxis wählt man aber ein Mehrfaches dieses absoluten Mindestwerts. Der Maximalwert von R_t ergibt sich aus der Größe des benötigten Triggerstroms I_P. Beim 2N 2646 beträgt I_P laut Datenblatt maximal 5 μA.

$U_P = \eta \cdot U_{batt} + 0{,}6\,V$ (bei $U_b = 9\,V$ ist U_P ca. 6,45 V).

$$R_t < \frac{U_b - U_P}{I_P},$$

$$\frac{9\,V - 6{,}45\,V}{0{,}000005} = 510000.$$

Beträgt U_b 9 V, so darf R_t im ungünstigsten Fall maximal 510 kΩ betragen. Da I_P im Durchschnitt aber erheblich kleiner ist als der Maximalwert, darf R_t im Einzelfall doch größer sein. Unter den gleichen Bedingungen, aber mit $I_P = 2\,\mu A$, darf R_t 1,275 MΩ betragen. R_1 muß klein sein, damit sich C mit einem starken Strom schnell entladen kann. In der Praxis wählt man ihn frei zwischen 20 und maximal 100 Ω. Für R_2 gilt die Überschlagsformel

$$R_2 = \frac{0{,}4 \cdot R_{BBo}}{\eta \cdot U_b}.$$

R_{BBo} ist der Widerstand der gesamten Basisbahn im hochohmigen Zustand. Als Mittelwert kann man, wenn kein Datenbuch zur Verfügung steht, 7 kΩ annehmen; für η setzen wir wieder 0,65 ein. U_{batt} soll wieder 9 V betragen

$$R_2 = \frac{0{,}4 \cdot 7000}{0{,}65 \cdot 9} = 478\,\Omega$$

(nächster Normwert 470 Ω).

10.3 Ein „klingender" Durchgangsprüfer

Zum Prüfen einer Schaltung oder eines Widerstands auf Durchgang genügt das Ohmmeter des Vielfachmeßinstruments. Es hat nur den einen Nachteil, daß man beim Messen den Kopf zwischen Meßinstrument und Meßobjekt hin- und herwenden muß, und das kann außerordentlich hinderlich sein.

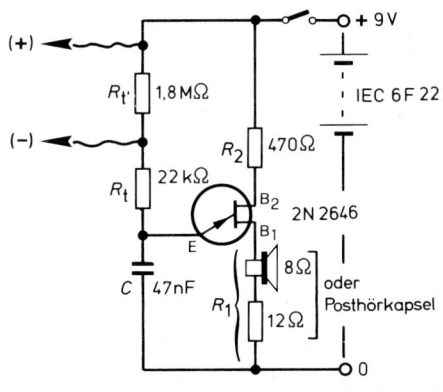

423 *Stromlaufplan für ein „klingendes Ohmmeter".*

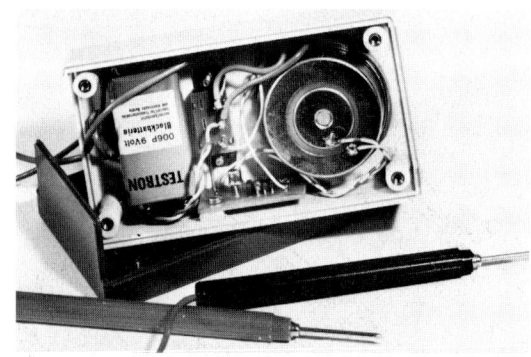

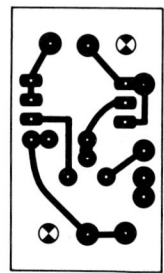 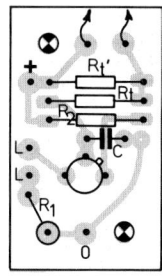

426 *Leiterplatte (Kupferseite) und Bestückungsplan für den „klingenden" Durchgangsprüfer.*

424/425 *Der „klingende Durchgangsprüfer"; fertiger Aufbau.*

Der klingende Durchgangsprüfer besteht aus der Grundschaltung des UJT-Oszillators. Für die Schaltung *(423)* ist jeder UJT geeignet. I_E fließt über den Lautsprecher und wird dadurch hörbar. Das Zeitglied R_t/C ist so bemessen, daß ein sehr hoher Ton entsteht. R_t ist mit 1,8 MΩ (R_t') „verlängert", d.h. solange R_t nicht überbrückt ist, ist die Zeitkonstante so groß, daß der Durchgangsprüfer nur sehr langsam vor sich hin-„tickt". Das Ticken soll den Benutzer mahnen, das Gerät nach dem Gebrauch abzuschalten. Wird R_t durch die zu prüfende Leitung überbrückt, so wird der hohe Ton hörbar. Liegt zwischen den Prüfspitzen ein Widerstand, so wird der Ton um so tiefer, je größer der Widerstand ist. Im Vergleich mit bekannten Widerständen kann man nach einiger Übung die Größenordnung des zu prüfenden Widerstands abschätzen. Will man z.B. einen Widerstand von 10 kΩ überprüfen und hört man einen sehr tiefen Ton, so ist der Widerstand hochohmig geworden. Ein Widerstand von 100 kΩ Nennwert, der einen sehr hohen Ton erzeugt, hat einen Kurzschluß oder ist falsch codiert. Dioden (auch in Transistoren) lassen sich ebenfalls auf Durchgang oder Sperrung überprüfen. Das Knurren beim Prüfen der Sperrichtung gibt Auskunft über die Größe des Leckstroms. Bei Kondensatoren größerer Kapazität (>10 nF) ist der Ladestrom zu hören: Er ist anfangs groß (dem entspricht ein kleiner Widerstand) – der Ton ist hoch. Mit dem Abnehmen des Ladestroms wird der Ton tiefer. Die Schnelligkeit der Impulsfolge am Schluß gibt Auskunft über den Leckstrom von Elektrolytkondensatoren.

Die wenigen Bauelemente sind bequem auf einer kleinen Experimentierplatte (z.B. Veroboard) unterzubringen *(424/425)*. Lautsprecher und Platte werden in einem „OKW"-Gehäuse (90/20/087) untergebracht. Als Lautsprecher dient die Telefonhörkapsel (jeder kleine Lautsprecher ist geeignet). Die Prüfschnüre und -spitzen sind rot (für +) und schwarz (für –). Die Batterie wird mit einem Stück Verlege-Klebeband in das Gehäuse geklebt. Sollte der Oszillator trotz fehlerfreier Verdrahtung nicht anschwingen, so könnte die Ursache in einem „zu guten" UJT liegen (sehr kleiner I_V). Abhilfe schafft die Vergrößerung des Wertes von R_t' (mit einem Trimmer ausprobieren). Anschließend ist C entsprechend der gewünschten Tonhöhe zu verkleinern. Für C sollte man möglichst einen Folienkondensator einsetzen. R_t kann zu groß sein, wenn der UJT einen sehr großen I_P benötigt und ist dann zu verkleinern.

10.4 Eine UJT-Orgel

Die Orgel ist eine normale UJT-Zeitschaltung *(428)*. R_t besteht aus 50-kΩ-Trimmern, die für jede Taste (jeden Ton) eingestellt werden. R_1/C_1 bilden ein Trennglied zur hochohmigen Auskopplung der Sägezahnspannung. R_1 sollte mindestens zehnmal so groß sein wie R_t. Mit der Auskoppelspannung kann jeder der in diesem Buch beschriebenen NF-Verstärker (S. 193 ff.) angesteuert werden.

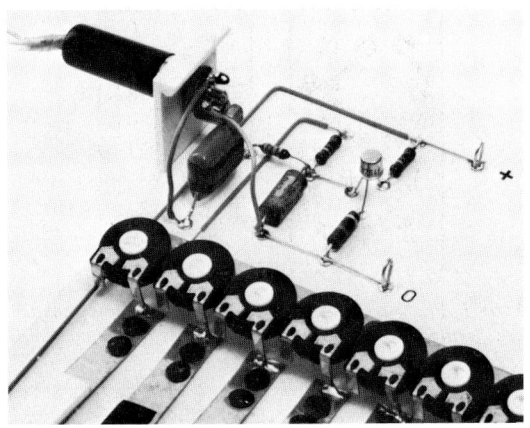

427 Detailaufnahme zum Aufbau der UJT-Orgel als Orientierungshilfe bei der Zuordnung und Verdrahtung der einzelnen Bauteile.

429 Vollständiger Aufbau der UJT-Orgel.

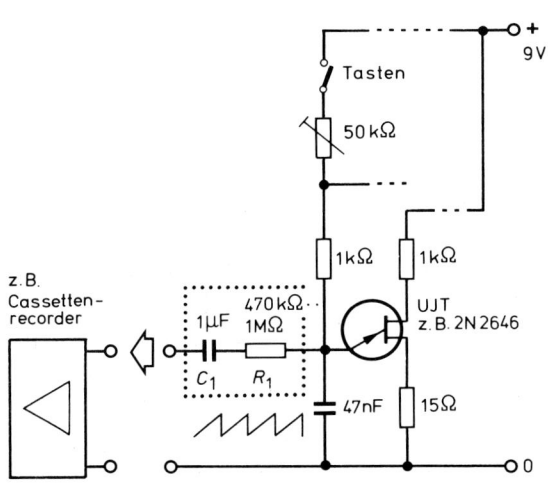

428 Stromlaufplan zur UJT-Orgel.

Natürlich kann man auf dieser einfachen Orgel nur einstimmig spielen. Drückt man z.B. zwei Tasten gleichzeitig, dann liegen die beiden zugehörigen Widerstände (Trimmer) parallel; deren Gesamtwiderstand ist kleiner als der kleinere von beiden, der Orgelton ist dann sehr hoch.

Soll diese Orgel mehrstimmig spielbar sein, muß jede Taste ihren eigenen Oszillator haben. Der Aufwand an den dafür erforderlichen Bauelementen steht in keinem vertretbaren Verhältnis zum Effekt.

11. Thyristor, Triac und Diac

Die Entwicklung des Thyristors (1957) und seiner Verwandten, des Triac und Diac, bedeutete für die Energietechnik eine Revolution, wie sie im Bereich der Nachrichtenelektronik mit der Einführung des Transistors etwa ein Jahrzehnt zuvor stattgefunden hatte. Der Transistor verdrängte die Elektronenröhre – von wenigen Spezialgebieten abgesehen – fast vollständig; dadurch verringerten sich Raum- und Energiebedarf der Geräte; viele Geräte wurden erst dadurch dem breiten Publikum zugänglich (ein röhrenbestückter Taschenrechner ist undenkbar).

Thyristor und Triac ersetzen die großen mechanischen Leistungsschalter, Maschinenumformer und die großen steuerbaren Gleichrichterröhren, die Thyratrons. Ihre Vorzüge gleichen denen des Transistors: geringer Raumbedarf, kein Verschleiß, Wartungsfreiheit, Schnelligkeit u.a. Da es sich um steuerbare (Hochleistungs-)Schalter und Gleichrichter handelt, setzten sie sich besonders im Bereich der Steuerungs- und Regelungstechnik durch, bei Elektro-Fahrzeugen und Werkzeugmaschinen ebenso wie bei Haushaltsgeräten, z.B. Waschmaschinen und „Dimmern".

11.1 Der Thyristor

Der *Thyristor* besteht aus vier Schichten mit wechselnder Dotierung (*430*). Die Funktionsweise läßt sich dadurch plausibel machen, daß man je drei aufeinanderfolgende Schichten als Transistor versteht. So erhält man je einen PNP- und einen NPN-Transistor, die jeweils mit Basis und Kollektor verbunden sind.

Man schließt eine Batterie so an, daß die Transistoren leiten könnten. Beide sperren sich gegenseitig, indem sie den Basisstrom I_B des jeweils anderen Transistors unterbinden: T_2 sperrt, weil T_1 den I_B für T_2 nicht durchläßt; T_1 sperrt, weil T_2 den I_B für T_1 sperrt.

Nun erhält T_2 (von außen) einen kurzzeitigen Basisstrom (positiven Impuls). T_2 schaltet durch und gibt damit den Basisstrom für T_1 frei. T_1 schaltet durch und gibt den Basisstrom für T_2 frei. Beide Transistoren bleiben durchgeschaltet. Der Anfangsimpuls braucht nur so lange zu dauern, bis T_1 durchgeschaltet ist. Da Transistoren sehr rasch durchschalten, reicht für den „Zündimpuls" eine kurze Zeit in der Größenordnung von Mikrosekunden.

Dieselben Vorgänge würden ablaufen, wenn die Basis von T_1 (PNP) einen negativen Impuls erhielte.

Da die Transistoren bei umgepolter Batterie in jedem Fall sperren würden, kann der Strom nur in einer Richtung fließen. Ferner kann der Thyristor nur sperren („blockieren") oder leiten. Man be-

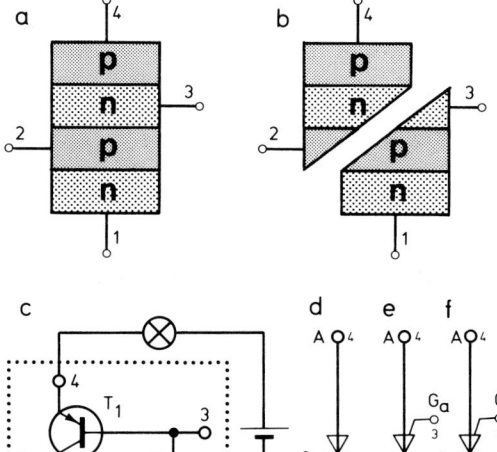

430 *Aufbau (Schichtenfolge) und Anschlüsse des Thyristors; Schaltzeichen.*

431 Thyristoren.

trachtet ihn daher auch als Diode mit Anode (A), Kathode (K), einer Sperrichtung („Rückwärtsrichtung") und einer Flußrichtung („Vorwärtsrichtung", „Schaltrichtung"). Wie bei der normalen Diode sperrt die Rückwärtsrichtung immer. Während aber die Diode in Flußrichtung den Strom immer freigibt, schaltet der Thyristor in seiner Vorwärtsrichtung nur mit Hilfe eines Impulses an seiner Steuerelektrode („Zündelektrode", „Gate") durch.
In der Regel führt man nur einen „Basis"-Anschluß als Steuerelektrode heraus, im Normalfall die p-Schicht, das „Kathodengate" (G_k, siehe *430 d*). Der Thyristor wird dann mit einem zur Kathode positiven Impuls „gezündet" (d.h. in den niederohmigen Zustand gekippt). Es gibt aber auch Ausführungen mit der n-Schicht als Steuerelektrode („Anodengate" G_a, s. *430 e, f*). Diese werden mit einem zur Anode negativen Impuls gezündet.
Diese beiden Varianten haben nur drei Anschlüsse; deswegen nennt man sie *Thyristortrioden* (griech./lat. tri = drei). Bei besonderen Typen werden beide Steuerelektroden herausgeführt, d.s. *Thyristortetroden* (griech. tetra = vier). Die Thyristortetrode kann wie die Thyristortriode mit einem Impuls an einer (beliebigen) Steuerelektrode, oder an beiden gezündet werden. Während aber eine einmal gezündete Thyristortriode von

der Steuerelektrode her nicht mehr abgeschaltet werden kann, ist es möglich, die Thyristortetrode an der einen zu zünden, an der anderen abzuschalten. Diese Möglichkeit gibt der Thyristortetrode einen zusätzlichen Anwendungsbereich als PUT (programmierbarer Unijunctiontransistor, s.u., S. 188).

11.1.1 Grunderfahrung mit dem Thyristor

1. Versuch (432): Man schließt einen beliebigen G_k-Thyristor in Vorwärtsrichtung über einen Verbraucher (Glühlämpchen) an eine Batterie an. Das Lämpchen leuchtet nicht. Dann gibt man über einen Widerstand (zur Strombegrenzung, denn die Strecke G_k–K ist ja ein pn-Übergang, also eine Diode) einen kurzen Impuls auf die Steuerelektrode. Der Thyristor zündet, das Lämpchen leuchtet, auch wenn G_k wieder „offen" ist. Über die Steuerelektrode ist der Thyristor nicht mehr zu sperren, weder durch weitere positive Impulse, noch durch negative (G_k an den Minuspol der Batterie). Es gibt nur eine Möglichkeit, den Thyristor wieder hochohmig werden zu lassen: Er muß für einen Augenblick (fast) stromlos sein, so daß sich die inneren Sperrschichten wieder aufbauen können. Das erreicht man dadurch, daß man den Stromkreis kurzzeitig unterbricht (Batterie abklemmen) oder den Thyristor kurzschließt (mit einem Prüfkabel überbrücken). Beim Überbrücken des Thyristors wird das Lämpchen heller, d.h., daß an ihm eine Teilspannung verlorengeht, vergleichbar der Schwellenspannung der Diode (s. S. 101) oder der Sättigungsspannung des Transistors (S. 131).

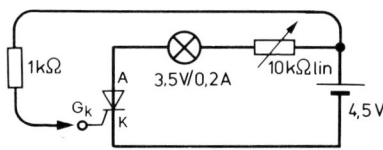

433 Versuch zum Nachweis des Haltestroms I_H.

2. Versuch (433): Ein Potentiometer (ca. 10 kΩ, lin.) wird mit dem Lämpchen in Reihe geschaltet. Es wird zunächst auf 0 Ω gedreht. Der Thyristor wird wie oben gezündet. Das Lämpchen leuchtet. Nun verstellen wir das Potentiometer langsam; das Lämpchen wird dunkler. Ehe es zu glimmen aufhört, stellen wir das Potentiometer auf 0 Ω. Das Lämpchen leuchtet wieder hell. Nun stellen wir das Potentiometer langsam auf seinen größten Widerstand, dann wieder auf 0 Ω. Das Lämpchen

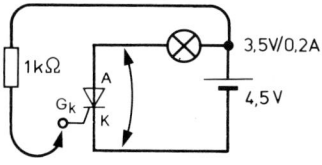

432 Grundschaltung des Thyristors.

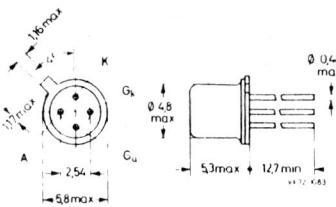

TO-72: BRY 39 und BR 101

434 Gehäuseform und Anschlußfolge einer Thyristortetrode (Typ BRY 39, nach Valvo-Unterlagen).

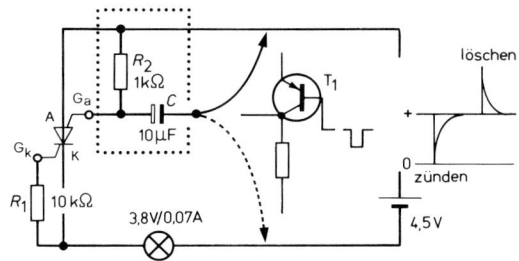

436 Löschen der Thyristortetrode mit einem Differenzierglied.

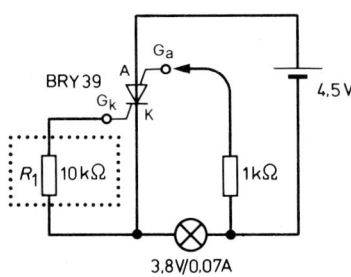

435 Grundschaltung der Thyristortetrode.

leuchtet nicht mehr auf. Der Stromkreis des Thyristors war außerhalb des Thyristors nie unterbrochen, trotzdem hat der Thyristor abgeschaltet. Wird der Strom zu klein, so bauen sich die Sperrschichten wieder auf. Der Thyristor benötigt also einen „Haltestrom" (I_H), um leitend zu bleiben.

3. Versuch (*435*): Eine Thyristortetrode wird an einem Gate ein- und ausgeschaltet. Es ist jede Thyristoretrode geeignet; der Typ BRY 39 ist verhältnismäßig leicht zu beschaffen.
1. Schritt: Man schließt den Stromkreis Minus-Pol der Batterie–Lämpchen–K–A–Plus-Pol (s. auch *434*). G_k und G_a bleiben offen. Das Lämpchen leuchtet (höchstwahrscheinlich). Auch eine Unterbrechung des Stromkreises löscht den Thyristor nicht. Sofort nach dem erneuten Anlegen der Batteriespannung zündet er wieder. Bleiben beide Gates der Thyristortetrode offen, so ergeben sich unkontrolllierbare Verhältnisse. Die „Transistoren" schalten einander mit ihren Leckströmen durch.
2. Schritt: Leckströme lassen sich durch einen Ableitwiderstand unwirksam machen (s.o., S. 135). Ein hochohmiger Widerstand R_1 zwischen G_k und K (und/oder zwischen G_a und A) führt stabile Verhältnisse herbei. Der Thyristor kann nun an G_a mit einem zu A negativen Impuls gezündet und mittels Unterbrechung des Hauptstromkreises gelöscht werden.
3. Schritt: Löschen ist auch mit einem zu A (= Plus-Pol) positiven Impuls möglich. Diesen bezieht man entweder aus einer zweiten Batterie oder aus einem Differenzierglied (s.o., S. 71). Der hier (*436*) mit einem Prüfkabel angedeutete UM-Schalter kann eine elektronische Schaltstufe sein (wie mit T_1 angedeutet).

11.1.2 Wichtige Kennwerte des Thyristors

Die maximale periodische *Spitzensperrspannung* (in Datenblättern U_{DRM} oder U_{RRM}) darf auf keinen Fall überschritten werden. Auf die Spannungsspitzen ist besonders bei Wechselspannungen zu achten; z.B. beträgt der Scheitelwert einer sinusförmigen Wechselspannung das 1,41fache der angegebenen Effektivspannung. Die 220 V der Netzspannung enthalten also Spitzen von 311 V.
Ebenso darf der *Grenzeffektivstrom* I_{TRMS} ($\triangleq$ Mittelwert) auf Dauer nicht überschritten werden. Der *Stromgrenzwert* (I_{TSM}) für Stromstöße, deren Dauer $\leq$ 10 ms ist, liegt in der Regel um ein Mehrfaches darüber.
Da Thyristoren oft zum Schalten großer Leistungen eingesetzt werden, spielt die *Verlustleistung* eine beachtliche Rolle. Sie beträgt $U_T \cdot I_{TRMS}$. Die *Durchlaßspannung* U_T liegt je nach Typ in der Größenordnung von 1,4 bis 2 V. Die Verlustleistung muß als Wärme abgeleitet werden, daher geben die Hersteller die höchste *Sperrschichttemperatur* ϑ_j und den *Wärmewiderstand* $R_{th\,JU}$ (s.o., S. 103) an.
Eine besondere Eigenschaft des Thyristors ist, daß er ohne einen Zündimpuls am Gate von allein in den leitenden Zustand kippt, wenn die in Vorwärtsrichtung angelegte Spannung einen bestimmten Wert, die *Nullkippspannung* U_{k0} („null"

Kunststoffgehäuse

TO 66 – Gehäuse

Schraubgehäuse

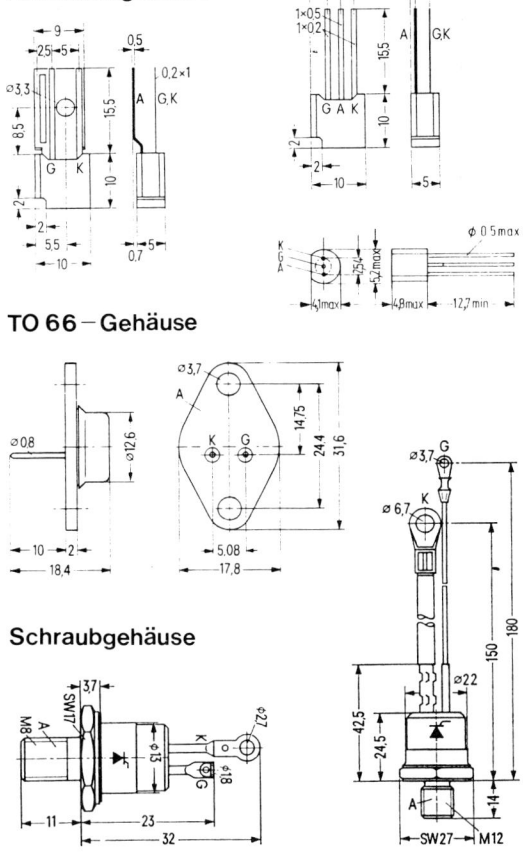

437 Gebräuchliche Gehäuseformen und Anschlußbelegungen bei Thyristoren (nach Siemens-Unterlagen).

Bei größeren Thyristoren ist die Anschlußbelegung i.allg. aufgedruckt, entweder als Schaltzeichen oder mit Buchstaben. Sollten die Bezeichnung oder das Datenbuch einmal fehlen, so findet man die Anschlüsse folgendermaßen heraus: Die größte Verlustwärme entsteht an der Anode. Daher wird (zur besseren Kühlung) der Kristall bei der Herstellung auf den Gehäuseboden gelötet. Der Anschluß, der mit dem Gehäuse oder der Kühlfahne leitend verbunden ist, ist die Anode (A). Die beiden übrigen Anschlüsse sind G bzw. K. Bei größeren Thyristoren unterscheiden sie sich durch ihre Dicke: Da die große (geschaltete) Leistung über K fließt, ist der dickere Anschluß K, der dünnere G. Bei Thyristoren mittlerer Leistung sehen beide Anschlüsse gleich aus, doch ist in der Regel die Gate-Seite markiert (z.B. abgeschrägt). Für Kleinleistungsthyristoren gilt meist in Analogie zu den Thyristoren die Folge K–G–A.

Die Prüfung mit dem Ohmmeter ermöglicht eine eindeutige Bestimmung der Anschlußfolge. Dazu muß man sich nur die Schichtenfolge im Thyristor vor Augen halten und bedenken, daß jeder pn-Übergang eine Diode bildet. Im G_k-Thyristor bilden G und K eine Diode, deren Anode G, deren Kathode K ist. Man sucht also mit dem Ohmmeter die Anschlüsse, die sich wie eine Diode verhalten (Diodenprüfung), hat damit G und K. Der letzte Anschluß muß A sein. Besonders leicht ist die Bestimmung, wenn A unmittelbar aus der Bauform (leitendes Gehäuse) hervorgeht.

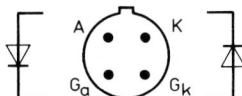

438 Lage der Dioden im BRY 39

Gewißheit verschafft man sich durch den Versuch 1. Verhält sich der Thyristor nicht erwartungsgemäß, so ist er entweder defekt, oder es handelt sich um einen G_a-Thyristor. Hier bilden G_a und A eine Diode, deren Kathode G_a, deren Anode A ist. Im Versuch 1 muß nun G_a einen Minus-Impuls der Batterie erhalten.
Bei Thyristortetroden sucht man mit dem Ohmmeter die beiden Dioden G_k/K bzw. G_a/A (*438*). Sicherheit über die Anschlußfolge erhält man aus Versuch 3.

Eine besondere Bauform ist der *Fotothyristor*. Einer seiner „Transistoren" ist als Fototransistor ausgebildet, dessen BC-Diode dem Licht zugänglich ist (s.o., S. 141). Er kann durch einen Steuerimpuls oder durch Licht gezündet werden.

steht für „offenes Gate") überschreitet. Die Betriebsspannung muß deutlich unter U_{k0} bleiben; ausnutzen kann man U_{k0} dadurch, daß man den Thyristor durch Spannungsspitzen zündet.

11.1.3 Bauformen und Anschlußbelegungen von Thyristoren

Thyristoren werden für sehr kleine, mittlere und sehr große Leistungen gefertigt. Die Belastbarkeit schwankt zwischen 0,1 und einigen tausend A. Dementsprechend schwanken die Bauformen zwischen dem kleinsten Kunststoff-TO-Gehäuse und riesigen Ausführungen, die mit einem Gewindestutzen in einen Kühlblock geschraubt oder zugunsten eines besseren Wärmekontakts ganz eingepreßt werden.

11.1.4 Der Thyristor im Gleichstromkreis

Große Ströme (1 000 A und mehr) mechanisch zu schalten, ist gar nicht so einfach. Jeder kennt das Problem mit den verbrannten Unterbrecherkontakten im PKW; und wie klein sind dort die Ströme im Vergleich zu denen, die etwa in einem Gabelstapler, Elektrokarren, oder im Elektrolyseofen eines Aluminiumwerks fließen. Der Thyristor dient als kontaktloser und verschleißfreier Schalter für große Lasten; der kleine Steuerstrom ist problemlos mit einem kleinen Taster zu schalten.

Das Ausschalten ist freilich schwieriger. Wollte man den Stromkreis mit einem mechanischen Schalter unterbrechen oder den Thyristor überbrücken, so wäre nichts gewonnen. Daher löscht man den Thyristor mit Hilfe eines zweiten („Hilfsthyristor") und einer Kondensatorladung (*439*):

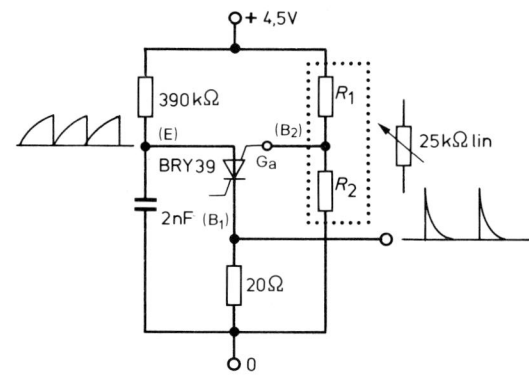

440 *PUT-Oszillator; er entspricht dem UJT-Oszillator in Abb. 422. Ersetzt man R_1/R_2 durch ein Potentiometer, so kann man allein durch die Verschiebung der Höckerspannung die Frequenz über einen Bereich von mehreren Oktaven einstellen. Die eingeklammerten Bezeichnungen entsprechen den Anschlüssen des UJT.*

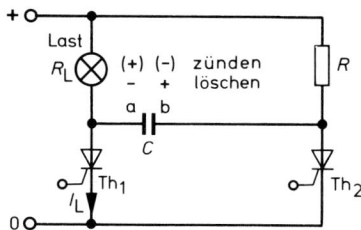

439 *Zünden und Löschen mit einem Hilfsthyristor.*

Während der Hauptthyristor Th_1 durchgeschaltet ist, sperrt Th_2. C lädt sich über Th_1 (Platte a −) und R (Platte b +) auf. Wird nun Th_2 gezündet, so liegt Platte b praktisch auf 0. C entlädt sich über den Lastwiderstand und die Spannungsquelle, aber in der Stromrichtung dem Laststrom I_L entgegengesetzt. Durch den Gegenstrom sinkt I_L für einen kurzen Augenblick unter den Haltestrom I_H. Th_1 wird hochohmig, Th_2 bleibt leitend. Nun lädt sich C über R_L und Th_2 mit ungekehrter Polarität auf. Wenn Th_1 wieder gezündet wird, entlädt sich C über R und löscht Th_2 so, wie er selbst zuvor von Th_2 gelöscht wurde.

Kleinthyristoren dienen als Impulsspeicher oder zum Unterdrücken des Kontaktprellens mechanischer Schalter. Jeder mechanische Schalter prellt, d.h. öffnet und schließt mehrmals in rascher Folge, ehe er einen ruhenden Kontakt herstellt; er erzeugt beim Einschalten zunächst eine Reihe von Impulsen. Fügt man einen Thyristor in den Stromkreis ein, so zündet er schon mit dem ersten Impuls, der Strom wird sofort eindeutig eingeschaltet. Das ist z.B. bei allen Zähleinrichtungen nötig.

Die *Thyristortetrode* wird oft als PUT (programmierbarer UJT) in Motorsteuerungen, Oszillatoren, Zeitgebern, Impulsformern, Triggerschaltungen usw. eingesetzt. Sie ist kein UJT, aber sie verhält sich so und kann daher als solcher verwendet werden. Während die Höckerspannung des UJT durch den inneren Aufbau (η) und die Höhe der Batteriespannung festliegt, kann sie bei der Thyristortetrode durch den Spannungsteiler am G_a eingestellt, „programmiert" werden (*440*). Das G_a, die Basis des „PNP-Transistors" (s. S. 184), erhält durch R_1/R_2 eine feste Vorspannung. Solange A, der Emitter, eine niedrigere Spannung als G_a hat, sperrt der Transistor. Ist C auf U_{Ga} + Schwellenspannung (0,6 V) aufgeladen, dann zündet der Thyristor. C wird entladen. Sobald der Entladestrom kleiner als der Haltestrom wird, sperrt der Thyristor wieder. Die Thyristortetrode kann aus je einem Si-PNP- bzw. NPN-Transistor nachgebildet werden.

11.1.5 Der Thyristor im Wechselstromkreis

Im Wechselstromkreis kommen die guten Eigenschaften des Thyristors voll zur Geltung. Das Abschalten ist hier kein Problem: Bei jedem Nulldurchgang der Spannung bzw. des Stroms wird der Thyristor automatisch wieder gelöscht.
Aufgrund seines Diodenverhaltens wirkt er ferner als Gleichrichter (s. S. 255): Er läßt nur jeweils

eine Halbwelle durch. Im Unterschied zur normalen Diode ist er aber steuerbar, denn er läßt die Halbwelle nur passieren, wenn das Gate aufgesteuert wird. In der angelsächsischen Literatur heißt der Thyristor daher *SCR* (Silicon Controlled Rectifier = steuerbarer Silizium-Gleichrichter); die Bezeichnung *Thyristor* setzt sich aus *Thyra*tron (Gleichrichterröhre) und Trans*istor* (Hinweis auf den Halbleiteraufbau) zusammen.

Über das Gate läßt sich der Thyristor zu jedem Zeitpunkt zünden. In Abb. *441* läßt er z.B. jede positive Halbwelle durch. Wird er gleich zu Beginn der Halbwelle gezündet, so läßt er sie ganz durch; an den Verbraucher wird in dieser Schaltung die größtmögliche Leistung abgegeben (*a*). Wird er später gezündet, so kann der Laststrom nur eine entsprechend kürzere Zeit fließen; der Verbraucher erhält – auf die Zeit gleichmäßig verteilt – eine geringere Leistung (*b, c*). Diese Art der Leistungssteuerung heißt sinnfällig *Phasenanschnittsteuerung*. Sie ermöglicht es, die abgegebene Leistung von (fast) Null auf (fast) Maximum zu steuern. Im „Dimmer" hat sie z.B. Eingang in zahllose Haushalte gefunden.

In der obigen Form ist der Anwendungsbereich dieser Schaltung freilich begrenzt. Sie gibt nur Gleichstromimpulse ab; das ist oft unerwünscht, z.B. bei der Drehzahlsteuerung der Wechselstrommotoren in Handbohrmaschinen. Wo der Gleichstrom nicht stört, z.B. bei Glühlampen, fehlt der Leistungsanteil der negativen Halbwelle, d.h., daß der Verbraucher maximal nur die Hälfte der möglichen Leistung erhält. Eine 100-W-Glühlampe würde höchstens 50 W erhalten und entsprechend dunkler leuchten.

11.2 Spiel „sichere Hand" mit einem Thyristor

Bei dem auf S. 162 f. vorgeschlagenen Spiel kommt es darauf an, einen durch (kurze) Berührung erzeugten Impuls zu speichern. Statt des Flip-Flops ist zur Impulsspeicherung auch ein Thyristor verwendbar. Das Spiel funktioniert nach der Grundschaltung (*432/442a*).
Geeignet ist jeder Thyristor kleiner oder mittlerer Leistung. Er wird durch den Berührungsimpuls gezündet und durch Überbrücken mit der Taste gelöscht.

In der Ausführung (*442b*) ist eine Thyristortetrode mit zwei Si-Transistoren nachgebildet. R_1/R_2 dienen dazu, Leckströme abzuleiten und die Schaltung zum Sperren zu bringen (s.o., Versuch 3, S. 186). Zum Löschen reicht es i.allg., die Basis von T_1 gegen den Emitter kurzzuschließen. Bei Transistoren mit sehr hohem *B* kann es sein, daß der einfache Kurzschluß zum Löschen nicht mehr ausreicht; dann müßte ein zum Emitter von T_1 positiver Impuls (= Sperrspannung) differenziert werden (*442c*). Trotz des Mehraufwands an Einzelteilen dürfte die Schaltung *442c* billiger zu bauen sein als *442a*, weil dafür billigste Bauteile gut genug, Thyristoren aber verhältnismäßig teuer sind.

11.3 Triac und Diac

Die in der Thyristorsteuerung fehlende Halbwelle läßt sich dadurch mitschalten, daß man dem Thyristor einen zweiten Thyristor „antiparallel" (gegenpolig parallel) hinzufügt (*443*): TH_1 (G_k-Thyristor) wird während der positiven Halbwelle gezündet und läßt diese durch. Th_2 (G_a-Thyristor) wird von der negativen Halbwelle gezündet und

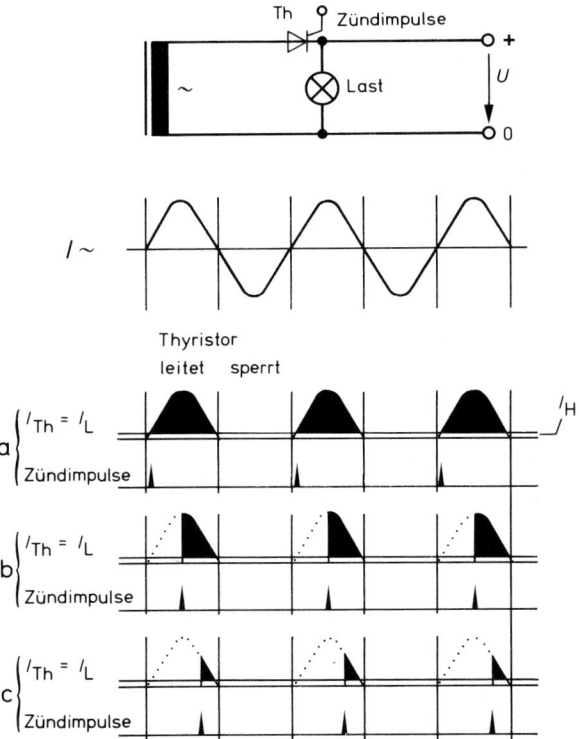

441 Phasenanschnittsteuerung; der Thyristor wird jeweils vor dem Null-Durchgang hochohmig, wenn $I_L < I_H$ wird.

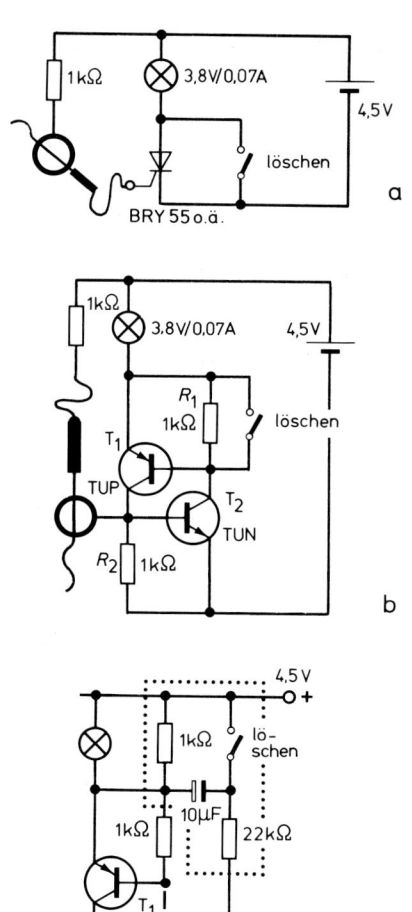

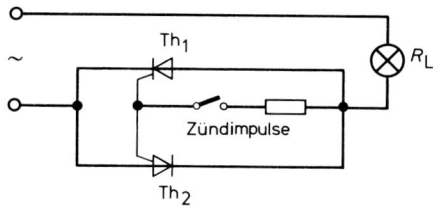

443 Vollwegsteuerung mit zwei Thyristoren.

444 Schaltzeichen für den Triac.

Kunststoffgehäuse

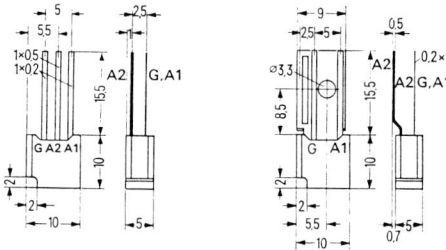

442 Stromlaufpläne für das Spiel „Sichere Hand"; a) mit Thyristor; b) mit nachgebildetem Thyristor; c) mit nachgebildetem Thyristor und Differenzierglied.

mit dem Lastwiderstand verbunden. In der Literatur (und in Stromlaufplänen) findet man allerdings die Bezeichnungen A_1 und A_2 auch mit umgekehrter Bedeutung (bisweilen in einem Werk durcheinander). Es ist daher notwendig, sich beim Einsetzen eines Triac unbedingt nach den Angaben des Herstellers (Datenbuch) oder Händlers zu richten und darauf zu achten, welchem Anschluß das Gate näher oder entfernter ist.

schaltet diese aufgrund seiner gegenpoligen Richtung in den Stromkreis ein.
Das Bauelement, das im Prinzip diese zwei antiparallel geschalteten Thyristoren vereinigt, ist der *Triac* (aus *Tri*ode *a*lternating *c*urrent switch = Trioden-Wechselstromschalter; mit den Trioden sind die Thyristortrioden gemeint). Das Schaltbild (*444*) deutet mit den beiden antiparallelen Dioden auf die Durchlässigkeit für beide Stromrichtungen hin. Die dem Gate (Steueranschluß) nähere Endschicht heißt Anode 1 (A_1); sie wird bisweilen auch als K bezeichnet. Die entferntere Schicht heißt Anode 2 (A_2); sie wird in der Regel

445 Gebräuchliche Gehäuseformen und Anschlußbelegungen für den Triac (nach Siemens-Unterlagen).

Für die Anwendung des Triac gilt grundsätzlich das gleiche wie für den Thyristor. Die Prüfung mit dem Ohmmeter versagt allerdings, so daß man damit bei gänzlich unbekannten Triacs die Anschlußfolge nicht ermitteln kann. Die mit dem Gehäuse oder der Kühlfahne verbundene Elektrode ist A_2. Gekennzeichnet ist bei Kunststoffgehäusen i.allg. das Gate. Abb. 445 zeigt verbreitete Anschlußfolgen.

Für die Phasenanschnittsteuerung wird der Triac häufig mit dem Diac (umgangssprachlich auch „Triggerdiode") kombiniert. Ein *Diac* (*D*iode alternating *c*urrent switch = Dioden-Wechselstromschalter) besteht aus drei oder fünf Schichten (PNP oder PNPNP). Er kann in beiden Richtungen (wichtig für Wechselstrom) sperren oder leiten; das Schaltzeichen (446) deutet mit den zwei antiparallelen Dioden darauf hin; die Anschlüsse sind in beiden Stromrichtungen gleichwertig und daher nicht bezeichnet.

Im Ruhezustand sperrt der Diac. Wie die Spannung auch anliegt, ein pn-Übergang ist immer in Flußrichtung, der andere immer in Sperrichtung gepolt. Übersteigt die Spannung einen bestimmten Wert, so bricht die sperrende Diode einer Zenerdiode (s. S. 114ff.) vergleichbar durch: Der Diac kippt in den niederohmigen Zustand. Die

446 *Schaltzeichen für den Diac.*

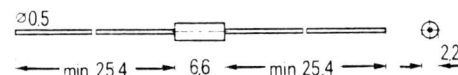

447 *Gehäuseform A 99 für einen Diac (nach Siemens-Unterlagen).*

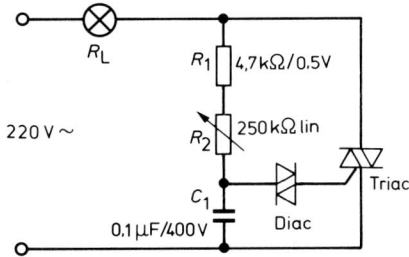

448 *Grundschaltung und Phasenanschnittsteuerung mit Diac plus Triac; verbreitet z.B. als „Dimmer".*

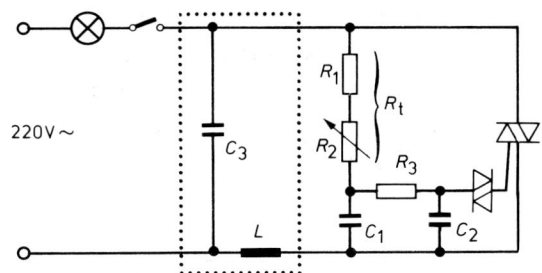

449 *Vollständige Dimmerschaltung. Sie ist auch zur Steuerung von Motoren, z.B. in elektrischen Handbohrmaschinen, geeignet. Die Hysterese wird durch R_3/C_2 weitgehend beseitigt.*

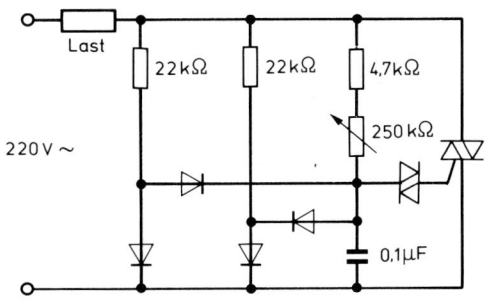

450 *Hysteresefreie Phasenanschnittsteuerung.*

Durchbruchspannung U_{Bo} liegt in der Größenordnung von 30 bis 35 V. Sinkt die angelegte Spannung wieder, so bleibt der Diac vorerst niederohmig. Unterschreitet die Spannung aber einen bestimmten Mindestwert – die Haltespannung U_H –, so kippt der Diac wieder in den hochohmigen Zustand. U_H liegt bei gebräuchlichen Diacs in der Größenordnung von 20 V.

In der verbreiteten Grundschaltung (448) wird der Diac als spannungsabhängiger Schalter für den Steuerstrom des Triac eingesetzt. R_1/R_2 bilden mit C_1 zusammen ein Zeitglied: C lädt sich mit dem Nulldurchgang der Spannung beginnend über R_1/R_2 auf. Sobald U_{Bo} erreicht ist, bricht der Diac durch und steuert den Triac an. Der Triac bleibt bis kurz vor das Ende der Halbwelle durchgesteuert (bis I_H – der Haltestrom – unterschritten ist). Der fehlende Teil der Halbwelle ist sehr gering.

In der nächsten, umgekehrt gepolten Halbwelle geschieht (fast) das gleiche, weil Diac und Triac in beiden Stromrichtungen leiten. Die Einschränkung „fast" ist wichtig, weil sich C durch den Triggerstrom teilweise entlädt. Mit dem Wechsel der Halbwelle muß sich C erst ganz entladen und dann

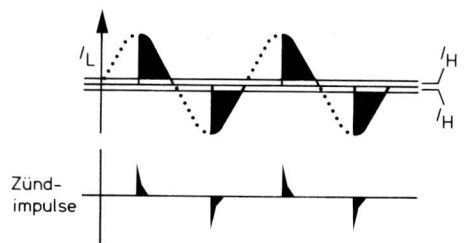

451 *Zeitlicher Ablauf der „Vollwellen-Phasenanschnittsteuerung". Je später C auf U_{Bo} aufgeladen ist, desto kürzere Zeit fließt I_L (Laststrom).*

mit umgekehrter Polarität wieder aufladen. Das Umladen geschieht wegen des Fehlens der Teilladung zu schnell, der Triac zündet zu früh. Diese Nachwirkung in Form der ungewollten Verschiebung des Zündzeitpunktes heißt Hysterese (s. S. 148). Praktisch äußert sie sich darin, daß kleine Leistungen nicht einzustellen sind: Der Steuerbereich springt von 0 auf ein bestimmtes Minimum und geht dann kontinuierlich weiter bis zum Maximum. Die Hysterese beseitigt man dadurch, daß man eine Entladung von C weitgehend verhindert. In den meisten Anwendungen reicht ein Tiefpaß zwischen Zeitglied und Diac (R_3/C_2 in Abb. 449). Kommt es auf die Steuerung des Kleinleistungsbereichs besonders an, wird C über Dioden soweit aufgeladen, daß bei jeder Halbwelle garantiert gleiche Anfangsbedingungen herrschen (450).

Durch die Schaltspitzen des Triac entstehen Funkstörungen. Sie werden durch eine HF-Drossel und einen Kondensator *(L, C_3* in Abb. *449)* reduziert. *L* und *C* bilden einen für HF wirksamen Tiefpaß (s.u., S. 94).

12. Verstärker (Lineare Schaltungen)

Bisher haben wir das Halbleiterbauelement, z.B. den Transistor, überwiegend in seiner Anwendung als Schalter betrachtet. Beim Schalten kippt es abrupt aus dem leitenden in den sperrenden Zustand und umgekehrt. Entsprechend ändern sich an den Ausgängen der Schaltung Spannungen und Ströme sprungartig von 0 bis zum maximalen Wert – ohne erkennbare oder wirksame Zwischenzustände. Diese sind, weil sie die Schaltsignale „verwaschen" oder – wie wir beim Parklichtschalter gesehen haben – die Eindeutigkeit des Schaltvorgangs beeinträchtigen, i.allg. sogar unerwünscht.

In vielen Anwendungsfällen kommt es aber gerade auf die Spannungs- und Stromänderungen zwischen den Extremen an, z.B. bei der Tonübertragung: Die einem Ton entsprechende Sinusspannung steigt relativ langsam bis zu ihrem Maximum, fällt dann ebenso langsam ab, steigt mit umgekehrter Polarität wieder an und geht auf 0 V zurück (s. S. 34 f.). Führt man eine sich derart ändernde Spannung dem Verstärkereingang zu, so soll sie der Verstärker an seinem Ausgang möglichst getreu, jedoch vergrößert abbilden. Da alle Spannungsänderungen im gleichen Verhältnis (linear) vergrößert erscheinen sollen, heißen Verstärker, die das leisten, *lineare oder analoge Schaltungen*.

12.1 Eigenschaften von Verstärkern

Zur allgemeinen Darstellung der Verstärkereigenschaften genügt das Verstärkersymbol (*452*). Der Verstärker ist ein *Vierpol mit zwei Eingangs- und zwei Ausgangsklemmen*. Eine Eingangs- und eine Ausgangsklemme können durch eine gemeinsame Leitung verbunden sein (Bezugspotential, Masse).

In analogen Verstärkern haben wir es in der Regel mit Wechselspannungen und Wechselströmen zu tun. Um auszudrücken, daß diese Größen immer nur einen bestimmten, „zeitabhängigen" Augenblickswert haben, kennzeichnet man sie mit Kleinbuchstaben (u, i, r). – „Zeitunabhängige" (statische) Größen, die sich auf Gleichspannungen oder den Effektivwert von Wechselspannungen beziehen, werden mit Großbuchstaben bezeichnet (U, I, R).

Über den Unterschied zwischen β und B siehe S. 126.

12.1.1 Eingangswiderstand

In den Verstärkereingang fließt beim Anlegen einer (Eingangs-)Spannung (u_e) ein Eingangsstrom (i_e); folglich hat der Verstärker einen *Eingangs(schein)widerstand* (Z_e). Dieser Eingangswiderstand spielt eine wichtige Rolle, denn er belastet die Quelle, z.B. das Mikrofon, den Tonabnehmer usw. als „Verbraucher". Z_e darf nicht niedriger als R_i bzw. Z_i, dem Innenwiderstand der Quelle, werden *(Unteranpassung)*. Eine genaue Leistungsanpassung ($R_i = R_L$, s.o., S. 49) ist aber auch oft unerwünscht, weil in dem Fall die Quellenspannung auf ihren halben Wert zusammen-

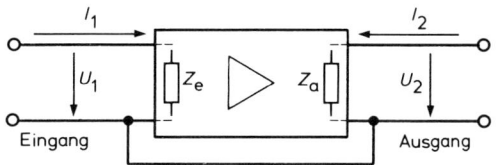

452 *Allgemeines Schaltzeichen für einen Verstärker ist das Dreieck. Die Spitze gibt die Richtung des Signalflusses an. In Blockschaltungen umrandet man dieses Dreieck mit einem rechteckigen Kästchen. Z_e und Z_a sind Eingangs-(Innen-) und Ausgangs-(Innen-)widerstand des Verstärkers.*

bricht. Das kann zu unerwünschten Verformungen des Eingangssignals führen. Man strebt daher oft die sog. *Überanpassung* an: $Z_e \geqq 10 \cdot R_i$.

Beispiel: Für ein dynamisches Mikrofon mit einem Innenwiderstand von 200 Ω genügt ein Eingangsscheinwiderstand des Verstärkers von 2 kΩ. Dieser Verstärkereingang bedeutet jedoch für einen Kristalltonabnehmer mit einem Innenwiderstand von 50 kΩ praktisch einen Kurzschluß. Dieser Tonabnehmer benötigt einen Verstärker mit $Z_e = 500$ kΩ.

Grundsätzlich, sollte man meinen, müßte der Eingangswiderstand eines Verstärkers möglichst groß sein, weil er dann für alle Quellen geeignet wäre und diese wenig belasten würde. Aber ein hochohmiger Verstärkereingang ist auch sehr anfällig gegen Störspannungen, z.B. Brummeinstreuungen des Lichtnetzes, HF-Einstreuungen des Ortssenders auf eine Mikrofonleitung. In diesen Fällen werden die Zuleitungen zu hochohmigen Störquellen (hochohmig, weil die induzierten Störspannungen schon bei kleinsten Strömen zusammenbrechen) Werden diese Störquellen durch den Verstärkereingang nicht belastet, so brechen die Störspannungen nicht zusammen, werden also mitverstärkt. In der Praxis legt man daher den Verstärkereingang entsprechend der Quelle aus.

12.1.2 Ausgangswiderstand

Am Verstärkerausgang entsteht Ausgangsspannung (u_a), weswegen auch ein Ausgangsstrom (i_a) fließen kann. Demzufolge hat der Verstärker einen *Ausgangswiderstand* (Z_a). Man kann den Verstärkerausgang als eine Quelle betrachten, deren Innenwiderstand Z_a ist.

12.1.3 Verstärkung

Die *Stromverstärkung* (V_i) ist das Verhältnis des Ausgangsstroms zum Eingangsstrom (s. auch S. 125).

$$V_i = \frac{i_a}{i_e}.$$

Beispiel: In einen Verstärkereingang fließt ein Strom (i_e) von 50 µA. Dem Ausgang kann ein Strom (i_a) von 10 mA entnommen werden:

$$V_i = \frac{10\,\text{mA}}{50\,\mu\text{A}} = 200.$$

Die *Spannungsverstärkung* (V_u) ist das Verhältnis von Ausgangsspannung zu Eingangsspannung:

$$V_u = \frac{u_a}{u_e}.$$

Beispiel: Ein Verstärker wird mit $u_e = 50$ mV angesteuert. Die Ausgangsspannung beträgt 10 V.

$$V_u = \frac{10}{0{,}05} = 200.$$

Die *Leistungsverstärkung* (V_p) ist das Verhältnis von Ausgangsleistung zu Eingangsleistung, bzw. das Produkt von V_u und V_i:

$$V_p = \frac{P_a}{P_e} = V_u \cdot V_i.$$

Beispiel: Bei $u_e = 0{,}05$ V und $i_e = 50$ µA beträgt P_e 2,5 µW. Bei $u_a = 10$ V und $i_a = 10$ mA beträgt P_a 0,1 W.

$$V_p = \frac{0{,}1\,\text{W}}{2{,}5\,\mu\text{W}} = 40000.$$

Die Maßeinheit für *Verstärkung* (und Abschwächung = „Dämpfung") ist das *Bel* (Einheitenzeichen B) – nach Alexander Graham Bell, amerikan. Physiologe (1847–1922), bzw. der zehnte Teil davon, das *Dezibel* (dB):

$$1\,\text{B} = 10\,\text{dB}.$$

Das B gibt das Verhältnis der Leistungen als dekadischen Logarithmus der Verhältniszahl an:

$$V_p = \lg \frac{P_a}{P_e}\,\text{B}$$

bzw. $10 \cdot \lg \dfrac{P_a}{P_e}\,\text{dB}$.

Einem Leistungsverhältnis $P_a : P_e = 10$ entspricht

$$10 \cdot \lg 10 = 10 \cdot 1 = 10\,\text{dB},$$

einem Leistungsverhältnis $P_a : P_e = 100$

$$10 \cdot \lg 100 = 10 \cdot 2 = 20\,\text{dB},$$

dem von $P_a : P_e = 1000$

$$10 \cdot \lg 1000 = 10 \cdot 3 = 30\,\text{dB usw.}$$

Je 10 dB mehr bedeuten eine Verzehnfachung der Leistung.

Vergleicht man statt Leistungen Spannungen oder Ströme miteinander, so erhält man für gleiche Verhältniszahlen doppelt so große dB-Werte. Das liegt daran, daß man die Leistung mit den Quadraten der Spannungen ausdrücken kann:

$$P = \frac{U^2}{R} \quad \text{bzw.} \quad P = I^2 \cdot R.$$

Dem Quadrieren entspricht die Verdoppelung des Logarithmus.
Unter der Voraussetzung, daß Eingangs- und Ausgangswiderstand gleich sind, gilt für $U_a : U_e = 10$

$$V_u = 10 \cdot \lg \frac{U_a^2 \cdot Z_e}{U_e^2 \cdot Z_a}$$
$$= 10 \cdot \lg 10^2 = 20 \, \text{dB}.$$

Dem Verhältnis $U_a : U_e = 100$ entsprechen 40 dB:
$$V_u = 10 \cdot \lg 100^2 = 40 \, \text{dB}.$$

Je 20 dB mehr bedeuten eine Verzehnfachung der Spannung.
Der Tabelle (*453*) sind die Umsetzungen von dB in Verhältniszahlen und umgekehrt zu entnehmen. Sie gilt für Spannungs- und Stromverhältnisse.

Auch mit Hilfe des Taschenrechners ist die Umsetzung von dB in „normale" Verhältniszahlen möglich. Man formt zunächst die dB in den lg der Verhältniszahl um. Bei Leistungs-dB teilt man die Anzahl der dB durch 10, bei Spannungs- und Strom-dB durch 20. Den so ermittelten lg setzt man als Exponent zur Basis 10 ein:

$$V = 10^{\lg}.$$

1. Beispiel: Ein Verstärker hat eine Leistungsverstärkung von 34 dB. Wie groß ist V_p?

$34 : 10 = 3{,}4$,
$V_p = 10^{3,4} \approx 2512$fach.

2. Beispiel: Ein Verstärker erreicht eine Spannungsverstärkung von 64 dB. Wie groß ist V_u?

$64 : 20 = 3{,}2$,
$V_u = 10^{3,2} \approx 1585$fach.

Auf umgekehrtem Wege ist mit dem Taschenrechner der zu einer Verhältniszahl zugehörige dB-Wert zu ermitteln. Der Rechner gibt den dekadischen lg zur Verhältniszahl. Ihn multipliziert man mit 10 (Leistungs-dB) oder 20 (Spannungs-/Strom-dB).
Die Angabe von Verstärkungen oder Dämpfungen in dB anstelle der einfachen Zahlen mag zunächst überflüssig kompliziert erscheinen. Der Grund dafür, daß man es tut, liegt darin, daß nicht nur alle Verstärker, sondern grundsätzlich alle Übertragungsglieder (z.B. *RC*-Glieder, *LC*-Glieder, Transistoren, Dioden usw.) Signale frequenzabhängig übertragen, wobei die Amplitude

Umrechnung von dB-Werten in Spannungs- oder Stromverhältnisse für Verstärkung und Dämpfung

	Verstärkung +	Dämpfung −
0 dB	1,00	1,00
0,5 dB	1,06	0,94
1,0 dB	1,12	0,89
1,5 dB	1,19	0,84
2,0 dB	1,25	0,80
2,5 dB	1,33	0,75
3,0 dB	1,41	0,71
3,5 dB	1,50	0,67
4,0 dB	1,60	0,63
4,5 dB	1,67	0,60
5,0 dB	1,78	0,56
5,5 dB	1,88	0,53
6,0 dB	2,00	0,50
6,5 dB	2,12	0,47
7,0 dB	2,24	0,45
7,5 dB	2,37	0,42
8,0 dB	2,50	0,40
8,5 dB	2,66	0,38
9,0 dB	2,82	0,35
9,5 dB	3,00	0,33
10,0 dB	3,16	0,3165
20,0 dB	10,00	0,1000
30,0 dB	31,60	0,03165
40,0 dB	100	0,01000
50,0 dB	316	0,003165
60,0 dB	1000	0,001000
70,0 dB	3160	0,0003165

Mit Hilfe dieser Tabelle lassen sich alle Verstärkungs- oder Dämpfungsfaktoren bis auf 0,5 dB errechnen. Zwischenwerte müssen geschätzt werden.
Beispiel: 51,8 dB = 40 dB + 10 dB + 1,8 dB =
100 · 3,16 · 1,25 (oberer Wert 2 dB) = 395
= 100 · 3,16 · 1,19 (unterer Wert 1,5 dB) = 376
Der arithmetische Mittelwert beträgt 385,5, der genaue Wert 389.

453 Tabelle zur Umrechnung von dB-Werten.

nicht linear, sondern logarithmisch zu- oder abnimmt. Das bekannteste Beispiel für logarithmische Zu- oder Abnahme dürfte die menschliche Sinneswahrnehmung sein. Reizunterschiede von weniger als 1 dB werden kaum wahrgenommen (Weber-Fechnersches Gesetz). Eine für das Ohr deutlich wahrnehmbare Anhebung der Lautstärke bedarf einer Steigerung der Leistung um 3 dB (Verdoppelung). Soll das Ohr eine Verdoppelung der Lautstärke wahrnehmen, muß die Leistung um 10 dB gesteigert (= verzehnfacht) werden. Wem sein 30-W-Musikverstärker nicht reicht, müßte ihn durch einen 300-W-Verstärker ersetzen. Es fragt sich nur, ob das noch sinnvoll wäre.
Mit dB lassen sich Pegelpläne von Verstärkern einfach berechnen. Soll die Gesamtverstärkung mehrerer Verstärker errechnet werden, so sind die einzelnen Verstärkungsfaktoren miteinander zu multiplizieren. Meistens sind die Faktoren „krumme" Zahlen; entsprechend um-

ständlich war – bis zur Verbreitung der Taschenrechner – die Berechnung. Das Rechnen mit Logarithmen (also auch dB) vereinfacht jede Rechenart auf die nächstniedrigere: Aus dem Multiplizieren wird Addieren, aus dem Potenzieren wird Multiplizieren usw. Dem Multiplizieren der Verstärkungsfaktoren entspricht das Addieren der dB; positive dB-Werte (+dB) bedeuten eine Vervielfachung, negative eine Teilung. Beispiel: +20 dB entsprechen der zehnfachen Spannung, –20 dB entsprechen einem Zehntel der Spannung (geteilt durch 10 oder „mal 0,1"). Das folgende Beispiel eines Pegelplans stellt die Rechnung mit einfachen Verhältniszahlen und dB einander gegenüber:

$V_{uges} = \quad \times 5{,}01 \quad \div 1{,}41 \quad \times 2{,}82 = 10$

▷   Filter (Verlust)   ▷

$V_{uges} = \quad +14\,dB \quad -3\,dB \quad +9\,dB = 20\,dB = 10$

12.1.4 Der Wirkungsgrad

Der Wirkungsgrad (η) ist das Verhältnis der dem Verstärker entnehmbaren Leistung (P_{ab}) zur ihm aus der Betriebsspannung zugeführten Leistung (P_{auf}).

$$\eta = \frac{P_{ab}}{P_{auf}}.$$

Der Wirkungsgrad ist immer kleiner als 1 (= 100%). Auf die gesamte Energie bezogen gibt es also keine Verstärkung.

12.1.5 Verzerrungen

Da alle Kennlinien (s.u.) der verstärkenden Elemente (Transistoren, Röhren) mehr oder weniger gekrümmt sind, verformt jeder Verstärker das Eingangssignal. Die Verformungen sind zusätzlich erzeugte Oberschwingungen (Oberwellen) des Eingangssignals; sie sind ein ganzzahliges Vielfaches der Grundfrequenz.
Beispiel: Die Grundfrequenz (f) eines Signals beträgt 1000 Hz, die zugehörigen Oberschwingungen betragen 2000 Hz (2 · f), 3000 Hz (3 · f), 4000 Hz (4 · f) usw. Die Spannungen der Oberschwingungen addieren sich zur Grundschwingung und verformen sie. Abb. 454 zeigt beispielsweise die Addition aus Grundschwingungen und dritter Oberschwingung (3 · f). Die resultierende Schwingung erinnert bereits an ein Rechtecksignal. Alle möglichen Schwingungsformen sind

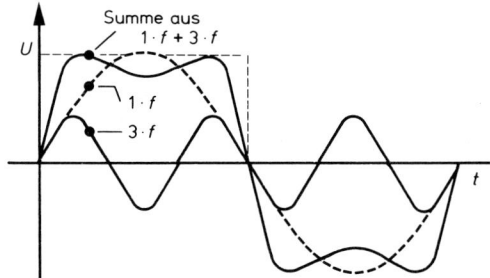

454 *Verformung einer Sinuskurve durch Oberschwingungen.*

eine Zusammensetzung aus sinusförmigen Grund- und Oberschwingungen. Das Rechtecksignal unseres astabilen Multivibrators enthält neben der Grundschwingung (f) von 2000 Hz eine große Zahl ungeradzahliger Oberschwingungen (3 · f, 5 · f ... 50001 · f und mehr). Man kann sie im Rundfunkempfänger hören, wenn man die Ausgangsspannung auf den Antenneneingang koppelt. Die meisten Oberschwingungen entstehen im Verstärker – neben den kennlinienbedingten – durch gewaltsame Abflachung der Signale (s. Begrenzung, S. 204).
Der Ton des Multivibrators klingt wegen der zahlreichen Oberschwingungen „quäkig". Zusätzliche Oberschwingungen machen sich bei der Tonübertragung unangenehm bemerkbar. Man nennt sie daher sinnfällig „Klirren". Der prozentuale Anteil des unerwünschten Klirrens an der Ausgangsleistung eines Verstärkers ist der „Klirrfaktor". Ein Klirrfaktor von mehr als 3% ist bereits hörbar. Bei HiFi-Verstärkern soll der Klirrfaktor 1% nicht überschreiten. Durch starke Gegenkopplungen (s.u., S. 207 ff.) erreicht man Klirrfaktoren, die weit darunter liegen. Abb. 455 zeigt den Klirrfaktor eines modernen, weit verbreiteten NF-Verstärkers. Er steigt erst bei Übersteuerung (s.u., S. 204) stark an.

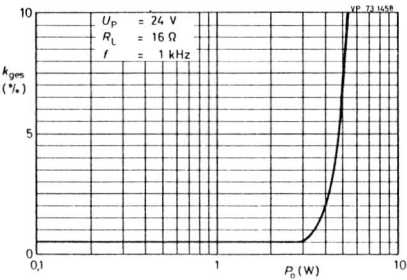

455 *Klirrgrad des TBA 800 (nach Valvo-Unterlagen).*

12.1.6 Der Frequenzgang

Der Frequenzgang (die Bandbreite) des Verstärkers ist der Frequenzbereich, den dieser mit Spannungsunterschieden von nicht mehr als ±3 dB überträgt *(456)*.

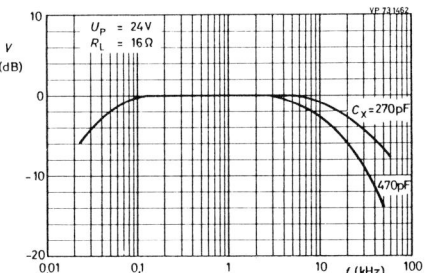

456 *Frequenzgang eines modernen NF-Verstärkers (Typ TBA 800 – nach Valvo-Unterlagen).*

Je nach Verwendungszweck werden an den Frequenzgang sehr verschiedene Anforderungen gestellt. Der HF-Verstärker eines Funkgeräts soll möglichst nur eine Frequenz mit geringer Bandbreite verstärken, ein HiFi-Verstärker soll dagegen „breitbandig" arbeiten und den gesamten Hörbereich (ca. 20…20 000 Hz) möglichst gleichmäßig übertragen. Meßverstärker, z.B. in einem Oszillographen, sollen von Gleichspannung (0 Hz) bis zu sehr hohen Frequenzen (z.B. 60 MHz) gleichmäßig verstärken.

12.2 Verstärkungsgrundschaltungen

Der einfachste Verstärker ist der Transistor. Die Stromverstärkung – Grundlage der Spannungsverstärkung – wurde bereits dargestellt (S. 130). Der Grundversuch zeigte, daß beim Durchsteuern des Transistors die Spannung zwischen Kollektor und Emitter (U_{CE}) sinkt: Erhöht man die Basisspannung geringfügig, so fließt ein stärkerer Basisstrom; dieser ruft einen um β vergrößerten Kollektorstrom I_C hervor. I_C fließt über R_L und erzeugt daran einen Spannungsabfall. U_{CE} sinkt. Der Spannungsabfall an R_L ist die Ausgangsspannung; ihre Größe ist $R_L \cdot I_C$.

Aus der Stromverstärkung wird am „Arbeitswiderstand" R_L eine Spannungsverstärkung. Spannungsverstärkung findet immer an einem Arbeitswiderstand statt. Der Arbeitswiderstand (R_L) braucht nicht unbedingt ein Ohmscher Widerstand zu sein. Auch Spulen, z.B. die Primärwicklung eines Transformators, ein Schwingkreis usw. sind Arbeitswiderstände.

Die Hersteller geben die Verstärkereigenschaften der Transistoren als *Vierpolparameter* an, und zwar – da die Verstärkereigenschaften aufgrund interner Kapazitäten der Transistoren erheblich schwanken – für NF die h-Parameter (meist bezo-

---

457 *h-Parameter des Transistors in Emitterschaltung.*

Kurzschluß-eingangswiderstand	Leerlaufspannungs-rückwirkung	Kurzschluß-stromverstärkung	Leerlauf-Ausgangsleitwert
($U_2 = 0$)	($i_1 = 0$) Rückwirkung des Ausgangs auf den Eingang	($u_2 = 0$) wird auch mit β oder h_{FE} bezeichnet	($i_1 = 0$) Kehrwert des Innenwiderstands
$h_{11} = \dfrac{u_1}{i_1}$	$h_{12} = \dfrac{u_1}{u_2}$	$h_{21} = \dfrac{i_2}{i_1}$	$h_{22} = \dfrac{i_2}{u_2}$

typische Werte für Ge- und Si-Typen							
Ge	Si	Ge	Si	Ge	Si	Ge	Si
2…2,5 kΩ	≈ 5 kΩ	5,5 · 10⁻⁴	≈ 1,3 · 10⁻⁴	50…170	100…800	50–65 μS	ca.30μS
BC 547 B	4,5 kΩ (3,2..8,5 kΩ)		2 · 10⁻⁴		330 (240…500)		30 μS (≦ 60 μS)

gen auf 1 kHz), für HF die y-Parameter. Wir beschränken uns hier auf die h-Parameter, mit denen sich die Verstärkereigenschaften berechnen lassen. Als Beispiel gelten die Werte für den in diesem Buch meist benutzten Transistor BC 547B in Emitterschaltung (457).

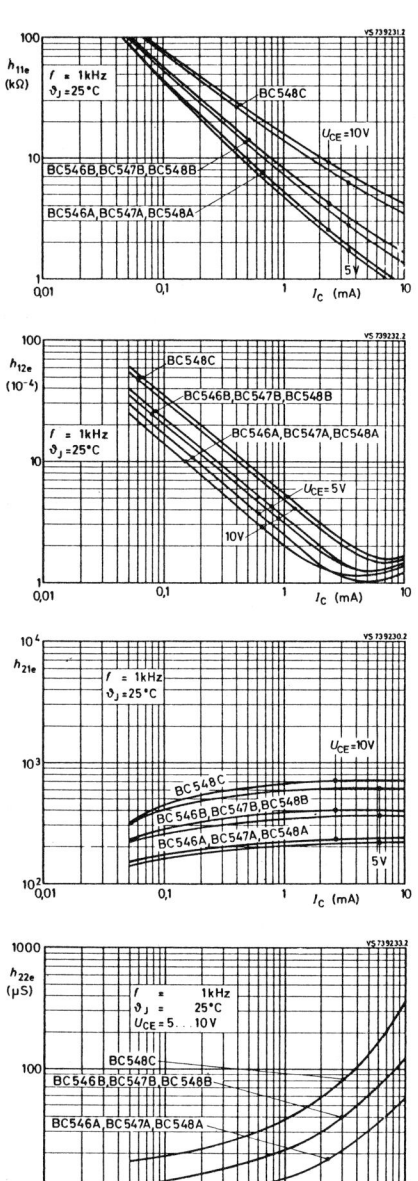

458–461 *Abhängigkeit der Vierpolgrößen vom Kollektorstrom des Transistors in Emitterschaltung (Index e). Insbesondere die Veränderungen von h_{11} und h_{22} fallen ins Gewicht.*

Die Indizes werden einzeln gelesen: h_{11} also als „h-eins-eins". Die Ziffer 1 bezeichnet den Eingang, die Ziffer 2 den Ausgang. Die erste Ziffer bedeutet die Anschlußseite für den Generator, die zweite die Meßseite.

Die Werte der Vierpolparameter hängen weitgehend von den Betriebsbedingungen ab, insbesondere von I_C (458–461). Die in der obigen Tabelle angegebenen Werte des BC 547B gelten für $I_C = 2$ mA und $U_{CE} = 5$ V. Bei anderen Betriebsbedingungen, besonders I_C, sind sie den Kennlinien zu entnehmen.

12.2.1 Transistorgrundschaltungen

Der Transistor hat nur drei Anschlüsse (Elektroden). Bei der Betrachtung als Verstärkervierpol dient jeweils einer davon als die gemeinsame Klemme für Ein- und Ausgang. Die Grundschaltungen sind nach der für Ein- und Ausgang gemeinsamen Elektrode benannt; es gibt die Emitter-, Basis- und Kollektorschaltung. Je nach Schaltungsart hat der mit ein und demselben Transistor aufgebaute Verstärker verschiedene Eigenschaften. Tabelle *462* stellt eine Übersicht mit groben Richtwerten für Kleinsignaltransistoren zusammen.

Für die Berechnung der Verstärkungsfaktoren einer Schaltung werden der dynamische (d.h. auf Wechselstrom bezogene) Eingangswiderstand $r_{BE} = h_{11}$, der dynamische Ausgangswiderstand $r_{CE} = 1 : h_{22}$ und die Wechselstromverstärkung $\beta = h_{21}$ benötigt.

Die Emitterschaltung

Die Emitterschaltung wird vorwiegend im Kleinsignalbereich angewendet (der Aufbau von Leistungsverstärkern ist möglich). Unter den Verstärkern ist sie das „Mädchen für alles". Die beiden anderen Schaltungen werden nur eingesetzt, wenn besondere Aufgaben zu erfüllen sind.

Die Emitterschaltung verstärkt Strom und Spannung. Sie ist zugleich die Schaltung mit der größten Leistungsverstärkung. Der Eingangswiderstand besteht im wesentlichen aus der BE-Diode und schwankt zwischen sehr kleinen (großer I_B) und großen Werten (minimaler I_B). Die Ausgangsspannung entsteht an R_L und wird gegen die Null-Leitung (praktisch als $U_{CE} = U_b - U_{RL}$) gemessen. Daraus ergibt sich eine Phasendrehung der Ausgangsspannung zur Eingangsspannung. Beim „normalen" Verstärker ist sie nicht weiter interessant; sie gewinnt dort Bedeutung, wo das Ausgangssignal auf den Eingang zurückgeführt wird (s. Gegenkopplung S. 207 ff. und Mitkopplung S. 239).

	Emitterschaltung	Basisschaltung	Kollektorschaltung
Prinzip			
		C stellt einen Durchgang für den Wechselstrom her.	
Praktische Ausführung			
		C_1 legt die Basis wechselstrommäßig auf Null-Potential	C_1 legt den Kollektor wechselstrommäßig auf Null-Potential
Stromverstärkung	$V_i = \dfrac{\beta \cdot r_{CE}}{r_{CE} + R_C}$ (10…500)	$V_i = \dfrac{\beta}{1+\beta}$ (<1)	$V_i = \dfrac{\beta \cdot r_{CE}}{R_E + r_{CE}}$ (10…500)
Spannungsverstärkung	$V_u = \dfrac{\beta \cdot (R_C \| r_{CE})}{r_{BE}}$ (50…1000)	$V_u = \dfrac{\beta \cdot R_C \| r_{CE}}{r_{BE}}$ (50…1000)	$V_u = 1 - \dfrac{r_{BE}}{\beta \cdot (R_E \| r_{CE})}$ (<1)
Leistungsverstärkung	5000…100000	100…1000	50…500
Eingangswiderstand	$r_e = r_{BE} \| R_1 \| R_2$ (10 Ω…5 kΩ)	$r_e = \dfrac{r_{BE}}{\beta} \| R_E$ (<1 Ω…1 kΩ)	$r_e = (r_{BE} + \beta \cdot R_E) \| R_1 \| R_2$ (500 Ω…5 MΩ)
Ausgangswiderstand	$r_a = R_C \| r_{CE}$ (10 Ω…500 kΩ)	$r_a = R_C \| r_{CE}$ (100 kΩ…10 MΩ)	$r_a = R_E \| \dfrac{r_{BE} + R_{Generator}}{\beta}$ (10 Ω…1 kΩ)
Phasenlage der Ausgangsspannung zur Eingangsspannung	um 180° verschoben	gleichphasig	gleichphasig
typischer Anwendungsbereich	Standardschaltung für NF- und HF-Verstärker	für sehr hohe Frequenzen (UKW, VHF, UHF)	Verstärkereingänge, »Impedanzwandler«, Leistungsstufen

462 *Transistorgrundschaltungen.*

Die Basisschaltung
Die Basisschaltung hat einen extrem niedrigen Eingangswiderstand, der obendrein durch den zum Eingang parallelgeschalteten notwendigen Emitterwiderstand erheblich verringert wird. Der Ausgangswiderstand ist dagegen sehr groß. Die Stromverstärkung ist immer kleiner als 1, denn der Emitterstrom ($=I_B + I_C$) – zugleich der Eingangsstrom – ist immer größer als der Kollektorstrom, d.h. der Ausgangsstrom. Der Vorteil der Basisschaltung ist, daß sie die höchsten Frequenzen verarbeiten kann, und daß bei dieser Schal-

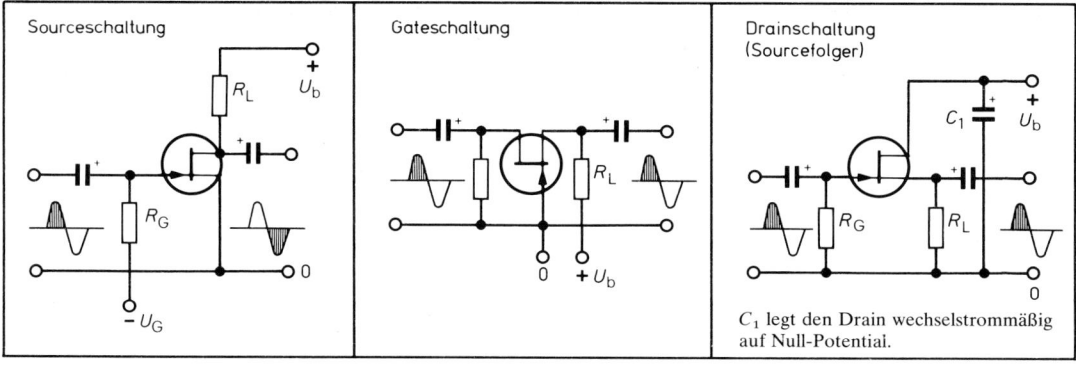

463 *FET-Grundschaltungen.*

tung der Ausgang die geringsten Rückwirkungen auf den Eingang hat (s. Pendelaudion, S. 267 ff.). Der typische Anwendungsbereich sind daher Eingangsstufen in Empfängern für sehr hohe Frequenzen.

Die Kollektorschaltung

Die Kollektorschaltung zeichnet sich durch einen sehr hohen Eingangs-, aber niedrigen Ausgangswiderstand aus. Der hohe Eingangswiderstand kommt dadurch zustande, daß sowohl der Eingangs- wie auch der Ausgangsstrom über den gemeinsamen Emitterwiderstand (R_L) fließen. Ein geringer Basisstrom ruft einen β vervielfachten Kollektor/Emitterstrom hervor; dieser verursacht an R_L, der zugleich ein Teil des Eingangswiderstands ist, einen großen Spannungsabfall. Dieser Spannungsabfall wirkt am Eingang als durch den (geringen) Basisstrom hervorgerufen. Wenn ein kleiner Strom an einem Widerstand einen großen Spannungsabfall verursacht, so muß der Widerstand groß sein. Er beträgt – unter Vernachlässigung des Basisstroms – $\beta \cdot R_L$.

Die Ausgangsspannung u_2 ist immer um die Schwellenspannung der BE-Diode kleiner als die Eingangsspannung u_1. Wird u_1 größer, so steigt der Spannungsabfall an R_L ($=u_2$) aufgrund des vergrößerten Emitterstroms. Sinkt u_1, so wird auch u_2 geringer, weil der Emitterstrom abnimmt. u_2 folgt also u_1 immer im Abstand von U_{BE}. Daher nennt man die Schaltung auch „Emitterfolger". Spannungsverstärkung findet in dieser Schaltung nicht statt (u_2 ist immer geringer als u_1). Nur der Strom wird β-fach verstärkt. Großer Strom bei kleiner Spannung bedeutet geringen Ausgangs-Widerstand; er beträgt etwa $R_L : \beta$.

Der Emitterfolger wird gern wegen seines hohen Eingangs-, aber niedrigen Ausgangswiderstands in Verstärkereingängen angewendet. Er setzt die Spannung einer hochohmigen Quelle auf seinen niederohmigen Ausgang um; die Quelle kann mittelbar an seinem Ausgang niederohmig belastet werden. Man benutzt den Emitterfolger daher als „Impedanzwandler".

Der zweite Anwendungsbereich sind Leistungsstufen. Wegen des niedrigen Ausgangswiderstands läßt die Kollektorschaltung große Ströme durch R_L zu. Die Endstufen von NF-Leistungsverstärkern sind durchweg mit Kollektorschaltungen aufgebaut.

Die Tatsache, daß Änderungen des Ausgangsstroms unmittelbar auf die Basis zurückwirken (eine Vergrößerung des Emitterstroms I_E verringert die wirksame U_{BE}, während eine Verringerung von I_E die wirksame U_{BE} erhöht), macht die Kollektorschaltung besonders für Regelzwecke geeignet, insbesondere für Strom- und Spannungsstabilisierungen; sie werden sehr häufig gebraucht.

12.2.2 Grundschaltungen mit FET

Die drei Grundschaltungen gelten sinngemäß auch für FET. Der Emitterschaltung entspricht

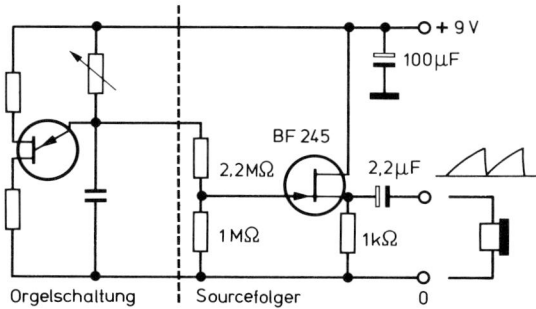

464 *Praktische Anwendung des Source-Folgers.*

die Sourceschaltung, der Basisschaltung die Gateschaltung, der Kollektorschaltung die Drainschaltung, meist Sourcefolger genannt (463).
Hervorzuheben sind in Source- und Drainschaltung der hohe Eingangswiderstand. Er wird praktisch nur durch den Gatewiderstand R_G bestimmt. Er kann mehrere MΩ betragen. FET in den Eingangsstufen von Verstärkern belasten auch sehr hochohmige Quellen, z.B. Schwingkreise, Kristalltonabnehmer usw., so gut wie gar nicht. Der Sourcefolger ist ein nahezu idealer Impedanzwandler. Abb. 464 zeigt, wie es mit dem Sourcefolger möglich ist, die Sägezahnspannung des UJT-Orgeloszillators (s.o., S. 180 und S. 183) abzunehmen.
Die Gateschaltung wird sehr selten angewendet, weil damit der eigentliche Vorteil des FET, der überaus hohe Eingangswiderstand, nicht auszunutzen ist.

12.3 Dimensionierung einer Verstärkerstufe

Maßgebend für die Dimensionierung einer Verstärkerstufe sind die *Transistoreigenschaften*. Die Hersteller geben das Verhalten der Transistoren in zahlreichen Kennlinien an. Die wichtigsten sind das Ausgangskennlinienfeld und die Eingangskennlinie.
Für die folgenden Überlegungen beziehen wir uns auf den Allzwecktransistor BC 107 und seinen Nachfolger BC 547 (beide Transistoren unterscheiden sich lediglich in der Gehäuseform), de-

ren Eigenschaften für die meisten Kleinsignaltransistoren typisch sind.

1. Der Stromverstärkungsfaktor ändert sich mit wechselnden Betriebsbedingungen erheblich. Abb. 465 zeigt noch einmal die Variation von β (B) über einen großen I_C-Bereich. Für einen Verstärker, der ein Signal möglichst linear übertragen soll, und bei dem I_C zwischen (fast) 0 und einem Maximalwert schwankt, kommt vornehmlich der erste, einigermaßen lineare Bereich in Frage, im Beispiel etwa der Bereich $I_{C max} = 4$ mA. Soll die Verstärkerstufe vorwiegend Spannung (wenig Leistung) abgeben, beschränkt man $I_{C max}$ besser auf 1 mA.

2. Da die BE-Strecke eine normale Diode ist, folgt der Basisstrom der Diodenkennlinie (s.o., S. 100). Der Kollektorstrom folgt in etwa der U_{BE}/I_C-Kennlinie, nur um den Faktor β vervielfacht. Die Hersteller geben meist nur den „interessanten" (praktisch genutzten) Teil an (466).

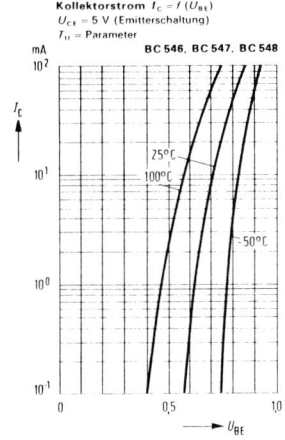

466 U_{BE}/I_C-Kennlinien des BC 547 (nach Siemens-Unterlagen).

3. Im Verstärkerbetrieb pendelt die Kollektorspannung U_{CE} zwischen dem größtmöglichen (= U_b) und dem kleinsten Wert (U_{CEsat}). Es ist daher wichtig, zu wissen, wie sich der Transistor bei unterschiedlicher U_{CE} verhält. Auskunft darüber gibt das Kennlinienfeld. Es ist meist zweiteilig, für sehr kleine Basisströme (467) und für große (468) dargestellt. Bemerkenswert ist, daß bei sehr kleinen Basisströmen I_C fast gar nicht von U_{CE}, sondern fast ausschließlich von I_B (467) abhängt. Die I_C-Linie für verschiedene Basisströme gleichen Unterschieds laufen in nahezu gleichem Abstand

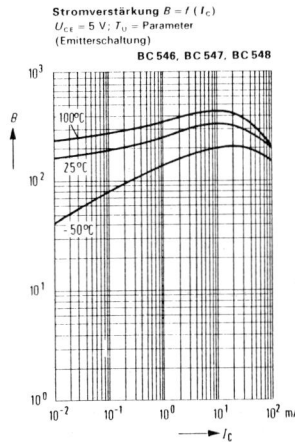

465 *Abhängigkeit der Stromverstärkung vom Kollektorstrom (Beispiel BC 547 – nach Siemens-Unterlagen).*

etwa parallel zueinander. Dies ist der „lineare" Bereich des Transistors. Er ist besonders für lineare Verstärker geeignet. Im angegebenen Beispiel sollte I_B möglichst nicht größer als 4 µA werden (I_C etwa 1 mA). Oft werden aber größere Ausgangsleistungen, d.h. auch größerer I_C, benötigt. Werden I_B und I_C größer, so wird das Ausgangssignal gegenüber dem Eingangssignal aufgrund des nichtlinearen Verlaufs der Ausgangskennlinien verzerrt. Abhilfe schafft Gegenkopplung (s.u., S. 207 ff.).

Mit steigendem I_B gewinnt auch U_{CE} mehr und mehr auf I_C Einfluß (468), I_C wird nun nicht mehr allein von I_B bestimmt. Dieser Bereich eignet sich vornehmlich für den Schalterbetrieb, in dem es auf Linearität nicht ankommt. Im Schalterbetrieb geht es allein darum, den Transistor durch großen I_B rasch voll durchzusteuern.

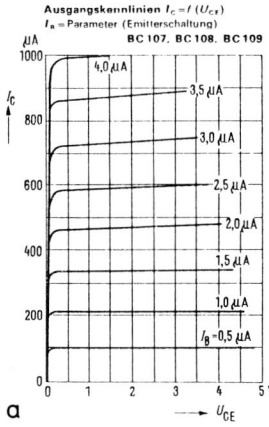

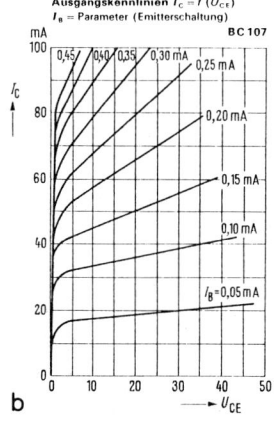

467/468 *Ausgangskennlinienfelder des BC 107 für kleinen (a) und großen I_C (b); nach Siemens-Unterlagen.*

I_B und damit I_C werden mittels der Basisspannung eingestellt. Dazu dient die U_{BE}/I_C-Kennlinie (465) oder eine eigene U_{BE}/I_B-Kennlinie bzw. ein U_{BE}/I_C-Kennlinienfeld (469).

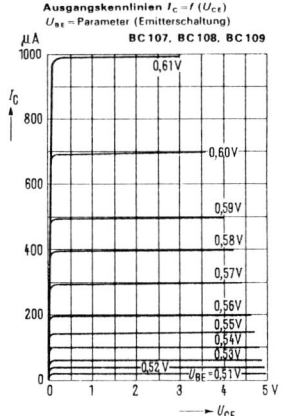

469 U_{BE}/I_C-*Kennlinienfeld des BC 107 (nach Siemens-Unterlagen).*

12.3.1 Der Arbeitspunkt

Die Spannung am Kollektor kann zwischen U_b als höchstem (bei $I_C = 0$) und U_{CEsat} als niedrigstem Wert (bei $I_{C\,max}$) schwanken. Wenn am Kollektor z.B. eine Sinusspannung auch in der größtmöglichen Amplitude unverfälscht erscheinen soll, muß bereits ohne Steuersignal ein sog. „Ruhestrom" fließen. Dieser muß so groß sein, daß an R_C ein Spannungsabfall entsteht und sich dadurch eine Kollektorspannung

$$U_C = \frac{U_b + U_{CEsat}}{2}$$

einstellt (470):

$$U_C = U_b - U_{RC}.$$

U_{CEsat} ist im Linearverstärker allgemein mit ca. 1 V, mindestens jedoch mit 0,5 V zu veranschlagen.

Ist U_b hoch ($\geqq 15$ V), so ist U_{CEsat} dazu im Verhältnis klein und kann vernachlässigt werden. Es genügt dann, U_C auf

$$\frac{U_b}{2}$$

einzustellen.

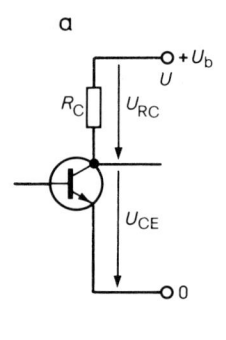

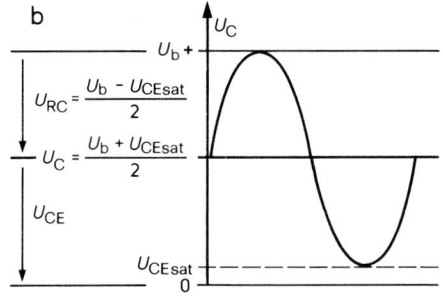

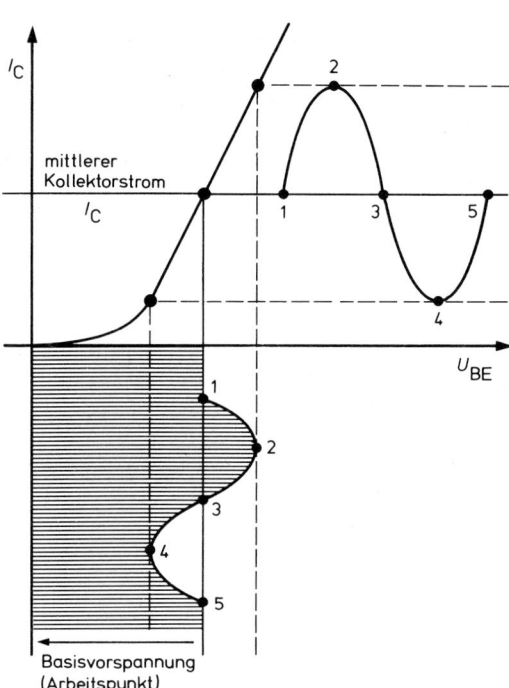

470 *Nur bei richtiger Einstellung des Arbeitspunktes kann die größtmögliche Sinusspannung unverfälscht übertragen werden.*

471 *Überlagerung der mittleren Basisvorspannung durch die Eingangswechselspannung.*

Den Ruhestrom erzeugt man dadurch, daß die Basis eine Vorspannung und damit einen Basisstrom erhält, der den Kollektorstrom auslöst. Die Voreinstellung des Basisstroms ist der „Arbeitspunkt" des Transistors.

Abb. 471 zeigt die U_{BE}/I_C-Kennlinie mit der Basisvorspannung und dem mittleren Kollektorstrom. Die Steuerspannung wird der Vorspannung überlagert; damit ändert sich die wirksame Basisspannung (gerastert) und ruft entsprechende Änderungen des Kollektorstroms hervor. Sie verursachen am Kollektorwiderstand Spannungsschwankungen. Bei richtiger Einstellung des Ruhestroms kann die Kollektorspannung gleich stark nach oben und unten pendeln.

Ist der Ruhestrom zu gering, so fällt an R_C eine zu kleine Spannung ab. U_C ist daher zu hoch – die positive Halbwelle wird „begrenzt", denn die Kollektorspannung kann ja nicht größer als U_b werden (472a). Abhilfe: Basisspannung U_{BE} erhöhen.

Bei zu großem Ruhestrom fällt an R_C eine zu große Spannung ab. U_C ist zu niedrig – somit wird die untere Halbwelle begrenzt, denn die Kollektorspannung kann nicht unter U_{CEsat} sinken (472b). Abhilfe: Basisspannung erniedrigen.

Dieselben Begrenzungen treten auch bei korrekt eingestelltem Ruhestrom ein, wenn das Steuersignal an der Basis zu groß wird. Dann wird der Transistor „übersteuert" (472c). Alle Begrenzungen machen sich durch unüberhörbare Klangverzerrungen („Klirren") bemerkbar.

Auf die genaue Einstellung des Arbeitspunktes kommt es nur an, wenn die volle Amplitude der Ausgangsspannung ausgenutzt werden soll. Im Kleinsignalbereich ist das selten der Fall. Beispiel: Ein Vorverstärker arbeitet mit $U_b = 18$ V. Die Ausgangsspannung soll um 2 V nach oben und um 2 V nach unten pendeln, also um 4 V_{ss} (Index „ss" für „Spitze-Spitze") schwanken. Das ist übrigens schon ein „gewaltiger" Wert. Der Verstärker würde bei allen mittleren Kollektorspannungen zwischen 16 V (18 V − 2 V = 16 V) und 3 V (1 V U_{CEsat} + 2 V) richtig arbeiten. – Erst bei kleinen Betriebsspannungen kommt es genauer auf den Arbeitspunkt an. Beispiel: Wieder soll die Spannung am Kollektor des Transistors um 4 V_{ss} schwanken können. U_b beträgt aber nur 4,5 V (Speisung aus einer Flachbatterie). In diesem Fall muß die mittlere Kollektorspannung auf genau 2,5 V eingestellt werden. Die Spannung kann dann um 2 V nach oben ($U_C = U_b$) und um 2 V nach unten schwanken; es bleiben dann gerade noch 0,5 V für U_{CEsat}. – Aber wie bereits gesagt: Die volle Amplitude wird selten benötigt, so daß man mit der Einstellung des Arbeitspunktes nicht überängstlich zu sein braucht.

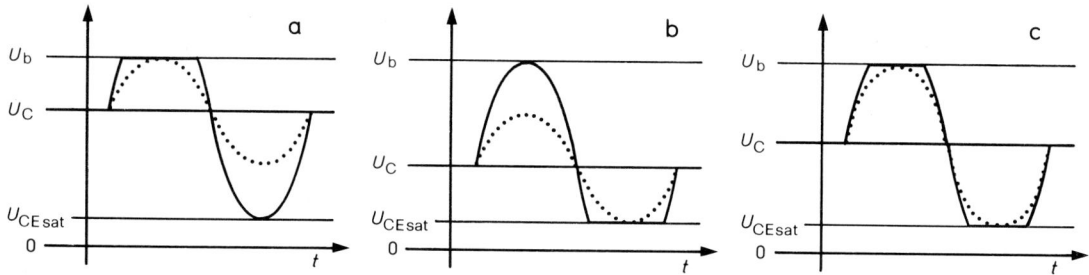

472 Verschiedene Einstellungen des Arbeitspunktes. a) U_C zu hoch; b) U_C zu niedrig; c) U_C ist korrekt eingestellt; die Verstärkerstufe ist übersteuert.

12.3.2 Einstellen des Arbeitspunktes

Im einfachsten Fall erhält der Transistor den mittleren Basisstrom über einen Vorwiderstand (s.o., S. 132).
Beispiel: Eine Verstärkerstufe (473) soll mit $U_b = 4{,}5$ V gespeist werden. $I_{C\,max}$ soll 1 mA betragen. Wie groß muß R_L sein?
Beim Maximalstrom fällt die gesamte Batteriespannung an R_L ab (unter Vernachlässigung von U_{CEsat}).

$$R_L = \frac{4{,}5}{0{,}001} = 4{,}5\,\text{k}\Omega$$

(nächster Normwert 4,7 kΩ).
I_B beträgt ca. 4 µA bei U_{BE} ca. 0,5 V (lt. Eingangskennlinie).

$$R_B = \frac{U_b - U_{BE}}{I_B},$$

$$R_B = \frac{4{,}5 - 0{,}5}{4 \cdot 10^{-6}} = 1\,\text{M}\Omega.$$

Im allgemeinen stellt man den Arbeitspunkt mit einem Spannungsteiler ein (474).

R_{B1}/R_{B2} bilden einen belasteten Spannungsteiler (s.o., S. 51f.). Aus diesem Grunde soll der Querstrom I_q 10mal so groß sein wie I_B. Durch R_{B1} fließen I_q mit 40 µA und I_B mit 4 µA, zusammen 44 µA.

$$R_{B1} = \frac{4{,}5 - 0{,}5}{44 \cdot 10^{-6}} \approx 90{,}9\,\text{k}\Omega$$

(nächster Normwert 100 kΩ).

R_{B2} wird nach der einfachen Spannungsteilerformel berechnet. Für R_{B1} wird der tatsächlich verwendete Wert eingesetzt:

$$R_{B2} = \frac{R_{B1} \cdot U_2}{U_1}$$

$$= \frac{100\,\text{k}\Omega \cdot 0{,}5\,\text{V}}{4} = 12{,}5\,\text{k}\Omega$$

(nächster Normwert 12 kΩ).

Für dem Einzelfall gibt es einen probablen Weg auf experimenteller Basis (475). Man wählt R_{B1} frei, je nach vorhandenem Wert, jedoch im Rahmen der Bedingung, daß R_{B1} nicht zu klein sein soll. Die Spannungsquelle ist wechselstrommäßig sowohl am Plus-Pol wie am Minus-Pol Nullpotential. R_{B1} und R_{B2} liegen parallel zum Eingang und setzen den Eingangswiderstand herab. Ein Wert zwischen 27 kΩ und 100 kΩ für R_{B1} ist brauchbar. Für R_{B2} wird ein Trimmer eingesetzt. Mit dem Vielfachmeßinstrument wird U_C gemessen. Der Trimmer

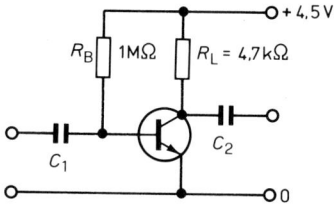

473 Einstellung des Arbeitspunktes durch einen Vorwiderstand R_B. C_1 und C_2 dienen zur gleichstrommäßigen Abtrennung vorausgehender und nachfolgender Elemente.

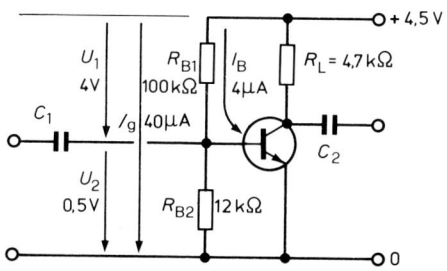

474 Einstellung des Arbeitspunktes durch einen Basisspannungsteiler (R_{B1}, R_{B2}).

wird nun so eingestellt, daß U_C = halbe U_b ist. Nun löst man den Trimmer aus der Schaltung, mißt den eingestellten Widerstandswert mit dem Vielfachmeßinstrument und ersetzt den Trimmer in der Schaltung durch einen Festwiderstand des nächsten Normwertes. Die so gefundene Einstellung ist nicht das erreichbare Optimum, aber man liegt damit bestimmt nicht ganz falsch.

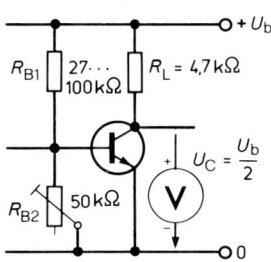

475 *Einstellung des Arbeitspunktes mit einem Trimmer.*

12.3.3 Die Stabilisierung des Arbeitspunktes

Mit zunehmender Temperatur erhöht sich die Leitfähigkeit von Halbleitern (d.h., alle Ströme erhöhen sich im Halbleiter bei steigender Temperatur). Damit unterliegt der Arbeitspunkt erheblichen Temperaturschwankungen und muß stabilisiert werden.

Folgende Versuche zeigen die Temperaturabhängigkeit (*476*). Besonders geeignet sind Germanium-Transistoren (AC...).
Mit dem Trimmer stellt man I_B so ein, daß das Lämpchen gerade zu glimmen beginnt. Dann kühlt man den Transistor durch Besprühen mit Kältespray ab. I_C wird geringer – das Glimmen verschwindet. Anschließend erwärmt man den Transistor durch kurzes Berühren des Gehäuses mit dem heißen Lötkolben. Das Lämpchen leuchtet hell auf – I_C ist rapide angestiegen.
Ersetzt man das Lämpchen durch ein mA-Meter (Vielfachmeßinstrument), so läßt sich die Stromänderung schon mit milderen Methoden der Temperaturänderung beobachten. Statt des Lämpchens setzt man als R_L einen Widerstand 1 kΩ in die Schaltung ein. Mit dem Vielfachmeßinstrument mißt man U_{CE}. Man stellt mit dem Trimmer U_{CE} auf ca. 2,5 V ein und wartet, bis der Transistor nach dem Anfassen wieder Raumtemperatur erreicht hat. Nun erwärmt man den Transistor durch Anfassen mit der Hand. U_{CE} sinkt langsam, aber merklich – weil I_C ansteigt. Wenn man mit dem Lötkolben etwas nachhilft, sinkt U_{CE} auf U_{CEsat}.
Mit zunehmender Temperatur steigt I_B, in dessen Folge I_C. Dadurch erwärmt sich der Transistor weiter; I_B nimmt zu, I_C wird ebenfalls größer – so kann sich unter ungünstigen Voraussetzungen die Folge von Erwärmung und Stromerhöhung bis zur Selbstzerstörung des Transistors fortsetzen.

Da es sich beim Stabilisieren des Arbeitspunktes um die Stabilisierung der Gleichströme (der Voreinstellung) im Transistor handelt, nennt man die nachfolgenden Maßnahmen auch „Gleichstromstabilisierung".

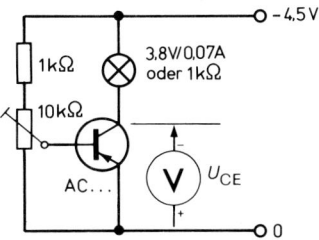

476 *Versuchsschaltung zum Nachweis der Temperaturabhängigkeit des Arbeitspunktes.*

Prinzipiell handelt es sich dabei um Gegenkopplungen (s.u., S. 207 ff.). Von den verschiedenen Möglichkeiten seien hier drei hervorgehoben: Die Gleichspannungs- und Gleichstromgegenkopplung, die Stabilisierung mit einem Heißleiter (*477*).
Gleichspannungsgegenkopplung: U_{BE} wird nicht direkt aus der Spannungsquelle, sondern vom Kollektor abgeleitet. Wenn bei Erwärmung I_C ansteigt, sinkt U_C und damit U_{BE}. Dadurch wird I_B kleiner und I_C wieder geringer. Die Schaltung wirkt zugleich als Wechselstromgegenkopplung. Meist ist sie erwünscht.
Gleichstromgegenkopplung: Der Emitterstrom fließt über den Emitterwiderstand R_E und erzeugt daran den Spannungsabfall U_{RE}. Die Basisspannung U_B setzt sich aus $U_{RE} + U_{BE}$ zusammen. U_B wird durch den Basisspannungsteiler hergestellt und ändert sich bei gleichbleibender Betriebsspannung nicht. Die wirksame Steuerspannung ist $U_{BE} = U_B - U_{RE}$. Steigt I_C ($\approx I_E$) an, so erhöht sich U_{RE}; U_{BE} wird geringer. Dadurch verringert sich auch I_B, in dessen Folge I_C. Für Wechselstrom kann man die Gegenkopplung aufheben (s.u., S. 208), indem man R_E durch einen Kondensator überbrückt.
Stabilisierung mit einem Heißleiter: Der Heißleiter hat mit dem Transistor Wärmekontakt. Er erniedrigt mit steigender Temperatur U_{BE} und wirkt so einem weiteren Stromanstieg entgegen. Diese Möglichkeit wird vornehmlich bei Leistungsstufen mit Germaniumtransistoren angewendet.

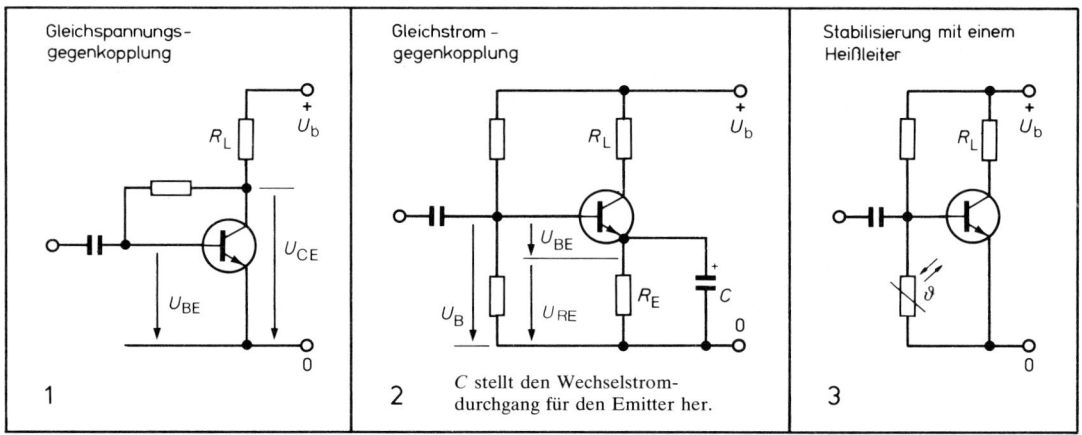

477 *Stabilisierung des Arbeitspunktes.*

12.4 Die Kopplung von Verstärkerstufen

Eine Verstärkerstufe reicht im allgemeinen nicht aus. Man koppelt daher mehrere Verstärkerstufen aneinander. Die Tabelle (*478*) gibt eine Übersicht über oft verwendete *Kopplungsarten*. Bei allen kommt es darauf an, daß die vorangehende Stufe den Arbeitspunkt der folgenden nicht verschiebt.

478 *Kopplungen von Verstärkerstufen.*

12.4.1 Die Transformatorkopplung (Übertragerkopplung)

Die *Transformatorkopplung* (1 a) ist die älteste von allen Kopplungsarten. Die Verstärkerstufen sind gleichstrommäßig getrennt, die Arbeitspunkte daher unabhängig voneinander. Es ist optimale Leistungsanpassung möglich. Nachteilig sind die begrenzte Bandbreite, Preis, Größe und Gewicht der Übertrager. Gleichspannungsverstärkung ist nicht möglich.
Bestehen die Übertragerspulen aus Schwingkreisen, so spricht man von *Bandfilterkopplung* (1 b). Sie spielt bei Rundfunkempfängern eine große

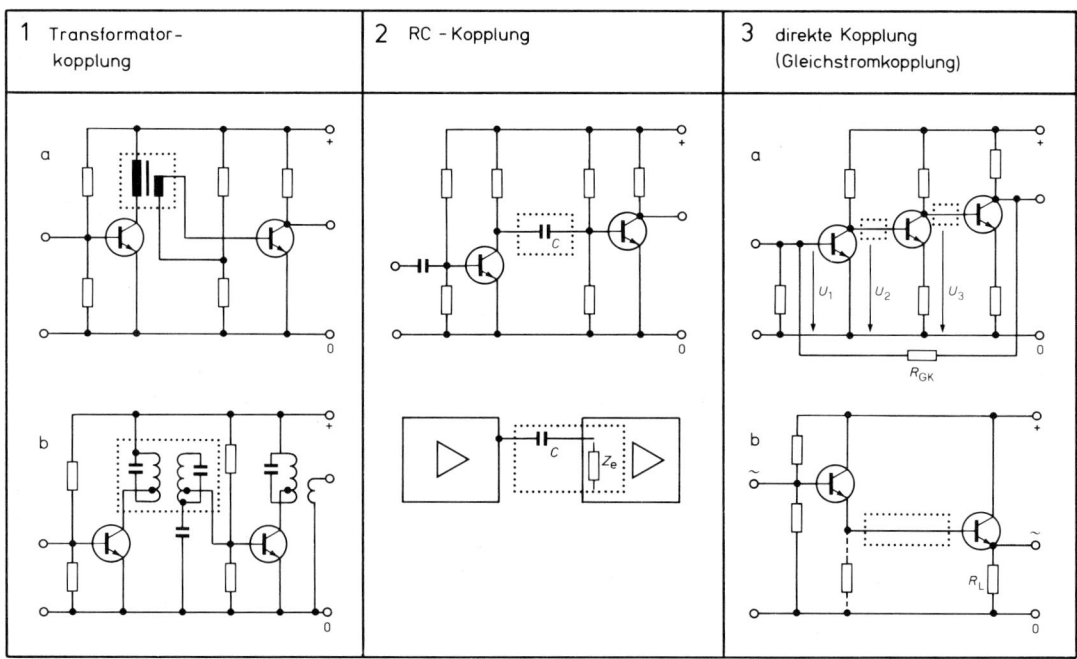

Rolle. Die Verstärkung ist dann am größten, wenn beide Schwingkreise auf Resonanz abgestimmt sind. Ein solcher Verstärker arbeitet selektiv; er trennt aus einer Fülle von Signalen das mit der Resonanzfrequenz heraus.

12.4.2 Die *RC*-Kopplung

Bei der *RC-Kopplung* (2) werden die Verstärkerstufen durch einen Kondensator miteinander verbunden. Die Verstärkerstufen sind gleichstrommäßig voneinander getrennt, die Arbeitspunkte voneinander unabhängig. Diese Kopplungsart ist billig und leicht einzustellen (darum weit verbreitet). – Nachteil: C bildet mit dem Eingangswiderstand der folgenden Stufe einen Hochpaß mit einer unteren Grenzfrequenz (s.o., S. 75). Sehr tiefe Frequenzen lassen sich schwer übertragen. Gleichspannungsverstärkung ist nicht möglich.

12.4.3 Direkte Kopplung (Gleichspannungskopplung)

Da die einzelnen Stufen einander stark beeinflussen, ist die *direkte Kopplung* (3) schwer einzustellen. Sie ist im Verstärkerbetrieb nur mit starken Gegenkopplungen (s. unten) zu beherrschen. Der Gegenkopplungswiderstand R_{Gk} deutet dies an (a). Eine besondere Form der direkten Kopplung ist die Darlingtonschaltung (b) mit ihren Varianten (s.o., S. 134 ff.). – Den Schwierigkeiten der Einstellung stehen erhebliche Vorteile gegenüber: Diese Kopplungsart ist frequenzunabhängig und läßt im Gegensatz zu den beiden anderen auch Gleichspannungsverstärkung zu. Sie ist daher besonders für Meß- und Rechenverstärker (s.u., S. 226 ff., Operationsverstärker) geeignet. Ein weiterer Vorteil ist, daß sie sich leicht in integrierten Schaltungen verwirklichen läßt.

12.4.4 Gegenkopplung

Führt man einen Teil der Ausgangsspannung (oder des Ausgangsstroms) auf den Eingang eines Verstärkers zurück, so nennt man das „Rückkopplung". Die gleichphasige Rückkopplung heißt „Mitkopplung"; bei ihr summiert sich das zurückgeführte Ausgangssignal mit dem Eingangssignal und führt zur Selbsterregung (s.u., S. 239). Die gegenphasige Rückkopplung heißt *Gegenkopplung;* bei ihr hebt die zurückgeführte Ausgangsspannung einen Teil der Eingangsspannung wieder auf. Auf die Größe des Ausgangssignals bezogen wirkt daher die Gegenkopplung als erhebliche Verstärkungsminderung (ein verklei-

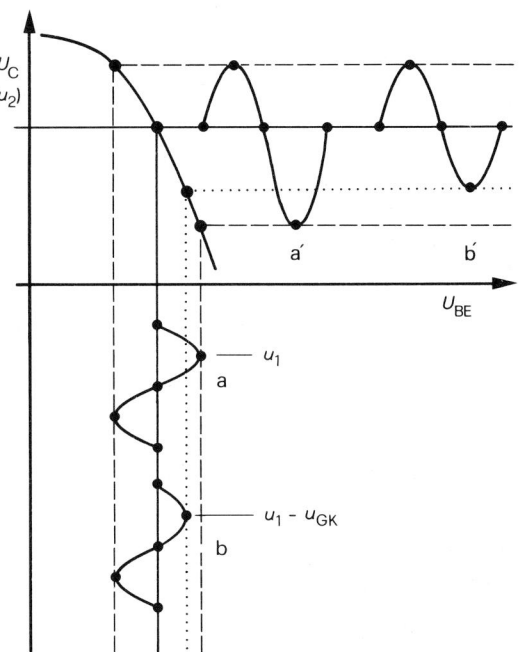

479 *Die Kennlinie zeigt das Absinken der Kollektorspannung U_C bei steigender Basisspannung U_{BE} eines Transistors in Emitterschaltung (Spannungsabfall an R_L durch I_C). Wegen der Krümmung der Kennlinie erscheint die symmetrische Eingangsspannung u_1 als Ausgangsspannung verzerrt: die untere Halbwelle ist größer als die obere (a/a'). Erst die durch die Gegenkopplung verzerrte Eingangsspannung ($u_1 - u_{GK}$) erzeugt eine symmetrische (unverzerrte) Ausgangsspannung. Die Verstärkung ist geringer (b/b'). Die Maßstäbe, besonders das Verhältnis u_1 zu u_2, sind in dieser schematischen Darstellung willkürlich gewählt.*

nertes Eingangssignal führt zu einem entsprechend kleineren Ausgangssignal). Warum also die Gegenkopplung?
Alle Transistorkennlinien sind mehr oder minder gekrümmt. Abb. *479* zeigt am Beispiel eines Transistors in Emitterschaltung, wie eine gleichmäßige Sinuslinie am Ausgang des Verstärkers verzerrt erscheint. Die untere Halbwelle der Ausgangsspannung ist beinahe doppelt so groß wie die obere (um das deutlicher zu machen, wurden Krümmung und Verzerrung übertrieben). – In Abb. *480* ist dargestellt, wie die der Eingangsspannung u_1 gegenphasig überlagerte Teilspannung (u_{GK}) das Eingangssignal u_1 verzerrt. Die untere Halbwelle ist nun stärker als die obere; durch die Krümmung der Verstärkerkennlinie ist das Ausgangssignal gleichmäßig, d.h., es ent-

spricht dem ursprünglichen Eingangssignal. Es ist aber merklich kleiner als das des nichtgegengekoppelten Verstärkers.

Die Gegenkopplung vermindert Verzerrungen (Klirrfaktor), verringert aber die Verstärkung.

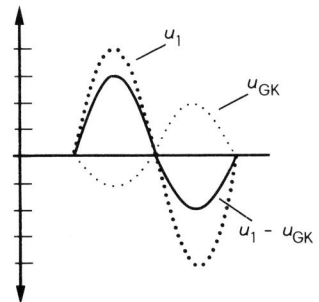

480 *Die Gegenkopplungsspannung u_{GK} verringert u_1 und verzerrt sie. Die wirksame Eingangsspannung ist $u_1 - u_{GK}$.*

Das Verhältnis der (rückgeführten) Gegenkopplungsspannung U_{Gk} zur Ausgangsspannung ist der Kopplungsfaktor K. Werden z.B. 5% der Ausgangsspannung zurückgeführt, so beträgt K 0,05. Wenn V_u groß ist, so bestimmt er weitgehend die effektive Verstärkung (V_u') des Verstärkers:

V_u = Spannungsverstärkung ohne Gegenkopplung,
V_u' = Spannungsverstärkung mit Gegenkopplung,
K = Kopplungsfaktor

$$V_u' = \frac{V_u}{1 + K \cdot V_u}.$$

Beispiel: Wie groß ist V_u' eines Verstärkers mit $V_u = 250$ und $K = 0{,}05$?

$$V_u' = \frac{250}{1 + 0{,}05 \cdot 250} \approx 18{,}5 \triangleq 25{,}3 \text{ dB}.$$

Durch Alterung, Veränderung der Werte der Bauelemente, Absinken der Batteriespannung, Temperaturänderung und andere ungünstige Faktoren sinkt V_u auf die Hälfte (= 125). Wie groß ist die wirksame V_u' dann noch?

$$V_u' = \frac{125}{1 + 0{,}05 \cdot 125} \approx 17{,}24 \triangleq 24{,}7 \text{ dB}.$$

Während in diesem Beispiel V_u auf 50% abgesunken ist, beträgt V_u' immer noch 93%! Das heißt, die Gegenkopplung macht einen Verstärker weitgehend unabhängig von Störeinflüssen. Sie ermöglicht auch die Serienproduktion gleichartiger Verstärker, die sonst wegen der Streuwerte der Bauelemente kaum möglich wäre. Es sei an die Toleranzen der Widerstände und Kondensatoren erinnert. Der Stromverstärkungsfaktor β des als Beispiel vorgegebenen Transistors BC 547B schwankt laut Datenbuch zwischen 240 und 500. Die genaue Reproduktion eines Verstärkers wäre ohne Gegenkopplung nahezu ausgeschlossen; ebenso die Konstanz der Eigenschaften über längere Zeit.

Die Gegenkopplungsspannung kann proportional zur Ausgangsspannung (Spannungsgegenkopplung) oder zum Ausgangsstrom (Stromgegenkopplung) entnommen werden. Sie kann mit der Eingangsspannung parallel oder in Reihe geschaltet werden. Daraus ergeben sich vier Kombinationsmöglichkeiten (*481*): Spannungsgegenkopplung in Parallelschaltung (1) oder Reihenschaltung (2) und Stromgegenkopplung in Parallelschaltung (3) oder Reihenschaltung (4). Die Möglichkeiten (1) und (4) sind besonders leicht zu realisieren. Möglichkeit (2) wird häufig angewendet, weil sie den Eingangswiderstand einer Schaltung erhöht. Möglichkeit (3) findet kaum Anwendung. Die Tabelle gibt eine Übersicht.

Zu (1): Die Gegenkopplung kann durch einen Kondensator erfolgen (unterste Zeile). Sie ist dann frequenzabhängig, denn der Wechselstromwiderstand wird mit steigender Frequenz kleiner, K ist also größer (die Gegenkopplung stärker). Die Schaltung kann damit hohe Frequenzen bis zur Unterdrückung abschwächen. Das Prinzip dieser Schaltung heißt „Miller-Integrator" (s.o., S. 170, Miniorgel). – Die Nadelimpulse der Kippschaltung enthalten zahllose Oberschwingungen, d.h. hohe Frequenzen. Die frequenzabhängige Gegenkopplung unterdrückt einen Teil von ihnen, so daß aus dem Nadelimpuls ein breiter, abgerundeter, der Sinusform näherer Impuls entsteht. Beim Pendelaudion (s.u., S. 267 ff.) benutzen wir dieses Prinzip, um die hohe Pendelfrequenz zu unterdrücken.

Zu (2): Soll die Wechselstromgegenkopplung geringer sein als die Gleichstromgegenkopplung, die der Stabilisierung des Arbeitspunktes dient, so teilt man R_E in zwei Widerstände auf und überbrückt einen davon wechselstrommäßig mit einem Kondensator. Erhält C einen großen Wert (50 ... 100 µF), so wirkt die Schaltung für hohe wie für tiefe Frequenzen etwa gleich stark. Bei kleinem C (< 5 nF) wird der Teilwiderstand nur für hohe Frequenzen überbrückt; d.h., sie werden weniger (nur durch R_{E1}) als die tiefen (durch $R_{E1} + R_{E2}$) gegengekoppelt und dadurch mehr verstärkt. Diese Schaltung kann zur Anhebung der Höhen benutzt werden.

481 *Gegenkopplungen (S. 209).*

	Spannungsgegenkopplung		Stromgegenkopplung	
	1 Parallelschaltung	2 Reihenschaltung	3 Parallelschaltung	4 Reihenschaltung
Blockschaltbild				
Schaltung				
Formel	$K = \dfrac{r_e}{R + r_e}$	$K = \dfrac{R_2}{R_1 + R_2}$	$K = \dfrac{R_G}{r_e}$	$K = \dfrac{R_C}{R_E}$
Wirkung	verkleinert r_e vergrößert r_a	vergrößert r_e verkleinert r_a	verkleinert r_e vergrößert r_a	vergrößert r_e verkleinert r_a
Anwendung		wird wegen des höheren Eingangswiderstands oft in Verstärkereingangsstufen angewendet	wird außer in Operationsverstärkern kaum angewendet	Sonderfall: Emitterfolger (Kollektorschaltung) ist 100%ige Gegenkopplung

r_e = dynamischer Eingangswiderstand ($=r_{BE}$ ‖ Eingangsspannungsteilerwiderstände)
r_a = dynamischer Ausgangswiderstand ($=r_{CE}$ ‖ Arbeitswiderstand)

12.5 Zwei Verstärkerbausteine

Mit den bisher dargestellten Grundlagen können wir einfache, aber sehr leistungsfähige NF-Verstärker aufbauen.

In diesen und den nachfolgenden Beispielen sind an bestimmten Punkten Spannungen angegeben. Sie sollen die Inbetriebnahme und gegebenenfalls die Fehlersuche erleichtern. Alle Spannungen wurden mit einem Vielfachmeßgerät 100 kΩ/V gemessen und beziehen sich auf die 0-Leitung. Die Spannungen sind Richtwerte. Hat das benutzte Meßinstrument einen niedrigeren Innenwiderstand, dann mißt man in Stromkreisen mit großen Widerständen geringere Spannungswerte.

dem Trimmer eingestellt. Sollte sich die Kollektorspannung nicht auf 2,5 V „herunterziehen" lassen, dann fließt zu geringer Basisstrom. Das ist bei Transistoren mit geringem β der Fall. Abhilfe: Der 100-kΩ-Widerstand ist zu verkleinern (wenn kein anderer Wert vorhanden ist, einen zweiten 100-kΩ-Widerstand parallelschalten).

Der Verstärker ist als Vor- und Kopfhörerverstärker für hoch- und mittelohmige Kopfhörer geeignet. An einer Telefonhörkapsel ($Z = 250 \, \Omega$) sind sehr gute Lautstärken zu erzielen.

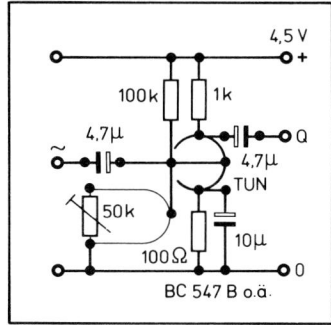

484 *Aufbau des Kopfhörerverstärkers.*

482 *Vor- und Kopfhörerverstärker; der fertige Baustein.*

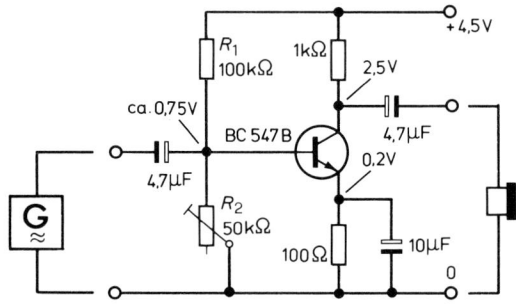

483 *Stromlaufplan eines Verstärkers für hoch- und mittelohmigen Kopfhöreranschluß.*

12.5.1 Ein Kopfhörerverstärker

Der Verstärker (*483*) ist zur Arbeitspunktstabilisierung gleichstromgegengekoppelt, der Emitter ist zur Unterbindung der Wechselstromgegenkopplung (d.h. zur Vergrößerung von V_u) mit einem Elko überbrückt. Der Arbeitspunkt wird mit

Berechnung der Verstärkung

Der Verstärker ist wechselstrommäßig nicht gegengekoppelt. Daher lassen sich V_i und V_u leicht berechnen.

Durch $R_C = 1 \, \text{k}\Omega$ ist der mittlere I_C auf 2,2 mA eingestellt; aus den Kennlinien ergeben sich folgende Werte (Linie $U_{CE} = 5 \, \text{V}$):

$h_{21} = \beta = 330,$

$h_{22} = 30 \, \mu\text{S}; \quad r_{CE} = \dfrac{1}{h_{22}} = \dfrac{1}{30 \cdot 10^{-6}} = 33 \, \text{k}\Omega.$

$h_{11} = r_{BE} = 4,5 \, \text{k}\Omega.$

Berechnung von V_i:

$V_i = \dfrac{\beta \cdot r_{CE}}{r_{CE} + R_C} = \dfrac{330 \cdot 33}{33 + 1} = 320\text{fach} \, (\hateq 50,1 \, \text{dB}).$

Berechnung von V_U:

In dieser Formel wird der wirksame Eingangswiderstand r_e benötigt. r_e setzt sich aus h_{11} (r_{BE}) und den wechselstrommäßig parallelgeschalteten Basisspannungsteilerwiderständen (100 kΩ, ca. 27 kΩ) zusammen.

$\dfrac{1}{r_e} = \dfrac{1}{h_{11}} + \dfrac{1}{R_1} + \dfrac{1}{R_2},$

$$\frac{1}{r_e} = \frac{1}{4{,}5} + \frac{1}{100} + \frac{1}{27},$$

$r_e = 3{,}7\,\text{k}\Omega$,

$$V_u = \frac{\beta \cdot (R_C \| r_{CE})}{r_e},$$

$$R_C \| r_{CE} = \frac{1 \cdot 33}{1 + 33} = 0{,}97\,\text{k}\Omega,$$

$$V_u = \frac{330 \cdot 0{,}97}{3{,}7} = 86{,}5\text{fach} \; (\hat{=} 38{,}7\,\text{dB}).$$

Diese Verstärkung gilt für den „Leerlauf", also ohne Belastung.
Wird nun die Hörkapsel (250 Ω) angeschlossen, so liegt diese wechselstrommäßig parallel zu R_C. Der dann wirksame Kollektorwiderstand R_C beträgt

$1\,\text{k}\Omega \| 0{,}25\,\text{k}\Omega = 0{,}2\,\text{k}\Omega.$

V_u beträgt damit noch

$$V_u = \frac{\beta \cdot (R_C \| r_{CE})}{r_e}$$
$$= \frac{330 \cdot 0{,}198}{3{,}7} = 17{,}6\text{fach} \; (\hat{=} 24{,}9\,\text{dB}).$$

12.5.2 Ein Vorverstärker für kleine Eingangsspannungen

Hierbei handelt es sich um einen spannungsgegengekoppelten Verstärker in Emitterschaltung (*486*). Der mittlere Kollektorstrom ist mit Rücksicht auf den Verwendungszweck sehr klein (ca. 0,25 mA) eingestellt. Da die Basis nur über einen Vorwiderstand versorgt wird, kann der Arbeitspunkt im angegebenen Bereich schwanken. Der Verstärker ist für die Ansteuerung mit sehr kleinen Signalen vorgesehen. Daher ist sein Arbeitspunkt nicht sehr kritisch. Er kann auch als Kopfhörerverstärker für hochohmige Kopfhörer (2 × 2000 Ω) benutzt werden, z.B. in Verbindung mit dem Detektor (S. 257ff.).

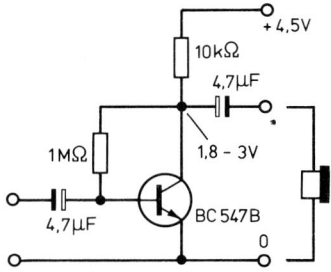

486 *Stromlaufplan eines Vorverstärkers für kleine Eingangsspannungen.*

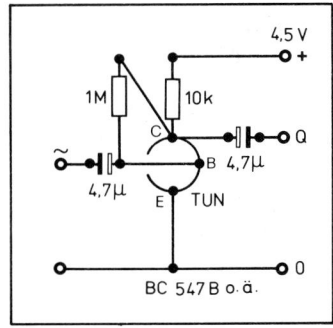

487 *Aufbau des Vorverstärkers für kleine Eingangsspannungen.*

Für den mittleren $I_C = 0{,}22\,\text{mA}$ gelten folgende Werte:

$h_{21} = \beta = 280$,

$h_{22} = 15\,\mu\text{S}$; $r_{CE} = \dfrac{1}{h_{22}} = 66\,\text{k}\Omega$,

$h_{11} = r_{BE} = 28\,\text{k}\Omega$,

$R_C = 10\,\text{k}\Omega$.

Der Gegenkopplungsfaktor K beträgt

$$K = \frac{r_{BE}}{R + r_{BE}} = \frac{28}{1000 + 28} = 0{,}027.$$

Da kein Eingangsspannungsteiler vorhanden und R_B mit 1 MΩ sehr groß ist, kann r_{BE} unverändert eingesetzt werden:

$$V_u = \frac{\beta \cdot (R_C \| r_{CE})}{r_{BE}} = \frac{280 \cdot (10 \| 66)}{28}$$
$$= 86{,}8\text{fach} \; (\hat{=} 38{,}7\,\text{dB}).$$

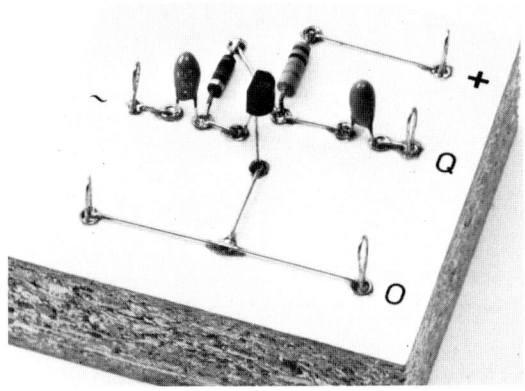

485 *Vorverstärker für kleine Eingangsspannungen; der fertige Baustein.*

Durch die Gegenkopplung ist die effektive Verstärkung $V_{u'}$ geringer:

$$V_{u'} = \frac{V_u}{1+K \cdot V_u} = \frac{86{,}8}{1+0{,}027 \cdot 86{,}8}$$
$$= 25{,}9\text{fach} \;(\widehat{=} 28{,}2 \text{ dB}).$$

Dies ist $V_{u'}$ des unbelasteten Verstärkers!

12.5.3 Anwendung der Bausteine

Die beiden Bausteine können (einzeln) universell als Vor- oder Kopfhörerverstärker eingesetzt werden; da ihre Ein- und Ausgänge gleichstrommäßig mit Kondensatoren getrennt sind, lassen sie sich nach Art der *RC*-Kopplung zusammenschalten. Dazu wird der Ausgang des ersten Bausteins mit dem Eingang des zweiten verbunden. Als „erster" Baustein sollte wegen des weniger günstig eingestellten Arbeitspunktes und des höheren Ausgangswiderstands der Verstärker nach 12.5.2 eingesetzt werden (s. auch Abb. *488*).

Wie groß ist die Gesamtverstärkung? – Wenn V1 an V2 angekoppelt wird, so wirkt sein Eingangswiderstand (3,7 kΩ) an V2 als Lastwiderstand. Dessen wirksamer R_C beträgt dann nur noch 10 kΩ $\|$ 3,7 kΩ = 2,7 kΩ. Wenn man damit die Rechnung wiederholt, dann erhält man $V_u = 25{,}9$fach ($\widehat{=} 28{,}2$ dB) und $V_{u'} = 15{,}2$fach ($\widehat{=} 23{,}6$ dB).
Beide Verstärker erreichen zusammen

23,6 dB (V2) + 28,2 dB (V1) = 51,8 dB $\widehat{=}$ 389fach.

In der Praxis werden diese Rechnungen einer breiten Streuweite unterliegen, zumal der Gegenkopplungsfaktor sehr gering ist.

12.6 Eine einfache Wechselsprechanlage

Abb. *488* zeigt, wie mit diesen beiden Bausteinen eine einfache Wechselsprechanlage zu verwirklichen ist.

Die dynamische Posthörkapsel ist aufgrund ihres hohen Innenwiderstands gleich gut als Lautsprecher wie als Mikrofon (S. 81) zu gebrauchen. Mit dem UM-Schalter wird die eine Hörkapsel auf den Eingang und die andere auf den Ausgang geschaltet. Damit sind die beiden Funktionen „Sprechen" und „Hören" einer Kapsel gegenseitig verriegelt. Um Störeinstrahlungen zu vermeiden, ist für den Anschluß der Kapseln abgeschirmtes Kabel zu verwenden.

Gegebenenfalls ist ein Kondensator 1 nF vom Eingang gegen 0 zu schalten, um HF-Einstrahlungen durch den Ortssender zu unterdrücken. Ein Anschluß der Hörkapseln (Gehäuse) ist immer mit „Null" verbunden. Dazu dient die Abschirmung des Kabels. Am „heißen Ende" wird die Verbindung über den Innenleiter hergestellt. „Heiß" ist alles, was Signalspannung gegen 0 (Masse) führt. „Kalt" ist alles, was, bezogen auf das Signal, 0-Potential führt.
Die Anlage wird von der 1. Sprechstelle aus bedient. Als UM-Schalter ist ein Drucktaster zu empfehlen, der in eine Ruhestellung zurückspringt. Er wird so verdrahtet, daß die 2. Sprechstelle in Ruhestellung auf „Sprechen" (Hörkapsel auf den Eingang) geschaltet ist. Die Lautstärke reicht aus, um sich durch Pfeifen in die Kapsel bei der Gegenseite bemerkbar zu machen und den Partner herbeizurufen. Durch die bezeichnete Ruhestellung des Tasters ist die Anrufmöglichkeit für beide Seiten gegeben. Der Stromverbrauch ist mit ca. 2,5 mA so gering, daß eine Flachbatterie für lange Zeit reicht.

12.7 Telefonmithörgerät

Im Telefon befindet sich ein Übertrager, der um sich herum ein magnetisches Streufeld verbreitet. Bringt man eine Spule mit sehr vielen (möglichst mehreren tausend) Windungen und einem Eisenkern in die Nähe des Übertragers, so wird durch das Streufeld in der Spule eine sehr kleine NF-Spannung induziert.

Als Spule eignet sich für Versuchszwecke eine Relaisspule oder auch eine in Elektronikläden billig zu erhal-

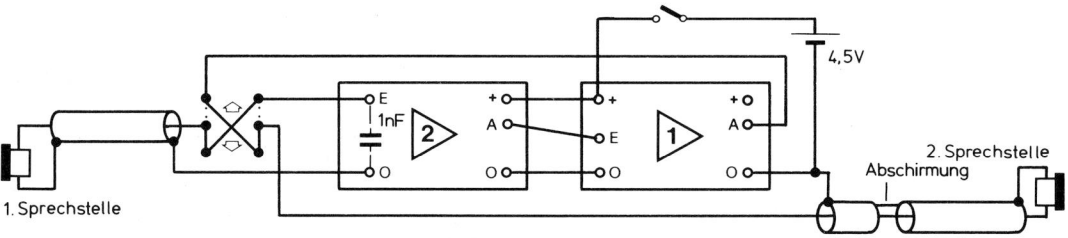

488 *Zusammenschaltung der beiden Verstärkerbausteine zu einer Wechselsprechanlage.*

tende Spule mit Saugnapf („Telefonadapter"). Die hohe Spannungsverstärkung der beiden zusammengeschalteten Bausteine reicht zum Mithören mit einer Telefonhörkapsel aus.

12.8 Vereinigung der beiden Bausteine

Die Verbindung der beiden Bausteine durch Prüfschnüre ist überwiegend zu Versuchszwecken und Probeaufbauten gedacht. Für die Daueranwendung eignet sich die Vereinigung beider Verstärkerstufen auf einer Platine besser (*489/490*). Der Trimmer kann durch einen Widerstand 27 kΩ ersetzt werden.

12.9 Ein Licht-Telefon

Dem Prinzip nach ist das Lichttelefon eine Lichtschranke, in der das Licht im Rhythmus der Sprache „moduliert" wird (lat. modulari = abwandeln). Das Licht erscheint im Rhythmus der Sprache heller oder dunkler. Im Lichtempfänger rufen die Schwankungen der Lichtintensität Spannungsschwankungen hervor, die verstärkt und wieder hörbar gemacht werden können.

12.9.1 Der Lichtsender

Er besteht aus einem dreistufigen Verstärker (*491*). T_1 und T_3 sind Verstärkerstufen in Emitterschaltung mit Spannungs- (T_1) und Stromgegenkopplung (T_3). T_2 ist ein Emitterfolger, dessen Arbeitswiderstand aus der BE-Diode von T_3 und R_7 besteht. Über T_2 wird der Arbeitspunkt von T_3 eingestellt. Je weiter T_2 geöffnet wird, desto größer ist I_B von T_3. R_4 dient dazu, im Falle einer extremen Öffnung von T_2 den I_B von T_3 auf ein ungefähriges Maß zu begrenzen.

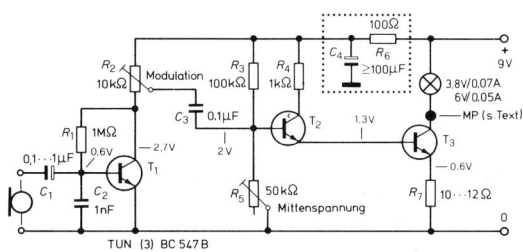

491 *Stromlaufplan für einen Lichtsender.*

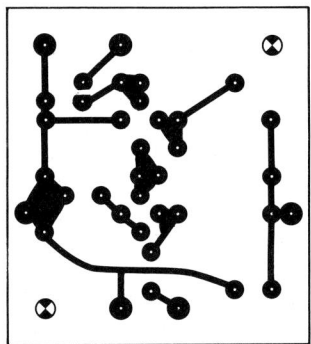

489 *Vereinigung der beiden Verstärkerstufen auf einer Leiterplatte (Lötseite). Die Schaltung wurde zur Verringerung des Wechselstromwiderstands der Batterie um einen Elektrolytkondensator (zwischen + und 0) ergänzt.*

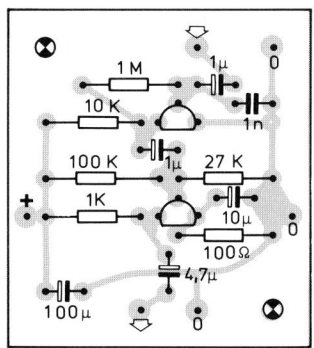

490 *Bestückungsplan zu 489.*

Die Gesamtverstärkung wird mit R_4 eingestellt. Die vorverstärkte NF-Spannung fällt an R_4 ab und steht zwischen dem Kollektor von T_3 und Null. Auch die Plusleitung ist wechselstrommäßig „Null", nicht nur über C_4, sondern auch über die Spannungsquelle. Daher kann man den Kollektorwiderstand als Spannungsteiler auslegen. Die abgegriffene NF-Spannung ist um so größer, je näher der Schleifer dem kollektorseitigen Anschluß steht.

C_4 und R_6 (umgrenzt) bilden einen Tiefpaß. Der Lampenstrom ist verhältnismäßig großen Schwankungen unterworfen. Mit dem Ansteigen des Lampenstroms bricht die Batteriespannung (wegen des Innenwiderstands der Batterie) geringfügig – einige mV – zusammen. Sie steigt beim Nachlassen des Stroms wieder entsprechend an; das heißt, daß sich die Modulation geringfügig auch auf die Plus-Leitung überträgt. Diese Spannungsschwankungen übertragen sich auf die Basen der Vorverstärkerstufen und wirken wie eine Rückkopplung – meist als Mitkopplung mit dem

492 *Lichtsender; der fertige Baustein.*

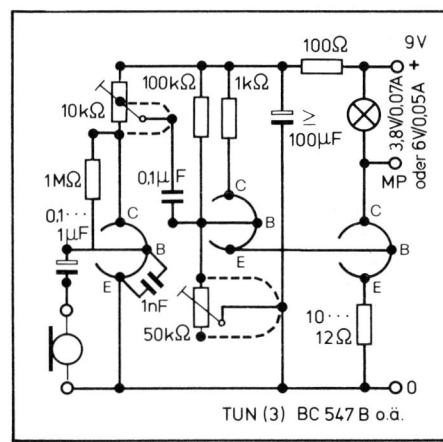

493 *Aufbau des Lichtsenders.*

494 *Lichtempfänger; der fertige Baustein.*

Ergebnis, daß der Verstärker „wild schwingt" (heult, blubbert o.ä.). Der Tiefpaß hält die Spannungsschwankungen von den Vorstufen fern; er „entkoppelt" die Stufen. – Der Tiefpaß ist um so wirksamer, je tiefer seine Grenzfrequenz (S. 74) ist, je größer R und C sind. Da R wegen des Spannungsabfalls nicht beliebig groß gewählt werden darf, ist C reichlich zu bemessen. Mit solchen Entkopplungsgliedern sollte man nicht geizen. Ihr Fehlen ist oft die Ursache für Schwierigkeiten in Verstärkern.

Als Strahlungserzeuger nimmt man in der Praxis Infrarotdioden. Ihre Strahlungsintensität ist groß, außerdem reagieren sie sehr flink. Sie können mit Frequenzen bis in den MHz-Bereich moduliert werden.

Für unsere Versuche haben die Infrarotdioden den Nachteil, daß ihr Licht nicht zu sehen ist. Außerdem sind sie noch sehr teuer. Wir verwenden daher ein Glühlämpchen, dessen sichtbares Licht bei der Einstellung auf den Empfänger hilft. Der Glühfaden ist allerdings durch sein Nachglühen sehr träge, und zwar um so mehr, je heller er leuchtet. Das Nachglühen ist z.B. beim Abschalten von Autoscheinwerfern zu beobachten. Wir beschränken uns daher auf die Verwendung von Glühlämpchen mit dünnen Glühfäden (3,8 V/0,07 A oder 6 V/0,05 A) und stellen auch die mittlere Helligkeit möglichst gering ein. Damit ist eine Frequenzübertragung bis ca. 5 kHz möglich (das ist von HiFi weit entfernt, reicht aber zur Sprachverständigung immer).

Im Aufbau ist ein Platz für das Lämpchen angegeben. Größere Reichweiten (ca. 10 m und mehr) erreicht man aber nur durch eine starke Bündelung des Lichts. Dazu ist eine Stabtaschenlampe mit verstellbarem Reflektor besonders geeignet. Man lötet an das Kontaktplättchen der Glühlampe und an das Gehäuse der Taschenlampe je eine hochflexible Litze und stellt damit die Verbindung zum Verstärker her.

Bei der Inbetriebnahme ist die angegebene Reihenfolge unbedingt einzuhalten, weil anders im Einschaltaugenblick das Lämpchen zerstört werden kann.

Inbetriebnahme

1. Trimmer „Mittenspannung" (R_5) durch Drehen nach links auf kleinsten Wert (0 Ω) einstellen. T_2 ist damit gesperrt.
2. Eingang mit einer kurzen Prüfschnur kurzschließen;
3. Batteriespannung anlegen;
4. Trimmer R_5 so weit nach rechts drehen, bis sich am Meßpunkt MP etwa die halbe Batteriespannung einstellt (das Lämpchen dunkel leuchtet). Die absolute Höhe hängt vom verwendeten Lämpchen ab. Bei einem Lämpchen 3,8 V/0,07 A beträgt sie ca. 6 V, bei einem Lämpchen 6 V/0,05 A ca. 4,5 V.
5. Kurzschluß am Eingang beseitigen und Mikrofon (z.B. Telefonhörkapsel) anschließen. Das Gehäuse der Hörkapsel ist mit „Null" zu verbinden.
6. Mit dem Trimmer „Modulation" (R_2) den Modulationsgrad einstellen; Übersteuerung macht sich durch starke Verzerrungen im Empfänger bemerkbar; die richtige Ansteuerung ist schwach sichtbar.

Eingangsempfindlichkeit für Vollaussteuerung: 6 mV.

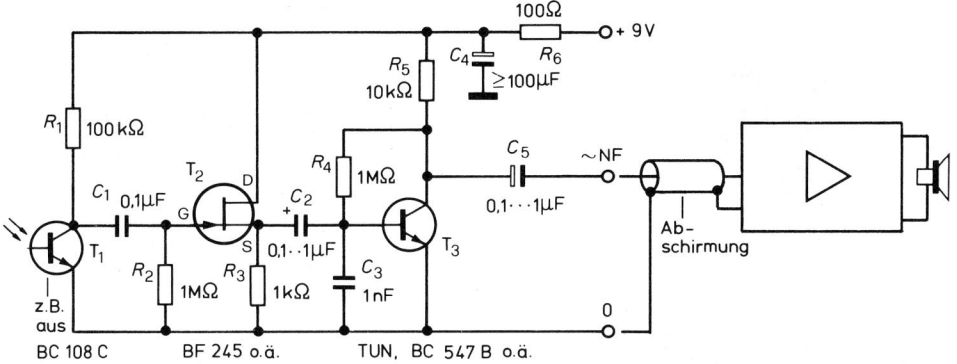

495 *Stromlaufplan für einen Lichtempfänger mit nachgeschaltetem Lautsprecherverstärker.*

12.9.2 Der Lichtempfänger

Der eigentliche Lichtempfänger (*495*) ist der Spannungsteiler aus R_1 und dem Fototransistor. Zur Überbrückung geringerer Entfernungen (bis ca. 10 m) genügt ein „Ersatzfototransistor" (s.o., S. 142). Bessere Ergebnisse erreicht man mit einem „richtigen" Fototransistor (BP 103 oder BPX 43); auch eine Fotodiode ist geeignet (z.B. BPW 34).

Der Empfangsspannungsteiler ist eine sehr hochohmige Quelle. Daher folgt zunächst ein Impedanzwandler mit einem Sourcefolger (T_2; s. auch S. 201). Die nachfolgende Verstärkerstufe (T_3) ist bereits bekannt. C_3 dient zur Unterdrückung von HF-Einstrahlungen.

Der Empfänger liefert genügend NF-Spannung für einen hochohmigen Kopfhörer. Zur Nachverstärkung ist jeder NF-Endverstärker (s. die folgenden Vorschläge, ggf. ein Cassettenrecorder) geeignet.

Bei der Inbetriebnahme kann man die Funktionstüchtigkeit dadurch testen, daß man das Licht einer netzbetriebenen Glühlampe auf den Fototransistor scheinen läßt. Ein lautes 100-Hz-Brummen ist zu hören. Das Licht unserer mit 50-Hz-Wechselstrom betriebenen Glühlampen ist mit 100 Hz moduliert. Die Lampe leuchtet bei jeder Halbwelle auf und wird nach jeder Halbwelle dunkel. Außerdem wird man feststellen, daß die Modulation mit zunehmender Helligkeit nicht lauter wird, im Gegenteil sogar bis zur Unhörbarkeit abnehmen kann. Je mehr Licht auf den Fototransistor fällt, desto weiter wird er zugesteuert, desto weiter wandert der Knotenpunkt des Spannungsteilers gegen Null. Das Verhältnis zwischen R_1 und dem Foto-Bauelement muß ausgewogen sein und ist durch Versuche zu ermitteln. Es lohnt die Mühe, R_1 in einen Widerstand 10 kΩ und einen Trimmer 250 kΩ aufzuteilen und je nach den individuellen Bedingungen das Optimum zu suchen. In jedem Fall muß der Fototransistor (oder die -diode) sorgfältig gegen Fremdlicht abgeschirmt werden. Jedes Fremdlicht setzt die Empfindlichkeit für die Modulation herab (bis 100%).

Im übrigen hängt die Leistungsfähigkeit des Empfängers von den optischen Bedingungen ab (s.o., S. 143, Lichtmorsegerät). Eine großflächige „Empfangsantenne" (Rasier- oder Schminkspiegel) und genaue Ausrichtung des empfangenen Lichts auf den Kristall des Fototransistors sind unerläßlich. Die Ausrichtung des Fototransistors auf den Brennpunkt der Optik wird durch folgenden Aufbau erleichtert: Der Kollektoranschluß wird auf ca. 5 mm gekürzt. Daran lötet man einen ca. 4 cm langen isolierten Schaltdraht. Auch der Emitteranschluß wird mit isoliertem Schaltdraht verlängert. Schließlich wickelt man diesen vorsichtig um den Kollektordraht. Auf diese Weise erhält man nicht nur eine Abschirmung für den „heißen" Kollektoranschluß, sondern auch eine Art Schwanenhals, mit dem man den Fototransistor in nahezu jede beliebige Lage bringen kann.

Abschließende Bemerkung: Das Lichttelefon enthält in nuce schon die Nachrichtenübermittlung durch Funk: Der Sender strahlt Licht aus. Lichtwellen wie Radiowellen gehören in den Bereich der elektromagnetischen Wellen (nur daß die Lichtwellen wesentlich kürzer sind). Zur Bündelung des Strahls dient der parabolische Reflektor der Taschenlampe, er ist dem parabolischen Antennenreflektor auf dem Fernmeldeturm vergleichbar. Die Information ist der Trägerwelle, in unserem Beispiel dem Lichtstrahl, durch Abschwächung und Verstärkung aufgeprägt. In der Funktechnik nennt man das „Amplitudenmodulation" (AM). Der Unterschied besteht darin, daß wir bei unserem Lampenlicht-Telefon die AM sehen können, was bei Funkwellen nicht möglich ist.

Nun „leuchtet" auch ein, warum hier der technisch schlechtere Weg mit dem Glühlämpchen vorgeschlagen wurde. Wie beim Funk optimiert die Ausrichtung der Antenne auf den Sender den Empfang. Eine weitere Verbesserung folgt aus der großflächigen Aufnahme der Strahlung und ihrer Bündelung auf die „empfindliche" Stelle. Unserem Schminkspiegel entsprechen in der technischen Umwelt Antennenreflektoren.

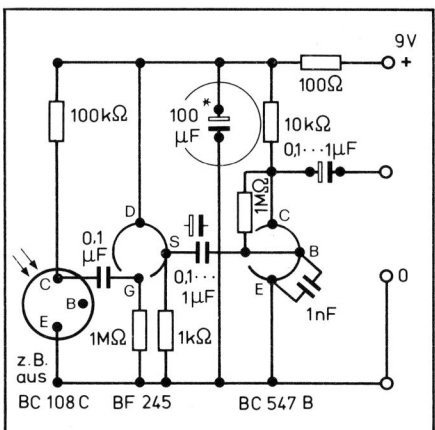

496 *Aufbau des Lichtempfängers.*

Im Empfänger wird die Information der modulierten Trägerwelle wieder entnommen. Unser Lichttelefon entspricht seiner Art nach am ehesten den Richtfunkstrecken. Wenn es auch in seinen praktischen Möglichkeiten bescheiden ist, so zeigt es doch das Prinzip der drahtlosen Nachrichtenübertragung.

12.10 Leistungsverstärker

Ein Leistungsverstärker soll große Ströme für i.allg. niederohmige Lasten zur Verfügung stellen können. Prinzipiell ist das mit den bisher behandelten Verstärkerschaltungen möglich, aber mit so schwerwiegenden Nachteilen verbunden, daß man sie zu diesem Zweck in der Praxis nicht anwendet. Die Schwierigkeiten ergeben sich überwiegend aus dem „Arbeitspunkt". Es muß immer ein mittlerer Kollektorstrom (Ruhestrom) fließen. Diese Einstellung eines Verstärkers heißt „A-Betrieb" oder – da jeweils nur ein Transistor die gesamte Signalkurve übernimmt (s.u.) – auch „Eintakt-A-Betrieb". Im Kleinsignalverstärker macht sich ein Ruhestrom von 0,2 bis 10 mA nicht störend bemerkbar. In einem Leistungsverstärker kann er leicht die Größenordnung von 1 bis 2 A annehmen. Abgesehen von der Energieverschwendung, die auch einen Batteriebetrieb unmöglich macht, ergeben sich daraus thermische Probleme: die gewaltige Verlustwärme muß abgeleitet werden. Außerdem muß die niederohmige Last, z.B. ein Lautsprecher, mittels eines Übertragers an den hochohmigen Verstärker angepaßt werden. Der Eintakt-A-Betrieb kommt daher nur für Sonderfälle in Frage.

12.10.1 Der Gegentakt-B-Verstärker (Funktionsprinzip)

Die im folgenden beschriebene Gegentaktstufe ist eine Möglichkeit von mehreren. Sie ist aber die allgemein übliche, deshalb beschränken wir uns auf diese.

Steuert man einen Transistor ohne Basisvorspannung mit einer Wechselspannung an, so wird ein NPN-Transistor nur während der positiven Halbwelle, ein PNP-Transistor nur während der negativen Halbwelle durchgesteuert. Jeder Transistor überträgt wegen des fehlenden Ruhestroms nur eine Halbwelle. Diese Ansteuerungsweise heißt „B-Betrieb".

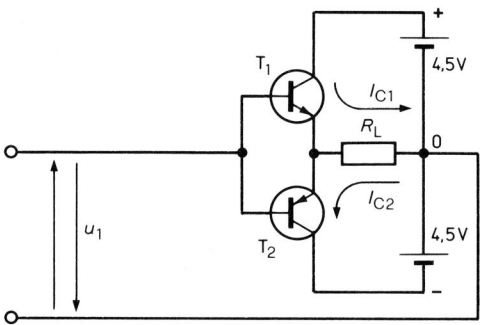

497 *Prinzip der Gegentaktendstufe mit komplementären Transistoren.*

In der Gegentaktstufe (*497*) sind ein NPN-Transistor (T_1) und ein PNP-Transistor (T_2) in Reihe geschaltet. T_1 und T_2 gleichen sich in allen Werten, sie unterscheiden sich nur in der Zonenfolge. Ein solches Transistorpaar nennt man „komplementär" (von lat. complere = ergänzen). Wegen der unterschiedlichen Zonenfolge benötigen sie zwei Batterien. Sie sind beide in Kollektorschaltung (s.o., S. 200) eingesetzt und haben einen gemeinsamen Lastwiderstand R_L (z.B. Lautsprecher). Wegen des geringen Ausgangswiderstands eignet sich die Kollektorschaltung besonders für Leistungsstufen. Die beiden Basen sind als Verstärkereingang zusammengefaßt. Wird der Eingang mit einer Wechselspannung angesteuert, so verstärkt T_1 (NPN) die positive Halbwelle, T_2 (PNP) die negative Halbwelle (*498a–c*). Da beide Kollektor-Emitterströme über den gemeinsamen R_L fließen, setzen sich in R_L beide Halbwellen zur vollen Sinuskurve zusammen (*498d*). Wesentlich ist, daß jeweils der eine Transistor öffnet, wenn der andere sperrt – und umgekehrt.

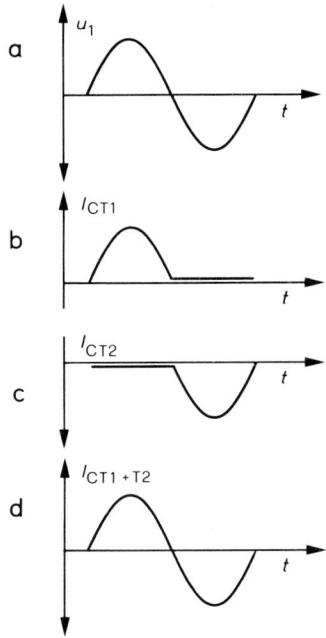

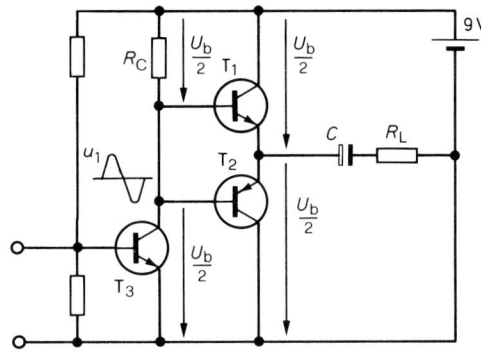

499 *Gegentaktendstufe mit einfacher Spannungsquelle. Der Kondensator C übernimmt für je eine Halbwelle die Funktion einer Batterie.*

498 *Prinzip der Gegentaktendstufe; jeder Transistor überträgt nur eine Halbwelle – beide fließen über den gemeinsamen Lastwiderstand und fügen sich darin zum vollständigen Sinuszug zusammen.*

12.10.2 Gegentaktverstärker mit ungeteilter Spannungsquelle

Die geteilte Spannungsquelle wird oft als unbequem empfunden. In einer Variante kann ein Kondensator großer Kapazität für eine Halbwelle die Funktion der zweiten Batterie übernehmen (*499*). Während T_1 leitet (T_2 sperrt), lädt sich C über R_L auf. Wenn T_1 sperrt, T_2 leitet, wirkt C wie eine Batterie und liefert den Kollektorstrom für T_2. C muß ausreichend groß bemessen werden. Da eine Halbwelle niedriger Frequenz mehr Zeit beansprucht als die einer hohen, ist die tiefste zu übertragende Frequenz (f_u) für die Dimensionierung von C maßgebend. C muß Strom für die längste Halbwelle liefern können:

$$C \geqq \frac{1}{2 \cdot \pi \cdot f \cdot R_L} \quad (F, Hz, \Omega).$$

An T_1 und T_2 wird jeweils die halbe Batteriespannung wirksam; also muß U_b doppelt so groß sein wie die einer einzelnen Batterie aus Abb. *497*. Die Basen müssen dementsprechend auf halbe U_b eingestellt werden. Dazu dient der sogenannte Treibertransistor T_3 mit R_C in Emitterschaltung und A-Betrieb:

$$U_C = \frac{U_b}{2}.$$

Zugleich dient er als Spannungsverstärker.
Damit ist die Leistungsstufe eigentlich fertig. Sie hat aber noch einen gewichtigen Nachteil: Die Steuerspannung u_1 wird nur dann an T_1/T_2 wirksam, wenn sie bereits die Höhe der Schwellenspannung überschritten hat. Im Bereich des Nulldurchgangs (das Nullpotential für die Basen und Emitter von T_1/T_2 ist halbe U_b) sperren beide Transistoren. Abb. *500* zeigt, wie an dem Punkt, an dem T_2 die Sinuskurve von T_1 übernehmen soll, eine stromlose Zeit eintritt, weil u_1 die Basisschwellenspannungen von T_1/T_2 unterschreitet. Diese Fehlstellen bezeichnet man als „Übernahmeverzerrungen". Sie machen sich als unange-

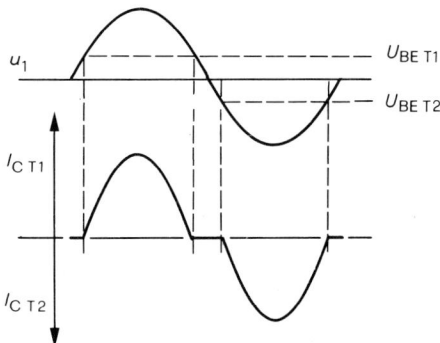

500 *Das Entstehen der Übernahmeverzerrung durch die Basisschwellenspannungen der Transistoren.*

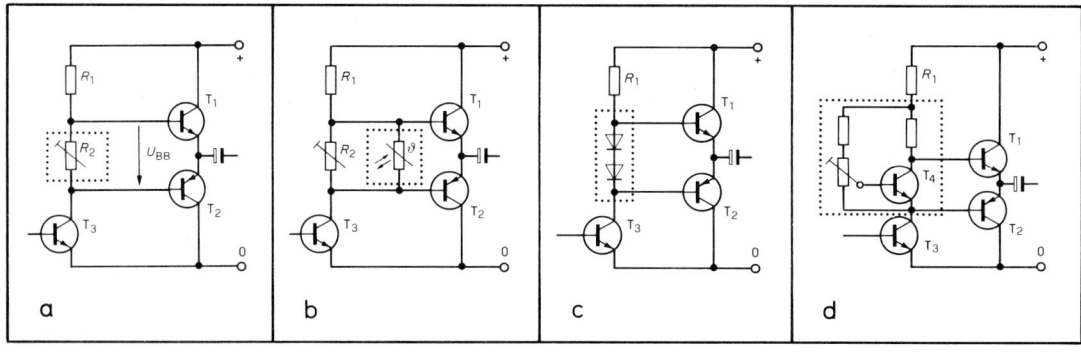

501 *Ruhestromeinstellung (Basisvorspannung) für zwei zu einer Gegentaktendstufe in Reihe geschaltete Transistoren.*

nehmes Klirren bemerkbar. Abhilfe schafft, daß T_1/T_2 einen kleinen Ruhestrom erhalten (A/B-Betrieb; dadurch haben T_1/T_2 auch einen Arbeitspunkt, der sich jedoch im unteren Knick der U_B/I_C-Kennlinie befindet). Der Ruhestrom wird dadurch eingestellt, daß man den Kollektorwiderstand des Treibers aufteilt und aus dem Spannungsabfall eines Teilwiderstands die Basisspannung für T_1/T_2 gewinnt. Am einfachsten geschieht das über einen Trimmer (R_2), mit dem der Spannungsanteil genau einzustellen ist (*501a*). Zur thermischen Stabilisierung schaltet man i.allg. einen Heißleiter parallel (*501b*), der die Basisvorspannung der Transistoren mit steigender Temperatur reduziert.

12.10.3 Stabilisierung

Solange die Vorspannung U_{BB} aus einem einfachen Spannungsteiler gewonnen wird, übertragen sich Schwankungen der Versorgungsspannung unmittelbar auf die Höhe von U_{BB} und können beim Absinken wieder zu Übernahmeverzerrungen, beim Ansteigen zu erhöhten Kollektorströmen von T_1/T_2 führen. Eine Möglichkeit zur Abhilfe liegt darin, den Spannungsabfall U_{BB} als Flußspannung (U_F) einer oder zweier Dioden zu erzeugen (*501c*). Der Spannungsabfall ist dann auch bei schwankender U_b stabil und hat denselben Temperaturgang wie die Transistoren: Mit steigender Temperatur sinkt U_F und damit U_{BB}. – Sehr fein läßt sich der benötigte Spannungsabfall durch einen zusätzlichen Transistor (T_4) einstellen (*501d*). Auch er wird mit steigender Temperatur leitender, setzt also die Basisvorspannung herab und stabilisiert damit die Endstufe. Zudem gleicht er Schwankungen von U_b in gewissen Grenzen aus: Steigt U_b, so wird er weiter durchgesteuert und U_{CE} ($= U_{BB}$) sinkt. Fällt U_b, so sinkt auch seine Basisspannung, er leitet weniger, wodurch U_{CE} ($= U_{BB}$) ansteigt.

In jedem Fall wird der Ruhestrom auf wenige mA eingestellt. An den Emittern von T_1/T_2 stellt sich dadurch die halbe U_b ein.

12.10.4 Verbesserter Gegentaktverstärker

In der bisher vorliegenden Form ist die Endstufe schon brauchbar, wenn auch mit einem Schönheitsfehler behaftet: T_1 kann nicht so weit ausgesteuert werden wie T_2, was zur Folge hat, daß bei großer Aussteuerung die obere Halbwelle kleiner als die untere erscheint, was wiederum großen Klirrfaktor bedeutet.

Der Grund: Wenn der Treiber T_3 mit der negativen Halbwelle von u_1 angesteuert wird, so sperrt er. Sein Kollektor liegt „hoch", T_1 erhält Basisspannung und -strom und steuert durch. Dadurch lädt C sich auf. Mit der steigenden Ladespannung von C erhöht sich auch die Emitterspannung von T_1 und wirkt der Zunahme des Basisstroms entgegen. Würde nun die Speisespannung des Treibers (Punkt A am Kollektorwiderstand R_1) mit hochlaufen, so gäbe es das Problem nicht, denn die Basisspannung von T_1 würde entsprechend dem Ladezustand von C ansteigen.

Die Lösung des Problems liegt in der Verwendung eines Kondensators als Batterie für die Dauer einer Halbwelle. Abb. *502* zeigt eine fertige Gebrauchsschaltung. Der Kollektorwiderstand des Treibers ist in einen größeren (R_1) und einen kleineren Widerstand (R_2) aufgeteilt. Hinzugefügt wurde der Kondensator C_2 zwischen den Emittern T_1/T_2 und dem aufgeteilten Kollektorwiderstand (Punkt A). Wenn T_2 durchsteuert (T_1 sperrt), lädt sich C_2 über R_2 und T_2 auf. Die Ladespannung richtet sich nach dem Grad der Durchsteuerung von T_2; maximal beträgt sie fast U_b. Wenn mit der nächsten Halbwelle T_2 und T_3 sperren, T_1 leitend wird, steigt – wie bereits beschrieben – an den Emittern die Spannung an. Auf die Emitterspannung ist nun aber die Spannung des geladenen C_2 aufgesetzt. Damit läuft die Spannung am Punkt A mit hoch; sie kann bei Vollaussteuerung $1,5 \cdot U_b$ betragen ($U_{C2} = 1\ U_b$, $U_E = 0,5\ U_b$). Nun wirkt die steigende Emitterspannung dem Basisstrom von T_1 nicht mehr entgegen. T_1 kann voll durchgesteuert werden, beide Halbwellen sind gleich groß. Der Verstärker arbeitet linear. Diese künstliche Aufstockung der Spannung nennt man „boot strapping" (engl. boot strap = Stiefelschlaufe). Über der eigentlichen Betriebsspannung (dem Stiefelschaft) sitzt die aufgestockte Spannung wie die „Schlaufe zum Hochziehen".

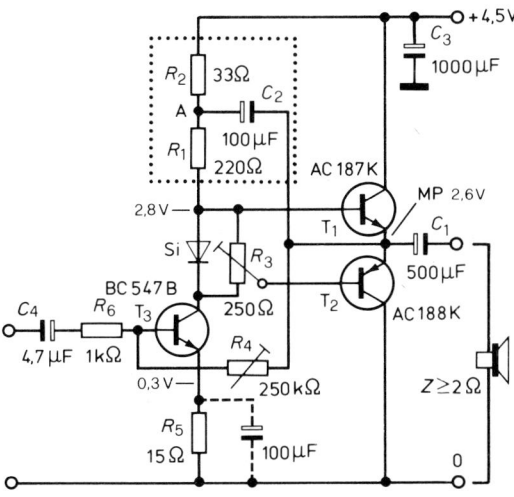

502 *Stromlaufplan für einen Gegentaktverstärker mit Treiber und durch „boot strapping" künstlich aufgestockter Treiberspannung.*

Eine weitere Verbesserung ergibt sich aus der Arbeitspunkteinstellung von T_3 durch die Gegenkopplung über R_4. T_3 ist zusätzlich durch R_5 stabilisiert (s.o., S. 205).
Es fehlt nun noch die Erklärung für C_3. Dieser Kondensator mit möglichst großer Kapazität liegt parallel zur Batterie. In den Aussteuerungsspitzen muß die Batterie starke Stromspitzen abgeben. Sie liegen auch bei diesem Mini-Verstärker schon in der Größenordnung von 1 A und darüber. Während dieser Stromspitzen bricht U_b am Innenwiderstand der Batterie zusammen, und zwar um so mehr, je tiefer sie entladen ist. Dann neigt der Verstärker zum „Blubbern" oder Klirren. Im Gegensatz zu einer Batterie kann ein geladener Kondensator große Stromspitzen ohne nennenswerten Innenwiderstand abgeben. In den Zeiten geringerer Belastung der Batterie lädt sich C_3 auf, in den Aussteuerungsspitzen gibt er seine Ladung ab. U_b bleibt dadurch insgesamt stabil. C_3 setzt also den Wechselstromwiderstand der Batterie herab, und zwar in erheblichem Maße. – An C_3 sollte man nicht sparen. Seine Kapazität kann nicht groß genug sein. Was man in C_3 investiert, holt man aus der Batterie vielfach wieder heraus, denn je größer C_3 ist, desto tiefer darf die Batterie entladen werden, desto weiter nutzt man sie aus.

12.11 Drei vollständige Verstärkerschaltungen

Bauvorschläge für Verstärker – insbesondere großer Leistung – gibt es in Elektronikbüchern und Bauanleitungen wie Sand am Meer. Das besondere an den folgenden Kleinleistungsverstärkern ist die niedrige Betriebsspannung. Sie können alle aus einer Flachbatterie gespeist werden. Als Lautsprecher eignen sich alle Typen mit $Z = 2$ bis 8 Ω; dabei ist anzumerken, daß die mit dem kleineren Scheinwiderstand gemäß dem Ohmschen Gesetz die größte Leistung ermöglichen.
Vom Leistungsbedarf macht man sich leicht falsche Vorstellungen. 50 mW erbringen an einem Lautsprecher mit gutem Wirkungsgrad und guter Schallwand reichlich Zimmerlautstärke. Es lohnt sich durchaus, aus älteren Rundfunkgeräten, in denen die heute üblichen Leistungen bei weitem nicht zur Verfügung standen, die großflächigen Lautsprecher auszubauen. Ihr Wirkungsgrad liegt oft über dem einer modernen geschlossenen Box.

12.11.1 Verstärker mit Germanium-Transistoren

Der Stromlaufplan dieses Verstärkers ist der Abb. *502* zu entnehmen. Die Endstufe mit Ger-

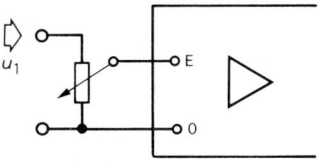

503 *Anschluß eines Potentiometers als Spannungsteiler zur Lautstärkeeinstellung.*

maniumtransistoren ist der „klassische Weg". Normalerweise müßten sie gekühlt werden; das ist in unserem Fall wegen der geringen Ausgangsleistung von ca. 150 mW an 4 Ω nicht nötig.

Bei der Einstellung ist folgender Weg unbedingt einzuhalten:
1. Genaue Sichtkontrolle auf Richtigkeit der Verdrahtung, kalte Lötstellen, Kurzschlüsse durch Zinnreste usw.
2. Eingang kurzschließen.
3. Trimmer R_3 ganz nach links drehen (keine Basisvorspannung für T_1/T_2).
4. Batterie unter Zwischenschaltung eines mA-Meters (Vielfachmeßgerät) anschließen: Minus-Pol an 0, Plus-Pol an die Plus-Klemme des Instruments, Minus-Klemme des Meßinstruments an $+U_b$-Klemme des Verstärkers. Vorher großen Strombereich am Meßinstrument einstellen (ca. 300 mA Endausschlag).
5. Wenn das Meßinstrument großen Strom (jedoch keinen Kurzschluß durch Vollausschlag) anzeigt, dann ist R_3 nach der falschen Seite gedreht! – Wenn das Meßinstrument geringen Strom anzeigt, dann auf kleineren Strombereich schalten und mit R_3 einen Ruhestrom von 10 mA einstellen.
6. Meßinstrument aus der Schaltung herausnehmen. Batterie direkt anschließen.
7. Spannung zwischen dem Meßpunkt MP und 0 messen, mit R_4 auf 2,6 V einstellen (das ist nicht die genaue Spannungsmitte; der Spannungsabfall an R_5 kommt hinzu). Im Normalfall soll U_{MP} die halbe Batteriespannung haben.
8. Kurzschluß am Eingang entfernen und Signalquelle anschließen, gegebenenfalls über ein als Spannungsteiler geschaltetes Potentiometer (503).

Es schadet dem Verstärker nicht, wenn kein Lautsprecher angeschlossen ist. Ein Kurzschluß am Ausgang kann hingegen derart große Kollektorströme durch die Transistoren T_1/T_2 (= Lade-/Entladeströme von C_1) treiben, daß sie zerstört werden.
Die obigen Arbeitsgänge gelten sinngemäß auch für die folgenden NF-Verstärker.

Veränderungen des Treibers
V_u des Verstärkers beträgt etwa 10 ($\triangleq 20$ dB). Zur Vollaussteuerung wird $U_1 =$ ca. 75 mV benötigt. V_u läßt sich beträchtlich erhöhen, wenn man die Wechselstromgegenkopplung am Emitter von T_3 aufhebt. Dazu schaltet man einen Elko mit ca. 100 µF parallel zum Emitterwiderstand R_5 (502, gestrichelt). Zur Vollaussteuerung genügt dann $U_1 = 22$ mV. Die Arbeitspunktstabilisierung durch R_5 bleibt erhalten.

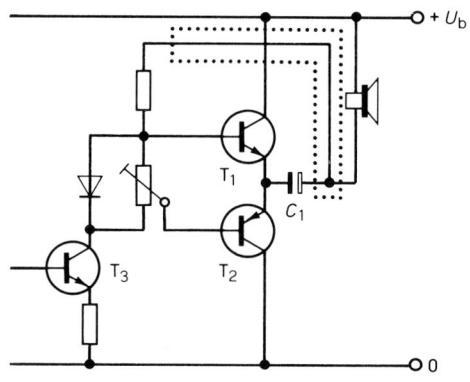

505 Wenn R_L an $+U_b$ angeschlossen wird, kann man den „bootstrap"-Kondensator einsparen.

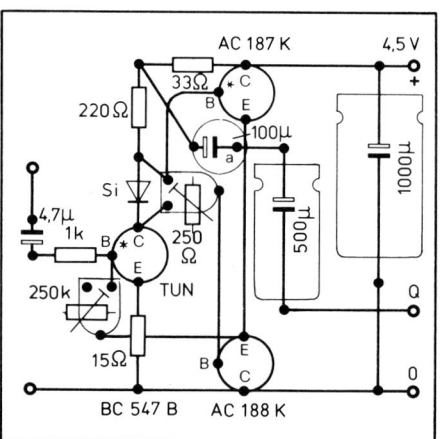

*Basisanschluß durchbiegen
a stehende Bauform

506 Aufbau des Verstärkers nach Abb. 502.

504 Gegentaktverstärker mit Treiber und durch „bootstrapping" aufgestockter Treiberspannung; der fertige Baustein.

507 *Stromlaufplan für einen Kleinverstärker mit Silizium-Transistoren.*

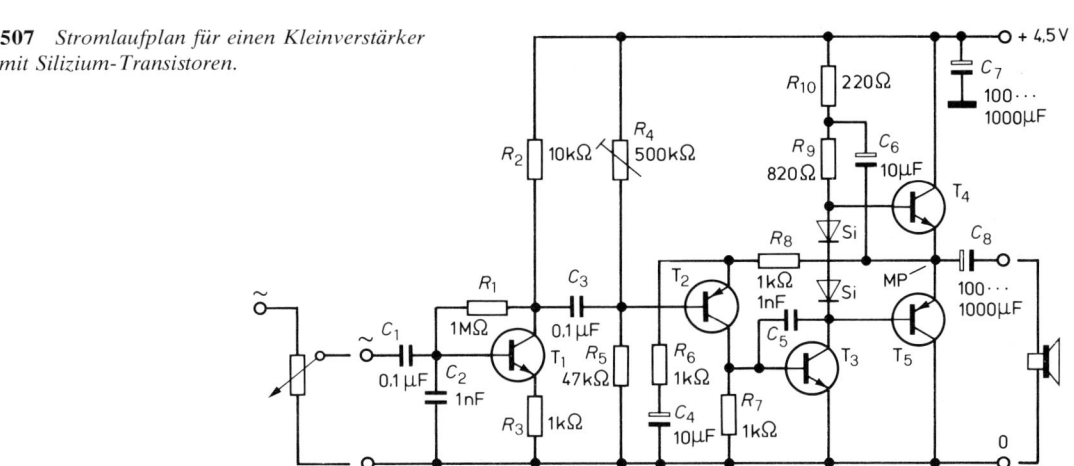

Veränderung der Endstufe

Bisher wurde U_2 immer zwischen C_1 und 0 abgegriffen. Wechselstrommäßig sind beide Pole der Batterie (der Speisespannungsquelle) 0, denn sie bildet für Wechselstrom einen fast ungehinderten Durchgang. Man kann daher U_2 auch zwischen C_1 und dem Plus-Pol von U_b abgreifen. Dabei ist C_1 umzupolen. Der Vorteil dieser Variante ist, daß man die mitlaufende Spannung (s. boot strapping, S. 218f.) unmittelbar an C_1 abgreifen und so C_3 einsparen kann (*505*). Dieses Verfahren ist jedoch nur bei Kleinleistungsverstärkern anwendbar, weil I_C des Treibers über die Schwingimpulse des Lautsprechers fließt und nur so lange nicht durch Vormagnetisierung stört, wie er (sehr) klein ist. Das Verfahren wird häufig bei batteriegespeisten Kleinverstärkern (s.u., Integrierte Verstärker) angewendet. Siehe auch S. 236.

12.11.2 Kleinverstärker mit Silizium-Transistoren

Abb. *507* zeigt einen Kleinverstärker mit Si-Transistoren in der Endstufe. Treiber (T_3) und Endstufe unterscheiden sich nicht prinzipiell vom Vorhergegangenen. Die Basisspannung der beiden Si-Transistoren wird durch die zwei Si-Dioden (DUS) hinreichend genau eingestellt. Der Verstärker ist um zwei stark gegengekoppelte Vorverstärkerstufen in Emitterschaltung erweitert (T_1/T_2). Um die bei hohen Gesamtverstärkungen leicht auftretenden „wilden Schwingungen" im HF-Bereich zu unterdrücken, ist der Treiber mit C_5 zwischen Kollektor und Basis für HF fast 100%ig gegengekoppelt (s.o., S. 208).

Bei der Inbetriebnahme stellt man den Trimmer R_4 zunächst auf 0 Ω. Nach dem Anlegen der Batteriespannung verstellt man ihn so, daß sich am Meßpunkt MP der halbe U_b-Wert ($= 2{,}25$ V) einstellt. Der Ruhestrom beträgt dann ca. 4 mA. Die Mittenspannung der Endstufe ist dadurch stabilisiert, daß T_2, dessen I_C den Arbeitspunkt und damit die Basis der Endstufe steuert, mit seinem Emitter im Gegenkopplungsspannungsteiler $R_8/R_6/C_4$ liegt. C_4 sorgt für gleichstrommäßige Trennung von Null bei wechselstrommäßigem Durchgang. Die benötigte Eingangsspannung I_1 beträgt für Vollaussteuerung ca. 80 mV, für eine Ausgangsleistung $P_a = 50$ mW (Zimmerlautstärke) werden ca. 36 mV benötigt. Die Eingangsempfindlichkeit läßt sich durch Verringern der Gegenkopplung (Erniedrigung von R_6 bis auf 100 Ω, Fortfall von R_3 oder wechselstrommäßige Überbrückung mit einem Elko) stark erhöhen. Für $P_a = 50$ mW an einem 4-Ω-Lautsprecher genügt dann $U_1 = 3{,}5$ mV.

12.11.3 Variante des Kleinverstärkers mit Silizium-Transistoren

Der hier beschriebene Verstärker ist eine Variante des obigen. Er dient hier einerseits als Übungsmöglichkeit zum Umdenken, andererseits wird ersichtlich, wie sich durch die Anwendung der bekannten Prinzipien der Aufwand verringern läßt. In seiner Leistung gleicht dieser Verstärker dem aus Abb. *507*.

Die wesentliche Änderung besteht darin, daß der Treiber T_3 „umgedreht" ist (*511*). Wie schon bekannt (S. 217), bildet seine CE-Strecke mit dem Kollektorwiderstand R_9 einen Spannungsteiler, der die halbe Batteriespannung herstellt. Es macht grundsätzlich keinen Unterschied, ob der Spannungsteiler durch einen NPN- oder PNP-

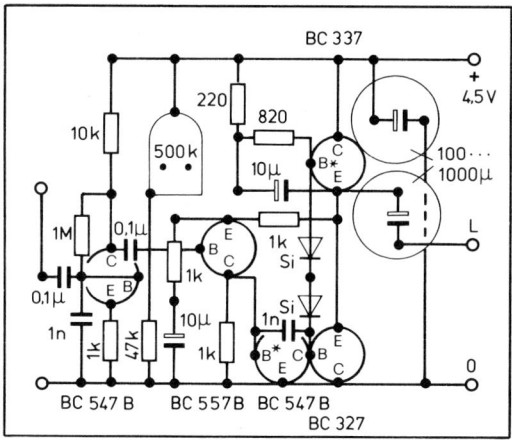

*Basisanschluß durchbiegen

508 *Aufbau des Kleinverstärkers.*

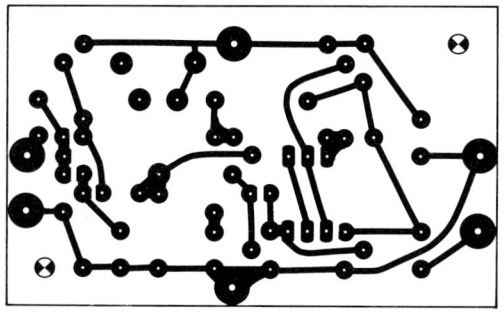

509 *Leiterplatte (Kupferseite) für den Kleinverstärker.*

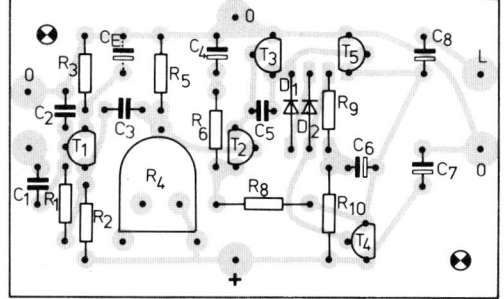

510 *Bestückungsplan für die Verstärkerplatte.*

Transistor gebildet wird. Hier ist der Treiber ein PNP-Transistor; er erfordert einerseits wegen der Gleichstromkopplung die Umkehrung des Vorverstärkers T_2 (NPN statt PNP); auf den Lautsprecheranschluß an 0 bezogen bedeutet die Umkehrung des Treibers andererseits, daß dieselbe

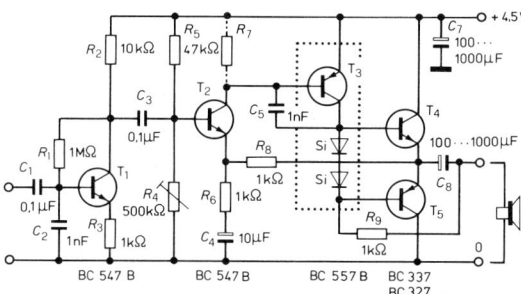

511 *Stromlaufplan für einen Kleinverstärker mit umgekehrter Treiberstufe und „boot strapping" am Ausgangskondensator.*

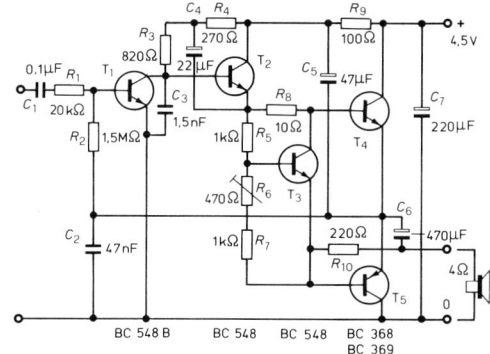

512 *Stromlaufplan für einen NF-Leistungsverstärker mit Komplementär-Endstufe für Batteriebetrieb (nach Valvo-Unterlagen).*

Verhältnisse vorliegen, als wäre der Lautsprecher bei einem NPN-Treiber mit $+U_b$ verbunden (505). R_9 kann daher direkt mit dem Ausgangselko C_8 verbunden werden, so kann man den Treiber „boot strappen" und doch den „boot strap"-Kondensator (in der Schaltung 507 C_6) sowie einen Widerstand (R_{10}) einsparen. Der Lautsprecher kann weiterhin an 0 liegen.

12.11.4 Industrieschaltung eines Verstärkers (Valvo)

Das folgende Beispiel zeigt den wohldurchdachten Stromlaufplan einer modernen Industrieschaltung (512, Valvo).
Das Hauptproblem eines Verstärkers mit niedriger Batteriespannung ist der geringe Aussteuerungsgrad der Endstufe. Gehen von $U_b = 4{,}5$ V durch die beiden Sättigungsspannungen der Endtransistoren 2mal 1 V U_{CEsat} verloren, so kann das Ausgangssignal höchstens 2,5 V_{ss} betragen (1 V

513 *NF-Leistungsverstärker; der fertige Baustein.*

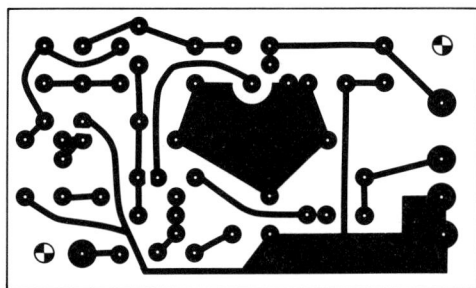

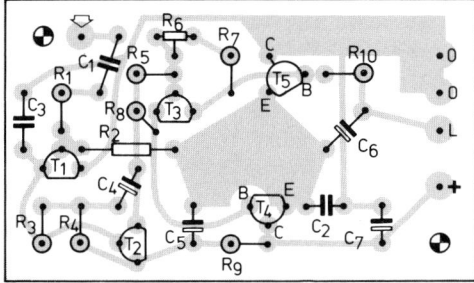

514 *Leiterplatte (Kupferseite) und Bestückungsplan für den NF-Leistungsverstärker.*

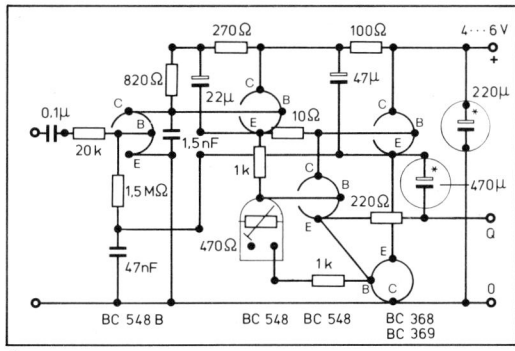

515 *Aufbau des NF-Leistungsverstärkers mit Komplementär-Endstufe (nach Valvo).*

$U_{CEsat} + 2{,}5\,\text{V} + 1\,\text{V}\,U_{CEsat} = 4{,}5\,\text{V}$). Die 2mal 1 V U_{CEsat} bedeuten in diesem Fall einen Aussteuerungsverlust von gut 44 %. Beträgt U_b 24 V, so bedeuten die 2 V einen Verlust von nur 8,3 %. Die Schaltung ist daher so ausgelegt, daß die Endtransistoren T_4/T_5 möglichst weit ausgesteuert werden. Sie sind sorgfältig ausgesucht, denn ihre Sättigungsspannungen sind sehr niedrig. Der Treiber ist als Emitterfolger geschaltet. Durch seinen hohen Eingangswiderstand belastet er den Vorverstärker T_1 wenig (das bedeutet hohe Spannungsverstärkung durch T_1, vgl. S. 210 ff.). Aufgrund seines geringen Innenwiderstands vermag er T_4/T_5 weit durchzusteuern. Für ihn ist das „boot strap"-Prinzip angewandt (C_5/R_9). Da aber an ihm ein Spannungsverlust auftritt – V_u eines Emitterfolgers ist immer etwas kleiner als 1 –, wird die Spannungsverstärkung von T_1 durch nochmalige Anwendung des „boot strap"-Prinzips (C_4/R_4) angehoben und damit wiederum eine optimale Durchsteuerung von T_2 erreicht.

Der Ruhestrom wird mit R_6 über T_3 eingestellt (s. Tabelle *501 d*). Die Mittenspannung der Endstufe wird durch die Gleichstromgegenkopplung über R_2 auf den Verstärkereingang T_1 stabilisiert.

Bei der Inbetriebnahme stellt man R_6 zunächst auf seinen größten Widerstand ein. Nach dem Anlegen der Batteriespannung ist bei kurzgeschlossenem Eingang ein Gesamtruhestrom von ca. 10 mA mit R_6 einzustellen. Der Verstärker arbeitet mit Betriebsspannungen zwischen 3,6 V und 7,5 V einwandfrei. Er benötigt für eine Ausgangsleistung von 50 mW an einem 4-Ω-Lautsprecher eine Eingangsspannung von 8 mV.

13. Integrierte NF-Verstärker

Vielbenötigte Elektronikfunktionen, wie z.B. NF-Verstärker, werden heute überwiegend nicht mehr aus „diskreten" (von lat. discretum = getrennt) Bauelementen aufgebaut, sondern durch integrierte Schaltungen (lat. integrare = vereinigen) ersetzt; umgangssprachlich heißen sie IC (von engl. *i*ntegrated *c*ircuit = integrierte Schaltung). Besonders verbreitet sind die monolithisch integrierten Schaltungen (von griech. monos = ein, griech. lithos = Stein, Kristall). Hier sind auf einem einzigen Siliziumplättchen von einem oder wenigen mm² Größe in Planartechnik (s.o., S. 127) eine Fülle von Transistoren, Dioden, Widerständen und Kondensatoren kleiner Kapazität untergebracht, die zusammen eine Gesamtfunktion erfüllen, z.B. die eines kompletten NF-Verstärkers, Empfängers, Zeitschalters, Rechners, einer Uhr usw. Nur größere Bauelemente wie Kondensatoren großer Kapazität, Spulen und natürlich die ausführenden Organe wie Lautsprecher, Ziffernanzeigen usw. werden diskret hinzugefügt. Integrierte Schaltungen arbeiten außerordentlich zuverlässig, denn in ihnen kann auf geringstem Raum ein elektronischer Aufwand getrieben werden, der mit diskreten Bauelementen kaum zu finanzieren wäre. In einem IC kostet eine Transistorfunktion Zehntelpfennige.

Auch in der Unterhaltungselektronik verdrängen IC immer mehr diskret aufgebaute Schaltungen. Integrierte NF-Verstärker bestehen meist im wesentlichen aus einem Operationsverstärker als Vorverstärker und einer Gegentaktendstufe. Eine besondere Eigenschaft des Operationsverstärkers ist seine als Differenzverstärker aufgebaute Eingangsstufe. Daher erörtern wir im folgenden zunächst das Prinzip des Differenzverstärkers, anschließend die Grundeigenschaften des Operationsverstärkers, soweit sie zum Verständnis der integrierten NF-Bausteine erforderlich sind.

13.1 Der Differenzverstärker

Der Differenzverstärker (*518*) besteht aus zwei Transistoren in Emitterschaltung. Die Kollektor-Emitter-Strecken der Transistoren sind steuerbare Widerstände. Die Schaltung bildet also eine Widerstandsbrücke (s.o., S. 54f.), bestehend aus R_1/T_1 als linkem und R_2/T_2 als rechtem Spannungsteiler. Der gemeinsame Emitterwiderstand R_E dient zur Stabilisierung. Er kann auch durch eine weitere Transistorschaltung ersetzt werden.

Die Brückendiagonale besteht zwischen den Ausgängen A_1 und A_2. Unter der Voraussetzung, daß R_1 und R_2 bzw. T_1 und T_2 untereinander gleich sind, befindet sich die Brücke so lange im Gleichgewicht (keine Spannung zwischen A_1 und A_2), wie die Basen die gleiche Steuerspannung erhal-

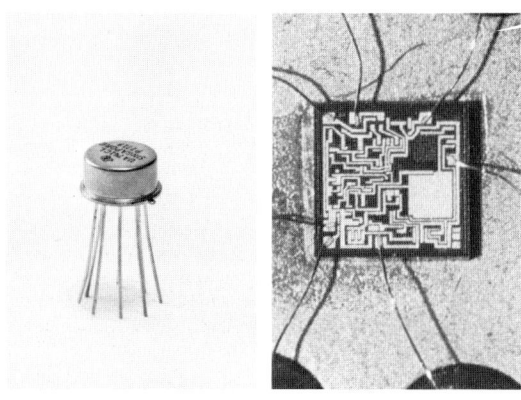

516/517 *Die integrierte Schaltung (IC) ist eine vollständige elektrische Schaltung aus Transistoren, Dioden, Widerständen, Kondensatoren usw. auf einem einzelnen kleinen Silizium-Chip. Die Zuleitungen nehmen den größten Gehäuseraum ein.*

ten, unabhängig davon, ob es sich um Gleich- oder Wechselspannung handelt. Bei gleicher Ansteuerung ändern sich auch die Widerstände der Transistoren in gleicher Weise, daher ändern sich die Widerstandsverhältnisse der Brücke nicht. Der „Gleichtakt" der Steuerspannungen an E_1/E_2 wirkt sich in der Brückendiagonale A_1/A_2 nicht aus. Die Gleichtaktunterdrückung ist eine der wichtigsten Eigenschaften des Differenzverstärkers.

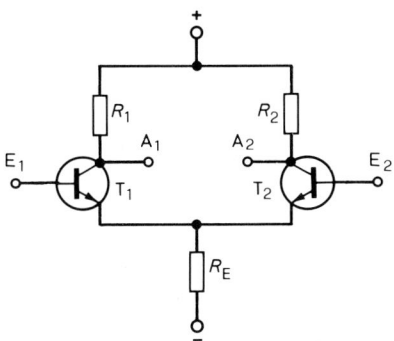

518 *Grundschaltung des Differenzverstärkers.*

Besteht aber zwischen den Eingängen eine Spannungsdifferenz, so steuern die Transistoren verschieden durch, d.h., sie ändern ihre Widerstandswerte unterschiedlich. Die Brücke gerät aus dem Gleichgewicht, und in der Brückendiagonale entsteht eine Spannungsdifferenz, die Ausgangsspannung U_a. U_a ist die verstärkte Differenz der Eingangsspannungen.

Da dieser Verstärker nur die Spannungsdifferenz zwischen den Eingängen verstärkt, heißt er *Differenzverstärker*.

Der Differenzverstärker diente ursprünglich als Meßverstärker, hat aber inzwischen wegen seiner hervorragenden Eigenschaften, insbesondere seiner Stabilität und der Gleichtaktunterdrückung alle Bereiche der analogen Schaltungen erobert. Änderungen der Betriebsspannung wirken sich auf das Gleichgewicht der Brücke nicht aus. In integrierten Schaltungen unterliegen beide Transistoren wegen ihrer Unterbringung auf einem gemeinsamen Kristall den gleichen Temperaturänderungen, weswegen die Brücke weitgehend temperaturstabil ist.

Die Bedeutung der Gleichtaktunterdrückung sei an einem Beispiel erläutert: Zwischen den Meßwertaufnehmern eines Rauchdichtemessers, einer Temperaturüberwachung, eines EKG-Gerätes usw. und dem Meßverstärker liegen in der Regel größere Entfernungen, die mit entsprechend langen Leitungen überbrückt werden müssen. Das Meßsignal wird als Differenz auf die beiden Eingänge geschaltet. Die oft sehr hohen Störspannungen (Brummeinstreuungen usw.) betreffen beide Leitungen, liegen an den Eingängen im Gleichtakt und werden somit unterdrückt. In einem normalen Eintaktverstärker würden sie mitverstärkt und zu erheblichen Verfälschungen des Meßsignals führen.

13.1.1 Ein einfacher Differenzverstärker

Abb. *519* zeigt den Stromlaufplan eines einfachen Differenzverstärkers für Versuchszwecke. E_2 erhält eine feste Vorspannung über den Spannungsteiler $R_7/R_8–R_9$, mit dem die Brücke abgeglichen werden kann. E_1 erhält seine Steuerspannung aus dem Spannungsteiler $R_1/R_2–R_3$. Wenn sich auf Grund von Beleuchtungsschwankungen R_2 ändert, gerät die Brücke aus dem Gleichgewicht, und das Meßinstrument zeigt einen Strom an. Mit R_3 wird der Meßbereich eingestellt. Statt des LDR (R_2) kann auch ein anderer Meßwertaufnehmer, z.B. ein NTC, eingesetzt werden.

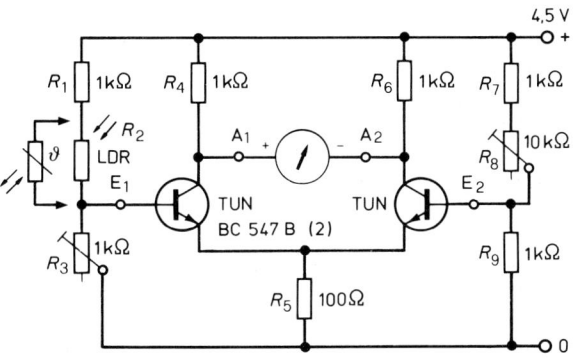

519 *Licht- oder Temperaturmessung mit einem einfachen Differenzverstärker.*

Mit dieser Schaltung läßt sich die Empfindlichkeit des Rauchdichtemessers (S. 56 f.) oder des Fernthermometers (S. 55) beträchtlich erhöhen.

Bei Aufbau ist darauf zu achten, daß T_1 und T_2 guten Wärmekontakt miteinander bekommen, indem man sie eng nebeneinander aufbaut, mit einer Metallklammer verbindet oder direkt zusammenklebt (z.B. mit einem Cyan-Acryl-Kleber).

Zum Abgleich der Brücke eignet sich als R_8 besonders gut ein Spindeltrimmer, da er sich feinfühlig einstellen läßt. Eine feinfühlige Einstellung kann man auch mit einfachen Trimmern erreichen, wenn man R_8 aus einem 10-kΩ-Trimmer für die Grobeinstellung und einem 500-Ω-Trimmer für die Feineinstellung in Reihenschaltung zusammensetzt.

13.2 Der Operationsverstärker

Operationsverstärker sind Differenzverstärker, die durch zusätzliche Stufen zur Verstärkungserhöhung, Verringerung der Empfindlichkeit gegen Schwankungen der Speisespannung, Temperatur usw. erweitert sind. Ursprünglich wurden sie für den Einsatz in Analog-Rechnern entwickelt, in denen man mit ihnen Rechenoperationen wie Addieren, Subtrahieren, Multiplizieren, Dividieren, Integrieren und Differenzieren ausführen kann. Daher stammt auch ihr Name „Operationsverstärker", umgangssprachlich kurz OpAmp (von engl. *op*erational *amp*lifier). Operationsverstärker sind nahezu ideale Verstärker, deren Eigenschaften sich durch äußere Beschaltung in vielfältiger Weise bestimmen lassen. Daher ist heute die Rechentechnik nur noch ein Anwendungsgebiet unter vielen.

521 *TO- und DIL-Gehäuse (IC-Fassungen) für Operationsverstärker.*

13.2.1 Allgemeine Eigenschaften

1. Operationsverstärker sind Gleichspannungsverstärker. Sie zeichnen sich durch außerordentlich hohe Spannungsverstärkung aus ($V_{uo} = 10^3$ bis 10^5fach und mehr $\triangleq 60$ bis 100 dB).
V_{uo} ist die „Leerlaufverstärkung". Sie wird praktisch kaum genutzt. Man setzt sie durch Gegenkopplung auf 20 ... 40 dB herab und erreicht dadurch sehr stabile Verhältnisse. Weichen die V_{uo} zweier Operationsverstärker durch Fertigungstoleranzen um 30% voneinander ab, so weicht im stark gegengekoppelten Verstärker V_u nur um ca. 0,1% ab.
2. Operationsverstärker benötigen in der Regel eine doppelte Spannungsversorgung (*520*); dadurch kann die Ausgangsspannung zu 0 positive oder negative Werte annehmen (wichtig bei Rechneranwendungen). Bei bestimmten Anwendungen läßt sich die doppelte Spannungsversorgung mit Hilfe eines Spannungsteilers umgehen (s.u.).

522 *Geöffnetes Gehäuse eines Operationsverstärkers TAA 861. Die monolithisch integrierte Schaltung nimmt darin den geringsten Platz ein.*

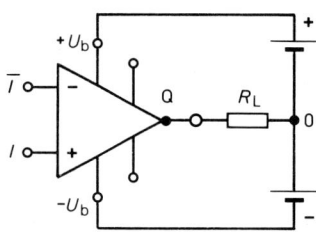

520 *Schaltzeichen und Grundschaltung eines Operationsverstärkers.*

3. Operationsverstärker haben zwei Eingänge und (meist) einen Ausgang, dazu bisweilen einen oder mehrere Hilfsanschlüsse. Die Eingänge tragen die Bezeichnung I und Ī (gelesen: Ī quer; „quer" bedeutet in der Booleschen Algebra und der ihr entsprechenden Schaltungstechnik eine Negation). Der Ausgang trägt die Bezeichnung Q.
Die beiden Eingänge bestimmen das Verhalten des Ausgangs. Wird nur ein Eingang beschaltet, so muß der andere einen Strompfad nach 0 haben.
I ist der „nichtinvertierende" Eingang. Erhält I eine zu 0 positive Spannung U_I, so steigt auch die Ausgangsspannung U_Q der Spannungsverstärkung entsprechend positiv an. Bei sinkender U_I fällt auch U_Q. Der Ausgang folgt also phasengleich dem Eingang. In Stromlaufplänen wird der nichtinvertierende Eingang mit dem Zeichen „+"

angegeben. Dies bedeutet keine Spannungsangabe, sondern nur die Funktion „nichtinvertierend".

$\bar{I}$ ist der „invertierende" Eingang. Steigt seine Eingangsspannung $U_{\bar{I}}$ nach positiven Werten, so fällt U_Q nach negativen; wird $U_{\bar{I}}$ negativ, so steigt U_Q nach positiven Werten. Der Ausgang verhält sich also umgekehrt wie der invertierende Eingang; zwischen $\bar{I}$ und Q entsteht eine Phasendrehung von 180°. In Stromlaufplänen erhält $\bar{I}$ das Zeichen „−", das keine Spannungsangabe, sondern lediglich die Funktion „invertierend" bedeutet.

Werden beide Eingänge beschaltet, so ist die Differenz von U_I und $U_{\bar{I}}$ für das Verhalten des Ausgangs maßgebend. Sind U_I und $U_{\bar{I}}$ gleich, so geschieht am Ausgang nichts, der Ausgang geht auf 0 (Gleichtaktunterdrückung, engl. common mode rejection).

Die vielfältigen Anwendungen des Operationsverstärkers ergeben sich aus dem entgegengesetzten Verhalten der Eingänge. Führt man U_Q auf $\bar{I}$ (−) zurück, so entsteht eine Gegenkopplung mit allen Möglichkeiten, Verstärkungsfaktor, Frequenzgang usw. zu variieren. Führt man U_Q auf I (+) zurück, so entsteht eine Mitkopplung − man erhält Schwing- und Kippschaltungen mit weiten Einstellmöglichkeiten.

Das Grundverhalten des Operationsverstärkers sollte man experimentell studieren (s. unten).

4. Auch der beste Operationsverstärker ist nicht vollkommen. Bei der Fertigung entstehen unvermeidbare Asymmetrien, die sich vor allem im Differenzverstärker bemerkbar machen. Damit der Eingang wirklich auf 0 geht, muß zwischen den Eingängen eine geringe Spannung stehen. Man nennt sie „Eingangsfehlspannung", „Eingangs-Nullspannung" oder „Offset-Spannung" (engl. input offset voltage = Eingangsabweichungsspannung) U_{EOS}. Die Offsetspannung bewegt sich in der Größenordnung von wenigen mV. Der Eingangs-Offset kann bei vielen Operationsverstärkern über die bereits erwähnten Hilfsanschlüsse ausgeglichen werden.

5. Jedes Transistorsystem hat an seinen pn-Übergängen Kapazitäten (s.o., S. 121), die wechselstrommäßig auch gegen 0 („Masse") wirken. In Verbindung mit den Widerständen ergeben sie Tiefpässe, die einerseits die Verstärkung hoher Frequenzen schwächen, andererseits die Phasenlage des Ausgangs zum Eingang mit steigender Frequenz zunehmend drehen.

Durch die Folge mehrerer Stufen im Operationsverstärker addieren sich die Phasendrehungen, so daß bei sehr hohen Frequenzen aus der Gegenkopplung eine Mitkopplung werden kann und der Verstärker instabil wird, u.U. sogar schwingt. Abhilfe schafft die sog. „Frequenzkompensation". Durch einen zusätzlichen Kondensator oder ein RC-Glied an den Hilfsanschlüssen wirkt man der Phasendrehung entgegen und setzt die Verstärkung hoher Frequenzen herab, in der Regel auf einen Verstärkungsabfall von 6 dB pro Oktave (eine Oktave ist die Verdoppelung der Frequenz; der Kammerton a' hat eine Frequenz von 440 Hz, seine Oktave a'' hat 880 Hz). Die erforderliche Beschaltung wird jeweils vom Hersteller angegeben. Viele Operationsverstärker sind bereits intern frequenzkompensiert.

13.2.2 Bauformen

Abb. *522* zeigt den stark vergrößerten Kristall eines integrierten Operationsverstärkers. Abgesehen von wenigen Spezialanwendungen gibt es Operationsverstärker nur in integrierter Technik. Die weitaus größten Bestandteile sind Gehäuse und Anschlüsse (man muß den Operationsverstärker ja schließlich noch anfassen können).

Die integrierte Schaltung ist überwiegend in TO-Gehäusen (Transistorgehäusen) und *Dual-in-Line*-Gehäusen (*521, 523*), abgek. DIL (engl., frei übersetzt = zwei Reihen von Anschlüssen), untergebracht. Für Brettschaltungen eignet sich das TO-Gehäuse wegen der biegsamen Drahtanschlüsse besser. Das DIL-Gehäuse ist zum direkten Einlöten in Leiterplatten und für das Einstecken in Fassungen vorgesehen.

Für die folgenden Versuche und Schaltungen werden zwei Standard-Operationsverstärker vorgeschlagen, die beide relativ billig zu beschaffen sind, und von denen jeder auf seine Weise Vorteile bietet.

Typ „741" (je nach Hersteller TL 741, µA 741, MC 1741, LM 741, TBA 221, TBA 222)

Der 741 ist bereits intern frequenzkompensiert; sein Ausgang ist „kurzschlußfest" (auch bei Kurzschluß gegen 0 wird er nicht zerstört). Sein Ausgangsstrom wird auf 15 bis 25 mA begrenzt. Der Arbeitsbereich der Betriebsspannungen reicht von ±4 V bis ±18 V. Der 741 kann aus zwei Flachbatterien betrieben werden. Solange man sich an die obere Grenze von ±18 V hält, ist er praktisch nicht zu zerstören. Anschlußbilder siehe *523*.

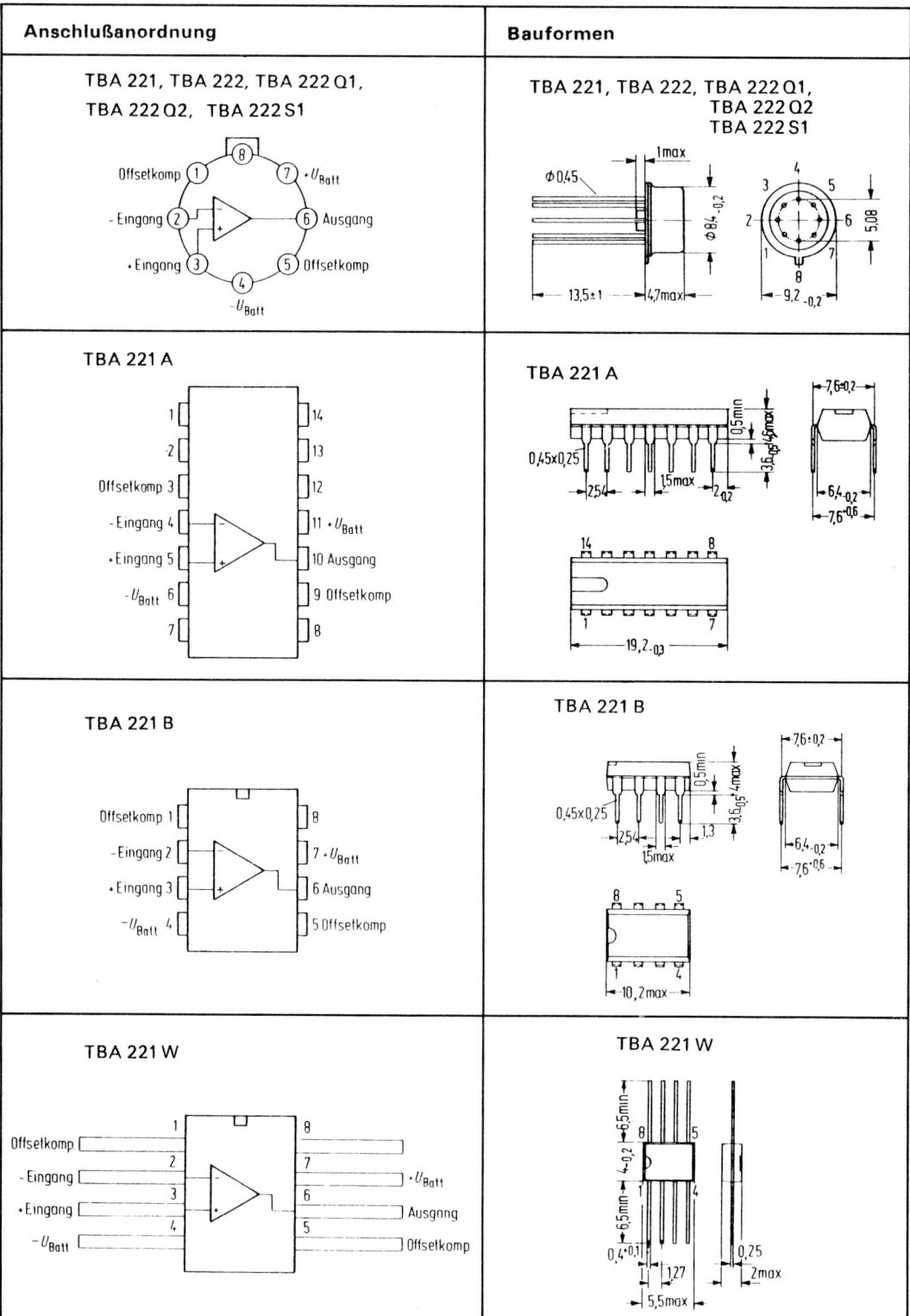

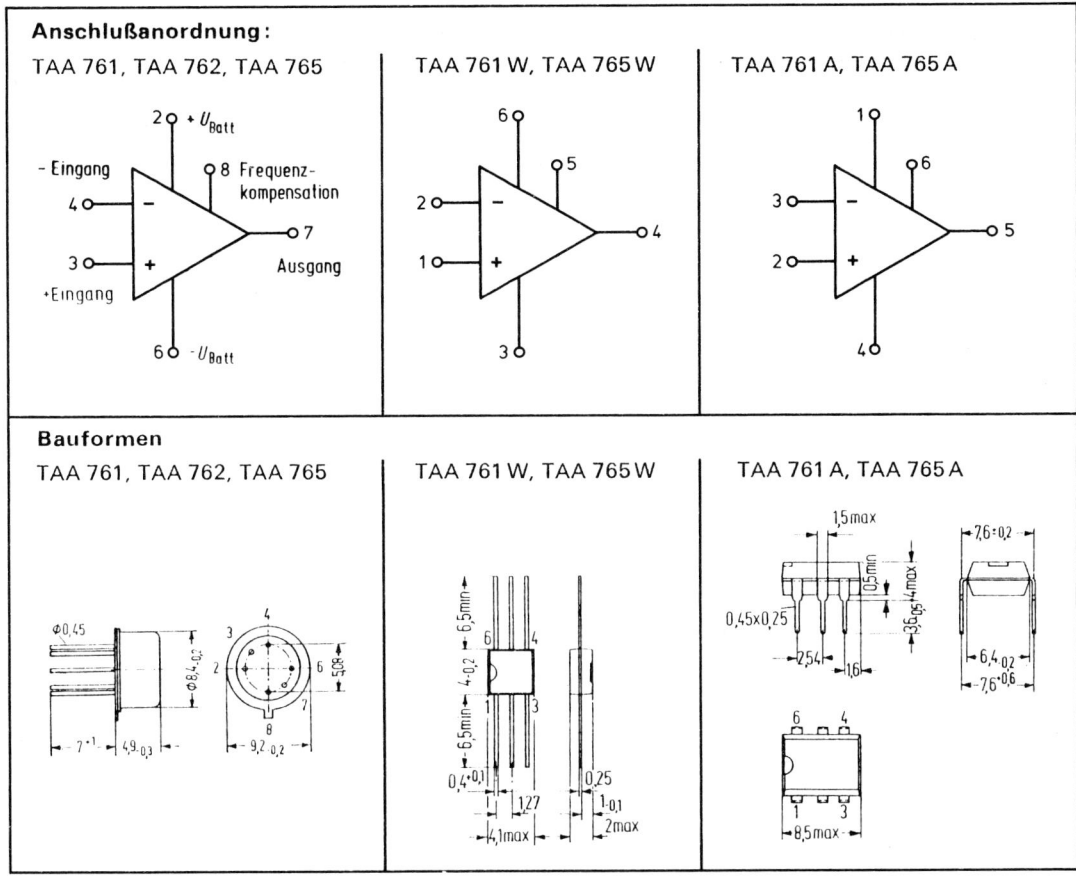

524 *Bauformen und Anschlußfolgen des Operationsverstärkers TAA 761 (861); nach Siemens-Unterlagen.*

Typ TAA 761 oder TAA 861
Der TAA 861 muß frequenzkompensiert werden (ca. 20–50 pF zwischen Ausgang 7 und Hilfsanschluß 8). Er benötigt zwischen Ausgang und $+U_b$ einen extern zuzuschaltenden Arbeitswiderstand. Er ist nicht kurzschlußfest, aber sein Ausgangsstrom darf max. 70 mA (!) betragen. Der Arbeitsbereich der Betriebsspannungen reicht von ±1,5 V bis ±10 V. Der Verstärker kann also mit einem Spannungsteiler versehen aus einer einzigen Flachbatterie gespeist werden. Anschlußbilder siehe *524*.

523 *(s. S. 228) Bauformen und Anschlußfolgen des Operationsverstärkers „741" (hier TBA 221; nach Siemens-Unterlagen).*

13.2.3 Eigenschaften und Grundschaltungen

Abb. *525* zeigt einen Versuchsbaustein, an dem sich das Grundverhalten des Operationsverstärkers erproben läßt. Der Baustein ist später als Verstärkerbaustein zu verwenden.

1. Versuch (Offset-Spannung und Leerlaufverstärkung):
Der Operationsverstärker wird ohne zusätzliche Bauelemente (also auch ohne Trimmer zum Offset-Abgleich) an zwei Flachbatterien angeschlossen. Die Ausgangsspannung wird mit einem Spannungsmesser beobachtet (Meßbereich 5 V; am besten mit Nullpunkt in der Mitte der Skala – das Vielfachmeßinstrument ohne Mittenanzeige muß gegebenenfalls je nach Zeigerausschlag umgepolt werden). Steht kein Spannungsmesser zur Verfügung, so reichen zur Not auch zwei LED (D_1/D_2). Die sonst notwendigen Vorwiderstände kann man sparen, da der 741 den Ausgangsstrom auf ca. 18 mA begrenzt und damit weder er noch die LED überlastet werden können. D_1 leuchtet bei zu 0 positiver, D_2 bei zu 0 negativer Ausgangsspannung.
Nach dem Anlegen der Batteriespannungen nimmt der Ausgang einen extremen Zustand (+ oder –) an, ob-

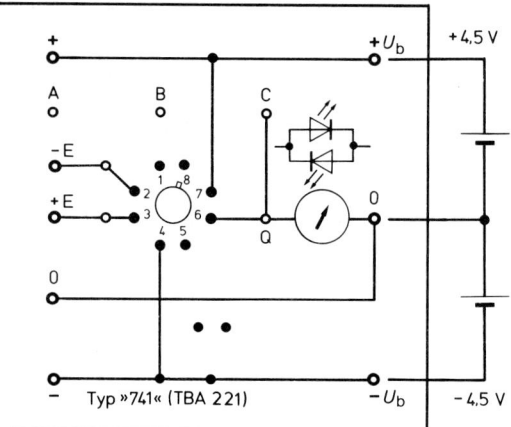

525 *Experimentierbaustein mit Operationsverstärker, Typ „741". An den Lötstützpunkten A, B und C können Bauelemente für den Gegenkopplungszweig befestigt werden.*

wohl beide Eingänge offen sind. Verbindet man beide Eingänge über kurze (!) Prüfkabel mit 0, so ändert sich am Ausgang nichts. Der Grund dafür ist die Offset-Spannung U_{EOS}. Der 741 hat eine Leerlaufverstärkung von ca. 200 000. Beträgt U_{EOS} auch nur 1 mV, so bedeutet das am Ausgang rechnerisch eine Spannung von 200 V, was die Betriebsspannung freilich nicht zuläßt. Die Rechnung soll nur verdeutlichen, wie stark damit der Operationsverstärker übersteuert wird.

2. Versuch (Offset-Abgleich): Nun wird der Trimmer an die Offset-Abgleichanschlüsse 5 und 1 angeschlossen (529). Durch Verstellen des Trimmers ist der Ausgang aus einem Extrem ins andere zu kippen. Die Ausgangsspannung $U_a = 0$ ist nur mit sehr viel Feingefühl einzustellen. Der Grund dafür ist wieder die hohe Leerlaufverstärkung des Operationsverstärkers.
Bei diesem Operationsverstärker ist der Offset-Abgleich (durch den Innenaufbau) über eigene Anschlüsse möglich. Wenn diese Möglichkeit nicht vorbereitet ist, stellt man den Offset-Abgleich durch Verschieben eines Eingangs her (526). Die beiden Dioden stabilisieren einen Teil der Spannung um den 0-Punkt herum; mit dem Trimmer kann die Offsetspannung eingestellt werden.

3. Versuch (Gegenkopplung): Die volle Spannungsverstärkung V_{uo} wird außerordentlich selten genutzt. Man setzt daher V_{uo} mittels Gegenkopplung auf das gewünschte Maß herab, indem man die Ausgangsspannung teilweise auf den invertierenden Eingang (−) zurückführt (527a, b). V_u wird nur durch den Grad der Gegenkopplung bestimmt, der sich aus dem Spannungsteilerverhältnis ergibt (s.u.).
Je nachdem, ob man den nichtinvertierenden (+) Eingang oder den invertierenden (−) Eingang ansteuert, heißt die Betriebsart „nichtinvertierender" oder „invertierender" Verstärker.
Für den *nichtinvertierenden Verstärker* (527a und Versuch 4) gilt

$$V_u = \frac{R_1 + R_2}{R_1} = 1 + \frac{R_2}{R_1}.$$

Auf die „1" kann man in Überschlagsrechnungen verzichten (sie macht nicht viel aus). Wird V_u auf 100 ($\triangleq 40$ dB) eingestellt, so bedeutet die 1 nur 1%. Wird der Spannungsteiler aus zwei Widerständen der E-12-Reihe (5% Toleranz) zusammengestellt, so kann die Abweichung von der Rechnung durch die Fertigungstoleranz der Widerstände im ungünstigsten Fall 10% betragen.
Ein Sonderfall liegt vor, wenn die Ausgangsspannung ungeteilt entweder über eine direkte Verbindung oder über einen Widerstand auf den −Eingang $\bar{I}$ zurückgeführt wird (528). R_2 darf sehr hochohmig sein (bis 1 MΩ), weil sehr geringer Strom in den Eingang fließt; er ändert den Grad der Gegenkopplung von 100% nicht nennenswert. V_u beträgt bei dieser Schaltungsart 1. Die

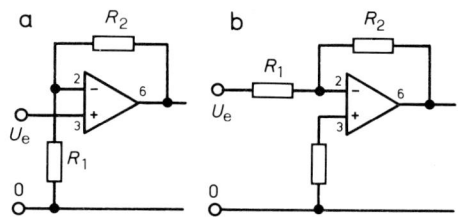

527 *Gegenkopplung. a) Operationsverstärker nichtinvertierend; b) invertierend.*

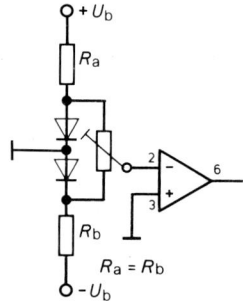

526 *Offset-Abgleich mit einem Spannungsteiler.*

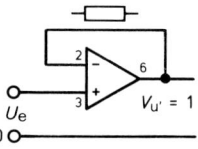

528 *Operationsverstärker als Spannungsfolger.*

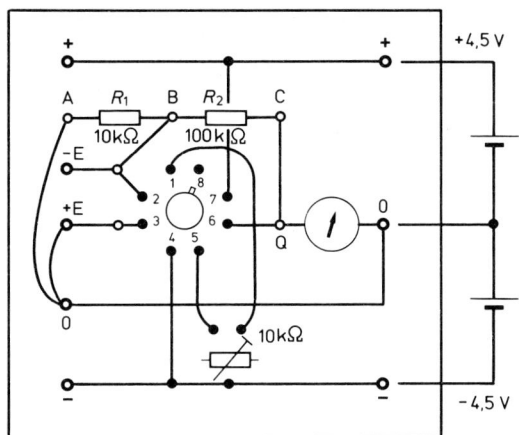

529 *Beschaltung des Experimentierbausteins mit einem Gegenkopplungsspannungsteiler.*

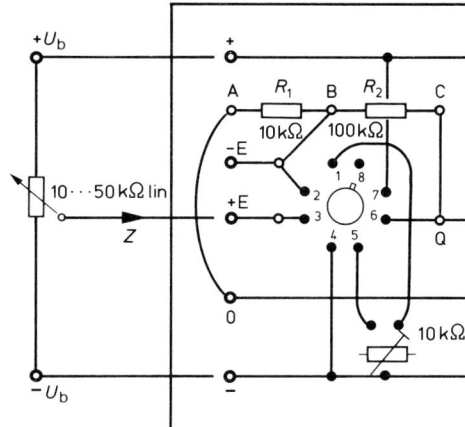

530 *Beschaltung des Experimentierbausteins für einen nichtinvertierenden Verstärker.*

Schaltung heißt „Spannungsfolger" und wird als Impedanzwandler eingesetzt. Dem sehr hohen Eingangswiderstand steht ein niedriger Ausgangswiderstand gegenüber. Zur Anwendung s. auch Versuche 5 und 6.
Für die *invertierenden Verstärker* (527b) gilt

$$V_u = \frac{R_2}{R_1}.$$

Wir setzen nun den Spannungsteiler in den Baustein ein (529): $R_2 = 100$ kΩ (C–B) und $R_1 = 10$ kΩ (B–A), verbinden A mit 0 und B mit dem –Eingang. Damit ist $V_u = 11$. Der +Eingang erhält einen Strompfad nach 0, entweder über einen Widerstand (Größenordnung: $R_1 \| R_2$) oder, was hier ausreicht, über ein kurzes (!) Prüfkabel.
Wir versuchen wieder, durch den Offset-Abgleich mit dem Trimmer am Ausgang 0 V herzustellen, was diesmal leicht gelingt, weil die Verstärkung gewaltig herabgesetzt wurde.
Die Eigenschaften des Operationsverstärkers werden in weitestem Umfang durch Grad und Art der Gegenkopplung bestimmt. In diesem Beispiel wurde U_a über einem ohmschen Widerstand zurückgeführt. Zur Rückkopplung eignet sich aber auch jeder Scheinwiderstand: Besteht die Rückkopplung beispielsweise aus einem Tiefpaß, so werden die hohen Frequenzen bevorzugt verstärkt, weil sie weniger stark gegengekoppelt sind. Führt der Rückweg über einen Hochpaß, so werden die tiefen Frequenzen bevorzugt verstärkt. Auf diese Weise ist z.B. die Höhen- und Tiefeneinstellung in HiFi-Verstärkern möglich. Die Möglichkeiten sind außerordentlich zahlreich, sie sollen hier nur angedeutet sein. Daß sich die Verstärkung über einen Trimmer (an Stelle R_2) kontinuierlich einstellen läßt, sei nur am Rande erwähnt.

4. Versuch (Der Betrieb als nichtinvertierender Verstärker): Zur Ansteuerung der Eingänge bauen wir mit einem Potentiometer ca. 10 ... 50 kΩ lin. einen Spannungsteiler auf (530). Der Spannungsteiler ermöglicht es, die Eingänge mit positiv und negativ variablen Spannungen anzusteuern. Die Vorgänge am Ausgang lassen sich noch leichter beobachten, wenn man V_u weiter herabsetzt, z.B. durch Verringern des Widerstands R_2 von 100 kΩ auf 22 kΩ.
Wir verbinden den Schleifer des Potentiometers mit dem +Eingang und messen U_a (ein vom vorigen Versuch etwa noch vorhandener Kurzschluß nach 0 muß natürlich beseitigt sein). Dreht man den Schleifer nach positiven Werten, so erhält der Eingang positiv steigende Spannung, U_e, U_a steigt nach positiven Werten. Dreht man den Schleifer zurück, so sinkt U_e und steigt nach Durchlaufen der Spannung 0 V nach negativen Werten an. U_a sinkt ebenfalls, durchläuft 0 V und steigt nach negativen Werten an. Im Betrieb als nichtinvertierender Verstärker folgt U_a – um V_u vergrößert – der Eingangsspannung phasengleich.

$$U_a = U_e \cdot \left(1 + \frac{R_2}{R_1}\right).$$

In dieser Form kann der Experimentierbaustein als Kopfhörerverstärker benutzt werden. Zwischen Ausgang und 0 schaltet man einen Kopfhörer mit $Z = 200$ Ω, z.B. eine Telefonhörkapsel. Der Betrieb eines Lautsprechers ist ebenso möglich, wenn ein Übertrager (ca. 1 kΩ : 8 Ω oder 4 Ω) dazwischengeschaltet wird. Es ist eine gut hörbare Lautstärke zu erreichen. Den +Eingang (I) verbindet man über einen Widerstand von ca. 100 kΩ mit 0 und fügt zwischen I und die Eingangsklemme einen Kondensator ein, der Gleichspannungsanteile der Quelle fernhält (Achtung: Drahtbrücke zur I-Klemme unterbrechen!). Als Quelle eignet sich z.B. ein Detektor. Die Verstärkung durch den Baustein kann man durch Vergrößern von R_2 wieder erhöhen; man sollte aber bei dieser offenen Bauweise 40 dB

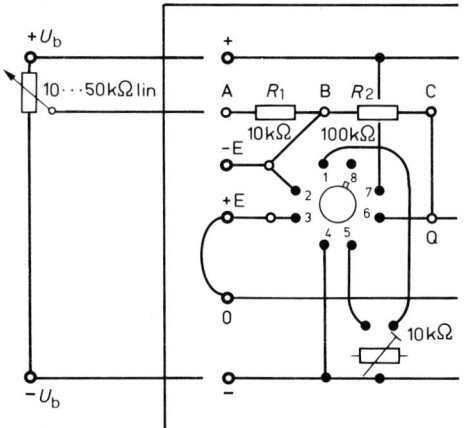

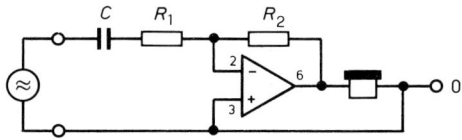

531 Beschaltung des Experimentierbausteins für einen invertierenden Verstärker.

532 Durch die 100%ige Gleichstromgegenkopplung erübrigt sich der Offset-Abgleich.

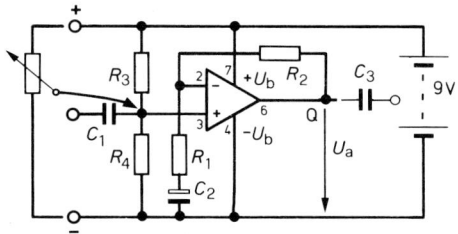

533 Nichtinvertierender Betrieb eines Operationsverstärkers aus einer einfachen Spannungsquelle.

($\hat{=}$ 100fach) nicht überschreiten. Widerstandswerte: $R_1 = 10$ kΩ, $R_2 = 1$ MΩ.
Der Offset-Abgleich muß erneut durchgeführt werden. Fehlerhafter Abgleich macht sich durch starke Verzerrungen (Begrenzungen) bemerkbar.

5. Versuch (Der Betrieb als invertierender Verstärker): Nun steuern wir mit dem Spannungsteiler aus Versuch 4 den −Eingang (Ī) an (*531*). V_u wird wieder $\hat{=}10$ eingestellt. Der +Eingang erhält einen Strompfad nach 0. Wird U_e an Ī positiv, so wird U_a negativ; bei negativen Werten von U_e nimmt U_a positive Werte an. Im Betrieb als invertierender Verstärker folgt U_a der Eingangsspannung mit umgekehrtem Vorzeichen, d.h. um 180° phasenverschoben. Das Verhalten ist dem des Transistors in Emitterschaltung vergleichbar.

$$U_a = -\frac{R_2}{R_1} \cdot U_e.$$

Das Minuszeichen deutet die Phasenumkehr an.

Auch in dieser Form kann der Baustein als Kopfhörerverstärker eingesetzt werden. Speist man das NF-Signal über einen Kondensator *C* ein, so besteht gleichstrommäßig 100%ige Gegenkopplung, da durch *C* der Gleichstromweg für R_1 und damit für den Spannungsteiler gesperrt ist. Das hat zur Folge, daß die Gleichspannungsverstärkung nur 1 ist und sich die Offset-Spannung am Ausgang auch nur mit wenigen mV bemerkbar macht. Beide können vernachlässigt werden, der Offset-Abgleich erübrigt sich (*532*). Für die Wechselspannung ist der Gegenkopplungsspannungsteiler wirksam. V_u richtet sich nach R_2/R_1. Für Kopfhörer und Lautsprecher gilt das bereits Gesagte.

6. Versuch (Der Betrieb aus einer einfachen Spannungsquelle): Bisher wurde der Operationsverstärker aus einer geteilten Spannungsquelle betrieben. Benötigt man ihn im weitesten Sinne des Wortes nicht als „Rechenverstärker", sondern als einfachen Wechselspannungsverstärker (z.B. NF-Verstärker), so läßt sich die geteilte Spannungsquelle durch eine einfache ersetzen. Ihre Spannung muß dann ebenso hoch sein wie die beiden Teilspannungen zusammen; statt zweier 4,5-V-Batterien wird eine 9-V-Batterie benötigt.
Der Kunstgriff besteht darin, daß der +Eingang durch einen Spannungsteiler (R_3/R_4) auf halbe U_b (ehedem 0 V) gelegt wird (*533*). Weil der Eingangsstrom sehr gering ist, dürfen die Widerstände sehr große Werte (z.B. 100 kΩ) haben.
Wir bauen die Schaltung zunächst ohne jeglichen Kondensator auf. R_1 bleibt zunächst offen; $V_{u'}$ beträgt damit 1. Die Ausgangsspannung wird gegen den Minus-Pol der Batterie gemessen. Ohne Ansteuerung stellt sich U_a mit ca. 4,5 V ein (die ehemalige Spannungsmitte).
Nun steuern wir den +Eingang mit dem Spannungsteiler aus den Versuchen 4 und 5 an. U_a pendelt nichtinvertierend zwischen ca. 2 V und ca. 8 V. Dann steuern wir über R_1 (oder auch direkt) den −Eingang an. U_a pendelt um denselben Betrag, diesmal jedoch invertierend.
Auch mit diesem Kunstgriff sind nichtinvertierende und invertierende Betriebsart möglich. U_a kann jedoch zum Bezugspotential (jetzt dem Minus-Pol der Batterie) keine negativen Werte annehmen. Das entspricht den bisher besprochenen Verstärkerschaltungen und bedeutet für Wechselspannungsverstärker keinen Nachteil.
Für den Gebrauch als Wechselspannungsverstärker wird der Eingang mit einem Kondensator (C_1) gleichstrommäßig von der Quelle abgetrennt; dadurch wird der „Arbeitspunkt" am +Eingang von außen unabhängig. C_1 sollte einen hohen Isolationswiderstand haben (möglichst kein Aluminium-Elko!). U_a wird wieder gegen den Minus-Pol der Batterie abgenommen, u.U. auch gleichstrommäßig durch C_3 abgetrennt. Das Bezugspotential

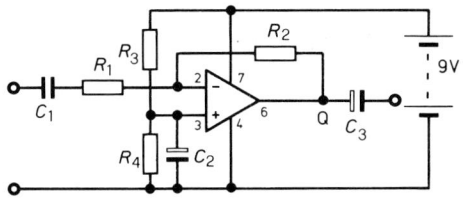

534 *Invertierender Operationsverstärker mit Betrieb aus einer einfachen Spannungsquelle.*

(0) für die Wechselspannungen ist der Minus-Pol der Batterie, daher wird der Gegenkopplungsspannungsteiler durch C_2 nach dorthin geschlossen – jedoch nur für Wechselspannungen; gleichspannungsmäßig ist er offen, das bedeutet über R_2 eine 100%ige Gleichstromgegenkopplung. Die Gleichspannungsverstärkung ist nur 1, somit fallen die wenigen mV Offset-Spannung nicht ins Gewicht. Der Offset-Abgleich erübrigt sich. Die Wechselspannungsverstärkung entspricht R_2/R_1.

Für den Betrieb als invertierender Verstärker erhält der +Eingang über einen Spannungsteiler wieder halbe U_b, wird aber über C_2 wechselspannungsmäßig auf 0 gelegt (*534*). Der −Eingang wird für Gleichspannungen durch C_1 gesperrt, so daß die 100%ige Gleichspannungsgegenkopplung eine Gleichspannungsverstärkung = 1 ergibt und sich ein Offset-Abgleich erübrigt.

13.3 Ein Kopfhörer- oder Vorverstärker für $U_b = 4{,}5$ V

Abb. 535 zeigt einen nichtinvertierenden Verstärker entsprechend *533*, z.B. für den Betrieb mit einer Telefonhörkapsel. Auch bescheidener Lautsprecherbetrieb ist mittels eines Übertragers möglich. Übertrager oder Kopfhörer können anstelle des Arbeitswiderstandes R_5 angeschlossen werden. Damit entfällt auch C_3. Diese Anschlußweise ist wegen des Gleichstromanteils nur bedingt zu empfehlen; die gleichstromfreie Auskopplung über R_5/C_3 ist günstiger.

Der eigentliche Verstärker ist der TAA 761 (oder 861), der bereits mit Batteriespannung von $\pm 1{,}5$ V (zusammen 3 V) funktionsfähig ist und daher schon mit einer Flachbatterie betrieben werden kann. C_4 dient der Frequenzkompensation. Die Gegenkopplung – und damit V_u – kann mit einem Trimmer R_2 eingestellt werden. V_u sollte auf 40 dB begrenzt werden. Abgesehen von den durch die offene Bauweise bedingten Instabilitäten wäre eine höhere Spannungsverstärkung illusorisch, da schon die Leerlaufverstärkung mit sinkender Speisespannung rapide abfällt (sie beträgt bei $U_b = 4$ V und $R_L = 200\ \Omega$ „nur" noch ca. 60 dB; ein einigermaßen guter Frequenzgang ist aber nur bei starker Gegenkopplung zu erreichen,

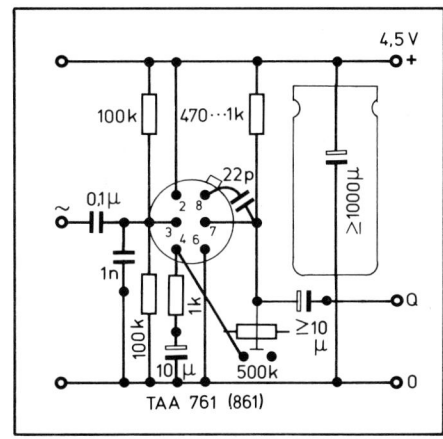

536 *Aufbau des Kopfhörer- oder Vorverstärkers. HF-Einstrahlungen kann man am Eingang mit einem Kondensator 1 nF kurzschließen.*

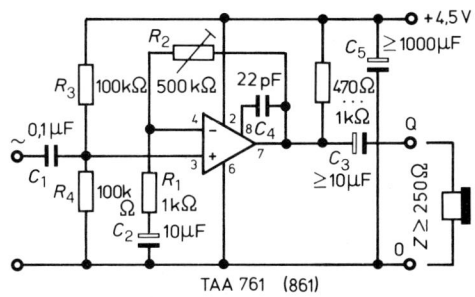

535 *Stromlaufplan für einen Kopfhörer- oder Vorverstärker mit Operationsverstärker und sehr niedriger Speisespannung.*

537 *Kopfhörer- oder Vorverstärker; der fertige Baustein.*

d.h., daß man die 60 dB Leerlaufverstärkung auf höchstens 40 dB verringern muß).
Die Stromaufnahme beträgt 3 bis 4 mA, was für eine Flachbatterie sehr lange Lebensdauer bedeutet.

13.4 NF-Verstärker mit Gegentakt-Endstufe

Die bisher beschriebenen NF-Verstärker mit dem Operationsverstärker können als Vorverstärker und Treiber zur Aussteuerung einer Gegentaktendstufe dienen. Abb. 539 zeigt eine Möglichkeit mit Ge-Transistoren in der Endstufe.

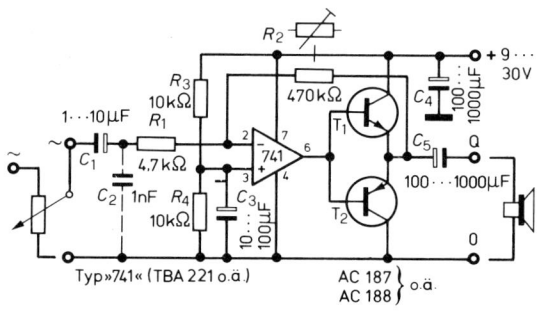

539 *Stromlaufplan für einen NF-Verstärker: Operationsverstärker und Gegentaktendstufe mit Germanium-Transistoren.*

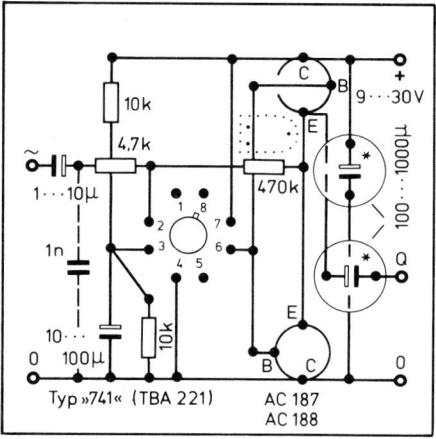

*stehende Bauform

538 *Aufbau des NF-Verstärkers.*

Der Operationsverstärker arbeitet invertierend (s. auch 534). Die Endstufentransistoren erhalten keinen Ruhestrom, dadurch erübrigt sich der Abgleich. Der Stromverbrauch ist gering. Die Übernahmeverzerrungen sind vertretbar gering (allerdings nur bei Verwendung von Ge-Transistoren. Bei Si-Transistoren ist wegen der höheren Basisschwellenspannung eine Basisvorspannung unumgänglich).
Die nachfolgende Schaltung (541) zeigt einen NF-Verstärker mit Si-Transistoren nach Siemens-Unterlagen. Der Operationsverstärker arbeitet nichtinvertierend (wie in Versuch 6, 533). Die Basisvorspannung wird an D_1 abgegriffen. Die Endstufe arbeitet mit „boot strapping" nach Abb. 502. Die Höhe der Eingangsgleichspannung am +Eingang des Operationsverstärkers, und damit auch die Höhe der Ausgangsspannung, die

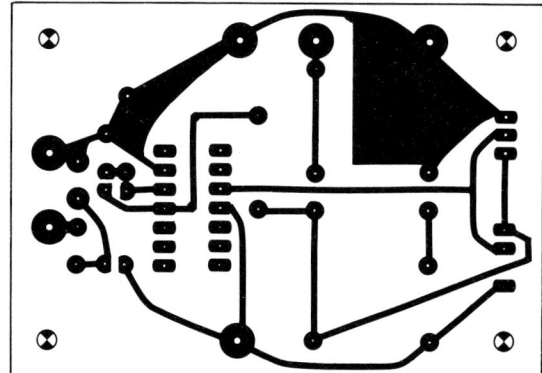

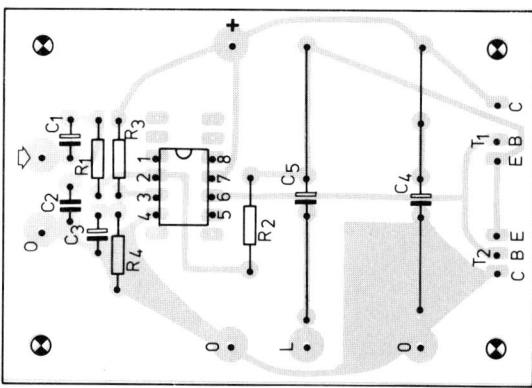

540 *Leiterplatte und Bestückungsplan für den NF-Verstärker mit Gegentaktendstufe.*

zugleich die Mittenspannung des Endtransistors bestimmt, kann mit dem Trimmer P_1 eingestellt werden. R_1/C_1 bilden zusammen einen Tiefpaß, damit sich durch die großen Stromspitzen der Endstufe hervorgerufene Schwankungen von U_b

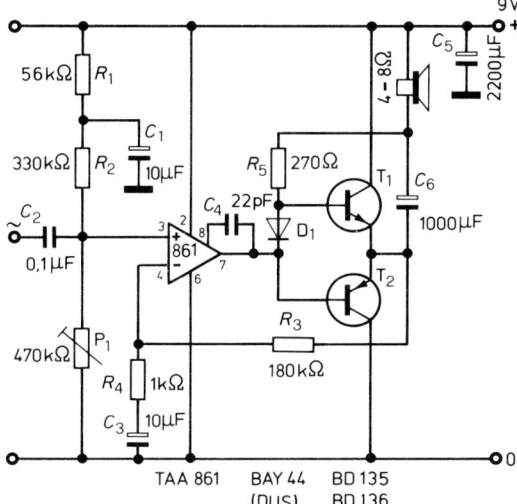

541 *Stromlaufplan eines NF-Verstärkers mit Operationsverstärker und Gegentaktendstufe; Silizium-Transistoren. Schaltung nach Siemens-Unterlagen.*

nicht auf den Verstärkereingang übertragen (s. auch S. 213).

Dieser mit geringem Aufwand gebaute Verstärker kann bei 9 V Speisespannung 1 bis 2 W an einen 4-Ω-Lautsprecher liefern. Wegen der starken Gegenkopplung über den mit hoher Verstärkung arbeitenden Operationsverstärker TAA 861 wird auch mit ungepaarten Transistoren ohne besondere Ruhestromeinstellung eine relativ gute Wiedergabequalität erreicht. Mit den vorgeschlagenen Endtransistoren (BD 135/136) beträgt die Ausgangsleistung 1,2 W.

13.5 Vollintegrierte NF-Verstärker

Die konsequente Weiterentwicklung ist die Vollintegration zumindest aller Halbleiterbauelemente in einem IC. Im folgenden wurden zwei IC mit sehr weitem Bereich der Versorgungsspannung ausgewählt, die schon aus einer Flachbatterie zu speisen sind. Die äußere Beschaltung wird jeweils vom Hersteller angegeben; deren typische Einzelheiten wie Auskoppelelko, Gegenkopplungs(halb)zweig, Tiefpaßkondensator zur gleichstrommäßigen Entkopplung der Vorstufen von der Endstufe, Frequenzkompensation und ein Elko parallel zur Batterie (zur Verringerung des Wechselstromwiderstands) wiederholen sich von IC zu IC.

13.5.1 NF-Verstärker mit TCA 160/TCA 760 (Valvo)

Die Integrierte Schaltung TCA 160 bzw. deren Nachfolgetyp TCA 760 enthält einen kompletten NF-Verstärker mit Vor-, Treiber- und Endstufe. Für den Einsatz von IC ist es meist auch für den Entwicklungsingenieur nicht nötig, daß er sich mit deren Innenaufbau näher beschäftigt. Ein IC wird als „Funktion" eingesetzt; dementsprechend geben die Hersteller den genauen Innenaufbau oft gar nicht an. Abgesehen von den Fabrikationsgeheimnissen wäre das bei vielen IC auch ein graphisches Problem: Wie sollte man z.B. die ca. 30 000 Transistorfunktionen eines mittleren Taschenrechner-IC in einem Datenbuch darstellen? – Dennoch sei hier einmal die Innenschaltung eines IC mitgeteilt, um zu zeigen, daß man mit Grundkenntnissen ein einfaches IC durchschauen kann (542).

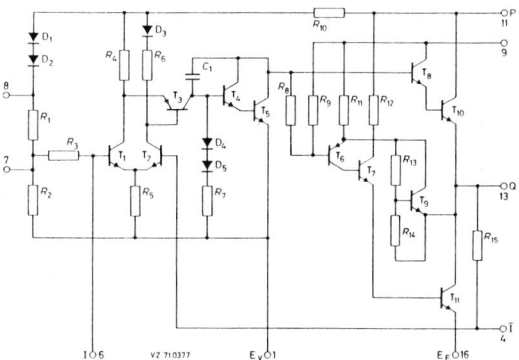

542 *Beispiel der Innenschaltung eines vollintegrierten NF-Verstärkers (TCA 760; nach Valvo-Unterlagen).*

1. Die Verstärkerstufen

T_1/T_2 bilden einen Differenzverstärker.

T_3 verstärkt das Differenzsignal in Emitterschaltung. Der Arbeitspunkt ist mit D_3/R_6 eingestellt; die Basis des PNP-Transistors ist um eine Schwellenspannung negativer als der Emitter.

T_4/T_5 bilden einen Darlington und übernehmen die Funktion des Treibers.

T_8/T_{10} bilden einen NPN-Darlington und bilden den NPN-Teil der Gegentaktendstufe.

T_7/T_{11} bilden einen NPN-Darlington, der durch T_6 (PNP) nach Art des Whitefolgers zu einem PNP-Darlington umfunktioniert ist.

$T_6/T_7/T_{11}$ bilden den PNP-Teil der Gegentaktendstufe.

T_9 dient der Ruhestromeinstellung und -stabilisierung.

C_1 dient zur internen Frequenzkompensation.

235

2. Die Anschlüsse

Anschluß P (11) steht für „power" (engl. Kraft, „+Spannungsversorgung"). Die Anschlüsse E.. stehen für „earth" (engl. Erde, „Masse", 0), E_v (1) für den Vorverstärker, E_E (16) für die Endstufe. Beide werden extern miteinander verbunden.

I (6) und $\bar{\mathrm{I}}$ (4) sind die Eingänge; Q (13) ist der Ausgang; $\bar{\mathrm{I}}$ ist bereits über den Gegenkopplungswiderstand R_{15} mit Q verbunden. R_{15} entspricht in unseren Versuchen mit der Gegenkopplung des Operationsverstärkers dem R_2 (s.o.); R_1 und ein Kondensator sind extern zu ergänzen, um V_u einzustellen. Anschluß 9 gehört im einfachsten Fall an +; über ihn kann T_8 „gebootstrapt" werden.

Die Anschlüsse 7 und 8 liegen im Basisspannungsteiler von T_1; $R_{10}/D_1/D_2/R_1$ bilden zusammen mit einem Elko einen Tiefpaß, der verhindert, daß sich durch die Stromspitzen der Endstufe hervorgerufene Spannungsschwankungen auf I übertragen; vgl. dazu R_1/C_1 in Abb. 541, S. 235.

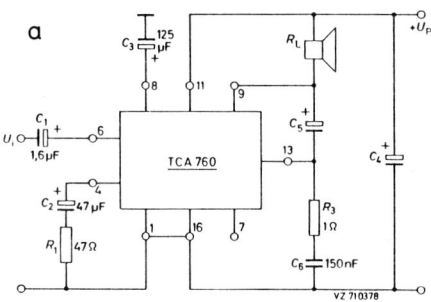

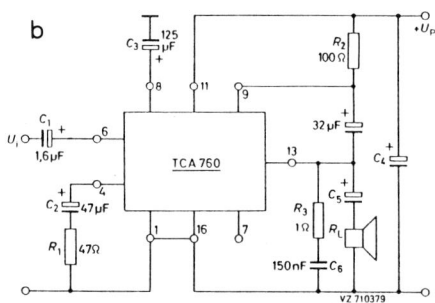

543 Beispiele für die Außenbeschaltung des TCA 760; a) für Batterie-, b) für Netzbetrieb. – Anschluß 1 dient als Masseanschluß für den Eingangsteil, Anschluß 16 dient als Masseanschluß für die Endstufe und als Zuführung für den negativen Pol der Speisespannung. Die Anschlüsse 1 und 16 müssen möglichst dicht am Gehäuse miteinander verbunden werden. Der Siebkondensator C_4 soll möglichst dicht an der integrierten Schaltung angeordnet werden. Damit Eindringen von HF in den NF-Verstärker vermieden wird, soll ein Kondensator C_X von etwa 560 pF zwischen den Anschlüssen 6 und 1 eingefügt werden. – Nach Valvo-Unterlagen.

Abschließend soll nicht verschwiegen werden, daß es sich in diesem Beispiel um ein sehr einfaches IC handelt. Bei den meisten IC wird ein erheblich höherer elektronischer Aufwand getrieben, z.B. zur Stabilisierung von Strömen und Spannungen. Im Funktionsprinzip ähneln sie einander jedoch.

Abb. 543 zeigt Anwendungsbeispiele für Batteriebetrieb (a) und Betrieb aus einem Netzgerät (b).

Die Funktionen der hinzugefügten Bauelemente sind bis auf eine Ausnahme bereits aus dem vorausgegangenen bekannt. Wir betrachten zunächst das Schaltungsbeispiel für den *Batteriebetrieb* (543a):
C_1 trennt den auf die halbe Batteriespannung hochgesetzten +Eingang (I) gleichspannungsmäßig ab (s. Versuch 6, S. 232).
R_1/C_2 bilden den zweiten Teil des Gegenkopplungszweiges (Versuch 6, S. 232). Mit R_1 wird das Spannungsteilerverhältnis der Gegenkopplung und damit V_u eingestellt. Wird R_1 vergrößert (bis max. 100 Ω), dann sinkt V_u.
C_3 bildet mit den internen Widerständen einen Tiefpaß. Damit sollen die Wechselspannungsanteile aus der Gleichspannungsversorgung herausgesiebt werden (weswegen man einen Elko in dieser Funktion meist kurz „Siebelko" nennt).
C_5 ist der Auskoppelelko der Gegentaktendstufe, mit „boot strapping" nach der Methode von S. 220.
C_4 setzt den Wechselstromwiderstand der Batterie herab (s. S. 166 und 219).
R_3/C_6 bilden zusammen ein Zobel-Glied (auch Boucherot-Glied genannt). Es ist in Verbindung mit dem Lastwiderstand zu sehen. Der Entwickler einer Schaltung kann nie genau vorherbestimmen, unter welchen Bedingungen seine Schaltung tatsächlich eingesetzt wird, muß aber sicher sein, daß sie auch unter stark wechselnden Lasten immer stabil arbeitet, d.h. sich nicht zu Eigenschwingungen anregen läßt. Je nachdem, ob ein einfacher Lautsprecher, eine HiFi-Box mit Frequenzweichen aus Spulen und Kondensatoren angeschlossen wird, ob die Lautsprecherzuleitung lang oder kurz ist und mehr oder weniger als Antenne für (HF-)Störeinstrahlungen wirkt, ändert sich der komplexe Lastwiderstand. Komplex heißt, er besteht nicht nur aus einem ohmschen Leistungswiderstand, sondern zugleich auch aus Blindwiderständen von Kapazitäten und Induktivitäten. Unter ungünstigen Bedingungen könnte es angesichts der großen Verstärkungsfaktoren dazu kommen, daß der Verstärker zu schwingen beginnt. Das Zobel-Glied, ein Element aus der Filtertechnik, soll den Verstärker gegen Schwingneigung stabilisieren.

Bei *Netzbetrieb* (543b), der sich vom Batteriebetrieb nur durch die Versorgung mit stabiler Speisespannung unterscheidet, wird die Ausgangsspannung mit C_5 gegen 0 ausgekoppelt. Zum „boot strapping" dienen in dem Fall R_2 und der Elko 32 μF (s.o., S. 218f.).
Von Anschluß 7 kann ein weiterer Siebelko (ca. 10 μF) gegen 0 geschaltet werden. Damit ergibt sich ein weiterer Tiefpaß vor dem +Eingang (I), der eventuell noch

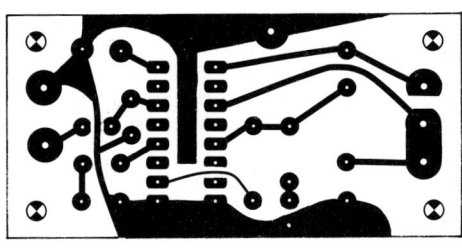

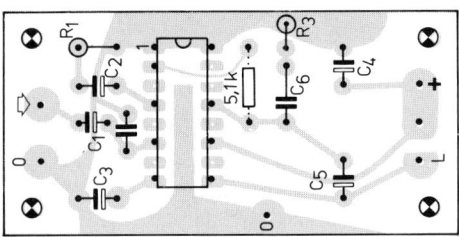

544 *Leiterplatte und Bestückungsplan für den integrierten NF-Verstärker TCA 760*

$R_1 = 47\,\Omega$ 50 dB; für eine Ausgangsleistung von 50 mW genügt $U_1 \leq 2$ mV. Er kann bei $U_b = 6$ V eine Leistung von 0,45 W (an $R_L = 4\,\Omega$) und bei $U_b = 10$ V 1,45 W (an $R_L = 8\,\Omega$) abgeben. Der Funktionsbereich wird vom Hersteller mit 5 ... 14 V angegeben. Der Betrieb aus einer Flachbatterie ist noch möglich.

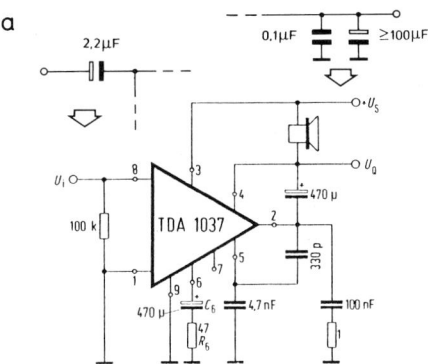

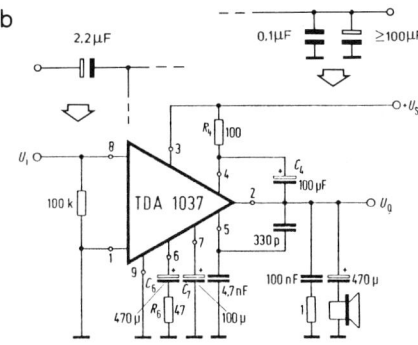

vorhandene Brummspannungsanteile aus der Netzversorgung aussiebt.

Diese äußere Beschaltung ist typisch für integrierte NF-Verstärker und wiederholt sich so oder sehr ähnlich bei anderen NF-IC.
Abb. *544* zeigt einen Leiterbahnentwurf, der sowohl für die Bestückung nach Schaltung *543a* wie *543b* geeignet ist.
Statt des TCA 760 kann auch der TCA 160 verwendet werden; es ist dann lediglich ein Widerstand von 5,1 kΩ zwischen den Anschlüssen 2 und 13 einzulöten.
Der Verstärker ist sehr empfindlich. V_u beträgt bei

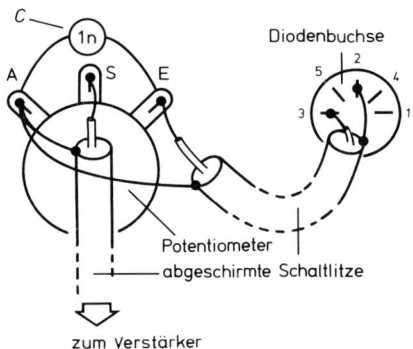

545 *Verdrahtung des Verstärkereingangs mit Eingangsbuchse, Lautstärkepotentiometer und HF-Ableitkondensator. Der Mantel der abgeschirmten Schaltlitze dient zugleich als Null-(Masse-)Leitung.*

546 *NF-Verstärker mit TDA 1037 – a) für Batterie-, b) für Netzbetrieb (nach Siemens-Unterlagen). Die ersatzweise darübergezeichneten Kondensatoren sind beim Aufbau hinzuzufügen.*

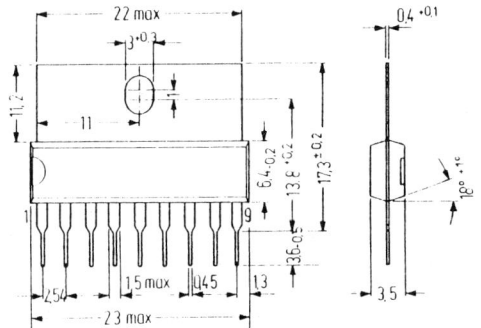

547 *Bauform und Zählweise für die Anschlüsse des TDA 1037 (nach Siemens-Unterlagen).*

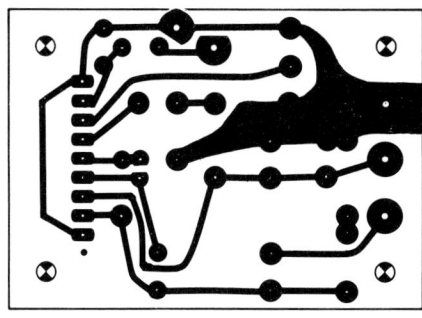

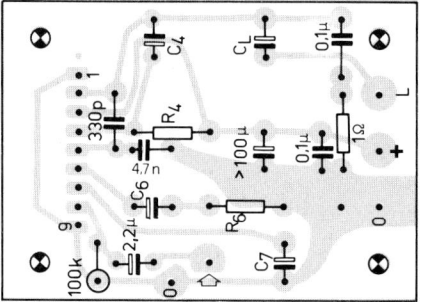

548 *Leiterplatte und Bestückungsplan für den NF-Leistungsverstärker TDA 1037. Bei Bestückung nach Vorschlag a (Batteriebetrieb) wird der Lautsprecher statt R_4 angeschlossen; C_7 und C_L entfallen.*

Bei der ersten Inbetriebnahme ist unbedingt der Strom zu messen. Der Ruhestrom (kurzgeschlossener Eingang) liegt in der Größenordnung von 10 mA. Sollte ein sehr großer Strom, 100 mA und mehr, fließen, so liegt entweder ein Aufbaufehler vor (genaue Kontrolle!), oder der Verstärker schwingt „wild". Abhilfe schafft die Vergrößerung der Siebelkos (C_3, C_4), mit Sicherheit die Herabsetzung von V_u durch Vergrößern von R_1 bis 100 Ω. Die hohe V_u wird man in den meisten Anwendungen gar nicht benötigen. Sollte das Meßinstrument stark „pulsieren" (etwa im Rhythmus von 1 oder 2 Hz), so geht dessen Innenwiderstand zu stark in den Stromkreis ein. Seine Wirkung kann man aufheben, indem man für die Dauer der Messung einen Elko von 2 200–4 700 µF parallel zu C_4 schaltet. Vor dem Anlegen der Batteriespannung stellt man einen großen Meßbereich (> 100 mA) ein, damit der Ladestrom das Instrument nicht beschädigt. Danach schaltet man auf einen kleineren Bereich um.

Das Eindringen von HF, z.B. vom Ortssender, unterbindet man mit einem Keramikkondensator von 470 ... 1 000 pF zwischen Anschluß 6 und Masse (0).

Diese Hinweise gelten grundsätzlich für die Inbetriebnahme aller integrierten NF-Verstärker.

13.5.2 NF-Verstärker mit TDA 1037 (Siemens)

Die folgende Schaltung ist für Betriebsspannungen zwischen 4 V und 28 V (!) geeignet. Es wird wieder je ein Schaltungsvorschlag für Batteriebetrieb (*546a*) und für Netzbetrieb (*546b*) angegeben. Weitere Erläuterungen sind nicht mehr nötig (s.o.); zu erwähnen ist lediglich die Frequenzkompensation (330 pF/4,7 nF), und daß die „Selbstverständlichkeiten", nämlich der Elko parallel zur Batterie und der Kondensator zur gleichstrommäßigen Abtrennung des Eingangs, vom Hersteller nicht eigens angegeben sind. Auf diese beiden Bauteile kann man aber nicht verzichten; ohne sie wird man wenig Freude an dem hervorragenden IC haben. Sie sind auf dem Leiterplattenvorschlag (*548*) berücksichtigt.

14. Schwingschaltungen (Oszillatoren)

Schwingschaltungen (Oszillatoren, von lat. oscillare = schwingen) werden vorwiegend zur Erzeugung sinusförmiger oder -ähnlicher Wechselspannungen benötigt. Sie spielen insbesondere in der Nachrichtentechnik eine Rolle. Die Schwingschaltung ist das Herz jedes Senders. Kein Radio- oder Fernsehempfänger, Tonbandgerät, Cassettenrecorder kommt ohne sie aus.

Das Prinzip aller Schwingschaltungen besteht darin, daß die Ausgangswechselspannung eines Verstärkers fortlaufend auf seinen Eingang phasengleich (!) zurückgekoppelt wird (im Gegensatz zur Gegenkopplung). Diese gleichphasige Rückkopplung heißt *Mitkopplung*. Die Mitkopplungsbedingung ist auch bei Phasendrehungen von 360° oder deren ganzzahligen Vielfachen erfüllt, denn jeweils 360° bedeuten wieder Phasengleichheit und entsprechen 0°.

Eine weitere Bedingung ist, daß die „Ringverstärkung" – d.i. das Produkt aus dem Verstärkungsfaktor V und dem Kopplungsfaktor K (Anteil des rückgeführten Signals vom Ausgangssignal) – mindestens 1 ist:

$V \cdot K \geqq 1.$

Beispiel: V_u eines Verstärkers $= 20$, $K = 5\%$ ($= 0,05$):

$20 \cdot 0,05 = 1.$

In dem Fall steuert sich der Verstärker selbst, denn der rückgeführte Anteil der Ausgangsspannung ist als Eingangsspannung groß genug, um – durch V_u vergrößert – die Ausgangsspannung wieder zu erzeugen. Daher auch der Begriff „Ringverstärkung". Außer der Energieversorgung durch die Betriebsspannungsquelle benötigt der Verstärker kein Eingangssignal. Man nennt sein Schwingen auch „Selbsterregung".

Ist die Ringverstärkung = 1 oder nur wenig darüber, so entsteht eine sinusförmige Wechselspannung. Mit zunehmender Ringverstärkung wird der Verstärker zunehmend übersteuert; das Ausgangssignal wird zunehmend begrenzt (s.o., S. 204), bis es bei totaler Übersteuerung Rechteckform annimmt. Wir kennen diesen Fall bereits im astabilen Multivibrator (s.o., S. 152 ff. und S. 243).

Die Frequenz der Selbsterregung hängt von den Übertragungsgliedern des Verstärkers ab. Befindet sich am Ein- oder Ausgang ein Schwingkreis, so bestimmt dieser die Frequenz. Befinden sich am Ein- oder Ausgang oder im Mitkopplungsweg RC-Glieder (R allein gibt es nicht, weil immer Kapazitäten entstehen, s.o., S. 65), so folgt die Frequenz aus deren Zeitkonstanten.

Dem Verhältnis von Ringverstärkung und Zeitglied im Übertragungsweg begegnet man, sobald man mit Mikrofon, Verstärker und Lautsprecher hantiert, z.B. bei einer Tonbandaufnahme, die über den Lautsprecher des Tonbandgeräts mitgehört wird, und zwar als akustische Rückkopplung in Form von Pfeifen und Heulen. Diese Rückkopplung kommt dadurch zustande, daß der vom Lautsprecher abgegebene Schall den beim Mikrofon ursprünglich vorhandenen Schallpegel erreicht, vom Mikrofon aufgenommen und vom Lautsprecher wieder abgegeben wird. Die Tonhöhe (Frequenz) richtet sich nach dem Übertragungsweg, der Bauweise von Mikrofon und Lautsprecher, der Stellung und dem Abstand beider zu- und voneinander, usw. Stellt man die Verstärkung zurück, so verschwindet das Pfeifen – die Ringverstärkung reicht dann nicht mehr aus. Trotzdem

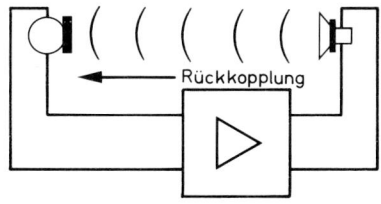

549 *Weg der akustischen Rückkopplung.*

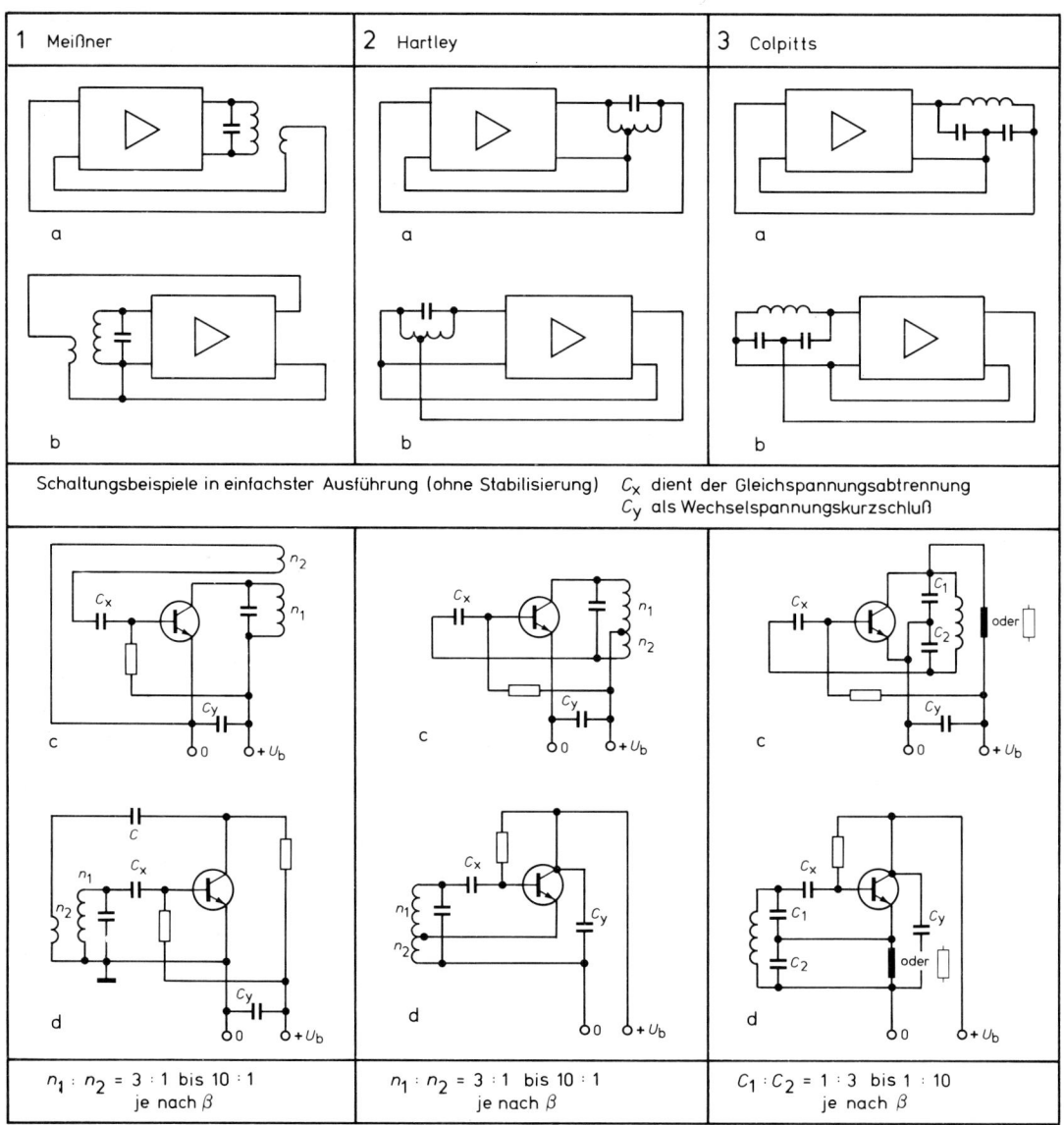

550 *Grundschaltungen der Oszillatoren.*

kann man die Wirkung der immer noch, wenn auch schwach vorhandenen Mitkopplung hören; die Übertragung klingt von einer bestimmten Lautstärke des Lautsprechers an hohl; eine bestimmte Frequenz wird offenbar bevorzugt verstärkt – d.h., daß die Anlage auf ihrer Resonanzfrequenz (Frequenz der Eigenschwingung) selektiv zu verstärken beginnt.
Für einen entsprechenden Versuch (549) genügt ein beliebig einfaches Mikrofon (z.B. eine Telefonhörkapsel), jeder der bisher gebauten Verstärker oder z.B. der eines Cassettenrecorders – und ein beliebiger Lautsprecher.

Bei genügend großer Ringverstärkung setzt die Selbsterregung ein. Verringert man diese (V durch Zurückstellen der Verstärkung, K durch Vergrößern des Abstands zwischen Lautsprecher und Mikrofon), so hört sie wieder auf. Die Verringerung des einen Faktors kann man durch Vergrößern des anderen wieder ausgleichen. Ebenso kann man den Beginn der selektiven Verstärkung kurz vor dem Schwingungseinsatz hören. Nach diesem Versuch kann sich jedermann erklären, warum viele Hersteller von Tonbandgeräten die Mithörkontrolle über den Lautsprecher konstruktiv ausschließen.

14.1 LC-Oszillatoren

LC-Oszillatoren werden überall dort eingesetzt, wo eine sinusförmige Spannung erzeugt werden soll. Insbesondere eignen sie sich für den HF-Bereich. Die folgende Tabelle (550) gibt eine Übersicht über drei Grundschaltungen, die in vielerlei Varianten dem jeweiligen Zweck angepaßt immer wieder angewendet werden.

14.1.1 Der Meißner-Oszillator

Die erste Oszillatorschaltung (patentiert 1913) stammt von Alexander Meißner (1883–1958). Mit ihr setzte eine stürmische Entwicklung der drahtlosen Nachrichtenübermittlung ein, denn der Oszillator war für Sender- und Empfängeranwendungen gleichermaßen geeignet. Der Verstärker war damals eine Röhre, heute verwendet man entsprechend einen Transistor.
Die Mitkopplung wird durch eine Spule hergestellt, die nach Art des Transformators fest mit dem Schwingkreis gekoppelt ist. Die Phasendrehung wird durch die Anschlußweise der Koppelspule erreicht. Wenn ein Meißner-Oszillator nicht schwingt, liegt es meistens daran, daß die Anschlüsse der Koppelspule vertauscht wurden und daher die Phasenbedingung nicht erfüllt ist.

14.1.2 Der Hartley-Oszillator

Der Hartley-Oszillator vereinigt Schwingkreis- und Rückkopplungsspule. Das Spannungsteilerverhältnis wird durch eine Spulenanzapfung hergestellt. Da nun die Spule drei Anschlüsse hat, nennt man diese Schaltung auch „induktive Dreipunktschaltung".
Beim invertierenden Verstärker (550/2c) folgt die notwendige Phasendifferenz von 180° aus dem wechselspannungsmäßigen Nullpunkt durch die Zuführung der Speisespannung an der Anzapfung. Beim nichtinvertierenden Verstärker (550/2d, der Transistor arbeitet wechselspannungsmäßig in Kollektorschaltung) darf die Phase nicht noch zusätzlich gedreht werden; daher wird die Speisespannung an einem Spulenende zugeführt.
Der Hartley-Oszillator gilt unter den Schwingschaltungen als „Mädchen für alles", weil er für nahezu jeden Zweck zu gebrauchen und unter nahezu allen Bedingungen zum Schwingen zu bringen ist. Außerdem eignet er sich für Frequenzen bis 1 000 MHz.

551/552 *Schwingquarz – a) in Fassung HC-25U (wird in Handsprechfunkgeräten verwendet) – b) geöffnet.*

14.1.3 Der Colpitts-Oszillator

Im Gegensatz zum Meißner- und Hartley-Oszillator wird beim Colpitts-Oszillator die Mitkopplungsspannung nicht aus der Schwingkreisspule, sondern aus dem Schwingkreiskondensator gewonnen; er ist in zwei in Reihe geschaltete Kondensatoren aufgeteilt, sie bilden zusammen einen kapazitiven Spannungsteiler. Da der Schwingkreiskondensator nun gewissermaßen drei Anschlüsse hat, heißt die Schaltung auch „kapazitive Dreipunktschaltung". Sie bietet gegenüber den beiden anderen Schaltungen den Vorteil, daß die Spule ohne Koppelwicklung oder Anzapfung leichter herzustellen ist. Dafür ist der Aufwand an Bauelementen größer.
Abschließend sei ausdrücklich darauf hingewiesen, daß diese Reihe der Schaltungsbeispiele bei weitem nicht vollständig ist.

14.2 Quarzoszillatoren

Ein besonderes Problem aller Oszillatoren ist ihre Frequenzstabilität. Die eingestellte Frequenz soll auch unter sich ändernden Bedingungen (Spannungs- und Temperaturschwankungen) möglichst konstant bleiben. Bei LC-Oszillatoren erreicht man mit erheblichem Aufwand Stabilitätsfaktoren von bestens 0,01 % (10^{-4}). Mit Schwingquarzen lassen sich dagegen Stabilitäten von 10^{-6} bis 10^{-10} erreichen. Sie sind für Meßgeräte, z.B. Uhren, auch erforderlich.
Ein Schwingquarz verhält sich wie ein Schwingkreis. Im Vergleich mit LC-Kreisen ist seine Schwingfrequenz sehr konstant. Er kann wie ein Parallelschwingkreis oder wie ein Reihen-

schwingkreis eingesetzt werden, allein oder in Verbindung mit einem *LC*-Kreis, der auf die Quarzfrequenz „einrastet".

Abb. 554 zeigt das Ersatzschaltbild für einen Quarz. C_1 bildet mit L einen Reihenschwingkreis, in dem L sehr groß, C_1 sehr klein (0,01 ... 0,05 pF) ist. Der Quarz kann daher in *Reihenresonanz* schwingen. Die Quarzhalterung (die beiden auf den Quarz aufgedampften metallischen Kontaktflächen, s. Abb. 552) bilden miteinander den Kondensator C_0 (7 ... 15 pF). C_0 und C_1 in Reihe bilden zusammen mit L einen Parallelschwingkreis. Der Quarz kann daher auch in *Parallelresonanz* schwingen. Wegen der geringeren Gesamtkapazität ist die Frequenz bei Parallelresonanz etwas höher als bei Reihenresonanz. R deutet die Verluste durch den Quarz an (Verlustwiderstand).

Es können grundsätzlich alle *LC*-Grundschaltungen auch für Quarzoszillatoren benutzt werden (555). Abb. 556 zeigt einen Quarzoszillator nach Clapp (Weiterentwicklung) des Colpitts-Oszillators) in Kollektorschaltung. Der Quarz wird in Parallelresonanz betrieben.

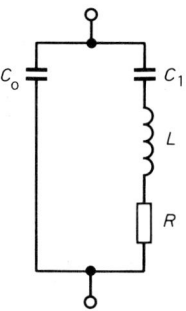

553 *Schaltzeichen für einen Kristall (Quarz).*

554 *Ersatzschaltung für einen Schwingquarz.*

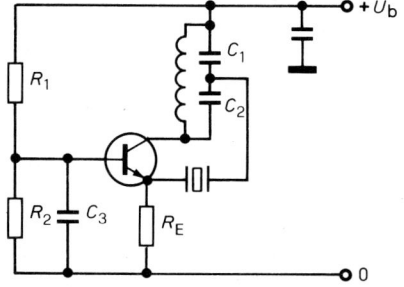

555 *Stromlaufplan für einen Quarzoszillator mit zusätzlichem Schwingkreis (Colpitts) in Basisschaltung.*

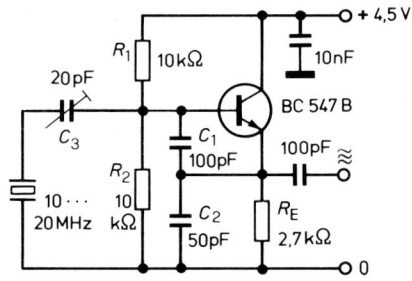

556 *Stromlaufplan für einen aperiodischen Quarzoszillator (nach Clapp) in Kollektorschaltung.*

$C_1/C_2/C_3$ sind in diesem Fall keine Schwingkreiskapazitäten, sondern stellen einen kapazitiven Spannungsteiler dar, durch den das Mitkopplungsverhältnis bestimmt wird. C_1 soll etwa so groß sein, daß sein Wechselstromwiderstand für die Betriebsfrequenz (= Quarzfrequenz) in der Größenordnung des Eingangswiderstands des Transistors für eben die Betriebsfrequenz liegt. C_2 soll je nach Stromverstärkungsfaktor des Transistors bei der Betriebsfrequenz $0{,}5 \ldots 0{,}2 \cdot C_1$ sein. C_3 liegt als dritter Teil in dem kapazitiven Spannungsteiler und ermöglicht es, die Frequenz des Quarzes geringfügig zu „ziehen", bis etwa 1‰ seiner Grundfrequenz. Ersetzt man den Quarz durch eine Spule, so bilden $C_1/C_2/C_3$ die Schwingkreiskapazität.

Der Arbeitspunkt des Transistors wird so eingestellt, daß am Emitter etwa die halbe U_b abfällt. Da in Kollektorschaltung U_E immer $U_B - U_{BE}$ ist, erfüllt man diese Bedingung dadurch, daß der Basisspannungsteiler aus zwei gleichen Widerständen zusammengestellt wird ($U_B = U_b : 2$). R_E wird so groß gewählt, daß ein maximaler Kollektorstrom von 1 ... 2 mA fließen kann. Bei der Auswahl des Transistors ist zu beachten, daß seine Transitfrequenz (f_T, s.o., S. 126) 7- bis 10mal höher als die Quarzfrequenz ist.

Wird der Quarz als einziges frequenzbestimmendes Glied eingesetzt („aperiodischer Betrieb"), so kann es vorkommen, daß der Oszillator auf Nebenresonanzstellen oder Oberwellen des Quarzes anschwingt. Um dies auszuschließen, setzt man ihn meistens in Verbindung mit einem Schwingkreis ein. Der Quarz wird dann in den Mitkopplungsweg eingefügt und in Reihenresonanz betrieben. Für die Resonanzfrequenz bildet er wie ein Reihenschwingkreis einen sehr niedrigen, für alle anderen Frequenzen einen sehr hohen Widerstand. Die Mitkopplungsbedingung wird daher nur für die Quarzfrequenz erfüllt. Abb. 555 zeigt eine häufig verwendete Schaltung für einen Colpitts-Oszillator in Basisschaltung (die Basis liegt durch C_3 HF-mäßig auf 0). C_1/C_2 bestimmen den Rückkopplungsfaktor und sollen sich je nach

Transistortyp wie 1:3 bis 1:10 verhalten. I_C wird auf 1 ... 4 mA eingestellt. Der Schwingkreis muß auf Resonanz mit der Quarzfrequenz abgeglichen werden.

Die Verbindung aus Quarz und Schwingkreis bietet viele Vorteile:
1. Störschwingungen auf Nebenresonanzen entfallen.
2. Schlecht anschwingende Quarze schwingen besser an.
3. Der Quarz kann auf einer seiner Oberwellen (einem meist ungeraden, ganzzahligen Vielfachen seiner Frequenz) erregt werden. Der Schwingkreis bestimmt, auf welcher Oberwelle er schwingt.

Der letztgenannte Vorteil ist besonders für hohe Oszillatorfrequenzen wichtig. Quarze können mit Grundfrequenzen bis zu 20 MHz gefertigt werden. Für höhere Frequenzen muß der Quarz auf einer Oberwelle erregt werden; dabei werden die ungeraden (3., 5.) bevorzugt, die 3. für 20 ... 50 MHz, die 5. für 50 ... 100 MHz. Für den Bereich oberhalb von 100 MHz wird die 7. Oberwelle benutzt; allerdings rasten Quarze meist nur mit Hilfe besonderer Schaltungsmaßnahmen ein.
Beispiel: In den CB-Funkgeräten („Jedermannfunk") schwingen die Quarzoszillatoren im Bereich von 27, .. MHz, und zwar auf der 3. Oberwelle der Quarze. Die Grundfrequenzen der 27-MHz-Quarze beträgt 9, .. MHz. Solche Quarze sind leicht und preiswert zu fertigen. In den mit zusätzlichen Schwingkreisen ausgestatteten Oszillatoren schwingen auch „träge" Quarze – solche mit schlechten Schwingeigenschaften – sicher an.

14.3 RC-Oszillatoren (RC-Generatoren)

Auch die Zeitkonstanten von RC-Gliedern können zur Bestimmung der Schwingfrequenzen benutzt werden. RC-Oszillatoren werden vorwiegend im NF-Bereich eingesetzt und eignen sich für Frequenzen bis ca. 1 MHz. Im Vergleich mit LC- und Quarz-Oszillatoren sind sie billig herzustellen, sie arbeiten aber nicht so frequenzstabil.
Abb. 557 zeigt den bereits bekannten astabilen Multivibrator in einer etwas veränderten Darstellung. Er besteht aus zwei Verstärkern in Emitterschaltung, welche beide die Phase um je 180° drehen, zusammen also um 360° = 0°, womit die Mitkopplungsbedingung erfüllt wird. Da das Ausgangssignal des einen Verstärkers jeweils ungeteilt auf den Eingang des anderen geführt wird, werden beide Verstärker total übersteuert, die Ausgangsspannungen werden stark begrenzt und nehmen (nahezu) Rechteckform an.

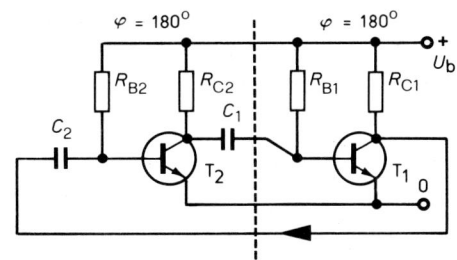

557 *Astabiler Multivibrator als Folge zweier mitgekoppelter Verstärker.*

14.4 Anwendungsbeispiele für Schwingschaltungen

Die drei folgenden Beispiele zeigen Schwingschaltungen in typischen Anwendungsbereichen. Zugleich handelt es sich um benötigte Prüfeinrichtungen.

14.4.1 Ein dynamischer Transistortester

Die bisher beschriebenen Verfahren, Transistoren zu prüfen und zu messen (S. 129 und S. 177), können nur die „statischen" (auf Gleichstrom bezogenen) Eigenschaften des Transistors ermitteln. „Dynamische" (auf Wechselstrom bezogene) Meß- und Prüfverfahren sind in der Praxis sehr beliebt, weil sie im Vergleich zu anderen Methoden sehr zeitsparend sind und doch in den allermeisten Fällen hinreichende Auskunft über Vierpole, zu denen auch der Transistor gehört, geben.
Das hier beschriebene Transistorprüfverfahren zählt zu den dynamischen Prüfmitteln. Das Prüfgerät besteht aus einem sehr stark mitgekoppelten Hartley-Oszillator entsprechend Tabelle 550/2c. Der Verstärker des Oszillators ist der zu prüfende Transistor. Der Oszillator schwingt im Hörbereich. Ist der Transistor richtig angeschlossen und funktionstüchtig, so ist im Lautsprecher ein Pfeifton zu hören. Die Mitkopplung ist deswegen sehr stark eingestellt, damit auch Transistoren mit niedrigem β geprüft werden können.
R_3 ist zur Schwingungserzeugung nicht erforderlich. Er soll nur bei falschem Anschluß des Transistors einen zu großen Strom über eine der beiden Diodenstrecken verhindern. Damit er nicht als Gegenkopplung wirkt, ist er mit C_3 wechselstrommäßig überbrückt.
R_1/R_2 versorgen die Basis des Transistors mit

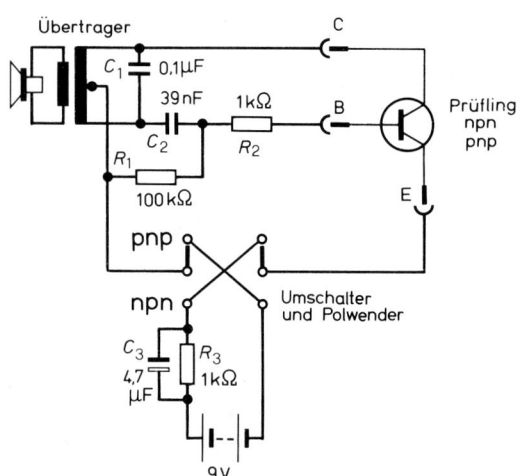
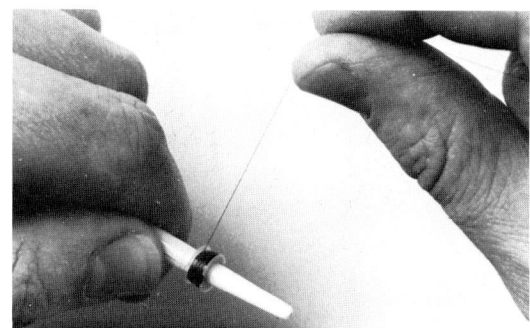

558 *Stromlaufplan des Transistorprüfers. Im Transistorschaltzeichen wurde der Emitterpfeil weggelassen, weil NPN- und PNP-Typen geprüft werden.*

Spannung. Es fließt ein Basisstrom von max. 90 µA; den verträgt auch ein sehr empfindlicher Transistor, der als mögliches Prüfobjekt mit in Betracht gezogen werden muß.

Der Übertrager, der mit C_1 zusammen den Schwingkreis bildet, ist ein Transistor-Ausgangsübertrager für Gegentaktendstufen, wie er z.B. in den kleinsten japanischen Taschenradios zu finden ist (Primärwicklung mit Mittenanzapfung, Impedanz $\geqq$ 400 Ω – Sekundärwicklung für einen 8-Ω-Lautsprecher). Die kleinste und billigste Ausführung ist gut genug.

Sollte im örtlichen Handel kein entsprechender NF-Übertrager zu bekommen sein, dann wickelt man auf einen beliebigen Schalenkern für die Primärwicklung 200 + 200 Windungen (im gleichen Wicklungssinn!), für die Sekundärwicklung 20 Windungen. Die Drahtstärke spielt eine untergeordnete Rolle; mit Rücksicht auf den geringen Wickelraum sollte der Draht möglichst dünn sein (lackisolierter Kupferdraht [CuL] mit einer Stärke von 0,08 oder 0,1 mm ist noch gut mit der Hand zu wickeln – *559/560*).

Normalerweise werden Schalenkerne mit Befestigungsklammern geliefert. Sind diese nicht vorhanden, dann kann man die Kernhälfte auch mit einer Schraube M2 zusammenhalten und auf der Experimentierplatte befestigen. Man darf die Schraube nur schwach handfest anziehen, sonst zerbricht der Schalenkern. Der unter Feinmechanikern übliche Spruch „Nach ‚fest' kommt ‚ab'", hat hier besondere Berechtigung! – Die Bohrung vieler Schalenkerne beträgt genau 2 mm. Hier läßt sich eine M2-Schraube nicht hindurchführen („Null auf Null paßt nicht"), es sei denn, man feilt sie vorher leicht ab.

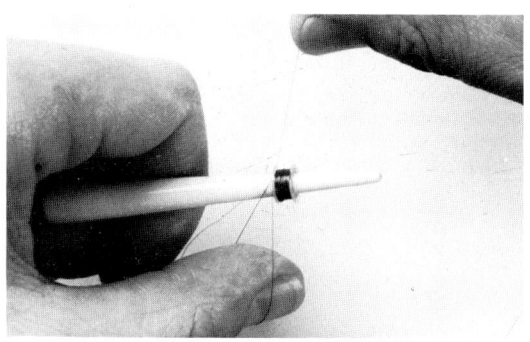

559/560 *Zum Bewickeln steckt man den Kunststoffkörper des Schalenkerns auf einen konisch auslaufenden Griffel. Man wickelt den gespannten Draht mit weitem Radius, wobei man die Windungen zählen kann. Für die Mittenanzapfung der Primärspule wird der Draht einmal als gespannte Schlaufe um den Daumen gelegt, dann wird in gleicher Richtung weitergewickelt. Die Sekundärspule (besonderes Drahtstück) wird über die Primärspule gewickelt.*

Ebensogut kann man die Kernhälften zusammenfügen, indem man über die Schließfuge von außen eine Spur Cyan-Acryl-Kleber („Sekundenkleber") zieht. *Vorsicht beim Umgang mit diesen Klebern; aufgedruckte Schutzmaßnahmen beachten!* – Es darf auch kein Kleber zwischen die Kernflächen geraten, weil schon bei einem geringen „Luftspalt" der A_L-Wert des Kerns rapide abnimmt. Sollte trotz vorsichtigen Umgangs doch einmal ein Schalenkern zerbrechen, so kann man ihn mit Cyan-Acryl-Kleber wieder zusammenfügen. Es ist nur darauf zu achten, daß die Auflagefläche, mit der die eine Hälfte die andere berührt, eben bleibt (Zusammenkleben auf einer gewachsten Glasplatte oder einer glattliegenden Polyäthylenfolie).

Als Lautsprecher genügt das kleinste und billigste Modell. In dem *568* gezeigten Modell steckt ein $2^{1}/_{4}$-Zoll-Lautsprecher. S ist ein 2poliger UM-Schalter. Er polt die Batterie um und ermöglicht damit die Einstellung des Geräts auf NPN- oder

561–564 *Die Abbildungen zeigen oben die Schalenkernteile mit dem bewickelten Spulenkörper (Sekundärwicklung 2 Drahtenden, Primärwicklung 2 Drahtenden + Schlaufe für die Mittenanzapfung) und der M2-Befestigungsschraube – darunter die durch Bahnunterbrechung geteilte Leiterbahnplatte (Primär- und Sekundärseite), dieselbe Platte mit montiertem Schalenkerntrafo bzw. mit einem handelsüblichen Transistor-Ausgangsübertrager.*

PNP-Transistoren. – Ein „Ein-und-aus"-Schalter ist entbehrlich, denn wenn das Gerät nicht benutzt wird, fließt kein Strom (solange die Klemmen einander nicht berühren). Wer sichergehen will, benutzt einen UM-Schalter mit Nullstellung.
Als Anschlußklemmen dienen drei verschiedenfarbige Krokodilklemmen der billigen japanischen Prüfschnüre (S. 11). Zwecks besserer Haltbarkeit werden sie an kräftige, hochflexible Litzen gelötet.

Aufbauhinweise
Man beginnt mit der Bohrung der Schallöcher für den Lautsprecher (s.u., S. 246) und für den Schalter im OKW-Gehäuse. Ein Kippschalter mit Nullstellung in der Mitte ist durch seine „Einlochbefestigung" leicht zu montieren; er verteuert freilich das Objekt. Ein kleiner Schiebeschalter kostet im Vergleich dazu sehr wenig, erfüllt seinen Zweck ebensogut, ist aber schwieriger zu montieren (s.u., S. 247).
Abb. 565 zeigt den Aufbau auf einer Experimentierplatte mit Streifen, Rastermaß 2,5 mm, und die Verdrahtung des Schalters. Man unterbricht die Leiterbahnen an den erforderlichen Stellen (562), indem man einen 4-mm-Spiralbohrer mit leichtem Druck über einem Montageloch aufsetzt und mit der Hand dreht. Dadurch wird die Kupferbahn aufgeschnitten. Es ist sorgfältig zu kontrollieren, ob nicht etwa ein haarfeiner Kupferstreifen stehenbleibt.
Ein Ausgangsübertrager hält sich durch seine festen Anschlußdrähte; ein Schalenkern wird wie bereits erwähnt, festgeschraubt oder -geklebt.
Kupferlackdraht ist meist „lötbar" isoliert. Man braucht die Isolation nicht abzukratzen; der Lack schmilzt beim Verzinnen (S. 14) und wirkt dabei sogar noch als Flußmittel. Man muß nur beim Erwärmen einige Sekunden Geduld aufbringen. Ohne sorgfältiges Verzinnen täuscht die Lötstelle häufig einen elektrischen Kontakt nur vor!
Die Verdrahtung des Schalters beginnt mit den beiden „gekreuzten" Leitungen. Für die nach außen führenden Drähte mit den Anschlußklemmen ist eine Zugentlastung erforderlich (im OKW-Gehäuse um eine Gewindesäule legen). Lautsprecher und die Füße der Leiterplatten werden im Gehäuse nur angeklebt (2-Komponenten-Kleber). Die Batterie ist mit einem Stück Teppich-Verlegeband auf den Gehäuseboden zu kleben, ihr gegenüber in den Deckel kommt ein Stück Schaumstoff als Rüttelsicherung. Der Batterieanschluß besteht aus einer Druckknopfleiste (evtl. aus einer ausgedienten Batterie gleichen Typs).
Hat man sich davon überzeugt, daß alle Bauteile richtig verdrahtet sind, dann kann man das Gerät mit einem Transistor, dessen Anschluß und Schichtenfolge man kennt, in Betrieb nehmen. Das Gerät muß nach dem richtigen Anschließen des Transistors an die Kroko-Klemmen einen Pfeifton erzeugen. Erscheint einem dieser Ton als zu hoch, so läßt er sich durch Vergrößern von C_1 tiefer einstellen. Ist er zu tief, dann ist C_1 zu verkleinern.

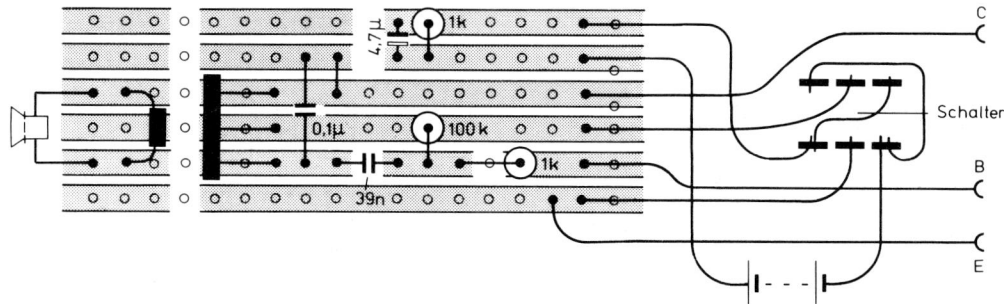

565 *Aufbau des Transistorprüfers auf einer Veroboard-Leiterplatte, Rastermaß 2,5 mm. Die hell markierten Stellen kennzeichnen Leiterbahnunterbrechungen. Die Widerstände wurden „stehend" montiert.*

Mit dem Gerät kann man Transistoren sowohl auf ihre Funktionstüchtigkeit prüfen als auch bei gänzlich unbekannten Exemplaren Zonen- und Anschlußfolge (durch Probieren) ermitteln. Die Stellung des UM-Schalters gibt bei erscheinendem Pfeifton an, ob es sich um einen NPN- oder PNP-Transistor handelt.

Bei der Reparatur von Geräten ist es in vielen Fällen nicht erforderlich, den Transistor auszulöten; nur in niederohmigen Stufen, z.B. Lautsprecherendstufen, muß man einen (B) oder besser zwei (B und E) Anschlüsse ablösen.

Fehlersuche: Das Gerät ist so einfach aufgebaut, daß bei richtiger Verdrahtung ein Mißerfolg ausgeschlossen sein sollte. Funktioniert es nicht, dann überprüfe man noch einmal sorgfältig alle Verbindungen auf Richtigkeit, elektrischen Kontakt und eventuelle Kurzschlüsse (Leiterbahnen, Schalter). Ob die Leiterbahnen wirklich unterbrochen sind, und ob die Übertragerspulen Durchgang haben, läßt sich leicht mit dem Ohmmeter feststellen. Man prüfe das Durchgangsverhalten von den Lötstellen aus! – Weitere Fehlerquellen: Wurde die Primärspule nach dem Herausführen der Anzapfung im gleichen Wicklungssinn weitergewickelt? – Ist die Batterie ausreichend geladen? Spannungsmessung am Schalter muß 9 V ergeben. – Wenn man einen UM-Schalter mit Nullstellung benutzt: Ist der Schalter wirklich eingeschaltet?

14.4.2 Ein Tongenerator

Zum Prüfen von NF-Verstärkern benötigt man eine Signalquelle mit einer variablen Sinusspannung. Der hier beschriebene Tongenerator (*570*) erzeugt eine sinusförmige Wechselspannung von ca. 1 000 Hz, deren Höhe in zwei Bereichen von 0 bis ca. 2 V_{ss} (Spitze-Spitze) einstellbar ist.

Der eigentliche Tongenerator ist T_1 als Hartley-Oszillator in Drainschaltung (entspricht *2d* in Tabelle *550*). R_1 wirkt als Gegenkopplung und sorgt für eine klirrarme Sinusspannung.

T_2 ist ein als Impedanzwandler eingesetzter Sourcefolger. Er ist nötig, weil der Oszillator möglichst wenig belastet werden soll, damit die Ringverstärkung nahe bei 1 eingestellt werden kann. Mit wechselnden Lastwiderständen wäre diese Bedingung praktisch nicht zu erfüllen; der Tongenerator muß aber für verschiedenste Lastwiderstände geeignet sein, weil die zu prüfenden Verstärker eben verschiedene Eingangswiderstände haben. An den verhältnismäßig niederohmigen Sourcefolgerausgang können hoch- oder niederohmige Lasten angeschlossen werden.

Die NF-Spannung kann über S_2 direkt auf das als Spannungsteiler geschaltete Potentiometer R_5

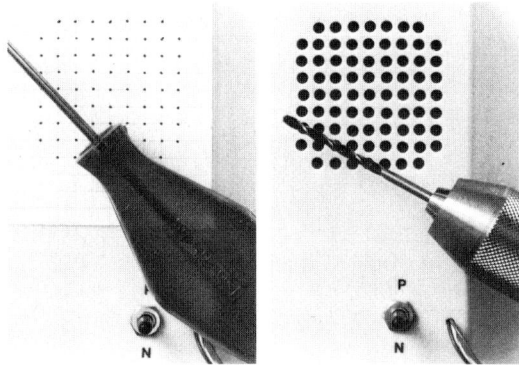

566/567 *Die Schallöcher für den Lautsprecher werden mit der Reißnadel oder einem Vorstecher durch 5-mm-Karo-Papier angezeichnet und mit einer langsam laufenden (elektronisch geregelten) Handbohrmaschine, Bohreinsatz 3 mm, gebohrt, anschließend mit einem dickeren Spiralbohrer durch sanftes Drehen mit der Hand entgratet.*

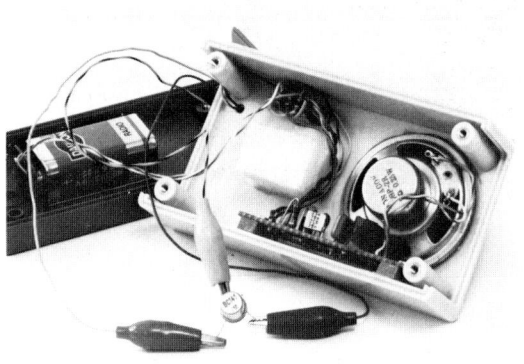

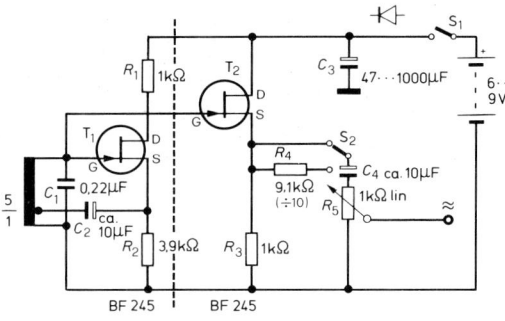

570 Stromlaufplan des Tongenerators.

568/569 Transistorprüfgerät – Endmontage innen (mit Anschluß des Prüflings); das fertige Gerät im OKW-Gehäuse.

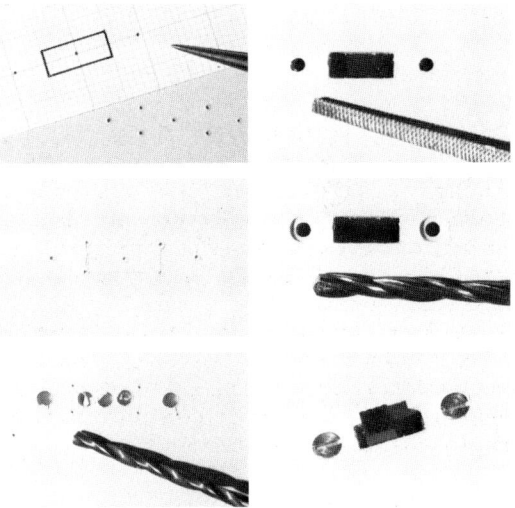

571–576 Arbeitsschritte zur Montage eines kleinen Schiebeschalters.

und damit auf den Ausgang geleitet werden. Leitet man sie zusätzlich über R_4, so bildet R_4 mit R_5 einen Spannungsteiler mit dem Verhältnis 10 : 1. In dieser Schalterstellung kann maximal ein Zehntel der NF-Spannung an den Ausgang gelangen. So sind auch sehr kleine NF-Spannungen, wie man sie zum Prüfen von sehr empfindlichen Verstärkern benötigt, leicht einzustellen.

Hinweise zum Aufbau
Für den Schwingkreiskondensator C_1 kommt nur ein Folienkondensator infrage. C_2 und C_4 sollten möglichst geringe Leckströme haben; geeignet sind z.B. Tantalkondensatoren. Die Kapazitätswerte sind unkritisch.
Die Spule wird man sich je nach dem vorhandenen oder erhältlichen Schalenkern selbst berechnen. Als Induktivität ergibt sich bei $C_1 = 0{,}22\ \mu F$ nach der Thomsonschen Schwingungsgleichung

$$L = \frac{1}{(2 \cdot \pi \cdot f)^2 \cdot C}$$
$$= \frac{1}{(2 \cdot \pi \cdot 1000)^2 \cdot 0{,}22 \cdot 10^{-6}} = 0{,}115254\,\mathrm{H}.$$

Beträgt der A_L-Wert des vorhandenen Schalenkerns z.B. 800, so benötigt man als Gesamtwindungszahl ca. 380 Windungen:

$$n = \sqrt{\frac{L \cdot (\mathrm{nH})}{A_L}}$$
$$= \sqrt{\frac{0{,}115254 \cdot 10^9}{800}} \approx 380\ \mathrm{Wdg}.$$

Die Anzapfung sollte etwa bei einem Sechstel der Windungszahl vom „kalten Ende" (0) aus liegen, also etwa bei 60 Windungen.
Hat der vorhandene Schalenkern einen anderen A_L-Wert, so kann man die benötigte Windungszahl obigem Beispiel entsprechend berechnen. Man kann aber auch die für einen bestimmten A_L-Wert (A_{L1}) bekannte Windungszahl (n_1) auf einen anderen A_L-Wert (A_{L2}) um-

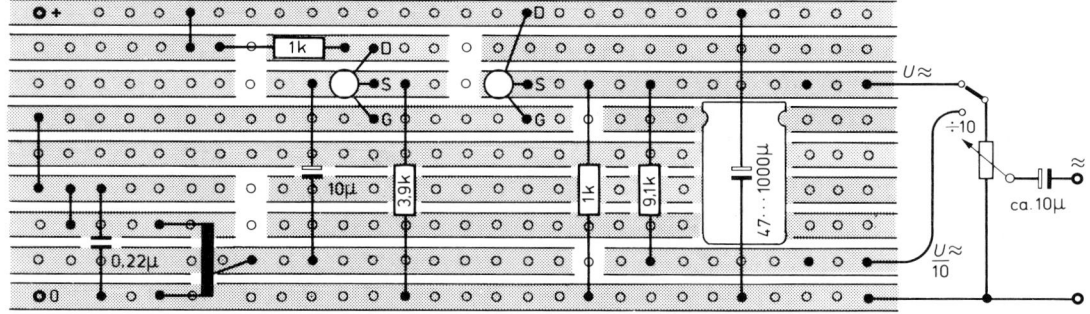

577 *Aufbau des Tongenerators auf einer Veroboard-Leiterplatte mit dem Rastermaß 2,5 mm. Die hell markierten Felder kennzeichnen Leiterbahnunterbrechungen.*

rechnen, um die erforderliche Windungszahl n_2 zu erhalten:

$$n_2 = \frac{n_1}{\sqrt{\frac{A_{L2}}{A_{L1}}}}.$$

Beispiel: Vorhanden ist ein Schalenkern mit $A_{L(2)} = 400$ (statt $A_{L1} = 800$). Wie groß muß nun die Windungszahl n_2 sein?

$$n_2 = \frac{n_1}{\sqrt{\frac{A_{L2}}{A_{L1}}}} = \frac{380}{\sqrt{\frac{400}{800}}} = 537 \text{ Wdg.}$$

Die Anzapfung liegt dann bei ca. 90 Windungen.

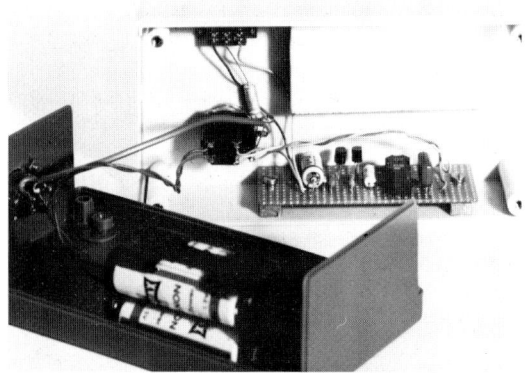

578 *Endmontage des Tongenerators im OKW-Gehäuse.*

Beim Aufbau beginnt man mit der Herstellung der Spule (s.o., S. 244). Die wenigen Bauelemente bringt man am besten auf einer Experimentierplatte mit Streifen (Rastermaß 2,5 mm) unter. Abb. *577, 578* zeigen einen Entwurf und den Einbau mit einer Diodenbuchse in ein OKW-Gehäuse 902087. Die Batteriehalterung für 4 Mignonzellen ($\triangleq 6$ V) ist mit Teppichverlegeband auf den Gehäuseboden geklebt. Zur Sicherung befindet sich ein Stück Schaumstoff ihr gegenüber im Deckel. Eine 9-V-Blockbatterie (6F22) wäre ebenso zu befestigen. Der Ein-/Aus-Schalter befindet sich am Potentiometer R_5; S_2 ist ein kleiner Schiebeschalter. Bei seiner Montage kommt es auf die Genauigkeit der Bohrung an. Mit einer Anreißschablone aus Millimeterpapier ist die erforderliche Genauigkeit zu erreichen.

Die Abb. *571* bis *576* zeigen die handwerklichen Arbeitsschritte:

571 Anzeichnen auf Millimeterpapier und Durchstechen der Punkte mit der Reißnadel auf die Gehäusefläche (2 Punkte für die Löcher der Befestigungsschrauben, 4 Eckpunkte zum Festlegen des rechteckigen Umrisses der Öffnung für den Schalterknebel, mehrere Punkte zum Durchbrechen der rechteckigen Fläche),
572 Anreißen des rechteckigen Umrisses,
573 Bohren der Löcher an den markierten Stellen,
574 Ausbrechen und Ausfeilen der rechteckigen Öffnung,
575 Ansenken der Schraubenlöcher (für Senkkopfschrauben) mit einem dicken Spiralbohrer,
576 der fertig montierte Schalter.

Inbetriebnahme: Achtung! Bei der Inbetriebnahme ist unbedingt auf die richtige Polung der Batterie zu achten. Bei falschem Anschluß werden die FET sofort – weil dann die Gate-Kanal-Dioden ungeschützt in Flußrichtung liegen und einen Kurzschluß erzeugen – durch den Kurzschlußstrom zerstört.
Oft sind die Schalter an Potentiometern zweipolig ausgeführt. Man sollte beide Pole benutzen, um Plus- und Minus-Pol der Batterie abschalten zu können. Zunächst ermittelt man mit dem Ohmmeter (Vielfachmeßinstrument), zwischen welchen Lötösen der Schalter schließt. Danach lötet man die Batteriezuleitungen an und prüft

mit dem Spannungsmesser, ob auf der anderen Seite des Schalters die Batteriespannung ankommt. Das Meßinstrument gibt Auskunft über die Polarität der Spannung am Schalter, denn es schlägt nur dann richtig aus, wenn seine Plus-Klemme mit dem Plus-Pol und seine Minus-Klemme mit dem Minus-Pol der Batterie verbunden sind. Erst wenn man sich der Polarität der Batteriespannung am Schalter vergewissert hat, wird der Tongenerator angeschlossen.

Wer sichergehen will, fügt als Verpolungsschutz eine Diode in die Schaltung ein; in dem Fall sollte aber eine 9-V-Batterie benutzt und C_3 mit mindestens 470 µF eingesetzt werden. C_4 liegt freitragend zwischen S_2 und dem Potentiometer. – Zur Funktionsprüfung schließt man an den Ausgang einen Verstärker oder einen hochohmigen Kopfhörer an. Eine Spannungsmessung mit dem Vielfachmeßinstrument ist ebenfalls möglich (niedrigster Wechselspannungsbereich); man erhält dabei den Effektivwert. Der Spitze-Spitze-Wert beträgt das 2,82fache des Effektivwerts (Faktor $2 \cdot \sqrt{2}$).

Fehlersuche: Sollte der Oszillator trotz richtigen Aufbaus nicht anschwingen, so könnte es daran liegen, daß man einen FET mit geringem Verstärkungsfaktor getroffen hat. Man überbrückt zur Probe R_1 (die Gegenkopplung). Schwingt der Oszillator dann an, verringert man R_1 auf einen Wert, bei dem der Oszillator noch sicher anschwingt. – Die häufigste Fehlerursache liegt nach den Beobachtungen der Autoren jedoch in der Anfertigung und dem Anlöten der Spule (Durchgang prüfen; das Ohmmeter muß bei jedem Spulenteil einen kleinen Widerstand anzeigen). Ferner sollte man alle Leiterbahnunterbrechungen nochmals auf wirkliche Trennung kontrollieren.

14.4.3 Ein modulierbarer Prüfoszillator für das 27-MHz-Band

Zum Abgleichen der unten beschriebenen CB-Funk-Empfänger benötigt man einen Prüfsender, der ein konstantes Empfangssignal erzeugt. *Es sei ausdrücklich darauf hingewiesen, daß dieser Prüfoszillator gemäß postalischen Vorschriften auf keinen Fall an einer Antenne als Sender betrieben werden darf.* Der Prüfoszillator realisiert in einfachster Form das Prinzip des (Rund-)Funk-Senders und ist daher einer näheren Betrachtung wert.

Abb. *580* zeigt den Stromlaufplan.

T_3 bildet den HF-Oszillator, einen quarzstabilisierten Colpitts-Oszillator in Basisschaltung (s.o., S. 240f.). Die HF kann an der Spulenanzapfung ausgekoppelt werden, falls zum Abgleich einmal eine große HF-Amplitude erforderlich ist. Für manche Zwecke ist es nützlich, das HF-Signal unmoduliert verfügbar zu haben; dann ist der Modulator mit S_2 auszuschalten.

Der Modulator besteht aus dem Tongenerator T_1, einem Hartley-Oszillator in Kollektorschaltung (s. Tabelle *550/2d*) und einem nachfolgenden NF-Verstärker („Modulationsverstärker") in Emitterschaltung (s.o., S. 198f.). Die Tonwechselspannung wird der Basis des HF-Oszillators (T_3) zugeführt. Sie steuert ihn in ihrem Rhythmus weiter auf (positive Halbwelle) oder weiter zu (negative Halbwelle). Dadurch werden die HF-Schwingungen von T_3 im Rhythmus des Tones stärker oder schwächer (beim Rundfunksender kommt die Tonspannung aus dem Mikrofon, Tonbandgerät o.ä.).

Abb. *579a* zeigt die gleichmäßige, unmodulierte HF-Schwingung. Sie heißt „Träger", denn ihr kann die Information aufgeprägt werden. Die Veränderung des Trägers durch eine Information heißt „Modulation" (von lat. modulari = verändern). Wird der Träger so moduliert, daß die Schwingungsweite (Amplitude, von lat. amplitudo = Umfang, Weite) stärker oder schwächer wird, so spricht man von *Amplitudenmodulation,* abgekürzt *AM* (*579b*). Die Rundfunksender im Lang-, Mittel- und Kurzwellenbereich sind amplitudenmoduliert; daher auf den Skalen von Rundfunkgeräten auch die Kennzeichnung AM.

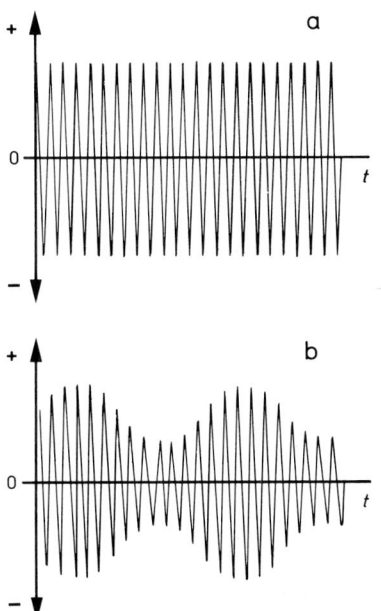

579 *HF-Schwingungen – a) unmoduliert (Träger); b) amplitudenmoduliert. Die Information ist in den größeren und kleineren HF-Schwingungen enthalten.*

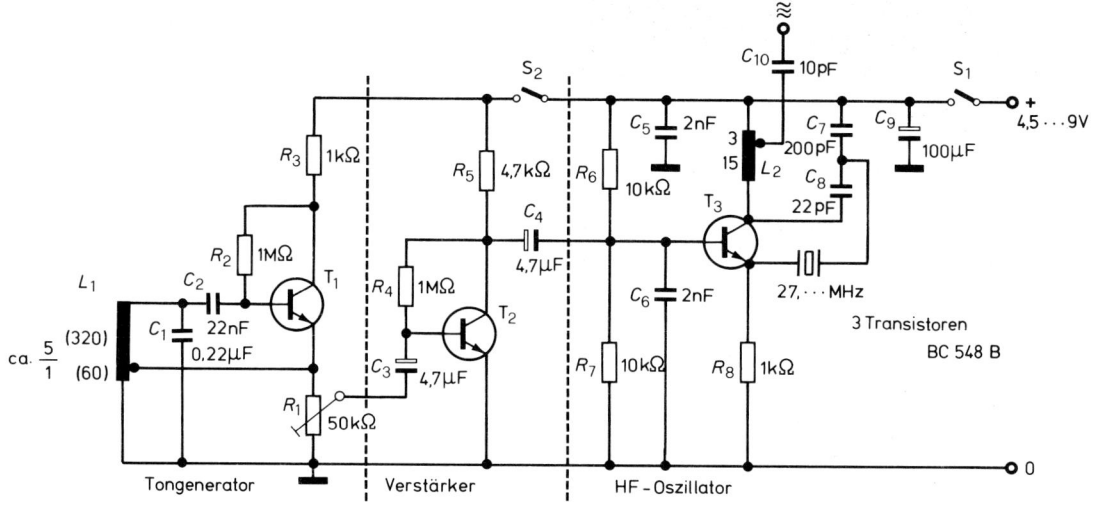

580 *Stromlaufplan des Prüfoszillators.*

Ein anderes Verfahren, einen Träger zu modulieren, besteht darin, bei konstant gehaltener Amplitude seine Frequenz im Rhythmus der Information (Sprache, Musik usw.) zu verändern, höher oder tiefer werden zu lassen. Dieses Verfahren heißt *Frequenzmodulation,* abgekürzt *FM.* Die Rundfunksender im UKW-Bereich arbeiten damit; daher auf den Skalen von Rundfunkgeräten auch die Bezeichnung FM für den UKW-Bereich. – Es gibt noch weitere Modulationsverfahren, deren Darstellung jedoch den Rahmen dieser Einführung sprengen würde.
Die Rückgewinnung der Information aus dem mit ihr modulierten Träger heißt *Demodulation* (aus lat. de... = ent... und modulari = s.o.). Jedes Modulationsverfahren erfordert – zumindest, wenn man optimale Ergebnisse anstrebt – ein gesondertes Demodulationsverfahren, einen Empfänger mit bestimmter Eigenschaft. Die nachfolgend beschriebenen 27 MHz-Empfänger sind für CB-Funk gedacht, der amplitudenmoduliert ist; daher ist auch der hier beschriebene Prüfoszillator amplitudenmoduliert (entsprechend den AM-Empfängern, S. 253 ff.).

Hinweise zum Aufbau
Die Abb. *581* zeigt einen Leiterplattenentwurf und den Bestückungsplan. Zur Herstellung der Tonspule L_1 (mit Schalenkern) s. S. 244. – Die Spule L_2 wird mit 0,4 mm dickem Kupferlackdraht auf einen zylindrischen 5-mm-⌀-Spulenkörper mit UKW-Abgleichkern gewickelt. Die Windungszahlen sind im Stromlaufplan vermerkt.

Vor dem Wickeln stellt man die Anzapfung her (*582, 583*):
1. Draht ca. 10 cm vom Ende entfernt scharf umbiegen.
2. Die Biegestelle ca. 5 mm lang sorgfältig verzinnen und verlöten. Der Lack schmilzt dabei und dient als Flußmittel (man kann den geschmolzenen Lack meist deutlich riechen).
3. Draht strecken; das zusammengelötete Stück (spätere Spulenanzapfung) steht nun seitlich ab.
Nun wird die Spule – am besten von der verlöteten Anzapfung aus nach beiden Seiten, aber im gleichen Wicklungssinn – auf dem glatten Schaft eines Spiralbohrers, 4,7 bis 4,8 mm ⌀ (!), stramm Windung an Windung gewickelt, vom Schaft abgenommen und vorsichtig auf den Spulenkörper aufgeschoben (u.U. muß man dabei den Körper ein wenig entgegen der Wickelrichtung drehen). Die über dem Bohrerschaft enger gewickelte Spule liegt nun fest auf dem Spulenkörper auf (*585*).

Weitere Arbeitsschritte (*586, 587*):
4. Drahtenden der Spule umeinanderlegen (damit die Windungen zusammenbleiben),
5. Spule mit Kleber, z.B. einem Tropfen des als „Sekundenkleber" bekannten Cyan-Acryl-Klebers, festlegen,
6. Drahtenden kürzen und *sorgfältig* verzinnen (in Schülerarbeiten läßt sich das Versagen von Empfängern und Oszillatoren zu mehr als 90% auf kalte Lötstellen an Spulenanschlüssen zurückführen).

Die Leiterplatte wird mit 5 mm ⌀ aufgebohrt; in dieser Bohrung sitzt der Spulenkörper stramm und bedarf in der Regel keiner weiteren Befestigung. Diese Hinweise zur Herstellung einer Spule auf einem Zylinderkern gelten sinngemäß auch für die Spulen in den Empfängern S. 253 ff. – Die Drähte der Bauelemente müssen an der Spulenanzapfung schnell und vorsichtig angelötet werden, andernfalls schmilzt der Kunststoffkörper, dabei wird das Gewinde unbrauchbar und der Abgleichkern läßt sich darin nicht mehr verstellen.

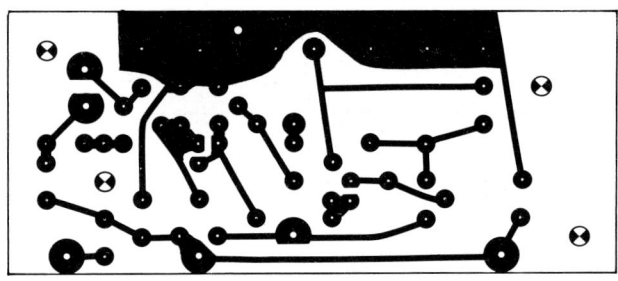

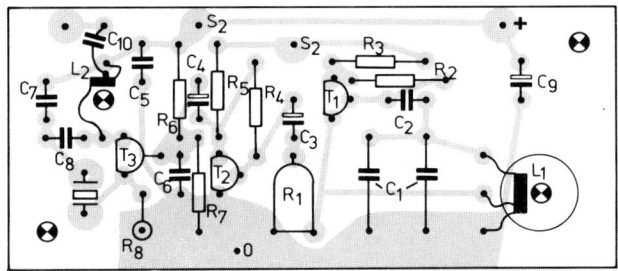

581 Leiterplatte (Kupferseite) und Bestückungsplan für den Prüfoszillator.

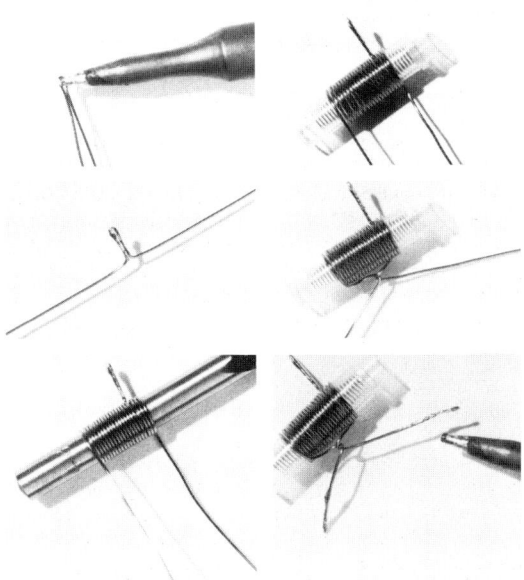

582–587 Arbeitsschritte zur Herstellung einer Spule mit Anzapfung auf einem Spulenkörper aus Kunststoff.

Den Quarz kann man in die Leiterplatte einlöten. Die überstehenden Anschlußstifte dürfen nicht abgeschnitten werden, weil sich die beim Abkneifen entstehenden harten Schwingungen auf das Quarzplättchen übertragen und dieses zerbrechen können. Günstiger ist es, für den Quarz eine Fassung oder Quarzbuchsen („Bauteilebuchsen") in die Platte einzulöten; das erleichtert die Inbetriebnahme und ermöglicht Veränderungen der Frequenz durch Quarzwechsel. Die Buchsen sind mit eingestecktem Quarz einzulöten, damit der Abstand stimmt.

Inbetriebnahme:
1. Genaue Sichtkontrolle auf Richtigkeit der Bestückung, kalte Lötstellen, Kurzschlüsse durch Draht- und Zinnreste, stehengebliebene Kupfernadeln zwischen den Leiterbahnen usw.
2. Prüfung der Spulen auf Durchgang (von den Lötstellen aus).
3. Messen des Widerstands zwischen 0 und $+U_b$. Polarität des Ohmmeters beachten; die Aufladung von C_9 muß zu beobachten sein (d.h. kein direkter Kurzschluß im Gerät).
4. S_2 auf „aus", nur T_3 in Betrieb; Stromaufnahme messen (je nach U_b 4 ... 10 mA).
5. Zur Prüfung, ob der Oszillator schwingt, und zum Abgleichen des Schwingkreises lötet man einen sog. „Tastkopf" (588) zusammen. Dabei handelt es sich um eine Art von Detektor (s. S. 255 ff.).

Zum Abgleich kommt Klemme E an die Spulenanzapfung, Klemme 0 an Null des Prüfoszillators. Das Meßinstrument wird auf einen niedrigen Spannungsbereich (<1 V) oder den empfindlichsten Strommeßbereich (100 µA, 50 µA oder noch kleiner) eingestellt. Es soll die gleichgerichtete HF-Spannung anzeigen. Ferner wird vorübergehend parallel zu L_2 ein Widerstand von 10 kΩ (Unterseite Leiterbahnen) gelötet. Diese Maßnahme hat folgenden Grund: Der Mitkopplungsweg wird durch den Quarz geschlossen; die metallischen Kontaktbeläge des Quarzes stehen einander als Platten eines Kondensators (ca. 7 ... 15 pF) gegenüber; es könnte sein, daß

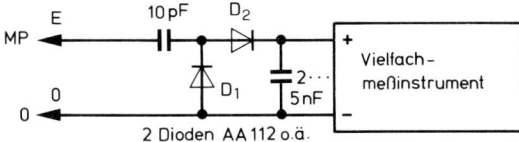

588 *Stromlaufplan für den HF-Tastknopf.*

seine Kapazität ausreicht, um den Oszillator auch dann zum Schwingen zu bringen, wenn der Schwingkreis nicht genau auf die Quarzfrequenz eingestellt ist. Der Widerstand entzieht dem Schwingkreis soviel Energie, daß dies mit Sicherheit nicht geschieht.

U_b wird zunächst nur an T_3 angelegt (S_2 offen). Das Vielfachmeßinstrument zeigt evtl. schon eine HF-Spannung an; in dem Fall schwingt der Oszillator. Zeigt das Instrument 0 V, dann schwingt der Oszillator nicht. Nun wird der Spulenkern langsam mit einem magnetisch neutralen Schraubendreher (angefeilter Kunststoffstab, bewährt haben sich angeschnittene Schaschlik-Spieße aus Bambus) verstellt. Der Zeiger des Meßinstruments wird bei einer bestimmten Kernstellung hochschnellen (Schwingungseinsatz), beim weiteren Drehen noch etwas ansteigen (Durchlaufen der Resonanzstelle) und plötzlich auf 0 V zurückfallen (Abreißen der Schwingungen). Beim Durchstellen des Spulenkerns wird man eine „flache" Seite mit relativ geringen Spannungsänderungen und eine „steile" Seite mit rapiden Spannungsänderungen beobachten. Der Kreis ist im oberen Drittel der flachen Seite richtig eingestellt. Wenn man nun den Quarz aus der Fassung zieht, müssen die Schwingungen aussetzen, beim Einstecken sofort wieder einsetzen. Bei dieser Einstellung (nicht beim Spannungsmaximum) erreicht der Quarz seine höchste Stabilität.

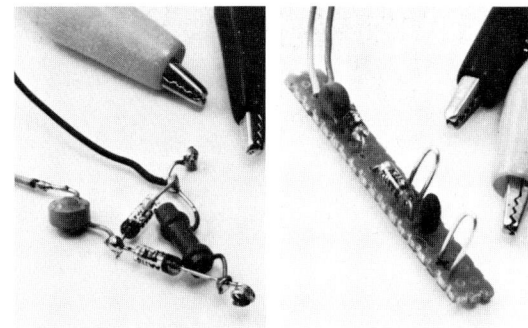

589/590 *HF-Tastknopf – a) freitragender Aufbau; b) Aufbau auf einem Experimentierplattenstreifen.*

Wenn der HF-Oszillator schwingt, wird S_2 geschlossen. Mit einem hochohmigen Kopfhörer ($Z \gtrsim 200\ \Omega$, z.B. einer Telefonhörkapsel) kann zwischen Emitter von T_1 und 0 abgehört werden, ob der Tongenerator schwingt; ebenso zwischen der Basis von T_3 und 0, ob T_2 arbeitet (den Trimmer R_1 aufdrehen!). – Nun ersetzt man das Vielfachinstrument am Tastkopf durch den Kopfhörer. R_1 wird zuerst auf 0 gestellt, dann *langsam* hochgestellt, bis im Kopfhörer die Modulation gerade zu hören ist. Die Modulation darf nicht zu stark eingestellt werden, weil sonst die Schwingungen von T_3 im Rhythmus der Modulation abreißen können. Der Schleifer von R_1 liegt nahe bei 0 V.

Damit sind die Einstellungsarbeiten beendet. Das Signal kann jetzt über einen CB-Funk-Empfänger abgehört werden.

15. Empfängerschaltungen

Die Empfänger lassen sich in Geradeausempfänger und Überlagerungsempfänger einteilen. In den Geradeausempfängern wird die von der Antenne gelieferte HF-Spannung dem Demudolator (s.u.) direkt oder über eine bzw. mehrere Verstärkerstufen zugeführt; im Überlagerungsempfänger wird sie mit der Wechselspannung eines Oszillators gemischt, auf eine andere Frequenz, die sog. Zwischenfrequenz (ZF) umgesetzt, verstärkt und erst dann demoduliert. Beide Empfängertypen sind für verschiedene Modulationsverfahren geeignet.

Im folgenden beschränken wir uns auf Empfänger für amplitudenmodulierte Sendungen, also auf sogenannte AM-Empfänger (s.o., S. 250); sie unterscheiden sich von Empfängern für andere Modulationsarten im wesentlichen nur in der Art der Demodulation. Die Tabelle (*591*) gibt eine Übersicht über die Frequenzbereiche, die auf der administrativen Fernmeldekonferenz (Genf, 1959) dem AM-Rundfunk zugewiesen wurden, ferner die für den Jedermann-Funk in der Bundesrepublik Deutschland zugelassenen Frequenzen.

Bei Versuchen mit Empfängerschaltungen lohnt es sich, die Versuche auf den KW-Bereich auszudehnen, weil auf KW auch mit einfachsten Mitteln der Empfang weit entfernter Sender möglich ist, unterschiedlich nach Kontinent und Tageszeit.

Frequenz in kHz	Wellenlänge	zugelassen
Langwelle		
150– 300	2 km–1 km	
Mittelwelle		
500– 1600	0,6 km–0,187 km	
Kurzwelle		
2 300– 2 498	120 m	Tropen
3 200– 3 400	90 m	Tropen
3 950– 4 000	75 m	Tropen, außer USA
4 750– 4 995	60 m	Tropen
5 005– 5 060	60 m	Tropen
5 950– 6 200	49 m	weltweit
7 100– 7 300	41 m	weltweit, außer USA
9 500– 9 775	31 m	weltweit
11 700–11 975	25 m	weltweit
15 100–15 450	19 m	weltweit
17 700–17 900	16 m	weltweit
21 450–21 750	13 m	weltweit
25 600–26 100	11 m	weltweit
CB-Funk (Jedermann-Funk)		
27 005–27 135 Kanäle im Abstand von je 10 kHz	11 m	von Land zu Land unterschiedlich

591 *Tabelle der für den AM-Rundfunk benutzten Frequenzen (Genf, 1959) und der CB-Funk-Frequenzen (Citizen Band, „Jedermann-Funk") für die Bundesrepublik Deutschland.*

15.1 Der AM-Sender

Das Prinzip des AM-Senders wurde bereits am Beispiel des Prüfoszillators (S. 249f.) erklärt. Es sind aber zwei wichtige Ergänzungen nötig, betreffend die „Bandbreite" und „Strahlung" des Senders.

15.1.1 Bandbreite

Wenn man den Rundfunkempfänger, z.B. im Mittelwellenbereich, genau auf „Sendermitte" einstellt, so hört man die Modulation voll und rund. Verstellt man die Abstimmung um ein geringes Maß, so hört man den Sender immer noch, nun aber mit deutlicher Bevorzugung der hohen Töne; die Modulation klingt spitz und scharf, oft zischend. Verstellt man die Abstimmung in anderer Richtung, so ergibt sich der gleiche Effekt. Der

Sender verfügt offenbar über eine *Bandbreite;* er sendet nicht nur auf einer einzigen Frequenz, sondern auf einem Spektrum von Frequenzen ober- und unterhalb seiner eigentlichen „Mitte". Wie kommt das?

Wenn man auf dem Klavier zwei benachbarte Tasten anschlägt, so hört man deutlich eine Schwebung. Könnte man mit den Ohren „selektiv" hören, würde man sie als dritten (tiefen) und vierten (sehr viel höheren) Ton wahrnehmen. Die beiden zusätzlichen Töne sind die Differenz der beiden Tonfrequenzen und ihre Summe.

Gleiches gilt für die elektrischen Schwingungen: Mischt man zwei Frequenzen f_0 und f_1, so entstehen zusätzlich die Mischfrequenzen $f_0 - f_1$ und $f_0 + f_1$. Die Amplitudenmodulation eines Senders ist die Mischung der Trägerfrequenz f_0 mit der Tonfrequenz f_1.

Beispiel: Ein Geiger streicht den Ton a′ (0,440 kHz), der auf eine Sendefrequenz mit $f_0 = 1000$ kHz moduliert wird. Dabei entstehen die Nebenfrequenzen 999,56 kHz und 1000,44 kHz (*592*).

15.1.2 Strahlung (Antenne)

Die Strahlung des Senders ergibt sich aus der Antenne. Die Antenne ist ihrer Funktion nach ein Schwingkreis, der von einem Generator (dem Sender) angeregt wird. Im Gegensatz zu dem bisher behandelten geschlossenen Schwingkreis (*593a*, s. auch S. 91) ist der Antennenschwingkreis *offen* (offener Schwingkreis). Seine Kraftfelder bleiben nicht auf den Raum in Spule und Kondensator beschränkt. Schematisch erscheinen die Kondensatorplatten mehr und mehr auseinandergezogen (*593b*), bis sie einander entgegengesetzt gerichtet und mit maximalem Abstand gegenüberstehen (*593c*). Die eine „Platte" wird geerdet (*593d*), die andere befindet sich als Antennenoberfläche in der Luft. Die Schwingkreisspule kann gestreckt sein, denn auch ein gestreckter Leiter verfügt über eine Induktivität (s.o., S. 86). Auch der offene Schwingkreis (die Antenne) hat eine Resonanzfrequenz. Spannungen und Ströme sowie das Pendeln der Energie verhalten sich gleichermaßen.

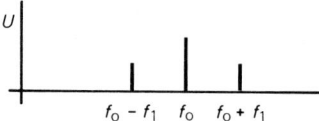

592 *Entstehung der Seitenbänder bei Amplitudenmodulation.*

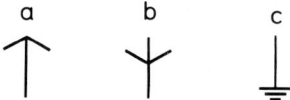

594 *Schaltzeichen – a) Sendeantenne; b) Empfangsantenne; c) Erde. Der stilisierte Pfeil in den Antennenzeichen gibt die Wirkungsrichtung an.*

Bei der Modulation von Sprache und Musik werden dem Träger viele Frequenzen von tiefen bis hohen Tönen aufmoduliert. Auf diese Weise entstehen zwei sog. Seitenbänder, deren jedes die volle Information enthält. Die tiefen Frequenzen liegen nahe am Träger, die hohen weit von diesem entfernt. Damit sich die „Bänder" der Rundfunksender nicht gegenseitig überschneiden, ist ihre Bandbreite verträglich begrenzt, im MW-Bereich auf 9 kHz; damit ist eine Übertragung von 0 bis 4 500 Hz (2mal 4 500 Hz = 9 kHz) möglich.

Führt man der Antenne über einen HF-Generator („Sender") Energie zu, so fließt durch die Spule je nach Schwingungszustand ein Strom. Zwischen den „Kondensatorplatten" steht eine Spannung. Der Strom erzeugt ein magnetisches Feld, die Spannung ein elektrisches Feld, beide angedeutet in *593c* und *d*. Die Darstellung macht deutlich, wie

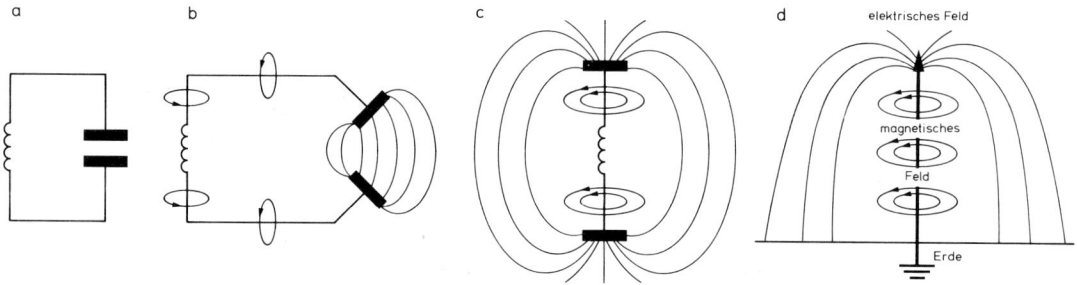

593 *Der Weg vom geschlossenen Schwingkreis zur Antenne (schematisch dargestellt).*

sich die elektrischen Feldlinien im Raum zwischen den Kondensatorplatten ausbilden. Die Polarität der Felder wechselt mit der Polarität der Spannung bzw. des Stroms (s.o., S. 79). Elektrisches und magnetisches Feld durchdringen einander; daher spricht man kurz von einem *elektromagnetischen Feld* der Antenne. Die Wechselfelder lösen sich von der Antenne ab und breiten sich mit Lichtgeschwindigkeit kugelförmig in den Raum aus. Sie sind die „elektromagnetischen Wellen", die „Strahlung" des Senders.

Schneiden die Feldlinien einen zweiten offenen Schwingkreis, so induzieren sie in diesem (sehr kleine) Spannungen und Ströme. Dieser zweite offene Schwingkreis ist gemeinhin als „Empfangsantenne" bekannt. Ströme und Spannungen sind um so größer, je genauer die Resonanzfrequenz der Empfangsantenne mit der Frequenz der elektromagnetischen Wellen des Senders übereinstimmt.

15.2 Der Detektor (Geradeausempfänger)

Der Detektor (von lat. detegere = enthüllen, wegen des Herauslösens der „Hüllkurve" aus dem modulierten Sendersignal) ist die simpelste Empfangsschaltung. Er besteht im einfachsten Fall aus einer Antenne, einer Diode, einem (möglichst hochohmigen) Kopfhörer und einer Erdverbindung (595).

Wenn die Kraftlinien des wandernden elektromagnetischen Feldes die Antenne schneiden, entsteht in ihr eine Wechselspannung mit der Frequenz des Senders und den Amplitudenschwankungen entsprechend der Modulation. Mit dieser HF-Wechselspannung kann man keinen Kopfhörer oder Lautsprecher unmittelbar betreiben; die Membran müßte der hohen Frequenz folgen, und das kann sie wegen ihrer trägen Masse nicht. Durch *Gleichrichtung* wird eine Halbschwingung der HF-Spannung unterdrückt. Die Schwingungen erscheinen jetzt einseitig gerichtet; das Lautsprechersystem verhält sich so, als ob es durch eine pulsierende Gleichspannung angeregt würde, deren Mittelwert der ursprünglichen Mikrofonspannung entspricht. Man nennt diesen Vorgang *Demodulation*.

15.2.1 Gleichrichtung mit einer Diode

Das Prinzip der Gleichrichtung ist allgemein wichtig. Eine Diode läßt den Strom nur in einer Richtung passieren; fügt man sie in einen Wechselstromkreis ein, so fließt der Strom nicht „hin und her" (596a), sondern jeweils während einer Halbwelle nur in einer Richtung. Je nach Stromrichtung entstehen hinter der Diode die der durchgelassenen Halbwelle entsprechenden Gleichspannungsimpulse (596b). Damit ist die angelegte Wechselspannung „gleichgerichtet"; es handelt sich hier aber um eine „pulsierende

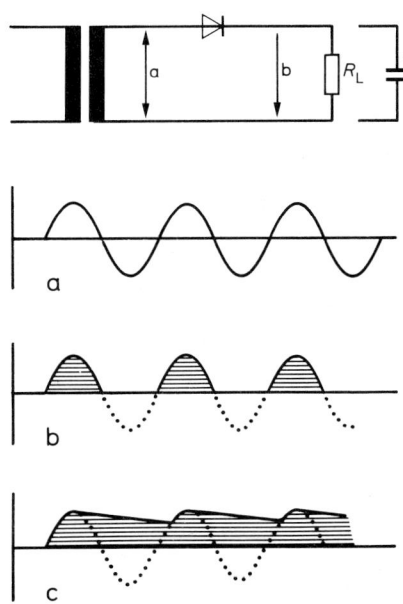

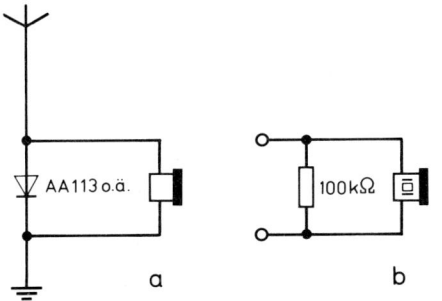

595 Einfachstdetektor. Bei Verwendung eines keramischen Ohrhörers (b) muß ein Gleichstrompfad – z.B. durch einen Widerstand 20 ... 100 kΩ – geschaffen werden.

596 Einweggleichrichtung mit einer Diode – a) Wechselspannung; b) pulsierende Gleichspannung; die negative Halbwelle ist durch die Diode gesperrt; c) Einebnen der Gleichspannungsimpulse durch die Speicherwirkung des Ladekondensators.

Gleichspannung" (entsprechend den Unterbrechungen). Diese Gleichspannung kann nun mittels eines sog. „Lade-" oder „Siebkondensators" geglättet werden. Der Kondensator lädt sich während der offenen Halbwelle auf und gibt seine Ladung in der Stromflußpause, also während der gesperrten Halbwelle, wieder ab (596c).

Die Gleichrichtung von Wechselspannung und -strom wird in jedem mit Netzspannung betriebenen Rundfunk- und Fernsehgerät benötigt (das Gerät wird mit Gleichspannung betrieben, während das Stromnetz Wechselspannung liefert). Die hier dargestellte Grundschaltung wird allerdings in der Regel durch zusätzliche Maßnahmen erweitert.

15.2.2 AM-Demodulation durch Gleichrichtung

Beim Gleichrichten der modulierten Wechselspannung (597a) entstehen zunächst Gleichspannungsimpulse, deren Höhe der aufgeprägten Modulation entsprechen (597b). Werden diese Gleichspannungsimpulse durch einen Kondensator kleiner Kapazitäten zwischengespeichert, so erhält man die sog. Hüllkurve (597c). Sie entspricht der dem Träger aufmodulierten Information. Genaugenommen handelt es sich um eine mit der Modulationswechselspannung überlagerte Gleichspannung. Den Gleichspannungsanteil kann man durch einen zwischen Demodulator und Verbraucher geschalteten Kondensator abtrennen. Die im einleitend dargestellten Einfachstdetektor (595) angewendete Gleichrichterschaltung ist nicht typisch. Sie spielt nur dort eine Rolle, wo die Gleichrichtung an der BE-Diode eines Transistors geschieht (s.u., S. 262 ff.).

Die Antenne liefert gegen Erde eine Wechselspannung mit positiven und negativen Halbwellen. Für die positiven Halbwellen liegt die Diode in Flußrichtung (Kurzschluß gegen Erde), so daß diese Halbwellen dem Kopfhörer verloren gehen. Für die negativen Halbwellen liegt die Diode in Sperrichtung, daher werden nur diese im Kopfhörer wirksam.

Die von der Antenne kommenden HF-Spannungen sind in der Regel sehr klein. Diesbezüglich hat auch die Schwellenspannung der Diode (U_s) große Bedeutung. Die gleichzurichtende Wechselspannung muß immer größer als U_s sein, sonst „öffnet" die Diode nicht. Wegen ihrer niedrigeren Schwellenspannung (s. S. 99) sind Germaniumdioden für Demodulationszwecke besonders geeignet. Man kann aber auch die gleichzurichtende HF-Spannung mit einer niedrigen Gleichspannung überlagern und so deren Halbwellen über das Niveau von U_s heben (s. S. 258).

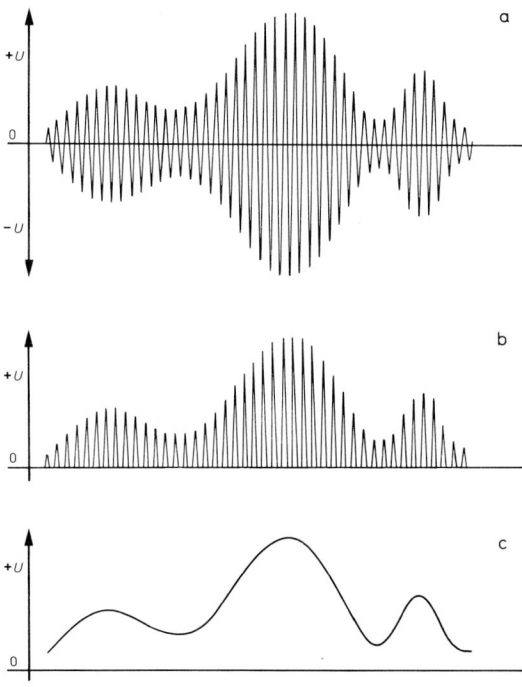

597 *Prinzip der AM-Demulation durch Gleichrichtung (vereinfacht dargestellt).* – a) *Wechselspannung eines AM-modulierten HF-Signals;* b) *Gleichspannungsimpulse nach der Gleichrichtung;* c) *Hüllkurve nach der Zwischenspeicherung mit einem Ladekondensator. Die Hüllkurve entspricht der dem Träger aufmodulierten Information.*

15.2.3 Die Dimensionierung von Empfängerschwingkreisen

Grundsätzlich kann jeder Schwingkreis mit jedem beliebigen L/C-Verhältnis zum „Aussieben" einer bestimmten Frequenz benutzt werden, vorausgesetzt, daß die Resonanzbedingung erfüllt ist. Das L/C-Verhältnis des Schwingkreises bestimmt aber auch weitgehend die Eigenschaften eines Empfängers. Es seien hier daher Richtwerte für die Wahl der Kapazität bei bestimmten Frequenzen angegeben, die sich in der Praxis für die Eingangskreise von Empfängern als günstig erwiesen haben. Der zugehörige L-Wert folgt aus der Thomsonschen Schwingungsgleichung (s.o., S. 94).

LW und MW: 500 ... 50 pF
KW   3,5 MHz ca. 100   pF
       7 MHz   60 ... 50 pF
      14 MHz   40 ... 30 pF
      21 MHz   25 ... 20 pF
      28 MHz   20 ... 15 pF

Beispiel: Gewünscht wird der Empfang des 49-m-Bandes auf KW, $f =$ ca. 6 MHz.
Die Schwingkreiskapazität sollte ca. 70 pF betragen; nach der Thomsonschen Schwingungsgleichung gehört dazu eine Spule mit $L \approx 10$ µH.
Nach dieser Anleitung können alle hier beschriebenen Empfänger auf jede Frequenz von Lang- bis Kurzwelle umdimensioniert werden. Es lohnt sich, die Empfangsschaltungen vielfältig in der Frequenz zu variieren, weil man dadurch ein sicheres Gefühl für Größenordnungen von Frequenz, Kapazität und Induktivität bekommt, und weil es dabei, vor allem auf KW, viel zu hören gibt.
Für KW benötigt man Drehkondensatoren mit kleiner Endkapazität (20 ... 100 pF). Sollten sie im nächsten Elektronikladen nicht erhältlich sein, so „verkürzt" man einen verfügbaren AM-Drehko (500 pF Endkapazität) dadurch, daß man einen kleinen Festkondensator dazu in Reihe schaltet (s. S. 68). – Beispiel: Der genannte Drehko (C_1) soll auf eine Gesamtkapazität (C_{ges}) von 50 pF verkürzt werden. Wie groß muß der in Reihe zu schaltende C_2 sein?

$$\frac{1}{C_{ges}} = \frac{1}{C_1} + \frac{1}{C_2},$$

$$\frac{1}{C_{ges}} - \frac{1}{C_1} = \frac{1}{C_2},$$

$$\frac{1}{50} - \frac{1}{500} = \frac{1}{C_2}$$

$C_2 \approx 55{,}5$ pF (nächster Normwert 56 pF).

15.2.4 Detektor mit Parallelschwingkreis

Mit dem Einfachstdetektor (595) dürfte der Ortssender – gute Antenne und Erde vorausgesetzt – genügend lautstark zu hören sein. Fallen mehrere Sender mit annähernd gleicher Feldstärke ein, so empfängt man alle durcheinander, denn die Selektion der Antenne ist sehr gering. Um die Trennschärfe zu erhöhen, schaltet man zwischen Antenne und Demodulator einen Schwingkreis, der aus den ankommenden Wechselspannungen die seiner Resonanzfrequenz entsprechende Senderfrequenz aussiebt. Zur Dimensionierung – siehe oben!
Die Antenne wird mit einem kleinen Kondensator „kapazitiv" und „lose" an den Schwingkreis ange-

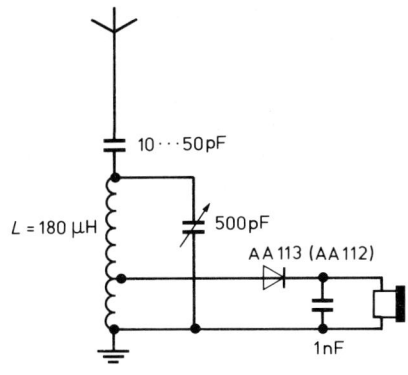

598 *Detektorgrundschaltung. Die Diode kann auch umgekehrt gepolt werden. Man richtet sich danach, ob man am Verbraucher eine zu 0 (= Masse) positive oder negative Spannung wünscht; in diesem Beispiel ist sie positiv.*

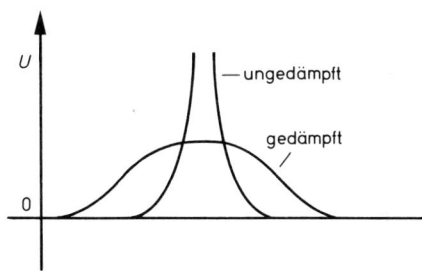

599 *Resonanzkurve eines Schwingkreises. Mit Belastung (= Dämpfung) nimmt die Trennschärfe ab.*

koppelt („kapazitiv" zur gleichstrommäßigen Abtrennung – „lose", um den Schwingkreis nicht mit der Antenne, die für diesen auch einen Verlustwiderstand darstellt, zu stark zu belasten) –, die Diode an eine Anzapfung der Spule bei etwa der halben Windungszahl oder weniger (s.u., S. 258). Mit dem Drehkondensator wird die Frequenz des Schwingkreises auf die des zu empfangenden Senders eingestellt. Je geringer die Verluste des Schwingkreises sind, desto ausgeprägter ist sein Resonanzverhalten, desto höher die Trennschärfe. Verluste entstehen im Schwingkreis selbst hauptsächlich durch den Drahtwiderstand der Spule. Dicker Draht erhöht daher seine Güte. Ungleich größere Verluste entstehen aber durch einen angeschlossenen Verbraucher, der dem Schwingkreis Energie entzieht; in unserem Falle sind es Diode und Kopfhörer. Durch die Belastung wird der Schwingkreis „gedämpft", seine Resonanzkurve verläuft flacher (599), die Trennschärfe nimmt ab.

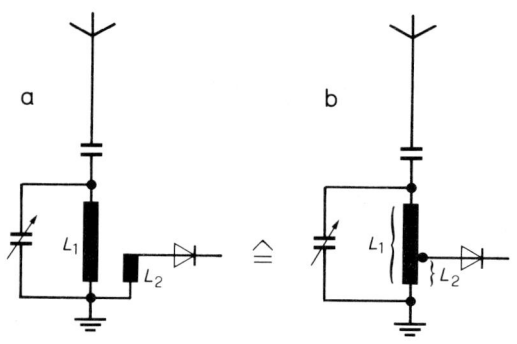

600 *Anpassung eines Verbrauchers an einen Schwingkreis – a) mit Auskoppelwicklung; b) mit Anzapfung.*

601 *MW-Detektor mit Drehkondensatorabstimmung und Schwingkreisspule auf einem Pappzylinder – für Kopfhöreranschluß ($2 \times 2000\,\Omega$).*

Der Parallelschwingkreis ist für den Verbraucher eine Quelle mit hohem Innenwiderstand (s.o., S. 49). Diode und Kopfhörer bilden im Vergleich dazu einen geringen Lastwiderstand und würden beim Anschluß an das „heiße Ende" des Schwingkreises fast wie ein Kurzschluß wirken. Abgesehen von der schlechten Leistungsanpassung würde dadurch der Kreis sehr stark gedämpft. Man koppelt daher einen niederohmigen Verbraucher entweder über eine Anzapfung (*600b*) oder über eine Ankoppelwicklung (*600a*) an. L_1 und L_2 bilden einen Transformator. Die Scheinwiderstände der Wicklungen verhalten sich zueinander wie die Quadrate der Windungszahlen (s.o., S. 90). Hat L_2 nur die halbe Windungszahl von L_1, so ist ihr Scheinwiderstand nur ein Viertel dessen von L_1 usw. Mit der Ankopplungswicklung wird der Scheinwiderstand – allerdings auch die Spannung – herabtransformiert. Der Schwingkreis ändert sich von einer Quelle mit hohen Innenwiderstand zu einer Quelle mit niedrigem Innenwiderstand an seinem Ausgang. Man erreicht damit eine Leistungsanpassung an den Verbraucher (hier Diode und Kopfhörer), mittels derer man dem Schwingkreis ein Maximum an Leistung bei einem Minimum an Dämpfung entnehmen kann. Die Anzapfung erfüllt die gleiche Funktion. Suchen nach dem günstigsten Anzapfpunkt lohnt sich!

Abb. *601* zeigt ein Aufbaumodell für einen MW-Detektor mit Drehkondensatorabstimmung. Für den Anschluß eines Drehkondensators gilt grundsätzlich, daß der Rotor (beweglicher Teil, meist leitend mit der Antriebswelle verbunden) an 0 (Masse), der Stator (feststehender Teil, durch Isolation vom Rotor getrennt) an das „heiße Ende" (Spuleneingang) angeschlossen wird. Die Spule wurde in diesem Fall auf ein Pappröhrchen gewickelt (Ränder zum Durchstecken der Spulenenden

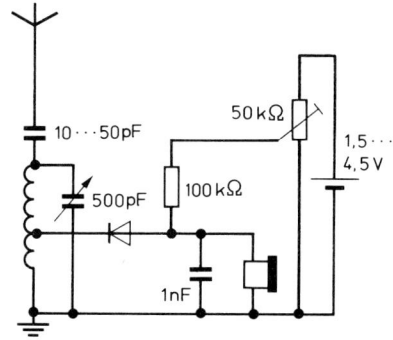

602 *Vorspannung der Demodulatordiode zur Anhebung sehr kleiner Signale auf das Niveau der Schwellenspannung.*

mit einer Stopfnadel durchbohrt). Zur Berechnung der Windungszahl s. S. 83 f. Die fertige Spule wurde mit zwei kleinen Holzschrauben auf der Grundplatte befestigt. Der Kopfhörer muß unbedingt hochohmig sein (am besten 2mal $2000\,\Omega$). Eine dynamische Telefonhörkapsel mit $Z = 250\,\Omega$ ist die absolut untere Grenze. Wegen ihres niedrigen Scheinwiderstands ist auch die Anzapfung näher an das kalte Ende der Spule zu legen; die Kapsel braucht geringere Spannung als der hochohmige Kopfhörer, dafür größeren Strom. Durch die „tiefer" liegende Anzapfung wird die Spannung weiter herabtransformiert, eine größere Stromentnahme ermöglicht; s. auch oben „Leistungsanpassung". Ausprobieren verschiedener Zapfpunkte lohnt sich! Sehr gut geeignet ist auch ein billiger *keramischer* Ohrhörer ($Z \approx 50\,\mathrm{k}\Omega$). Da der Diodenstromkreis ein Gleichstromkreis ist, muß auch ein Gleichstrompfad geschaffen werden (Abb. *595b*). Der keramische Ohrhörer verhält sich wie ein

Kondensator und läßt nur den Wechselstromanteil durch. Daher muß man ihm hier einen Widerstand 20 ... 100 kΩ parallelschalten (Abb. *602*).

15.3 Detektor mit Rahmenantenne und Schiebekondensator

Der Schwingkreis kann schon selbst als Antenne dienen. Aus der Anfangszeit des Radios stammt die in Abb. *603* gezeigte Rahmenantenne. Die Detektorschaltung ist der in Abb. *601* vergleichbar, nur die Spule wurde sehr groß ausgeführt, damit sie von möglichst vielen Feldlinien geschnitten werden kann. Entsprechend dem großen Durchmesser ist ihre Windungszahl geringer.

Diese als Rahmenantenne ausgeführte Schwingkreisspule hat eine ausgeprägte Richtwirkung und wird noch heute zu Peilzwecken verwendet. Die moderne Ausführung der Rahmenantenne ist die Ferritantenne (s.u., S. 266).

Für eine Induktivität von 180 µH genügen 10 Windungen bei einer Diagonale von 80 cm Länge, Anzapfung bei 5 Windungen. Die Berechnung nach der Formel von S. 83 ist auch dann noch ausreichend genau, wenn man die Diagonale als Kreisdurchmesser einsetzt.

Drehkondensatoren sind teuer und in vielen Elektronikläden nicht zu erhalten. Das Modell zeigt die Abstimmung mit einem selbstgefertigten Schiebekondensator (*604*).

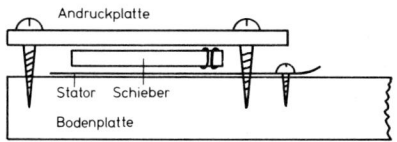

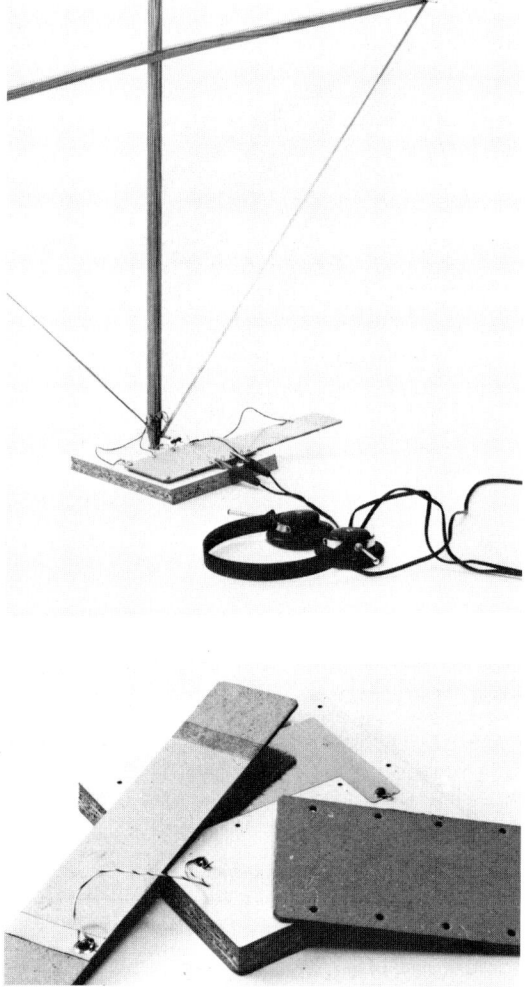

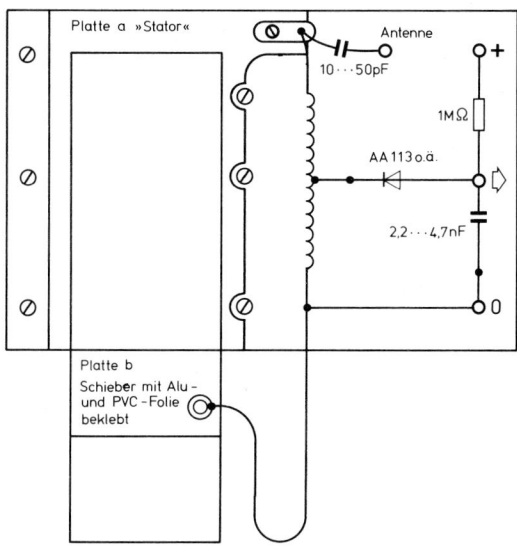

603/604 *Detektor mit als Rahmenantenne ausgeführter Schwingkreisspule und Schiebekondensator zur Abstimmung.*

605 *Aufbau eines MW-Detektors mit Schiebekondensator. Größe der Grundplatte 8 × 12 cm. Der Schieber wird der Einfachheit halber rundum mit selbstklebender Alu- und PVC-Folie beklebt. Unebenheiten vergrößern den mittleren Abstand und verringern die Kapazität erheblich.*

Die Platten bestehen aus selbstklebender Aluminiumfolie, das Dielektrikum aus selbstklebender PVC-Folie. Bei einem (großzügig) geschätzten Plattenabstand (*l*) von 0,15 mm (= 0,015 cm) und einer Dielektrizitätszahl $\varepsilon_r = 4$ benötigt man für eine Maximalkapazität von 500 pF eine Plattenfläche von ca. 21 cm² (s.o., S. 60). Die Statorplatte („heißes Ende") wurde auf die Bodenplatte geklebt. Als beweglicher Teil dient ein 4 cm breiter Pappstreifen, der zuerst mit Alufolie, danach mit selbstklebender Bucheinbinde-Folie (als Dielektrikum) beklebt wurde. Beim Kleben ist sorgfältig darauf zu achten, daß die Folien glatt aufliegen. Jede Erhöhung (durch Unsauberkeiten, Falten) vergrößert den mittleren Plattenabstand *l* und verringert die Kapazität. Der Kontakt zur Statorplatte wurde mit einer Lötöse und einer Holzschraube hergestellt, der zur beweglichen Platte (dem Schieber) über eine eingenietete Öse, an die eine hochflexible Litze gelötet wurde (siehe Bauzeichnung, *605*).

15.4 Detektor mit Variometer

Das Variometer dient zur Abstimmung eines Schwingkreises durch Verändern der Induktivität. In einer vom hier gezeigten Modell (*607*) etwas abweichenden Form wurde es sehr lange (bis in die 40er Jahre) für Sender und Empfänger benutzt.
Die Schwingkreisspule ist geteilt (*606*); L_1 befindet sich auf der äußeren Pappolle (48 Wdg.), L_2 auf der inneren Pappolle (56 Wdg.). Entscheidend für die Größe der Induktivitätsveränderung ist der sog. „Kopplungsfaktor" *K*. Durchdringen alle Feldlinien (100%) der einen Spule die jeweils andere, so ist $K = 1$ (100% = 1). Dieser Wert ist praktisch kaum zu erreichen; in einem Netztransformator mit einem geschlossenen Kern erreicht man höchstens $K = 0,95$ bis 0,99; bei übereinandergewickelten Luftspulen beträgt *K* durchschnittlich 0,6 bis 0,7; unsere beiden Variometerspulen, deren Abstand voneinander recht groß ist, erreichen ein *K* von ca. 0,5.
Die Feldlinien, die eine zweite Spule durchdringen, rufen in dieser eine Gegeninduktivität *M* hervor.

607 Detektor mit Spulenvariometer.

$$M = K \cdot \sqrt{L_1 \cdot L_2}.$$

Beispiel: L_1 und L_2, beide 100 µH, koppeln mit $K = 0,5$ aufeinander. Wie groß ist *M*?

$$M = 0,5 \cdot \sqrt{100 \cdot 100} = 50\,\mu H.$$

Wenn nun die magnetischen Feldlinien beider Spulen gleichsinnig aufeinander wirken, so ruft L_1 in L_2 die gleiche zusätzliche Gegeninduktivität *M* hervor wie L_2 in L_1. Die Gesamtinduktivität beträgt daher bei gleichsinnig wirkenden Magnetfeldern

$$L_{ges} = L_1 + L_2 + 2 \cdot M.$$

In unserem Beispiel:

$$100\,\mu H + 100\,\mu H + 2 \cdot 50\,\mu H = 300\,\mu H.$$

Wirken die magnetischen Feldlinien genau gegeneinander, so mindern die beiden Gegeninduktivitäten $L_{ges} \cdot L_{ges}$ beträgt daher bei gegensinnig wirkendem Magnetfeldern

$$L_{ges} = L_1 + L_2 - 2 \cdot M.$$

In unserem Beispiel:

$$100\,\mu H + 100\,\mu H - 2 \cdot 50\,\mu H = 100\,\mu H.$$

Mit der Induktivitätsvariation von 3 : 1 unseres Beispiels ist nach der Thomsonschen Schwingungsgleichung (s.o., S. 94) eine Frequenzvaria-

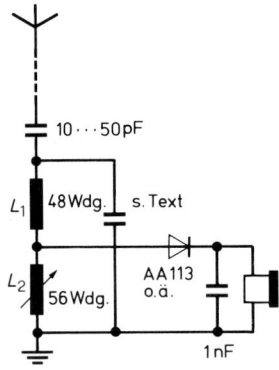

606 Stromlaufplan (Detektorgrundschaltung) für den Detektor mit Spulenvariometer.

tion im Verhältnis 1 : 1,73 möglich, z.B. von 500 kHz bis 866 kHz ($C = 338$ pF), von 800 kHz bis 1 385 kHz ($C = 132$ pF), von 1 000 kHz bis 1 730 kHz ($C = 84$ pF). Damit ist der gesamte MW-Bereich in drei Teilbereichen zu empfangen. Entsprechend der Frequenz des Ortssenders wählt man die Größe des Parallelkondensators; dabei ist es günstig, C so zu berechnen, daß ein möglichst großer Wert von L_{ges} eingestellt wird, z.B. 230 µH (daß also die Magnetfelder möglichst wenig gegeneinander wirken). Um den Sender Ravensburg des DLF ($f = 756$ kHz) zu empfangen, wäre ein Schwingkreiskondensator $C = 192$ pF nötig (nächste Werte 180 pF oder 200 pF).

Hinweise zum Aufbau
L_1 ist auf den Abschnitt einer Toilettenpapier-Rolle mit 4 cm Durchmesser gewickelt. Bei einer Spulenlänge von 2 cm sind für $L_1 = 100$ µH 48 Windungen (CuL, 0,3 mm) nötig. L_2 wurde auf einen Abschnitt einer Pappolle von Haushalts-Alu-Folie mit 2 cm Durchmesser gewickelt. Bei einer Spulenlänge von 1,5 cm sind für $L_2 = 100$ µH 56 Windungen (CuL, 0,2 mm) erforderlich. Als Welle dient ein Rundholzstäbchen (Schaschlik-Spieß) mit 3 mm Durchmesser. Damit sich L_2 in L_1 ungehindert drehen kann, muß die Welle genau durch den Querschnittmittelpunkt der Rollen und senkrecht zu ihrer Längsachse führen. Nach Augenmaß ist das kaum zu bewerkstelligen. Zufriedenstellende Genauigkeit erreicht man mit Hilfe eines Streifens Millimeterpapier:

1. Streifen glatt um die Rolle legen und zu einem Ring zusammenkleben; darauf achten, daß die Linien an der Klebestelle genau übereinanderliegen.
2. Ring abziehen und zusammendrücken, so daß an zwei einander gegenüberliegenden Stellen scharfe Knicke entstehen.
3. Ring wieder auf die Rolle schieben; darauf achten, daß ein Linienring genau über der Rollenkante liegt.
4. Ring und Pappolle genau über den beiden einander gegenüberliegenden Knicken und im gleichen Abstand von der Rollenkante (gleiche Anzahl der Meßlinien) mit einer Stopfnadel durchbohren.

Durch die so durchgestochenen Löcher kann der Schaschlik-Spieß mit einiger Kraft hindurchgesteckt werden. Die Welle bleibt in der äußeren Spule drehbar und wird später mit der inneren Spule durch einen Tropfen Alleskleber fest verbunden.
Zuvor müssen jedoch die Spulen gewickelt werden. Damit auch der für den Durchgang der Welle erforderliche Platz berücksichtigt werden kann, steckt man das Stäbchen am besten ein kurzes Stück in die Rolle ein. Die Windungen sind nun möglichst gleichmäßig nach beiden Seiten der Welle zu verteilen.
Die Drahtenden der Wicklungen wurden im abgebildeten Modell jeweils zweimal durch am Rand der Pappolle gestochene Löcher gezogen; so sind zugleich mit der Festlegung der Drahtenden „Lötstützpunkte" entstanden. Beide Spulen wurden von solchen Stützpunkten aus (Drahtschlaufen am Rande der Pappolle) durch ein Stück dünner, hochflexibler Litze miteinander verbunden. Die anderen Spulenenden (ebenfalls Drahtschlaufen) ergeben Anfang und Ende der Gesamtspule.
Abb. *607* zeigt einen betriebsfertigen MW-Detektor. Die zusätzlichen Bauelemente wie Antennenkopplungs-, Schwingkreis- und Siebkondensator sowie die Diode wurden über weitere Drahtschlaufen (Lötösen) unmittelbar an das Variometer gelötet.

15.4.1 Zusammenschalten eines Detektors mit einem Verstärker

Das Besondere an allen Detektorschaltungen (es gibt eine große Zahl verschiedener Möglichkeiten) ist, daß sie ohne zusätzliche Speisung mit Energie – z.B. ohne Batterie – auskommen. Die Energie, die sie an den Kopfhörer abgeben, entnehmen sie allein den wandernden elektromagnetischen Feldern des Senders.
Folgender Versuch beweist, daß auf dem Weg vom Sender zum Empfänger Energie übertragen wird: Der Detektor wird an eine möglichst lange Drahtantenne (20 m und mehr) und eine gute Erde (Wasser- oder Heizungsrohr) angeschlossen. Statt des Kopfhörers nehme man das Vielfachmeßinstrument (kleinster Gleichspannungs- oder -strommeßbereich). Beim Abstimmen des Detektors wird man je nach den örtlichen Verhältnissen einen unterschiedlichen Zeigerausschlag feststellen (*608*).

In 6 km Entfernung von der Sendeantenne des NDR Hamburg konnten mit einer 20 m langen Antenne, guter Erde und einem Meßinstrument mit 100 kΩ/V (s.o., S. 22) ca. 4 V Gleichspannung bzw. ein Kurzschlußstrom von ca. 0,4 mA gemessen werden. Nach sorgfältiger Ab-

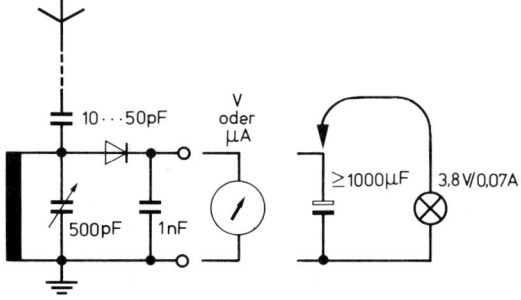

608 *Aufbau zum Nachweis der Energieübertragung mit einem Meßinstrument oder Elko und Glühlämpchen. Der zweite Kontakt des Glühlämpchens darf erst angeschlossen werden, wenn sich der Elko aufgeladen hat.*

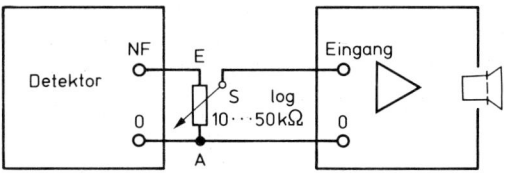

609 *Anschluß eines Potentiometers als Spannungsteiler zur Lautstärkeeinstellung (zwischen Detektor und Verstärker).*

stimmung des Detektors wurde an Stelle des Meßinstruments ein Elko von 2200 µF angeschlossen. Innerhalb von 3 Minuten lud er sich soweit auf, daß durch seine Entladung ein Lämpchen 3,8 V/0,07 A zum Aufblitzen gebracht werden konnte. Schloß man die Diode statt an die Mittelanzapfung der Spule an das heiße Ende an, so war eine Kondensatorladung von ca. 8 V zu erreichen. Einige Glühlämpchen überstanden den Versuch nicht.

Die übertragene Energie ist auch in Sendernähe gering und reicht für Lautsprecherempfang nicht aus. Das kleine, im Detektor gewonnene NF-Signal wird daher als Eingangssignal einem Verstärker zugeleitet.

Er benötigt eine Speisung mit zugeführter Energie, z.B. aus einer Batterie. Der Batteriestrom dient also nicht zum Empfang, sondern nur zur Verstärkung des empfangenen Signals. Das gilt für alle Empfänger, auch für solche, in denen das HF-Signal vor der Demodulation verstärkt wird.

Zur Verstärkung des NF-Signals ist jeder der in diesem Buch vorgeschlagenen NF-Verstärker geeignet, gleichgültig, ob es sich dabei um einen Kopfhörer- oder Lautsprecherverstärker handelt. Zur Einstellung der Lautstärke schaltet man ein Potentiometer als Spannungsteiler zwischen Detektor und Lautsprecher (*609*). – In Verbindung mit einem Verstärker lohnt es sich, auch einen Detektor für KW zu bauen. Es ist bemerkenswert, wie viele sehr weit entfernte Sender mit einem derart einfachen Empfangsgerät zu hören sind.

Durch Vorspannen der Diode mit einer Gleichspannung (*602*) sind auch sehr schwache HF-Spannungen noch demodulierbar.

15.5 Audionempfänger

Der Gedanke, den Empfangsschwingkreis mit einem Verstärkereingang zu verbinden, der die Demodulation gleich miterledigt, stammt von Lee de Forest (1873–1961), dem „Vater des Radios". Er benutzte (1907) als Verstärker eine Triode (Röhre mit drei Elektroden), von denen zwei zusammen auch wie eine Diode wirken. Dieses Empfängerprinzip heißt „Audion" (von lat. audire = hören; das Audion ist eine Rundfunk„hör"-Schaltung). Es hat die Entwicklung der Rundfunktechnik entscheidend beeinflußt und läßt sich mit jedem Verstärker verwirklichen, an dessen Eingang eine Demodulation stattfindet.

15.5.1 Audion mit bipolarem Transistor

Der bipolare Transistor besteht aus zwei Diodenstrecken. In der Schaltung nach Abb. *610* übernimmt die BE-Diode die Gleichrichtung der vom Schwingkreis gelieferten HF-Spannung. Der im Rhythmus der Modulation stärkere oder schwächere Diodenstrom steuert den Verstärker. C_4 übernimmt die Funktion des Ladekondensators im Detektor; er schließt HF-Reste kurz und speichert die Halbwellen zur bereits genannten Hüll-

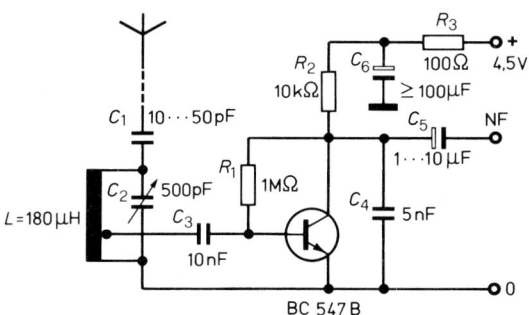

610 *Stromlaufplan für ein Mittelwellen-Audion mit NPN-Transistor.*

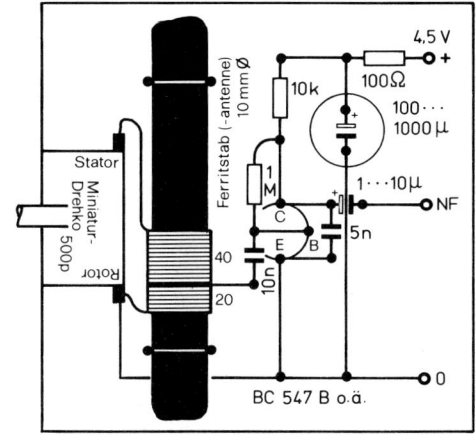

611 *Aufbau des Audions mit Ferritantenne.*

kurve (s. S. 256). Er soll für HF einen sehr niedrigen, für NF einen sehr hohen Widerstand bilden. Ein Wert zwischen 5 nF und 22 nF erfüllt die Bedingung.

Die Spulenanzapfung sollte möglichst nahe am kalten Ende liegen (höchstens bei einem Drittel der Windungszahl). Dadurch wird der Kreis wenig belastet, d.h. bedämpft. Die Trennschärfe steigt merklich. Die BE-Diode benötigt keine große HF-Amplitude, denn sie ist durch R_1 schon in Flußrichtung leicht vorgespannt. C_6 und R_3 bilden einen Tiefpaß zur Gleichspannungsentkopplung, falls an den Ausgang ein Verstärker angeschlossen wird und beide Schaltungen aus einer Batterie gespeist werden. Das Audion wird ebenso wie der Detektor an einen nachfolgenden Verstärker angeschlossen (s.o., S. 262). Jeder Lautsprecherverstärker ist dazu geeignet. Es hat wenig Sinn, einen der beschriebenen Kopfhörerverstärker anzuschließen; sie würden nur maßlos übersteuert, brächten aber kaum Lautstärkegewinn. An den Ausgang des Audions kann ein Kopfhörer direkt angeschlossen werden.

Abb. *613* zeigt das Modell eines MW-Audion nach Abb. *610*. Im Unterschied zu der dort gezeichneten üblichen Drehkondensator-Abstimmung wurde an Stelle des Drehkos wieder ein Variometer eingesetzt. C_2 ist ein Festkondensator von 270 pF; die Spule besteht aus 60 Windungen CuL 0,2 mm, die Anzapfung liegt bei 20 Windungen. Durch die Spule wird ein Ferritkern gezogen, der eine Veränderung der Induktivität im Verhältnis 4 : 1 ermöglicht. Ihr entspricht eine Frequenzvariation von 2 : 1. Variometer nach diesem Prinzip werden auch heute noch vielfach beim Bau von Autoradios benutzt; sie sind flach zu bauen, die Einstellung ist relativ erschütterungssicher. Abb. *614* zeigt ein UKW-Variometer aus einem Radio.

Hinweise zum Aufbau
Der Ferritkern ist ein etwa 4 cm langes Stück einer Ferritantenne. Derartige Ferritstäbe, ca. 1 cm stark, 10 cm lang, erhält man im Elektronikhandel (wo nicht, bietet der Sperrmüll mit ausgedienten Radios ein billiges Angebot). Die Stäbe lassen sich mühelos und sauber brechen, wenn man sie zuvor mit einer Schleifscheibe an der gewünschten Stelle einkerbt.

In dem abgebildeten Modell wurde das Ferritstück mit Abschnitten von einer Kabelendtülle aus Gummi (Elektrogroßhandel; jeder andere dünnwandige Gummischlauch mit ca. 7,5 mm Weite tut es auch) an die Schnur angeklemmt. Zu bevorzugen ist ein festes, wenig dehnbares Schnurmaterial (Skalenseil, geflochtene Angelsehne o.ä.). An das Ende der Schnur wurde ein Verpackungsgummiring als „Rückholfeder" angebunden. Die Trommel, auf die sich beim Einstellen das Seil aufwickelt, ist ein Flaschenkorken, der mit der Befestigungsschraube so fest an die Bodenplatte gedrückt wird, daß

612 *Audion mit bipolarem Transistor und Drehkondensatorabstimmung (Ferritantenne).*

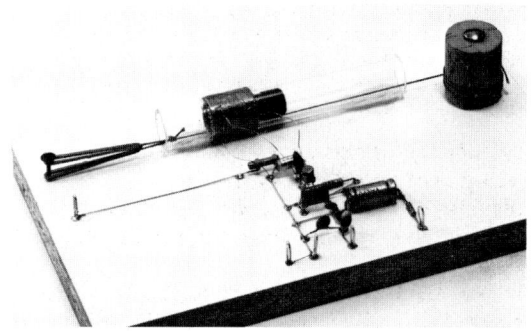

613 *Audion mit Variometerabstimmung.*

seine Reibung dem Zug des Rückholgummis standhält. Der Rohrabschnitt (Spulenträger; hier Plexiglas, 12 mm innerer ⌀) soll so eng sein, daß sich der Kern samt seiner Befestigung darin mit geringem Spiel gerade noch leicht verschieben läßt. Je größer der Anteil des Spulenquerschnitts ist, den der Kern ausfüllt, desto größer ist die Induktivitätsvariation.

15.5.2 Audion mit FET

Abb. *615* zeigt eine Audionschaltung mit einem FET in Source-Schaltung als Verstärker. Die Source erhält über den Spannungsteiler R_1/R_4 eine positive Vorspannung, die sich am Gate, das über die Spule an 0 liegt, als $-U_{GS}$ bemerkbar macht.

Die Sourcespannung wird so hoch eingestellt, daß der FET (ohne Eingangssignal) gerade die Abschnürgrenze erreicht (*616*). Die positiven Halbwellen der HF steuern den FET auf, die negativen bewirken nichts. Auf diese Weise entsteht eine Gleichrichtung und Demodulation wie bei einer Diode – mit zusätzlicher NF-Verstärkung. Da dieser Verstärker nur Spannungen einer Richtung

614 *Variometer für den UKW-Bereich aus einem Rundfunkgerät.*

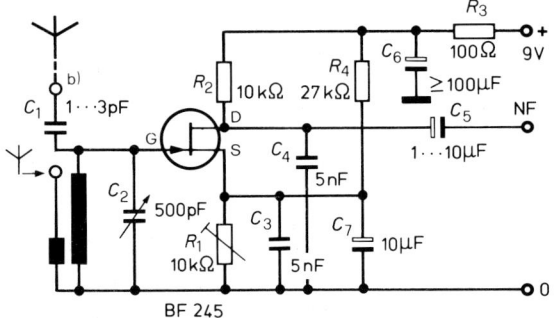

615 *Stromlaufplan für ein Audion mit Draindemodulator. R_1 ist durch C_2 für HF und durch C_3 für NF überbrückt, um Gegenkopplung zu vermeiden. Die Antenne kann induktiv (a) oder kapazitiv (b) angeschlossen werden. Es lohnt sich, verschiedene Windungszahlen der Ankoppelspule zu erproben.*

(hier die positiven Halbwellen) verstärkt, heißt er „Richtverstärker", analog zur Röhrentechnik auch „Anodengleichrichter" oder „Anodendemodulator". Da die Demodulation durch den Drainstrom zustandekommt, findet man auch die Bezeichnung „Draindemodulator".

In dieser Schaltung kommen die Vorteile des FET so recht zur Geltung, insbesondere sein hoher Eingangswiderstand; er belastet den Schwingkreis nicht, so daß dieser nicht bedämpft wird und seine volle Trennschärfe erreicht. Daher kann auch das heiße Ende an das Gate angeschlossen werden. Die Antenne sollte möglichst lose, mit wenigen Windungen oder mit einem sehr kleinen Kondensator (. . . 3 pF) angekoppelt werden, weil eine feste Kopplung den Kreis ebenfalls bedämpft. C_4, C_5 und R_3/C_6 entsprechen den gleichnamigen Elementen im Audion S. 262.
Mit dieser Schaltung und einem nachfolgenden NF-Verstärker sind auf KW Rundfunksender aus aller Welt zu hören.

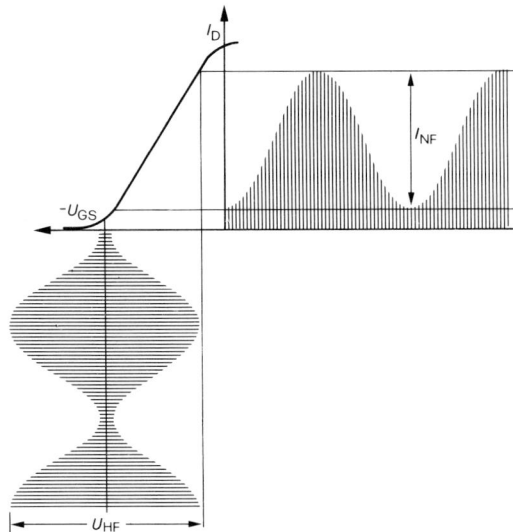

616 *Prinzip der AM-Demodulation durch Richtverstärkung. Durch die Abschnürgrenze des FET wird die negative Halbwelle gesperrt.*

15.6 Rückgekoppeltes Audion

Das Problem aller Detektoren und Audionempfänger ist ihre mangelhafte Trennschärfe, die zum großen Teil auf die Bedämpfung des Schwingkreises durch Energieentnahme zurückzuführen ist. Eine wesentliche Verbesserung folgte aus der Idee von Alexander Meißner (1913), dem Schwingkreis vom Verstärkerausgang wieder Energie gleichphasig zurückzuführen und dadurch den Energieverlust aufzuheben, d.h. den Schwingkreis zu „entdämpfen". Die Mitkopplung wird so bemessen, daß die Schaltung gerade noch nicht schwingt. Der Meißner-Oszillator hat nicht nur als Schwingungserzeuger, sondern auch als rückgekoppeltes Audion mit mindestens ebenso großer historischer Bedeutung Geschichte gemacht – als der Rundfunkempfänger der 30er und 40er Jahre, als „Volksempfänger" (VE), „Deutscher Kleinempfänger" (DKE) usw.
Grundsätzlich ist zur Entdämpfung jede Schwingschaltung geeignet.

15.6.1 Rückgekoppeltes Audion mit bipolarem Transistor

Der Hartley-Oszillator ist eine leicht nachzubauende Schwingschaltung, daher ist das rückgekoppelte Audion nach Abb. *617* als solcher ausge-

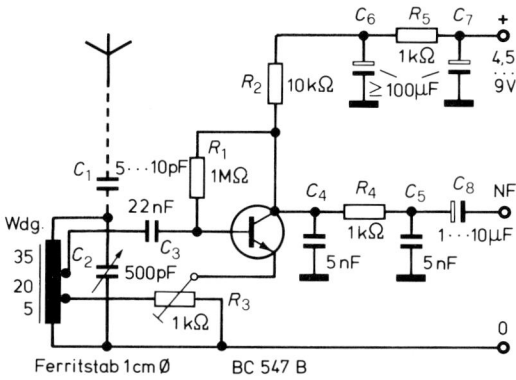

617 *Stromlaufplan für ein rückgekoppeltes Audion in Hartley-Schaltung*

618 *Rückgekoppeltes Audion mit Ferritantenne.*

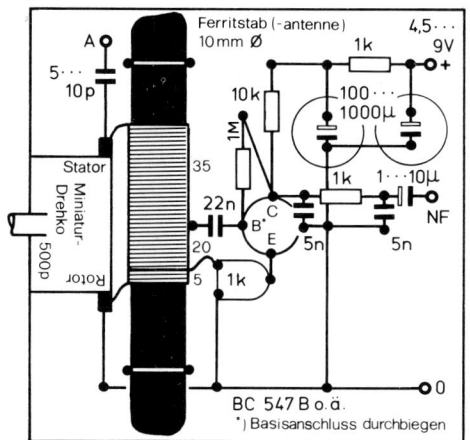

619 *Aufbau des rückgekoppelten Audions mit Ferritantenne. An A kann eine Zusatzantenne angeschlossen werden.*

führt. HF-mäßig arbeitet es in Kollektorschaltung (Kollektor durch C_4 auf 0), NF-mäßig in Emitterschaltung. Der Grad der Mitkopplung wird durch den Spannungsteiler R_3 eingestellt. Der NF-Ausgang ist durch einen Tiefpaß (R_4/C_5) ergänzt, der HF-Reste beseitigen soll. Die Plusleitung erhält einen zusätzlichen Elko, der den Wechselstromwiderstand der Batterie herabsetzt.

Die Schwingkreisspule (60 Wdg., Anzapfung bei 5 Wdg. vom kalten Ende für den Trimmer R_3 und bei 20 Wdg. für C_4) ist auf einen Ferritstab gewickelt. Je länger er ist, desto mehr magnetische Feldlinien fängt er ein und leitet er durch die Spule (626b), desto höher ist auch die induzierte Spannung.

Hinweise zum Aufbau und Betrieb

Erfahrungsgemäß bereitet das Festlegen der Spule auf einem Ferritstab Schwierigkeiten. Das folgende Verfahren verhindert, daß die Spule nach dem Wickeln „aufspringt":

1. Einen weichen, dünnwandigen, etwa 1 cm länger als die geschätzte Wickellänge bemessenen Isolierschlauchabschnitt an beiden Enden etwa 1 cm tief einschneiden.
2. Zwei lange Zwirnschlaufen mit Hilfe einer aus geknicktem Spulendraht gebogenen Öse in entgegengesetzter Richtung durch den Schlauch hindurchziehen, lange Fadenenden sind zum späteren Anziehen der Schlaufen wichtig.
3. Zwei 5 mm breite, 20 mm lange Papierstreifen bereitlegen.
4. Eine Lage Papier an der Wickelstelle um den Ferritstab legen (620).
5. Schlauchstück mit Zwirnschlaufen über die Wickelstelle legen, den Anfang des Wickeldrahtes durch die linke Schlaufe stecken und mit dem Wickeln beginnen (621); die erste Windung soll 3 bis 5 mm vom Schlauchende entfernt über dem Einschnitt liegen.
6. Nun den Ferritstab eng (Windung neben Windung) und straff bis zur Anzapfung bewickeln; die Fadenschlaufen, die den Drahtanfang hält, anziehen; damit liegt der Spulenanfang fest (622).
7. Unter die anzuzapfenden Windungen den vorbereiteten Papierstreifen legen und neben dem Papierstreifen bis zum Ende der Spule weiterwickeln (623).
8. Drahtende durch die zweite Zwirnschlaufe stecken diese anziehen; damit liegt auch das Spulenende fest (624).
9. Die über dem Papierstreifen liegende Anzapfstelle mit einem scharfen Messer ankratzen, verzinnen, ein Stück dünnen Draht anlöten (625). Der Papierstreifen isoliert die darunterliegenden Windungen vor der Lötwärme.
10. Enden der Zwirnfäden und des Papierstreifens abschneiden, Spulenenden zusätzlich mit einem Tropfen Kleber festlegen.

Im Aufbaumodell ist die Antenne mit zwei Drahtbügeln auf der Grundplatte befestigt.

620–625 *Arbeitsschritte beim Bewickeln eines Ferritstabes.*

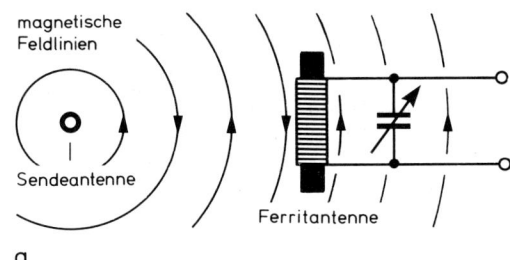

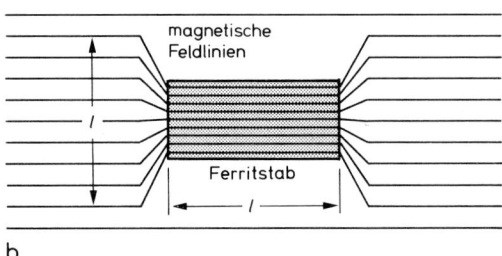

626 *Wirkungsweise der Ferritantenne – a) Hauptempfangsrichtung; b) Bündelung der magnetischen Feldlinien durch den Ferritstab.*

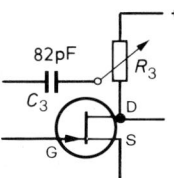

627 *Ersatz des Rückkopplungsdrehkos durch Festkondensator plus Potentiometer.*

Inbetriebnahme

Zunächst ist die Rückkopplung (Trimmer R_3) auf fast 0 zu stellen. Nun wird mit dem Drehko ein Sender eingestellt und der Schleifer von R_3 in Richtung Spulenanzapfung gedreht. Die höchste Empfindlichkeit erreicht das Audion kurz vor dem Schwingungseinsatz; man erkennt diesen am Pfeifen. Pfeift das Audion, dann ist R_3 wieder um einen geringen Wert zurückzustellen.
Für den Fernempfang nutzt man die Richtwirkung der Ferritantenne „negativ" aus – zum Ausblenden des Ortssenders. Im allgemeinen fällt dieser so stark ein, daß er einen breiten Frequenzbereich überdeckt, denn auch mit Rückkopplung ist die Trennschärfe des Audion nicht sehr groß. Man dreht daher die Antenne so, daß der Ortssender nur noch minimal zu hören ist. Je genauer dieses Minimum eingestellt wird, desto mehr schwach einfallende Sender sind einwandfrei zu empfangen.
Die Rückkopplung (R_3) muß beim Abstimmen auf die verschiedenen Sender immer wieder neu eingestellt werden; die Energie des Senders geht nämlich als Eingangsgröße mit in die Ringverstärkung (s.o., S. 239) ein und ist bei jedem Sender verschieden. Außerdem sind Frequenz und LC-Verhältnis maßgebend. Die Empfangsleistung hängt in weitestem Umfang davon ab, wie feinfühlig jeweils die Rückkopplung eingestellt wird. Ein Potentiometer mit guter Auflösung (großem Durchmesser) und großem Drehknopf ist dem Trimmer vorzuziehen. In Verbindung mit einem NF-Verstärker sind in den Abendstunden auf MW zahlreiche in- und ausländische Sender zu hören. Bei Verwendung des Kleinverstärkers von S. 222 ist der Emitterwiderstand von T_1 mit einem Elko (10 ... 50 μF) zu überbrücken; dadurch erhöht sich die Verstärkung. Nach Umdimensionierung dieser Schaltung auf KW ist weltweiter Rundfunkempfang möglich. Ohne nachfolgende NF-Verstärkung ist nur wenig mehr als der Ortssender zu hören, da die abgegebenen NF-Spannungen von weit entfernten Sendern nur wenige mV betragen.

15.6.2 Rückgekoppeltes Audion mit FET

Der Vollständigkeit halber sei hier das rückgekoppelte Audion mit einem FET angegeben (*628*). Es ist das auf einen FET übertragene „klassische" Audion in Meißner-Schaltung (s.o., S. 241).
Die Rückkopplungswicklung L_R erhält etwa ein Fünftel bis ein Viertel der Windungszahl für die Schwingkreisspule L_S. Der richtige Wicklungssinn ergibt sich von selbst, wenn man beide Spulen in einem Gang hintereinander wickelt und ihren gemeinsamen Punkt als Anzapfung herausführt.
Der Grad der Mitkopplung wird durch C_3 eingestellt; je nach Plattenstellung bildet C_3 einen größeren oder klei-

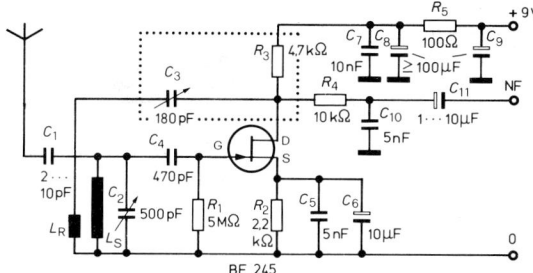

628 *Stromlaufplan für ein Audion mit FET in Meißner-Schaltung.*

neren HF-Widerstand. Den Drehko kann man dadurch umgehen, daß man R_3 als (HF-)Spannungsteiler ausführt. Auch damit ist die rückgekoppelte HF-Spannung einstellbar. R_4 sollte möglichst durch eine HF-Drossel ersetzt werden: im LW- und MW-Bereich mit $L \geqq$ 1 mH, im KW-Bereich mit L ca. 100 µH. Der nachfolgend angeschlossene NF-Verstärker sollte einen hohen Eingangswiderstand haben.

15.7 Das Pendelaudion

Wer lange versucht hat, mit seinem Audion bei der Einstellung das Höchstmaß an Trennschärfe und Empfindlichkeit zu erreichen, wird sich dann und wann eine Vorrichtung gewünscht haben, die die Rückkopplung von selbst immer wieder auf den optimalen Punkt (kurz vor dem Schwingungseinsatz) einstellt – den Schwingkreis vollkommen entdämpft. Der Wunsch ist leichter zu erfüllen, als man zunächst meinen möchte; man muß sich nur von der Vorstellung lösen, die optimale Einstellung sollte ununterbrochen erhalten bleiben.

Die Lösung: Die Verstärkereingeschaften eines jeden Verstärkers sind steuerbar, die des bipolaren Transistors über die Basis, des FET über das Gate, des Operationsverstärkers über den –Eingang usw. Auch das Audion ist als Schwingschaltung ein Verstärker. Diesen Verstärker steuert man in sehr hoher Frequenz (30...50 kHz) von „ganz zu" bis „ganz auf", so daß das Audion in jeder Steuerperiode kontinuierlich alle Zustände zwischen „gesperrt" und „schwingend" durchläuft. In jeder Periode ist der optimale Zustand einmal enthalten, die Information des empfangenen Senders für einen sehr kurzen Augenblick zu hören. Da die Informationsbruchstücke mit sehr hoher Frequenz aufeinanderfolgen, integriert sie das Ohr wieder zu einem Ganzen. Dieses Audion, das zwischen den Zuständen „gesperrt" und „schwingend" pendelt, heißt „Pendelaudion". Es ist eine hochempfindliche und gemessen an dem minimalen Aufwand auch relativ trennscharfe Empfangsschaltung. In der Anfangszeit des UKW-Rundfunks war es die Empfangsschaltung schlechthin; in der Modellfernsteuerung wird es auch heute noch wegen seines minimalen Gewichts (!) gern eingesetzt.

Das Pendelaudion ist aber auch, und nicht ganz zu Unrecht, in Verruf gekommen. Den unbestreitbaren Vorteilen stehen gewichtige Nachteile gegenüber, der wichtigste: seine Störstrahlung. Das Pendelaudion schwingt während jeder Pendelperiode einmal. Die Schwingungen setzen mit der Pendelfrequenz ein und reißen mit ihr ab; dadurch entsteht ein breites Spektrum von Störstrahlungen, die zu merklichen Störungen anderer Geräte führen, wenn sie nicht von vornherein minimiert und durch zusätzliche Maßnahmen unterdrückt werden (s.u., „Trennstufe"). Wenn die folgenden Grundsätze eingehalten werden, sind Störungen eines benachbarten Fernsehgeräts oder Funkdienstes nicht zu erwarten:

1. Rückkopplung so schwach wie möglich einstellen; es genügt, wenn das Pendelaudion eben zum Anschwingen kommt.
2. Kein Pendelaudion ohne Trennstufe zur Antenne betreiben!
3. Das Pendelaudion mit einem geerdeten Metallgehäuse umgeben; als Abschirmung genügt auch schon eine ins Gehäuse geklebte Alufolie.
4. Das Pendelaudion nie an einer Hochantenne betreiben; wegen der im Verhältnis zur hohen Empfindlichkeit bescheidenen Trennschärfe ist das auch nicht zu empfehlen.

15.7.1 Fremdgesteuertes Pendelaudion mit bipolarem Transistor für das CB-Band (27 MHz)

Das sog. „Blockschaltbild" (*629*) gibt eine Übersicht über die Funktion: Das Audion ist um einen Impulsgenerator erweitert; dieser steuert es zwi-

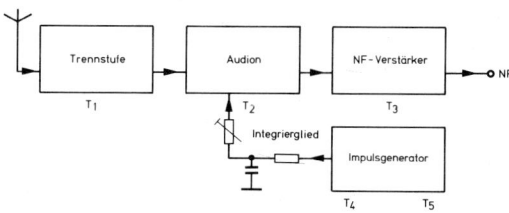

629 *Blockschaltbild zum fremdgesteuerten Pendel-Audion.*

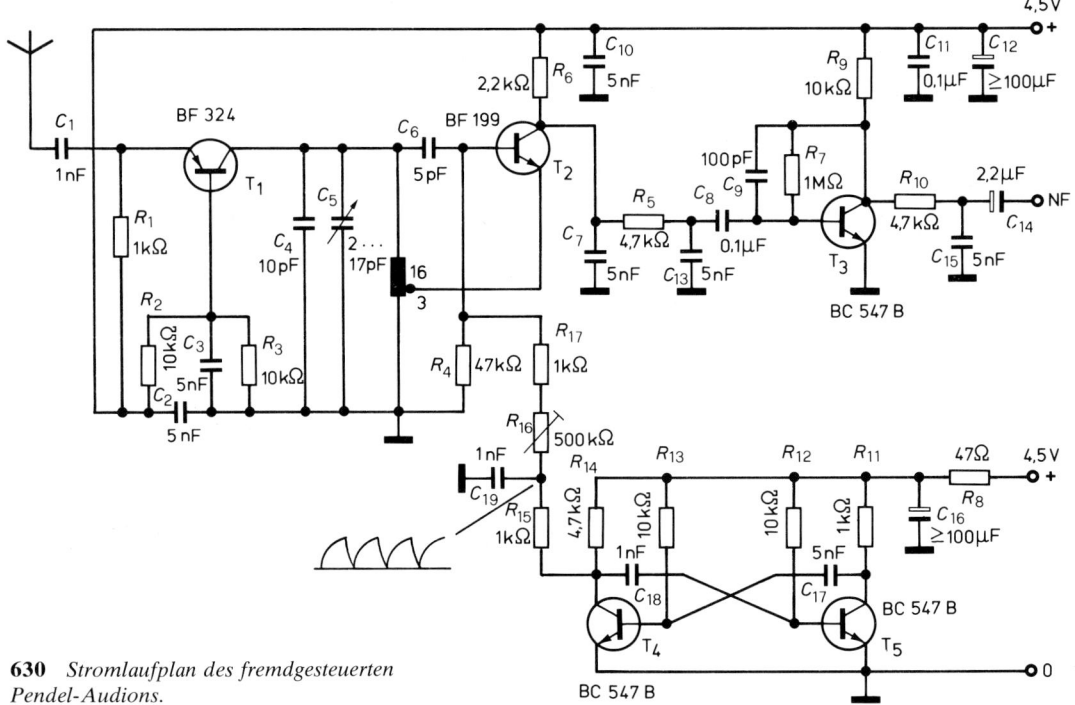

630 Stromlaufplan des fremdgesteuerten Pendel-Audions.

schen den Zuständen „gesperrt" und „schwingend". Auf das Audion folgt ein NF-Vorverstärker, denn die vom Audion abgegebene NF-Spannung ist sehr gering. Die Antenne ist über eine Trennstufe angekoppelt. Würde man die Antenne unmittelbar an den Audionschwingkreis ankoppeln, so würden einerseits die Schwingungen (= Störungen) des Audions auf die Antenne gelangen und abgestrahlt werden, andererseits würden die Abmessungen der Antenne stark frequenzbestimmend in den Schwingkreis eingehen. Die ideale Trennstufe verhindert beides, die reale setzt die unerwünschten Wirkungen beträchtlich herab.

Abb. *630* zeigt den Stromlaufplan. Die Audionschaltung ist bereits von S. 265 bekannt. Mit Rücksicht auf die hohe Frequenz wurde hier ein HF-Transistor eingesetzt. Als Impulsgenerator dient ein astabiler Multivibrator (s.o., S. 152 ff.) mit sehr ungleichem Taktverhältnis (s. Abb. *631 a*). Die Impulse werden soweit integriert, daß sie ein flaches „Dach" bekommen (*631 b*); der Spannungsteiler $R_4/R_{16} + R_{17}$ setzt sie in der Höhe herab, so daß das Audion bei deren Spitze gerade anschwingt. Die empfindlichste Stelle kurz vor dem Schwingungseinsatz liegt auf dem oberen, abgeflachten Teil des einzelnen Impulses und durchläuft diesen daher (zeitlich) nicht so schnell wie die anderen Zustände; so erreicht man ein Optimum an Empfindlichkeit.

Die Pendelfrequenz tritt in dem Empfänger sehr stark auf, muß jedoch weitestgehend ausgesiebt werden. Damit sie sich nicht über die Plusleitung ausbreitet, wird der Multivibrator über einen Tiefpaß (R_8/C_{16}) versorgt; hinter dem Audion wird sie aus dem NF-Weg durch den Tiefpaß R_5/C_{13} und die frequenzabhängige Gegenkopplung des NF-Verstärkers durch C_9 ausgesiebt (s.o., S. 208).

Die Trennstufe ist ein Verstärker in Basisschaltung; das ist die Verstärkerschaltung, bei der die Rückwirkungen vom Ausgang auf den Eingang

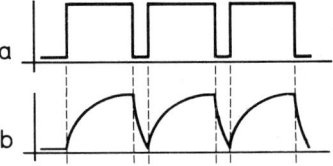

631 Steuerimpulse für das Pendel-Audion; a) am Ausgang des Multivibrators – b) hinter dem Integrierglied.

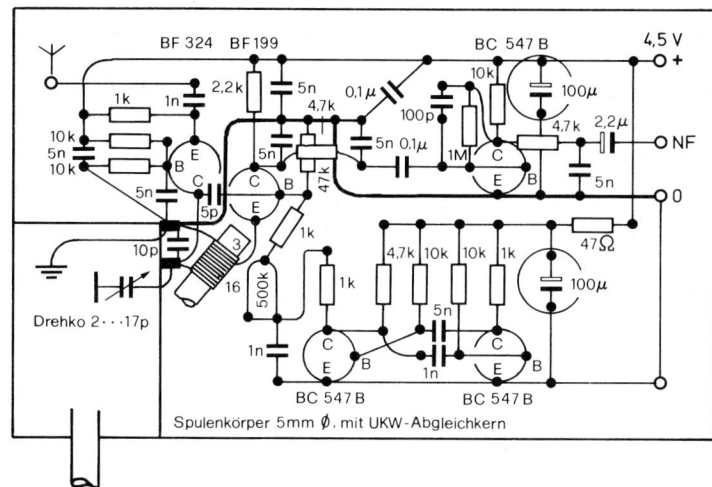
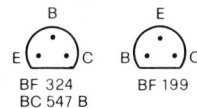

632 Brettaufbau – fremdgesteuertes Pendel-Audion.

am geringsten sind. Was auch am Ausgang (Kollektor/Null) geschieht, macht sich am Eingang (Emitter/Null) kaum bemerkbar. Der Arbeitswiderstand des Verstärkers ist der Audionschwingkreis. Er wird durch die Trennstufe bedämpft. Eine gewisse Bedämpfung ist auch erforderlich, damit die Schwingungen mit Sicherheit in der Impulspause abreißen. Da der Schwingkreis über die Spule einen Gleichstromdurchgang nach 0 (= Minus-Pol der Batterie) hat, wurde für die Vorstufe ein PNP-Transistor gewählt. Es sollte unbedingt ein HF-Typ sein, denn die internen Kapazitäten von HF-Transistoren sind besonders klein, und je kleiner sie sind, desto vollkommener ist die Trennung zwischen Ein- und Ausgang.

Die Einstellung des Arbeitspunktes ist nicht sehr kritisch, da die Signalspannungen sehr klein sind. Es genügt, mit Hilfe des Basis-Spannungsteilers einen Ruhestrom zwischen 1 und 2 mA einzustellen. Der Spannungsabfall am Emitterwiderstand R_1 muß dann 1 bis 2 V betragen.

Hinweise zum Aufbau
Abb. *632* zeigt den Vorschlag für eine Brettschaltung. Die dicker gezeichnete Masse-Leitung (0) sollte unbedingt aus versilbertem Kupferdraht ($\varnothing \geqq 0{,}8$ mm) hergestellt werden. Gute Masseverhältnisse sind für die Funktion entscheidend. Das Drehkogehäuse mit dem Rotor kommt an Masse, das Statorpaket an das heiße Ende der Spule. Sie besteht aus insgesamt 19 Wdg. CuL 0,4 mm und liegt auf einem zylindrischen Körper mit 5 mm $\varnothing$ und UKW-Spulenkern (Anzapfung bei 3 Wdg. vom kalten Ende; zur Herstellung s.o., S. 251). Die fertige Spule wird stehend in eine 5-mm-Bohrung der Grundplatte eingesteckt. Abb. *635* zeigt die erprobte Leiterplatte mit Bestückungsplan.

Bei der Inbetriebnahme ist der Trimmer R_{16} auf Rauschmaximum zu stellen. Optimale Empfindlichkeit und minimale Störungen fallen mit diesem zusammen. Danach wird der Drehko halb herausgedreht. Nun bringt man den Prüfoszillator (s.o., S. 249 ff.) in die Nähe des Pendelaudions und verstellt den Spulenkern langsam so lange, bis der Prüfoszillator zu hören ist. Damit ist der Abgleich beendet.

Der Abstimmbereich des Empfängers ist sehr groß; er umfaßt ein Mehrfaches des CB-Bandes. Hat man einen

633/634 *Fremdgesteuertes Pendel-Audion; Brett- und Platinenaufbau.*

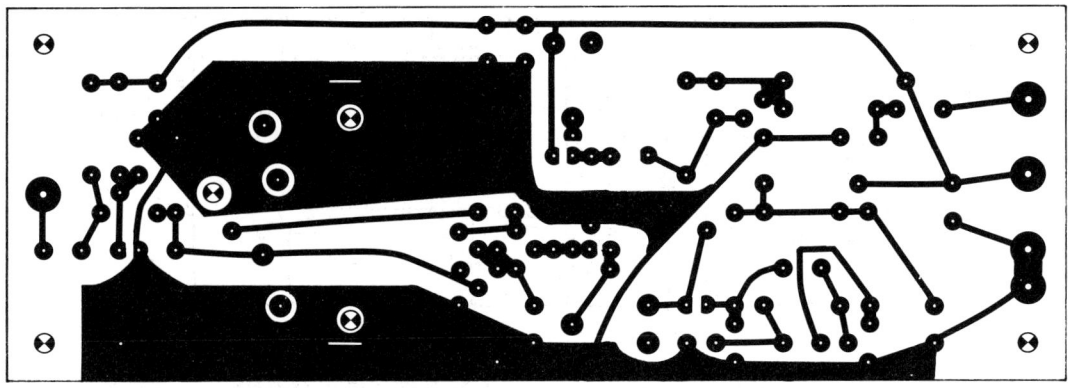

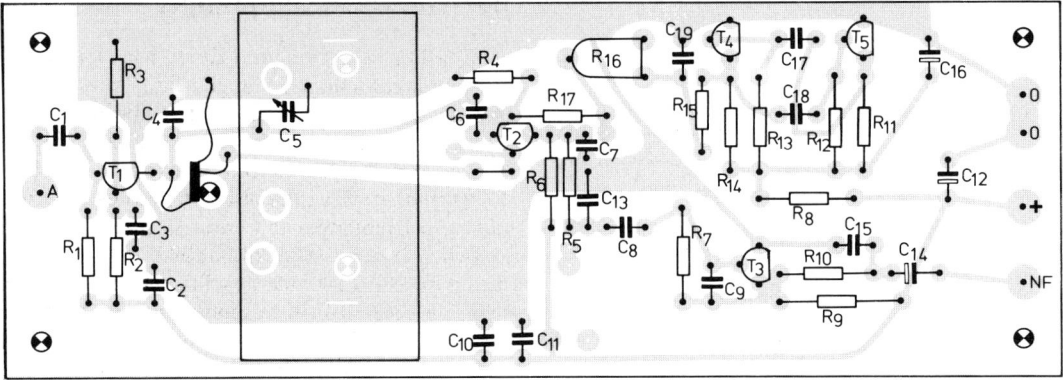

635 *Leiterplatte (Kupferseite) und Bestückungsplan für das fremdgesteuerte Pendel-Audion.*

beliebigen CB-Kanal in der Mittenstellung des Drehkos, so kann man garantiert den ganzen CB-Bereich überstreichen. Als Antenne dient ein nach Möglichkeit senkrecht aufgehängter Draht; er sollte maximal 2 m lang sein.

15.7.2 Sich selbst steuerndes Pendelaudion für das 27-MHz-Band

Abb. *636* zeigt den Stromlaufplan für ein Pendelaudion, das die Pendelfrequenz selbst erzeugt und sich damit selbst steuert. Trenn- und NF-Verstärkerstufen entsprechen der eben beschriebenen Schaltung. Das Audion ist der schon vom Tongenerator her bekannte Hartley-Oszillator (s.o., S. 247), er wurde hier um das „Pendelglied" R_5/C_7 erweitert. Wird die Batteriespannung angelegt, so beginnt das Audion zu schwingen. In dem Augenblick fließt ein starker Drain-Source-Strom (I_{DS}) durch den FET. Er lädt C_7 über R_5 rasch auf; die Spannung an der Source steigt und wird am Gate über die Spule als $-U_{GS}$ wirksam. Sie erreicht sehr schnell die Abschnürgrenze – T_2 sperrt, die Schwingungen reißen ab. Nun entlädt sich C_7 über R_5 und den verhältnismäßig hohen R_4. Die Sourcespannung fällt, damit auch $-U_{GS}$. T_2 öffnet langsam entsprechend der abnehmenden Ladespannung von C_7. Bei einem bestimmten Niedrigwert beginnt T_2 wieder zu schwingen, C_7 lädt sich rapide auf, die Schwingungen reißen wieder ab, usw.

Die Pendelfrequenz wird durch die Zeitkonstante $\tau_1 = R_5 \cdot C_7$ für die Ladezeit und $\tau_2 = (R_4 + R_5) \cdot C_7$ für die Entladezeit bestimmt. Abb. *637* zeigt den Verlauf der Pendelsteuerspannung an der Source von T_2. Diese Selbststeuerung führt zu recht guten Empfangseigenschaften, weil der (fast) vollkommen entdämpfte Zustand des Schwingkreises am Ende des flachen Teils der Entladekurve liegt und daher verhältnismäßig lange dauert. Mit dem Trimmer R_6, der als Wechselspannungsgegenkopplung wirkt, kann der optimale Zeitpunkt des Schwingungseinsatzes eingestellt werden. Auch hier fallen Empfindlichkeitsmaximum und Störungsminimum mit dem Rauschmaximum zusammen.

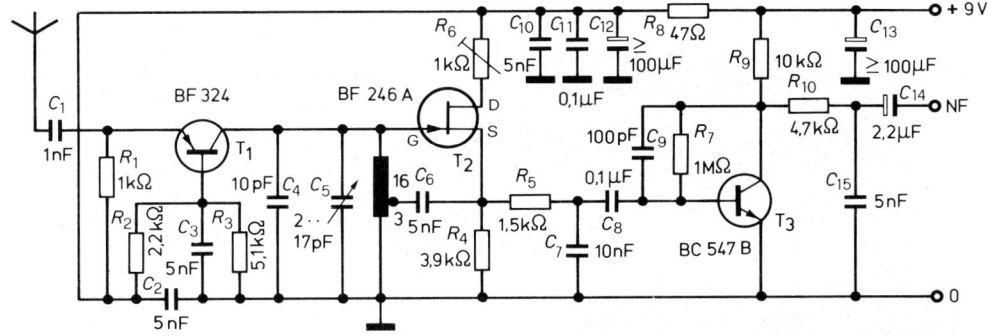

636 Stromlaufplan für ein sich selbst steuerndes Pendel-Audion.

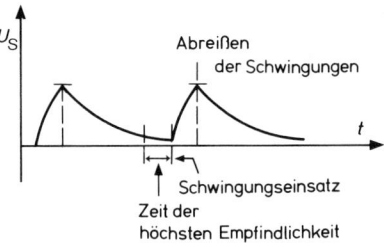

637 Pendelspannung an der Source von T_2.

Abb. 639 zeigt den Vorschlag für einen Brettaufbau. Die Leiterplatte von S. 270 ist auch für diese Schaltung geeignet. Die Bestückung ist in Abb. 638 angegeben. Als NF-Verstärker kommt jeder der in diesem Buch beschriebenen NF-Verstärker mit $U_b = 9$ V in Frage. Die Batterie sollte einen geringen Innenwiderstand haben; geeignet sind z.B. zwei Flachbatterien in Reihenschaltung. Die kleine 9-V-Blockbatterie (IEC6F22) ist nicht zu empfehlen.

15.8 Erweiterungen der Geradeausempfänger

Alle bisher beschriebenen Empfänger leiden unter einem gewichtigen Mangel: Ihre Trennschärfe ist zu gering. Man begann daher schon recht früh, die Trennschärfe durch Verwendung mehrerer Schwingkreise, die Empfindlichkeit durch HF-Vorstufen vor dem eigentlichen Audion zu erhöhen. Ein Empfänger mit einer Vorstufe und drei Schwingkreisen (Blockschaltbild, Abb. 640) bringt es schon auf eine beachtliche Trennschärfe und Empfindlichkeit, besonders dann, wenn alle Kreise durch Rückkopplungen entdämpft werden. Empfänger mit 6 und mehr Schwingkreisen können schon hervorragende Empfangsleistungen bringen, sie werden allerdings nur noch für Spezialzwecke verwendet.

Problematisch ist der sog. „Gleichlauf": Alle Schwingkreise müssen beim Durchstimmen auf gleicher Frequenz bleiben. Je trennschärfer ein solcher Empfänger wird, um so mehr Kreise sind gleichlaufend abzustimmen, desto genauer müssen sie in der Frequenz übereinstimmen. Die drei

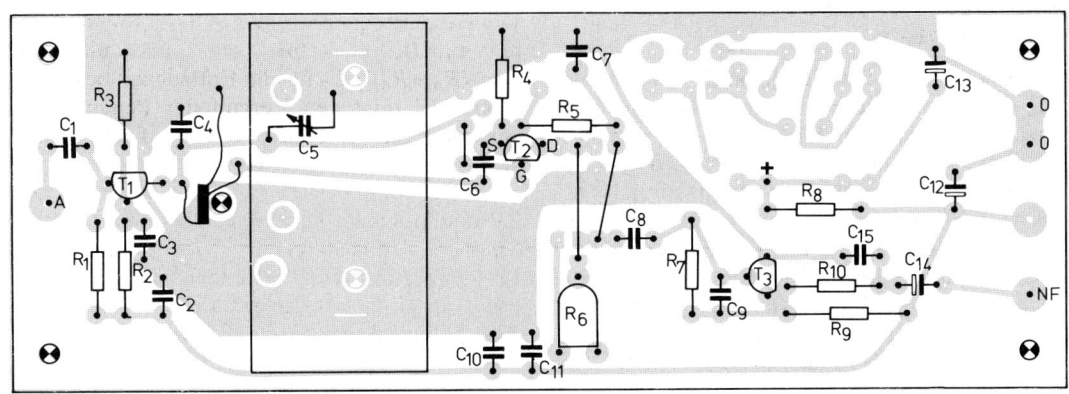

638 Bestückungsplan für das sich selbst steuernde Pendel-Audion auf der Leiterplatte Abb. 635.

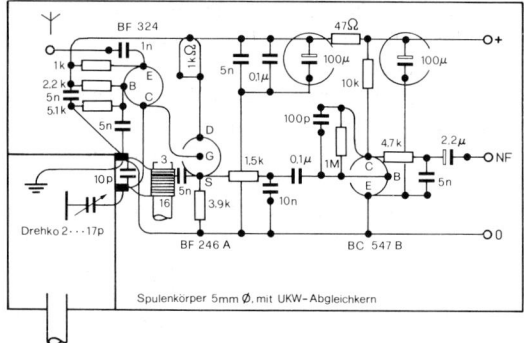

639 *Brettaufbau – sich selbst steuerndes Pendel-Audion.*

15.9. Überlagerungsempfänger: Das Superhet-Prinzip

Hohe Trennschärfe und HF-Verstärkung lassen sich in einem Verstärker mit mehreren Stufen und Schwingkreisen gleicher Frequenz erreichen. Solange nur eine Frequenz verstärkt werden soll, entsteht daraus kein Problem: Alle Schwingkreise werden einmal fest auf die Empfangsfrequenz eingestellt; Schwierigkeiten mit dem Gleichlauf gibt es wegen der Beschränkung auf eine Frequenz nicht.

Die Schwierigkeiten entstehen erst, wenn ein solcher Empfänger für den Empfang verschiedener Frequenzen ausgerüstet, d.h. „durchstimmbar" gemacht werden soll. – Im Gegensatz zu den oben dargestellten Geradeausempfängern wird im nachfolgenden „Überlagerungsempfänger" das Antennensignal nicht mehr direkt, sondern erst nach einer bestimmten Verarbeitung über eine „Zwischenfrequenz" (ZF) dem Gleichrichter zugeführt.

Wir erinnern uns, daß bei der Mischung zweier Frequenzen, d.h. bei der Modulation einer Frequenz mit einer anderen, zwei Mischprodukte ent-

Kreise des obigen Beispiels sind mit einem Dreifach-Drehko (3 Rotorpakete auf einer gemeinsamen Welle) noch leidlich genau abzustimmen; bei sechs oder mehr Kreisen ist der Gleichlauf nur noch mit großem feinmechanischen Aufwand zu verwirklichen, der dann für ein Unterhaltungsprodukt nicht mehr in Frage kommt.

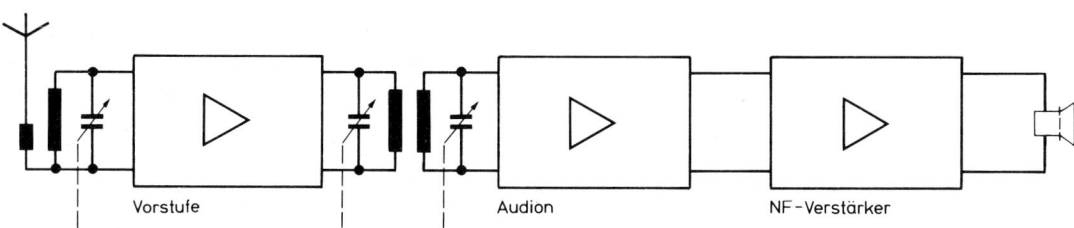

640 *Blockschaltbild eines mehrkreisigen Geradeausempfängers.*

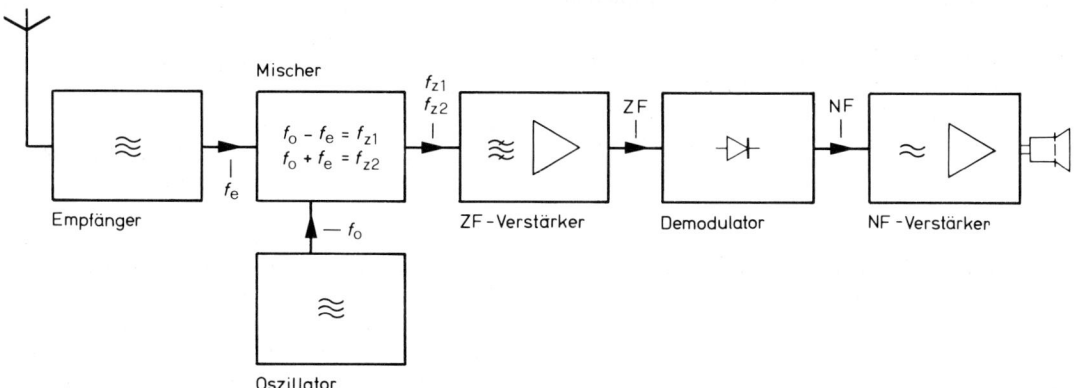

641 *Blockschaltbild eines Superhet-Empfängers.*

stehen, nämlich deren Summe und deren Differenz (s.o., S. 254). – In der „Mischstufe" des Empfängers mischt man die Eingangsfrequenz f_e mit der Frequenz eines Oszillators f_0 und erhält als Mischprodukte zwei neue Frequenzen, sog. Zwischenfrequenzen f_{z1} und f_{z2}:

$f_{z1} = f_0 - f_e,$

$f_{z2} = f_0 + f_e.$

Ist die Eingangsfrequenz moduliert, so geht die Modulation auf die Mischprodukte über: Das Mischprodukt aus einer schwachen und einer starken Schwingung ist schwach, das aus zwei starken Schwingungen ist stark.
Eines der beiden Mischprodukte (f_{z1} = erwünscht) wird in einem beliebig trennscharfen Verstärker („Empfänger") selektiv weiterverstärkt – das andere (f_{z2}) dadurch unterdrückt.
Die weiterverarbeitete Frequenz ist die Zwischenfrequenz (ZF), entsprechend heißt der „aussiebende" Verstärker ZF-Verstärker. Eine für den AM-Bereich häufig benutzte ZF ist 455 kHz.
Abb. 641 zeigt im Blockschaltbild die Funktionen eines solchen Empfängers: ZF-Verstärker, Demodulator und NF-Verstärker bilden zusammen einen sehr trennscharfen Empfänger, der allerdings zunächst nur eine mit Hilfe des Oszillators im Mischer auf die ZF umgesetzte Frequenz empfangen kann.
Erst mit einer variablen Oszillatorfrequenz wird der Empfänger auch auf verschiedene Eingangsfrequenzen abstimmbar. Die ZF bleibt konstant, weil der ZF-Verstärker fest abgestimmt ist und nur diese eine Frequenz verarbeiten kann. Ändert sich f_0, so erfüllen nur im Abstand von ZF parallel laufende Eingangsfrequenzen die ZF-Bedingungen, nämlich ein Mischprodukt mit der Frequenz des ZF-Verstärkers zu erzeugen. Der Eingangsschwingkreis muß im Abstand ZF parallel zum Oszillatorschwingkreis mitabgestimmt werden. Ausreichenden Parallellauf erreicht man verhältnismäßig leicht, da er nicht so kritisch ist wie der Gleichlauf im Geradeausempfänger. Auch hierfür benutzt man Doppel- oder Dreifachkondensatoren, deren Rotoren mit einer gemeinsamen Welle bewegt werden.
In der Regel läßt man den Oszillator oberhalb der gewünschten Empfangsfrequenz schwingen; dann kann keine Oberwelle des Oszillators in den Empfangsbereich fallen und eine „Pfeifstelle" erzeugen. Außerdem darf die relative Frequenzvariation des Oszillators geringer sein. Dieser Gesichtspunkt ist besonders für den Empfang tiefer Frequenzen zu beachten. Soll z.B. ein Empfänger den Mittelwellenbereich von 500 bis 1 600 kHz überstreichen, so muß sich der Oszillator bei ZF = 455 kHz von 955 bis 2 055 kHz abstimmen lassen, also in einem Frequenzverhältnis von etwa 1 : 2, was sich leicht verwirklichen läßt. Schwingt er jedoch unterhalb der Empfangsfrequenz, so muß er den Bereich von 45 bis 1 145 kHz überstreichen, mit einem Frequenzverhältnis 1 : 25. Das ist nicht zu realisieren.
Zu einer Oszillatorfrequenz f_0 gehören – leider – immer zwei Eingangsfrequenzen f_{e1} und f_{e2}, deren beider Mischprodukte die ZF-Bedingung erfüllen (642):

$f_{e1} = f_0 - \text{ZF}$ ($\text{ZF} = f_0 - f_{e1}$),

$f_{e2} = f_0 + \text{ZF}$ ($\text{ZF} = f_{e2} - f_0$).

Um die beiden möglichen Eingangsfrequenzen voneinander zu trennen, erhält der Empfängereingang einen Schwingkreis (oder mehrere), der auf die erwünschte Empfangsfrequenz abgestimmt ist. Durch ihn werden Signale auf der unerwünschten Empfangsfrequenz, der sog. „Spiegelfrequenz", weitgehend unterdrückt. Vollkommene Unterdrückung der Spiegelfrequenz ist nicht möglich. Starke Sender auf der Spiegelfrequenz schlagen durch, so daß der Empfang nicht immer eindeutig ist; es kann vorkommen, daß man auf der eingestellten Frequenz auch einen Sender mit der Spiegelfrequenz hört.
Der hier beschriebene Empfängertyp heißt „Superheterodyn-Empfänger", kurz „Superhet" oder nur „Super". Der Name ist eine Zusammensetzung aus lat. super = über, griech. heteros = ein anderer, zweiter, und griech. dynamis = Kraft, Energie; er drückt aus, daß der Empfang über den Umweg eines Hilfssenders (Oszillator) geschieht". Der deutsche Name „Überlagerungsempfänger" deutet das ursprüngliche Mischverfahren an, in dem Empfangs- und Oszillatorfrequenz zunächst überlagert und dann gleichgerichtet wurden.
Das Superhetprinzip ist heute das allgemein verbreitete Empfängerkonzept. Selbst das billigste

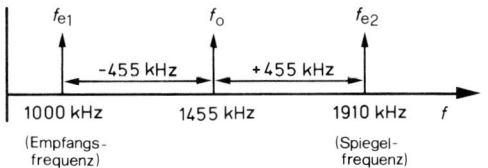

642 *Zwei Frequenzen im Abstand von ZF zur Oszillatorfrequenz erfüllen die Bedingung, ein Mischprodukt zu bilden, das der ZF-Verstärker verarbeiten kann.*

Taschenradio ist in der Regel ein Super. Der Grund für die Verbreitung sind die mit einfachen Mitteln zu erreichende Trennschärfe und HF-Verstärkung. Nur für Spezialzwecke, z.B. für den U-Boot-Funkverkehr, wo die Eindeutigkeit des Empfangs absoluten Vorrang vor allen anderen Empfängereigenschaften hat, werden noch Geradeausempfänger gebaut. Als gängiges Industrieprodukt gibt es sie nicht mehr.

15.9.1 Ein moderner Superhet mit IC

Bis zur Entwicklung der integrierten Schaltkreise und Festfrequenzfilter waren der Selbstbau und Abgleich eines Superhets nur mit größerem Aufwand an Meßmitteln möglich. Seit mehreren Jahren gibt es komplette Empfänger-IC. Ein weit verbreiteter Typ ist der TCA 440 von Siemens (auch im Programm von Valvo).

Der TCA 440 (643) enthält einen HF-Vorverstärker für die Eingangsfrequenz („Vorstufe"), Oszillator, Mischstufe und einen vierstufigen ZF-Verstärker. Den ZF-Verstärker schließt ein ZF-Schwingkreis ab, die Demodulation geschieht mit einer Diode (wie bereits vom Detektor bekannt). Die Empfangsfrequenzen werden lediglich durch den Oszillatorkreis (Anschlüsse 4, 5, 6), die Frequenz des ZF-Filters (Anschlüsse 12, 15 und Schwingkreis an Anschluß 7) und den Eingangsschwingkreis („Vorkreis", Anschlüsse 1, 2) bestimmt. Für die Trennschärfe sind nur die Eigenschaften des ZF-Filters maßgebend.

In Rundfunkempfängern und weniger aufwendigen Funkgeräten verwendet man häufig Keramikfilter. Sie bestehen, einem Schwingquarz vergleichbar, aus einer Keramikscheibe (polarisiertes Blei-Zirkonat-Titanat). Diese kann durch eine angelegte Wechselspannung zu mechanischen Schwingungen (Biegungen) angeregt

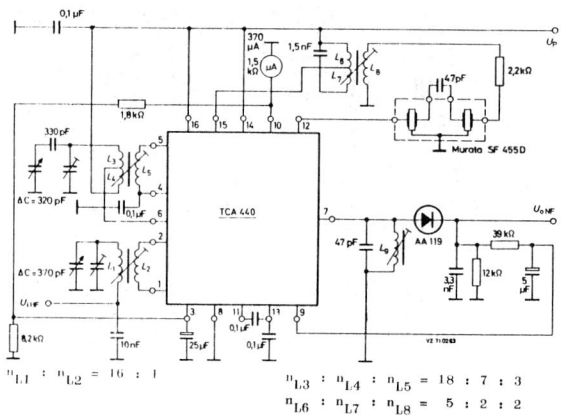

644 *Außenbeschaltung des integrierten AM-Empfängers TCA 440 (nach Valvo-Unterlagen).*

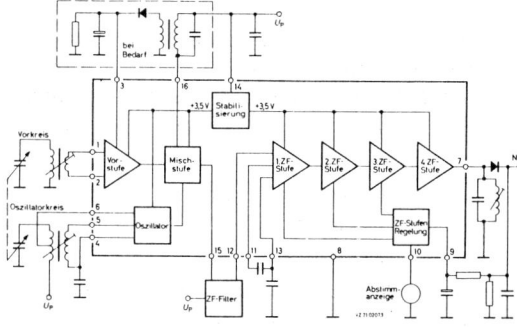

643 *Blockschaltbild für den integrierten AM-Empfänger TCA 440 (nach Valvo-Unterlagen).*

werden. Umgekehrt erzeugt sie bei mechanischen Schwingungen kleine Spannungen, die proportional zur Schwingungsweite anwachsen. Die Scheibe hat eine von ihren Abmessungen bestimmte Eigenresonanz, sie kann nur in einem engen Bereich um die Resonanzfrequenz schwingen. In Resonanz mit der angelegten Wechselspannung wirkt sie so, als wäre sie für einen Wechselstrom mit Resonanzfrequenz ein sehr niedriger Widerstand. Im Wechselstromkreis mit anderen Frequenzen wirkt sie mit ihren aufgedampften Elektroden (vgl. Quarz, Abb. 552) wie ein Kondensator sehr kleiner Kapazität, stellt also einen sehr hohen Widerstand dar. Meist verbindet man mehrere derartige Resonatoren miteinander und verknüpft sie außerdem mit Schwingkreisen. Solche Verbindungen heißen Hybridfilter. Sie besitzen ausgezeichnete Selektionseigenschaften. Hybridfilter gibt es als fertige Bausteine. Fügt man sie einem Breitbandverstärker, z.B. einem IC, an, so wird aus diesem ein trennscharfer ZF-Verstärker.

Der TCA 440 verfügt außerdem noch über zwei wichtige Einrichtungen, die in keinem modernen Empfänger fehlen: die automatische Verstärkungsregelung (AVR) und eine Stabilisierung der Speisespannung.
Die AVR wurde früher auch als „Schwundregelung" bezeichnet. Sie hatte die Aufgabe, Feldstärkeschwankungen der Sender auszugleichen. Im Demodulator entsteht neben der NF-Spannung auch eine Gleichspannung (s.o., S. 255f.). Diese ist um so größer, je stärker der Sender einfällt. Man benutzt sie als Regelspannung dazu, die Verstärkungsfaktoren der einzelnen Verstärkerstufen herabzusetzen, und zwar proportional zu ihrer Höhe. Fällt ein Sender stark ein, d.h. erzeugt er eine hohe Eingangsspannung, so ist auch die am Demodulator auftretende Regelspannung hoch

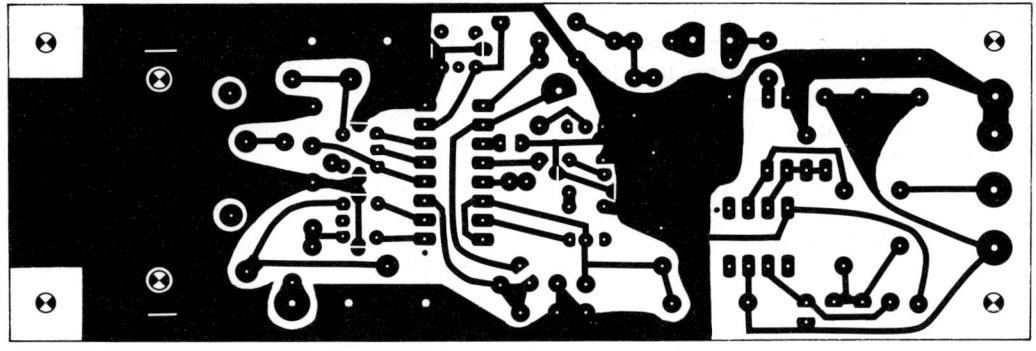

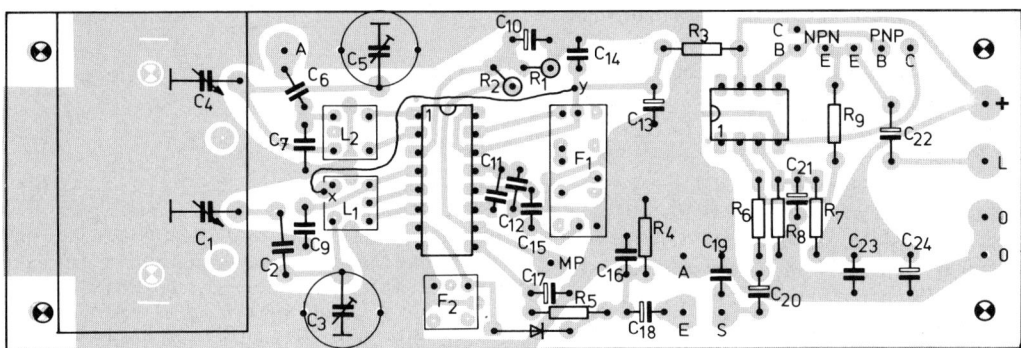

645 *Leiterplatte und Bestückungsplan für den AM-Superhet-Empfänger mit TCA 440. Die Lötaugen für die Bauelemente werden mit 0,8 bis max. 1 mm ⌀ durchbohrt, die Lötaugen der Anschlüsse für Drehko, Gehäuseanschlüsse der Spulen, Meßpunkt und externe Teile erhalten Bohrungen mit 1,3 mm ⌀.*

und steuert die Verstärkerstufen ihrer Höhe entsprechend zu. Fällt der Sender schwächer ein, so nimmt die Regelspannung ab, wodurch die Verstärkerstufen „aufgeregelt" werden, d.h. ihre V_u zunimmt. Eine gute Schwundregelung erkennt man daran, daß man „nichts merkt".

Heute hat die AVR überwiegend eine andere Aufgabe: Die Sender strahlen so stark ein, sie erzeugen im Eingangskreis so hohe Spannungen, daß Vorverstärker, insbesondere aber der Mischer und die ZF-Stufen, stark übersteuert würden. Die Übersteuerung hätte nicht nur viele Nebenerscheinungen zur Folge, sie würde auch die Sinuskurven des Trägers begrenzen (s.o., S. 256), womit die Amplitudenmodulation verloren ginge. Der Regelumfang ist daher ein Qualitätsmerkmal des Empfängers, denn er sagt viel über die Übersteuerungsfestigkeit aus. Der TCA 440 hat einen Regelumfang von insgesamt 100 dB (38 dB in der Vorstufe, 62 dB im ZF-Verstärker), das ist ein ausgezeichneter Wert. Die verstärkte Regelspannung kann zur Abstimmanzeige einem kleinen Meßwerk zugeführt werden.

Die interne Spannungsstabilisierung macht die Schaltung vom Ladezustand der Batterien unabhängig. Der TCA 440 arbeitet daher in einem Speisespannungsbereich von 4,5 bis 15 V (!) einwandfrei.

Abb. *644* zeigt einen Applikationsvorschlag des Herstellers. Durch Veränderung des Oszillatorkreises und des Vorkreises kann er für einen beliebigen Frequenzbereich bis zu 30 MHz benutzt werden. Die Windungszahlverhältnisse der Schwingkreis- und Ankoppelspule müssen eingehalten werden, ebenso in etwa die auf S. 274 angegebenen L/C-Verhältnisse. Auf den Demodulator kann jeder beliebige NF-Verstärker folgen.

15.9.2 Kompletter MW-Empfänger mit TCA 440 und Fertigspulen

Die Kombination des TCA 440 mit dem NF-Verstärker von S. 234 ergibt einen kompletten, leistungsfähigen MW-Rundfunkempfänger (*647*). Durch die Verwendung von Fertigspulen ist er leicht nachzubauen (Vorkreis: 7B0-A2550A0;

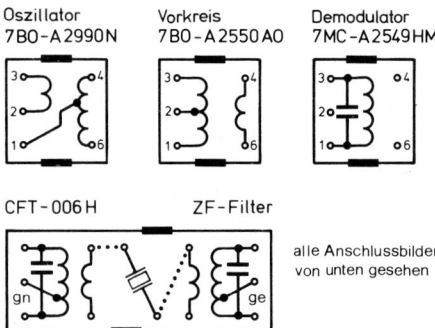

646 *Anschlußbelegungen der Spulen und Filter.*

Oszillator: 7B0-A2990N; ZF-Filter: CFT-006H; Demodulator: 7MC-A2549HM; zu beziehen durch Componex GmbH, Elektronische Bauelemente, Liebigstraße 25, 4000 Düsseldorf).

Den Aufbau beginnt man mit dem NF-Verstärker. Funktioniert dieser, dann wird der HF-Teil hinzugefügt. Bei der Wahl des Drehkondensators wird man sich nach dem erhältlichen Modell richten müssen; er kann auf oder neben der Leiterplatte montiert werden, die Verbindungen zu den Spulenanschlüssen müssen möglichst kurz sein. Die Anpaßspulen des ZF-Filters haben einen gelben (Eingang) bzw. grünen (Ausgang) Abgleichkern. Das Filter ist so in die Platine einzusetzen, daß die Spule mit dem grünen Kern am Anschluß 15 des TCA 440 liegt.

Hinweise zur Inbetriebnahme
1. Batterie (9 V) über ein mA-Meter anschließen und Ruhestromaufnahme kontrollieren (10 ... 15 mA).
2. Vielfachmeßinstrument mit kleinstem Spannungsmeßbereich (<1 V) oder µA-Bereich (ca. 500 µA) zwischen Meßpunkt MP (+) und 0 (Masse, –) anschließen.
3. Batterie direkt anschließen; im Lautsprecher muß bei aufgedrehtem Lautstärkepotentiometer (sehr) leises Rauschen zu hören sein; Demodulatorspule auf maximales Rauschen stellen.

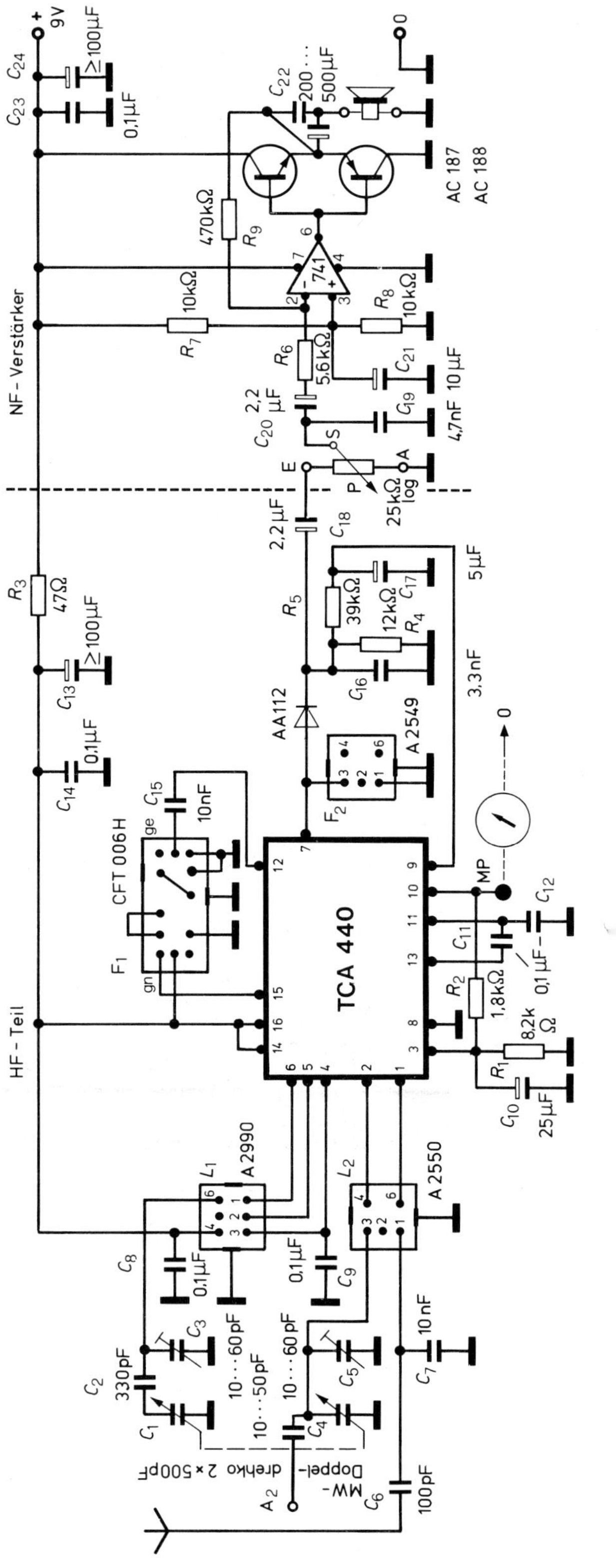

647 *Stromlaufplan eines vollständigen AM-Superhet-Empfängers mit TCA 440 und NF-Verstärker nach Abb. 539. – C_8 (keramischer Scheibenkondensator) kann zusätzlich von Pkt. x (s. Bestückungsplan) gegen Masse gelötet werden, falls der Empfänger „wild" schwingt – zu erkennen an Pfeifen, Zischen o.ä. – L_2 kann auch als Ferritantenne ausgeführt werden: 60 Wdg. zwischen 1 und 3, 4 Wdg. (Auskopplungswicklung) zwischen 4 und 6; beide Spulen werden nebeneinander auf den Ferritstab gewickelt; die Auskopplungsspule (4 Wdg.) soll neben dem „kalten" Ende der Schwingkreisspule (60 Wdg.) liegen. Eine kurze Drahtantenne kann über einen Kondensator von ca. 10 ... 50 pF auch direkt an das heiße Ende des Schwingkreises angeschlossen werden.*

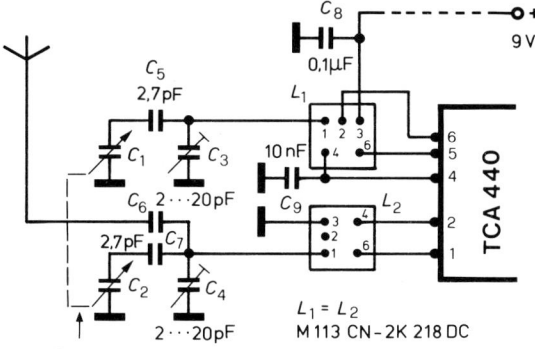

648 Umdimensionierung des MW-Supers zu einem CB-Superhet-Empfänger (s. Text).

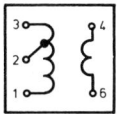

649 Anschlußbelegung für M 113 CN – 2K 218 DC (von unten gesehen).

4. 1 bis 2 m Draht (Prüfkabel) als Antenne anklemmen; mit dem Drehko den Ortssender suchen; Demodulatorspule auf größten Ausschlag des Vielfachinstruments stellen.
5. Drehko in etwa die Stellung bringen, in der der Ortssender erscheinen soll (z.B. bei einem Sender $f \approx 750$ kHz Platten bis zu zwei Drittel eingedreht, bei $f \approx 1000$ kHz etwa halb eingedreht, bei $f \approx 1400$ kHz etwa ein Drittel eingedreht), und die Oszillatorspule so verstellen, daß der Ortssender zu hören ist.
6. Vorkreis und Kreise des ZF-Filters auf maximalen Zeigerausschlag des Meßinstruments stellen.
7. Einen schwachen Sender suchen, alle Kreise mit Ausnahme des Oszillatorkreises auf Maximum stellen.
8. Manche Drehkos haben parallelgeschaltete Abgleichtrimmer; sie dienen dazu, den Parallellauf von Vor- und Oszillatorkreis zu optimieren. Man sucht am Bandanfang (tiefste Empfangsfrequenz, „unten") einen schwachen Sender und gleicht den Vorkreis mit dem Spulenkern auf das Maximum ab. Dasselbe wiederholt man am Bandende (höchste Empfangsfrequenz, „oben") mit dem Trimmer. Beide Abgleichungen wiederholt man mehrmals abwechselnd, bis sich keine wesentliche Emp-

650 Abänderung der Leiterplatte und des Bestückungsplans. Eingetragen sind nur die Änderungen; die restliche Bestückung entspricht genau der des MW-Supers

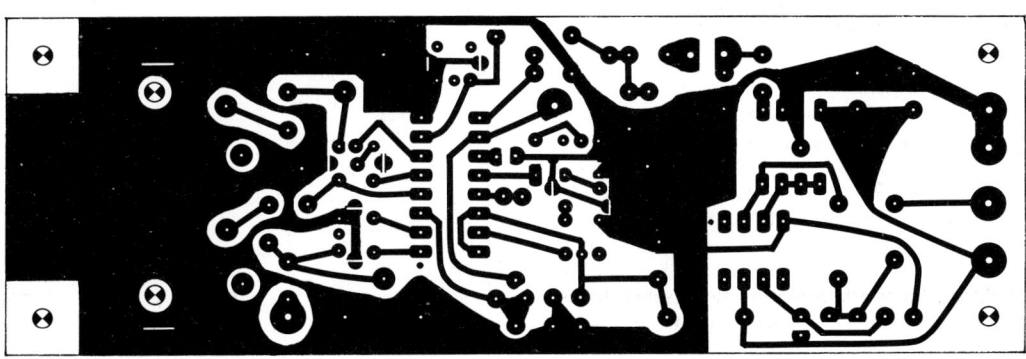

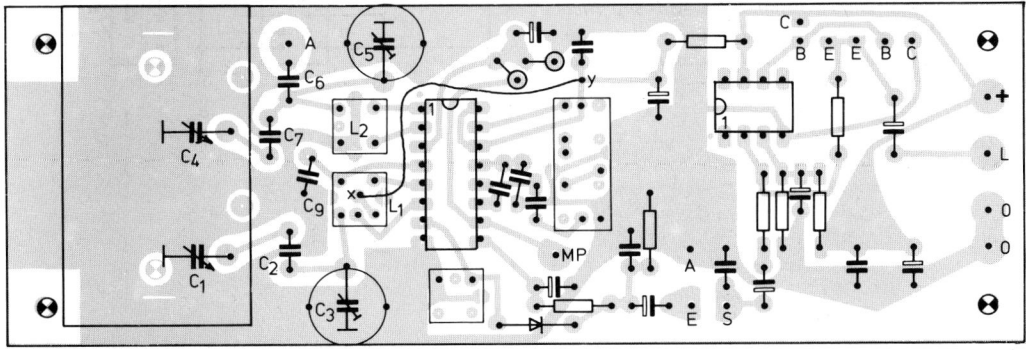

651 *CB-Superhet-Empfänger.*

fangssteigerung mehr ergibt. Die Abgleichregel heißt: unten L, oben C; die geringe Trimmerkapazität wirkt bei herausgedrehtem Drehko (kleinste Kapazität, also „oben") relativ mehr, entsprechend die Veränderung der Induktivität bei eingedrehtem Drehko (große Kapazität, also „unten").

Hat der Drehko keine Trimmer, so benutzt man die auf der Leiterplatte vorgesehenen C_3 und C_5 (sie entfallen, wenn der Drehko bereits Trimmer hat).

15.10 Ein CB-Funk-Empfänger

Die obige Schaltung wird durch den Austausch der Vorkreis- und Oszillatorspule und des Drehkos zu einem leistungsfähigen CB-Funk-Empfänger. Da nur die Eingangskreise geändert sind, genügt die Darstellung des Eingangsteils (*648*). Der Drehko, ein UKW-Doppel-Drehko mit 2mal 2 bis 17 (20) pF, ist mit in Reihe geschalteten Kondensatoren (2,7 pF) verkürzt, damit der Bereich 27,0 bis 27,15 MHz über den gesamten Drehwinkel gespreizt ist. Parallel zu den Spulen sind wieder Trimmer geschaltet, mit denen Abstimmbereich und Gleichlauf eingestellt werden (s.o.). Oszillatorspule und Vorkreisspule sind gleich (beide M113CN-2K218DC der Firma Componex, s.o.); ihr Variationsbereich ist sehr groß (1,1 bis 2,6 µH), so daß das CB-Band mit Sicherheit eingestellt werden kann.

Aufbau und Inbetriebnahme unterscheiden sich nicht vom vorangehenden MW-Empfänger (Leiterplatte und Bestückungsplan, s. *650*). Als Meßsender zum Abgleich dient der Prüfoszillator von S. 249 ff.).

Nach dem Einschalten ist leises Rauschen zu hören. Der Demodulatorschwingkreis wird nun auf maximales Rauschen gestellt. Danach wird der Kern der Oszillatorspule in eine mittlere Stellung gedreht und der dazugehörige Trimmer so verstellt, daß der Prüfoszillator zu hören ist. Gegebenenfalls ist eine kurze Prüfschnur als Antenne an den Empfänger anzuschließen und in die Nähe des Prüfoszillators zu legen.

Alle Kreise werden nun (wie oben beschrieben) auf Maximum abgestimmt. Mit einem ca. 2,75 m langen, senkrecht aufgehängten Antennendraht steht nun ein sehr empfindlicher und trennscharfer Empfänger zur Verfügung. Der Trimmer des Vorkreises ist ggf. nach dem Anschluß der Antenne geringfügig nachzustellen.

Nach dem Abgleich sollte man den Empfänger in ein Metallgehäuse oder Kunststoffgehäuse mit metallischer Innenauskleidung (z.B. durch selbstklebende Alufolie) montieren. Die abschirmende Wand ist mit dem Minus-Pol der Batterie (Masse) zu verbinden. Der Empfänger arbeitet so frequenzstabil, daß die Abstimmskala – z.B. im Vergleich mit einem anderen – geeicht werden kann.

Register

A
A-Betrieb 216
Abfallgeschwindigkeit 148
Abgleichkern 84
Abgleichregel 278
abisolieren 12
Ableitwiderstand 125, 143, 186
Abschaltfunke 88
Abschaltverzögerung 160
Abschnür/grenze 174, 263
 –spannung 173 f.
Adresse 108
Akku(mulator) 120
aktiver Bereich s. FET 174, 176
Akzeptor 97
Alarmanlage 131 ff.
Aluminium 97
AM, s. Amplitudenmodulation 215, 250, 254, 275
AM-Rundfunk 253
Ampelprogramm 108 f.
Ampere (A) 30
Ampère, A. M. 30
Amperewindungszahl 79
Amplitude 35
Amplitudenmodulation 215, 250, 254, 275
analoge Schaltung 193
Anker 80
Ankoppelwicklung 258
Anode 99, 104
Anoden/demodulator 264
 –gleichrichter 264
Anpassung 49
Anreicherungstyp 175
Anstiegsgeschwindigkeit 148
Antenne 143, 215, 254, 259
 Ferrit– 266
 Rahmen– 259
Antennenspannung 138
Antimon 97
Anzeige (7-Segment-) 110 ff.
aperiodischer Betrieb 242
Arbeit (P) 31 f.

Arbeitsplatz 9 f.
Arbeitspunkt 202 ff., 242, 269
Arbeitswiderstand 101, 197
Arsen 97
Atom 25 ff.
 Fremd– 96
Audion 262 ff.
 –, rückgekoppeltes 264 ff.
Ausgangswiderstand 194, 198
Ausschaltzeit 70
Ausschlagbrücke 55
Avalanche-Effekt 115
AVR 274 f.
Aw-Zahl, s. Amperewindungszahl 79

B
B, β 125 f.
B-Betrieb 216
Bandabschaltung, autom. 160
Bandbreite (Verstärker) 197
 – (Sender) 253 f.
Bandfilterkopplung 206
Bardeen, J. 123
Basis 124
 –schaltung 199 f.
 –spannung 130 f., 133
 –spannungsteiler 204 f., 242
 –strom 124, 130
 –(vor)widerstand 132, 145, 154
Batterie 29
Batterieprüfgerät 119 ff.
BCD-Code 107
Begrenzung 196, 204
Bel 194 ff.
Bell, A.G. 194
Binärcodierer 106 ff.
Binärstelle 107
bit 107
Blindwiderstand 72, 88, 92
Blinkgeber 163
blockieren 184
boot strap 219, 222 f., 234

Bor 97
Boucherot-Glied 236
Brattain 123
Brettschaltung 14 ff.
Brückenschaltung 53 f., 224 f.

C
Clampdiode 134
Clapp-Oszillator 242
Colpitts-Oszillator 241, 249

D
δ (s. Verlustwinkel)
dämpfen 258
Dämpfung 92, 194, 259
Darlington-Schaltung 134 ff., 137 f., 235
 –Transistor 135 f.
Defektelektron (s. auch Löcher) 97
Demodulation 250, 255 f., 262, 263 f.
Demodulator 264, 275
Detektor 255 ff.
Deutscher Kleinempfänger 264
Dezibel 194 ff.
Diac 99, 189 ff.
Dielektrikum 58, 60 ff., 73
Dielektrizitätszahl 60
differenzieren 71, 165 ff., 189
Differenzierglied 71, 75, 166
Differenzverstärker 57, 224 ff., 235
diffundieren 98
Diffusionsspannung 98, 115, 121
DIL 227
Dimmer 189
Diode 99 ff., 123
 – prüfen 101 f.
Diodenmatrix 108 f., 114
Donator 97, 98
Doppelbasisdiode, s. auch UJT 179 ff.
Doppelblinker 154 ff., 165

279

dotieren 96 f.
Drain 172
   –demodulator 264
   –schaltung 201
Drehkondensator 62, 65, 94
Drehspulmeßinstrument 21 f., 80
Drehzahlmessung 144
Dreipunktschaltung 241
Drossel 88, 95, 192
Dunkelschaltung 140, 142, 149
Dunkelstrom 120
Durchbruchstrom 116
Durchgangsprüfer 181
Durchgangsstrom 100
Durchlaß/richtung 98
   –spannung 100, 102, 105, 186
   –widerstand 105
dynamisch 243
   –Eingang 160, 162

E
E-Reihe 38
Eingang, dynamisch 160, 162
–, invertierend 227
–, nichtinvertierend 226
Eingangs/fehlspannung 227
   –nullspannung 227
   –widerstand 175, 191, 198, 199 ff.
Einkristall 96
Einschaltzeit 70
Eisen-III-chlorid 20
Eisenkernspule 79, 85
Elektrolytkondensator 61
Elektromagnet 79 ff., 85
Elektron 25
   freies – 27, 29, 96
   Valenz– 26, 96
Elektronenröhre 172, 184
Elektronenstrom 28, 34
Elementarmagnet 80
Emitter 123 ff.
   –folger 200, 223
   –pfeil 138
   –schaltung 133, 150, 198, 243
   –sperrspannung 125
Empfängerschaltungen 253 ff.
Empfindlichkeit 267, 268
entdämpfen 264, 267
entkoppeln 107, 214
Entkopplungsglied 214
Entladestrom 71, 91
Erregerstrom 80
Erwärmung 102 f.

F
Farad (F) 59 f.
Faraday, M. 59
Farbcode 38 f., 66 f., 86

Feld, elektr. 115, 172, 254
–, elektromagn. 255, 261
–, magn. 79 ff., 254, 259, 260
Feldeffekttransistor 172 ff.
Feldkonstante, elektr. 60
–, magn. 79
Feldlinien 79, 255, 259, 260
Feldstärke, elektr. 115, 172 f.
–, elektromagn. 255
–, magn. 79
Fernthermometer 55, 225
Ferrit 86
   –antenne 259 f., 265
Festinduktivität 86
Festwertspeicher 108
FET, s. Feldeffekttransistor 172 ff.
Flackerlicht 150
Flip-Flop 161 f.
Flußrichtung 98, 99, 125
FM, s. Frequenzmodulation 250
Forest, L. 262
Foto-Darlingtontransistor 141
   –diode 120 f., 139, 141
   –duodiode 141
   –element 121, 141
   –strom 121, 141
   –thyristor 187
   –transistor 141 ff.
   –widerstand 42 f., 56 f., 121 f., 138, 140
Frequenz 35
   –bereiche 253
   – des Schwingkreises 93 f.
   –gang 197
   –kompensation 227, 233, 235
   –konstanz 168, 241
   –modulation 250
   –stabilität 241
   –variation 260 f., 273
Füllstandsmesser 139
Funkstörungen 192

G
Gabellichtschranke 144
Gallium 97
Gate, Feldeffekttrans. 172
– Thyristor 185, 190
–schaltung 201
Gegeninduktivität 260 f.
Gegenkopplung 171, 196, 202, 205, 207 ff., 226, 230 f., 236, 239, 268
Gegentakt-B-Verstärker 216 ff.
   –Endstufe 234 f.
Geradeausempfänger 253 ff., 272, 274
Germanium 97, 98 f., 256
Gleichlauf 272

Gleichrichter 104, 188
Gleichrichtung 255 f., 262, 264
Gleichspannung 34
Gleichspannungskopplung 207
Gleichstrom 34
   –verstärkung 126
Gleichtakt 225
   –unterdrückung 225, 227
Grenzeffektivstrom 136
Grenzfrequenz 74, 95
Grenzschicht, s. auch pn-Übergang 97

H
H (Induktivität) 82
H (high) 107
h-Parameter 197
Halbleiter 96
   –werkstoff 96
„Halt!"-Signal 107
Haltestrom 186, 188
Hartley-Oszillator 241, 243, 246, 264, 270
Heißleiter, s. auch NTC-Widerstand 40 f., 205, 218
Heißwiderstand 104
Hellschaltung 140, 142, 149
Henry (H) 82
Henry, J. 82
Hertz (Hz) 35
Hertz, H. 35
Hilfsthyristor 188
Hochpaß, s. auch Differenzierglied 75, 94, 231
Höcker/spannung 188, 197
   –strom 179
Hohlspiegel 144, 215
Hüllkurve 256, 263
Hybridfilter 274
Hysterese 148, 192

I
IC, s. Integrierte Schaltung 224
Impedanz 88
   –wandler 200, 215, 246
Impuls 106
   –former 148
   –geber 180
   –speicher 162, 188
Indium 97
Induktion 81 ff.
Induktions/spannung 134
   –strom 91
Induktivität 62, 73, 82 ff., 88
–, unerwünschte 86 f.
Influenz 60
Infrarot/diode 110 f., 214
   –strahlung 109
   –Telefon 111

Innenwiderstand 22, 90, 119, 166, 258
integrieren 71, 135, 169f., 268
Integrierglied 71, 74, 169f.
Integrierte Schaltung 224
Inverter 133, 150
Ionen 26
IRED, s. Infrarotdiode
Isolationswiderstand 61
Isolator 32, 96, 173

J
JFET, s. auch Feldeffekttransistor 173ff.
Joule, J.P. 32

K
Kaltleiter, s. auch PTC-Widerstand 41 f.
Kaltschalter 149
Kaltwiderstand 104
Kanal 172
 –widerstand 173f., 176
Kapazität 59ff., 92
Kapazitäts/diode 62, 121f.
 –meßbrücke 76ff.
Kathode 99, 104
Keramikfilter 274
Kippfrequenz 154
Kippschaltungen 147ff.
 –, astabile 152ff., 163ff.
 –, bistabile 161ff.
 –, monostabile 159ff.
Kirchhoff, G.R. 44
Klirren 196
Klirrfaktor 196, 208
Kniespannung 174
Kollektor 123
 –sättigungsspannung 131, 133, 202
 –schaltung 200, 216
 –spannung 125, 131, 202f.
 –strom 125, 126, 130, 197
komplementär 216
Kondensator 58ff.
 Abblock– 95
 Aluminium– 63f.
 Bypass– 95
 Dreh– 62, 64f., 94, 258
 Elektrolyt– 61, 144
 (Ent-)Ladestrom des – 59, 72f.
 HDK– 63
 Induktivität des – 69, 86f.
 Kennzeichnung des – 66f.
 keramischer – 63
 metallisierter Kunststoff-Folien– 62f., 144
 NDK– 63
 Phasenschiebung des – 68f.

Prüfen des – 75f.
Schiebe– 259f.
Styroflex– 61f.
Tantal– 64f.
Trimmer– 65
 unerwünschter – 65
 (un)gepolter – 62f.
Konstantstromquelle 175ff.
Kopfhörer 80
 –verstärker 210, 231, 233f.
Kopplung 207
Kopplungsfaktor 208, 239, 260
Kreisfrequenz 73
Kristall 96
 –gitter 32
Kühlkörper 103
Kühlmaßnahmen 125
Kühlung 102ff.

L
L (Induktivität) 82
L (low) 107
Ladestrom 76, 91, 182
Ladung 25, 59
 Elementar– 25, 27
Ladungs/gleichgewicht 26
 –träger 27, 97, 121
Laststrom 52, 188
 –widerstand 52, 90, 188, 216
Lautsprecher 80
Lawineneffekt 115
LDR, s. Fotowiderstand 42f., 56f., 121f., 138, 140
Leckstrom 61, 135, 139, 145, 149, 173, 182, 186
LED, s. Leuchtdiode 101, 109
Leerlauf/spannung 52
 –verstärkung 230
Leibniz, G.W. 106
Leistung 31f.
Leistungs/anpassung 49, 193, 258
 –bedarf 219
 –verstärker 200, 216
 –verstärkung 194f., 198
Leiter 32, 96, 172
Leiterplatte 16
Leitfähigkeit 32, 96f.
 – der Haut 137f.
Leitungsband 109, 115
Leitwert 32, 51
Leuchtdiode, s. auch LED 101, 109
Licht/empfänger 111, 213, 215f.
 –leiter 144
 –messung 56f.
 moduliertes – 111, 121, 213
 –morseanlage 143
 –schranke 121, 140, 142, 160, 213

 –sender 213
 –telefon 213
Lilienfeld, J.E. 172
lineare Schaltung 193
Löcher 97, 172
Löcherstrom 125
Löschdiode 134
löschen 162, 186, 188
löten 12f.
Lötkolben 12f.
Lot 13
Lügendetektor 137f.
Luftspule 83, 85
Lux 43

M
Magnetfeld 79, 81f., 87, 89, 91
Maschenregel 44, 50
Meißner, A. 241, 264
Meißner-Oszillator 241, 265
Metronom 165ff.
Mikroprozessor 175
Miller-Integrator 171, 208
mischen 253
Mischstufe 273
Mitkopplung 239f., 264ff.
Modulation 104
 Amplituden– 249f., 254
 Frequenz– 250
Mono-Flop 159ff.
MOSFET 173, 174f.
Multitester 21ff.
Multivibrator 139, 143, 146, 149, 152ff., 196, 239, 243

N
n-leitend 97
n-Schicht 104
Nachdenkzeitbegrenzer 146, 150f.
nachtriggern 160
Nadelimpuls 166
Nebenresonanz 242
Negationsglied, s. auch Inverter 131
Nennspannung 61
NF-Verstärker 219ff., 234ff.
Nichtleiter 32, 96
Nickel-Cadmium-Akku 120
Niveauschalter 147
NTC 41, 96
Nulldurchgang 188, 217
Nullkippspannung 186f.

O
Oberschwingung, s. auch Oberwelle 196
Oberwelle 196, 273

281

Offset-Abgleich 230, 232
—Spannung 229 f.
Ohm, G.S. 32, 33
Ohm (Ω) 32
—meter 33
Ohmscher Bereich 174, 176
Ohmsches Gesetz 33 f., 43, 50
Oktave 227
OpAmp, s. Operationsverstärker
Operationsverstärker 224, 226 ff.
Opto-Koppler 111, 144
Orgel 169 ff., 182 f.
Ortssender 138, 194, 257
Oszillator 180, 239 ff., 253
   LC– 241
   Quarz– 241 f.
   RC– 243

P
p-leitend 97
p-Schicht 104
Paarbindung 96
Parabolantenne 215
Parallel/resonanz 242
   —schaltung (C) 67 f.
   —schaltung (L) 89
   —schaltung (R) 50 f.
   —schwingkreis 91 ff., 241 f.
Parklichtschalter 140, 149 f.
PC-Material 16
Pegelplan 196
Pendel/audion 265 ff.
   —frequenz 268, 270
Periode 35
Permeabilität 79 f., 83
π-Glied 95
Phasen/anschnittsteuerung 189, 191 f.
   —drehung 198, 227, 239 f.
   —gleichheit 239
   —verschiebung 68 f., 87, 92 f.
Phosphor 97
Planar/technik 126 f., 224
   —transistor 126
Platine 16, 19 f.
pn-Übergang 99, 173
Polaritätsprüfer 29, 120
Potentiometer 39 f., 46
Primär/leistung 90
   —spannung 89
   —spule 89
PROM 108
Prüfoszillator 249 f.
PTC, s. Kaltleiter, Widerstand
PUT 185, 188

Q
Quarz 241 f.
   —oszillator 241 f.

Quellenspannung 49
Querstrom 53

R
Rahmenantenne 259
Rauchdichtemessung 56, 225
RC-Glied, s. auch Hochpaß, Tiefpaß, 70 f.
RC-Kopplung 207
Rechteckschwingung 148 f., 196
Reed-Kontakt 132
Regelumfang 275
Regenpfeifer 139
Reihen/resonanz 242 f.
   —schaltung (C) 68
   —schaltung (L) 89
   —schaltung (LED) 114
   —schaltung (R) 43 ff.
   —schaltung (Z-Dioden) 116
   —schwingkreis 93, 241 f.
rekombinieren 97 f.
Relais 80, 134, 144
Resonanz 92
   —frequenz 92 ff.
   —kreis 92
   —widerstand 93
Restspannung 95
Reststrom, s. auch Leckstrom 64, 214
Richtfunkstrecke 216
Richtverstärker 264
Ringverstärkung 239, 247
Rolltreppe 151 f., 160
ROM 108
Rückkopplung 207, 239, 264 ff., 271
rückstellen 162
Rückwärtsrichtung 185
Rückwirkung 144, 200
Ruhestrom 202

S
Sägezahnimpuls 20
Sättigung, magn. 80
Salzsäure 20
schalten, mit Dioden 105 ff.
—, mit Thyristor 188 f.
—, mit Transistoren 132 f.
Schalter, mech. 48
—, frequenzabhängig 93
Schalterbetrieb 131, 202
Schalt/richtung 185
   —schwelle 140, 148
Schaltung, gedruckte 16
Schaltverstärker 138 f.
Scheinwiderstand 88, 231, 258
Scheitelwert 35
Schiebekondensator 259 f.

Schleusenspannung 99
Schmitt-Trigger 140, 147 ff., 150
Schwebung 254
Schwellenspannung 99, 114, 116 f., 132, 151, 156 f., 159, 256
schwingen, wild 214, 221
Schwingkreis, Reihen– 91 f.
   Parallel– 91 f.
   Dimensionierung des – 94, 256 f.
Schwing/neigung, s. auch schwingen, 236
   —schaltung 239 ff.
Schwingung 35
Schwingungsgleichung 93 f.
Schwundregelung 274 f.
SCR, s. auch Thyristor 189
Sender 249
Sekundär/leistung 90
   —spannung 89
   —spule 89
Selbsterregung 239
Selbstinduktion 82, 87
Selbstinduktionsspannung 82, 87 f.
selbstleitend 175
selbstsperrend 175
Selektion, s. auch Trennschärfe, 257
Sensor 138
   —schalter 138 f.
setzen 162
Shokley, W. 123, 172
„Sichere Hand" 162, 189
Siemens, W. v. 32
Siemens (S) 32
Silizium 97, 99
Source 172
   —folger 200, 215, 246
   —schaltung 201
Spannung 29, 33, 48 f.
Spannungs/abfall 36, 44
   —begrenzung 118
   —detektor 119
   —diskriminator 147
   —festigkeit 61, 125
   —höhenanzeiger 147
   —messer 29, 31
   —quelle 28, 48
   —stabilisierung 42, 117, 200
   —teiler 44 ff., 51 f., 94, 117, 131, 139 f., 204
   —überhöhung 92
   —verstärkung 194 f., 197, 208
   —wächter 147
speichern 162, 188
Sperr/richtung 98, 100
   —schicht 97 f., 122, 173

—spannung 101, 114, 186
—strom, s. auch Leckstrom 101, 120
—widerstand 100, 120
Spiegelfrequenz 273
Spule 79 ff., 197
— mit Kern 84 ff.
Luft– 83 f., 85
— wickeln 244, 251, 265 f.
Stabilisierung, Arbeitspunkt 205
—, Spannung 117
statistisch 243
—er Eingang 160
Steuer/elektrode, s. a. Gate 185
—spannung 172
—strom 172
Stör/quelle 194
—spannung 194
—strahlung 212, 267
Stoßstromgrenzwert 186
Strahlung 254
Streufeld 212
Strom 25 ff.
—kreis 28 f.
—richtung 28, 79, 125, 138
—stabilisierung 200
—stärke 30, 33
—verstärkung 194, 198 ff.
—verstärkungsfaktor 125 f., 132, 134 f., 201
Super(heterodyne-Empfänger) 272 ff.

T
τ, s. auch Zeitkonstante, 69 f.
Tal/spannung 179
—strom 179, 181
Tantalko 64 f.
Tast/kopf 252
—schalter 132
Telefonmithörgerät 212 f.
Temperatur/beiwert 41 f., 61, 63, 68
—fühler, s. auch NTC-Widerstand, 42
—koeffizient 116 f.
Tetrade 107
ϑ, s. auch Temperatur, 41
Thermistor, s. auch NTC-Widerstand, 42
Thomson, W. 94
Thyratron 184
Thyristor 184 ff.
—tetrode 185, 186, 188
—triode 185
Tiefpaß 74, 94, 192, 214, 227, 231, 234, 263, 265
Ton/generator 158 f., 246 f.
—übertragung 193

Träger 250
Transformator 82, 89 f., 241, 258
—kopplung 206
Transistor 99, 123 ff., 172 ff.
—tester 243 ff.
Transitfrequenz 126
Treiber 217 f., 220 f., 235
Trennschärfe 258, 264, 265, 267, 271, 274
Trennstufe 267, 268
Treppenhausbeleuchtung 151
Triac 99, 144, 189 ff.
Trigger/diode 191
—strom 181
Trimmer/kondensator 65
—widerstand 39 f.
Tunneldiode 99

U
Überlagerungsempfänger, s. auch Super 253, 272 ff.
Übernahmeverzerrung 217
Übersetzungsverhältnis 90
Überspannungsschutz 118
Übersteuerung 239, 275
Übertrager 89, 216, 244
UJT, s. Unijunction-Transistor 179 ff., 188
Umkehrstufe, s. auch Inverter 151
Umschaltgeschwindigkeit 148
Unijunction-Transistor 179 ff., 188
Unteranpassung 193

V
Valenz/band 109, 115
—elektron 26, 96 f., 109
Varicap, s. auch Kapazitätsdiode 121 f.
Variometer 89, 93, 260 f., 263
Varistor 42
Verarmungstyp 175
Verlust (Schwingkreis) 257
—faktor 69
—leistung 101, 102 f., 116, 125 f., 131, 140, 186
—wärme 114, 140, 187, 216
—widerstand 257
—winkel 73, 87
Verpolungsschutz 118
Verschleiß 134
Verstärker 193 ff.
—, invertierend 231
—, nichtinvertierend 231
Verstärker/betrieb 131, 136
—grundschaltung 197 ff.

Verstärkung 206, 208
Verstärkungsregelung, autom. 275
Verzerrung 196, 208
verzinnen 13
Verzögerungs/glied 180
—schaltung 145 f.
Vielfachmeßgerät 21 f.
Vierpol 193
—parameter 197
Volksempfänger 264
Volt (V) 29
Volta, A. 29
Vorverstärker 211
Vorwärtsrichtung 185

W
Wärmewiderstand 101, 103, 186
Warmschalter 149
Watt, J. 31
Watt (W) 31 f.
Wechselsprechanlage 212
Wechsel/spannung 34 f.
—strom 34 f.
Wechselstrom/verstärkung 126, 198
—widerstand (Batt.) 219, 235, 265
—widerstand (Kondens.) 67, 76, 234
—widerstand (Spule) 88
Weicheisenkern 85
Wellen, elektromagn. 255
Werkzeug 10 f.
Wheatstone, C. 54
Wheatstonesche Brücke 54 f.
White-Folger 136 f., 164
Widerstand, allgem. 32, 36 ff.
—, differentieller 105
Draht– 37
Dreh– 39, 46
Fest– 35
Foto– 43
Generator– 49
Halbleiter– 96, 123
induktiver – 88
Innen– 48 f.
Kanal– 173
kapazitiver – 72 f., 93
Kohle– 36, 41
LDR– 42 f., 47, 56 f., 138 ff.
Metallfilm– 37
NTC– 41, 97, 138, 140
Ohmscher – 72, 88
PTC– 41, 46, 138
Resonanz– 92 f.
Schein– 88
Schicht– 36, 86
Schiebe– 39 f.

spezifischer – 32
VDR– 42
Vor– 49f., 132f.
Widerstands/messer 33
　–transformation 90
Windungszahl 83ff., 90, 258
Wirkungsgrad 196

X
X_C 73ff., 93
X_L 88, 93

Y
y-Parameter 198

Z
Zahlensystem, binär 106f.
Zeit/konstante 69f., 148, 166
　–schalter, 114
Zener, C. M. 114
Zener/diode 114ff.
　–effekt 115
　–spannung 116f.
　–strom 116f.

Zentimeter (indukt.) 82
ZF, s. Zwischenfrequenz 253, 272f.
Ziffernanzeige 110f.
Zobel-Glied 236
Zündelektrode, s. auch Gate 185
zünden 185, 189
Zünd/impuls 185
　–spannung (UJT) 179
Zwischenfrequenz 253, 272f.

Michael Wiegand
**Bd. 165 Elektronik
für Haus und Garten**
144 Seiten, zahlr.
s/w Abb. und viele
Schaltpläne
Format 12,3 x 18,0 cm
ISBN 3-473-43165-6

Noch nie war Elektronik als Hobby so einfach. Mit diesen Büchern können Sie eine Fülle von elektronischen Helfern im Alltag bauen. Viele praktische Bauanleitungen mit ein wenig Theorie führen Sie zum Erfolg.

Für Elektronik Ravensburger® Freizeit-Taschenbücher

K. R. Daubach
Bd. 162 Elektronik für Auto, Motorrad und Mofa
Anleitungen zum Bau von Eiswarnern, Abgastestern, Economic-Anzeige und vieles mehr.
144 Seiten, zahlr. s/w Abb. und viele Schaltpläne
Format 12,3 x 18,0 cm
ISBN 3-473-43162-1

K. R. Daubach
Bd. 163 Ich baue mein Labor selbst
Netzgeräte, vielfältige Prüfhilfen, Lötkolbenthermostat.
144 Seiten, zahlr. s/w Abb. und viele Schaltpläne
Format 12,3 x 18,0 cm
ISBN 3-473-43163-X

Michael Wiegand
Bd. 164 Elektronik für den Hobby-Fotografen
Schaltungen für: Blitzverzögerung, Tochterblitz, Belichtungsmesser.
144 Seiten, zahlr. s/w Abb. und viele Schaltpläne
Format 12,3 x 18,0 cm
ISBN 3-473-43164-8

Otto Maier Verlag Ravensburg

Ein umfassender Einstieg, ohne Vorkenntnisse, eine wichtige Entscheidungshilfe für den Kauf.
208 Seiten, mit vielen Fotos und Zeichnungen.
Format 21,5 x 28 cm.
ISBN 3-473-42625-3

Stellen Sie sich dem Computer!

Dieses Buch zeigt jedem, der sich dafür interessieren sollte, was ein Computer ist. Wie er funktioniert, was er leisten kann, was seine zunehmend breitere Nutzung zu Hause und am Arbeitsplatz mit sich bringen wird.
Es räumt auf mit der Vorstellung von der Allmacht der Computer, mit den Vorurteilen und den Mystifikationen. Eine anregende Einführung, die jeder verstehen kann. Damit Sie mitreden und mitentscheiden können.

Computer-Bücher von CHIP und Ravensburger®

P.S. Übrigens: Kennen Sie schon unsere Reihe »Spaß mit Computern«? Fragen Sie im Handel danach!

Otto Maier Verlag Ravensburg

Einstieg in Basic.
47 Seiten, farbig u. s/w illustriert.
Format 17 x 24 cm
ISBN 3-473-35602-6

Spaß mit dem Computer

Für alle, die mit Computern umgehen wollen – oder müssen. Hier die ersten vier Kurse einer ungewöhnlichen Reihe. Ungewöhnlich in Aufmachung und Stil. Grundlegend in der Information. Witzig und amüsant zu lesen. Und dabei so einfach, daß es sogar Erwachsene verstehen. Eben ein Spaß – für jeden Interessierten und Einsteiger.

Computerbücher von CHIP und Ravensburger®

Jeder Band 47 Seiten, farbig und s/w illustriert. Format 17 x 24 cm.

Die Akademie für Führungskräfte der Wirtschaft, Bad Harzburg, setzt diese Bücher in ihren Schulungen ein.

Wie sie funktionieren – was sie können. Eine Einführung in Nutzen und Gebrauch von Mikrocomputern: Bauteile, Funktionen, Tips für Kauf und Benutzung, Erläuterung der wichtigsten Fachbegriffe.
ISBN 3-473-35601-8

Mit diesem Buch wird der Heimcomputer zum vielseitigen Spielpartner. Es zeigt, wie man mit ihm oder gegen ihn spielen – und gewinnen kann.
ISBN 3-473-35603-4

Der Heimcomputer als nützlicher Helfer im Alltag und Freizeit. Dieses Buch gibt viele Anregungen, Hinweise und Programmbeispiele.
ISBN 3-473-35604-2

Otto Maier Verlag Ravensburg